W0077426

SCHÄFFER
POESCHEL

Wolfgang Weber/Wolfgang Mayrhofer/
Werner Nienhüser/Rüdiger Kabst

Lexikon
Personalwirtschaft

2., aktualisierte und komplett überarbeitete Auflage

2005
Schäffer-Poeschel Verlag Stuttgart

Bibliografische Information Der Deutschen Bibliothek

Die Deutsche Bibliothek verzeichnet diese Publikation in der Deutschen National-
bibliografie; detaillierte bibliografische Daten sind im Internet über <http://dnb.ddb.de>
abrufbar

Gedruckt auf chlorfrei gebleichtem, säurefreiem und alterungsbeständigem Papier

ISBN 3-7910-2304-7

© 2005 Schäffer-Poeschel Verlag für Wirtschaft · Steuern · Recht GmbH
www.schaeffer-poeschel.de
info@schaeffer-poeschel.de
Einbandgestaltung: Willy Löffelhardt
Satz: Johanna Boy, Brennberg
Druck und Bindung: C.H. Beck, Nördlingen
Printed in Germany
April/2005

Schäffer-Poeschel Verlag Stuttgart
Ein Tochterunternehmen der Verlagsgruppe Handelsblatt

Vorwort zur 2. Auflage

Nach der erfolgreichen Markteinführung der Erstauflage dieses Werks, damals noch unter dem Titel »Grundbegriffe der Personalwirtschaft«, sind zwischenzeitlich eine ganze Reihe neuer Aspekte in unserem Fach aufgetaucht, die eine Aktualisierung und Neubearbeitung des Buches notwendig gemacht haben. Hierfür konnte mit Rüdiger Kabst, Professor für Personalwirtschaft an der Justus-Liebig-Universität Gießen, ein weiterer Co-Autor gewonnen werden, so dass die 2. Auflage nun von vier Autoren gemeinsam verantwortet wird.

Wie bisher war für jedes Stichwort ein Autor zuständig, der auch die spezifische Aussage des Textes vertritt. Dies ist jeweils durch ein Namenskürzel (k, m, n oder w) angegeben. Dabei wurde das bewährte Konzept der »Grundbegriffe« beibehalten. Das systematische Stichwortverzeichnis gibt einen Gesamtüberblick über den Inhalt des Buches. Weiterführende Literaturangaben sollen zur vertiefenden Beschäftigung mit dem jeweiligen Thema anregen. Ein Sachregister hilft bei der Suche spezifischer Aspekte. Im Literaturverzeichnis sind alle angeführten Quellen und weiterführende Texte erfasst. Darüber hinaus wurde weiterhin angestrebt, den gesamten deutschsprachigen Raum zu erfassen und die Besonderheiten einzubeziehen, die in Österreich und in der Schweiz bestehen. Somit leistet auch die zweite Auflage wieder einen wertvollen Beitrag zur Orientierung auf dem großen und stetig mehr an Bedeutung gewinnenden Gebiet der betrieblichen Personalarbeit.

Allen Kollegen und Autoren, deren Gedanken in dieses Buch eingeflossen sind, sind wir zu großem Dank verpflichtet. Frau Vera Homann-Kania, Wissenschaftliche Mitarbeiterin am Lehrstuhl für Personalwirtschaft an der Universität Paderborn, leistete die umfangreiche Redaktions- und Koordinationsarbeit. Darüber hinaus war sie uns im besten Sinne Lektorin: Texte wurden lesbarer, Literaturverzeichnisse aktueller und inhaltliche Ausführungen vollständiger. Wir danken ihr für die vorbildlich professionelle Arbeitsweise und effiziente Koordination sowie Kommunikation zwischen den vier Autoren und den Verlagsmitarbeitern. Ferner gebührt unser Dank ganz besonders Frau Claudia Dreiseitel vom Schäffer-Poeschel Verlag für ihre höchst qualifizierte und intensive Betreuung des Werkes.

Januar 2005

Wolfgang Weber
Wolfgang Mayrhofer
Werner Nienhüser
Rüdiger Kabst

Vorwort zur 1. Auflage

Dieses Buch soll Studierenden und Praktikern eine erste begriffliche Orientierung auf dem Gebiet der Personalwirtschaft bieten. Es umfaßt rund 600 Grundbegriffe, die im Zentrum der Personalwirtschaft stehen.

Die »Grundbegriffe der Personalwirtschaft« sind an der Universität Paderborn entstanden; sie orientieren sich an dem Lehrkonzept des Faches an dieser Hochschule. Das systematische Stichwortverzeichnis, das am Beginn des Buches abgedruckt wurde, ist nach diesem Konzept gegliedert: Es umfaßt die Kennzeichnung des Faches Personalwirtschaft, die personalwirtschaftlichen Aufgabenfelder, die theoretischen Grundlagen, die das verhaltenswissenschaftliche und das ökonomische Theorienspektrum einschließen, die Methoden des Faches sowie die institutionellen und rechtlichen Grundlagen bzw. Rahmenbedingungen. Die methodischen Grundlagen zielen einerseits auf die Unterstützung personalwirtschaftlicher Entscheidungen, wobei auf das methodische Instrumentarium der Wirtschaftswissenschaften zurückgegriffen wird; sie zielen aber auch auf die Personalforschung, weil Personalfachleute die Ergebnisse der wissenschaftlichen Personalforschung nachvollziehen und kritisch bewerten können müssen und im übrigen auch selbst Personalforschung betreiben, wenn sie zum Beispiel eine Untersuchung über den Anstieg von Fluktuation oder Absentismus durchführen bzw. in Auftrag geben.

Da ein Autor bis 1985 Professor für Personalwirtschaft in Wien war und ein Mitautor, der aus Österreich stammt und nach vorübergehender Tätigkeit in Paderborn jetzt wieder an der Wirtschaftsuniversität Wien tätig ist, war es uns gemeinsam ein Anliegen, auch die österreichischen Rahmenbedingungen in die Stichworterläuterungen aufzunehmen. Soweit uns dies möglich war, haben wir auch versucht, die in der Schweiz geltenden Rahmenbedingungen anzusprechen, um den deutschsprachigen Raum möglichst komplett zu erfassen.

Vor diesem Hintergrund werden in diesem Buch die Grundbegriffe der Personalwirtschaft bzw. des Personalwesens oder Personalmanagements erläutert und definiert. In kurzen Darstellungen wird in die Hauptsachgebiete eingeführt. Durch weiterführende Literaturhinweise soll die tiefergehende Beschäftigung mit dem jeweiligen Thema erleichtert werden. Durch das System der Grundbegriffe und die internen Verweise wird versucht, die wichtigsten Teilgebiete der Personalwirtschaft zumindest im Überblick darzustellen, ohne daß damit der Anspruch eines Lehrbuches erhoben wird. Natürlich kann dieser Band auch kein so umfassendes Werk wie das Handwörterbuch des Personalwesens ersetzen. Die einführenden Texte in diesem Buch sollen zu den Lehrbüchern des Faches und wichtigen Diskussionsbeiträgen in der Fachliteratur hinführen.

Das Gesamtkonzept der Texte verantworten die Autoren gemeinsam. Für jedes Stichwort war jedoch ein Autor zuständig, der auch die spezifische Aussage seines Textes vertritt; dies ist jeweils durch ein Namenskürzel (w, m oder n) angegeben.

Bei der Realisierung des Projektes, insbesondere beim Überprüfung der Verweise und der Literaturangaben, beim Formatieren der Druckvorlagen und der Lösung weiterer technischer Probleme hatten wir viele Helfer. Ihnen allen, besonders aber Rüdiger Kabst, der den größten Teil der technischen Aufgaben bei der Drucklegung übernommen hat, danken wir herzlich.

März 1993

Wolfgang Weber
Wolfgang Mayrhofer
Werner Nienhüser

Benutzerhinweise

Dieses Taschenwörterbuch basiert auf einem hierarchischen Begriffssystem, das nachfolgend als systematisches Stichwortverzeichnis zur Orientierung abgedruckt ist. Es bildet die »Landkarte« über den Inhalt dieses Buches und hilft, einzelne Stichwörter den Oberbegriffen zuzuordnen bzw. zu Oberbegriffen weitere Stichwörter zu finden und die Verbindung zwischen den Stichwörtern erkennen zu können. Neben den Stichwörtern mit den dazugehörigen Ausführungen sind Verweisstichwörter vorhanden. Ein Beispiel: Industrial Relations ↗ Arbeitsbeziehungen. Wenn Sie also das Stichwort Industrial Relations suchen, finden Sie dort keinen Text, sondern einen Verweis auf das Stichwort »Arbeitsbeziehungen«, das den erläuternden Text enthält.

Die Grundbegriffe der Personalwirtschaft sind in diesem Buch alphabetisch geordnet. Bei Begriffen, die aus Substantiv und Adjektiv zusammengesetzt sind, orientiert sich die Einordnung am Substantiv. Beispiel: Bildungsarbeit, betriebliche. Wenn ein zusammengesetzter Grundbegriff sprachlich als Einheit verwendet wird, dann orientiert sich die Einordnung am vorangestellten Adjektiv. Beispiel: Kollektives Arbeitsrecht.

Innerhalb der einzelnen Grundbegriffe erfolgen Verweise, wenn Sachverhalte erwähnt werden, die in anderen Grundbegriffen behandelt sind. Beispiel: Ein Experiment ist eine wiederholbare ↗ Beobachtung unter kontrollierten Bedingungen.

Im Text wird der leichteren Lesbarkeit wegen generell die männliche Form der Begriffe verwendet, sie steht jeweils stellvertretend auch für die weibliche Form.

Das Sachregister am Ende des Buches bildet eine alphabetische Zusammenstellung aller Grundbegriffe und der wesentlichen sonstigen Begriffe, die bei den Ausführungen erwähnt werden. Dabei erfolgt jeweils ein Hinweis auf die Seitenzahlen auf denen diese Begriffe zu finden sind.

Bei der Literatur werden zum einen selbstverständlich die jeweils direkt verwandten Quellen angegeben. Darüber hinaus wird in vielen Fällen ergänzend auf ein oder zwei Quellen hingewiesen, die zu dem jeweiligen Grundbegriff weiterführend hilfreich sind. Im Literaturverzeichnis finden sich beide Arten von Angaben alphabetisch geordnet. Es erübrigt sich fast zu bemerken, dass andere, weitere Quellen für ein Studium des Faches Personalwirtschaft – ob an einer Hochschule, an anderen Bildungseinrichtungen oder weniger formalisiert im selbst organisierten Lernen – sinnvoll und notwendig sind. Wir haben dennoch auf die Zusammenstellung weiterer Literaturhinweise verzichtet, weil dies den Rahmen des Buches gesprengt hätte.

Systematisches
Stichwortverzeichnis

Anmerkung: Stichwörter, die sich speziell auf Österreich oder die Schweiz beziehen, sind mit einem entsprechenden Hinweis gekennzeichnet. Ein entsprechender Hinweis bei Stichwörtern, die sich ausschließlich oder überwiegend auf Deutschland beziehen, unterbleibt in der Regel. Ausnahme: Das gleiche Stichwort wird doppelt behandelt, z.B. Betriebsausschuss (Deutschland) und Betriebsausschuss (Österreich).

Einige Stichwörter wurden mehreren Oberbegriffen zugeordnet. Sie sind deshalb zwei- oder mehrfach in diesem Systematischen Stichwortverzeichnis zu finden.

A

Abfertigung (Österreich)

Die betriebliche Mitarbeitervorsorge (Abfertigung »neu«) ist ein verändertes Abfertigungs- bzw. Vorsorgesystem, das im Gegensatz zu seinem Vorgänger beitragsorientiert ist. Die Regelung ist mit 1. Juli 2002 in Kraft getreten und auf alle privatrechtlichen Arbeitsverhältnisse anzuwenden, die dem österreichischen ↗ Arbeitsrecht unterliegen und die nach dem 31.12.2002 aufgenommen wurden oder für die eine Übertrittsvereinbarung gem. § 47 (1) BMVG besteht. Rechtsgrundlage ist das Betriebliche Mitarbeitervorsorgegesetz (BMVG).

In diesem Sinne muss der ↗ Arbeitgeber an die Krankenkasse den so genannten MV-Beitrag in der Höhe von 1,53 % des monatlichen Entgelts der ↗ Arbeitnehmer, die unter das BMVG fallen und deren Arbeitsverhältnis länger als ein Monat dauert, zur Weiterleitung an die Mitarbeitervorsorge-Kasse einzahlen. Diese Beitragspflicht erstreckt sich auch für Zeiträume, in denen der Arbeitnehmer auf Präsenz-, Ausbildungs- oder Zivildienst ist oder Anspruch auf Wochen- oder Krankengeld hat. Allerdings verändern sich jeweils in unterschiedlichem Ausmaß die Bemessungsgrundlagen. Keine Leistungsansprüche entstehen während des Bezugs des Kinderbetreuungsgeldes, der Bildungskarenz (↗ Sabbatical) oder der Familienhospizkarenz.

Nach Beendigung des Arbeitsverhältnisses hat der ↗ Arbeitnehmer Anspruch auf Abfertigung, sofern er nicht selbst gekündigt hat, eine Entlassung verschuldet hat, ungerechtfertigt ausgetreten ist oder nicht bereits drei Ein-zahlungsjahre absolviert hat. Die Auszahlung kann jedoch erst bei Anspruch einer Abfertigung bei Beendigung eines oder mehrerer darauf folgender Arbeitsverhältnisse verlangt werden, es sei denn, der Arbeitnehmer hat Anspruch auf vorzeitige Alterspension oder stand seit mindestens 5 Jahren in keinem Arbeitsverhältnis mehr. Besteht ein solcher, hat der Arbeitnehmer die Wahl zwischen vier Verfügungsmöglichkeiten: er kann direkte Auszahlung verlangen, den Betrag weiterhin in der bisherigen MV-Kasse veranlagen, in die MV-Kasse des neuen Arbeitgebers übertragen oder an ein Versicherungsunternehmen, ein Kreditinstitut oder eine Pensionskasse verrenten. Im Falle des Todes gebührt den Erben Anspruch auf Abfertigung. Die Höhe der Abfertigung ergibt sich aus den eingezahlten Beiträgen zuzüglich Veranlagungserträgen abzüglich der Verwaltungskosten.

Literatur: Ortner, W.; Ortner, H. 2003: Personalverrechnung in der Praxis. Rechtliche Grundlagen, Erläuterungen, gelöste Beispiele, Frankfurt, Wien (m)

Abfindung

Abfindungen sind Zahlungen des Arbeitgebers an ↗ Arbeitnehmer zur Abgeltung eines Rechtsanspruchs im Zuge der ↗ Beendigung des Arbeitsverhältnisses. Sie werden – anders als die ↗ Abfertigung – vom Arbeitsgericht (↗ Arbeitsgerichtsbarkeit) festgesetzt oder zwischen den beteiligten Parteien während oder außerhalb eines Gerichtsverfahrens vereinbart.

Das Gericht kann im Rahmen des Kündigungsschutzgesetzes (KSchG) unter bestimmten Voraussetzungen (z.b. unwirksame ↗ Kündigung durch den ↗ Arbeitgeber, begründeter Antrag seitens einer beteiligten Partei) ein Arbeitsverhältnis gegen Zahlung einer Abfindung lösen. Dies ist insbesondere dann der Fall, wenn die ausgesprochene Kündigung zwar unwirksam, eine weitere Zusammenarbeit aber nicht mehr sinnvoll oder zumutbar ist. Nach dem ↗ Betriebsverfassungsrecht besteht im Falle der Kündigung wegen Abweichens von einem Interessenausgleich oder wegen einer Betriebsänderung ohne vorherigem Versuch eines Interessenausgleichs die Möglichkeit, den Arbeitgeber zu einer Abfindungszahlung zu verpflichten (vgl. § 113 BetrVG).

Zwischen den Partnern werden Abfindungszahlungen häufig im Zuge einvernehmlicher Aufhebungsverträge mit weitgehender Gestaltungsfreiheit und nach dem Betriebsrentengesetz vereinbart.

Die Höhe der Abfindung ist nicht genau geregelt. Wichtigste Einflussfaktoren sind die Dauer der Betriebszugehörigkeit, die ökonomischen Verhältnisse der beteiligten Parteien, die Stellung des Arbeitnehmers in der ↗ Organisation, der Grad der Ungültigkeit einer eventuellen Kündigung und die Möglichkeit für den Arbeitnehmer, einen neuen Arbeitsplatz zu finden. Die Höchstgrenze beträgt i.d.R. 12, in Ausnahmefällen 18 Monatsgehälter. Abfindungen sind nach § 3 Nr. 9 EStG steuerprivilegiert, d.h. es sind abhängig von der verbrachten Dienstzeit Grundbeträge steuerfrei, alle weiteren Bestandteile der Abfindung müssen mit dem halben Steuersatz versteuert werden.

Für ↗ leitende Angestellte gelten Sonderregelungen, z.B. bei der Begründungspflicht des Auflösungsantrages.

Literatur: Löwisch, M. 1989: Taschenkommentar zum Betriebsverfassungsgesetz. Heidelberg; Schiefer, B. 1999: Arbeitsrecht im Überblick, Neuwied   (m)

Abmahnung

Eine Abmahnung liegt vor, wenn der ↗ Arbeitgeber ein konkretes Fehlverhalten des Arbeitnehmers benennt, missbilligt und darauf hinweist, dass eine Versetzung oder ↗ Kündigung erfolgt, wenn sich das genannte Verhalten wiederholt (Däubler 1998, S. 412). Eine verhaltensbedingte Kündigung ist nur dann gerechtfertigt, wenn ihr eine erfolglos gebliebene Abmahnung vorausging. Der ↗ Arbeitnehmer muss die Möglichkeit haben, sein Verhalten zu ändern, bevor eine ordentliche Kündigung ausgesprochen wird.

Die Abmahnung muss rechtzeitig – schriftlich oder mündlich – nach dem Fehlverhalten erfolgen; wenn ein Pflichtverstoß mehr als ein Jahr zurückliegt, kann dieser nicht mehr abgemahnt werden. Die Abmahnung muss von einer Person ausgesprochen werden, die berechtigt ist, eine Versetzung oder Kündigung auszusprechen. Unzutreffende oder überreagierende Abmahnungen müssen auf Verlangen des Arbeitnehmers aus der Personalakte entfernt werden. Sämtliche Abmahnungen, die länger als zwei bis drei Jahre zurückliegen, sind aus der Personalakte zu tilgen.

Literatur: Däubler, W. 1998: Das Arbeitsrecht Bd. 2, 11. Aufl., Reinbek bei Hamburg   (n)

Absentismus

Absentismus bezeichnet das Fernbleiben eines ↗ Arbeitnehmers von der Arbeit innerhalb der regulären betrieblichen ↗ Arbeitszeit (vgl. auch ↗ Teilnahmeentscheidung). In engeren Begriffsfassungen wird zusätzlich auf die Gründe für das Fehlen abgestellt.

Zur Messung werden häufig Kennziffern herangezogen, die den absoluten Wert der Fehlzeiten zu einer als normal angesehenen Basisgröße – z.B. gesamte Arbeitsstunden pro Periode – in Bezug setzen.

Als Ursachen für Absentismus gelten neben überbetrieblichen Faktoren wie Konjunktur oder gesetzlichen Vorschriften (z.B. Bildungsurlaub) überwiegend betriebliche und personale Faktoren. Hervorzuheben sind die Arbeitssituation, Anforderungen des Arbeitsplatzes, Gruppenstruktur, Verhalten der Vorgesetzten etc., die Einstellung zur Arbeit und die individuelle berufliche Qualifikation in Verbindung mit dem Rang in der organisationalen Hierarchie.

Fehlzeiten haben nicht nur Konsequenzen für den Arbeitsablauf und die Produktion durch zusätzliche Kosten für Ersatzkräfte etc. Sie berühren auch die bestehenden sozio-emotionalen Beziehungsgefüge.

Personalwirtschaftlich scheint eine Symptomkurierung, etwa durch verschärfte Kontrollen, wenig zielführend. Stattdessen empfiehlt sich ein Ansetzen an den Ursachen des als negativ angesehenen Absentismus. ↗ Arbeitsstrukturierung, ↗ Humanisierung der Arbeitswelt, ↗ Personalentwicklung u.Ä. rücken so in den Vordergrund.

Literatur: Marr, R. (Hrsg.) 1996: Absentismus: der schleichende Verlust an Wettbewerbspotential, Göttingen et al.   (m)

Abwehrmechanismen

In der psychoanalytischen Tradition FREUDs werden Abwehrmechanismen als unbewusste psychodynamische Vorgänge gesehen, welche im Dienste der Abwehr das durch ↗ Angst und ↗ Konflikt bedrohte Ich in seiner Funktionsfähigkeit erhalten bzw. schützen. Abwehrmechanismen werden vom Ich gegen äußere und/oder innere Gefahren eingesetzt. Sie sollen bedrohliche, peinliche oder unerträgliche Triebansprüche und die damit verbundenen Vorstellungen, Erinnerungen und Affekte ins Unbewusste verweisen und ihnen den Zugang zum Bewusstsein verwehren. Abwehrmechanismen weisen eine gewisse Doppelgesichtigkeit auf. Einerseits ermöglichen sie als psychisches Regulativ das normale Funktionieren der inneren Organisation und liefern so einen Beitrag zu einer gesunden Persönlichkeit. Andererseits führen sie u.U. zu neurotischen Fehlhaltungen.

Zur Abwehr bedrohlicher Inhalte werden in der Regel verschiedene Abwehrmechanismen eingesetzt, z.B. als besonders wirksam die Verdrängung, daneben insbesondere Verleugnung (Negation), Rationalisierung, Projektion, Inkorporation, Identifikation mit dem Agressor etc.

Abwehrmechanismen gewinnen vor allem im Zusammenhang mit der Erklärung von individuellem Verhalten an Bedeutung. In Bereichen wie ↗ Motivation, ↗ Personalführung etc. oder in den direkt auf Veränderung abzielenden Strategien wie ↗ Organisationsentwicklung oder ↗ geplanter Wandel ist die Anwendung dieses Interpretationskonzepts fruchtbar.

Kritisch wird angemerkt, dass Abwehr und Abwehrmechanismen nicht direkt beobachtbar, sondern nur indirekt über das Verhalten zu erkennen sind. Das bedingt eine gewisse Kompetenz seitens des Beobachters (z.B. Kollege, ↗ Vorgesetzter). Darüber hinaus ist weitgehend ungeklärt, wie das Ich aus den ihm zur Verfügung stehenden Abwehrmechanismen auswählt.

Literatur: Freud, A. 1991: Das Ich und die Abwehrmechanismen, Frankfurt/M.   (m)

AGP

Die Arbeitsgemeinschaft zur Förderung der Partnerschaft in der Wirtschaft e.V. (AGP), gegr. 1950, hat über 400 Unternehmen und weitere Einzelpersonen als Mitglieder. Sie fördert die Idee der partnerschaftlichen Zusammenarbeit im Unternehmen (↗ Beteiligungsmodelle).

Akkordlohn

Bemessungsgrundlage für den Akkordlohn ist das quantitative bzw. mengenmäßige Arbeitsergebnis. Deshalb wird auch vom Stücklohn gesprochen. Er wird wegen der engen und direkt messbaren Beziehung zwischen Leistung und Lohnhöhe auch als unmittelbarer ↗ Leistungslohn bezeichnet.

Ausgangspunkt für die Akkordentlohnung ist der Grundlohn bzw. Akkordrichtsatz, der dem Stundenlohn bei Erbringung der ↗ Normalleistung entspricht. Die Akkordrichtsätze werden tarifvertraglich vereinbart und liegen in der Regel um 15 bis 20 % über dem ↗ Zeitlohn für vergleichbare Arbeiten. Der im Vergleich zum Zeitlohn höhere Lohn wird gewährt, weil bei Akkordentlohnung eine größere Arbeitsintensität erreicht wird als bei anderen ↗ Lohnformen.

Als Akkordsatz wird entweder ein Lohnsatz pro Stück (Stückakkord, Geldakkord) oder – häufiger eine Zeiteinheit pro Stück (Stückzeitakkord) vorgegeben. Die Festlegung der Akkordsätze erfolgt in der Regel aufgrund von ↗ Zeitstudien (↗ REFA), gelegentlich auch auf der Grundlage von ↗ Systemen vorbestimmter Zeiten. Die Vorgabe kann für einzelne Arbeitskräfte (Einzelakkord) oder für Arbeitsgruppen (Gruppenakkord) erfolgen. Neben dem dominierenden proportionalen Zusammenhang zwischen Menge und Lohnhöhe können auch nichtproportionale Beziehungen festgelegt werden. Voraussetzung für die Anwendung des Akkordlohnes

ist das Vorliegen von Akkordfähigkeit und Akkordreife. Sie liegt vor, wenn sich die Arbeitsgänge gleichförmig wiederholen, die Mengenergebnisse exakt erfassbar sind und durch die Arbeitskraft beeinflusst werden können. Die akkordfähigen Arbeiten sind erst dann akkord- bzw. vorgabenreif, wenn die organisatorischen und planerischen Voraussetzungen geschaffen sind. Die Arbeitsabläufe müssen von Störungen bereinigt sein. Diese Bedingungen sind im Zeichen der fortschreitenden Automatisierung in immer geringerem Umfang erfüllt. Die Bedeutung des Akkordlohnes nimmt deshalb ab.

Literatur: REFA-Verband für Arbeitsstudien 1987: Methodenlehre des Arbeitsstudiums, Teil Entgeltdifferenzierung, München; Hentze, J. 1995: Personalewirtschaftslehre 2, 6. Aufl., Bern et al.; Schanz, G. 2000: Personalwirtschaftslehre, 3. Aufl., München   (w)

Akkordreife ↗ Akkordlohn

Akkordrichtsatz

Der Akkordrichtsatz ist das bei Anwendung des ↗ Akkordlohns tarifvertraglich festgelegte Entgelt für eine bei ↗ Normalleistung erbrachte Arbeitsstunde. Er ist Basis für die Lohnermittlung bei der Akkordentlohnung.

Der Akkordrichtsatz liegt in der Regel 15 bis 20% über dem Zeitlohn für eine vergleichbare Tätigkeit. Damit wird die höhere Leistungsintensität berücksichtigt, die durch die arbeitsorganisatorischen Vorkehrungen zur Schaffung der Anwendungsmöglichkeit des Akkordlohns entsteht.   (w)

Aktivationstheorie

Die Aktivationstheorie ist eine der ↗ Motivationstheorien, die sich primär mit kognitiven Prozessen bzw. deren motivationalen und intrapersonalen Grundlagen beschäftigt.

Sie geht vor allem von Ergebnissen der Tierpsychologie, der Neurophysiologie (insbesondere der Gehirnforschung) und der Lerntheorie (↗ Lerntheorien) aus. Es wird postuliert, dass Menschen einen Zustand mittlerer Aktivation oder Erregung anstreben bzw. beibehalten wollen. Diese Verfassung wird im Hinblick auf Leistungsbereitschaft und Gefühlslage als optimal angesehen. Eine Über- bzw. Unterschreitung dieses Zustandes, z.B. durch starken Stress oder langweilige Arbeit, hat sowohl auf die Leistungsbereitschaft als auch auf die Gefühlslage einen negativen Einfluss. Sie bewirkt den Versuch der Wiederherstellung eines Zustands, der subjektiv als mittlerer Erregungszustand empfunden wird. Zwischen Leistungsdisposition bzw. Gefühlstonus und Aktivationsniveau ergibt sich also ein umgekehrt u-förmiger Zusammenhang.

Für das betriebliche ↗ Personalwesen hat die Aktivationstheorie erhebliche Bedeutung. Anwendungsbereich ist insbesondere die ↗ Arbeitsstrukturierung und Aufgabenstrukturierung, die eine entsprechend anregend gestaltete Arbeit zum Ziel hat. Gleiches gilt für die Erklärung der individuellen Konflikt- und Risikofreudigkeit aus dem Vergleich der Auswirkungen der aktuellen Arbeitssituation mit einem subjektiv als angenehm empfundenen Aktivationsniveau.

Trotz plausibler theoretischer und empirischer Befunde darf nicht übersehen werden, dass das Zustandekommen von charakteristischen Aktivationskurven sowie interindividuellen Verhaltensunterschieden bei gleichen Aktivationskurven weitgehend ungeklärt bleibt. Der Schritt von einer generellen zu einer personenspezifischen Aktivationstheorie steht noch aus.

Literatur: Berlyne, D.E. 1981: Konflikt, Erregung, Neugier, in: Ackermann, K.F.; Reber, G. (Hrsg.): Personalwirtschaft. Motivationale und kognitive Grundlagen, Stuttgart, S. 172-199 (m)

Alkohol am Arbeitsplatz

Alkohol am Arbeitsplatz stellt ein erhebliches Gefährdungspotenzial dar. Häufig gefährden alkoholisierte ↗ Arbeitnehmer sich selbst, andere Mitarbeiter und Außenstehende, indem z.B. erhöhte Unfallrisiken entstehen. Die aus übermäßigem Alkoholgenuss resultierenden Gesundheitsschäden sind ein erhebliches Problem.

Von einem strikten Alkoholverbot im Betrieb wird oft abgeraten, da zum einen das Verbot aufwändig umgangen würde, und zum anderen Kollegen Alkoholabhängige zu lange decken, weil sie wissen, dass ein Verstoß gegen das Verbot die Kündigung ermöglicht. In meist größeren Unternehmen praktiziert und häufig diskutiert werden Präventionsmaßnahmen und Maßnahmen zum Umgang mit Alkoholauffälligen und -gefährdeten. Die Präventionsmaßnahmen bestehen z.B. in der betrieblichen Aufklärung über die Risiken und Folgen des Alkoholmissbrauchs, aber auch in einer eignungsgerechten Gestaltung der Arbeit, da Alkohol ein Mittel zur Handhabung belastender Situationen innerhalb und außerhalb der Arbeitstätigkeit sein kann. Der Umgang mit den abhängigen bzw. verhaltensauffälligen Arbeitnehmern reicht von Kündigung und Disziplinarmaßnahmen über Therapieangebote bis hin zu Zusagen einer Weiterbeschäftigung oder erneuten Beschäftigung nach erfolgreicher Therapie. Z.T. bestehen ↗ Betriebsvereinbarungen, die das Vorgehen regeln.

In rechtlicher Hinsicht entfällt der Anspruch auf Entgeltfortzahlung bei alkoholbedingter ↗ Arbeitsunfähigkeit, da ein Verschulden angenommen wird. Verhaltensbedingte ↗ Kündigungen sind möglich, bei personenbezogenen Kündigungen gelten die Bestimmungen für Kündigung bei Krankheit.

Literatur: Schanz, G.; Gretz, C.; Hanisch, D. 1995: Alkohol in der Arbeitswelt, München   (n)

Altersversorgung, betriebliche

Die betriebliche Alterversorgung ist ein Teilbereich der betrieblichen ↗ Sozialleistungen (↗ Sozialpolitik, betriebliche). Unter betrieblicher Altersversorgung versteht man freiwillige, über die Pflichtbeiträge zur gesetzlichen Rentenversicherung hinausgehende Leistungen zur Versorgung alter oder invalider Arbeitnehmer und ihrer Hinterbliebenen. Man unterscheidet Betriebs- oder Invaliditätsrenten (↗ Betriebsrenten) und Leistungen der Hinterbliebenenfürsorge.

Die rechtlichen Bestimmungen sind vor allem im Gesetz zur Verbesserung der betrieblichen Altersversorgung (BetrAVG) zu finden.

Der ↗ Arbeitgeber ist ohne Rechtsgrundlage nicht verpflichtet, Leistungen aus der betrieblichen Altersversorgung zu gewähren. Rechtsgrundlagen können sein: Einzelvertragliche Zusage, Betriebsvereinbarung, Tarifvertrag und betriebliche Übung. Der Arbeitgeber darf niemanden willkürlich schlechter stellen (Grundsatz der Gleichbehandlung).

Man unterscheidet folgende Formen der betrieblichen Altersversorgung:

– Direktzusage: Das Unternehmen geht selbst Pensionsverpflichtungen ein, macht Pensionsrückstellungen und ist damit Träger der Versorgung.
– Betriebliche Pensionskasse: Träger ist eine von einem oder mehreren Betrieben gegründete, rechtsfähige außerbetriebliche Einrichtung, z.B.

in Form eines Versicherungsvereins auf Gegenseitigkeit. An diese Einrichtung zahlen die Betriebe Beiträge. Pensionskassen unterliegen der Versicherungsaufsicht.
– Unterstützungskasse: Träger ist hier eine rechtlich selbstständige Einrichtung in Form eines eingetragenen Vereins, einer GmbH oder Stiftung, die nicht der Versicherungsaufsicht unterliegt.
– Direktversicherung: Hier handelt es sich um einen Einzel- oder Gruppenvertrag, den der Betrieb bei einer Lebensversicherung zugunsten der Arbeitnehmer abschließt. Das Unternehmen zahlt einmalig oder laufend Beiträge an diese Versicherung.
– Freiwillige Höherversicherung in der gesetzlichen Rentenversicherung: Der Betrieb versichert die Arbeitnehmer, die freiwillige oder Pflichtmitglieder in der gesetzlichen Rentenversicherung sind, über deren Beiträge hinaus höher.

Für den Anspruch auf Leistungen aus der betrieblichen Altersversorgung müssen nach dem Gesetz zur Verbesserung der betrieblichen Altersversorgung folgende Bedingungen erfüllt sein: Es besteht bei Eintritt des Versorgungsfall ein Arbeitsverhältnis, eine bestimmte Wartezeit ist erfüllt, der Arbeitnehmer wird in den Ruhestand versetzt und der Versorgungsfall ist eingetreten. Scheidet ein Arbeitnehmer vor dem Versorgungsfall aus, behält er die Ansprüche unter bestimmten Voraussetzungen.

Die Wirkungen der betrieblichen Altersversorgung bestehen vor allem in der Akquisitionswirkung (Mitarbeiterwerbung und -sicherung), Steuerreduktionswirkung und Liquiditätswirkung (z.B. bei Pensionsrückstellungen).

Bei der Einrichtung von Leistungen zur betrieblichen Altersversorgung sind die Mitbestimmungsrechte des Betriebsrats nach § 87 Abs. 1 Nr. 8 Betr.VG zu beachten.

Literatur: Birk, U.-A. 1996: Betriebliche Altersversorgung, München (n)

Änderungen, tief greifende

Als tief greifend werden diejenigen Änderungen in Organisationen bezeichnet, die besondere Probleme in Bezug auf Durchführung und auf Komplexitätshandhabung aufwerfen. Sie betreffen vor allem die ↗ Organisationsstruktur und haben eine Verbesserung der organisationalen Leistungsfähigkeit zum Ziel.

Auslöser für tief greifende Änderungen sind organisationsinterne oder -externe Faktoren, z.B. demographische Entwicklungen, Wachstum, Konkurrenzdruck, welche zu unerwünschten organisationalen Konsequenzen führen.

Die Erfolgsmessung bei tief greifenden Änderungen berücksichtigt sowohl das Ergebnis der Veränderung als auch den Veränderungsprozess selbst. Allerdings gestaltet sich die Quantifizierung überaus schwierig, da sich Kosten und Nutzen aufgrund fehlender Vergleichsorganisationen und schwer operationalisierbarer Kriterien nicht hinreichend genau feststellen lassen.

Wichtige Wege zur Durchführung von tief greifenden Änderungen sind im ↗ geplanten organisatorischen Wandel und in Maßnahmen der ↗ Reorganisation, des Change Management und der ↗ Organisationsentwicklung zu sehen.

Literatur: Kirsch, W. 1973: Betriebswirtschaftspolitik und geplanter Wandel betrieblicher Systeme, in: Kirsch, W. (Hrsg.): Unternehmensführung und Organisation, Wiesbaden, S. 15-40; Scheer, A.W. (Hrsg.) 2003: Change Management im Unternehmen: Prozessveränderungen erfolgreich managen, Berlin et al. (m)

Änderungskündigung

Von Änderungskündigung spricht man, wenn eine arbeitgeberseitige Kündigung mit dem Angebot an den ↗ Arbeitnehmer verbunden wird, zu neuen Bedingungen weiterzuarbeiten. Für den Arbeitnehmer verschlechtern sich in der Regel die Bedingungen (z.B. andere Art der Tätigkeit, verbunden mit niedrigerem ↗ Lohn, weiter entfernter Arbeitsort etc.) (↗ Arbeitsbedingungen). Der Arbeitnehmer hat drei Reaktionsmöglichkeiten: 1. Nimmt der Arbeitnehmer das Angebot an, wird das Beschäftigungsverhältnis zu den neuen Konditionen fortgesetzt. 2. Der Arbeitnehmer kann die Änderung unter Vorbehalt annehmen. Damit lässt sich der Arbeitnehmer zwar auf die Bedingungen ein, versucht aber gleichzeitig, durch eine Änderungsschutzklage eine gerichtliche Klärung herbeizuführen und die Verschlechterungen zu verhindern. 3. Der Arbeitnehmer lehnt die Annahme ab. Die Änderungskündigung wird in diesem Fall als ordentliche ↗ Kündigung wirksam. Der Beschäftigte kann dann Kündigungsschutzklage erheben.

Wie bei der Kündigung muss auch die Änderungskündigung das »letzte Mittel« sein (Ultima-Ratio-Prinzip). Der ↗ Betriebsrat ist vor der Änderungskündigung anzuhören.

Literatur: Däubler, W. 1998: Das Arbeitsrecht Bd. 2, 11. Aufl., Reinbek bei Hamburg (n)

Anforderungsprofil

Im Anforderungsprofil sind die Ausprägungen verschiedener Anforderungsarten dargestellt. Anforderungen werden dabei als objektive Eigenschaften der Arbeit angesehen und sind Soll-Vorstellungen darüber, was bei einer Arbeitskraft zur optimalen Aufgabenerfüllung vorausgesetzt wird.

Häufig werden die Anforderungsarten des ↗ Genfer Schemas als Ausgangspunkt für die Erstellung eines Anforderungsprofils benutzt. Es untergliedert die Arbeitsanforderungen in die Bestandteile Kenntnisse, Geschicklichkeit, Verantwortung, geistige und muskelmäßige Belastung sowie Belastung durch die Umgebungseinflüsse.

Die Erstellung eines Anforderungsprofils soll vor allem folgende Funktionen erfüllen:

– Die ↗ Arbeitsbedingungen können entsprechend gestaltet werden,
– durch einen Vergleich des Anforderungsprofils mit dem ↗ Eignungsprofil gewinnt man Informationen für die ↗ Personalplanung,
– das Arbeitsentgelt ist anforderungsgerecht bestimmbar (↗ Lohnfindung).

Kritische Punkte bei der Anforderungsprofilermittlung liegen z.B. in der Bestimmung der Anforderungskriterien: Es gibt kein hinreichendes theoretisches Modell für die Wirkung bestimmter Faktoren aus dem menschlichen Organismus oder für die Ableitung der Anforderungen aus der Arbeitsaufgabe. Geistige und körperliche Belastung lassen sich kaum voneinander abgrenzen. Hinzu kommen Messprobleme. Man muss auch berücksichtigen, dass Anforderungsbestimmungen kaum objektive Ableitungen aus Arbeitsaufgaben, sondern eher das Ergebnis von kollektiven Verhandlungsprozessen sind.

Literatur: Bartölke, K. u.a. 1981: Konfliktfeld Arbeitsbewertung. Grundlagenprobleme und Einführungspraxis, Frankfurt/M., New York; Lang, K.; Meine, H.; Ohl, K. (Hg.) 2001: Arbeit – Entgelt – Leistung. Tarifanwendung im Betrieb, Frankfurt/M.   (n)

Angst

Als Angst wird der unlustbetonte Gefühlszustand bezeichnet, der sich als Reaktion auf relativ unbestimmte Gefahrensituationen einstellt. Angst wird von Furcht unterschieden, die sich auf auch für andere unmittelbar nachvollziehbare Zusammenhänge zwischen einer Gefahrenquelle und den darauf bezogenen Reaktionen (z.B. Ausweichen, Flucht, Gegenwehr) bezieht.

Angst ist von körperlichen Symptomen wie Pulsbeschleunigung, Atemnot, Zittern, Schweißausbruch, gesteigerte Blasen- und Darmtätigkeit begleitet. Wegen der nicht präzise bestimmbaren Angst auslösenden Gefahrensituation ist auch das auf Reduzierung der Angst bezogene Verhalten weniger bestimmt.

Das Entstehen von Angst wird unterschiedlich, überwiegend jedoch kognitiv, erklärt. Lazarus (1966) geht davon aus, dass Menschen den Charakter einer Situation zu bestimmen versuchen und – falls die Situation als bedrohlich wahrgenommen wird – Einschätzungen darüber vornehmen, ob sie die Möglichkeit haben, die bedrohliche Situation zu bewältigen. Kommt die Person zu dem Ergebnis, dass diese Möglichkeit nicht besteht, stellt sich der als Angst klassifizierte Affektzustand ein. Diese Erklärung lässt plausibel erscheinen, dass Zusammenhänge mit anderen Persönlichkeitsmerkmalen wie Selbstsicherheit bestehen, Menschen in bestimmten Situationen unterschiedlich starke Angstreaktionen zeigen und das Transparentmachen der Angst auslösenden Situation sowie die Übung im Umgang mit der als bedrohlich empfundenen Situation Angst mindernd wirken kann.

Im betrieblichen Alltag können viele Situationen als bedrohlich empfunden werden und Angst auslösen: z.B. neue Anlagen und Technologien, die an die Arbeitnehmer veränderte Anforderungen stellen, wobei die Betroffenen oftmals nicht einschätzen können, ob sie diese veränderte Arbeitssituation erfolgreich bewältigen können (↗ Organisationsentwicklung, ↗ geplanter organisatorischer Wandel). Ähnliches gilt für Personalauswahlsituationen, Prüfungen und Testsituationen, die Übernahme neuer Arbeitsaufgaben, das Auftreten eines neuen Vorgesetzten usw.

Literatur: Greif, S.; Bamberger, E.; Semmer, N. 1991: Psychischer Streß am Arbeitsplatz, Göttingen; Krohne, H. W. 1976: Theorien zur Angst, Stuttgart u.a.; Lazarus, R. S. 1966: Psychological Stress and the Coping Process, New York; Lazarus, R.S. 1995: Streß- und Streßbewältigung – Ein Paradigma, in: Fipipp, S.-H. (Hrsg.): Kritische Lebensereignisse, Weinheim (w)

Anlernen

Unter Anlernen wird die Qualifizierung durch Unterweisung am Arbeitsplatz für ein meist relativ eng begrenztes Fachgebiet verstanden. Anlernen findet dabei regelmäßig innerhalb eines Arbeitsverhältnisses statt.

Bis zum Inkrafttreten des Berufsbildungsgesetzes wurde unter Anlernen außerdem die Ausbildung auf einem engen Fachgebiet zum angelernten Arbeiter bzw. zur angelernten Fachkraft verstanden. Diese Ausbildung war spezieller und kürzer (ca. 2 Jahre) als die Berufsausbildung im Rahmen eines regulären Lehrverhältnisses. Das Berufsbildungsgesetz hat die begriffliche Unterscheidung von ↗ Lehrling und Anlernling jedoch aufgegeben und durch den Oberbegriff ↗ Auszubildende ersetzt. Dadurch sollten auch unterschiedliche Wertungen vermieden werden.

Über den Umfang des Anlernens hinaus geht die im Schweizerischen Berufsbildungsgesetz verankerte Ausbildungsform der ↗ Anlehre. (w)

Anreiz-Beitrags-Theorie

Im Rahmen der ↗ Austauschtheorien handelt es sich bei der Anreiz-Beitrags-Theorie um einen Ansatz mit explizitem organisationalen Bezugsrahmen. Sie befasst sich primär mit menschlichem Entscheidungsverhalten in (Wirtschafts-)Organisationen, besonders ↗ Eintritts-, Verbleibs- und ↗ Austrittsentscheidungen (↗ Teilnahmeentscheidungen). Insoweit Ausschnitte menschlichen Verhaltens erklärt und prognostiziert werden sollen, ist diese Theorie im Zusammenhang mit ↗ Motivationstheorien zu sehen. Sie weist jedoch über diese hinaus auf andere Ansätze wie die Entscheidungs- oder ↗ Organisationstheorie hin.

Die ↗ Organisation wird als System interdependenter Handlungen der Organisationsteilnehmer gesehen. Die Teilnehmer empfangen von der Organisation Anreize (↗ Anreizgestaltung) wie z.B. Lohn und leisten Beiträge, etwa den Einsatz von Arbeitskraft. Für die Teilnehmer ist die Mitgliedschaft in der Organisation dann attraktiv, wenn der Nutzenentgang durch die geleisteten Beiträge von den Anreizen mindestens aufgewogen wird (Ausgewogenheitsaspekt) und/oder das Anreiz-Beitrags-Verhältnis dem individuellen Anspruchsniveau entspricht (Zufriedenheitsaspekt). Der Nutzenentgang wird primär an nicht realisierten alternativen Verwendungsmöglichkeiten gemessen. Die Nutzenbewertung erfolgt subjektiv im Licht der momentanen Bedürfnisse und Ziele. Ein organisationales Gleichgewicht ist dann erreicht, wenn die von der Organisation durch Transformation der Beiträge gewonnenen und den Teilnehmern zur Verfügung gestellten Anreize ausreichen, eine fortdauernde, ausreichende Beitragsleistung der Teilnehmer zu gewährleisten.

Die Anreiz-Beitrags-Theorie ist ein Hilfsmittel zur Analyse und Gestaltung der personalwirtschaftlichen Instrumente und hilft so, das organisationale Gleichgewicht langfristig zu sichern.

Der verwendete Nutzenbegriff – z.b. Zusammenfassung verschiedenster Anreize und Beiträge zu einer einzigen Größe – und die Reduktion auf die Ziele der Teilnehmer, welche die Existenz eigenständiger Organisationsziele nicht berücksichtigt, sind Schwachpunkte dieses Konzepts.

Literatur: March, J. G.; Simon, H. A. 1976: Organisation und Individuum, Wiesbaden   (m)

Anreizgestaltung

Die Anreizgestaltung ist eine der zentralen Aufgaben der ↗ Personalwirtschaft. Die in einem Betrieb Beschäftigten sind hier tätig, weil sie für ihren Einsatz materielle und nicht materielle Gegenleistungen – Anreize – erhalten. Die Anreizgestaltung ist unter zwei Gesichtspunkten von Bedeutung:

1. Teilnahmeentscheidung: Damit ist die Entscheidung für oder gegen die Tätigkeit in einem Unternehmen gemeint; sie wird durch das Anreizoder Kompensationspaket (↗ Kompensation) wesentlich beeinflusst;
2. Umfang und persönliches Engagement bei der Aufgabenerfüllung: Dieser Aspekt der Organisationsmitgliedschaft wird auch als das Problem der Sicherung rollenkonformen Verhaltens angesprochen.

Die Gesamtkalkulation über den Verbleib in einer ↗ Organisation oder eine neue Mitgliedschaft in einer Organisation erfolgt eher in größeren Abständen. Dabei kommt den gut kalkulierbaren Faktoren wie der Höhe des Entgelts, den Sozialleistungen, der eigenen Position in der Arbeitsgruppe, Sicherheitserwägungen usw. eine dominierende Rolle zu.

Das jeweils aktuelle Arbeitsverhalten wird hingegen laufend durch eine Vielzahl von Faktoren unmittelbar beeinflusst. Dabei wirkt das ↗ Entgelt, das für die Teilnahmeentscheidung von zentraler Bedeutung ist, auch unmittelbar auf das Verhalten ein. In diesem Kontext ist weniger die absolute Höhe als die Tatsache von Bedeutung, dass alle Beteiligten zu dem Ergebnis kommen, im Vergleich zu den anderen gerecht entlohnt zu werden. Daneben sind jedoch zahlreiche andere Anreize in gleicher Weise wirksam insbesondere die Arbeitsaufgabe, die sozialen Beziehungen im Arbeitsumfeld, die Vorgesetzten-Mitarbeiter-Beziehung (↗ Führung). Schanz (1991) gliedert die Anreize in die Gebiete Entgeltsystem, Personalentwicklungsanreize, Kreativitäts- und Innovationsanreize, Anreizpotenziale in der Mitarbeiterführung sowie unternehmensweite Anreizsysteme, zu denen u.a. die ↗ Mitarbeiterbeteiligung gehört.

Zielsetzung bei der Gestaltung von Anreizsystemen ist es, Anreizpakte zu schnüren, die insgesamt für die ↗ Arbeitnehmer eine hohe Attraktivität haben, die gute Mitarbeiterinnen und ↗ Mitarbeiter im Unternehmen halten und die das Arbeitsverhalten im Sinne der Organisations- bzw. Unternehmensziele positiv beeinflussen. Die Anreizgestaltung wird auch im Lichte der ↗ Anreiz-Beitrags-Theorie dargestellt und im Anschluss an March/Simon (1958) diskutiert (Kupsch/Marr 1991).

Literatur: Kupsch, P. U.; Marr, R. 1991: Personalwirtschaft, in: Heinen, E. (Hrsg.): Industriebetriebslehre. Entscheidungen im Industriebetrieb, 9. Aufl., Wiesbaden, S. 729-896; March, J.G.; Simon, H.A. 1958: Organizations, New York, London, Sydney; Martin, A. 2001: Personal – Theorie, Politik, Gestaltung, Stuttgart, Berlin, Köln, S. 285-360; Schanz, G. (Hrsg.) 1991: Handbuch Anreizsysteme in Wirtschaft und Verwaltung, Stuttgart   (w)

Äquivalenzprinzip

Der Grundsatz, dass die Lohnhöhe der Leistung entsprechen soll, wird als Äquivalenzprinzip bezeichnet: Die Lohnhöhe soll der Leistung äquivalent sein. Dieses Prinzip konkretisiert sich in den Forderungen, dass der ↗ Lohn in Abhängigkeit von den Anforderungen (anforderungsgerechter Lohn) und vom Leistungsgrad (leistungsgerechter Lohn) festgelegt werden soll.

Als Mittel zur Erreichung dieser Ziele werden die Lohnsatzdifferenzierung und die Differenzierung der Lohnhöhe im Rahmen unterschiedlicher ↗ Lohnformen eingesetzt. Bei der Lohnsatzdifferenzierung werden – meist unterstützt durch Verfahren der ↗ Arbeitsbewertung – unterschiedlich schwierigen Arbeitstätigkeiten entsprechende Lohnsätze zugeordnet. Im Rahmen verschiedener Lohnformen werden Abhängigkeiten zwischen quantitativem und qualitativem Arbeitsergebnis und Lohnhöhe festgelegt. Die Formulierung des Äquivalenzprinzips geht auf Kosiol zurück.

Literatur: Kosiol, E. 1962: Leistungsgerechte Entlohnung, Wiesbaden; Ridder, H.-G. 1999: Personalwirtschaftslehre, Stuttgart usw., S. 355-357 (w)

Arbeiterkammern (Österreich)

Als Arbeiterkammern (genauer: Kammern für ↗ Arbeiter und ↗ Angestellte) werden die aufgrund des österreichischen Arbeitskammergesetzes (AKG) eingerichteten gesetzlichen Interessenvertretungen der ↗ Arbeitnehmer bezeichnet. Ihrem Charakter als ↗ Kammer entsprechend handelt es sich um Körperschaften öffentlichen Rechts, in denen die Entscheidung über eine Mitgliedschaft der Disposition des Einzelnen entzogen ist (Zwangsmitgliedschaft).

Der personale Wirkungsbereich ist umfassend. Ausgeschlossen sind lediglich selbstständig Erwerbstätige und bestimmte, im § 10 Abs. 2 AKG genannte Arbeitnehmergruppen (z.B. leitende Angestellte mit dauernd maßgeblichem Einfluss).

Je Bundesland ist eine Arbeiterkammer, auf Bundesebene der Österreichische Arbeiterkammertag, der sich aus allen österreichischen Arbeiterkammern zusammensetzt, eingerichtet.

Wichtigste Organe der Arbeiterkammern sind Präsident, Vorstand und Vollversammlung (beim Arbeiterkammertag: Hauptversammlung).

Den Arbeiterkammern kommt in ihrem jeweiligen räumlichen und personalen Wirkungsbereich die Aufgabe zu, die sozialen, wirtschaftlichen, beruflichen und kulturellen Interessen ihrer Mitglieder zu vertreten und zu fördern. Das geschieht insbesondere durch Vorschläge und Gutachten, Stellungnahme zu Gesetzen und Verordnungen oder Entsendung von Vertretern in verschiedene Gremien. Der Österreichische Arbeiterkammertag übernimmt diese Angelegenheiten, soweit sie das gesamte Bundesgebiet oder mehrere Bundesländer betreffen. Die Arbeiterkammern nehmen an der ↗ Sozialpartnerschaft Teil, wenngleich ein Großteil der ↗ Kollektivverträge durch den ↗ Österreichischen Gewerkschaftsbund (ÖGB) abgeschlossen wird.

Arbeiterkammern stellen in ihrer Art eine österreichische Besonderheit dar. Sie bilden ein gesetzlich verankertes Gegengewicht zu den ↗ Handelskammern der ↗ Arbeitgeber. In der Beziehung zum (bedeutenderen) ↗ Österreichischen Gewerkschaftsbund hat sich in Österreich gleichsam eine ›Arbeitsteilung‹ herausgebildet, in der sich die Arbeiterkammern verstärkt auf die Wahrung der Arbeitnehmerinteressen im öffentlich-rechtlichen Bereich und auf die wissenschaftliche Untermauerung der Arbeitnehmerpositionen konzentrieren. In diesem Sinne verzichten sie trotz prinzipieller Kollektivvertragsfähigkeit zu Gunsten des ÖGB auf Abschluss der Kollektivverträge.

Literatur: Löschnigg, G. 2003: Arbeitsrecht, 10. Aufl., Wien   (m)

Arbeitgeber

Arbeitgeber im rechtlichen Sinne ist, wer mindestens einen ↗ Arbeitnehmer beschäftigt. Der Arbeitgeberbegriff ist also durch den des Arbeitnehmers definiert.

Arbeitgeber können natürliche und juristische Personen sein; es ist nicht notwendig, dass es sich um einen Unternehmer oder ein Unternehmen handelt, denn auch z.B. ein Haushaltsvorstand kann eine Hilfskraft beschäftigen.

Literatur: Söllner, A.; Waltermann, R. 2003: Grundriß des Arbeitsrechts, 13. Aufl., München; Däubler, W. 1998: Das Arbeitsrecht Bd. 2, 11. Aufl., Reinbek bei Hamburg   (n)

Arbeitgeberverbände

Arbeitgeberverbände sind Zusammenschlüsse von Unternehmen oder von fachlichen bzw. regionalen Unternehmensverbänden zum Zweck der Vertretung arbeitspolitischer Interessen gegenüber den ↗ Gewerkschaften und dem Staat.

Man grenzt für Deutschland Arbeitgeberverbände (Spitzenverband: Bundesvereinigung der Deutschen Arbeitgeberverbände – BDA) einerseits ab von Wirtschaftsverbänden (Spitzenverband: Bundesverband der Deutschen Industrie – BDI), andererseits von ↗ Industrie- und Handelskammern (Spitzenverband: Deutscher Industrie- und Handelstag – DIHT).

Die historischen Vorläufer der heutigen Arbeitgeberverbände konstituier-

ten sich im Vergleich zu den ↗ Gewerkschaften relativ spät. Die Verbandsbildung wurde innerhalb der ↗ Arbeitgeber kontrovers diskutiert, da man teilweise hierin einen ersten Schritt zur Anerkennung der Gewerkschaften sah. Erst 1913 kam es zur Gründung eines deutschen Dachverbandes: der Vereinigung der Deutschen Arbeitgeberverbände. 1950 wurde die heutige Bundesvereinigung der Deutschen Arbeitgeberverbände (BDA) mit Sitz in Köln gegründet. Die BDA ist ein Verband von Verbänden: Seine Mitglieder waren bis zur deutsch-deutschen Vereinigung 54 Fachspitzenverbände und 14 überfachliche Landesverbände.

Unternehmen können also fachlich und regional organisiert sein: Sie sind einerseits Mitglied in einem Fachverband, der wiederum Mitglied in einem Landesverband ist. Dieser gehört dann einem Bundesfachverband an, z.B. dem Gesamtverband metallindustrieller Arbeitgeberverbände. Andererseits sind sie Mitglied in überfachlichen Arbeitgeberverbänden, die sich ebenfalls in Landesverbänden zusammenschließen. Die fachlichen und regionalen Spitzenverbände sind jeweils Mitglied in der BDA.

Wichtigste Organe der BDA sind die Mitgliederversammlung, die den Vorstand wählt, sowie als ausführende Organe Präsidium und Geschäftsführung. Die Stimmrechte der Unternehmen in den Mitgliedverbänden und auch die Beiträge richten sich nach der Lohn- und Gehaltssumme oder der Beschäftigtenzahl. Der Einfluss großer Industrieunternehmen auf die Entscheidungsfindung ist daher beachtlich.

Die BDA ist selbst nicht Tarifpartner. Sie koordiniert jedoch die Tarifpolitik der einzelnen Arbeitgeberverbände. Ein wichtiges Koordinationsinstrument ist der sog. »Tabu-Katalog«, der Gegenstände enthält, die keinesfalls mit den Gewerkschaften vereinbart werden sollen bzw. der Genehmigung bedürfen.

Politisch-ideologisches Leitbild der Arbeitgeberverbände ist die »Sozialpartnerschaft« (↗ Partnerschaft, betriebliche).

Für Österreich sind insbesondere die ↗ Handelskammern von Bedeutung, denen der Gesetzgeber Aufgaben übertragen hat, die in Deutschland von eigenständigen Arbeitgeberverbänden übernommen werden. Darüber hinaus gibt es die Vereinigung österreichischer Industrieller, die eher eine Interessenorganisation ist, obwohl ihr auch Kollektivvertragsfähigkeit (↗ Kollektivvertrag) zuerkannt ist.

In der Schweiz sind die wichtigsten Dachorganisationen der Arbeitgeberverbände der Zentralverband der Schweizerischen Arbeitgeberorganisationen, der Schweizerische Handels- und Industrie-Verein, der allerdings eher Wirtschaftsverbandsinteressen wahrnimmt, sowie der Schweizerische Gewerbeverband. Anders als in Deutschland und in Österreich ist die Mitgliedschaft in Handelskammern für die Schweiz freiwillig.

Literatur: Traxler, F. 1999: Gewerkschaften und Arbeitgeberverbände: Probleme der Verbandsbildung und Interessenvereinheitlichung, in: W. Müller-Jentsch (Hrsg.), Konfliktpartnerschaft, 3. Aufl., München, S. 57-77   (n)

Arbeitnehmer

Im arbeitsrechtlichen Sinne sind Arbeitnehmer diejenigen natürlichen Personen, die aufgrund eines privatrechtlichen Vertrages oder eines gleichgestellten Rechtsverhältnisses zur Arbeit im Dienste eines anderen verpflichtet sind. Für personalwirtschaftliche Überlegungen empfiehlt es sich, den arbeitsrechtlichen Arbeitnehmerbegriff zu erweitern und auf alle Organisationsmitglieder bzw. – im Hinblick auf neue

Organisationsformen – alle zur betrieblichen Leistungserstellung beitragenden Personen – auszudehnen. Damit werden auch Personengruppen mit einbezogen, die vom engeren arbeitsrechtlichen Begriff nicht erfasst, für das ↗ Personalwesen aber von Relevanz sind, z.B. Beamte und Vorstandsmitglieder von Aktiengesellschaften.

Es kann zwischen unterschiedlichen Gruppen differenziert werden. Beispielsweise wird nach Art der Tätigkeit zwischen ↗ Arbeitern und ↗ Angestellten getrennt. Weitere Differenzierungskriterien sind Geschlecht (↗ Arbeitnehmer, weibliche), Alter ↗ Arbeitnehmer, ältere) Herkunft (↗ Arbeitnehmer, ausländische) oder Grad der Erwerbsfähigkeit (↗ Arbeitnehmer, behinderte).

Für das ↗ Personalwesen sind Arbeitnehmer, ihr Leistungsverhalten und die relevanten organisationalen Umweltsegmente Mittelpunkt personalwirtschaftlicher Überlegungen und Maßnahmen. Aus der Unterschiedlichkeit der Arbeitnehmergruppen ergibt sich im Hinblick auf die Erfüllung sozialer und ökonomischer Zielsetzungen die Notwendigkeit der Differenzierung personalwirtschaftlicher Instrumente (differenzieller Aspekt), ohne dabei den Anspruch auf Abstimmung der einzelnen Teilbereiche und die Integration in die Gesamtorganisation aufzugeben.

Literatur: Oechsler, W. 2000: Personal und Arbeit, 7. Aufl., München, Wien   (m)

Arbeitnehmer, ältere

Die Gruppe der älteren Arbeitnehmer wird unterschiedlich abgegrenzt: über das Lebensalter (z.B. 33-55 Jahre), das Berufsalter (z.B. zweite Hälfte der Erwerbstätigkeit) oder die Karrierebiographie (z.B. Erreichung eines Karriereplateaus).

Im Zusammenhang mit älteren Mitarbeitern wird häufig von einem ›Defizitmodell‹ ausgegangen. Es postuliert generell eine mit zunehmendem Alter verringerte geistige und berufliche Leistungsfähigkeit durch Abnahme der intellektuellen und psychomotorischen Fähigkeiten, niedrigere Intelligenz und Arbeitsleistung etc. Untersuchungsergebnisse zeigen jedoch, dass für das Verhalten am Arbeitsplatz eine Vielzahl von biographischen, persönlichkeitsspezifischen und umweltbezogenen Faktoren verantwortlich ist. Der Abnahme in einigen Bereichen steht eine Zunahme der Leistungsfähigkeit auf anderen Gebieten gegenüber.

Das in der Praxis häufig anzutreffende Festhalten am Defizitmodell schafft für diese besondere Gruppe von ↗ Arbeitnehmern eine speziell schwierige Situation. Sie ist u.a. durch negative Stereotype, unzureichend auf die Erfordernisse älterer Mitarbeiter abgestimmte Gestaltung des Arbeitsplatzes und ungenügende Berücksichtigung spezieller Bildungserfordernisse gekennzeichnet. Dazu kommt das über kurz oder lang anstehende Ausscheiden aus dem Erwerbsleben und die damit verbundenen Probleme (z.B. ›Pensionierungsschock‹).

Ältere Arbeitnehmer übernehmen wichtige Funktionen im Rahmen des betrieblichen Geschehens, z.B. Träger von technischem Know-how, Wissen um soziale Zusammenhänge etc. Das betriebliche Personalwesen steht vor der Aufgabe, die personalwirtschaftlichen Instrumente auf diese besondere Gruppe von Mitarbeitern abzustimmen. Wege dazu sind etwa spezifische Maßnahmen der ↗ Fortbildung und ↗ Weiterbildung, adäquater ↗ Personaleinsatz oder eine differenzierende ↗ Lohnpolitik.

Vor dem Hintergrund einer angenommenen Verknappung des Arbeitskräftepotenzials aufgrund der demographischen Entwicklungen kommt älteren Arbeitnehmern in Zukunft vermutlich eine erhöhte Bedeutung zu. Auch wird durch die steigende Lebenserwartung und das Hinaufsetzen des Pensionsalters die Integration älterer Arbeitnehmer im Betrieb an Bedeutung zunehmen.

Literatur: Clemens, W. 2000: Ältere Arbeitnehmer im sozialen Wandel: von den verschmähten zur gefragten Humanressource? Opladen; Gussone, M. 1999: Ältere Arbeitnehmer: Altern und Erwerbsarbeit in rechtlicher, arbeits- und sozialwissenschaftlicher Sicht, Frankfurt/M. (m)

Arbeitnehmer, ausländische

Abhängig Beschäftigte, die nicht die Staatsangehörigkeit des Landes innehaben, in dem sie beschäftigt sind, werden als ausländische Arbeitnehmer, auch als Arbeitsimmigranten, Gastarbeiter und Fremdarbeiter bezeichnet. Der Sprachgebrauch engt die Betrachtung vielfach auf Angehörige solcher Nationalitäten ein, deren sozio-kultureller Hintergrund sich deutlich von dem des Aufnahmelandes unterscheidet. In der Bundesrepublik, in Österreich und in der Schweiz sind damit im Wesentlichen die ausländischen ↗ Arbeitnehmer aus den Mittelmeerländern angesprochen. Diese Einengung der Betrachtung erfolgt, weil sich bei dieser Personengruppe die Probleme häufen, die aus der verschiedenartigen nationalen und sozialen Herkunft herrühren. Die oft verwendete Bezeichnung Gastarbeiter ist schon deshalb irreführend, weil es sich bei den ausländischen Arbeitnehmern und ihren nachgezogenen Familienangehörigen zum großen Teil faktisch um Einwanderer handelt, die jedoch vielfach durch eine ausgeprägte Rückkehrillusion gekennzeichnet sind.

Von allen in der Bundesrepublik Deutschland lebenden ausländischen

Arbeitnehmern (bezogen auf die Sozialversicherungspflichtigen) stammt ein Großteil aus den Ländern, die zwischen 1955 und 1973 aktiv von der Bundesregierung angeworben wurden. Hierzu zählen die Länder des Mittelmeerraumes. Rund 20% davon kommen aus den Anwerbeländern, die jetzt Mitglieder der EU-Staaten sind. Mit 10% stellen die Italiener hiervon den größten Anteil. Alle anderen EU-Nationalitäten sind, außer Griechenland mit ca. 5%, nur in geringem Maße vertreten. 10% der ausländischen Bevölkerung im erwerbsfähigen Alter sind in Deutschland geboren (Weber, I. 2004, Sp. 94).

Der weitaus größte Teil der ausländischen Arbeitskräfte aus dem Mittelmeerraum ist als ungelernter oder angelernter Arbeitnehmer im Verarbeitenden Gewerbe, im Dienstleistungsbereich und in der Bauindustrie vor allem an solchen Arbeitsplätzen beschäftigt, die wegen geringer Verdienstmöglichkeiten, unangenehmen Arbeitsbedingungen und entsprechend niedrigem sozialen Status von den Inländern gemieden werden. Typisch sind Routinearbeitsplätze, häufig in Schichtarbeit und eine überdurchschnittliche Unfallquote, die sowohl durch Merkmale des Arbeitsplatzes als auch durch Orientierungsprobleme der ausländischen Arbeitnehmer in der industriellen Umwelt bedingt ist. Diese Befunde sind typisch für die europäischen Länder mit Ausländerbeschäftigung und für die traditionellen Einwandererländer wie z.B. Australien.

Aus dem unterschiedlichen soziokulturellen Hintergrund der verschiedenen Herkunftsländer folgen unterschiedliche Erwartungen und Verhaltensweisen, die das Problemfeld der Ausländerintegration begründen. Weitere Probleme löst die oft ungeklärte Frage nach Verbleib oder Rückkehr bei den ausländischen Arbeitnehmern und

deren Familien aus. Arbeitsplatzmerkmale und die soziale Situation ausländischer Arbeitnehmer haben vielfältige personalwirtschaftliche Maßnahmen ausgelöst, die häufig als Maßnahmen zur Integration ausländischer Arbeitnehmer behandelt und diskutiert werden.

Literatur: Gaugler, E..; Weber. W.; Gille, G.; Martin, A. 1985: Ausländerintegration in deutschen Industriebetrieben, Königstein i. Ts.; Weber, I. 2004: Arbeitnehmer, ausländische, in: Gaugler, E.; Oechsler, W.A.; Weber, W. (Hrsg.): Handwörterbuch des Personalwesens, 3. Aufl., Stuttgart, Sp. 93-104   (w)

Arbeitnehmer, behinderte

Als behindert wird in Anlehnung an die einschlägigen gesetzlichen Regelungen (vor allem Schwerbehindertengesetz in der Bundesrepublik Deutschland, Behinderteneinstellungsgesetz in Österreich u.a. das Behindertengleichstellungsgesetz in der Schweiz) bezeichnet, wer durch eine gesundheitliche Behinderung eine dauerhafte, erhebliche, i.d.R. mehr als fünfzigprozentige Minderung seiner Erwerbsfähigkeit erfährt, die voraussichtlich länger als 6 Monate dauert. Diese Beeinträchtigung bezieht sich auf die Verwertung der Arbeitskraft im allgemeinen Arbeitsprozess, nicht in seinem speziellen Beruf.

Die gesetzlichen Regelungen für diese besondere Gruppe von ↗ Arbeitnehmern sehen spezielle Schutzbestimmungen für den Eintritt und das Verbleiben in wirtschaftlichen Organisationen sowie für den Fall der Trennung vor, z.B. Mitwirkungsrechte des ↗ Betriebsrats bei der Einstellung, Einstellungsquoten, Auflagen bei der Arbeitsplatzgestaltung, besonderer Kündigungsschutz (↗ Kündigung). Die Wiedereingliederung von Behinderten in den Arbeitsprozess (Rehabilitation) soll so unterstützt werden. Die Praxis zeigt jedoch, dass vor dem Hintergrund von

Rationalisierungsbestrebungen und aktueller wirtschaftlicher Lage Randgruppen wie behinderte Arbeitnehmer zunehmend ausgegrenzt werden.

Ein Mindestaufgabenbereich entsteht dem betrieblichen ↗ Personalwesen durch die erforderliche Umsetzung der entsprechenden gesetzlichen Bestimmungen. Darüber hinaus fördert eine behindertengerechte Gestaltung von ↗ Arbeitsinhalt und Arbeitswelt und die Anpassung der übrigen personalwirtschaftlichen Instrumente an die besondere Lage dieser Mitarbeitergruppe deren Integration. Insbesondere im Rahmen von ↗ Diversity Management wird der Gruppe der behinderten Arbeitnehmer besondere Beachtung geschenkt.

Literatur: Wagner, D. 2003: Diversity Management – besondere Personengruppen, in: Luczak, H. (Hrsg.): Kooperation und Arbeit in vernetzten Welten, Stuttgart, S. 117-124   (m)

Arbeitnehmer, weibliche

Die Differenzierung der Arbeitnehmer nach dem Geschlecht lenkt die Aufmerksamkeit darauf, dass die berufliche Situation von weiblichen und männlichen Organisationsmitgliedern tendenziell unterschiedlich ist. Traditionell wird den Männern eher eine Rolle im Arbeitsprozess, den Frauen hingegen eine Rolle in der Familie zugewiesen. In steigendem Maße nehmen auch Frauen an der außerfamiliären Erwerbsarbeit teil. Dabei spielt aber ↗ Teilzeitarbeit eine wesentliche Rolle.

Generell kann von einer Benachteiligung weiblicher Arbeitskräfte gesprochen werden. Zum einen besteht eine ungleiche Verteilung auf verschiedene Berufe und Berufsfelder (horizontale Segregation). Bestimmte Tätigkeiten werden fast ausnahmslos von Männern ausgeübt, wohingegen in anderen Berufen fast nur Frauen anzutreffen sind.

Zum anderen existieren geschlechtsspezifische Unterschiede hinsichtlich der Karrierechancen (↗ Karriere) und Verdienstmöglichkeiten in einem Berufszweig. So nehmen Frauen im Vergleich zu Männern vorwiegend niedrigere hierarchische Positionen ein (vertikale Segregation). Die Ursachen für diese Benachteiligungen sind vielfältig. Häufig genannt werden negative Stereotypen, die ähnlich wie bei behinderten oder älteren Arbeitnehmern (↗ Arbeitnehmer, ältere, ↗ Arbeitnehmer, behinderte) Frauen etwa eine generell geringere Leistungsfähigkeit unterstellen. In der ökonomischen Betrachtungsperspektive werden als ein weiterer Ursachenkomplex die Humankapitalinvestitionen hervorgehoben: Da aufgrund der spezifischen Lebenssituation der Frauen eine niedrigere Kapitalamortisation erwartet wird (z.B. wegen Kindererziehungszeiten), fallen die Investitionen geringer aus.

Der Gesetzgeber hat auf diese Situation reagiert und im Rahmen von gesetzlichen Bestimmungen versucht, die Situation der Frauen durch Schutz von Schwangeren, ↗ Karenzzeit, Diskriminierungsverbote etc. zu verbessern. Allerdings zeigt die Praxis, dass eine berufliche Gleichstellung der Frau noch nicht erreicht werden konnte. Weibliche Arbeitnehmer fungieren insbesondere in Zeiten wirtschaftlicher Rezession als »Arbeitsmarktreserve«.

Literatur: Krell, G. (Hrsg.) 2004: Chancengleichheit durch Personalpolitik: Gleichstellung von Frauen und Männern in Unternehmen und Verwaltungen. Rechtliche Regelungen – Problemanalysen – Lösungen. Wiesbaden   (m)

Arbeitnehmerentsendung

Eine Auslandsentsendung liegt vor, wenn ein ↗ Arbeitnehmer auf Weisung des inländischen ↗ Arbeitgebers eine zeitlich befristete Beschäftigung im Ausland ausübt. Die zeitliche Begrenzung der Entsendung kann sich dabei aus der Eigenart der Beschäftigung (z.B. Abwicklung eines bestimmten Projektes) oder aus einer vertraglichen Vereinbarung (↗ Arbeitsvertrag) ergeben. Ein ins Ausland entsandter Arbeitnehmer bleibt grundsätzlich in seinem Heimatland sozialversichert, wenn die Entsendung befristet ist.

Die Durchführung von Auslandsentsendungen umfasst:

– Die Auswahl von international tätigen Mitarbeitern (↗ Personalauswahl),
– die Entwicklung und Organisation von Trainingsmaßnahmen zur Vorbereitung auf den Auslandsaufenthalt (↗ Fortbildung, Weiterbildung, Personalentwicklung),
– die Beschaffung von Einreisebestimmungen, Visum und Arbeitserlaubnis,
– die Beschaffung von Informationen hinsichtlich Wohnraum, Einkaufsmöglichkeiten, medizinischer Versorgung, Erholungsmöglichkeiten und Unterrichtsangeboten für Kinder im Gastland sowie
– die Gestaltung und Abwicklung der Entlohnung der international tätigen Mitarbeiter wie die Bestimmung von verschiedenen Auslandszulagen und steuerliche Regelungen sowie die Überweisung von Gehältern ins Ausland.

Viele dieser Faktoren können Quellen der ↗ Angst für den im Ausland tätigen Mitarbeiter darstellen, und ihre optimale Organisation erfordert einen beträchtlichen Umfang an zeitlichen Ressourcen der ↗ Personalabteilung und an Aufmerksamkeit der entsprechenden ↗ Mitarbeiter. In jedem Fall erfordern sie sehr viel mehr Zeit als eine Versetzung auf nationaler Ebene.

Literatur: Weber, W.; Festing, M.; Dowling, P.J., Schuler, R.S. 2001: Internationales Personalmanagement, 2. Aufl., Wiesbaden   (k)

Arbeitnehmererfindungen

↗ Arbeitnehmer sind nach dem Arbeitnehmererfindungsgesetz (ArbNErfG) verpflichtet, von ihnen entwickelte Erfindungen und technische Verbesserungsvorschläge dem ↗ Arbeitgeber unverzüglich anzuzeigen. Für den Arbeitgeber ergibt sich die Pflicht zu einer angemessenen ↗ Vergütung des Arbeitnehmers.

Man unterscheidet Erfindungen und technische Verbesserungsvorschläge. Erfindungen sind patent- oder gebrauchsmusterfähig, technische Verbesserungsvorschläge dagegen nicht. Wenn Erfindungen durch den Arbeitnehmer im Rahmen seiner ihm im Betrieb obliegenden Tätigkeit gemacht werden oder maßgeblich auf Erfahrungen bzw. Arbeiten des Betriebes beruhen, spricht man von Diensterfindungen. Freie Erfindungen umfassen dagegen diejenigen, die keine Diensterfindungen sind, jedoch während der Dauer des Arbeitsverhältnisses entstanden sind.

Diensterfindungen kann der Arbeitgeber unbeschränkt oder beschränkt in Anspruch nehmen. Bei unbeschränkter Inanspruchnahme gehen alle Rechte auf den Arbeitgeber über, und dem Arbeitnehmer entsteht ein Vergütungsanspruch. Bei beschränkter Inanspruchnahme hat der Arbeitgeber kein ausschließliches Recht. Ein Vergütungsanspruch entsteht erst bei Nutzung der Erfindung durch den Arbeitgeber. Auch bei freien Erfindungen besteht eine Mitteilungspflicht auf Seiten des Arbeitnehmers, wenn nicht auszuschließen ist, dass der Arbeitgeber die Erfindung in seinem Betrieb verwerten kann. Der Arbeitnehmer ist darüber hinaus verpflichtet, seinem Arbeitgeber die Erfindung als erstem anzubieten, wenn er sich zur Verwertung entscheidet. Auch bei technischen Verbesserungsvorschlägen hat der Arbeitnehmer unter bestimmten Umständen einen Vergütungsanspruch.

Häufig sind Vergütungsansprüche in Tarif- und Betriebsvereinbarungen geregelt. Bei Streitigkeiten kann eine beim Patentamt im München eingerichtete Schiedsstelle angerufen werden.

Literatur: Söllner, A.; Waltermann, R. 2003: Grundriss des Arbeitsrechts, 13. Aufl., München   (n)

Arbeitnehmerkammern

Arbeitnehmerkammern sind öffentlich-rechtliche Institutionen mit der Aufgabe, die wirtschaftlichen, sozialen und kulturellen Interessen der ↗ Arbeitnehmer wahrzunehmen und zu fördern.

Arbeitnehmerkammern gibt es in Deutschland nur in Bremen (Arbeitnehmerkammern) und im Saarland (Arbeitskammern), im europäischen Ausland in Österreich (↗ Arbeiterkammer) und Luxemburg.

Der Gedanke einer öffentlich-rechtlichen Vertretung der Arbeitnehmer analog zu den ↗ Handwerkskammern (↗ Industrie- und Handelskammer) wurde bereits vor ca. 150 Jahren entwickelt. In den zwanziger Jahren dieses Jahrhunderts errichtete man in Bremen und im Saarland Arbeitnehmerkammern, die allerdings 1936 unter nationalsozialistischer Herrschaft aufgelöst wurden. Die gesetzlichen Grundlagen der heutigen Arbeitnehmerkammern traten 1951 im Saarland und 1956 in Bremen in Kraft.

Für die Arbeitnehmer in diesen beiden Bundesländern herrscht Pflichtmitgliedschaft. Hierin besteht, neben der Rechtsform, ein wichtiges Unterscheidungsmerkmal gegenüber den

↗ Gewerkschaften. Die Mitglieder finanzieren die Kammern mit Beiträgen, deren Höhe sich nach dem Arbeitsentgelt (↗ Lohn, ↗ Gehalt) bemisst.

Organe der Kammern sind in Bremen die Vollversammlung und der Vorstand, der Präsident und verschiedene Ausschüsse, im Saarland die Vertreterversammlung und das Präsidium. Der Senator für Wirtschaft und Außenhandel (in Bremen) bzw. das Arbeitsministerium (im Saarland) sind die zuständigen Aufsichtsbehörden.

Aufgaben sind, neben der allgemeinen Wahrnehmung der Arbeitnehmerinteressen, die Unterstützung staatlicher Stellen, z.B. mit Gutachten, und die Durchführung von Maßnahmen zur beruflichen, politischen und allgemeinen Bildung. Die Arbeitnehmerkammern bilden Mittlerinstitutionen zwischen Arbeitnehmern und Staat.

Literatur: Runte, D. 1985: Arbeitnehmerkammern in Deutschland, in: WiSt, H. 5, S. 259-260   (n)

Arbeitsanalyse

Die Arbeitsanalyse ist ein Verfahren zur Untersuchung von ↗ Arbeitssystemen. Sie bedient sich dabei verschiedener Methoden und Hilfsmittel zur Erfassung der Systemelemente und -relationen. Folgende Informationen werden herangezogen:

– ↗ Stellenpläne und ↗ Stellenbeschreibungen,
– Ergebnisse von Beobachtung von Arbeitsplätzen und -tätigkeiten,
– Erkenntnisse aus Arbeitsstudien,
– betriebsinterne Arbeits- und Bedienungsanweisungen,
– Daten über benutzte Arbeitsstoffe usw.

Diese objektiven oder objektivierten Ergebnisse können durch per ↗ Befragung erhobene Daten ergänzt werden;

z.B. Daten über die Wahrnehmung des Arbeitsplatzes, des Arbeitsablaufs und der Arbeitsumgebung.

Eine Hauptaufgabe der Arbeitsanalyse liegt auf dem Gebiet der ↗ Arbeitsgestaltung, z.B. bei der Vorbereitung von Rationalisierungsmaßnahmen oder dem Erkennen und Abbauen von Belastungen. Sie ist außerdem eine wichtige Voraussetzung für die Entwicklung einer anforderungsgerechten Lohnfindung (↗ Arbeitsbewertung).

Literatur: Schettgen, P. 1996: Arbeit – Leistung – Lohn, Stuttgart   (n)

Arbeitsbedingungen

Arbeitsbedingungen umfassen bestimmte Merkmale der Arbeit im Verhältnis zum Arbeitenden (↗ Arbeitsanalyse). Die am häufigsten zur Erfassung der Arbeitsbedingungen verwendeten Kategorien lassen sich in aufgabenbezogene und personenbezogene Kriteriengruppen unterscheiden. Die beiden Kategorien stehen dabei miteinander in Verbindung.

Die aufgabenbezogenen Kriterien beinhalten

– Arbeitsprodukte,
– Arbeitsmittel, z.B. Werkzeuge, Maschinen,
– Arbeitsverfahren wie Fließfertigung,
– Arbeitsraum,
– Arbeitszeit und
– Arbeitsgruppe.

Hiermit verbunden sind personenbezogene Aspekte wie
– Autonomiegrad, d.h. das Ausmaß der Selbstbestimmtheit über die aufgabenbezogenen Aspekte der Arbeitsbedingungen,
– Art und Umfang der Qualifikationsanforderungen, die zur Erfüllung der Arbeitsaufgabe notwendig sind,
– körperliche und psychische Belastung,

– Möglichkeiten der sozialen Interaktion in Form von formellen und informellen Kontakten zu Kollegen und Vorgesetzten.

Die Gestaltung der Arbeitsbedingungen wird auch in Verbindung mit der ↗ Humanisierung der Arbeit diskutiert, in deren Rahmen die Arbeitsbedingungen verbessert werden sollen.

Literatur: Neuberger, O. 1985: Arbeit, Stuttgart; Oppolzer, A. 1989: Handbuch Arbeitsgestaltung, Hamburg   (n)

Arbeitsbereitschaft

Arbeitsbereitschaft meint zum einen den Willen zur Arbeit (↗ Arbeitsmotivation). Zum anderen wird der Begriff im arbeitszeitrechtlichen Sinne verwendet.

Man unterscheidet Arbeitsbereitschaft vom Bereitschaftsdienst und von der Rufbereitschaft. Während der Arbeitsbereitschaft ist der ↗ Arbeitnehmer zwar im Betrieb, übt seine Tätigkeit aber nicht dauernd aus, sondern er muss in einem Zustand wacher Aufmerksamkeit bereit sein, aktiv zu werden. Ein Beispiel hierfür ist die Tätigkeit eines Pförtners. Arbeitsbereitschaft ist – im Gegensatz zum Bereitschaftsdienst und zur Rufbereitschaft – ↗ Arbeitszeit. Während des Bereitschaftsdienstes muss der Arbeitnehmer lediglich anwesend sein, er kann seine Zeit frei verwenden, und wache Aufmerksamkeit ist nicht erforderlich, d.h., er kann z.B. schlafen. Rufbereitschaft meint dagegen die Verpflichtung des Arbeitnehmers, sich an einem Ort aufzuhalten, der dem ↗ Arbeitgeber bekannt ist, und die Arbeit auf Abruf aufzunehmen. Bereitschaftsdienst und Rufbereitschaft sind keine Arbeitszeiten (↗ Arbeitszeitregelung). Ihre Entlohnung ist häufig in Tarifverträgen (↗ Tarifvertragsrecht), in ↗ Betriebsvereinbarungen, Einzelarbeitsverträgen (↗ Arbeitsvertrag) oder nach der betrieblichen Übung geregelt.

Literatur: Däubler, W. 1998: Das Arbeitsrecht Bd. 2, 11. Aufl., Reinbek bei Hamburg; Söllner, A.; Waltermann, R. 2003: Grundriss des Arbeitsrechts, 13. Aufl., München   (n)

Arbeitsbewertung

Als Arbeitsbewertung werden Verfahren zur Erfassung und quantifizierten Bewertung der Arbeitsanforderungen bzw. der Arbeitsschwierigkeit bezeichnet. Dabei wird der Arbeitseinsatz bei ↗ Normalleistung unterstellt. Das bedeutet, dass bei der Arbeitsbewertung von der Person, die die Arbeitstätigkeit im konkreten Fall ausführt, abstrahiert wird. Die Arbeitsbewertung dient also im Rahmen der kausalen ↗ Lohnfindung der anforderungsgerechten Entlohnung (↗ Lohngerechtigkeit, ↗ Äquivalenzprinzip).

Er werden verschiedene Methoden der Arbeitsbewertung unterschieden: Nach dem angewandten Bewertungsverfahren wird zwischen summarischer und analytischer Arbeitsbewertung, nach dem angewandten Einordnungsprinzip zwischen Reihung und Stufung unterschieden.

Bei der summarischen Arbeitsbewertung wird die Arbeitstätigkeit – meist unter Dominanz eines besonders wichtigen Kriteriums – pauschal bewertet. Es wird ein Gesamturteil über die Anforderungen abgegeben. Beim Rangfolgeverfahren wird die summarische Arbeitsbewertung mit dem Prinzip der Reihung kombiniert: Die Arbeitsplätze werden miteinander verglichen und in eine Reihenfolge gebracht. Beim Katalog- oder Lohngruppenverfahren werden meist sechs bis zwölf Schwierigkeitsbereiche summarisch beschrieben, denen Lohngruppen zugeordnet werden. Diese Kombination von summarischer Bewertung und Stufung ist in vielen Tarifverträgen verankert.

Ein wesentlich verfeinertes Verfahren stellt die analytische Arbeitsbewertung dar. Bei diesem Verfahren wird in mehreren Schritten wie folgt vorgegangen: Grundlage stellt die Arbeitsbeschreibung dar. In einem zweiten Schritt wird festgestellt, welche Anforderungsarten berücksichtigt werden. Die Definition der Anforderungsarten basiert in der Regel auf einem festen Raster von Anforderungsarten, z.B. auf dem ↗ Genfer Schema. Für die definierten Anforderungsarten werden Daten ermittelt, die wiederum die Basis für die Bewertung der unterschiedlichen Anforderungen sind. Die zahlenmäßige Bewertung der Anforderungen bei Normalleistung kann auf der Grundlage der Reihung (Rangreihenverfahren) und der Stufung (Stufenverfahren) erfolgen. Ein zentrales Problem bei der Umrechnung der Werte für die einzelnen Anforderungsarten in den Gesamtwert der Arbeit ist die Gewichtung der Anforderungsarten.

Literatur: Hentze, J. 1980: Arbeitsbewertung und Personalbeurteilung, Stuttgart; Ridder, H.G. 1982: Funktionen der Arbeitsbewertung, Bonn; REFA-Verband für e.V. 1991: Anforderungsermittlung (Arbeitsbewertung), 2. Aufl., München   (w)

Arbeitsbeziehungen

Der Begriff Arbeitsbeziehungen bezeichnet die sozialen, wirtschaftlichen und politischen Beziehungen zwischen den Tarifparteien (↗ Tarifvertragsrecht), innerhalb der Tarifparteien, besonders zwischen Mitgliedern und Führung, zwischen Unternehmensleitung und Belegschaft bzw. deren Vertretern sowie die aus diesen Beziehungen resultierenden und sie beeinflussenden Normen, Verträge und Institutionen. Im englischsprachigen Bereich ist die Bezeichnung Industrial Relations gebräuchlich. Im deutschsprachigen Raum wird z.T. auch der Terminus industrielle Beziehungen verwendet.

Zentrale Untersuchungsobjekte sind die Akteure, ihre Verhaltensweisen, die Art der Beziehungen zwischen ihnen sowie die Normierung der Beziehungen z.B. in Form von rechtlichen Vorschriften. Im Mittelpunkt der Arbeitsbeziehungen steht das Arbeitsverhältnis. Die Regelungsbemühungen der Tarifparteien zielen vor allem hierauf ab.

Mit den Arbeitsbeziehungen befassen sich unterschiedliche Wissenschaftsdisziplinen, z.B. die Betriebswirtschaftslehre, die Soziologie, die Politologie und die Rechtswissenschaften. Es existiert keine allgemein akzeptierte Theorie zur Erklärung und Beschreibung der Arbeitsbeziehungen.

Literatur: Keller, B. 1999: Einführung in die Arbeitspolitik. Arbeitsbeziehungen und Arbeitsmarkt in sozialwissenschaftlicher Perspektive, 6. Aufl. München, Wien; Müller-Jentsch, W. 1997: Soziologie der industriellen Beziehungen, 2. Aufl., Frankfurt/M.   (n)

Arbeitsdirektor

Der Arbeitsdirektor nimmt aufgrund ausdrücklicher Bestellung im Leitungsgremium von Kapitalgesellschaften die Aufgaben im Bereich personeller und sozialer Angelegenheiten (Personalfunktion) wahr. Zum Ressort des Arbeitsdirektors gehören insbesondere die ↗ Personalabteilung, die betriebliche Aus- und ↗ Weiterbildung, das betriebliche Sozialwesen, arbeits- und sozialrechtliche Stabsstellen, Tariffragen, Arbeitssicherheit und Arbeitsgestaltung. Der Arbeitsdirektor ist im Rahmen der unternehmerischen Mitbestimmung (↗ Mitbestimmungsrecht Deutschland, ↗ Mitbestimmungsrecht Österreich) ein gleichberechtigtes Mitglied des zur gesetzlichen Vertretung berufenen Organs, in Aktiengesellschaften also des Vorstands.

Trotz gleicher Bezeichnung und Aufgaben lassen sich je nach rechtlicher Grundlage im Hinblick auf den Modus der Bestellung bzw. Abberufung zwei Typen von Arbeitsdirektoren unterscheiden. Nach dem Montanmitbestimmungsgesetz (1951) kann ein Arbeitsdirektor bei Betrieben des Bergbaus sowie der Eisen- und Stahlindustrie in der Rechtsform einer Kapitalgesellschaft mit mehr als 1000 Beschäftigten nicht gegen die Stimmen der Mehrheit der Arbeitnehmervertreter bestellt werden (Sperrminorität). Nach dem Mitbestimmungsgesetz – für Kapitalgesellschaften mit mehr als 2000 Arbeitnehmern – und nach dem Montan-Mitbestimmungsänderungsgesetz gilt für dessen Bestellung jedoch nichts anderes als für die sonstigen Vorstandsmitglieder. Hier kann der Arbeitsdirektor also auch gegen die Stimmen der Arbeitnehmervertreter im ↗ Aufsichtsrat bestellt werden.

Die Position des Arbeitsdirektors ist eine Institution der Mitbestimmung. Der Gesetzgeber hat so dazu beigetragen, dass dem betrieblichen Personal- und Sozialbereich auf der obersten Leitungsebene von Kapitalgesellschaften erhöhte Aufmerksamkeit zuteil wird. Das Bestellungsverfahren nach dem Montanmitbestimmungsgesetz ist mit einem weitergehenden Anspruch verbunden: Die notwendige Zustimmung der Arbeitnehmervertreter bedeutet eine Veränderung der Machtverhältnisse; sie legt nahe, dass der Arbeitsdirektor eine Mittlerrolle zwischen Kapital und Arbeit einnimmt. Daraus erwachsen Rollenkonflikte. Sie entstehen vor allem aus den unterschiedlichen Ansprüchen von Seiten der anderen Vorstandsmitglieder, der Anteilseigner und der ↗ Arbeitnehmer.

Literatur: Hoffmann, D.; Lehmann, J.; Weinmann, H. 1978: Mitbestimmungsgesetz – Kommentar. München; Spie, U.; Piesker, H. 1983: Der Geschäftsbereich des Arbeitsdirektors. Heidelberg; Blessing, K.; Otto, K.P. 2004: Arbeitsdirektor, in: Gaugler, E.; Oechsler, W.A.; Weber, W. (Hrsg.): Handwörterbuch des Personalwesens (HWP), 3. Aufl., Stuttgart, Sp. 208-216   (m)

Arbeitsfähigkeit

Arbeitsfähig ist ein ↗ Arbeitnehmer, wenn die physischen und psychischen Voraussetzungen gegeben sind, die Arbeit ohne Schaden für die Gesundheit auszuüben. Da diese Voraussetzungen nicht erschöpfend beschrieben und geprüft werden können, definiert man Arbeitsfähigkeit meist negativ: Arbeitsfähig ist ein Arbeitnehmer dann, wenn keine ↗ Arbeitsunfähigkeit im rechtlichen Sinne (in Deutschland geregelt im Entgeltfortzahlungsgesetz und im Sozialgesetzbuch) vorhanden ist. Die Arbeitsfähigkeit ist von der ↗ Arbeitsbereitschaft zu unterscheiden.

Literatur: Schaub, G. 2001: Arbeitsrecht von A - Z, 16. Aufl., München   (n)

Arbeitsgerichtsbarkeit

Die Arbeitsgerichtsbarkeit in Deutschland ist ein den anderen Gerichtszweigen gegenüber selbstständiger Zweig. Die Selbstständigkeit ist erst seit Inkrafttreten des Arbeitsgerichtsgesetzes von 1953 gegeben. In der Weimarer Republik waren die Arbeitsgerichte den anderen Gerichten angegliedert. Arbeitsgerichte sind zuständig für privatrechtliche Streitigkeiten aus Arbeits- oder Tarifverträgen (↗ Arbeitsvertrag, ↗ Tarifvertragsrecht), betriebsverfassungsrechtliche Streitigkeiten und Streitigkeiten über die Wahl von Arbeitnehmervertretern in den Aufsichtsrat (↗ Mitbestimmung). Die wichtigste

Rechtgrundlage ist in Deutschland das Arbeitsgerichtsgesetz (ArbGG).

Die Arbeitsgerichtsbarkeit ist dreigliederig aufgebaut. In der ersten Instanz gibt es die Arbeitsgerichte, in der zweiten die Landesarbeitsgerichte und in der dritten Instanz das Bundesarbeitsgericht mit Sitz in Erfurt. Arbeitsgerichte und Landesarbeitsgerichte sind mit einem hauptamtlichen vorsitzenden Richter und zwei ehrenamtlichen Richtern (Beisitzern) besetzt. Das Bundesarbeitsgericht setzt sich aus drei Berufsrichtern und zwei Beisitzern zusammen. Die Beisitzer (ehrenamtliche Richter) werden je zur Hälfte von den ↗ Arbeitnehmern und ↗ Arbeitgebern bestellt. Das Bundesarbeitsgericht besteht zur Zeit aus zehn Senaten. Wenn ein Senat von der Rechtsauffassung des anderen abweichen will, oder bei besonders grundsätzlichen Rechtsfragen, tritt der Große Senat zusammen, der aus dem Präsidenten des Bundesarbeitsgerichts, dem dienstältesten Senatsvorsitzenden, vier Berufsrichtern und je zwei ehrenamtlichen Richtern der Arbeitnehmer- und Arbeitgeberseite zusammengesetzt ist. Vor dem Arbeitsgericht können alle abhängig Beschäftigten, arbeitnehmerähnliche Personen und Arbeitgeber arbeitsrechtliche Ansprüche geltend machen. Jeder kann vor Gericht selbst verhandeln und Anträge stellen. Anwaltszwang herrscht erst vor dem Bundesarbeitsgericht. In allen anderen Instanzen können sich die Parteien selbst vertreten bzw. durch einen Verbandsvertreter vertreten lassen, Gewerkschaftsmitglieder z.B. durch einen gewerkschaftlichen Rechtsschutzsekretär (↗ Gewerkschaften), Arbeitgeberverbandsmitglieder durch einen Beauftragten des Arbeitgeberverbands (↗ Arbeitgeberverbände).

Die Kosten des Verfahrens sind im Vergleich zu anderen Gerichten gering. Die Gerichtskosten sind vom

Streitwert abhängig, betragen aber in der ersten Instanz maximal 500 Euro. Grundsätzlich fallen Gerichts- und Anwaltskosten nur im sog. Urteilsverfahren an, während das Beschlussverfahren kostenfrei ist. Im Beschlussverfahren werden Streitigkeiten über Fragen des Betriebsverfassungsgesetzes und der Mitbestimmungsgesetze sowie über die Tariffähigkeit und -zuständigkeit einer Partei entschieden. Alle anderen Streitgegenstände fallen unter das Urteilsverfahren. Im Beschlussverfahren erhebt das Gericht – im Unterschied zum Urteilsverfahren – von sich aus Beweise; bei Urteilsverfahren beschränkt es sich auf die Argumente der Beteiligten. Unter bestimmten Bedingungen kann gegen Urteile und Beschlüsse der Gerichte Beschwerde eingelegt werden.

Für Österreich ist die Arbeitsgerichtsbarkeit auf der Grundlage des Arbeits- und Sozialgerichtsgesetzes (ASGG) geregelt. Sie ist für diejenigen bürgerlichen Rechtsstreitigkeiten zuständig, die zwischen Arbeitgebern und Arbeitnehmern aus dem Arbeits- oder Lehrverhältnis, zwischen Arbeitnehmern untereinander aufgrund gemeinsamer Arbeit, zwischen Arbeitgebern/Arbeitnehmern und Mitgliedern der Organe der Arbeitnehmerschaft entstehen sowie für Streitigkeiten über Rechte bzw. Rechtsverhältnisse, die sich aus dem II. Teil (Betriebsverfassung) des Arbeitsverfassungsgesetzes (ArbVG) ergeben.

Für Arbeitsrechtssachen sind in erster Instanz die Landes- und Kreisgerichte (in Wien das Arbeits- und Sozialgericht Wien) zuständig; im Berufungsverfahren entscheidet das zuständige Oberlandesgericht, in der Revision der Oberste Gerichtshof (OGH). Die Arbeitsgerichtsbarkeit wird in Senaten ausgeübt, die zusammengesetzt sind aus Berufsrichtern (die den Vorsitz führen) und fachkundigen Laienrichtern (die je zur Hälfte zum Kreis der Arbeitgeber und Arbeitnehmer gehören).

In der Schweiz gibt es – anders als in Deutschland und Österreich – keine einheitliche Arbeitsgerichtsorganisation, wenn auch einige Kantone eine Sondergerichtsbarkeit für Arbeitsrechtsstreitigkeiten haben. Es gibt jedoch besondere Richtlinien, nach denen Arbeitsstreitigkeiten an anderen Gerichten zu behandeln sind.

Literatur: Halbach, G.; Paland, N.; Schwedes, R.; Wlotzke, O. 1991: Übersicht über das Recht der Arbeit, 4. Aufl., Bonn; Däubler, W. 1998: Das Arbeitsrecht, Bd. 2, 11. Aufl., Reinbek bei Hamburg; Kuderna, F. 1986: Arbeits- und Sozialgerichtsbarkeit, Wien (m/n)

Arbeitsgestaltung

Arbeitsgestaltung in einem engeren Sinne bezeichnet alle Maßnahmen der Veränderung der ↗ Arbeitsbedingungen und ↗ Arbeitsinhalte. Nach einer weitergehenden Auffassung kann man auch die Ergebnisse der Gestaltungstätigkeit hierunter fassen.

Die Arbeitsgestaltung richtet sich auf folgende Punkte: Auf die Funktionsverteilung zwischen Mensch und Arbeitsmittel, die Aufgabenverteilung zwischen den Arbeitenden, den individuellen Handlungsspielraum bei der Tätigkeit und auf die Gestaltung der Arbeitsumgebung.

Man könnte auch noch eine zeitliche Dimension zu den bereits genannten hinzunehmen, um das Verhältnis von täglicher, aber auch wöchentlicher oder jährlicher ↗ Arbeitszeit zu ↗ Freizeit (↗ Arbeitszeitregelung, ↗ Urlaub, ↗ Teilzeitarbeit) ebenso einzubeziehen wie ↗ Pausen oder Schichtarbeit (↗ Schichtwechselplan).

Dominante Ziele einer an den Gedanken der ↗ Humanisierung der Arbeit orientierten Arbeitsgestaltung liegen in der Schaffung von ↗ Arbeitsbedingungen und von ↗ Arbeitsinhalten, die eine größere Autonomie sowie eine Reduzierung der Entfremdung von der Arbeitstätigkeit und den anderen Arbeitenden ermöglichen. Damit eine derartige Arbeitsgestaltung ihre Ziele erfüllt, ist häufig eine Erhöhung der ↗ Qualifikation (↗ Mehrfachqualifikation) der Beschäftigten notwendig (↗ Personalentwicklung).

Literatur: Heller, W. 1994: Arbeitsgestaltung, Stuttgart; Neuberger, O. 1985: Arbeit, Stuttgart   (n)

Arbeitsgruppe

Arbeitsgruppen sind durch spezifische Merkmale gekennzeichnete ↗ Gruppen. Sie werden als Teil einer ↗ Organisation in erheblichem Maße von außen gesteuert: Die Arbeitsgruppe hat stets einen Teil der Gesamtaufgabe der Organisation zu erfüllen; sie richtet ihre Aktivitäten auf diese von außen vorgegebenen Aufgaben, und sie wird mit dieser Intention auch von außen gesteuert. Das Zusammenwirken innerhalb der Arbeitsgruppe wird deshalb wesentlich von den organisatorischen Rahmenbedingungen beeinflusst.

Da Organisationen durch ein hohes Maß an ↗ Arbeitsteilung und durch hierarchische Strukturen gekennzeichnet sind, entsteht bei den Gruppen- bzw. Organisationsmitgliedern in mehr oder weniger großem Maße Distanz bzw. ↗ Entfremdung. Organisatorische und personalwirtschaftliche Gestaltungsmaßnahmen zielen auf die Überwindung der dadurch ausgelösten Probleme.

Die Vorgänge in Arbeitsgruppen fanden erstmals in den Hawthorne-Studien (Roethlisberger/Dickson 1939) größere Aufmerksamkeit. Im Mittelpunkt der wissenschaftlichen Auseinandersetzung mit Arbeitsgruppen steht neben der Führungs- und Konfliktthematik die Frage nach deren Leistungsfähigkeit und den Voraussetzungen für das Auftreten des ↗ Synergieeffekts. Besondere Beachtung finden dabei Gruppenentscheidungsprozesse (↗ Gruppenentscheidungen).

Literatur: Roethlisberger, F.J.; Dickson, W.J. 1939: Management and the Worker, Cambridge/Mass.; Staehle, W. 1999: Management: eine verhaltenswissenschaftliche Perspektive, 8. Aufl., überarbeitet von Conrad, P.; Sydow J., München, S. 265-413   (w)

Arbeitsgruppen, teilautonome

Mit diesem Begriff werden kleine Gruppen von ↗ Mitarbeitern bezeichnet, denen die Verantwortung für einen zusammenhängenden Teil des Arbeitsprozesses, z.B. für die Fertigung eines Produkts, übertragen wird.

Der Verantwortungsbereich bezieht sich dabei vor allen auf folgende Aspekte:

– Zielvorgabe hinsichtlich Quantität und Qualität,
– Art der Produktionsmethode,
– Übernahme von Aufgaben zusätzlich zu den bereits übertragenen,
– Verteilung der Arbeitsaufgaben innerhalb der Gruppe,
– Lage und evtl. Dauer der ↗ Arbeitszeit,
– Arbeitsraum,
– Aufnahme und Ausschluss von Gruppenmitgliedern,
– Vertretung der Gruppe nach außen,
– Führer innerhalb der Gruppe (↗ Führung).

Teilautonome Gruppen können als Teilbereich von Maßnahmen zur ↗ Humanisierung der Arbeit aufgefasst werden. Ihre Einrichtung zielt auf zunehmende Selbstbestimmung und Demokratisierung des Arbeitsprozesses. Sie steht überdies im Dienste der Leistungsteigerung durch verbesserte Befriedigung der Mitarbeiterbedürfnisse.

Literatur: Antoni, C. 1996: Teilautonome Arbeitsgruppen, Weinheim   (n)

Arbeitsinhalte

Arbeitsinhalt meint die Menge und die Art der Gegenstände, an denen gearbeitet wird, oft auch die Tätigkeit selbst sowie das Ausmaß der Entscheidungsmöglichkeiten über Ziele und Mittel des Arbeitsprozesses. Die wahrgenommenen Arbeitsinhalte haben Einflüsse auf die Einstellungen gegenüber der Arbeit und das ↗ Arbeitsverhalten. Im Rahmen der ↗ Humanisierung der Arbeit werden Arbeitsinhalte als Gegenstand der Veränderung in Richtung auf umfangreichere und differenziertere Tätigkeitsbereiche mit größeren Entscheidungsbefugnissen diskutiert (↗ job enlargement, ↗ job enrichment, ↗ Arbeitsgruppen, teilautonome).

Literatur: Neuberger, O. 1985: Arbeit, Stuttgart   (n)

Arbeitsleistung

Arbeitsleistung wird in der ingenieurtechnisch geprägten ↗ Arbeitswissenschaft in Anlehnung an den physikalischen Arbeitsbegriff folgendermaßen definiert:

$$\text{Arbeitsleistung} = \frac{\text{Arbeitsmenge einer bestimmten Qualität}}{\text{Zeit}}$$

Die Arbeitsleistung wird also definitorisch durch das Arbeitsergebnis bestimmt.

Dieses an die physikalische Sichtweise angelehnte Verständnis von Arbeitsleistung berücksichtigt nicht, dass die Interpretation des Arbeitsergebnisses nicht nur Güter und Dienstleistun-

gen, sondern auch Faktoren wie ↗ Arbeitszufriedenheit oder gesundheitliche Befindlichkeit umfassen kann. Eine solche umfassendere Interpretation von Arbeitsleistung ist allerdings wenig verbreitet.   (n)

Arbeitslosenversicherung

Die Arbeitslosenversicherung ist ein Teilbereich der Sozialversicherung der ↗ Arbeitnehmer (↗ Sozialversicherungsrecht) mit der Aufgabe, Arbeitslose (↗ Arbeitslosigkeit) finanziell zu unterstützen, Arbeitsplätze zu erhalten und zu schaffen (↗ Bundesagentur für Arbeit, ↗ Arbeitsvermittlung) und Maßnahmen zur beruflichen Bildung (↗ Berufsbildung) zu fördern. Die Arbeitslosenversicherung ist eine öffentlich-rechtliche Zwangsversicherung, die nahezu alle Arbeitnehmer erfasst. Eine freiwillige Versicherung ist ausgeschlossen. Im Vergleich zur bereits in den 80er-Jahren des letzten Jahrhunderts gesetzlich geregelten ↗ Krankenversicherung, ↗ Unfallversicherung und ↗ Rentenversicherung ist die Arbeitslosenversicherung erst relativ spät im Jahr 1918, in Österreich 1920, öffentlich-rechtlich institutionalisiert. Die wichtigste gesetzliche Grundlage ist das Sozialgesetzbuch, in Österreich das Arbeitslosenversicherungsgesetz (ALVG).

Die finanzielle Unterstützung der Arbeitslosen umfasst vor allem das Arbeitslosengeld. Der Schaffung und Erhaltung von Arbeitsplätzen dienen das Kurzarbeitergeld (↗ Kurzarbeit), die Förderung der ganzjährigen Beschäftigung im Baugewerbe (Winterbauförderung und Schlechtwettergeld) und Maßnahmen zur Arbeitsbeschaffung. In Österreich wird auch das Karenzurlaubsgeld für Arbeitnehmerinnen, die Karenzurlaub im Sinne des Mutterschutzgesetzes (MuttSchG) nehmen, aus Mitteln der Arbeitslosenversicherung gezahlt.

Träger sind die ↗ Bundesagentur für Arbeit und in Österreich die Arbeits- und Landesarbeitsämter. Die Beiträge, die je zur Hälfte vom Arbeitnehmer und Arbeitgeber getragen werden, richten sich nach der Einkommenshöhe.

Literatur: Lampert, H.; Althammer, J. 2004: Lehrbuch der Sozialpolitik, 7. Aufl., Berlin u.a. (n)

Arbeitslosigkeit

Arbeitslose sind nach § 16 SGB Personen, die vorübergehend nicht in einem Beschäftigungsverhältnis stehen, eine versicherungspflichtige Beschäftigung suchen und dabei der Arbeitsvermittlung zur Verfügung stehen. Teilnehmer an Maßnahmen der aktiven Arbeitsmarktpolitik gelten als nicht arbeitslos.

Auf volkswirtschaftlicher Ebene wird als Indikator für Arbeitslosigkeit die Arbeitslosenquote verwendet:

$$\text{Arbeitslosenquote} = \frac{\text{Registrierte Arbeitslose}}{\text{Abhängig Beschäftigte} + \text{Selbstständige} + \text{Arbeitslose}}$$

Nicht registrierte Arbeitslose werden in Deutschland in der Arbeitslosenquote nicht erfasst. Für die Ermittlung der Arbeitslosenquote gelten international nicht durchgängig gleiche Prinzipien, so dass internationale Vergleiche erschwert werden.

Ursachen der Arbeitslosigkeit werden vor allem in folgenden Faktoren gesehen: Zu geringe gesamtwirtschaftliche Nachfrage nach Gütern und Dienstleistungen (konjunkturelle Arbeitslosigkeit), Veränderungen der Wirtschaftsstruktur, z.B. durch Einsatz neuer Techniken (strukturelle Arbeitslosigkeit), jahreszeitliche Faktoren (sai-

sonale Arbeitslosigkeit) und Fluktuation (friktionelle Arbeitslosigkeit).

Folgen der Arbeitslosigkeit sind auf individueller, gesamtwirtschaftlicher bzw. gesellschaftlicher und betrieblicher Ebene zu sehen: Für den Arbeitslosen entstehen psychische, physische und ökonomische Belastungen; auf gesamtgesellschaftlicher Ebene ist mit ökonomischen Verlusten durch »Brachliegen« von Arbeitskraft, Ausfällen im System der sozialen Sicherung, steigenden Anforderungen an die ↗ Arbeitslosenversicherung und politischen Folgen wie Radikalisierung usw. zu rechnen. Betriebliche Folgen bestehen einerseits in einer Verstärkung der Verhandlungsmacht der Arbeitsplatzanbieter, andererseits in verstärkten sozialpolitischen Forderungen an die betriebliche Personalarbeit, einen Beitrag zur Lösung des Arbeitslosenproblems zu leisten, sowie in einem verstärkten Andrang von Bewerbern mit erhöhten Anforderungen an die ↗ Personalauswahl.

Literatur: Brinkmann, G. 1999: Einführung in die Arbeitsökonomik, München (n)

Arbeitsmarkt

Unter Arbeitsmarkt wird zum einen jeder reale oder gedachte Ort verstanden, an dem die Nachfrage nach Arbeitsleistung mit dem Angebot an ↗ Arbeitsleistung zusammentrifft. Zum anderen meint man hiermit einen Koordinationsmechanismus, der Angebot und Nachfrage durch die Interaktionen der Marktteilnehmer aufeinander abstimmt, ohne dass es einer zentralen Regulierungsinstanz bedarf.

Es wird in der (neo)klassischen Volkswirtschaftstheorie davon ausgegangen, dass der Angebots- und Nachfragemechanismus ebenso wie bei Güter- und Dienstleistungsmärkten funktioniert: Der Anbieter von Arbeitsleistung vergleicht zwischen »Grenznutzen«, d.h. ↗ Lohn, und »Grenzleid«, d.h. Arbeitsmühe usw., und bietet je nach Ergebnis dieser rationalen Kalkulation eine entsprechende Menge Arbeitsleistung an.

Der Prozess beim Nachfrager (↗ Arbeitgeber) ist ähnlich; er vergleicht zwischen Wertgrenzprodukt, d.h. dem, was der Arbeiter an zusätzlichen Wert erwirtschaftet, und dem zu zahlenden Lohn. Diese Prozesse wirken regulierend auf Angebot und Nachfrage, wobei angenommen wird, dass es durch die wechselseitige Reaktion zu einem Gleichgewicht zwischen Arbeitsangebot und -nachfrage kommt: Jeder der Arbeit hat, wollte sie auch, jeder der keine Arbeit hat, wollte sie nicht. ↗ Arbeitslosigkeit ist in diesem Modell freiwillig.

Man erkennt, dass es sich bei dieser Vorstellung von Arbeitsmarkt um ein »gedachtes«, d.h. idealtheoretisches und empirisch nicht zu beobachtendes Konstrukt handelt. In neueren ↗ Arbeitsmarkttheorien sind realistischere, d.h. erstens besser prüfbare und zweitens der Realität eher entsprechende Vorstellungen über die Struktur und Funktionsweise von Arbeitsmärkten entwickelt worden, die auch erklären sollen, warum es z.B. zu ↗ Arbeitslosigkeit kommt.

Im Gegensatz zu klassischen, aber auch heute noch vertretenen Erklärungen wird in die Theoriebildung einbezogen, dass die Arbeitsleistung nicht vom Arbeitenden zu trennen ist, wodurch z.B. Motivations- und Disziplinprobleme (↗ Motivation, ↗ Disziplin) zu lösen sind, mächtige Arbeitgeber- und Arbeitnehmerorganisationen sowie der Staat über Gesetze und ↗ Tarifverhandlungen Einfluss nehmen, und dass Machtungleichgewichte zwischen Arbeitsanbietern und -nachfragern bestehen, da der Anbieter unter Angebotsdruck steht, weil er im Gegensatz zum Nachfrager nur über die »Ware Arbeitskraft« verfügt (↗ radikalökonomische Theorie). Weiterhin ist zu berücksichtigen, dass – zumindest innerhalb der Unternehmen – der Marktmechanismus durch hierarchische Mechanismen, d.h. durch eine zentrale Instanz, weitgehend außer Kraft gesetzt ist (↗ Arbeitsmarkt, interner). Schließlich ist zu beachten, dass es nicht den Arbeitsmarkt generell gibt, sondern eine Reihe von segmentierten oder ↗ Teilarbeitsmärkten, die sich regional oder nach Qualifikationen oder Personengruppen ausdifferenziert haben.

Literatur: Brinkmann, G. 1999: Einführung in die Arbeitsökonomik, München   (n)

Arbeitsmarkt, interner

Als interne Arbeitsmärkte werden Ausschnitte des Arbeitsmarktes bezeichnet, die nur einem begrenzten Personenkreis zugänglich sind. Wichtigste interne Arbeitsmärkte sind der betriebliche bzw. betriebsinterne und der berufsfachliche Arbeitsmarkt. Der verbleibende Rest des Arbeitsmarktes wird als externer Arbeitsmarkt bezeichnet. Der Zutritt zum betriebsinternen Arbeitsmarkt ist an die Mitgliedschaft in dem jeweiligen Betrieb bzw. Unternehmen, der Zutritt zu einem berufsfachlichen Arbeitsmarkt – z.B. dem der Juristen oder Psychologen – an spezifische, meist durch bestimmte Prüfungen attestierte ↗ Qualifikationen gebunden.

Das Entstehen betriebsinterner Arbeitsmärkte wurde durch die Verbesserung der materiellen Lebensbedingungen der Erwerbstätigen und die wachsende Bedeutung der Humanressourcen als betrieblicher Erfolgsfaktor nachhaltig gefördert. Im Zeichen einer steigenden Bedeutung von Forschung und Entwicklung und den damit verbundenen technischen Umwälzungen bei der Leistungserstellung investieren Unternehmen in wachsendem Umfang in ihre Arbeitskräfte – vor allem in deren Qualifikation (↗ Weiterbildung) – und versuchen diese Investitionen zu schützen. Sie ergreifen deshalb Maßnahmen, um die für sie wertvollen Arbeitskräfte stärker an das Unternehmen zu binden. Deshalb und weil sich mit der Verbesserung der materiellen Lebensbedingungen andere Motive in den Vordergrund schoben, gewannen neben dem ↗ Lohn Anreize wie Sicherheit, Attraktivität der Arbeitsaufgaben oder persönliche Entwicklungsmöglichkeiten größere Bedeutung. Wichtigstes Instrument zur Pflege des internen Arbeitsmarktes ist die ↗ Personalentwicklung.

Damit sich ein funktionierender betriebsinterner Arbeitsmarkt herausbilden kann, müssen intern zu besetzende Positionen – z.B. durch Unternehmenswachstum, Fluktuation, Pensionierungen usw. – vorhanden sein. Diese Positionen müssen für die Beschäftigten eine gewisse Attraktivität aufweisen (↗ Identifikation). Bei der Besetzung dieser Positionen muss ein durchschaubares Prinzip – in Wirtschaftsorganisationen das Leistungsprinzip – angewandt werden. Die speziellen Maßnahmen, durch die Stellenbesetzungen auf dem betriebsinternen Arbeitsmarkt sichergestellt werden, beziehen sich im Rahmen von ↗ Personalentwicklungssystemen auf die Schaffung von Transparenz für die Beteiligten auf diesem Markt, die gezielte Förderung durch Weiterbildung und Aufgabenzuordnung, das Einräumen von Artikulationschancen für Wechselwünsche und von Wechselmöglichkeiten – z.B. durch Schaffung betriebstypischer Versetzungsketten – sowie auf die Bereitstellung von Beratungsleistungen. Innerhalb der Personalwirtschaftslehre sind die Probleme des internen Arbeitsmarktes demnach vor allem im Zusammenhang mit der ↗ Personalentwicklung und der ↗ Personalbeschaffung relevant.

Im Rahmen der volkswirtschaftlichen Diskussion wird das Zustandekommen betriebsinterner Arbeitsmärkte insbesondere im Anschluss an ↗ Humankapitaltheorien, Vertragstheorien und unterschiedlich akzentuierte Segmentationstheorien erklärt.

Literatur: Alewell, Dorothea 1993: Interne Arbeitsmärkte. Eine informationsökonomische Analyse, Hamburg; Ehreiser, H.J.; Nick, F.R. (Hrsg.) 1978: Betrieb und Arbeitsmarkt, Wiesbaden   (w)

Arbeitsmarktforschung

Die Arbeitsmarktforschung untersucht Funktion und Struktur interner und externer Arbeitsmärkte (↗ Arbeitsmarkt, interner). Diese Forschung hat das Ziel der Gewinnung von Informationen über die Struktur der gegenwärtigen und zukünftigen Arbeitskräfte und über die Determinanten und Wirkungen dieser Strukturen und Prozesse.

Je nach Träger der Forschungsaktivität unterscheidet man zwischen betrieblicher und überbetrieblicher Arbeitsmarktforschung.

Ziel der betrieblichen Arbeitsmarktforschung ist – in Bezug auf den externen Arbeitsmarkt – die Gewinnung von Informationen über Quantität und Qualität des gegenwärtigen und zukünftigen Arbeitsangebots, aber auch über das Image der Unternehmung; in Bezug auf den internen Arbeitsmarkt soll das Wissen über das interne Arbeitsangebot, aber auch über Betriebsklima, Fluktuation u.Ä. vermehrt werden (↗ Personalforschung). Die Informationen werden vor allem für eine an die Entwicklung externer und interner Marktsituationen angepasste ↗ Personalpolitik eingesetzt.

Die überbetriebliche Arbeitsmarktforschung untersucht Bestand und Veränderungen der Arbeitskräfte und Arbeitslosen (↗ Arbeitslosigkeit), entwickelt Arbeitsmarktprojektionen, analysiert Berufsverläufe und betreibt Qualifikationsforschung. Durchgeführt werden solche Analysen z.B. vom Institut für Arbeitsmarkt- und Berufsforschung der ↗ Bundesagentur für Arbeit in Nürnberg.

Die Arbeitsmarktforschung ist interdisziplinär und methodenpluralistisch: Die Wirtschafts- und Sozialwissenschaften arbeiten daran ebenso wie die Pädagogik, und es werden die verschiedensten Methoden eingesetzt wie ↗ Inhaltsanalyse, ↗ Befragung und ↗ Beobachtung oder – seltener – ↗ Experimente.

Literatur: Scherm, E. 1990: Unternehmerische Arbeitsmarktforschung, München (n)

Arbeitsmarkttheorien

Die Arbeitsmarkttheorien streben Erklärungen der Arbeitsmarktprozesse und deren Ergebnisse (↗ Beschäftigung, ↗ Arbeitslosigkeit) an.

Unter den Erklärungsansätzen dominiert die neoklassische Sichtweise, die wirtschaftliches Handeln als das Ergebnis rationaler individueller Entscheidungen interpretiert. Nach der traditionellen neoklassischen Arbeitsmarkttheorie werden Arbeitsmärkte mit dem Auktionsmarktmodell erklärt: Die vollständige Anpassung der Lohnsätze führt zu einem Ausgleich von Angebot und Nachfrage. Es wird eine optimale Allokation der Arbeitskräfte erreicht. Die Arbeitsmarktprozesse werden demnach durch Lohnsätze gesteuert; vielfach wird deshalb die traditionelle neoklassische Arbeitsmarkttheorie als Lohnwettbewerbsmodell gekennzeichnet.

Viele Erscheinungen auf dem Arbeitsmarkt sind mit diesem Erklärungsansatz nicht vereinbar. Neuere neoklassisch orientierte Ansätze geben deshalb so realitätsferne Annahmen wie die vollständige Information der Beteiligten, Elastizität der Löhne und homogenes Arbeitskräfteangebot auf, bleiben jedoch bei der Annahme rationalen Verhaltens und stellen weiterhin individuelle Optimierungskalküle in den Mittelpunkt der Überlegungen. Als neuere neoklassisch orientierte Erklärungsansätze sind die ↗ Suchtheorie, ↗ Kontrakttheorie und ↗ Humankapitaltheorie zu nennen.

Demgegenüber löst sich die Segmentationstheorie von den Bemühungen, Arbeitsmarktprozesse als Ergebnis individueller Optimierungskalküle zu erklären; sie betont vielmehr die Bedeutung innerbetrieblicher Abhängigkeiten und verfestigter Verhaltensweisen.

Die Erklärungsleistungen der Arbeitsmarkttheorie stellen eine wichtige Grundlage für die Arbeitsmarktpolitik, auch für betriebliche Maßnahmen in diesem Bereich dar (↗ Beschäftigungspolitik, betriebliche).

Literatur: Buttler, F.; Gerlach, K. 1982: Arbeitsmarkttheorien, in: HdWW, Bd. 9, 1982, S. 686-696; Franz, W. 1999: Arbeitsmarktökonomik, 4. Aufl. Berlin; Gerlach, K. et al. (Hrsg.) 1998: Ökonomische Analysen betrieblicher Strukturen und Entwicklungen – Das Hannoveraner Firmenpanel. Frankfurt/M., New York; Sesselmeier, W.; Blauermel, G. 1997: Arbeitsmarkttheorien: Ein Überblick, Berlin et al. (w)

Arbeitsmedizin

Die Arbeitsmedizin befasst sich mit den Wechselwirkungen zwischen Arbeitstätigkeit, Arbeitsplatz und Gesundheit der ↗ Arbeitnehmer. Die Arbeitsmedizin zielt darauf ab, die Gesundheit der Beschäftigten zu fördern und zu sichern, Schäden durch ↗ Arbeitsbedingungen und gefährliche Stoffe zu verhindern und die ↗ Arbeitnehmer an

Arbeitsplätzen zu beschäftigen, die ihrer physischen und psychischen Eignung entsprechen. Dazu ist die gesundheitliche Betreuung der Arbeitnehmer und eine entsprechende Gestaltung (↗ Arbeitsgestaltung) der ↗ Arbeitsbedingungen erforderlich. D.h., es sind Maßnahmen zur Unfallverhütung (↗ Unfallschutz, ↗ Arbeitssicherheit) zu treffen, die Einhaltung von Schutzgesetzen zu sichern, und es sind eventuelle ↗ Berufskrankheiten zu verhindern und zu diagnostizieren. Die Therapie ist auf Notfälle und Erste Hilfe begrenzt.

Eng verbunden mit der Arbeitsmedizin sind die Gebiete ↗ Arbeitsphysiologie und ↗ Ergonomie.

Ärzte mit einer zwei Jahre dauernden Zusatzausbildung in Innerer Medizin sowie einer zweijährigen praktischen Tätigkeit in der Arbeitsmedizin dürfen die Bezeichnung »Arzt für Arbeitsmedizin« bzw. »Arbeitsmediziner« führen. Für ↗ Betriebsärzte ist diese Qualifikation vorgeschrieben.

Literatur: Elsner, G. 2001: Arzt und Arbeit. Ein Lehrbuch zur Arbeitsmedizin, Hamburg   (n)

Arbeitsmotivation

Arbeitsmotivation bedeutet nicht primär ↗ Motivation am Arbeitsplatz, sondern beinhaltet diejenigen Aspekte der Motivation von Personen, welche mit der Erfüllung von formell übertragenen Verpflichtungen in arbeitsteilig strukturierten (Wirtschafts-) Organisationen verbunden sind. Es gibt Aufschluss über Richtung, Form (Qualität) und Intensität von arbeitsbedeutsamen Verhaltensweisen.

Vor dem Hintergrund verschiedener ↗ Motivationstheorien werden unterschiedliche, teils miteinander zusammenhängende Problembereiche behandelt: z.B. in Verbindung mit der ↗ Arbeitszufriedenheit unterschiedliche Zufriedenheitsbegriffe, im Bereich ›Motivation und Leistung‹ Fragen nach dem Stellenwert motivationaler Prozesse für die Leistungsentstehung oder danach, ob bzw. wie man Organisationsteilnehmer motivieren kann.

Arbeitsmotivationale Erkenntnisse schlagen sich auf der Gestaltungsebene z.B. in Konzepten der ↗ Führung, Anreizsystemen, Aufgabengestaltung oder differenziellen Ansätzen der ↗ Arbeitsstrukturierung nieder.

Literatur: Mayrhofer, W. 2002: Motivation und Arbeitsverhalten, in: Kasper, H.; Mayrhofer, W. (Hrsg.): Personalmanagement – Führung – Organisation, 3. Aufl., Wien, S. 255-288   (m)

Arbeitsordnung

Die Arbeitsordnung – gelegentlich auch Betriebsordnung genannt – hat Bestimmungen über das erwünschte Verhalten der ↗ Arbeitnehmer im Betrieb sowie über die Handhabung sozialer Angelegenheiten zum Inhalt. Neben den Pflichten der Arbeitnehmer sind regelmäßig Rechte, z.B. Beschwerderechte, Gegenstand der Arbeitsordnung. Wesentlicher Zweck ist die Sicherung eines einheitlichen Normengefüges, der Schutz vor Willkür und die Aufrechterhaltung des Betriebsfriedens. Typische Inhalte von Arbeitsordnungen sind allgemeine Rechte und Pflichten der Arbeitnehmer, Regelungen über Begründung, Änderung und Beendigung des Arbeitsverhältnisses, über Verhalten im Betrieb (z.B. Torkontrollen, Rauch- und Alkoholverbote), über Arbeitszeiten und Pausen, ↗ Urlaub, Arbeitsentgeltermittlung, Urlaub, Unfall- und Schadensverhütung, Gesundheitsschutz, Verbesserungs- und Vorschlagswesen, besondere Leistungen an ↗ Mitarbeiter, insbesondere soziale Leistungen, weiterhin Regelungen über Pflichtverletzungen, Ordnungsstrafen und Beschwerderechte.

Die Arbeitsordnung wird häufig in *↗* Betriebsvereinbarungen schriftlich geregelt. Sie ist im Betrieb auszuhängen oder auszulegen.

Die Arbeitsordnung gilt für alle im Betrieb beschäftigten Arbeitnehmer, also für alle, die nicht unter § 5 Abs. 2 BetrVG genannt werden. Gegenüber Tarifverträgen (*↗* Tarifvertragsrecht) oder Einzelverträgen (*↗* Arbeitsvertrag) abweichende Regelungen gelten nur, wenn sie für den Arbeitnehmer günstiger sind.

Betriebsstrafen, z.B. in Form von Geldbußen der Arbeitnehmer, sind zulässig, wenn ein rechtsstaatliches, ordnungsgemäßes Verfahren eingehalten wird.

Literatur: Däubler, W. 1998: Das Arbeitsrecht Bd. 2, 11. Aufl., Reinbek bei Hamburg   (n)

Arbeitsorganisation

Arbeitsorganisation umfasst Entscheidungen über die Aufgabenzuordnung von Personen im Rahmen der Besetzung von Stellen bzw. die Schaffung von Aufgabengesamtheiten für Personenmehrheiten.

Im Taylorismus musste jeder Handgriff in Arbeitsunterlagen dokumentiert und im Zuge der Tätigkeit genau eingehalten werden. Im Zuge der Human-Relations-Bewegung kam es zu einer Erweiterung der Tätigkeitsstrukturen und damit zu einer Änderung der Arbeitsorganisation. Ergebnisse der Motivations- und Verhaltensforschung führten seit Mitte des 20. Jahrhundert zu einer Flexibilitätserhöhung (»Ent-Taylorisierung«) und neuen Formen organisatorischer (z.B. Team- und Gruppenarbeit, Flexibilisierung der Entlohnung) und technischer Arbeitsstrukturierung (z.B. ergonomische und technische Arbeitsgestaltung). Im Zentrum der Überlegungen stehen dabei Konzepte, die den individuellen Handlungsspielraum

unter Beachtung bzw. Steigerung der ökonomischen Effizenz ausweiten. Dabei sind rechtliche Regelungen wie z.B. das *↗* Betriebsverfassungsgesetz, *↗* Kollektivverträge oder *↗* Arbeitszeitgesetze zu beachten.

Literatur: Eckardstein, D. von 2002: Personalmanagement, in: Kasper, H.; Mayrhofer, W. (Hrsg.): Personalmanagement – Führung – Organisation, 3. Aufl., Wien, S. 361-405   (m)

Arbeitsphysiologie

Die wissenschaftliche Disziplin der Arbeitsphysiologie untersucht die Reaktionen des menschlichen Organismus oder einzelner Organe auf das Einwirken von Arbeitsaufgaben und Arbeitsplätzen, Arbeitsgegenständen und Arbeitsstoffen, Arbeits- und Betriebsmitteln sowie Arbeitsumgebung. Die Arbeitsphysiologie misst die Einwirkungen in physikalischen und chemischen, in energetischen und informatorischen Einheiten. Die Messergebnisse dienen zur Beschreibung und Beurteilung von Arbeitsschwere, Arbeitsschwierigkeit und -geschwindigkeit, Arbeitsdauer und -unterbrechung. Die Ergebnisse dieser Forschung sollen unter Einbeziehung von Grenz- und Optimalwerten bei der Gestaltung der *↗* Arbeitsbedingungen durch Werksärzte, Ingenieure, Sicherheits- und Personalfachleute umgesetzt werden (*↗* Arbeitsmedizin, *↗* Ergonomie, *↗* Arbeitssicherheit, *↗* Arbeitswissenschaft). Die Arbeitsphysiologie ist dabei Humanitäts- und Produktivitätszielen verpflichtet.

Literatur: Rohmert, W.; Rutenfranz, J. (Hrsg.) 1983: Praktische Arbeitsphysiologie, 3. Aufl., Stuttgart, New York   (n)

Arbeitsplatzdaten

Bei einem großen Teil der Entscheidungen im Personalbereich ist die Zuordnung von Personen und Arbeitsplätzen das Kernproblem: z.B. bei der ↗ Personalbeschaffung, beim ↗ Personaleinsatz und bei der ↗ Personalentwicklung. Entscheidungsgrundlage sind in diesen Fällen neben der ↗ Personalinformationen Informationen über die einzelnen Arbeitsplätze oder über die Arbeitsplätze in einem Unternehmen bzw. in Teilen des Unternehmens. Auf der Ebene des einzelnen Arbeitsplatzes (Mikroebene) sind die Arbeitsplatzmerkmale, die zu erfüllenden Aufgaben und die damit verbundenen Abläufe und Beziehungen zu anderen Arbeitsplätzen, die organisatorische Einbindung der ↗ Stelle, die zur Aufgabenerfüllung notwendigen Sachmittel, die Anforderungen und die Vergütungsmerkmale von Bedeutung. Arbeitsplatzinformationen bzw. Arbeitsplatzdaten auf der Makroebene umfassen die gleichen inhaltlichen Kategorien in aggregierter Weise, also etwa die Aufgabenstruktur, die Anforderungsstruktur usw. Diese Informationen stellen eine wesentliche Planungsgrundlage dar, während die Informationen auf der Ebene des einzelnen Arbeitsplatzes Grundlage für personalwirtschaftliche Einzelentscheidungen darstellen.

Literatur: Bader, B. 1996: Computergestützte Personalinformationssysteme. Stand und Entwicklungstendenzen, Diss., Dresden   (w)

Arbeitsplatzdatenbank

Arbeitsplatzdatenbanken, auch: Stellenbanken, sind Hauptkomponenten von ↗ Personalinformationssystemen. Sie enthalten – oft spiegelbildlich zur ↗ Personaldatenbank – Daten über Arbeitsplätze bzw. Stellen und Anforderungen. Anforderungsdateien werden in der Praxis jedoch selten geführt. Zusätzlich werden Daten zur Identifizierung der Arbeitsplätze erfasst.

Drumm schlägt strukturgleich zu seinem Vorschlag zur Personaldaten-

bank die Gliederung in Stamm-Datei, Aufgaben-Datei (Stellenaufgaben oder Ziele), Anforderungsdatei, Arbeitszeit-Datei und Vergütungsdatei vor. (vgl. ↗ Datenschutz)

Literatur: Domsch, M. 1980: Systemgestützte Personalarbeit, Wiesbaden; Drumm, H.J. 2000: Personalwirtschaftslehre, Berlin usw.   (w)

Arbeitsrecht

Arbeitsrecht ist das Recht der in abhängiger Tätigkeit geleisteten Arbeit. Man unterscheidet zwischen ↗ Individualarbeitsrecht und ↗ kollektivem Arbeitsrecht. Das Individualarbeitsrecht regelt die Rechtsbeziehungen, d.h. die Rechte und Pflichten zwischen dem einzelnen ↗ Arbeitnehmer und dem ↗ Arbeitgeber. Das kollektive Arbeitsrecht betrifft die Beziehungen zwischen Arbeitnehmergruppen oder -vertretungen (↗ Betriebsrat, ↗ Gewerkschaften) und einem Arbeitgeber oder mehreren, in ↗ Arbeitgeberverbänden zusammengeschlossenen Arbeitgebern.

Das Individualarbeitsrecht beinhaltet vor allem das Arbeitsvertragsrecht; teilweise wird das ↗ Arbeitsschutzrecht wegen des Einflusses auf das Arbeitsverhältnis zum Individualrecht gezählt. Das Kollektivarbeitsrecht enthält vor allem das Tarifvertragsrecht bzw. in Österreich das Kollektivvertragsrecht (↗ Tarifvertragsgesetz, ↗ Arbeitsverfassungsrecht), das Arbeitskampf-, Betriebsverfassungs- und Mitbestimmungsrecht (↗ Tarifvertragsgesetz, ↗ Betriebsverfassungsgesetz, ↗ Arbeitsverfassungsgesetz, ↗ Mitbestimmungsrecht).

Zum Arbeitsrecht gehört ebenfalls das Arbeitsverfahrensrecht, in dem Regelungen über die Durchsetzung individueller Ansprüche enthalten sind (↗ Arbeitsgerichtsbarkeit). Weiterhin wird häufig das Arbeitsorganisationsrecht hinzugerechnet. Es regelt die Tätigkeit der mit dem Arbeitsverhältnis befassten Institutionen wie Ämter, Behörden usw., z.B. ist hiervon die Arbeitsvermittlung und die Berufsbildung berührt, aber auch die ↗ Arbeitnehmerkammern bzw. in Österreich die ↗ Arbeiterkammern.

Auch das Sozialrecht wird z.T. zum Arbeitsrecht gezählt: Es betrifft Regelungen des Staates und der Verbände zur Vermeidung unerwünschter sozialer Folgen aus abhängig geleisteter Arbeit. Diese Normen sind im Sozialgesetzbuch festgehalten (↗ Sozialversicherungsrecht).

Eine einheitliche Rechtsquelle des individuellen und kollektiven Arbeitsrechts existiert nicht. Als Rechtsquellen dienen Gesetze, Rechtsprechung, Tarifverträge, Betriebsvereinbarungen, individuelle Arbeitsverträge und betriebliche Übung. Dabei hat i.d.R. das Gesetz Vorrang vor dem Tarifvertrag, der wiederum der Betriebsvereinbarung vorgeht, usw.

Das Arbeitsrecht hat vor allem eine Schutzfunktion und eine Befriedungsfunktion: Die Austauschbedingungen für Arbeitskraft können nicht einseitig von einer Vertragspartei zuungunsten der anderen geändert werden; und Konflikte werden nach bestimmten, festgelegten Regeln ausgetragen und kanalisiert.

Literatur: Söllner, A.; Waltermann, R. 2003: Grundriß des Arbeitsrechts, 13. Aufl., München; Däubler, W. 1998: Das Arbeitsrecht, Bd. 1, 15. Aufl., Reinbek bei Hamburg; Däubler, W. 1998: Das Arbeitsrecht Bd. 2, 11. Aufl., Reinbek bei Hamburg; Rehbinder, M. 2002: Schweizerisches Arbeitsrecht, 15. Aufl., Bern; Schaub, G. 2001: Arbeitsrecht von A-Z, 16. Aufl., München; Schwarz, W.; Löschnigg, G. 1989: Arbeitsrecht, 4. Aufl., Wien (n)

Arbeitsschutzrecht

Das Arbeitsschutzrecht ist ein Teilgebiet des ↗ Arbeitsrechts und umfasst die Gesamtheit der Rechtsnormen, die die Beseitigung oder Verminderung der dem ↗ Arbeitnehmer von der Arbeit drohenden Gefahren zum Inhalt haben.

Man unterscheidet zwischen Regelungen über den technischen Arbeitsschutz und den sozialen Arbeitsschutz. Der technische Arbeitsschutz zielt auf die Vermeidung von Gefahren, die dem Arbeitnehmer aus technischen Einrichtungen und Produktionsverfahren drohen (↗ Arbeitssicherheit). Im Zentrum steht der ↗ Unfallschutz (↗ Arbeitsunfall). Vorschriften über den technischen Arbeitsschutz sind in Deutschland z.B. im Sozialgesetzbuch, in der Gewerbeordnung, im Gesetz über technische Arbeitsmittel oder in der Arbeitsstättenverordnung enthalten: Maschinen sind mit Schutzvorrichtungen zu versehen, Arbeitsräume und Arbeitsplätze müssen in bestimmter Weise gestaltet sein u.Ä.

Der soziale Arbeitsschutz richtet sich auf die Vermeidung und Verminderung von Überanstrengung und vorzeitigem Verschleiß der Arbeitskraft. Hier sind besonders der Arbeitszeitschutz wesentlich. So schreibt etwa das Arbeitszeitgesetz Höchstarbeitszeiten, die nicht überschritten werden dürfen, und minimale Pausenzeiten (↗ Pausen) vor.

Während die meisten Normen für alle Arbeitnehmer gelten, gibt es besondere Regelungen für Mitarbeitergruppen, die zum einen aufgrund bestimmter persönlicher Merkmale oder zum anderen aufgrund ihrer Arbeitstätigkeit stärker gefährdet sind. Zur ersten Gruppe zählen vor allem weibliche, jugendliche oder behinderte Arbeitnehmer (↗ Arbeitnehmer, behinderte, ↗ Arbeitnehmer, weibliche), zur zweiten Seeleute, Bergleute und Heimarbeiter (↗ Heimarbeit). Das Mutterschaftsgesetz schreibt z.B. Beschäftigungseinschränkungen für schwangere oder stillende Arbeitnehmerinnen vor und regelt den Mutterschaftsurlaub sowie das Mutterschaftsgeld (↗ Mutterschutz). Das Jugendarbeitsschutzgesetz sieht für Beschäftigte, die das 18. Lebensjahr noch nicht vollendet haben, Grenzen für die Dauer der täglichen Arbeitszeit vor, verbietet Nachtarbeit und die Beschäftigung mit gefährlichen Arbeiten. Für behinderte Arbeitnehmer ist vor allem das Sozialgesetzbuch (SGB IX, früher: Schwerbehindertengesetz) wichtig (↗ Behindertenschutz).

Daneben gibt es noch Regelungen über die institutionellen Voraussetzungen der Durchführung und der Kontrolle des Arbeitsschutzes, z.B. über Betriebsärzte (↗ Betriebsarzt), Sicherheitsbeauftragte und Sicherheitsingenieure.

Der ↗ Arbeitgeber ist schon aufgrund seiner Fürsorgepflicht (↗ Arbeitsvertrag) für die Einhaltung der Sicherheitsbestimmungen im Unternehmen verantwortlich. Die Arbeitnehmer müssen die Schutzbestimmungen befolgen. Dem ↗ Betriebsrat stehen Mitbestimmungsrechte etwa bei der Einführung von Regelungen über Unfallverhütung im Rahmen der gesetzlichen Vorschriften zu, und er hat zu kontrollieren, dass die Unfallverhütungsvorschriften durchgeführt werden (↗ Betriebsverfassungsgesetz). Von staatlicher Seite wird der Arbeitsschutz durch die Gewerbeaufsichtsämter und die Berufsgenossenschaften kontrolliert. Bei Verstößen gegen die Schutzrechte sind Maßnahmen von Ordnungsgeldern bis hin zu Strafmaßnahmen möglich.

Literatur: Söllner, A.; Waltermann, R. 2003: Grundriss des Arbeitsrechts, 13. Aufl., München; Däubler, W. 1998: Das Arbeitsrecht, Bd. 1, 15. Aufl., Reinbek bei Hamburg; Däubler, W. 1998: Das Arbeitsrecht Bd. 2, 11. Aufl., Reinbek bei Hamburg; Rehbinder, M. 2002: Schweizerisches Arbeitsrecht, 15. Aufl., Bern; Schwarz, W.; Löschnigg, G. 2003: Arbeitsrecht, 10. Aufl., Wien   (n)

Arbeitssicherheit

Unter Arbeitssicherheit versteht man den Zustand eines ↗ Arbeitssystems im Hinblick auf die Möglichkeit der Schädigung des Menschen in diesem oder durch dieses System sowie Maßnahmen zur Vermeidung von Schädigungen.

Schädigungen können durch ↗ Arbeitsunfälle, ↗ Berufskrankheiten, aber auch durch andere physische, psychische und soziale Arbeitbelastungen hervorgerufen werden.

Ein vollkommen gefährdungsloses Arbeitssystem ist ein Idealzustand. Der tatsächliche Zustand ist u.a. abhängig vom gegenwärtigen Stand der Technik und des Wissens. Die Erhöhung der Arbeitssicherheit kann an den Arbeitsmitteln, den Arbeitsabläufen und am Verhalten des Menschen ansetzen, um Gefahren zu reduzieren (↗ Arbeitsmedizin, ↗ Arbeitswissenschaft, ↗ Ergonomie).

Vorschriften über Arbeitssicherheit finden sich in einer Vielzahl von Gesetzen, z.B. im Arbeitssicherheitsgesetz, in der Arbeitsstättenverordnung und Gewerbeordnung, im Sozialgesetzbuch und im Gerätesicherheitsgesetz. Der Arbeitgeber hat, auch im Rahmen seiner Fürsorgepflicht (↗ Arbeitsvertrag), Gefährdungen zu vermeiden.

Die Arbeitssicherheit muss daher integraler Bestandteil auch personalwirtschaftlicher Maßnahmen sein. Sicherheitsaspekte sind z.B. bei der Stellenbildung (↗ Aufgabenverteilung) und bei der Gestaltung von Arbeitsabläufen (↗ Arbeitsstrukturierung) zu beachten (↗ Unfallschutz).

Literatur: Skiba, R. 2000: Taschenbuch Arbeitssicherheit, 10. Aufl., Bielefeld   (n)

Arbeitsstrukturierung

Als Arbeitsstrukturierung wird die Gestaltung der Mikrostruktur der ↗ Organisation, d.h. von Arbeitsfeldern bzw. von organisatorischen Teilaufgabenbereichen auf der Ebene von ↗ Arbeitssystemen verstanden. Damit sind vorrangig die Arbeitsinhalte und das Ausmaß der Arbeitsteilung Gegenstand von Überlegungen zur Arbeitsstrukturierung. Das Ergebnis von Arbeitsstrukturierungsmaßnahmen ist durch unterschiedliche Ausprägungen von Abwechslungsreichtum, Autonomie, ↗ Arbeitsanforderungen, Verantwortung, soziale Kontaktmöglichkeiten usw. gekennzeichnet.

Unter dem Einfluss der Thematik der ↗ Humanisierung der Arbeit stehen Veränderungen des Arbeitsfeldes, insbesondere Vergrößerungen des Arbeitsfeldes, im Mittelpunkt der Diskussion:

- Aufgabenwechsel (↗ job rotation) zwischen den Mitgliedern einer Arbeitsgruppe,
- Aufgabenerweiterung durch Hinzufügen weiterer, qualitativ gleichartiger Tätigkeiten (↗ job enlargement) und
- Aufgabenbereicherung durch Hinzufügen von qualitativ neuen Aufgabenteilen wie Planungs-, Entscheidungs- und Kontrolltätigkeiten (↗ job enrichment).
- Schaffung oder Erhöhung der Gruppenautonomie in kleineren Arbeitsgruppen, denen größere Teilaufgaben gemeinsam übertragen werden (↗ teilautonome Arbeitsgruppen).

Ziel der Arbeitsstrukturierung ist es, die Wirtschaftlichkeit zu verbessern und die Wünsche und Fähigkeiten der Mitarbeiter in Einklang mit den Arbeitsanforderungen zu bringen.

Literatur: Ulich, E. 1994: Arbeitspsychologie, Stuttgart   (n)

Arbeitssystem

Im Arbeitssystem wirken Menschen und technische Sachmittel zusammen, um eine Arbeitausgabe zu erfüllen. Arbeitssysteme werden mit Hilfe von sieben Systemelementen und Beziehungen zwischen diesen Elementen beschrieben. An einem Beispiel können die Elemente des Arbeitssystems und ihr Zusammenwirken dargestellt werden: Ein Arbeiter nimmt ein Werkstück (Arbeitsobjekt), spannt es in die Bohrmaschine (technisches Sachmittel) ein und bohrt ein Loch (Arbeitsaufgabe). Dazu ist Wissen, wie etwa das Einspannen vorzunehmen ist, notwendig (Information), außerdem Strom, Muskelkraft usw. (Energie). Die Lichtverhältnisse, der Lärm in der Werkhalle u.a. sind Bestandteil der Umstände. Als Nebenwirkungen entstehen während des Bohrvorgangs Reibungswärme, Lärm, Bohrspäne usw. Am Ende des Arbeitsvorgangs steht das veränderte Arbeitsobjekt, das durchbohrte Werkstück. Außerdem können z.B. bei Lernvorgängen Informationen, z.B. über richtiges oder falsches Einspannen, gewonnen werden.

Die Begriffkonstruktion des Arbeitssystems dient zur Beschreibung von Arbeitsvorgängen (↗ Arbeitsanalyse), auf deren Grundlage personalpolitische Entscheidungen, etwa über eine Veränderung der ↗ Arbeitsbedingungen, getroffen werden können.

Literatur: Kirchner, J.-H. 1983: Analyse von Arbeitssystemen, in: Rohmert, W.; Rutenfranz, J. (Hrsg.): Praktische Arbeitsphysiologie, Stuttgart, New York, S. 399-403   (n)

Arbeitsteilung

Arbeitsteilung umfasst den Zustand und den Prozess der Zerlegung einer Gesamtaufgabe in Teilaufgaben.

Man unterscheidet zwischen horizontaler Arbeitsteilung oder Mengenteilung einerseits und vertikaler Arbeitsteilung oder Artenteilung andererseits.

Bei der horizontalen Arbeitsteilung oder Mengenteilung verringert sich die Zahl der von einer Person zu verrichtenden Arbeiten. Die gesamte Arbeitsmenge wird lediglich auf verschiedene Personen aufgeteilt. Das Verhältnis von Durchführungs- zu Entscheidungselementen der Aufgabe bleibt gleich: Jeder plant, entscheidet, kontrolliert usw. Jeder Beschäftigte fertigt ein ganzes Produkt.

Bei der vertikalen Arbeitsteilung oder Artenteilung wird der Arbeitsprozess, bezogen auf ein Produkt oder einen Arbeitsvorgang, zerlegt. In der Regel verändert sich auch das Verhältnis von Durchführungs- zu Entscheidungselementen: Die Entscheidungsaufgaben werden abgetrennt und einer höheren Hierarchiestufe zugeordnet.

Beide Arten führen zur Spezialisierung, da Teilaufgaben unterschiedlichen Inhalts und Umfangs entstehen. Dabei sind die im Menschen liegenden Grenzen der Arbeitsteilung ebenso zu beachten wie die Produktivitätsvorteile. Als Auswirkungen der Arbeitsteilung sind ein Zunehmen der Übung und Zeitersparnis durch Wegfall des Wechsels von einer Arbeit zur anderen zu nennen, aber auch Monotonie und Entfremdung von der Tätigkeit und dem Produkt, was wiederum negativ auf die Leistung wirken kann.

Literatur: Kieser, A.; Walgenbach, P. 2003: Organisation, 4. Aufl., Stuttgart; Braverman, H. 1980: Die Arbeit im modernen Produktionsprozess, Frankfurt/M., New York   (n)

Arbeitsunfähigkeit

Arbeitsunfähigkeit ist gegeben, wenn ein ↗ Arbeitnehmer nicht oder nur unter der Gefahr, seinen Gesundheitszustand zu verschlechtern, fähig ist, seiner bisherigen Erwerbstätigkeit nachzugehen. Gesetzliche Bestimmungen hierzu enthält vor allem das Sozialgesetzbuch (SGB). In Österreich finden sich vergleichbare Bestimmungen im Angestelltengesetz (AngG) und im Entgeldfortzahlungsgesetz (EFZG). In der Schweiz gilt insbesondere das Bundesgesetz über das Obligationenrecht (OR).

Wie beim Begriff der Krankheit gibt es keine ausschließlich medizinische Bestimmung des Arbeitsunfähigkeitsbegriffs. Sie ist in erster Linie rechtlicher Art, wird aber durch medizinische Merkmale ergänzt, deren Vorliegen ein Arzt beurteilen muss.

Der Arbeitnehmer hat die Pflicht, sich unverzüglich krankzumelden. Der ↗ Arbeitgeber ist i.d.R. – in Österreich in Abhängigkeit von der Dauer der Betriebszugehörigkeit – zur Lohnfortzahlung (in Deutschland meist für die Dauer von sechs Wochen) nach Beginn der Arbeitsunfähigkeit verpflichtet.

Eine ↗ Kündigung während bzw. wegen der Arbeitsunfähigkeit ist möglich, wird in vielen Fällen aber als sozial ungerechtfertigt eingestuft. Die betrieblichen Gründe müssen gegen die Interessen des Arbeitnehmers abgewogen werden.   (n)

Arbeitsunfall

Unter einem Arbeitsunfall versteht man ein plötzlich eintretendes, nur kurze Zeit dauerndes Ereignis, das eine Person bei der Ausübung der beruflichen Tätigkeit erleidet (siehe SGB). Versicherungsrechtlich gehören dazu auch Unfälle auf dem Arbeitsweg, Verkehrsunfälle bei Dienstfahrten und ↗ Berufskrankheiten (↗ Arbeitssicherheit). Damit sind im engeren Sinne plötzlich eintretende Personenschäden bei der Arbeitstätigkeit gemeint. Im Jahr 2000 gab es in Deutschland 1,5 Mio. Arbeitsunfälle im engeren Sinne und 235 Tsd. Wegeunfälle. Die Statistik erfasst aber nur solche Unfälle, die zu einer ↗ Arbeitsunfähigkeit von mehr als drei Tagen geführt haben.

Ein Arbeitsunfall entsteht – physikalisch gesehen – durch die Einwirkung von Energie (Bewegungsenergie, Wärme, Elektrizität, chemische Einflüsse, Strahlen) auf den Menschen in solch einem Ausmaß, dass der Körper geschädigt wird. Die generelle Unfallursache kann darin gesehen werden, dass die objektiv-technischen ↗ Arbeitsbedingungen und der jeweilige, mit ihnen umgehende Mensch nicht ausreichend aneinander angepasst sind. Mit den Bedingungen einer verbesserten Anpassung befassen sich verschiedene Wissenschaftsdisziplinen, z.B. die Ingenieurwissenschaften, die Arbeitspsychologie und die Personalwissenschaft. Als Unfallursachenkomplexe können im Einzelnen auf der technischen Seite schadhafte oder ungesicherte Betriebsmittel, Lärm, schlechte Beleuchtung, aber auch Arbeitstätigkeiten unter Zeitdruck genannt werden. Eher auf der Seite menschlichen Verhaltens zu verorten sind z.B. Unaufmerksamkeit, Nichtbeachtung von Vorschriften, Unterlassen persönlicher Schutzmaßnahmen, Unordnung am Arbeitsplatz u.Ä. An diesen Ursachenkomplexen muss der ↗ Unfallschutz ansetzen.

Literatur: Zapf, D.; Dormann, C. 2001: Gesundheit und Arbeitsschutz, in: Schuler, H. (Hrsg.): Lehrbuch der Personalpsychologie, Göttingen, S. 559-587.   (n)

Arbeitsverhalten

Unter Arbeitsverhalten kann man in einer sehr weiten Fassung jedes Verhalten am Arbeitsplatz oder sogar in der Arbeitsorganisation verstehen. Im engeren Sinne lässt sich Arbeitsverhalten als Arbeitsleistungsverhalten bezeichnen: als das Verhalten, das auf die Erbringung eines Arbeitsergebnisses bezogen ist. Je nach Fragestellung wird man auf die engere oder weitere Fassung der Definition zurückgreifen.

Als Determinanten des Arbeitsverhaltens werden vor allem (Arbeits-) Umwelt und Persönlichkeitsaspekte genannt.

Bei der Erklärung des Arbeitsverhaltens dominiert die Analyse der Umwelteinflüsse, wenn ↗ Lerntheorien herangezogen werden. In diesem Fall wird auf die Wirkungen von persönlich erfahrenen oder bei anderen Personen beobachteten Konsequenzen des Verhaltens abgehoben. Inhaltstheorien innerhalb der ↗ Motivationstheorien betonen den Einfluss von Bedürfnissen und den Bestrebungen, diese Bedürfnisse zu befriedigen. Diese an personellen Merkmalen ansetzenden Erklärungen des Arbeitsverhaltens werden durch die differenzielle Perspektive der Persönlichkeitstheorien und Ansätzen zur Erfassung bzw. Messung von Persönlichkeitsunterschieden (↗ Testtheorie, ↗ Messtheorie) verfeinert. Es wird auch versucht, Umwelt- und Persönlichkeitsaspekte in ihrem Zusammenwirken in die Erklärung des Arbeitsverhaltens einzubeziehen. Dies gilt insbesondere für die ↗ Erwartungs-Valenz-Theorien, die die Eintrittswahrscheinlichkeit der Konsequenzen eines Verhaltens (Erwartung) und die Bewertung der Konsequenzen (Valenz) heranziehen. Weiterhin gibt es Versuche, in Konzepten des Problemlösungs- bzw. Problemhandlungsverhaltens, Umwelteinflüsse und individuelle Wert-Wissens-Strukturen bei der Erklärung des Arbeitsverhaltens zu berücksichtigen.

Die Ergebnisse des Arbeitsverhaltens wirken auf die Möglichkeiten und die Ziele und Anforderungen der ↗ Organisation zurück, aber auch auf die Leistungsfähigkeit und Leistungsbereitschaft sowie auf die Wert-Wissens-Struktur des Individuums.

Eine Veränderung des Arbeitsverhaltens kann an den genannten Variablen ansetzen, wobei zu beachten ist, dass unterschiedliche Theorien jeweils verschiedene Ansatzpunkte nahe legen.

Literatur: Rosenstiel, L. v. 2003: Grundlagen der Organisationspsychologie, 5. Aufl., Stuttgart; Martin, A. (Hrsg.) 2001: Organizational Behavior – Verhalten in Organisationen, Stuttgart   (w/n)

Arbeitsvermittlung

Arbeitsvermittlung beinhaltet einen wesentlichen Aufgabenbereich der ↗ Bundesagentur für Arbeit bzw. der jeweiligen lokalen Agenturen. Arbeitsvermittlung ist eine Tätigkeit, die darauf gerichtet ist, Arbeitssuchende mit Arbeitgebern zur Begründung von Arbeitsverhältnissen (↗ Arbeitsvertrag) oder Heimarbeitsverhältnissen (↗ Heimarbeit) zusammenzuführen. Dazu gehört auch die Information von Arbeitssuchenden und potenziellen Arbeitgebern. Unter bestimmten Bedingungen sind auch private Arbeitsvermittlungen zulässig.

Die österreichischen Regelungen ähneln den deutschen. In der Schweiz bestehen im Gegensatz öffentliche und private Arbeitsvermittlung nebeneinander.

Literatur: Lampert, H.; Althammer, J. 2004: Lehrbuch der Sozialpolitik, 7. Aufl., Berlin u.a.   (n)

Arbeitsvertrag

Der Arbeitsvertrag ist ein Vertrag zur Regelung des Austausches von Arbeitsleistung gegen Vergütung und begründet das Arbeitsverhältnis (↗ Individualarbeitsrecht). Nicht jeder Vertrag über den Austausch von Arbeitsleistung gegen Vergütung ist ein Arbeitsvertrag. Notwendiges Merkmal ist die persönliche Abhängigkeit des Arbeitnehmers vom ↗ Arbeitgeber, d.h., der ↗ Arbeitnehmer hat sich in den Betrieb des Arbeitsgebers einzugliedern und ist grundsätzlich der Betriebsordnung (↗ Arbeitsordnung) und dem Direktionsrecht des Arbeitgebers unterworfen.

Man unterscheidet zwischen unbefristeten und befristeten Arbeitsverträgen. Bei den unbefristeten ist die Geltungsdauer des Arbeitsvertrages nicht vereinbart. Befristete Arbeitsverträge enden nach einer bestimmten Zeitdauer, allerdings ist eine Befristung nur unter bestimmten Bedingungen möglich (↗ Probezeit).

Für den Arbeitsvertrag gilt Abschlussfreiheit, Formfreiheit und Gestaltungsfreiheit. Abschlussfreiheit meint, dass jeder frei ist, ein Arbeitsverhältnis einzugehen oder nicht. Formfreiheit heißt, dass Arbeitsverträge grundsätzlich an keine bestimmte Form gebunden sind. Nur für Ausbildungsverträge gelten besondere Regeln; für die Schweiz auch für Heuerverträge in der Seeschifffahrt. Allerdings können Tarifverträge (↗ Tarifvertragsrecht) die Schriftform vorschreiben. Gestaltungsfreiheit bedeutet, dass die Inhalte des Arbeitsvertrages grundsätzlich Gegenstand für Übereinkunft sind. Der Inhalt der Arbeit ist jedoch kaum mehr Gegenstand individueller Aushandlung, sondern ergibt sich aus zwingend erwirkenden Normen wie Tarifverträgen und dem Direktionsrecht des Arbeitgebers.

Der Arbeitsvertrag begründet für beide Parteien Pflichten und Ansprüche. Der Arbeitnehmer ist zur Arbeit verpflichtet. Er hat weiterhin eine Treuepflicht, d.h., er muss zum Erfolg der vom Arbeitgeber verfolgten Ziele beitragen und z.B. Unregelmäßigkeiten des Betriebsablaufes und drohende Schäden unaufgefordert melden. Der Arbeitgeber ist zur Lohnzahlung verpflichtet und hat eine Fürsorgepflicht:

Er muss z.B. den Arbeitsablauf so gestalten, dass für den Arbeitnehmer Gefahren vermieden werden.

Literatur: Söllner, A.; Waltermann, R. 2003: Grundriss des Arbeitsrechts, 13. Aufl., München; Däubler, W. 1998: Das Arbeitsrecht, Bd. 1, 15. Aufl., Reinbek bei Hamburg; Däubler, W. 1998: Das Arbeitsrecht Bd. 2, 11. Aufl., Reinbek bei Hamburg; Rehbinder, M. 2002: Schweizerisches Arbeitsrecht, 15. Aufl., Bern; Schaub, G. 2001: Arbeitsrecht von A-Z, 16. Aufl., München; Schwarz, W.; Löschnigg, G. 2003: Arbeitsrecht, 10. Aufl., Wien   (n)

Arbeitswissenschaft

Die Arbeitswissenschaft befasst sich mit der menschlichen Arbeit und ihren Einsatzbedingungen. Ziel ist eine optimale Nutzung der Ressource Arbeitskraft. Die Arbeitswissenschaft zielt auf die Untersuchung und Gestaltung

- der menschlichen Arbeit, speziell in Mensch-Maschine-Systemen (↗ Arbeitsanalyse),
- der Beziehungen und Voraussetzungen, unter denen diese Arbeit geleistet wird,
- der Folgen auf den Menschen und
- der Faktoren, durch die die Arbeit, ihre Bedingungen und Wirkungen beeinflusst werden können.

Die Arbeitswissenschaft berücksichtigt als angewandte Wissenschaft Erkenntnisse aus einer ganzen Reihe von Wissenschaften, etwa aus der Biologie, der Medizin (↗ Arbeitsmedizin), der ↗ Ergonomie, der Psychologie, der Soziologie, aber auch aus den Ingenieurwissenschaften. Die Arbeitswissenschaft wird als eigenständige Wissenschaft angesehen. Für die Personalwirtschaftslehre liefert sie wichtiges Wissen über Analysemethoden und Verfahren der ↗ Arbeitsgestaltung. Eine grundlegende Methode besteht in der ↗ Arbeitsanalyse, deren Ergebnisse den Ausgangspunkt

für die Gestaltung der ↗ Arbeitsbedingungen liefern.

Ursprünglich stand die Arbeitswissenschaft in der tayloristischen Denktradition, allerdings gewinnt eine stärker an der ↗ Humanisierung der Arbeit orientierte Sichtweise zunehmend an Bedeutung, die individuelle, soziale und technisch-ökonomische Effizienz in Einklang bringen will.

Literatur: Luczak, H.; Volpert, W. (Hrsg.) 1997: Handbuch Arbeitswissenschaft, Stuttgart (n)

Arbeitszeitkonten

Arbeitszeitkonten beziehen sich auf die einzelnen Beschäftigten und erfassen in einem an das System der Buchführung angelehnten Verfahren die individuellen Abweichungen von der Soll-Arbeitszeit. Sie unterstützen die Entkoppelung von Arbeits- und Betriebszeit und ermöglichen eine effizientere Ausnutzung von Anlagen sowie eine flexible Anpassung an konjunkturelle und saisonale Schwankungen.

Auf der Basis des Gesetzes zur sozialrechtlichen Absicherung flexibler Arbeitszeitregelungen definieren tarifliche Regelungen die maximal zulässigen Arbeitszeitguthaben bzw. -schulden sowie die Modalitäten des Abbaus von Zeitguthaben. Kurzzeitkonten erstrecken sich meist über einen Ausgleichszeitraum von einem Jahr. Langzeitkonten zielen vor allem auf den früheren Ruhestand bzw. auf Langzeiturlaube oder ↗ Sabbaticals ab. Drei generelle Formen lassen sich unterscheiden. Überstundenkonten mit der Möglichkeit zum Zeitausgleich statt Auszahlung, Ansparmodelle zur Berechnung der Differenz von effektiver und tariflicher Regelarbeitszeit zur Generierung größerer Freizeitblöcke sowie Bandbreiten- oder Korridormodelle, die Abweichungen innerhalb definierter Bandbreiten erlauben und in denen sich innerhalb gewisser Zeiträume die Zeitkonten zur Regelarbeitszeit ausgleichen müssen.

Vorteile sind auf individueller Ebene eine erhöhte Zeitflexibilität und -souveränität. Auf organisationaler Ebene sind v.a. Kosten- und Flexibilitätsvorteile zu nennen.

Literatur: Seifert, H. 2001: Zeitkonten: Von der Normalarbeitszeit zu kontrollierter Flexibilität, in: Marr, R. (Hrsg.): Arbeitszeitmanagement. Grundlagen und Perspektiven der Gestaltung flexibler Arbeitszeitsysteme, Berlin, S. 155-171   (m)

Arbeitszeitmodelle

Im Rahmen von ↗ Arbeitszeitregelungen stellen Arbeitszeitmodelle die konkrete Ausformung unterschiedlicher Arten von Arbeitszeitflexibilisierung dar. Durch Flexibilisierung von Umfang und Lage der ↗ Arbeitszeit sollen sowohl betriebliche Anforderungen als auch individuelle Bedürfnisse berücksichtigt werden. Beispiele für Arbeitszeitmodelle sind etwa Gleitzeit, verschiedene Formen der ↗ Teilzeitarbeit, ↗ Job Sharing, Time-Care-Modelle, Altersteilzeit oder die kapazitätsorientierte variable Arbeitszeit (↗ KAPO-VAZ) bzw. Arbeit auf Abruf.

Literatur: Ulich, E. (Hrsg.) 2001: Beschäftigungswirksame Arbeitszeitmodelle, Zürich; Marr, R. 2001: Arbeitszeitmanagement. Grundlagen und Perspektiven der Gestaltung flexibler Arbeitszeitsysteme, 3. Aufl., Berlin   (m)

Arbeitszeitregelung

Arbeitszeitregelungen strukturieren die Zeit, welche ↗ Arbeitnehmer der ↗ Organisation zur Nutzung ihrer Arbeitskraft zur Verfügung stellen. Sie gestalten so ein bedeutendes Element der Arbeitsumwelt und sind Teil der betrieblichen ↗ Arbeitsgestaltung.

Wesentliche Determinanten bei der Entstehung von Arbeitszeitregelungen sind die ↗ rechtlichen Rahmenbedingungen und die organisationalen Zielsetzungen. In gesetzlichen Regelungen, in ↗ Tarif- und ↗ Kollektivverträgen und ↗ Betriebsvereinbarungen wird das rechtliche Feld abgesteckt, innerhalb dessen sich die Arbeitszeitregelungen entfalten können. In der Bundesrepublik Deutschland stellen die Arbeitszeitordnung, in Österreich das Arbeitszeitgesetz, in der Schweiz das Arbeitsgesetz (ArG) sowie die Verordnung zum Arbeitszeitgesetz die gesetzlichen Grundlagen dar. Normal- und Höchstarbeitszeiten für verschiedene Gruppen von Arbeitnehmern werden genauso normiert wie Sonderbestimmungen für bestimmte Mitarbeitergruppen wie z.B. Mütter, Frauen, Jugendliche oder die Mitwirkungsrechte der Arbeitnehmer bei der Entstehung konkreter Arbeitszeitvereinbarungen, etwa durch erzwingbare und fakultative Betriebsvereinbarungen. Die Gestaltung der Arbeitszeit wird darüber hinaus durch die Ziele der Organisation beeinflusst. In die Entscheidungen fließen Überlegungen über die bestmögliche Nutzung der Betriebsmittel, die Berücksichtigung der individuellen Leistungskurve oder die Möglichkeit zur selbstständigen Gestaltung der Arbeitszeit durch die Arbeitnehmer (motivationale Aspekte) ein.

Zwei Gestaltungsdimensionen von Arbeitszeitregelungen sind zu unterscheiden: Die Dauer bzw. Länge der ↗ Arbeitszeit (chronometrische Dimension) und deren Lage bzw. Struktur (chronologische Dimension). Problemfelder in diesem Zusammenhang sind Beginn bzw. Ende der täglichen Arbeitszeit, die Gestaltung der primär der Regeneration dienenden Pausen- und Urlaubszeiten oder die Regelungen für den Übergang zur Nichterwerbstätigkeit (Pensionierung).

Formen der Arbeitszeitregelung sind die feste Arbeitszeit, bei der Beginn, Ende und Unterbrechungen fest vorgegeben sind, ↗ flexible Arbeitszeit, ↗ Teilzeitarbeit, ↗ Kurzarbeit und Schicht- bzw. Nachtarbeit sowie verschiedene ↗ Arbeitszeitmodelle, die von der Normalarbeitszeit abweichen.

Literatur: Müller-Seitz, P. 1996: Erfolgsfaktor Arbeitszeit: optimale Arbeitszeitsysteme aus betriebswirtschaftlich-arbeitswissenschaftlicher Sicht, München (m)

Arbeitszeitverkürzung

Neben der Arbeitszeitflexibilisierung und der Verteilung der Arbeit auf unterschiedliche Lebensphasen ist die Länge der Arbeitszeit ein wesentliches Element der betrieblichen ↗ Personalpolitik und der gesamtwirtschaftlichen ↗ Arbeitsmarktpolitik. Der Umfang der von abhängig beschäftigten Personen zu leistenden Arbeitszeit ist regelmäßig Gegenstand der Auseinandersetzung von Arbeitgeber- und Arbeitnehmerverbänden. Dabei sind Vereinbarungen zur Arbeitszeitverkürzung oft eingebunden in fein austarierte Absprachen hinsichtlich des Lohnausgleichs oder anderer Formen von Gegenleistungen wie etwa eine erhöhte Flexibilisierung der ↗ Arbeitszeit.

Das 20. Jahrhundert sah auf Druck der ↗ Gewerkschaften eine stetige Verringerung der Normalarbeitszeit in Richtung auf 40- bzw. 35-Stunden-Woche vor. In den letzten Jahren ist eine gegenläufige Tendenz zur Ausweitung der Arbeitszeit – häufig ohne Lohnausgleich – zu beobachten. Begründet wird dies meist mit einer Erhöhung der Wettbewerbsfähigkeit und der Sicherung des Standorts im internationalen Vergleich.

Literatur: Feil, M.; Schroeder, O. C. 2002: Die Auswirkungen der Arbeitszeitverkürzung in Deutschland, Köln; Meinhardt, V.; Kirner, E. 1997: Allgemeine Arbeitszeitverkürzung und

ihre Auswirkung auf Einkommen und soziale Sicherung, Düsseldorf (m)

Arbeitszufriedenheit

Arbeitszufriedenheit ist ein Konstrukt, das einen emotionalen Zustand erfasst, der – bei unterschiedlichen inhaltlichen Akzentuierungen – regelmäßig als Soll-Ist-Vergleich bestimmt wird. Der Soll-Ist-Vergleich bezieht sich auf Erwartungen bzw. Anspruchsniveaus einerseits und Erwartungserfüllung bzw. Bedürfnisbefriedigung andererseits. Zufriedenheit wird z.B. als Gleichgewicht, Unzufriedenheit als Ungleichgewicht zwischen erwarteter bzw. angestrebter Bedürfnisbefriedigung interpretiert. Es gibt allerdings keine einheitlich verwendete Definition von Arbeitszufriedenheit und -unzufriedenheit.

Arbeitszufriedenheit wird als zeitlich stabile ↗ Einstellung gegenüber der Arbeit oder verschiedenen Aspekten der Arbeit, aber auch als dynamisches Konstrukt bzw. als vorübergehender Zustand gesehen, der in Abhängigkeit von Anspruchsniveauänderungen variiert. Arbeitszufriedenheit wird weiter als vergangenheitsbezogenes Resümee oder als zukunftsbezogene Erwartung interpretiert. Es wird zwischen Gesamt-Arbeitszufriedenheit und Arbeitszufriedenheit im Hinblick auf Teilaspekte der Arbeit unterschieden. Schließlich wird die Arbeitszufriedenheit im Hinblick auf einzelne Bedürfnisse bzw. deren Befriedigung, aber auch im Hinblick auf Anreize bestimmt. Verbreitet sind Definitionen der Arbeitszufriedenheit, die sie als relativ überdauernde Einstellung einer Person gegenüber verschiedenen Aspekten der Arbeitssituation, z.B. der Arbeitsaufgabe, der Arbeitsbedingungen, der Rahmenbedingungen der Arbeit, der sozialen Beziehungen am Arbeitsplatz, insbesondere der Vorgesetzten-Mitarbeiter-Beziehung, der Aufstiegs- und Entwicklungsmöglichkeiten, der Bezahlung usw. verstehen. Dabei enthält die Selektion der Inhaltskategorien, die regelmäßig nach Plausibilitätsüberlegungen zusammengestellt werden, in einem gewissen Umfang Elemente der Willkür.

Die Messung der Arbeitszufriedenheit ist mit einer Fülle von Problemen verbunden, die auch in der Problematik des Konstrukts Arbeitszufriedenheit selbst liegen (Neuberger 1974a).

In der Managementpraxis gilt das Hauptinteresse den Zusammenhängen zwischen Arbeitszufriedenheit und Leistung, auf die die Human-Relations-Bewegung (↗ Human Relations) das Interesse lenkte. Sie behauptete einen positiven Zusammenhang zwischen Arbeitszufriedenheit und Leistung und empfahl deshalb Maßnahmen zur Steigerung der Arbeitszufriedenheit. In dieser Tradition sind die humanistischen Motivationstheorien (↗ Bedürfnishierarchie, ↗ ERGÄ-Konzept, Dual-Faktoren-Theorie) formuliert worden. Daneben wird in der Motivations- und Arbeitszufriedenheits-Diskussion auch die Auffassung vertreten, dass Leistung zu Arbeitszufriedenheit führt sowie dass sowohl Arbeitszufriedenheit als auch Leistung von dritten Faktoren abhängig sind. Besonders intensiv wurden die möglichen Zusammenhänge zwischen Arbeitszufriedenheit und solchen Faktoren wie ↗ Absentismus und ↗ Fluktuation untersucht.

Literatur: Prott, J. 2001: Betriebsorganisation und Arbeitszufriedenheit, Düsseldorf; Büssing, A. 2004: Arbeitszufriedenheit, in: Gaugler, E.; Oechsler, W.A.; Weber, W. (Hrsg.): Handwörterbuch des Personalwesens, 3. Aufl., Stuttgart, Sp. 461-473; Neuberger, O. 1974a: Messung der Arbeitszufriedenheit, Stuttgart; Neuberger, O. 1974b: Theorien der Arbeitszufriedenheit, Stuttgart; Cranny, C.J.; Smith, P.C.; Stone, E.F. (Hrsg.) 1992: Job Satisfaction, New York u.a.   (w)

Assessment-Center-Verfahren

Das Assessment-Center-Verfahren ist eine Methode zur Ermittlung bzw. Beurteilung von Fähigkeiten und Verhaltensweisen, insbesondere auch von Fähigkeitspotenzialen. Es gilt mittlerweile als Standardverfahren zur ↗ Potenzialbeurteilung.

Kerngedanke des Assessment-Centers (AC) ist die Simulation berufsbzw. aufgabentypischer Situationen: Gegenwärtige oder für die Probanden in Aussicht genommene Tätigkeitsfelder werden in standardisierten Testsituationen abgebildet; die AC-Teilnehmer werden diesen Testsituationen ausgesetzt und von hierfür geschulten Beobachtern beurteilt. Typisch ist die Durchführung von etwa zweitägigen Seminaren mit 6 bis 15 Teilnehmern und 3 bis 6 Beurteilern. Häufig verwendete Standardsituationen sind führerlose Gruppendiskussionen, Rollenspiele, Fallbearbeitungen, Postkorb-Analysen, bei denen unter Zeitdruck Probleme unterschiedlichen Gewichts in die Planung für adäquates Handeln umgesetzt werden müssen. Diese Instrumente werden durch traditionelle Beurteilungsinstrumente, insbesondere durch standardisierte Testverfahren (↗ Test) und ↗ Interview (↗ Einstellungsgespräch) ergänzt.

Zahlreiche Validierungsstudien ergaben im Vergleich mit traditionellen Instrumenten der ↗ Eignungsdiagnostik hinsichtlich der kriterienbezogenen ↗ Validität vergleichbare, teilweise sogar günstigere Ergebnisse. Dennoch ist das Assessment-Center als ↗ Beurteilungsverfahren nicht unumstritten. Das Verfahren ist aufwändig und deshalb mit hohen Kosten verbunden. Inhaltliche Schwächen werden u.a. darin gesehen, dass die Probanden bei den isolierten Situationen nur bei der Planung ihrer Handlungen, nicht jedoch deren Realisation beobachtet werden können. Nicht beobachtet werden können auch die insbesondere für ↗ Führungskräfte wichtigen Handlungsstrategien und die Fähigkeit, aus Erfahrungen Schlussfolgerungen für künftiges Handeln zu ziehen. Deshalb wird für die Beobachtung und Auswahl von Führungsnachwuchskräften die Beschäftigung als Praktikant, die Übertragung von konkreten Projektaufgaben oder die Kontaktpflege über die Mitbetreuung von Diplomarbeiten usw. vorgezogen.

Assessment-Center-ähnliche Verfahren wurden bereits um 1915 in Deutschland bei der Auslese von Offiziersanwärtern angewendet. Seit Ende der 70er Jahre wird es, in der jetzigen Form aus den USA kommend, auch in Europa vorwiegend bei der ↗ Personalauswahl und im Zusammenhang mit Maßnahmen der ↗ Personalentwicklung eingesetzt.

Literatur: Kompa, A. 1999: Assessment-Center, Bestandsaufnahme und Kritik, 6. Aufl., München, Mering; Lievens, F.; Klimoski, R.J.: Understanding the assessment centre process: where are we now?, in: International Review of Industrial and Organizational Psychology, Jg. 16, 2001, S. 245-286; Sarges, W. 1996: Weiterentwicklungen der Assesment-Center-Methode, Göttingen u.a.   (w)

Attributionstheorien

Attributionstheorien beschäftigen sich im Kern mit Kausalerklärungen für wahrgenommenes Verhalten. Die bekannteste Attributionstheorie stammt von Kelley. Sie ist für Kausalerklärungen des Verhaltens anderer (Fremdwahrnehmung), des eigenen Verhaltens (Selbstwahrnehmung) oder auch des Eintretens von Ereignissen allgemein geeignet.

Der Ansatz von Kelley differenziert zwischen drei Arten von Attributionen. Personenattributionen schreiben Verhaltensursachen den relativ stabilen Eigenschaften der beobachteten Person zu. Umständeattributionen interpretierten Verhalten als Resultat einer besonderen Umweltkonstellation, z.B. Glück. Stimulus- oder Objektattribution sehen Verhaltensursachen in den relativ stabilen Eigenschaften eines Reizes oder Objekts, z.B. Ekel erregend.

Konzeptioneller Kern der Attributionstheorie ist das Kovariationsprinzip. Es besagt, dass Menschen wahrgenommenes Verhalten oder ein Ereignis auf diejenige Ursache zurückführen, mit der sie über die Zeit kovariiert.

Aus den möglichen Ursachen wird diejenige ausgewählt, die (meistens) vorhanden ist, wenn das Verhalten oder Ereignis auftritt und umgekehrt (meistens) nicht vorhanden ist, wenn das Verhalten oder Ereignis nicht auftritt.

Die Anwendung des Kovariationsprinzips erfordert mehrere Beobachtungen und Informationen über Distinktheit, Konsistenz und Konsensus. Distinktheit fragt danach, ob ein bestimmtes Verhalten in vielen Situationen auch gegenüber anderen Reizen auftritt oder sehr spezifisch ist. An einem Beispiel illustriert:

Kritisiert eine Vorgesetzte fast andauernd alle Mitarbeiterinnen oder nur eine bestimmte Mitarbeiterin aus einem spezifischen Anlass heraus?

Konsistenz bezieht sich auf das Verhalten gegenüber dem gleichen Reiz zu anderen Zeitpunkten. Am Beispiel: Kritisiert die Vorgesetzte die Mitarbeiterin dauernd oder nur anlässlich einer bestimmten Situation?

Konsensus thematisiert das Verhalten anderer Personen gegenüber einem bestimmten Reiz. Wieder am Beispiel: Wird die Mitarbeiterin von allen Personen rund um sie herum kritisiert und nur von der einen Vorgesetzten?

Auf dieser Basis lassen sich zentrale Attributionsmuster als wahrscheinliche Kausalerklärungen für Verhalten entwickeln (vgl. Tabelle 1).

Attri-bution	Information		
	Kon-sensus	Dis-tinkt-heit	Konsis-tenz
Um-stände	Gering	Hoch	Gering
Person	Gering	Gering	Hoch
Stimu-lus	Hoch	Hoch	Hoch

Tab. 1: Attributionsmuster

den Ursachen für Verhalten oder Ereignisse dominiert den Alltag für ↗ Führungskräfte und ↗ Mitarbeiter. Im Rahmen der ↗ Personalbeurteilung müssen Urteile über Verhaltensursachen gefällt werden. Die Attributionstheorie gibt hier einen Rahmen vor, um Ursachenerklärungen konzeptionell zu fassen.

Literatur: Kelley, H.H. 1967: Attribution theory in social psychology, in: Levine, D. (Hrsg.): Nebraska symposium on motivation, Lincoln; Herkner, W. (Hrsg.) 1996: Lehrbuch Sozialpsychologie, 5. Aufl., Bern et al.   (m)

Umständeattribution tritt bei geringem Konsensus, hoher Distinktheit und geringer Konsistenz auf: Niemand sonst kritisiert die Mitarbeiterin, die Vorgesetzte kritisiert sonst kaum, weder die Mitarbeiterin noch sonst jemanden. Das beobachtete Verhalten wird daher den Umständen – etwa: die Vorgesetzte hat heute ausnahmsweise einen schlechten Tag – zugeschrieben.

Personenattribution tritt bei geringem Konsens, geringer Distinktheit und hoher Konsistenz auf: Nur die Vorgesetzte und niemand sonst kritisiert die Mitarbeiterin, die Vorgesetzte kritisiert alle Mitarbeiterinnen und tut das schon längere Zeit. In diesem Fall wird das Verhalten der Vorgesetzten durch deren Eigenschaften – z.B. Kritikwut – begründet.

Stimulus-/Objektattribution wird bei hohem Konsens, hoher Distinktheit und hoher Konsistenz auftreten: Alle Personen kritisieren die Mitarbeiterin, die Vorgesetzte kritisiert nur die eine Mitarbeiterin und das jeweils bei den gleichen Anlässen. In einer solchen Situation liegt der Schluss nahe, dass eine Eigenschaft der Mitarbeiterin, z.B. Unzuverlässigkeit, Grund für das Verhalten der Vorgesetzten ist.

Für die Personalarbeit ist die Attributionstheorie zentral. Die Frage nach

Atypische Beschäftigungsverhältnisse

Atypische Beschäftigungsverhältnisse sind durch folgende Merkmale vom ↗ Normalarbeitsverhältnis abzugrenzen:

– Atypische Beschäftigungsverhältnisse beruhen nicht auf einem ↗ Arbeitsvertrag mit dem Unternehmen, in dem der Beschäftigte seine Arbeitsleistung erbringt. Dies gilt zum einen für Leiharbeit, da hier der Leiharbeiter einen Vertrag mit dem verleihenden Unternehmen hat, seine Leistung aber im entleihenden Unternehmen erbringt. Ebenso gilt dies für Selbstständige ohne ↗ Mitarbeiter, für freie Mitarbeiter und für Beschäftigte, die im Rahmen eines Dienst- oder Werkvertrages (↗ Werkvertrag) tätig sind. Die fehlende arbeitsvertragliche Bindung ist kein notwendiges, gleichwohl ein wichtiges Charakteristikum atypischer Beschäftigungsverhältnisse.

– Ein zweites wichtiges Merkmal betrifft die zeitliche Dimension von Arbeitsverhältnissen: Befristete und nicht in Vollzeit ausgeübte Arbeitsverhältnisse wären nach diesem Kriterium als atypisch zu bezeichnen.

– Auch in finanzieller Hinsicht kann ein Beschäftigungsverhältnis atypisch sein. So bezeichnet man Beschäftigungsverhältnisse, die (allein) nicht den Lebensunterhalt sicherstellen, als atypisch. Hierunter fällt die sog. ↗ Geringfügige Beschäftigung (die zudem ein Teilzeit-Arbeitsverhältnis darstellt).

– Schließlich lässt sich die räumliche Dimension zur Abgrenzung heranziehen: ↗ Heimarbeiter oder Telearbeiter (↗ Telearbeit) üben ihre Tätigkeit nicht im Betrieb, sondern überwiegend in ihrer privaten Wohnung aus. In diesen Fällen liegen ebenfalls atypische Beschäftigungsverhältnisse vor.

Die meisten Arbeitskräfte (je nach Abgrenzung und statistischer Grundlage um die 60 Prozent, Stand 1998) sind nach wie vor im ↗ Normalarbeitsverhältnis beschäftigt. Gleichwohl hat der Anteil atypischer Beschäftigungsverhältnisse deutlich zugenommen.

Literatur: Martin, A.; Nienhüser, W. (Hrsg.) 2002: Neue Formen der Beschäftigung – neue Formen der Personalpolitik?, München, Mering   (n)

Aufgabenanalyse ↗ Arbeitsanalyse

Aufgabenverteilung

Mit Aufgabenverteilung bezeichnet man den Prozess der Teilung der im Betrieb zu erledigenden Aufgabengesamtheit (Stellenbildung) und die anschließende Verteilung der Teilaufgaben an die Mitarbeiter (Stellenbesetzung).

Eine Stelle (↗ Stellenbeschreibung) wird durch Aufgabenanalyse und Aufgabensynthese gebildet (↗ Arbeitsanalyse).

Bei der ↗ Aufgabenanalyse wird die Gesamtheit der Aufgaben meist nach drei bis fünf Kriterien in Elemente zer-

legt, deren Aufteilung auf verschiedene Stellen gerade noch als möglich bzw. sinnvoll erscheint. Kosiol (1962, S. 42ff.) nennt die folgenden Kriterien:

– Verrichtung (Arten der Tätigkeiten),
– Objekt (zu bearbeitender Gegenstand),
– Rang (Entscheidung oder Ausführung),
– Phase (Planung, Ausführung, Kontrolle),
– Zweck (Verwaltungsaufgaben, oder Leistungsaufgaben).

Bei der anschließenden Aufgabensynthese werden die Elemente zu Stellen zusammengefasst. Mit Stelle meint man einen Komplex von Teilaufgaben, der einer gedachten Person zur Erledigung übertragen wird (↗ Stellenbeschreibung).

Die Stellen werden Mitarbeitern zugeordnet (↗ Personaleinsatz, ↗ Personalzuordnungsproblem).

Bei der Aufgabenverteilung entstehen vor allem folgende Probleme:

– Bei der Aufgabenanalyse und -synthese werden mögliche Folgen einer zu weit getriebenen ↗ Arbeitsteilung nicht genügend berücksichtigt.
– Bei der Stellenbildung wird von Stelleninhabern abstrahiert; eine Anpassung der Stellen an vorhandene oder zukünftige Mitarbeiter ist nicht vorgesehen.
– Bei der Stellenbesetzung ist die Stelle Ausgangspunkt für die Eignungsdiagnose und -prognose (↗ Eignungsdiagnostik, ↗ Eignungsprofil, ↗ Anforderungsprofil); es besteht daher die Gefahr, dass vorhandene Fähigkeitspotenziale nicht erkannt und genutzt werden.

Literatur: Kosiol, E. 1962: Organisation der Unternehmung, Wiesbaden (n)

Aufsichtsrat

Der Aufsichtsrat (in der Schweiz Verwaltungsrat genannt) ist ein gesetzlich vorgeschriebenes Organ, dem vor allem die Kontrolle der Unternehmensleitung (Vorstand) hinsichtlich Rechtmäßigkeit, Zweckmäßigkeit und Wirtschaftlichkeit der Geschäftsführung und die Mitwirkung an der Geschäftspolitik obliegt. Er ist bei Aktiengesellschaften, Kommanditgesellschaften auf Aktien, Genossenschaften, Versicherungsvereinen auf Gegenseitigkeit und unter bestimmten Voraussetzungen bei Gesellschaften mit beschränkter Haftung auf der Grundlage der relevanten gesetzlichen Bestimmungen (v.a. AktG, GenG, VersichAufsichtG, GmbHG) einzurichten. Zur Wahrnehmung seiner Pflichten hat er eine Anzahl von Rechten: Einsichtsrecht (§ 95 Abs. 3 AktG), Einberufung der Hauptversammlung (Abs. 4), Zustimmungsrechte (Abs. 5), Bestellung und Abberufung des Vorstands (§ 75 AktG), Vertretung der Gesellschaft (§ 97 AktG), Behandlung des Jahresabschlusses und Berichterstattung an die Hauptversammlung (§ 96 AktG).

Die Zusammensetzung des Aufsichtsrats hängt von den für die jeweilige Organisation gültigen Rechtsvorschriften ab.

In der Bundesrepublik Deutschland werden bei nicht-mitbestimmten Unternehmen die Aufsichtsratsmitglieder ausschließlich von den Anteilseignern gestellt und von der Hauptversammlung gewählt oder aufgrund der Satzung entsandt. Bei mitbestimmten Unternehmen sind neben den Vertretern der Aktionäre auch Arbeitnehmervertreter Mitglieder des Aufsichtsrats. Sie werden von den wahlberechtigten ↗ Arbeitnehmern des Unternehmens gewählt, dürfen aufgrund ihrer Aufsichtsrattätigkeit nicht benachteiligt werden und genießen einen erhöhten Bestandschutz ihres Arbeitsverhältnis-

ses. Im Rahmen spezieller Gesetze der ↗ Mitbestimmung werden den Beschäftigten z.T. weit reichende Möglichkeiten zur Mitwirkung an Entscheidungen gegeben.

In Österreich besteht im Aufsichtsrat grundsätzlich imparitätische Mitbestimmung, d.h. ein Drittel der Aufsichtsratsmitglieder sind Arbeitnehmer-Vertreter.

Die persönlichen Voraussetzungen für die Mitgliedschaft (z.B. unbeschränkte Geschäftsfähigkeit, Überkreuzverflechtungsverbot), die Haftung (z.B. bei Verletzung der Verschwiegenheitspflicht) und die Vergütung unterliegen gesetzlichen Bestimmungen bzw. der Satzung des Unternehmens.

Die Aufsichtsratmitglieder nehmen ihre Aufgaben als Kollegium wahr, d.h. sie handeln normalerweise gemeinsam. Alle Mitglieder sind gleichberechtigt. Eine Geschäftsordnung regelt Rahmenbedingungen für die Sitzungen wie Bestimmungen über die Einberufung, den Vorsitz oder die Beschlussfähigkeit.

Literatur: Lutter, M.; Krieger, G. 2002: Rechte und Pflichten des Aufsichtsrats, 4. Aufl., Köln; Schrammel, W. 2000: Arbeitsrecht. Band 2: Sachprobleme, Wien   (m)

Ausbilder

Als Ausbilder werden jene Personen bezeichnet, die unmittelbar und verantwortlich die Ausbildung von ↗ Auszubildenden bzw. Lehrlingen durchführen. Dabei handelt es sich um einen heterogenen Personenkreis, dem Meister bzw. Ausbildungsmeister, ausgelernte Arbeitskräfte anderer Hierarchieebenen wie Gesellen, Facharbeiter und andere Fachkräfte sowie – vor allem in größeren Betrieben – Fachkräfte des betrieblichen Ausbildungspersonals angehören.

In der Bundesrepublik Deutschland darf nach dem Berufsbildungsgesetz (BBiG § 20) nur ausbilden, wer persönlich und fachlich dafür geeignet ist. Die fachliche ↗ Eignung ist durch die für den jeweiligen Ausbildungsberuf notwendigen beruflichen Kenntnisse und Fertigkeiten sowie die erforderlichen berufs- und arbeitspädagogischen Kenntnisse definiert. Durch Ausbildereignungsverordnungen, die der Bundesminister für Bildung und Wissenschaft erlässt, kann geregelt werden, dass Ausbilder ihre berufs- und arbeitspädagogischen Kenntnisse in einer besonderen Prüfung nachweisen müssen. Solche Verordnungen sind für mehrere Wirtschaftsbereiche bereits erlassen (z.B. Verordnung über die berufs- und arbeitspädagogische Eignung für die Berufsausbildung in der gewerblichen Wirtschaft).

Das Berufsbildungsgesetz (↗ Berufsbildungsrecht) unterscheidet zwischen Ausbildern, die die Ausbildung durchführen, und Ausbildenden, die den Auszubildenden zur Berufsausbildung einstellen. Ausbildende und Ausbilder können jedoch identisch sein.

Literatur: Der Bundesminister für Bildung und Wissenschaft (Hrsg.) o.J.: Ausbildung und Beruf – Rechte und Pflichten während der Berufsausbildung, Bonn (jeweils neueste Auflage)   (w)

Ausbildungsberufe

Die Berufsausbildung erfolgt in anerkannten Ausbildungsberufen, für die ↗ Ausbildungsordnungen erlassen werden können. Die Anerkennung oder Aufhebung von Ausbildungsberufen erfolgt durch das Bundesministerium für Wirtschaft im Einvernehmen mit dem Bundesministerium für Bildung und Wissenschaft durch Rechtsverordnung.

Die Zahl der Ausbildungsberufe wurde in den letzten Jahrzehnten kontinuierlich reduziert. Sie betrug 1950 noch 901, 1960 626, 1970 606, 1980 451, 1987 383 und 2004 345. Die

Ausbildungsdauer beträgt durchschnittlich 3 Jahre.

Literatur: Bundesinstitut für Berufsbildung. Der Generalsekretär (Hrsg.): Verzeichnis der anerkannten Ausbildungsberufe, Köln, Bielefeld (erscheint jährlich)   (w)

Ausbildungsberufsbild

Das Ausbildungsberufsbild ist eine zusammenfassende Übersicht über die Fertigkeiten und Kenntnisse, die Gegenstand der ↗ Berufsausbildung sind (↗ Ausbildungsinhalte). Das Ausbildungsberufsbild ist Teil der ↗ Ausbildungsordnung. Es enthält nur die betrieblich zu vermittelnden Ausbildungsinhalte, evtl. auch Inhalte, die sowohl schulisch als auch betrieblich zu vermitteln sind. Das Ausbildungsberufsbild wird im ↗ Ausbildungsrahmenplan konkretisiert und näher ausgeführt.   (w)

Ausbildungskapazität

Als Ausbildungskapazität kann bei kurz- und mittelfristiger Betrachtung die Zahl an Auszubildenden angesehen werden, die ein Unternehmen gleichzeitig aufnehmen und ausbilden kann. Bei längerfristiger Betrachtung ist diese Zahl innerhalb gewisser Grenzen variabel. Eine exakte Bestimmung der Ausbildungskapazität ist in der Regel nicht möglich.

Im gewerblich-technischen Bereich wird die Ausbildungskapazität hauptsächlich durch die Anzahl der Ausbildungsplätze in der ↗ Ausbildungswerkstatt bzw. Lehrwerkstatt sowie die Zahl der ↗ Ausbilder begrenzt. Im kaufmännisch-administrativen Bereich stellen die Aufnahmefähigkeit und die Zahl der zu durchlaufenden Abteilungen die wichtigsten Begrenzungsfaktoren dar. In langfristiger Perspektive wird die Ausbildungskapazität wesentlich durch die wirtschaftliche Lage des Unternehmens und die Wachstumserwartungen bestimmt.

Literatur: Ackermann, K.F. 1983: Die Planung des Bedarfs an Auszubildenden in Industrieunternehmen, in: Weber, W. (Hrsg.): Betriebliche Aus- und Weiterbildung, Paderborn, S. 9-38 (w)

Ausbildungsmethoden

Als Ausbildungsmethoden werden die Verfahren bzw. Vorgehensweisen bezeichnet, die geeignet sind, die Ausbildungsziele zu erreichen. Sie sind identisch mit der in § 6 BBiG geforderten planmäßigen, zeitlich und sachlich gegliederten Vorgehensweisen, die sicherstellen sollen, dass das Ausbildungsziel in der vorgesehenen Ausbildungszeit erreicht werden kann.

Dabei wird vielfach zwischen Unterweisung im Sinne der praktischen Ausbildung am Arbeitsplatz oder in der ↗ Ausbildungswerkstatt und dem Unterrichten im Sinne der systematischen Informierens in einer schulischen Situation unterschieden. Arbeitsunterweisung kann dann präziser als das systematische und meist schrittweise Vertrautmachen mit bisher nicht vertrauten Arbeitsvorgängen bezeichnet werden. Dabei dienen meist bestimmte Prinzipien als Leitideen für die Gestaltung des Unterweisungsvorgangs: z.B. Anschaulichkeit oder Erfolgssicherung. Häufig werden bestimmte Phasen- bzw. Schrittmodelle angewandt, z.B. ein Vier-Stufen-Modell, das die Stufen Vorbereitung des Lernenden auf die Unterweisung, Vorführung und Erläuterung der Arbeit durch den Unterweisenden, Ausführung bzw. Nachvollzug der Arbeit durch den Lernenden und Vervollkommnung umfasst. Die Unterweisung kann als Einzelunterweisung oder als Gruppenunterweisung durchgeführt werden. Neuere Konzepte der Arbeitsunterweisung betonen den interaktiven Charakter des Unterweisungsvorgangs.

Hinsichtlich des Unterrichtens im Rahmen der Ausbildung kann zunächst auf die in der Schulpädagogik üblichen Klassifizierungen hingewiesen werden, die sich jedoch eng an die traditionelle Unterrichtssituation in Schulklassen anlehnen (z.B. Lehrervortrag, fragendentwickelnde Lehrmethode) und stark lehrerzentriert sind. Hinzu kommt das betriebliche Lehrgespräch, das das Zusammenwirken von Lehrenden und Lernenden bei der Ausbildung stärker betont. In der neueren, durch die Weiterbildungspraxis befruchteten Methodenpraxis werden die gemeinsame Verantwortung und das Zusammenwirken von Lehrenden und Lernenden besonders hervorgehoben (↗ Trainingsmethoden).

Literatur: Lenzen, D.; Mollenhauer, K. (Hrsg.) 1983: Theorie und Grundbegriffe der Erziehung und Bildung. Enzyklopädie Erziehungswissenschaft Bd. 1, Stuttgart; Roth, H. 1969: Pädagogische Psychologie des Lehrens und Lernens, 11. Aufl., Hannover u.a. (w)

Ausbildungsordnungen

Die für die anerkannten ↗ Ausbildungsberufe erlassenen Ausbildungsordnungen regeln bundeseinheitlich die Mindestanforderungen hinsichtlich der zu vermittelnden Ausbildungsinhalte sowie die Prüfungsanforderungen. Die Ausbildungsordnungen legen gemäß § 25 Berufsbildungsgesetz mindestens folgendes fest: die Bezeichnung des Ausbildungsberufes, die Ausbildungsdauer, das Ausbildungsberufsbild, d.h. die zu vermittelnden Fertigkeiten und Kenntnisse, den Ausbildungsrahmenplan (sachliche und zeitliche Gliederung der Ausbildung) und die Prüfungsanforderungen.

Ausbildungsordnungen für die rund 345 staatlich anerkannten ↗ Ausbildungsberufe erlässt das zuständige Fachministerium, z.B. das Bundesministerium für Wirtschaft und Technologie, stets im Einvernehmen mit dem Bundesministerium für Bildung und Forschung. Durch die ständige Neuordnung der Ausbildungsordnungen soll die ↗ Berufsausbildung an die technische, wirtschaftliche und gesellschaftliche Entwicklung angepasst werden. (Pütz 2004, Sp. 506f.)

In der Schweiz werden für die einzelnen Berufe Ausbildungsreglemente erlassen, die insbesondere die Berufsbezeichnung, das Ausbildungsziel, die Dauer der Lehre, die Anforderungen an den Betrieb, die Zahl der Lehrlinge, die von einem Betrieb gleichzeitig ausgebildet werden dürfen und das Ausbildungsprogramm (Art. 12 BBG) festlegen.

Literatur: Benner, H. 1996: Ordnung der staatlich anerkannten Ausbildungsberufe, 2. Aufl., Bielefeld; Pütz, H. 2004: Berufsausbildung, in: Gaugler, E.; Oechsler, W.A.; Weber, W. (Hrsg.): Handwörterbuch des Personalwesens, 3. Aufl., Stuttgart, Sp. 503-512 (w)

Ausbildungsplanung

Die Ausbildungsplanung umfasst die vorbereitenden Entscheidungen und Maßnahmen, durch die die Ausstattung des Unternehmens mit Nachwuchskräften und deren Qualifizierung sichergestellt wird. Sie zielt insbesondere auf die Feststellung des Bedarfs an ↗ Auszubildenden, die Planung der Bereitstellung dieser Auszubildenden, die Maßnahmen zur Realisierung der Ausbildung und die Sicherstellung der Übernahme geeigneter Absolventen der Ausbildung in ein Dauerarbeitsverhältnis.

Planungskonzepte des Bedarfs an Auszubildenden orientieren sich vorrangig am ↗ Personalbedarf künftiger Planungsperioden, der Stellenbesetzungspolitik mit den Hauptalternativen der externen Stellenbesetzung (↗ Personalbeschaffung) und der internen Stellenbesetzung (↗ Arbeitsmarkt, interner), der verfügbaren ↗ Ausbildungskapazität sowie an sozialen bzw. gesamtgesellschaftlichen Erfordernissen. Ergänzend müssen Erfahrungswerte über die Fluktuations- bzw. Dropout-Quote der Auszubildenden sowie der Absolventen einer Ausbildung berücksichtigt werden (Schaufelberger 1990).

Die Planung der Bereitstellung von Auszubildenden und der Übernahme der Absolventen der Ausbildung in ein Dauerarbeitsverhältnis kann als Teil der ↗ Personalbeschaffungsplanung gesehen werden.

Die Planung der Realisierung der konkreten Ausbildungsmaßnahmen wird durch die Bestimmungen des Berufsbildungsgesetzes geprägt. Durch den Abschluss eines ↗ Ausbildungsvertrages ergeben sich nach § 4 BBiG Planungsvorgaben hinsichtlich Art und Ziel der Berufsausbildung und damit der jeweils relevanten ↗ Ausbildungsordnung sowie hinsichtlich sachlicher und zeitlicher Gliederung der Berufsausbildung, die durch den ↗ Ausbildungsrahmenplan grob festgelegt wird. Der ↗ Ausbildungsrahmenplan ist wesentliche Grundlage für den betrieblichen Ausbildungsplan, der detaillierte Übersichten über die insgesamt zu vermittelnden Ausbildungsinhalte, die Verteilung dieser Ausbildungsinhalte auf bestimmte zeitliche Abschnitte und Orte der Ausbildung sowie – insbesondere in der Ausbildung für kaufmännisch-administrative Berufe – einen Versetzungsplan enthalten kann.

Literatur: Ackermann, K.F. 1983: Die Planung des Bedarfs an Auszubildenden in Industrieunternehmen, in: Weber, W. (Hrsg.): Betriebliche Aus- und Weiterbildung, Paderborn, S. 9-38; Schaufelberger, M. 1990: Die Planung des Ausbildungsbedarfs, in: Personal, 42. Jg., 1990, S. 160-165 (w)

Ausbildungsrahmenplan

Der Ausbildungsrahmenplan ist eine Orientierungshilfe zur sachlichen und zeitlichen Gliederung der im Rahmen der ↗ Berufsbildung zu vermittelnden Fertigkeiten und Kenntnisse (§ 25 BBiG): Er ist Teil der ↗ Ausbildungsordnung.

Der Ausbildungsrahmenplan konkretisiert die im ↗ Ausbildungsberufsbild dargestellten ↗ Ausbildungsinhalte und stellt diese in einen sachlichen Zusammenhang. Für die Vermittlung bestimmter Ausbildungsinhalte werden zeitliche Richtwerte angegeben.   (w)

Ausbildungsvergütung

Im Rahmen von Ausbildungsverhältnissen, die unter das Berufsbildungsgesetz fallen, ist eine angemessene Ausbildungsvergütung zu bezahlen, die eine finanzielle Unterstützung zum Lebensunterhalt des ↗ Auszubildenden darstellt.   (w)

Ausbildungsvertrag

Der Ausbildungsvertrag ist ein Vertrag zwischen einem ↗ Auszubildenden und einem ↗ Ausbilder, der ein Berufsausbildungsverhältnis begründet. Nach dem Berufsbildungsgesetz (↗ Berufsbildungsrecht) muss der Ausbildungsvertrag vor Beginn der Berufsausbildung geschlossen werden; der wesentliche Inhalt muss schriftlich niedergelegt werden und mindestens folgende Angaben enthalten: Art, sachliche und zeitliche Gliederung sowie Ziel der Berufsausbildung, insbesondere die Berufstätigkeit, für die ausgebildet werden soll, Beginn und Dauer der Berufsausbildung, Ausbildungsmaßnahmen außerhalb der Ausbildungsstätte, Dauer der täglichen ↗ Arbeitszeit, Dauer der Probezeit, Zahlung und Höhe der Vergütung, Dauer des Urlaubs und Voraussetzungen, unter denen der Berufsausbildungsver-

trag gekündigt werden kann (↗ Kündigung). Der Ausbildende muss nach Abschluss des Vertrages unverzüglich die Eintragung in das Verzeichnis der Berufsausbildungsverhältnisse, das insbes. bei den Kammern (↗ Handwerkskammern, ↗ Industrie- und Handelskammern) geführt wird, beantragen.   (w)

Ausbildungswerkstatt

Die Ausbildungswerkstatt bzw. veraltet Lehrwerkstatt ist ein im Rahmen der ↗ Berufsausbildung verwendeter Lernort für gewerbliche ↗ Auszubildende, an dem meist praktische Kenntnisse und Fertigkeiten vermittelt werden. Neben betrieblichen Lehrwerkstätten (meist in größeren Betrieben) gibt es überbetriebliche, von vielen oft eher kleineren Unternehmungen gemeinsam getragene Lehrwerkstätten und schulische Lehrwerkstätten (Schulwerkstatt).

Bei der Ausbildung in Lehrwerkstätten dominiert die systematische Ausbildung nach vorgegebenen Lehrplänen. In kleineren Betrieben übernimmt häufig die Ausbildungs- oder Lehrecke, ein für die Berufsausbildung reservierter Teil einer Werkstatt, die Funktionen der Ausbildungswerkstatt.

Literatur: Pätzold, G.; Walden G. (Hrsg.) 1995: Lernorte im dualen System der Berufsausbildung. Berichte zur beruflichen Bildung. Heft 177, hrsg. v. Bundesinstitut für Berufsbildung, Bielefeld   (w)

Auslandseinsatz von Mitarbeitern

Im Rahmen der ↗ internationalen Personalarbeit multinational tätiger Unternehmen zählt der Auslandseinsatz von Mitarbeitern zu den wesentlichen Problembereichen. Kernaufgabe ist dabei die Betreuung der ↗ Arbeitnehmer während der vorübergehenden Arbeitstätigkeit in einem fremden wirtschaftlichen, sozialen und kulturellen Umfeld.

In der Auswahlphase wird über die Entsendung ins Ausland entschieden. Persönlichkeitsmerkmale wie Sprachkenntnisse, Familiensituation etc. gewinnen bei der Auswahl aufgrund der besonderen situativen Bedingungen am Einsatzort neben fachlichen Aspekten besondere Bedeutung. Die Vorbereitungsphase dient dem besseren Kennenlernen sozialer, kultureller etc. Unterschiede zwischen Heimat- und Gastland. Die Einsatzphase umfasst die eigentliche Tätigkeit im Gastland. Sie ist häufig von unterschiedlichen Problemen wie Kulturschock, übertriebene Anpassung etc. begleitet. In der Rückkehrphase soll sich der ↗ Mitarbeiter wieder in die Stammunternehmung eingliedern. Oft treten Schwierigkeiten auf. Zu nennen sind z.B. neuerlicher Kulturschock, Statuseinbußen, abrupte Veränderung der Arbeitstätigkeit auf der Seite des Arbeitnehmers. Die Unternehmung sieht sich Problemen bezüglich der Bereitstellung einer geeigneten Stelle oder der ablehnenden Reaktionen von Kollegen gegenüber.

Literatur: Kühlmann, T. M. (Hrsg.) 1995: Mitarbeiterentsendung ins Ausland, Göttingen et al.; Kühlmann, T. M. 2004: Auslandseinsatz von Mitarbeitern, Göttingen et al. (m)

Aussperrung

Die Aussperrung ist ein Arbeitskampfmittel der ↗ Arbeitgeber und meint die von einem oder von mehreren Arbeitgebern durchgeführte Verweigerung von Beschäftigung und Lohnzahlung gegenüber einer Menge von Arbeitnehmern. Die Aussperrung ist das »Gegenstück« zum ↗ Streik. Dabei gibt es kaum wesentliche Unterschiede in den Regelungen zwischen Deutschland, Österreich und der Schweiz.

Man unterscheidet zwischen Angriffs- und Abwehraussperrungen. Angriffsaussperrungen finden statt, wenn der Arbeitskampf mit der Aussperrung und nicht – wie meistens der Fall – mit einem Streik beginnt. Abwehraussperrungen sind dagegen Reaktionen auf Streiks. Für die rechtliche Zulässigkeit von Aussperrungen gelten ähnliche Bedingungen wie für Streiks. Bei Abwehraussperrungen gibt es in Deutschland vom Bundesarbeitsgericht entwickelte Quoten darüber, wieviel ↗ Arbeitnehmer relativ zu den Streikenden ausgesperrt werden dürfen.

Die Landesverfassung von Hessen verbietet Aussperrungen, das Bundesrecht hat jedoch Vorrang.

Literatur: Däubler, W. 1987: Arbeitskampfrecht, Baden-Baden; Tomandl, T. 1965: Streik und Aussperrung als Mittel des Arbeitskampfes, Wien, New York (n)

Austauschtheorien

Die als Austausch-Theorien bezeichneten Konzepte versuchen individuelles Verhalten als Ergebnis sozialer Vergleichsprozesse zu erklären. Sie sind damit keine primär individuell orientierten Ansätze, sondern beziehen über den Gruppenprozess und die subjektive Wahrnehmung die Umwelt in die Betrachtung mit ein.

Zwei Grundannahmen kennzeichnen diese ↗ Motivationstheorien. Einerseits werden soziale Beziehungen und ökonomische Markttransaktionen als ähnlich angesehen. Individuen erwarten für die in sozialen Beziehungen geleisteten Beiträge entsprechende Ergebnisse. Den Inputs wie etwa der investierten Zeit sollen also adäquate Outputs, z.B. soziale Vernetzung, gegenüberstehen. Zum zweiten wird angenommen, dass die Beurteilung, ob sich eine Beziehung ›lohnt‹, nicht unabhängig von der Umwelt getroffen wird. Vergleiche mit Instanzen in der Umwelt wie z.B. Arbeitskollegen bestimmen mit, was vom Individuum als befriedigend angesehen wird und was nicht. (Un-)Zufriedenheitsannahmen sind also das Ergebnis von Interaktionen.

Vor dem Hintergrund eines gleichgewichtstheoretischen Handlungsmodells, das ein Streben nach innerem und äußerem Gleichgewicht (kognitive bzw. soziale Dimension) postuliert, wird die individuelle ↗ Motivation als Resultat sozialen Vergleichs gesehen.

Bekannte austauschtheoretische Konzepte sind die ↗ Anreiz-Beitrags-Theorie und die stärker ausgearbeitete ↗ Equity-Theorie.

Literatur: Mikula, G. 1985: Psychologische Theorien des sozialen Austauschs, in: Frey, D.; Irle, M. (Hrsg.): Theorien der Sozialpsychologie, Bd. II: Gruppen- und Lerntheorien, Bern, Stuttgart, S. 273-305   (m)

Austrittsentscheidung

Unter Austrittsentscheidung wird der individuelle Entscheidungsprozess bezüglich der Beendigung der Mitgliedschaft in Organisationen verstanden. Sie ist damit eine Form der ↗ Teilnahmeentscheidung. Als Wahlmöglichkeiten stehen Rückzug, d.h. Verlassen der Organisation, oder Verbleib zur Verfügung.

Austrittsentscheidungen werden vielfach unter Rückgriff auf die ↗ Anreiz-Beitrags-Theorie erklärt. Sie macht die Entscheidung über den Verbleib in der ↗ Organisation von der subjektiven Beurteilung des Anreiz-Beitrags-Verhältnisses abhängig. Dieses Verhältnis wird durch zwei Faktoren bestimmt: die Stärke des Wunsches, aus der Organisation auszuscheiden und die wahrgenommene Einfachheit des Ausscheidens. Der Wunsch auszuscheiden wird durch das Ausmaß der sub-

jektiven ↗ Arbeitszufriedenheit und die Veränderungsmöglichkeiten innerhalb der Organisation beeinflusst. Die Einfachheit des Ausscheidens ist abhängig von den wahrgenommenen Beschäftigungsalternativen. Übersteigen die geleisteten Beiträge die erhaltenen Anreize, verlässt das Individuum die Organisation. Obwohl das Modell nicht alle relevanten Variablen umfasst und bei einer statischen Sichtweise bleibt, fasst es doch z.T. empirisch getestete Relationen zwischen Einflussfaktoren zu plausiblen Hypothesen zusammen und verdeutlicht die Komplexität dieses Entscheidungsproblems.

Andere Ansätze zur Auseinandersetzung mit der Austrittsentscheidung sind etwa ↗ verhaltenswissenschaftliche Entscheidungstheorien oder ↗ Motivationstheorien.

Für das betriebliche ↗ Personalwesen haben diese Überlegungen insbesondere im Zusammenhang mit Maßnahmen zur Beeinflussung der ↗ Fluktuation Bedeutung.

Literatur: March, J.G.; Simon, H.A. 1976: Organisation und Individuum, Wiesbaden   (m)

Austrittsinterview

Im Rahmen der ↗ Personalfreisetzung dient das Austrittsinterview – anders als etwa ↗ Outplacement – primär als Mittel zur Informationsbeschaffung für die ↗ Organisation und als Weg der Behandlung von praktischen Angelegenheiten in Verbindung mit der Trennung von ↗ Mitarbeitern. Das Austrittsinterview findet sinnvoller Weise mit Mitarbeitern statt, die ihr Arbeitsverhältnis auf eigenen Wunsch beenden.

In Form un-, teil- oder vollstrukturierter schriftlicher oder mündlicher Interviews wird der ausscheidende Mitarbeiter nach den Gründen für den Austritt gefragt und um seine Einschätzung verschiedener Aspekte der Arbeitstätigkeit gebeten, z.B. ↗ Betriebsklima, ↗ Führungsstil der Vorgesetzten, Entlohnung, etc. Normalerweise wird die vertrauliche Behandlung dieser Aussagen zugesagt. Daneben sind auch Fragen der praktischen Abwicklung des Ausscheidens Gegenstand des Interviews, z.B. weitere Rechte und Pflichten, Rückgabe von firmeneigenen Arbeitsmitteln oder Schlüsseln.

Als Interviewer treten häufig ›unbeteiligte Dritte‹ auf, die nicht zu den unmittelbar Betroffenen des Ausscheidens gehören, also etwa Mitglieder der ↗ Personalabteilung.

Zu den Problemen bei der Durchführung von Austrittsinterviews gehören methodenbedingte Verzerrungen wie Wahrnehmungsfilter der Beteiligten oder unklare Fragestellungen. Auch ermöglicht die spezielle Situation nicht immer ein Gesprächsklima, in dem eine ›ehrliche‹ Rückmeldung möglich ist. Grundsätzlich ist jedoch davon auszugehen, dass der ausscheidende Mitarbeiter eher bereit ist, für das Unternehmen interessante Schwachstellen offen anzusprechen, als ↗ Arbeitnehmer, die im Unternehmen verbleiben und evtl. Nachteile als Konsequenz ihrer Offenheit befürchten müssen.

Literatur: Pullig, K.K. 1986: Das Abgangs-(Austritts-)Interview als Instrument der Personalführung, in: Personal, 1, S. 22-25   (m)

Auswahlrichtlinien

Auswahlrichtlinien sind aus der ↗ Personalpolitik bzw. ↗ Personalbeschaffungspolitik abgeleitete Grundsätze, welche Rahmenbedingungen für die ↗ Personalauswahl bilden. Sie unterstützen den Auswahlprozess und dienen der Vereinheitlichung der Auswahlentscheidungen sowie der Ausrichtung des Auswahlverfahrens an personalpolitischen bzw. organisationalen Zielsetzungen.

Auswahlrichtlinien beinhalten sowohl inhaltliche als auch prozessuale Aspekte. Sie richten sich z.B. auf die Auswahlmethoden (Verwendung von ↗ Tests, ↗ biographischem Fragebogen, ↗ Assessment Centers usw.), auf Entscheidungskriterien (↗ Qualifikationen, Werthaltungen, Alter usw.), legen den Kandidatenkreis fest (z.B. Konzentration auf wenige Nationalitäten bei ausländischen Bewerbern oder grundsätzliche Bevorzugung interner Bewerber), nennen die innerbetrieblich beteiligten Abteilungen bzw. Hierarchiestufen oder legen einen bestimmten Ablauf der Personalauswahl fest.

Literatur: Schuler, H. 2000: Psychologische Personalauswahl: Einführung in die Berufseignungsdiagnostik, 3. Aufl., Göttingen; Weuster, A. 2004: Personalauswahl: Anforderungsprofil, Bewerbersuche, Vorauswahl und Vorstellungsgespräch, Wiesbaden   (m)

Auszubildende

Auszubildende sind Personen, die im Rahmen eines Ausbildungsverhältnisses nach dem Berufsbildungsgesetz ausgebildet werden. Dieser Personenkreis wird in Österreich und vielfach auch im allgemeinen Sprachgebrauch in der Bundesrepublik als ↗ Lehrling bezeichnet.

Der bzw. die Auszubildende ist verpflichtet, die Fertigkeiten und Kenntnisse zu erwerben, die erforderlich sind, um das Ausbildungsziel zu erreichen (§ 9 BBiG). Dazu gehören u.a. auch die Verpflichtungen zur sorgfältigen Ausführung der übertragenen Aufgaben, zur Teilnahme am Berufsschulunterricht und anderen Ausbildungsmaßnahmen, für die eine Freistellung erfolgt, zur Befolgung der Weisungen von Ausbildendem, ↗ Ausbilder usw. sowie zur pfleglichen Behandlung der betrieblichen Einrichtungen.

Die Zahl der Auszubildenden erreichte in der Bundesrepublik Deutschland 1985 mit 1.831.300 ihren Höchststand. Seither ist vor allem aufgrund der demographischen Entwicklung die Zahl der Auszubildenden kontinuierlich auf 1.684.600 im Jahr 2001 gesunken (↗ Duales System). Der Anteil der weiblichen Auszubildenden stieg von ca. 25 % im Jahre 1950 über ca. 35 % von Anfang der 60er bis Ende der 70er Jahre auf 41,0% in 2001. Besonders hoch ist der Frauenanteil in Industrie und Handel (42,4% in 2001) sowie – noch ausgeprägter – im öffentlichen Dienst (64,6% in 2001).

Literatur: Pätzold, G. 1983: Auszubildender, in: Lenzen, D. (Hrsg.): Enzyklopädie Erziehungswissenschaft, Band 9.2. Sekundarstufe II – Jugendbildung zwischen Schule und Beruf, Stuttgart, S. 83-86   (w)

Autorität

Personen oder Institutionen verfügen über Autorität, wenn sie andere in ihren Entscheidungen oder Handlungen kontrollieren können und die der Autorität Unterworfenen diesen Einfluss akzeptieren.

Autorität ist keine Eigenschaft einer Person oder Institution, sondern eine Kennzeichnung sozialer Beziehungen.

Grundlagen betrieblicher Autorität lassen sich unterscheiden in

– externe Grundlagen: Dies sind z.B. Eigentumsrechte, rechtliche Vorschriften und Tradition; und
– interne Grundlagen: Hierunter fallen unpersönliche Regelungen, die sich in der formalen Hierarchie niederschlagen, und personale Faktoren wie Persönlichkeitseigenschaften, Fachkenntnisse usw.

Autorität muss sich legitimieren, da der Beeinflusste sie anerkennen soll.

Diese Legitimation wird schon dadurch erreicht, dass im Sozialisationsprozess (↗ Sozialisation) Normen darüber vermittelt werden, was als Autorität zu gelten hat.

Die Akzeptanz kann aber auch aufgrund »rationaler« Entscheidungen zustande kommen. Meist wird man Mischformen dieser Legitimation antreffen.

Allerdings darf man nicht daraus, dass jemand Autoritäten folgt, schließen, dass er diese auch für legitim hält: Manches ist von »oben« gesehen Autorität, von »unten« dagegen bloße ↗ Macht (Mayntz 1963, S. 107).

Literatur: Mayntz, R. 1963: Soziologie der Organisation, Reinbek bei Hamburg; Sennett, R. 1985: Autorität, Frankfurt/M.   (n)

B

Bedürfnis

Unter Bedürfnis wird der innere Zustand von Ungleichgewicht bzw. Mangel verstanden, der in einem Organismus bestimmte Handlungen zur Wiederherstellung des physiologisch-organistischen Gleichgewichts – ausgleichend-homöostatische Reaktionen – hervorruft.

Häufig werden zwei große Gruppen von menschlichen Bedürfnissen unterschieden. Primäre Bedürfnisse – auch Grundbedürfnisse – sind arteigen, angeboren und im Laufe der stammesgeschichtlichen Entwicklung des Menschen erworben. Sie sind gekennzeichnet durch nachweisbare physiologische Prozesse (physiologisches Kriterium), ihr Vorhandensein bei allen Mitgliedern der Art (vergleichend-psychologisches Kriterium), bekannte Auslösemechanismen (Schlüsselreiz-Kriterium) und durch ihre Notwendigkeit für die Gesundheit und das Fortbestehen (Überlebens-Kriterium). Sekundäre Bedürfnisse werden durch die Gesellschaft und die Kultur vermittelt, im Laufe der individuellen Entwicklung erworben und als ›Quasi-Bedürfnisse‹ bezeichnet.

Bedürfnistheoretische Überlegungen werden zur Erklärung von individuellem Verhalten (↗ Motivation) herangezogen, wobei ein charakteristisches, ›zyklisches‹ Modell Verwendung findet: Ein eintretender Mangelzustand stört ein bestehendes Gleichgewicht und aktiviert ein bestimmtes Bedürfnis. Das ausgelöste zielgerichtete Verhalten stellt einen neuerlichen Gleichgewichtszustand wieder her. Ein Beispiel dafür ist etwa das Konzept der ↗ Bedürfnishierarchie.

Die Bedeutung der Verhaltenserklärung über postulierte Bedürfnisse, welche individuelle Reaktionen auf Menschen innewohnende relativ stabile Bedürfnislagen zurückführt, war und ist für das ↗ Personalwesen beträchtlich. Beispielsweise wird bei der ↗ Personalauswahl das Augenmerk auf Personen mit ausgeprägtem Bedürfnis nach Leistung (↗ Leistungsmotivationstheorien) gelenkt oder die Gestaltung des betrieblichen Anreizsystems an den Bedürfnissen der Betroffenen orientiert.

Das Bedürfniskonzept hat starke Kritik erfahren. Bemängelt wurde die Vagheit und Vieldeutigkeit in Bezug auf die Entstehung und die Entwicklung von Bedürfnissen und die Unschärfe des Begriffs bezüglich seiner Abgrenzung von ähnlichen Konzepten wie Instinkt, Trieb, Motiv, Interesse, Antrieb, Affekt etc., die oftmals gänzlich oder nahezu bedeutungsgleich verwendet werden. Unbefriedigend bleibt auch die Operationalisierung. Weiterhin stehen neurophysiologische Erkenntnisse, welche auf eine ›ständige‹ Aktivierung der Gehirnregionen hinweisen (↗ Aktivationstheorie), der auf einen Mangelzustand abstellenden Erklärung von Verhalten entgegen. Auch führt dieser Ansatz zu einer personalisierenden Deutung von Verhalten, welche den Einfluss der Umwelt für nicht oder nicht ausreichend berücksichtigt.

Literatur: Steers, R.; Porter, L.W. (Hrsg.) 1979: Motivation and Work Behavior, Auckland u.a. (m)

Bedürfnishierarchie

Die Theorie der Bedürfnishierarchie von MASLOW ist innerhalb der ↗ Motivationstheorien den Inhaltstheorien zuzurechnen und steht in der Tradition der humanistischen Psychologie. MASLOW geht davon aus, dass menschliches Verhalten von ↗ Bedürfnissen gesteuert wird. Ziel menschlichen Handelns ist die Befriedigung dieser Bedürfnisse. Er unterscheidet fünf Bedürfnisklassen, die in einer Bedürfnispyramide hierarchisch angeordnet sind. Als erste Stufe werden die physiologischen Bedürfnisse wie Hunger oder Schlaf genannt. Es folgen Sicherheits-Bedürfnisse (Schutz, Angstfreiheit, ...), soziale Bedürfnisse (Liebe, Zugehörigkeit, ...) und Ich-Bedürfnisse (Anerkennung, Prestige, ...). Diese vier Bedürfnisklassen werden als ↗ Defizitbedürfnisse charakterisiert: Die Wiederherstellung eines Gleichgewichts wird angestrebt. Als fünfte und höchste Stufe wird das Bedürfnis nach Selbstverwirklichung gesehen, bei dem es sich um ein ↗ Wachstumsbedürfnis handelt. Selbstverwirklichung wird in humanistischer Tradition »...definiert als fortschreitende Verwirklichung der Möglichkeiten, Fähigkeiten und Talente, als Erfüllung einer Mission oder einer Berufung, eines Geschicks, eines Schicksals, eines Auftrages, als bessere Kenntnis und Aufnahme der eigenen inneren Natur, als eine ständige Tendenz zur Einheit, Integration oder Synergie innerhalb der Persönlichkeit« (Maslow 1973, S. 41). Diese allgemeine Beschreibung wird um Merkmale des ›gesunden Menschen‹ ergänzt, z.B. größere Wahrnehmung der Realität, zunehmende Spontaneität etc. Die Wachstumsbedürfnisse sind auf die Entfaltung aller im Menschen angelegten Möglichkeiten und ein Streben nach ›Mehr‹ ausgerichtet. Im Gegensatz zu den Defizitbedürfnissen wird bei den Wachstumsbedürfnissen davon ausgegangen, dass keine Sättigung eintritt.

Verhaltensrelevanz erlangen die einzelnen Bedürfnisse einer Klasse erst dann, wenn die vorhergehende niedrigere Stufe befriedigt wurde (Satisfaktions-Progressions-Hypothese). So kommt z.B. den sozialen Bedürfnissen solange keine Bedeutung für das Handeln zu, als die Sicherheitsbedürfnisse nicht befriedigt sind.

Die Theorie der Bedürfnishierarchie fand in der Praxis breiten Widerhall und erlangt insbesondere bei der Gestaltung des betrieblichen Anreizsystems Bedeutung. Ebenso stimulierte sie die wissenschaftliche Forschung. Allerdings wird die Theorie nur von wenigen empirischen Ergebnissen gestützt. Die Mehrheit der Untersuchungen konnte die Theorie nicht bestätigen. Als Hauptkritikpunkte können die Einteilung der Bedürfnisse in fünf hierarchisch angeordnete Klassen und die unzureichende Operationalisierung der Begriffe »Bedürfnis« und »Selbstverwirklichung« gelten. Die theoretische Ausgangsbasis – der Gleichgewichtsgedanke bzw. das Homöostase-Prinzip – erlaubt überdies keine systematische Berücksichtigung von kognitiven Variablen, situativen Bedingungen etc. Dieser Ansatz scheint somit zur Erklärung der ↗ Motivation menschlichen Verhaltens nur bedingt geeignet.

Literatur: Maslow, A.H. 1973: Psychologie des Seins, München   (m)

Beeinflussungsstrategien

Beeinflussungsstrategien bezeichnen die Bemühungen von Personen oder Personengruppen, im Rahmen der sozialen Interaktion das Zustandekommen von kognitiven Informationen und Entscheidungsprämissen bei Individuen zu beeinflussen. Damit sind Berührungspunkte zum Problem der ↗ Führung in ↗ Organisationen gegeben.

Beeinflussungsstrategien beziehen sich besonders auf zwei Bereiche. Im Laufe der betrieblichen ↗ Sozialisation soll erstens die Persönlichkeit des Mitarbeiters beeinflusst werden, um ihn im Hinblick auf die Organisation bzw. ihre Ziele zu einer Übernahme der als relevant angenommenen Verhaltensrichtlinien zu bewegen und seine Entscheidungen entsprechend zu prägen. Zweitens soll durch die Verwendung manipulativer Mittel wie Drohungen, Kompensationen oder Verweis auf autorisierte Vorschriften Einfluss auf die Wahrnehmung und Definition der Situation durch den Betroffenen genommen werden.

Das Wissen um die soziale Bedingtheit und Beeinflussbarkeit menschlichen Handelns ist grundlegend für das Verständnis des Verhaltens in Organisationen und damit auch für das betriebliche ↗ Personalwesen.

Vor allem die ↗ verhaltenswissenschaftliche Entscheidungstheorie liefert Beiträge zur Erklärung des Zustandekommens und der Veränderung von individuellen Entscheidungsprämissen; eine eigentliche Theorie der Beeinflussung existiert bisher nicht.

Literatur: Kirsch, W. 1971: Entscheidungsprozesse, 3. Band: Entscheidung in Organisationen, Wiesbaden   (m)

Befragung

Die Befragung ist eine verbreitete Methode der ↗ Datengewinnung in der ↗ Personalforschung bzw. der empirischen Sozialforschung. Gemeinsam ist allen Formen, dass eine oder mehrere Personen durch einen sprachlichen Stimulus (Frage) zu einer sprachlichen Reaktion (Antwort) veranlasst werden sollen, wobei die Antwort als Indikator für eine bestimmte Ausprägung eines theoretischen Konstrukts gewertet wird (Scheuch 1973, von Aleman 1977). Befragungen können nach einer Vielzahl von Kriterien typisiert werden. Die folgenden Unterscheidungen sind besonders wichtig:

1. Nach der Befragungssituation wird zwischen schriftlicher Befragung und mündlicher Befragung bzw. ↗ Interview unterschieden. Bei der schriftlichen Befragung wird den Befragten ein ↗ Fragebogen mit der Bitte um Bearbeitung vorgelegt. Dies gewährleistet einheitliche Fragestimuli, setzt gerade deshalb jedoch hinsichtlich der Sprachgewohnheiten relativ homogene Befragtengruppen voraus, wenn Verständnisprobleme gering gehalten werden sollen. Antwortverweigerung und Ausfälle bei der Beantwortung einzelner Fragen sind bei der schriftlichen Befragung häufiger als bei der mündlichen Befragung. Das Interview sichert zwar in der Regel hohe Antwortquoten, ist jedoch aufwändiger und deshalb teurer; es ist wegen des nur begrenzt kontrollierbaren Intervieweinflusses oft mit größeren Verzerrungen verbunden.

2. Nach dem Grad der Standardisierung kann sowohl bei der schriftlichen wie bei der mündlichen Befragung zwischen standardisierter, teilstandardisierter oder nichtstandardisierter Befragung unterschieden werden. In der Regel sind schriftliche Befragungen eher stark standardisiert, mündliche Befragungen eher wenig standardisiert. Standardisierte Befragung bedeutet, dass Abfolge und Inhalt der Fragen fest vorgegeben sind. Die nichtstandardisierte Befragung lässt dies offen, bedient sich jedoch häufig des Interview-Leitfadens, der Inhalt und anzusprechende Themen enthält, die in beliebiger Reihenfolge und

Formulierung in die Befragungssituation eingebracht werden. Ein besonders hohes Maß an Offenheit kennzeichnet das Tiefeninterview, das Intensivinterview und das narrative ↗ Interview.

3. Nach der Zahl der gleichzeitig Befragten kann zwischen Einzel- und Gruppenbefragung unterschieden werden. Wenn die Gruppenbefragung mündlich erfolgt, liegt meist die Methode der ↗ Gruppendiskussion vor.

4. Nach der Häufigkeit der Befragung von Einzelpersonen kann zwischen einmaliger Befragung und Panelbefragung unterschieden werden.

Literatur: Diekmann, A. 2003: Empirische Sozialforschung: Grundlagen, Methoden, Anwendungen, 10. Aufl., Reinbek bei Hamburg; Friedrichs, J. 1990: Methoden empirischer Sozialforschung, 14. Aufl., Opladen; Scheuch, E.K. 1973: Das Interview in der Sozialforschung, in: König, R. (Hrsg.): Handbuch der empirischen Sozialforschung. Bd. 2: Grundlegende Methoden und Techniken. 1. Teil, Stuttgart, S. 66-190   (w)

Behindertenschutz

Der Behindertenschutz ist in Deutschland vor allem im Sozialgesetzbuch (SGB IX) geregelt. Der ↗ Arbeitgeber hat nach diesem Gesetz die Verpflichtung, Schwerbehinderte zu beschäftigen. Den behinderten ↗ Arbeitnehmern stehen eine Reihe von zusätzlichen Rechten zu.

Schwerbehindert ist, wer einen Behinderungsgrad von mindestens 50 Prozent aufweist. Den Schwerbehinderten gleichgestellt sind Personen mit einem Grad an Behinderung zwischen mindestens 30 und unter 50 Prozent, wenn sie ohne die Gleichstellung einen geeigneten Arbeitsplatz nicht erlangen oder nicht behalten können. Behindert im Sinne des Gesetzes ist, wer eine mehr als sechs Monate anhaltende Beeinträchtigung der für das jeweilige Lebensalter typischen körperlichen, geistigen oder seelischen Funktionen aufweist.

Beschäftigungspflicht bedeutet, dass Arbeitgeber, die über eine bestimmte Mindestzahl von Arbeitsplätzen verfügen, einen Mindestprozentanteil der Arbeitsplätze mit Schwerbehinderten besetzen müssen. Für jeden nicht besetzten Pflichtplatz ist eine Ausgleichsabgabe zu zahlen.

Der Arbeitgeber hat die Schwerbehinderten so zu beschäftigen, dass sie ihre Kenntnisse und Fähigkeiten voll verwerten und weiterentwickeln können. Der Betrieb ist so auszustatten, dass die vorgeschriebene Zahl von Behinderten beschäftigt werden kann.

Schwerbehinderte (nicht die ihnen gleichgestellten Behinderten) haben Anspruch auf zusätzliche Urlaubstage (↗ Urlaub). ↗ Kündigungen können nur ausgesprochen werden, wenn die Hauptfürsorgestelle zugestimmt hat. Schwerbehinderte haben das Recht, jede Mehrarbeit abzulehnen.

In allen Betrieben, die wenigstens fünf Schwerbehinderte beschäftigen, kann eine Schwerbehindertenvertretung gewählt werden, bestehend aus einem Vertrauensmann oder einer Vertrauensfrau und mindestens einem Stellvertreter bzw. einer Stellvertreterin.

Literatur: Däubler, W. 1998: Das Arbeitsrecht Bd. 2, 11. Aufl., Reinbek bei Hamburg   (n)

Belegschaftsversammlungen (Österreich)

Organisationsrechtlich betrachtet sind Belegschaftsversammlungen Organe der Belegschaft. Ihre Hauptaufgabe besteht in der Kontrolle jener Organe, die Kontrollbefugnisse gegenüber dem Betriebsinhaber innehaben, insbesondere des ↗ Betriebsrates.

Zu unterscheiden sind Betriebsversammlungen und Gruppenversammlungen (Arbeiter/Angestellte), welche zusammen die Betriebshauptversammlung bilden. Stimmberechtigte Mitglieder der Betriebs- bzw. Betriebshauptversammlung sind alle am Tag des Stattfindens der Versammlung im Betrieb beschäftigte, mindestens 18 Jahre alte ↗ Arbeitnehmer des Betriebes (und damit nicht der ↗ Betriebsrat). Nicht stimmberechtigt, aber teilnahmeberechtigt sind alle übrigen Arbeitnehmer sowie die Interessensvertretungen der Arbeitnehmer (↗ Gewerkschaften, ↗ Arbeiterkammern). Da das Prinzip der Nichtöffentlichkeit gilt, ist der Betriebsinhaber nur aufgrund einer Einladung teilnahmeberechtigt. Diese Stimm- und Teilnahmebedingungen gelten sinngemäß für die Gruppenversammlungen, allerdings erstreckt sich hier naturgemäß die Zahl der Mitglieder auf die Angehörigen der entsprechenden Arbeitnehmergruppe.

Betriebs- und Gruppenversammlung müssen mindestens einmal in jedem Kalenderhalbjahr, Betriebshauptversammlungen mindestens einmal im Kalenderjahr stattfinden. Dazu gibt es die Möglichkeit außerordentlicher Versammlungen auf Verlangen von 1/3 der Betriebsräte oder 1/3 der stimmberechtigten Arbeitnehmer. Einberufen wird in jedem Fall durch den Betriebsrat (§ 45 Abs. 1 ArbVG) oder durch eine gem. Abs. 2 festgelegte Alternative. Belegschaftsversammlungen sind grundsätzlich während der ↗ Arbeitszeit und nach Möglichkeit in den Räumlichkeiten des Betriebsinhabers abzuhalten.

Eine nicht taxative Auflistung der Aufgaben findet sich in § 42 ArbVG. Für die Beschlussfassung gilt ein Präsenzquorum von 50 % der stimmberechtigten Mitglieder und ein Konsensquorum von 50 % der abgegebenen Stimmen (§ 49 Abs. 2 ArbVG). Bei bestimmten Entscheidungen, z.zB. Enthebung des Betriebsrates, gelten Sonderbestimmungen wie etwa ein verschärftes Konsensquorum von zwei Drittel der abgegebenen Stimmen.

Literatur: Strasser, R.; Jabornegg, P. 2001: Floretta – Spielbüchler – Strasser: Arbeitsrecht. Band II: Kollektives Arbeitsrecht (Arbeitsverfassungsrecht), Wien   (m)

Belohnung und Bestrafung

Als angenehm empfundene Konsequenzen einer Handlung werden in der ↗ Lerntheorie als Belohnung, unangenehme Konsequenzen als Bestrafung bezeichnet. Belohnungen oder positive Sanktionen liegen also vor, wenn positive Verstärker dargeboten und die Darbietung negativer Verstärkung beendet wird (↗ Verstärkungen). Umgekehrt stellen die Darbietung negativer Verstärkungen und der Entzug von positiven Verstärkern eine Bestrafung oder negative Sanktion dar.

Während die Wirkung von Belohnungen verhältnismäßig eindeutig ist, ist die Wirkungsweise von Bestrafungen unübersichtlich. Belohnungen sind deshalb Bestrafungen bei der ↗ Konditionierung überlegen. Bereits gut trainierte Handlungen, die schon häufig ausgeführt wurden, können durch Bestrafungen meist nur kurzzeitig unterbrochen werden. Bei Ausbleiben der Bestrafung tritt das ursprüngliche Verhalten meist wieder auf.

Die Kategorien Belohnung und Bestrafung spielen im Kontext personalwirtschaftlicher Fragestellungen – häufig in anderer Terminologie (↗ Anreize, Gratifikation) – eine wichtige Rolle. Kossbiel (1976, S. 1111) systematisiert das betriebliche Anreizsystem z.B. nach Belohnungspotenzial und Bestrafungspotenzial. Dabei unterscheidet er die Belohnungsarten positive Belohnung (z.B. Präsentation eines positiven Stimulus wie Lob) und negative Belohnung (Elimination eines negativen Stimulus, etwa Verzicht auf strenge Kontrolle). Analog werden die Bestrafungsarten in positive Bestrafung (Präsentation eines negativen Stimulus wie Tadel) und negative Bestrafung (Elimination eines positiven Stimulus wie Entzug einer interessanten Aufgabe) unterschieden. Außerdem wird in Anlehnung an die verschiedenen Pläne von ↗ Verstärkungen zwischen kontinuierlicher Belohnung bzw. Bestrafung und diskontinuierlicher Belohnung und Bestrafung differenziert, wobei im Anschluss an Skinner auf die besondere Wirksamkeit diskontinuierlicher bzw. intermittierender Verstärkungen hingewiesen wird.

Literatur: Kossbiel, H. 1976: Personalbereitstellung und Personalführung, Wiesbaden; Luthans, F.; Kreitner, R. 1985: Organisational Behavior Modification and Beyond, Glenview/Ill.   (w)

Beobachtung

Beobachtungsverfahren beinhalten die Auswahl, Protokollierung und Kodierung von menschlichem Verhalten in bestimmten Situationen im Hinblick auf spezifische Fragestellungen. Im Personalwesen werden Beobachtungsverfahren z.B. bei der ↗ Leistungsbeurteilung oder im ↗ Assessment Center verwendet. Von dem jeweiligen Ziel hängt es ab, was als Objekt der Beobachtung gewählt wird, z.B. Kommunikationsoder ↗ Arbeitsverhalten, sprachliches oder nicht sprachliches Verhalten usw. Die Auswahl der Beobachtungsobjekte soll dabei jeweils in einen theoretischen Zusammenhang eingebettet sein. Das bedeutet: Die Beobachtung wird von Annahmen über die Zusammenhänge von Beobachtungsobjekten und Einflussfaktoren geleitet.

In diesem Sinne theoriegeleitet muss man auch versuchen, die Frage zu be-

antworten, worauf bei den Beobachtungsobjekten (z.B. Arbeitsverhalten) speziell zu achten ist und wann die Beobachtung beginnen und enden soll. Ein standardisiertes Beobachtungsschema kann die Analyseinhalte und Zeitpunkte enthalten und somit Auswahl, Protokollierung, spätere Kodierung und Auswertung intersubjektiv prüfbar machen.

Man unterscheidet zwischen folgenden Arten von Beobachtung:

– strukturierte vs. unstrukturierte Beobachtung (Wird ein standardisiertes Schema verwendet oder kann der Beobachter spontan auswählen, was er beobachtet?),
– offene vs. verdeckte Beobachtung (Ist der Beobachter als solcher erkennbar oder verdeckt?),
– teilnehmende vs. nicht teilnehmende Beobachtung (Ist der Beobachter selbst Element der beobachteten Objekte oder steht er außerhalb des Feldes?).

Die Protokollierung des Beobachteten kann sprachlich, schriftlich oder visuell (Film, Video, Zeichnungen) erfolgen.

Ein wesentlicher Vorteil der Beobachtung gegenüber anderen Instrumenten ist, dass auch nicht sprachliches Verhalten erfasst werden kann.

Literatur: Weick, K. E. 1985: Systematic Observation Methods, in: Lindzey, G.; Aronson, E. (Hrsg.): Handbook of Social Psychology, Vol. I: Theory and Method, New York, S. 567-634; Lamnek, S. 1995: Qualitative Sozialforschung, Bd. 2: Methoden und Techniken, 2. Aufl., Weinheim   (n)

Beobachtungslernen

Als Beobachtungslernen oder Lernen am Modell wird ↗ Lernen bezeichnet, bei dem durch das Beobachten des Verhaltens anderer – des Modells – sowie der Konsequenzen dieses Verhaltens gelernt wird. Die Konsequenzen eines ↗ Verhaltens bzw. ↗ Verstärkungen werden nicht direkt sondern indirekt oder stellvertretend durch die Beobachtung des Modells erfahren. Dies wird stellvertretende Verstärkung genannt.

Das spätere Auftreten eines beobachteten Verhaltens setzt Belohnungserwartungen voraus, die durch stellvertretende Verstärkungen, aber auch auf andere Weise ausgelöst werden können. Deshalb hat sich die Unterscheidung von Erwerb und Ausführung des Verhaltens in diesem Zusammenhang bewährt. Bandura (1979) unterstreicht, dass der Erwerb des Verhaltens auch ohne Belohnung des Modells erfolgt.

Besondere Beachtung gilt dem Zusammenhang zwischen Beobachtung und der Übernahme des Verhaltens. Als hilfreich für die Analyse dieses Zusammenhangs hat sich die Annahme erwiesen, dass ein Selbst-Stimulationsprozess zwischengeschaltet ist, bei dem die beobachtende Person sich selbst in ähnlichen Situationen mit angenehmen oder unangenehmen Konsequenzen vorstellt. Es zeigte sich, dass Beobachter sich umso besser in der Situation des Modells vorstellen können, je ähnlicher sich Beobachter und Modell sind.

Beobachtungslernen spielt für den Verhaltenserwerb in ↗ Organisationen eine wichtige Rolle (↗ Sozialisation, betriebliche). Besonders relevant sind die Modellwirkungen von Personen in attraktiven Positionen, insbesondere auch von ↗ Vorgesetzten, die z.B. hinsichtlich des Umgangs mit schwierigen Problemen beobachtet werden. Der Besetzung von Führungspositionen kommt deshalb auch wegen der verhaltensprägenden Wirkung in Unternehmen eine wichtige Rolle zu.

Literatur: Bandura, A. 1979: Sozial-Kognitive Lerntheorie, Stuttgart   (w)

Beratungs- und Förderungsgespräch

Das Beratungs- und Förderungsgespräch ist eine besondere Form des ↗ Mitarbeitergesprächs zwischen dem einzelnen ↗ Mitarbeiter und einem Vertreter des Managements (z.B. dem direkten ↗ Vorgesetzten) oder einem Experten für bestimmte Problembereiche (z.B. Spezialist für Laufbahnfragen aus der ↗ Personalabteilung). Der Schwerpunkt liegt dabei auf dem Versuch, im Rahmen der Anstrengungen zur ↗ Personalentwicklung für bestimmte Bereiche bzw. Probleme gemeinsame, beiderseits tragfähige Lösungsansätze zu finden. Die Bewertung vergangenen ↗ Verhaltens oder der nüchterne Austausch von Informationen steht dagegen nicht im Vordergrund.

Unterschiedliche Formen bzw. Schwerpunkte eines solchen Gesprächs sind zu unterscheiden. Es kann sich auf bestimmte Bereiche beziehen, in denen ein besonderer Bedarf nach gemeinsamen Überlegungen besteht, z.B. die Planung der zukünftigen Laufbahn innerhalb der Organisation im Rahmen der individuellen ↗ Karriereplanung und der betrieblichen Laufbahn- und Nachfolgeplanung. Ebenso wird ein Beratungs- und Förderungsgespräch dann stattfinden, wenn spezielle Probleme vorhanden sind. Beispiele sind etwa Alkohol- oder Drogenprobleme (↗ Alkohol am Arbeitsplatz) oder gravierende Leistungsdefizite.

Literatur: Nagel, R.; Oswald, M.; Wimmer, R. 2002: Das Mitarbeitergespräch als Führungsinstrument: ein Handbuch der OSB für Praktiker. 3. Aufl., Stuttgart   (m)

Berufsausbildung

Die Bezeichnung Berufsausbildung wird in Deutschland traditionell für die berufliche Erstausbildung (↗ Erstausbildung, berufliche) in einem anerkannten ↗ Ausbildungsberuf verwendet. Damit ist in erster Linie die Ausbildung im ↗ dualen System gemeint. Einbezogen werden auch die rein schulischen Formen der Berufsausbildung. Nicht einbezogen wird in der Regel aus mannigfaltigen historischen Gründen die Ausbildung für die akademischen Berufe, für deren Ausübung an Hochschulen vorbereitet bzw. letztlich ebenfalls ausgebildet wird.

Allerdings zerfällt die Ausbildung für akademische Berufe fast durchweg in zwei voneinander getrennte Phasen: die eher grundlagenorientierte Qualifizierungsphase an der Hochschule und die Einarbeitung in ein praktisches Berufsfeld in Referendariaten, Traineeprogrammen, klinischen Semestern, Assistententätigkeiten usw.   (w)

tiären Bereich mit den Hochschulen erfasst. Die Bildung bzw. Ausbildung im Hochschulbereich und damit die Ausbildung für akademische Berufe wird üblicherweise nicht als Teil des Berufsbildungssystems interpretiert.

Literatur: Arbeitsgruppe am Max-Planck-Institut für Bildungsforschung 1994: Das Bildungswesen in der Bundesrepublik Deutschland, Reinbek bei Hamburg; Schwendenwein, W. 1992: Aktuelle Entwicklungen im Bereich beruflicher Bildung in Österreich, in: Schanz, H. (Hrsg.): Berufsbildung im Zeichen des Wandels von Technik, Wirtschaft und Gesellschaft, Stuttgart, S. 135-157; Dubs, R. 1993: Gedanken zur schweizerischen Berufsbildung, in: BIGA (Hrsg.): Berufsbildung im Umbruch, Bern, S. 71-89   (w)

Berufsbildung

Im Anschluss an das Berufsbildungsgesetz von 1969 (↗ Berufsbildungsrecht), das den Sprachgebrauch in der Bundesrepublik Deutschland stark geprägt hat, wird unter Berufsbildung die ↗ Berufsausbildung, die berufliche Fortbildung bzw. ↗ Weiterbildung und die ↗ berufliche Umschulung verstanden. Statt von Berufsbildung wird auch gelegentlich von beruflicher Qualifikation gesprochen.

Die Verwendung des Wortes Bildung im Zusammenhang mit der beruflichen Qualifizierung macht deutlich, dass die wertende Unterscheidung zwischen Bildung und stärker funktionsbezogener Ausbildung und ↗ Fort- bzw. Weiterbildung allmählich aufgegeben wird.

Das Berufsbildungssystem ist Teil des Bildungssystems, das auch vorschulische Einrichtungen, den Primärbereich (Grundschule), das allgemein bildende Schulsystem im Sekundarbereich (Hauptschule, Realschule, Gymnasium, Gesamtschule) und den ter-

Berufsbildungsforschung

Die Berufsbildungsforschung »untersucht die Bedingungen, Abläufe und Folgen des Erwerbs fachlicher ↗ Qualifikationen sowie personaler und sozialer Einstellungen und Orientierungen, die für den Vollzug beruflich organisierter Arbeitsprozesse bedeutsam erscheinen« (DFG 1990, S. 1). Sie konzentriert bisher ihr Interesse auf nichtakademische Ausbildungsgänge und Weiterbildungsformen. Ihr kommt angesichts des engen Zusammenhangs zwischen beruflicher Bildung und Leistungsfähigkeit der Wirtschaft erhebliche Bedeutung für die Abteilung von Handlungsempfehlungen und die kritische Begleitung der Berufspraxis zu. Neben der im engeren Sinne berufs- und wirtschaftspädagogischen Forschung leisten die psychologische, die soziologische, die betriebswirtschaftliche, die sozialwissenschaftliche ↗ Arbeitsmarktforschung sowie interdisziplinäre Forschung die wesentlichen Beiträge zur Erforschung der ↗ Berufsbildung.

Literatur: DFG Senatskommission für Berufsbildungsforschung (Hrsg.) 1990: Berufsbildungsforschung an den Hochschulen der Bundesrepublik Deutschland: Situation, Hauptaufgaben, Förderbedarf, Weinheim, Basel; Schmidt, H. 1995: Berufsbildungsforschung, in: Arnold, R./Lipsmaier, A. (Hrsg.): Handbuch Berufsbildung, Opladen, S. 482-491 (w)

Berufsbildungsrecht

Die rechtlichen Grundlagen der Berufsbildung werden sowohl in Deutschland (Berufsbildungsgesetz 1969), als auch in Österreich (Berufsausbildungsgesetz)und in der Schweiz (Bundesgesetz über die Berufsbildung 1978) schwerpunktmäßig in besonderen Gesetzen geregelt. Hauptanliegen dieser Gesetze ist die Schaffung eines Ordnungsrahmens für die Berufsausbildung. Die Berufsbildungsgesetze werden durch weitere Gesetze ergänzt, insbes. durch Schutzgesetze, Mitbestimmungsregelungen usw.

Literatur: Herkert, J. 1992: Kommentar zum Berufsbildungsgesetz, Grundwerk, Regensburg (w)

Berufsbildungssystem

Das Berufsbildungssystem ist durch die erreichbaren Abschlüsse und ↗ Qualifikationen, die zu diesen Qualifikationen führenden Wege und den institutionellen Rahmen gekennzeichnet.

Das Berufsbildungssystem in der Bundesrepublik Deutschland ist in zwei relativ separate Bereiche gegliedert: erstens ein Berufsbildungssystem, das auf einer mittleren Qualifizierungsebene den eher berufspraktischen Aspekt betont und meist mit dem Berufsbildungssystem insgesamt gleichgesetzt wird sowie zweitens ein Berufsbildungssystem für akademische Berufe. Zwischen beiden Teilsystemen besteht ein gewisses Maß an Durchlässigkeit, ohne dass die Selbständigkeit der beiden Bereiche dadurch aufgehoben würde.

Im Zentrum des Berufsbildungssystems im engeren Sinne steht in der Bundesrepublik Deutschland, in Österreich, der Schweiz und einer Reihe weiterer Länder die ↗ Berufsausbildung im ↗ dualen System, dessen Kernstück die betriebliche Lehre in Verbindung mit dem Besuch einer Teilzeit-Berufsschule ist. Diese Berufsausbildung führt in Deutschland zu den Abschlüssen des Facharbeiters, des Kaufmannsgehilfen oder (im Handwerk) des Gesellen. Neben der Berufsausbildung im dualen System spielen die beruflichen Schulen als weiterführende Schulen eine wesentliche Rolle. Hierzu gehören Berufsfachschulen, Fachschulen, Fachoberschulen, Berufsaufbauschulen und das an Berufsschulen absolvierte Berufsgrundbildungsjahr. Als ↗ Lernorte dominieren der Betrieb und innerhalb des Betriebes die praktische Ausbildung am Arbeitsplatz. Daneben spielen betriebliche und überbetriebliche Lehrwerkstätten bzw. ↗ Ausbildungswerkstätten eine wichtige Rolle. Sie werden durch den Lernort Schule bzw. Berufsschule ergänzt.

Das Berufsbildungssystem für akademische Berufe führt über allgemeinbildende Schulen und das Abitur zur Hochschule und entsprechende Abschlüsse, an die sich innerhalb der Ausbildung (z.B. bei Juristen, Medizinern, verschiedenen Tätigkeiten im öffentlichen Dienst) im Anschluss an die Hochschulausbildung (↗ Traineeprogramme) berufspraktische Ausbildungsphasen anschließen.

Der institutionelle Rahmen der Berufsausbildung im dualen System ist gekennzeichnet durch die Träger Staat und Unternehmen, die rechtliche Zuständigkeit des Bundes für die betriebliche Berufsausbildung und der Bundesländer für den Unterricht an den berufsbildenden Schulen sowie hinsichtlich der betrieblichen Ausbildung durch die Regelungen der Selbstverwaltungsorgane der Wirtschaft im Rahmen der staatlichen Regelungen (↗ Berufsbildungsrecht).

Literatur: Arbeitsgruppe am Max-Planck-Institut für Bildungsforschung 1994: Das Bildungswesen in der Bundesrepublik Deutschland, 4. Aufl., Reinbek bei Hamburg; Kaiser, F.-J. (Hrsg.) 2000: Berufliche Bildung in Deutschland für das 21. Jahrhundert, Nürnberg   (w)

Berufskrankheiten

Berufskrankheiten sind nach § 9 Sozialgesetzbuch (SGB VII) Krankheiten, die in der Berufskrankheitenverordnung (BKVO) genannt werden und die jemand bei Ausübung einer versicherten Tätigkeit erleidet. Die BKVO nennt folgende Gruppen von Berufskrankheiten: durch chemische oder physikalische Einwirkungen verursachte Krankheiten; durch Infektionserreger oder Parasiten verursachte Krankheiten sowie Tropenkrankheiten; Erkrankungen der Atemwege und der Lungen, des Rippenfells und Bauchfells; Hautkrankheiten und Krankheiten sonstiger Ursache. Relativ am häufigsten traten Haut- und Wirbelsäulenerkrankungen auf.

Berufskrankheiten sind Arbeitsunfälle (↗ Arbeitsunfall). Jede Berufskrankheit, die den Versicherten mehr als drei Tage arbeitsunfähig (↗ Arbeitsunfähigkeit) macht oder tödlich verlaufen ist, muss vom ↗ Arbeitgeber an den Träger der Unfallversicherung, an das Gewerbeaufsichtsamt, an den ↗ Betriebsrat und an die zuständige Gemeindebehörde (z.B. Ordnungsamt) gemeldet werden. Auch die Ärzte sind anzeigepflichtig.

Probleme bei der Anerkennung einer bei der Arbeitstätigkeit erlittenen Erkrankung als Berufskrankheit entstehen, wenn bestimmte Erkrankungen nicht in der Liste der Berufskrankheiten aufgeführt werden. In solchen Fällen fällt häufig der Nachweis eines ursächlichen Zusammenhangs zwischen schädigenden Tätigkeitsbedingungen (↗ Arbeitsbedingungen) und Gesundheitsschäden schwer.

Literatur: Bolm-Audorff, U. 1995: Berufskrankheiten: Leitfaden für die betriebliche, medizinische und juristische Praxis, Neuwied, Kriftel, Berlin   (n)

Beschäftigte in internationalen Unternehmen

In internationalen Unternehmen wird meist zwischen ›host-country-nationals‹ (einheimische Beschäftigte), ›parent-country-nationals‹ (Stammhausentsandte, Stammhausdelegierte) und ›third-country-nationals‹ (Beschäftigte aus Drittländern) unterschieden. Die ins Ausland entsandten Beschäftigten eines Unternehmens werden häufig auch als ›expatriates‹ bezeichnet. (k)

Beteiligungsmodelle

Die in der Wirtschaftspraxis tatsächlich existierenden Kombinationen typischer Elemente der materiellen und immateriellen ↗ Mitarbeiterbeteiligung sowie Gestaltungsempfehlungen für die Praxis mit gleichem Inhalt werden vielfach als Beteiligungsmodelle bezeichnet. So umfasst etwa das von der ↗ AGP als Partnerschaftsmodell empfohlene Konzept neben der materiellen Beteiligung zahlreiche weitere Komponenten, die Mitbestimmung, Organisationsentwicklung und Veränderung der Arbeitsstrukturen sowie ein auf partnerschaftliches Handeln ausgerichtetes Führungskonzept, so dass auch von einem umfassenden und integrierten ↗ Führungsmodell gesprochen wird. Das Wort Modell wird im vorliegenden Kontext eher im Sinne von Beispiel, gelegentlich auch im Sinne von Vorbild verwendet.

Literatur: Schanz, G. 1985: Mitarbeiterbeteiligung, München, S. 141-190; Schanz, G. 2000: Personalwirtschaftslehre, 3. Aufl., München   (k)

Betriebsarzt

Der ↗ Arbeitgeber ist nach dem Gesetz über Betriebsärzte, Sicherheitsingenieure und andere Fachkräfte für Arbeitssicherheit (Arbeitssicherheitsgesetz) verpflichtet, einen oder mehrere Betriebsärzte zu bestellen. Dadurch sollen die Vorschriften des Arbeitsschutzes und der Unfallverhütung möglichst wirksam angewandt werden (↗ Arbeitssicherheit, ↗ Unfallschutz, ↗ Arbeitsunfall). Wie viele Betriebsärzte mit welchen Einsatzzeiten zu bestellen sind, hängt ab von der Art des Betriebes und den entsprechenden Gefahren, der Zahl und Art der ↗ Arbeitnehmer und den sonstigen vorhandenen Sicherheitskräften. Wenn mehr als ein Betriebsarzt vorhanden ist bzw. von Sanitätspersonal unterstützt wird, spricht man auch von einem werksärztlichen Dienst.

Der Betriebsarzt hat folgende Aufgaben:

– Beratung des Arbeitgebers und der für die Sicherheit zuständigen Personen in Fragen der Arbeitssicherheit und Unfallverhütung (z.B. bei der Beschaffung von technischen Anlagen, Schutzbekleidung, bei der Gestaltung der Arbeitsplätze, der Organisation der Ersten Hilfe, sowie bei Fragen des Arbeitsplatzwechsels und der Eingliederung von Behinderten in den Arbeitsprozess);
– arbeitsmedizinische Untersuchung der Arbeitnehmer, Erfassung und Auswertung der Ergebnisse;

– Feststellung von Mängeln in der ↗ Arbeitssicherheit und ↗ Unfallverhütung;
– Erarbeitung von Vorschlägen zur Behebung der Mängel.

Betriebsärzte müssen zwei Anforderungen erfüllen: Sie müssen berechtigt sein, den ärztlichen Beruf auszuüben und über die erforderliche arbeitsmedizinische Fachkunde verfügen.

Arbeitsorganisatorisch kann der Betriebsarzt auf drei Wegen bestellt werden: Bei der arbeitsvertraglichen (↗ Arbeitsvertrag) Lösung wird der Betriebsarzt als haupt- oder nebenamtlicher ↗ Mitarbeiter eingestellt. Bei einer freiberuflichen Lösung trifft man eine Vereinbarung mit einem selbstständigen oder in anderer Stellung tätigen Betriebsarzt. Schließlich ist eine überbetriebliche Lösung möglich, bei der eine Vereinbarung mit einer Gemeinschaftseinrichtung, z.B. einem Werksarztzentrum, das für mehrere Betriebe zuständig ist, getroffen wird.

Die Betriebsärzte sind in der Anwendung ihrer Fachkunde weisungsfrei, müssen die Regeln der ärztlichen Schweigepflicht beachten und sind zur Zusammenarbeit mit dem Betriebsrat verpflichtet. Die Bestellung und Abberufung eines Betriebsarztes kann nur mit Zustimmung des ↗ Betriebsrates erfolgen.   (n)

Betriebsausschuss

Hat der ↗ Betriebsrat in deutschen Unternehmen mehr als 9 Mitglieder, so muss zwingend ein Betriebsausschuss gebildet werden. Aufgabe des Ausschusses ist gem. Betriebsverfassungsgesetz (vgl. § 27 BetrVG) die Führung laufender Geschäfte, worunter man Angelegenheiten versteht, für die ein Beschluss des Betriebsrats nicht erforderlich ist (z. B. Sitzungsvorbereitungen, Verhandlungen mit dem

↗ Arbeitgeber). Darüber hinaus kann der Betriebsrat noch weitere Aufgaben delegieren, nicht jedoch den Abschluss einer ↗ Betriebsvereinbarung.

Bestehen für ↗ Arbeiter und ↗ Angestellte in österreichischen Unternehmen getrennte Betriebsräte, so bildet die Gesamtheit der Mitglieder den Betriebsausschuss (§ 76 Abs 1 ArbVG). Dieser ist ein im Arbeitsverfassungsgesetz verankertes Belegschaftsorgan zur Wahrnehmung gemeinsamer Angelegenheiten von Arbeitern und Angestellten. Der Betriebsausschuss hat verschiedene, alle im Betrieb beschäftigten Arbeitnehmergruppen gemeinsam betreffende Kompetenzen: Beratungsrechte (§§ 92 und 108 ArbVG), Mitwirkung in wirtschaftlichen Angelegenheiten (§§ 109 bis 112 ArbVG), Abschluss, Änderung und Aufhebung von Betriebsvereinbarungen, Überwachung der Einhaltung der alle ↗ Arbeitnehmer betreffenden Vorschriften (§ 89 ArbVG), Interventionsrechte (§ 90 ArbVG), Informationsrechte (§ 91 ArbVG), Mitwirkung in Arbeitsschutzangelegenheiten (§92a ArbVG), Mitwirkung an betriebs- und unternehmenseigenen Schulungs-, Bildungs- und Wohlfahrtseinrichtungen (§§ 94 und 95 ArbVG).

Literatur: Schwarz, W.; Löschnigg, G. 2003: Arbeitsrecht. 10. Aufl., Wien; Gross, W. 1992: Arbeitsrecht 2: Fall, Systematik, Lösung (Kollektives Arbeitsrecht), Wiesbaden   (m)

Betriebsbesichtigung

Betriebsbesichtigungen stellen für die inner- und außerbetriebliche Öffentlichkeit eine Möglichkeit dar, betriebliche Einrichtungen und Arbeitsabläufe kennen zu lernen.

Wichtigste Zielgruppen sind: Betriebsmitglieder in der Einführungsphase, Familienangehörige von Organisationsmitgliedern, potenzielle ↗ Arbeit-

nehmer wie Studenten oder Schulabgänger, Verbraucher und im Bildungssystem Tätige, z.B. Berufsschullehrer. Zielgruppe können auch die Beschäftigten des Betriebs sein, die durch Informationsveranstaltungen, Weiterbildungsmaßnahmen und Betriebsbesichtigungen mit den betrieblichen Zusammenhängen vertraut gemacht werden. Schließlich kann auch die Öffentlichkeit durch das Angebot von Betriebsbesichtigungen angesprochen werden (Tag der offenen Tür).

Im betrieblichen ↗ Personalwesen spielen Betriebsbesichtigungen besonders bei der ↗ Personalwerbung, der ↗ Personalauswahl und der ↗ Personaleinführung eine Rolle. Sie sind insgesamt ein wichtiges Element der Außendarstellung.   (m)

Betriebsfeste

Betriebsfeste sind organisierte Zusammenkünfte außerhalb des Arbeitsablaufs für alle oder bestimmte Gruppen von ↗ Mitarbeitern, zusammen mit oder ohne ihre Angehörigen.

Es gibt verschiedene Arten von Betriebsfesten: z.B. den Betriebsausflug, die Betriebsfeier für alle Mitarbeiter, die Geburtstagsfeier einer Abteilung oder Arbeitsgruppe, die Weihnachts- oder Faschingsfeier, Arbeits- oder Firmenjubiläen.

Betriebsfeste können als Zeremonien (↗ Organisationskultur) aufgefasst werden. Sie haben die Funktion, die eher nicht-kognitiven, emotionalen Aspekte der Persönlichkeit anzusprechen. Die Funktionen der Betriebsfeste unterscheiden sich je nach ihrer Art: Bei gemeinsamen Ausflügen, Weihnachts- oder Faschingsfeiern wird das Zusammen- und Zugehörigkeitsgefühl angesprochen. Bei Betriebs- oder Arbeitsjubiläen werden außerdem »Helden gefeiert«. Es wird sichtbar gemacht, dass der langjährige Einsatz für das Unternehmen anerkannt wird und dass dies auch in Zukunft zu erwarten ist. In allen Fällen wird das alltägliche Handeln in Organisationen in der Erinnerung strukturiert, indem zeitliche Markierungen gesetzt werden. Den Organisationsmitgliedern wird durch solche Zeremonien versichert, dass ihre Arbeitsaufgabe innerhalb des Zusammenhangs der ↗ Organisation und in der Arbeit mit anderen sinnvoll ist. Die Wichtigkeit, die den Festen zugeschrieben wird, kann für die Mitglieder als Gradmesser für die Bedeutung ihrer eigenen Person und Aufgabe fungieren.

Literatur: Ortlieb, R.; Sieben, B. 2004: River Rafting, Polonaise oder Bowling: Betriebsfeiern und ähnliche Events als Medien organisationskultureller (Re-)Produktion von Geschlechterverhältnissen, in: Krell, G. (Hrsg.): Chancengleichheit durch Personalpolitik, 4. Aufl., Wiesbaden S. 449-458   (n)

Betriebsklima

Betriebsklima bezeichnet in einer engen Fassung die Qualität der sozialen Beziehungen in einer formalen ↗ Organisation. Eine weitere Sicht meint damit die in Kategorien wie angenehm, erträglich etc. erfasste Gesamtheit der betrieblichen Erfahrungen der Mitglieder einer Organisation. Es ist das Ergebnis einer subjektiven und individuell vorgenommenen Bewertung, geht jedoch über den Einzelnen hinaus und hat eine gewisse zeitliche Konstanz. Von verwandten Konzepten wie ↗ Organisationsklima oder ↗ Organisationskultur unterscheidet sich das Betriebsklima durch seine Beschränkung auf die soziale Dimension.

Bei der Messung des Betriebsklimas wird, vergleichbar mit Untersuchungen zur ↗ Arbeitszufriedenheit oder zum Organisationsklima, überwiegend mit ↗ Befragungen gearbeitet. Dabei dominiert die schriftliche Befragung.

Besonders im Rahmen der ↗ Human-Relations-Bewegung, die einen Zusammenhang zwischen der Qualität der sozialen Beziehungen und der Leistung sieht, erlangt die positive Gestaltung des Betriebsklimas zentrale Bedeutung für die Erreichung der Zielsetzungen einer Organisation. Sie stellt damit für das betriebliche ↗ Personalwesen einen wichtigen Aufgabenbereich dar, der in der betrieblichen ↗ Personalpolitik, besonders der ↗ betrieblichen Sozialpolitik, aufgegriffen wird.

Kritik erfährt das Betriebsklima-Konzept insbesondere wegen seiner engen Perspektive: Maßnahmen, die sich an Ergebnisse der Betriebsklima-Forschung anschließen, kurieren deshalb vielfach nur Symptome einer entfremdeten Arbeitswelt.

Literatur: Conrad, P.; Sydow, J. 1984: Organisationsklima. Berlin, New York; Hangebrauck, U.M.; Kock, K.; Kutzner, E.; Muesmann, G. (Hrsg.) 2003: Handbuch Betriebsklima, München, Mering   (m)

Betriebskrankenkassen

Betriebskrankenkassen sind im Rahmen des ↗ Sozialversicherungsrechts vorgesehene Versicherungsträger der gesetzlichen ↗ Krankenversicherung für die ↗ Arbeitnehmer eines Betriebs. Sie können ab einer bestimmten Anzahl von dauernd beschäftigten Arbeitnehmern eingerichtet werden und erfüllen dieselben Aufgaben wie die anderen Träger der gesetzlichen Krankenversicherung, d.h. die Allgemeinen Ortskrankenkassen, die Innungs- und Ersatzkassen. Die Finanzierung erfolgt ebenfalls durch je zur Hälfte von Arbeitnehmern und ↗ Arbeitgeber gezahlte Beiträge sowie zusätzlich durch Zuschüsse des Arbeitgebers. Vor allem wegen geringerer Risiken aufgrund der Versichertenstruktur sind die Beiträge bzw. die Kosten der Betriebskrankenkassen meist niedriger als bei anderen Trägern. (n)

Betriebsrat

Betriebsräte sind die auf betrieblicher Ebene gewählten Interessenvertretungen der ↗ Arbeitnehmer. Nach dem Betriebsverfassungsgesetz 1972 (↗ Betriebsverfassungsrecht) können in Deutschland in allen Betrieben mit mindestens fünf ständig beschäftigten, wahlberechtigten Arbeitnehmern, von denen mindestens drei wählbar sein müssen, Betriebsräte gewählt werden.

Betriebsräte werden geheim und unmittelbar gewählt. Bei Einreichung von mindestens zwei Wahlvorschlägen (Vorschlagslisten) wird nach dem Verhältniswahlprinzip verfahren. Die erstmalige Wahl erfolgt auf Initiative von mindestens drei wahlberechtigten Arbeitnehmern (in Betrieben mit bis zu zwanzig Wahlberechtigten genügt eine Unterzeichnung durch zwei Wahlberechtigte) oder durch eine im Betrieb vertretene Gewerkschaft.

Die Amtszeit beträgt vier Jahre. Sie endet grundsätzlich spätestens am 31.5. des Jahres, in dem die regelmäßigen Betriebsratswahlen stattfinden.

Die Anzahl der Betriebsratsmitglieder richtet sich nach der Anzahl der Arbeitnehmer im Betrieb. Bei mindestens fünf bis 20 Arbeitnehmern hat der Betriebsrat ein Mitglied. Die Zahl steigt dann an, so dass es bei 9000 Arbeitnehmern 35 Mitglieder sind; in Betrieben mit mehr als 9000 Arbeitnehmern erhöht sich die Zahl der Betriebsratsmitglieder für je angefangene weitere 3000 Arbeitnehmer um zwei Mitglieder. Der Betriebsrat soll sich möglichst aus Arbeitsnehmern der einzelnen Organisationsbereiche und der verschiedenen Beschäftigungsarten zusammensetzen. Das Geschlecht, das in der Belegschaft in der Minderheit ist, muss in

Betriebsräten mit mindestens drei Mitgliedern mindestens mit seinem entsprechenden zahlenmäßigen Verhältnis vertreten sein.

Der Betriebsrat wählt einen Vorsitzenden und einen Stellvertreter. Bei mindestens neun Mitgliedern muss ein ↗ Betriebsausschuss gebildet werden, der die Geschäfte führt. Bei weniger als neun Mitgliedern erledigt der Betriebsratsvorsitzende bzw. sein Stellvertreter die laufenden Geschäfte.

Die Betriebsratstätigkeit ist ein Ehrenamt mit Arbeitsfreistellung für die Erledigung der erforderlichen Aufgaben. Die Kosten der Betriebsratstätigkeit trägt der ↗ Arbeitgeber.

Ab einer Betriebsgröße von 200 Arbeitnehmern ist ein Betriebsratsmitglied vollständig freigestellt, bei 10000 Arbeitnehmern sind es 12 freigestellte Mitglieder, darüber hinaus für je weitere 2000 ein zusätzliches Mitglied.

Bei Unternehmen, die aus mehreren Betrieben bestehen, in denen es einen Betriebsrat gibt, ist ein Gesamtbetriebsrat zu bilden. Er ist den einzelnen Betriebsräten nicht übergeordnet und für die Angelegenheiten zuständig, die mehrere Betriebe oder das gesamte Unternehmen betreffen. In Konzernen können die Gesamtbetriebsräte einen Konzernbetriebsrat bilden.

In Betrieben, in denen regelmäßig mindestens fünf Arbeitnehmer unter 18 Jahre oder unter 25 Jahre und in Berufsausbildung befindlich beschäftigt sind, wird eine Jugend- und Auszubildendenvertretung gewählt.

Der Betriebsrat hat drei Aufgabenbereiche: Kontrollaufgaben, Initiativaufgaben und Fürsorgeaufgaben. Er hat zu kontrollieren, dass die gesetzlichen, tariflichen, betrieblichen und sonstigen Regelungen zugunsten der Arbeitnehmer eingehalten werden. Anregungen, Beschwerden und Forderungen der Belegschaft sind entgegenzunehmen und entsprechende Maßnahmen beim Arbeitgeber zu beantragen. Die Fürsorge besonders schutzbedürftiger Belegschaftsgruppen ist sicherzustellen.

Literatur: Richardi, R. u.a. 2004: Betriebsverfassungsgesetz mit Wahlordnung. Kommentar, 9. Aufl., München; Däubler, W.; Kittner, M.; Klebe, T. 2004: Betriebsverfassungsgesetz mit Wahlordnung. Kommentar für die Praxis, 9. Aufl., Köln   (n)

Betriebsrenten

Betriebsrenten (in Österreich: betriebliches Ruhegeld) sind ein Teilbereich der betrieblichen Sozialpolitik (↗ Sozialpolitik, betriebliche) und dienen zur Versorgung alter und invalider ↗ Mitarbeiter nach ihrem Ausscheiden aus dem Unternehmen (↗ Altersversorgung, betriebliche). Sie sollen die Leistungen aus der gesetzlichen Rentenversicherung und die Eigenvorsorge des ↗ Arbeitnehmers ergänzen.

Literatur: Birk, U.-A. 1996: Betriebliche Altersversorgung, München   (n)

Betriebssport

Betriebssport wird als ein Teilbereich der betrieblichen Sozialleistungen (↗ Sozialleistungen, betriebliche) verstanden und soll als Ausgleich für mangelnde und einseitige Bewegung bei der Arbeit dienen.

Man unterscheidet zwischen betriebsgefördertem und betriebseigenem Sport. Beim betriebsgeförderten Sport unterstützt das Unternehmen z.B. einen lokalen Sportverein. Beim betriebseigenen Sport organisiert das Unternehmen selbst Sportveranstaltungen oder fördert Eigeninitiativen der ↗ Arbeitnehmer.

Beide Wege der Sportförderung können außer zum Bewegungsausgleich als Mittel zur Verbesserung des Firmenimages eingesetzt werden. Ebenso sind bestimmte Gruppenbildungs- und Sozialisationseffekte zu erwarten, die nicht notwendigerweise positiv – im Sinne der Unternehmensziele – sein müssen. Einerseits sind Verbesserungen des Betriebsklimas oder Stärkung eines Wir-Gefühls, andererseits Cliquenbildungen möglich. Kritisch anzumerken ist, dass das Ziel der Kompensation für Bewegungsmangel und -einseitigkeit weniger relevant wäre, wenn die ↗ Arbeitsbedingungen (↗ Humanisierung der Arbeit) verändert würden.

Organisatorisch ist die Frage zu klären, ob sich die Arbeitnehmer ggf. an den entstehenden Kosten für die Sportveranstaltungen beteiligen sollen, ob die Veranstaltungen während der ↗ Arbeitszeit stattfinden sollen und welche Voraussetzungen für die ↗ Unfallversicherung erfüllt sein müssen.

Die Verwaltung des Betriebssports unterliegt als ↗ Sozialeinrichtung nach § 87 Abs. 1 Nr. 8 (↗ Betriebsverfassungsgesetz) der Mitbestimmung des Betriebsrates (↗ Betriebsrat).

Literatur: Tofahrn, K.W. 1991: Arbeit und Betriebssport. Eine empirische Untersuchung bei bundesdeutschen Großunternehmen im Jahre 1989, Berlin   (n)

Betriebsvereinbarung

Betriebsvereinbarungen sind wie Tarifverträge (↗ Tarifvertrag) Kollektivvereinbarungen. Während Tarifverträge zwischen ↗ Gewerkschaften und Arbeitgeberseite geschlossen werden, sind Betriebsvereinbarungen Verträge zwischen ↗ Betriebsrat und Betriebsleitung. Betriebsvereinbarungen bedürfen der Schriftform. Regelungsgegenstand sind ↗ Arbeitsbedingungen im Betrieb, aber auch Arbeitsentgelte (↗ Gehalt, ↗ Lohn). Es können allerdings nur solche Sachverhalte in Betriebsvereinbarungen geregelt werden, die nicht in Tarifverträgen tatsächlich oder üblicherweise geregelt sind

(Tarifvorrang). Tarifverträge enthalten häufig Rahmenregelungen in Verbindung mit Öffnungsklauseln, die die Umsetzung und Konkretisierung auf betrieblicher Ebene per Betriebsvereinbarung vorsehen. Besonders häufig werden in Tarifverträgen Regelungen zur Lage und Verteilung der ↗ Arbeitszeit (↗ Arbeitszeitregelung) für Vereinbarungen auf betrieblicher Ebene geöffnet.

Betriebvereinbarungen entfalten normative Wirkung für alle betroffenen Arbeitsverhältnisse. Von gesetzlichen Regelungen können Betriebvereinbarungen nur abweichen, wenn das Gesetz dispositives Recht enthält. Abweichungen vom Tarifvertrag sind nur zulässig, wenn die Betriebsvereinbarung für die ↗ Arbeitnehmer günstiger ist als der Tarifvertrag.

Zu unterscheiden sind erzwingbare und freiwillige Betriebsvereinbarungen: Erzwingbare Betriebsvereinbarungen betreffen Sachverhalte, in denen der ↗ Betriebsrat ein echtes Mitbestimmungsrecht hat, dies liegt insbesondere im Bereich der sozialen Angelegenheiten (§ 87 BetrVG) vor. Freiwillige Betriebsvereinbarungen betreffen alle übrigen Angelegenheiten, in denen der Betriebsrat kein echtes Mitbestimmungsrecht hat.

Literatur: Streicher, H.J.; Halser, U. 2004: Die Betriebsvereinbarung: ein Leitfaden für die Praxis, 3. Aufl., Berlin   (n)

Betriebsverfassungsgesetz
↗ Betriebsverfassungsrecht

Betriebsverfassungsrecht

Das Betriebsverfassungsrecht regelt im Wesentlichen die ↗ Mitbestimmung der ↗ Arbeitnehmer durch den ↗ Betriebsrat. In Deutschland ist das Betriebsverfassungsgesetz von 1972 maßgeblich,

in Österreich das Arbeitsverfassungsgesetz von 1974. In der Schweiz gibt es kein vergleichbares Gesetz.

In Deutschland können nach dem Betriebsverfassungsgesetz 1972 in allen Betrieben mit mindestens fünf ständig beschäftigten, wahlberechtigten ↗ Arbeitnehmern, von denen mindestens drei wählbar sein müssen, Betriebsräte gewählt werden. ↗ Leitende Angestellte gelten dabei nicht als Arbeitnehmer (↗ Sprecherausschuss). Das Gesetz gilt z.B. nicht für die Verwaltungen und Betriebe des Bundes, der Länder und Gemeinden. Hier kommen die jeweiligen Personalvertretungsgesetze (↗ Personalvertretungsrecht) zur Anwendung. Es gilt weiterhin nicht bzw. nur eingeschränkt für Religionsgemeinschaften und sog. Tendenzbetriebe, d.h. Betriebe mit überwiegend politischer, wissenschaftlicher usw. Ausrichtung oder dem Zweck der Berichterstattung bzw. Meinungsäußerung.

↗ Betriebsrat und ↗ Arbeitgeber sollen im Zusammenwirken mit den im Betrieb vertretenen Gewerkschaften und Arbeitgebervereinigungen zum Wohle der Arbeitnehmer und des Betriebes vertrauensvoll zusammenwirken. Damit verbunden ist das Verbot von Arbeitskämpfen zwischen Betriebsrat und Arbeitgeber.

Der Zuständigkeitsbereich des Betriebsrates lässt sich zum einen nach Intensität der Mitbestimmung und zum anderen nach den Gegenständen der Mitbestimmung gliedern.

Nach der Intensität werden Informationsrechte, Anhörungs-, Beratungs- und Initiativrechte, Widerspruchsrechte- und Mitbestimmungsrechte unterschieden. Das erste und schwächste Recht des Betriebsrates ist das Informationsrecht, z.B. bei geplanten Einstellungen. Weitergehend sind zweitens die Anhörungs-, Beratungs- und Initiativrechte zu differenzieren. Z.B. steht dem Betriebsrat bei der Personalplanung ein Beratungsrecht zu, und er kann die Aufstellung von Auswahlrichtlinien fordern, d.h. initiativ werden. Drittens hat der Betriebsrat Widerspruchsrechte: Eine Maßnahme ist gültig, wenn der Betriebsrat nicht – unter Angabe von im Gesetz genannten Gründen – widerspricht. Das vierte und stärkste Recht ist das Mitbestimmungsrecht: Die Wirksamkeit einer Maßnahme hängt von der Zustimmung des Betriebsrats ab, z.B. bei den sog. sozialen Angelegenheiten.

Nach dem Gegenstand der Zuständigkeiten des Betriebsrats ist zwischen sozialen Angelegenheiten (§§ 87-91), den personellen Angelegenheiten (§§ 92-105) und den wirtschaftlichen Angelegenheiten (§§ 106-113) zu differenzieren. Bei den sozialen Angelegenheiten sind in § 87 Abs. 1 Maßnahmen genannt, die ohne die Zustimmung des Betriebsrats ungültig sind. Dies sind Fragen der Ordnung des Betriebes (↗ Arbeitsordnung), Regelungen über ↗ Pausen, ↗ Arbeitszeit, Auszahlung der Arbeitsentgelte, Urlaubsplanung, technische Einrichtungen zur Überwachung der Arbeitnehmer, über Gesundheitsschutz, Sozialeinrichtungen, Entlohnungsgrundsätze und -methoden, betriebliches ↗ Vorschlagswesen sowie Regelungen über Gruppenarbeit.

Bei den personellen Angelegenheiten ist das Mitbestimmungsrecht bei personellen Einzelmaßnahmen nach §§ 99 ff. hervorzuheben. In Betrieben mit mehr als zwanzig Arbeitnehmern muss der Betriebsrat vor jeder Einstellung, Eingruppierung, Umgruppierung und Versetzung unterrichtet werden, und er kann unter Berufung auf die im Gesetz genannten Gründe die Zustimmung verweigern.

Die Rechte des Betriebsrats sind besonders schwach ausgeprägt bei unternehmerischen Entscheidungen im Be-

reich der wirtschaftlichen Angelegenheiten (↗ Wirtschaftsausschuss). Der Einfluss des Betriebsrats gilt nicht für die Entscheidung, ob z.B. eine Betriebsänderung vorgenommen wird, sondern darauf, wie die Maßnahme durchzuführen ist.

Die zwischen Betriebsrat und Arbeitgeber ausgehandelten Regelungen werden schriftlich in ↗ Betriebsvereinbarungen festgehalten.

Konflikte können durch Arbeitsgerichtsverfahren (↗ Arbeitsgerichtsbarkeit) und Tätigwerden der ↗ Einigungsstelle geregelt werden. Sind bei fehlender Einigung Rechtsfragen strittig, kann man das Arbeitsgericht anrufen. Handelt es sich um Regelungsstreitigkeiten, d.h. um das Ob und Wie von Maßnahmen im Betrieb, ist die Einigungsstelle zuständig.

In Österreich sind relevante Bestimmungen insbesondere im Arbeitsverfassungsgesetz (ArbVG) von 1974 sowie einigen Verordnungen, z.B. Betriebsratswahl- und -geschäftsordnung (BR-WO, BR-GO), Betriebsratsfonds-Verordnung (BRF-VO) oder Aufsichtsratsverordnung (AR-VO) über die Entsendung von Arbeitnehmervertretern in den Aufsichtsrat enthalten.

Das ArbVG gliedert sich in vier Teile. Im I. Teil wird die kollektive Rechtsgestaltung angesprochen. In fünf Hauptstücken werden ↗ Kollektivvertrag, ↗ Satzung, ↗ Mindestlohntarif, ↗ Lehrlingsentschädigung und ↗ Betriebsvereinbarung behandelt. Im II. Teil sind die betriebsverfassungsrechtlichen Bestimmungen in sieben Hauptstücke gefasst. Zentrale Regelungen legen das Organisationsrecht der Arbeitnehmerschaft (↗ Belegschaftsversammlungen, ↗ Betriebsrat, Betriebsratsfonds, Betriebsausschuss, Betriebsräteversammlung und Zentralbetriebsrat), deren Befugnisse im Rahmen der ↗ Mitbestimmung (allgemeine Befugnisse, Mitwirkung in sozialen, personellen und wirtschaftlichen Angelegenheiten), die Rechtstellung der Mitglieder des Betriebsrates, die Vertretung von Jugendlichen (Jugendversammlung, Jugendvertrauensrat, Jugendvertrauensräteversammlung, Zentraljugendvertrauensrat) sowie spezielle Vorschriften für einzelne Betriebsarten (z.B. Verwaltungsstellen juristischer Personen des öffentlichen Rechts) fest. Im III. Teil werden die zuständigen Behörden (Bundeseinigungsamt, Schlichtungsstellen) bzw. Verfahrensvorschriften festgelegt. Der IV. Teil enthält die Schluss- und Übergangsbestimmungen.

Literatur: Richardi, R. u.a. 2004: Betriebsverfassungsgesetz mit Wahlordnung. Kommentar, 9. Aufl., München; Däubler, W.; Kittner, M.; Klebe, T. 2004: Betriebsverfassungsgesetz mit Wahlordnung. Kommentar für die Praxis, 9. Aufl., Köln; Cerny, J. 1987: Arbeitsverfassungsgesetz, 8., neu überarb. Aufl., Wien; Marhold, F.; Mayer-Maly, T. 1999: Österreichisches Arbeitsrecht Bd. II: Kollektivarbeitsrecht. 2. Aufl., Wien, New York   (m/n)

Betriebsversammlung

Die Betriebsversammlung (für Österreich ↗ Belegschaftsversammlung) ist geregelt in den §§ 42-46 ↗ Betriebsverfassungsgesetz. Sie besteht aus den Arbeitnehmern des Betriebes und dient der Aussprache zwischen dem ↗ Betriebsrat und den ↗ Arbeitnehmern. Sie hat gegenüber dem Betriebsrat keinerlei Anweisungsbefugnisse.

Betriebsversammlungen können wegen betrieblicher Besonderheiten auch als Teilversammlungen durchgeführt werden bzw., wenn dies die Belange der Arbeitnehmer erfordern, als Abteilungsversammlungen. Der Betriebsrat hat einmal in jedem Kalendervierteljahr – bei Abteilungsversammlungen zweimal – eine ordentliche Betriebsversammlung einzuberufen. Weiterhin können vom Betriebsrat außerordent-

liche Betriebsversammlungen einberufen werden. Wenn der ↗ Arbeitgeber oder mindestens ein Viertel der Arbeitnehmer dies fordert, ist ebenfalls eine außerordentliche Versammlung durchzuführen.

Die ordentliche und die auf Wunsch des Arbeitgebers einberufene Betriebsversammlung findet unter Fortzahlung der Arbeitsvergütung während der ↗ Arbeitszeit statt. Außerhalb der Arbeitszeit darf sie nur dann durchgeführt werden, wenn die betrieblichen Besonderheiten dies zwingend notwendig machen.

Der Betriebsratsvorsitzende leitet die Betriebsversammlung. Der Arbeitgeber ist einzuladen und hat Rederecht. Der Arbeitgeber hat die Pflicht, mindestens einmal im Kalenderjahr in einer Betriebsversammlung über das Personal- und Sozialwesen des Betriebes, den Stand der Gleichstellung, die Integration ausländischer Arbeitnehmer und die wirtschaftliche Lage und Entwicklung des Betriebes zu berichten.

Es können Beauftragte der im Betrieb vertretenen Gewerkschaften beratend teilnehmen. Wenn der Arbeitgeber teilnimmt, kann er einen Vertreter der Arbeitgebervereinigung, der er angehört, hinzuziehen.

Behandelt werden können alle Themen, die den Betrieb oder die ↗ Arbeitnehmer unmittelbar betreffen. Dies sind alle Fragen, die zum Aufgabengebiet des Betriebsrats gehören (↗ Betriebsverfassungsgesetz, ↗ Betriebsrat) sowie Themen tarifpolitischer, sozialpolitischer und wirtschaftlicher Art. Dies gilt auch dann, wenn diese Fragen parteipolitischen Charakter haben. Ansonsten sind parteipolitische Themen ausgeschlossen.

Literatur: Mühlstädt, E. 2004: Betriebsversammlung, Frankfurt/M.; Niedenhoff, H.-U. 1991: Handbuch für Betriebsversammlungen, 4. Aufl., Köln   (n)

Betriebswirtschaftliche Organisationslehre

Die betriebwirtschaftliche Organisationslehre ist in ihrer bis in die 80er Jahre dominierenden Ausprägung wesentlich von dem Gedankengut von Fritz Nordsieck und Erich Kosiol (1962) geprägt worden. Diese Sichtweise kann als systematische Analyse organisatorischer Möglichkeiten gekennzeichnet werden: In der organisatorischen Analyse wird die betriebliche Gesamtaufgabe im Hinblick auf meist drei bis fünf Kriterien (Verrichtung, Objekt, Phase, Rang usw.) in kleine Teileinheiten zerlegt, die im Rahmen der organisatorischen Synthese zu Stellen, Leitungssystemen, Kommunikationssystemen, Systemen des Aufgabenzusammenhangs usw. zusammengefasst werden. Es wird zwischen Aufbau- und Ablauforganisation unterschieden und zwischen Aufgabenanalyse und -synthese sowie ↗ Arbeitsanalyse und -synthese differenziert. Das Erkenntnisinteresse ist auf die Entwicklung einer effizienten Arbeitsorganisation gerichtet; die inhaltlichen Aussagen stellten bis in die jüngere Vergangenheit Beschreibungen alternativer organisatorischer Strukturen und damit die Möglichkeiten organisatorischen Handelns, weniger die Erklärung organisatorischen Geschehens in den Vordergrund. Eine ähnliche Grundhaltung kennzeichnet auch weite Bereiche der angelsächsischen Managementlehre.

Die Sichtweise der betriebswirtschaftlichen Organisationslehre ist für das Fach ↗ Personalwirtschaft insofern von herausragender Bedeutung, als sie ebenfalls für mehrere Jahrzehnte das Verständnis des personalwirtschaftlichen Aufgabenspektrums geprägt hat: durch die Organisationstätigkeit werden effiziente Strukturen der Aufgabenerfüllung geschaffen; im Hinblick auf diese Vorgaben müssen dann die personalwirtschaftlichen Aufgaben definiert werden: Bereitstellen des ↗ Personals zur Aufgabenerfüllung, Qualifizieren im Hinblick auf die vorgegebenen Strukturen, Bereitstellen von ↗ Anreizen, die die Aufgabenerfüllung sicherstellen. Diese enge Perspektive ist mittlerweile sowohl in der Organisationslehre als auch in der Personalwirtschaftslehre zumindest in Ansätzen überwunden; damit wird auch die klassische Abgrenzung zwischen Organisations- und Personalfragen fraglich.

Literatur: Frese, E. 2000: Grundlagen der Organisation. Die Organisationsstruktur der Unternehmung, 8. Aufl. Wiesbaden; Kosiol, E. 1962: Organisation der Unternehmung (2. Aufl. 1976), Wiesbaden; Schanz, G. 1994: Organisationsgestaltung, 2. Aufl., München   (w)

Beurteilungsfehler

Bei ↗ Beurteilungen, insbes. bei ↗ Personalbeurteilungen, kommt es aufgrund des meist nicht durchgängig gleichartigen Verhaltens der beurteilten Person, aufgrund von Wahrnehmungsverzerrungen beim Beurteiler, aufgrund von Problemen des Symbolverständnisses (Fragen oder Antwortvorgaben werden missverstanden) oder aufgrund bewusster Fälschungen (z.B. um einen unerwünschten ↗ Mitarbeiter »wegzuloben«) häufig zu Fehlern.

Besondere Beachtung gilt den unbewusst zustande kommenden Beurteilungsfehlern aufgrund von Wahrnehmungsverzerrungen. Prominentes Beispiel ist der Halo-Effekt. Er wird durch die Tendenz beschrieben, unzulässigerweise von der Beurteilung hinsichtlich eines Merkmals auf die Beurteilung anderer abhängiger Merkmale zu schließen: das positive oder negative Urteil hinsichtlich eines Merkmals strahlt auf die Urteile hinsichtlich anderer Merkmale aus. Diese Tendenz wird bei Orientierung an statistischen Begriffen auch als Korrelationsfehler bezeichnet, weil die verschiedenen Urteile, die unabhängig voneinander abgegeben werden sollten, miteinander korrelieren.

Weitere systematische Verzerrungen können sich durch Abweichungen vom statistischen Erwartungswert ergeben: Der Beurteiler orientiert sich bei allen Urteilen an sich selbst oder einer anderen Vergleichsperson, die nicht im statistischen Normalbereich liegt. In diesem Fall ergeben sich in statistischer Perspektive so genannte Mittelwertfehler. Die Urteile sind im Mittel zum Beispiel zu streng oder zu milde (Milde-Effekt), oder sie werden durch die Wahl einer ungeeigneten Vergleichsbasis in anderer Weise verzerrt.

Urteilsunsicherheit, der Drang zu Extremen oder fehlendes Beurteilungstraining können zu so genannten Streuungsfehlern führen: z.B. zur Tendenz zur Mitte oder zu Extrembeurteilungen. Es ergibt sich dann nicht die statistisch zu erwartende Streuung der Einzelurteile.

Das Ausmaß an Beurteilungsfehlern kann durch geeignete ↗ Beurteilungsverfahren und ein Beurteilungstraining reduziert werden.

Literatur: Becker, F.G. 1998: Grundlagen betrieblicher Leistungsbeurteilungen, 3. Aufl., Stuttgart   (w)

Beurteilungsverfahren

Bei der ↗ Personalbeurteilung werden unterschiedliche Verfahren angewandt, die auch im Hinblick auf die verschiedenen Entscheidungstatbestände unterschiedlich ausgestaltet sind. Solche Entscheidungstatbestände sind die ↗ Personalauswahl, Verbleib oder Nichtverbleib im Unternehmen nach Ablauf der Probezeit (↗ Teilnahmeentscheidung), ↗ Kündigung, Beförderung bzw. Karriereentscheidungen (↗ Karriereplanung), Entgeltfestlegung (↗ Lohn-

gerechtigkeit), Maßnahmen der ↗ Personalentwicklung.

Zunächst wird zwischen standardisierten und nicht-standardisierten Verfahren, die in der Praxis überwiegen (Grunow 1976), unterschieden. Die gebundenen Beurteilungsverfahren werden häufig in Kennzeichnungsverfahren, Rangordnungsverfahren und Einstufungsverfahren klassifiziert. Bei Kennzeichnungsverfahren sind die für eine Person zutreffenden Kennzeichnungen zu markieren, bei Rangordnungsverfahren sind die zu Beurteilenden hinsichtlich unterschiedlicher Merkmale in eine Rangreihe zu bringen. Bei Einstufungsverfahren wird der Intensität, mit der ein Merkmal für eine Person zutrifft, ein Skalenwert zugeordnet. Bei der Critical-Incident-Methode orientieren sich die Einzelurteile an kritischen Ereignissen.

Grunow (1976, S. 103f.) weist auf einige Leitlinien hin, die sich bei der Beurteilung bewährt haben: tätigkeits- oder ergebnisbezogene und nicht eigenschaftsbezogene Beurteilungen, die Zahl der Kategorien sollte bei analytischen Verfahren das Differenzierungsvermögen der Beurteilenden nicht übersteigen, Verknüpfung der Beurteilung mit der Darstellung der Tätigkeit, auf die sie bezogen ist, Ergänzung standardisierter Teile der Beurteilung durch freie Formulierungen, ausgiebige Information der Beteiligten und intensive Schulung der Beurteilenden, Einbeziehung von mindestens zwei Beurteilern, um die Objektivität der Beurteilung zu erhöhen.

Bei der ↗ Personalauswahl werden zahlreiche weitere Beurteilungsverfahren angewandt (↗ Test, ↗ Assessment-Center-Verfahren, ↗ Biographischer Fragebogen, ↗ Lebenslaufanalyse usw.), die jedoch nur selten als Beurteilungsverfahren eingeordnet werden.

Literatur: Becker, F.G. (2003/*1998): Grundlagen betrieblicher Leistungsbeurteilung: Leistungsverständnis und -prinzip, Beurteilungsproblematik und Verfahrensprobleme. 3. Aufl., Stuttgart 1998, 4. Aufl., Stuttgart 2003; Grunow, D. 1976: Personalbeurteilung, Stuttgart; Schuler, H. 1978: Die Mitarbeiterbeurteilung, in: Macharzina, K.; Oechsler, W.A. (Hrsg.): Personalmanagement Band II: Organisations- und Mitarbeiterentwicklung, Wiesbaden, S. 161-200 (w)

Bewerbung

Während ⟋ Personalakquisition und ⟋ Personalauswahl als Maßnahmen zur Deckung des ⟋ Personalbedarfs aus Sicht der ⟋ Organisation betrachtet werden, ist die Bewerbung Teil der Suche der einzelnen ⟋ Arbeitnehmers nach einem Arbeitsplatz.

Ausgehend von Initiativen des Individuums oder der Organisation wie Eigeninserat, ⟋ Stellenanzeige oder ⟋ innerbetriebliche Stellenausschreibung kommt es zu einem (Erst)Kontakt zwischen Bewerbern und der Organisation. In der Regel handelt es sich um die Übersendung von ⟋ Bewerbungsunterlagen, gelegentlich auch um ein Telefongespräch. In zunehmendem Maß spielt auch das Internet eine Rolle. Bewerbungen direkt auf der Homepage eines Unternehmens oder über speziell darauf ausgerichtete Internetseiten gehören immer mehr zum Bewerbungsalltag.

Seitens der Organisation werden nach einer Vorauswahl die im Auswahlverfahren verbliebenen Bewerber in Abhängigkeit von der hierarchischen Position der zu besetzenden Stelle einer Reihe von weiteren Ausleseverfahren unterzogen. Dazu gehören ⟋ Tests, ⟋ Assessment Center, ⟋ Einstellungsgespräch etc. Am Ende dieses Verfahrens steht die ⟋ Eintrittsentscheidung des Einzelnen oder die Ablehnung des Stellenangebots.

Für das Individuum hat die Bewerbung den Zweck, einen den eigenen Vorstellungen möglichst gut entsprechenden Arbeitsplatz zu finden. Dazu dient der Informationsaustausch zwischen Individuum und Organisation über den betreffenden Arbeitsplatz, Charakteristika der Organisation, Eignungsprofil des Bewerbers usw.

Literatur: Göpfert, G.A. 2002: Argumentative Bewerbung: Tipps für die Stellensuche, Bewerbung und Vorstellung, 5. Aufl., München; Dixon, P. 2001: Jobsuche online für Dummies: finden Sie Ihren Traumjob im Internet, Bonn (m)

Bewerbungsunterlagen

Bewerbungsunterlagen umfassen üblicherweise ein Anschreiben, in dem auf die vakante Stelle Bezug genommen und der Grund für die Bewerbung genannt wird, einen – oft in tabellarischer Form abgefassten – Lebenslauf, der über die (Erwerbs-)Biographie Aufschluss gibt, Lichtbild und Zeugnisse. Ergänzend können ⟋ Referenzen, Arbeitsproben, eine Beschreibung der letzten Tätigkeit u.Ä. beigelegt werden.

Im Rahmen der individuellen ⟋ Bewerbung stellen Bewerbungsunterlagen den direkten Kontakt mit potenziellen ⟋ Arbeitgebern her. Für die ⟋ Organisation dienen sie in der ⟋ Personalauswahl insbesondere zur Vorauswahl derjenigen Bewerber, die als geeignet für weitere Kontakte angesehen werden.

Literatur: Hesse, J.; Schrader, H.C. 1996: Optimale Bewerbungsunterlagen: Strategien für die Karriere. Die schriftliche Bewerbung perfekt gestalten und überzeugend präsentieren. Frankfurt/M. (m)

Bewertungsmethoden

Bewertungsmethoden sind jene ⟋ Methoden zur Entscheidungsunterstützung, die zur Bewertung von Alternativen in Entscheidungsprozessen herangezogen werden können. Unter den exakten Methoden ist die lineare Programmierung besonders wichtig. Sie ist dadurch gekennzeichnet, dass sie nur lineare, also durch Geraden grafisch darstellbare Gleichungen bzw. Ungleichungen enthält. Im Hinblick auf personalwirtschaftliche Probleme wurden zahlreiche spezielle Ansätze entwickelt, die auf der linearen Programmierung beruhen (z.B. ↗ Ungarn-Methode). Zur Bewertung komplexer Sachverhalte wird auch auf die Simulation zurückgegriffen. Unter den inexakten Methoden hat insbesondere die ↗ Kosten-Nutzen-Analyse Bedeutung erlangt.   (w)

Bildungsarbeit, betriebliche

Betriebliche Bildungsarbeit ist eine Sammelbezeichnung für den betrieblichen Teil der ↗ Berufsausbildung und für die ↗ Weiterbildung, die in Betrieben bzw. Unternehmen stattfindet oder durch sie veranlasst ist. Die betriebliche Weiterbildung ist dabei häufig in Konzepte der ↗ Personalentwicklung eingebunden.

Die betriebliche Bildungsarbeit orientiert sich an den Zielen und Aufgaben des Unternehmens. Diese Ziele und die Leitlinien für die Maßnahmen zur Zielerreichung werden häufig zu Bildungskonzepten zusammengefasst, die wiederum vielfach in bildungspolitischen Grundsätzen festgehalten und in das Unternehmen kommuniziert werden.

Literatur: Martin, A.; Mayrhofer, W.; Nienhüser, W. (1999): Die Bildungsgesellschaft im Unternehmen? München, Mering   (w)

Bildungsökonomie

Die Bildungsökonomie ist ein wirtschaftswissenschaftliches Teilgebiet, das durch die Analyse der Zusammenhänge zwischen ökonomischen Größen und Bildung zu einer besseren Fundierung bildungsplanerischer Entscheidungen – vorrangig auf gesellschaftlicher Ebene – beitragen soll. Die Analyse- und Planungskonzepte beziehen sich angesichts der Komplexität von Bildungssystemen auf Ausschnitte des Gesamtzusammenhangs. Besondere Bedeutung haben der manpower- und der social-demand-Ansatz in der bildungsökonomischen Diskussion.

Der manpower-Ansatz stellt den Bedarfsaspekt in den Vordergrund: Zwischen der Produktion einer bestimmten Gütermenge und den dazu erforderlichen Produktionsmitteln wird ein funktionaler Zusammenhang angenommen. Zu den Produktionsmitteln gehört auch die durch Ausbildung vermittelte Arbeitsqualifikation als eigenständiger Produktionsfaktor. Das Verhältnis zwischen Produktionsvolumen und »human capital stock« wird als »manpower relation« bezeichnet. In diesem Konzept wird Konstanz der Produktionstechnik, konstanter Ausnutzungsgrad des »human capital stock« und das Bestreben der Unternehmer unterstellt, den Bestand an Arbeitsqualifikation dem Produktionsvolumen anzupassen. Dieser Ansatz wird mit dem Hinweis auf die Elastizität sozialer Phänomene kritisiert. So weist z.B. die Substitutions- und Flexibilitätsforschung auf die Existenz horizontaler und vertikaler Substitutionsmöglichkeiten hin. Außerdem wird darauf hingewiesen, dass Bildung zunächst unabhängig von späteren Verwendungsmöglichkeiten nachgefragt werden kann. Unterstellt man jedoch Lernprozesse auf Seiten der Anbieter von Bildungsmöglichkeiten und auf Seiten der Nachfrager, und wird eine starke Orientierung an den beruflichen Verwertungsmöglichkeiten von Qualifikationen angenommen, kann auch bei

freier Wahl der Bildungsgänge mittelfristig eine Annäherung an die im Rahmen des manpower-Ansatzes ermittelten Daten vermutet werden.

Beim social-demand-Ansatz bildet
die Nachfrage nach Bildungsplätzen
den wichtigsten Ansatzpunkt. Die
künftige Entwicklung wird in einem
Strömungsmodell abgebildet, wobei
die erwarteten Daten aus der beobachteten Nachfrage, der demographischen Entwicklung und der vermuteten Wirkung politischer Einflussnahme
abgeleitet werden. Der social-demand-
Ansatz ist stärker an gesellschaftspolitischen Zielsetzungen, der manpower-
Ansatz stärker an ökonomischen Überlegungen orientiert.

Literatur: Immel, S. 1994: Bildungsökonomische Ansätze von der klassischen Nationalökonomie bis zum Neoliberalismus, Frank-
furt/M. (w)

Bildungsurlaub

Als Bildungsurlaub wird die Freistellung von ↗ Arbeitnehmern zur Teilnahme an Bildungsveranstaltungen
für eine bestimmte Dauer während
der ↗ Arbeitszeit und bei Zahlung an-
gemessener finanzieller Leistungen bezeichnet.

Bildungsurlaub im Sinne einer bezahlten Freistellung zu Bildungszwe-
cken wird in der Bundesrepublik
Deutschland seit Beginn der 60er Jahre vor allem von den ↗ Gewerkschaften für Zwecke der beruflichen Weiterbildung sowie der politischen Bildung gefordert. Die ↗ Arbeitgeberverbände lehnen diese Form der Weiter-
bildungsförderung vor allem aus Kos-
tengründen ab.

Bildungsurlaubsgesetze traten Anfang der 70er Jahre in Berlin, Bremen,
Hamburg, Hessen und Niedersachsen,
1985 auch in Nordrhein-Westfalen mit
unterschiedlich weit reichenden Rege-

lungen in Kraft, wobei der jährliche
Freistellungsanspruch nach den meisten Gesetzen bei 10 Tagen innerhalb
von zwei Jahren liegt (Scholz 2000, S.
520). Bezahlte Freistellungen für Bil-
dungszwecke sehen u.a. auch das ↗ Betriebsverfassungsgesetz für Betriebsratsmitglieder, das Bundespersonalvertretungsgesetz für Personalratsmitglieder,
das Arbeitssicherheitsgesetz für Sicher-
heitsfachkräfte und Betriebsärzte sowie das Schwerbehindertengesetz für
die Schwerbehindertenvertretung vor.
Bezahlte Beurlaubungen für Bildungs-
zwecke sehen auch verschiedene tarif-
vertragliche Regelungen vor.

Von der Möglichkeit eines bezahlten
Bildungsurlaubs haben bisher nur wenige Anspruchsberechtigte Gebrauch
gemacht. Als wichtigste Ursache hierfür wird die ablehnende Haltung der
meisten ↗ Arbeitgeber gegen diese
Form der Bildungsförderung, insbesondere gegen das Finanzierungskonzept
des Bildungsurlaubs und die faktische
Schwerpunktsetzung bei der nichtbe-
ruflichen Bildung gesehen.

Literatur: Nuissel, E.; Sutter, H. (Hrsg.) 1984:
Rechtliche und politische Aspekte des Bildungsurlaubs, Heidelberg; Scholz, C. 2000: Personalmanagement, 5. Aufl., München (w)

Biographischer Fragebogen

Der biographische Fragebogen ist ein
Instrument der ↗ Personalauswahl. Die
zugrunde liegende Annahme ist, dass
man aus den Angaben zur bisherigen
Biographie (↗ Lebenslaufanalyse) und
der jetzigen Lebenssituation auf den
künftigen Berufserfolg (gemessen z.B.
in Vertragsabschlüssen im Versiche-
rungsgewerbe) schließen kann.

Mit Hilfe des Fragebogens werden
vor allem die folgenden Daten erhoben: Angaben über Herkunft, Schulbildung und Aktivitäten während der
Schulzeit, über frühere berufliche Tä-

tigkeiten, die gegenwärtige familiäre Situation, über Motive für Wahl der zukünftigen Arbeitstätigkeit sowie außerberufliche Aktivitäten und Interessen.

Die durchschnittliche prognostische Validität von biographischen Daten ist im Vergleich zu anderen Methoden der Personalauswahl hoch ($r = 0{,}37$) (Hunter/Hunter 1984). Freilich bedeutet eine Korrelation von $r = 0{,}37$ auch nur eine erklärte Varianz des späteren Berufserfolges von knapp 14 %. 86 % der Unterschiede werden in diesem Fall durch andere, nicht erfasste Faktoren verursacht.

Problematisch sind vor allem zwei Aspekte: Zum einen ist der Zusammenhang zwischen einer bestimmten Biographie und dem späteren Berufserfolg theoretisch kaum geklärt. Man weiß z.b. nicht, warum frühere Hauptschüler mit Ferienjobs weniger erfolgreich (im Versicherungsaußendienst) sind als Hauptschüler ohne Ferienjobs, während es bei ehemaligen Realschülern günstiger ist, wenn sie in den Ferien gearbeitet haben (vgl. Barthel/Stehle 1986). Zum anderen stellen sich ethische Probleme. Einzelne Fragen berühren den Intimbereich des Befragten.

Der Einsatz des biographischen Fragebogens bedarf nach § 94 BetrVG der Zustimmung des ↗ Betriebsrats.

Literatur: Barthel, E.; Stehle, W. 1986: Biographisches Profil erfolgreicher Mitarbeiter im Versicherungsaußendienst, in: Schuler, H.; Stehle, W. (Hrsg.): Biographischer Fragebogen als Methode der Personalauswahl, Stuttgart, S. 80-90; Hunter, J.E.; Hunter, R.F. 1984: Validity and Utility of Alternative Predictors of Job Performance, in: Psychological Bulletin, Vol. 96, S. 72-98; Schuler, H. 1998: Psychologische Personalauswahl: Einführung in die Berufseignungsdiagnostik, 2. Aufl., München   (n)

Budget

Ein Budget ist ursprünglich eine Gegenüberstellung erwarteter Einnahmen

und Ausgaben in einer Periode, z.B. einem Jahr. Im betriebswirtschaftlichen Sprachgebrauch bleibt dieser Grundgedanke zwar erhalten; es wird jedoch regelmäßig der vorgelagerte Planungsprozess und die Gestaltung als Steuerungsinstrument betont. In der Regel werden die in einer Periode verfügbaren finanziellen Ressourcen als Handlungsrahmen für Teilbereiche eines Unternehmens vorgegeben. Das Personalbudget umfasst dann die verfügbaren Mittel für das ↗ Personal eines Unternehmens bzw. seiner Teilbereiche, das Aus- und Weiterbildungsbudget die Mittel, die für die Maßnahmen im Bereich der Aus- und Weiterbildung in einer Periode zur Verfügung stehen.

Budgets erfüllen Steuerungs- und Koordinations-, Motivations- und Kontrollfunktionen. Steuerungs- bzw. Koordinationsaufgaben erfüllt ein Budget insofern, als es Vorgaben enthält, die den Handlungsspielraum für die zahlreichen Einzelentscheidungen abstecken und damit eine verbindliche Richtschnur für diese Entscheidungen bereitstellen. Motivationsfunktionen erfüllen Budgets, weil mit der Vorgabe der Budgetwerte eine Aufforderung zu deren Einhaltung verbunden ist und damit das Erreichen betrieblicher Ziele gefördert werden kann. Kontrollmöglichkeiten schließlich werden durch Budgets geschaffen, weil die Vorgaben Werte für einen Vergleich zwischen angestrebten Zielvorstellungen und tatsächlichen Ergebnissen darstellen.

Literatur: Scholz, C. 2000: Personalmanagement, 5. Aufl., München, S. 718-733; Szyperski, N.; Winand, U. 1980: Grundbegriffe der Unternehmensplanung, Stuttgart   (w)

Bundesagentur für Arbeit

Die Bundesagentur für Arbeit (bis zum 31.12.2003: Bundesanstalt für Arbeit) hat folgende Aufgaben: die Vermittlung von Arbeits- und Ausbildungsstellen, Förderung der beruflichen Aus- und Weiterbildung, Berufsberatung, Beratung von ↗ Arbeitgebern usw., darüber hinaus die Gewährung von Arbeitslosenunterstützung und Kindergeld. Die Bundesagentur hat eine eigene Forschungseinrichtung, das Institut für Arbeitsmarkt- und Berufsforschung (IAB), das unter anderem regelmäßig Berichte über die Situation auf dem ↗ Arbeitsmarkt veröffentlicht.

Die Bundesagentur ist eine selbstverwaltete Körperschaft des öffentlichen Rechts. Sie hat ihre Hauptstelle in Nürnberg (wo auch das Forschungsinstitut angesiedelt ist). Es gibt zudem zehn Landesarbeitsagenturen und 180 regionale Arbeitsagenturen mit rund 660 lokalen Geschäftsstellen. Auf allen Ebenen werden die Selbstverwaltungsaufgaben von Verwaltungsräten oder -ausschüssen wahrgenommen, die drittelparitätisch mit Vertretern der Arbeitgeber, der ↗ Arbeitnehmer und der öffentlichen Körperschaften besetzt sind.

Die Bundesanstalt für Arbeit finanziert sich zum größten Teil aus Zwangsbeiträgen der Arbeitnehmer und Arbeitgeber zur Arbeitslosenversicherung. Hinzu kommen Zwangsumlagen bei Unternehmen und Berufsgenossenschaften für Winterbauförderung und Konkursausfall sowie Zuschüsse der Bundesregierung.

Literatur: www.arbeitsagentur.de   (n)

Bundesinstitut für Berufsbildung

Das Bundesinstitut für Berufsbildung (Bibb) ist eine bundesunmittelbare Körperschaft des öffentlichen Rechts, das nach § 14 des Ausbildungsplatzförderungsgesetzes insbesondere die folgenden Aufgaben zu erfüllen hat: Vorbereitung von ↗ Ausbildungsordnungen, Vorbereitung des jährlichen Berufsbildungsberichts, Durchführung der Berufsbildungsstatistik, Unterstützung von Planung, Errichtung und Weiterbildung überbetrieblicher Bildungsstätten, Beratung der Bundesregierung in grundsätzlichen Fragen der beruflichen Bildung, Durchführung von Berufsbildungsforschung, Betreuung von Modellversuchen, Förderung der Bildungstechnologie, Führung und Veröffentlichung des Verzeichnisses der anerkannten Ausbildungsberufe, Prüfung und Anerkennung von Fernlehrgängen sowie Förderung von berufsbildenden Fernlehrgängen.

Organe des Bundesinstituts für Berufsbildung sind der Generalsekretär und der mit Beauftragten der Arbeitgeber, der Arbeitnehmer, der Länder und des Bundes besetzte Hauptausschuss. Zur fachlichen Beratung bei der Durchführung einzelner Aufgaben kann der Generalsekretär Fachausschüsse einsetzen. Der Haushalt des Bundesinstituts wird durch Zuwendungen des Bundes finanziert.

Literatur: Schmidt, H. 1995: Bildung im Beruf: Kooperative Lösungen für ein weltweites Problem, Bielefeld   (w)

Bürokratieansatz

Der Bürokratieansatz von Max Weber (1921) steht am Beginn der Organisationssoziologie bzw. der Organisationstheorie.

Das Erkenntnisinteresse dieses klassischen Konzepts ist auf die Erklärung des Auftretens bürokratischer Herrschaft gerichtet.

Dieses Konzept besagt, dass sich die legalen Herren eines bürokratischen Verwaltungsapparates bedienen, um die Einhaltung der Ordnung zu garantieren.

Hauptmerkmale der Bürokratie sind hauptberufliche Einzelbeamte, Teilung der Befehlsgewalt zwischen den Beamten und die Existenz von Regeln für das Verhalten (Verwaltungsordnung).

Wichtigste strukturelle Bedingungen sind Arbeitsteilung mit festen Kompetenzen, Amtshierarchie, Amtsführung bzw. Aufgabenerfüllung nach festen Regeln sowie Aktenmäßigkeit der Vorgänge.

Max Webers Effizienzhypothese, die in der weiteren organisationstheoretischen Diskussion relativiert wurde, besagt, dass die bürokratische Herrschaft unter den veränderten Bedingungen des modernen Staates die effizienteste Form der Herrschaftsausübung ist. Aus der Auseinandersetzung mit dem Bürokratiemodell hat sich der ↗ situative Ansatz der Organisationstheorie entwickelt.

Literatur: Kieser, A. 2001: Max Webers Analyse der Bürokratie, in: Kieser, A. (Hrsg.): Organisationstheorien, 4. Aufl., Stuttgart, Berlin, Köln, S. 39-65; Weber, M. 1972: Wirtschaft und Gesellschaft, Tübingen (1. Aufl. 1921)   (w)

C

Cafeteria-Systeme

Als Cafeteria-Systeme werden Konzepte einer individualisierten Entgelt- und Sozialleistungspolitik verstanden, bei denen die ↗ Arbeitnehmer die Möglichkeit haben, betriebliche Sozialleistungen entsprechend den persönlichen Präferenzen aus vorgegebenen Alternativen auszuwählen. In dieses Auswahlsystem können auch Entgeltkomponenten einbezogen werden. Das Gesamtbudget ist bei Anwendung des Cafeteria-Systems konstant; Ziel ist die im Hinblick auf die angestrebten Anreizwirkungen optimale Aufteilung dieses Budgets.

Bei der Ausgestaltung von Cafeteria-Systemen werden folgende Komponenten diskutiert: 1. Wahloptionen, d.h. die wählbaren Leistungen (z.B. ↗ Lohn, Freizeit, Versicherungsleistungen, Ruhegeld, Sachleistungen, materielle Beteiligungen u.Ä.), 2. Verrechnungsmodus, 3. Wahlmöglichkeiten, die durch Zusammenstellung von Standardpaketen eingeschränkt werden können, 4. Wahlturnus, 5. Periodenfixierung oder Übertragungsmöglichkeit des Budgets bzw. eines Teiles davon, 6. Umgang mit Restsummen.

Als Bezugsgruppen kommen sowohl Führungskräfte bzw. leitende Mitarbeiter als auch außertarifliche Angestellte und ↗ Mitarbeiter oberer Tarifgruppen in Betracht (Wagner 2004, Sp. 631).

Literatur: Berthel, J.; Becker, F.G. 2003: Personal-Management, 7. Aufl., Stuttgart, S. 452ff.; Wagner, D. 2004: Cafeteria-Systeme, in: Gaugler, E.; Oechsler, W.A.; Weber, W. (Hrsg.): Handwörterbuch des Personalwesens, 3. Aufl., Stuttgart, Sp. 631-639 (w)

Call-Center

Als Call-Center wird die organisatorische Zusammenfassung von Telefonarbeitsplätzen in Verbindung mit informations- und kommunikationstechnischer Unterstützung – insbesondere durch automatische Anrufverwaltung bzw. -weiterleitung, aber auch durch Einsatz von Datenbanken (↗ Datenbank) bezeichnet. Call-Center konzentrieren sich vor allem auf die effektive Verarbeitung telefonischer Kontakte zwischen Unternehmen auf der einen und Kunden, Lieferanten oder Interessierten auf der anderen Seite. Im Gegensatz zu den früher üblichen, individuellen Formen des Telefonkontakts, wie z.B. am Arbeitsplatz einer Sachbearbeiterin, zeichnen sich Call-Center dadurch aus, dass die Telefongespräche bei einer eigens hierfür eingerichteten organisatorischen Einheit eingehen und dort vollständig oder partiell bearbeitet werden bzw. von dieser Einheit ausgehen (Müller-Hagedorn; Büchel 2000, S. 205).

Hauptkritik- und -diskussionspunkt bezüglich der Beschäftigungsverhältnisse ist der hohe Anteil an Arbeitsverträgen (↗ Arbeitsvertrag), die nicht dem Normalarbeitsverhältnis des unbefristeten Vollzeitarbeitsplatzes entsprechen. Charakteristisch für die Beschäftigungsverhältnisse in Call-Centern ist der hohe Anteil an Teilzeitbeschäftigten, bei denen – verschiedenen Untersuchungen zufolge – vor allem Frauen mit bis zu 80% der Beschäftigten dominieren.

Als wichtigste Qualifikationsanforderung an die Mitarbeiter in Call-Centern sind Kommunikationsfähigkeit (↗ Schlüsselqualifikationen) sowie Sprech-und Sprachfähigkeit gefolgt von Fachkenntnissen und EDV-/Multimediakompetenzen hervorzuheben.

Literatur: Böse, B.; Flieger, E. 1999: Call Center – Mittelpunkt der Kundenkommunikation, Braunschweig; Müller-Hagedorn, L.; Büchel, D. 2000: Kundenbetreuung durch Call Center? In: Mitteilungen des Instituts für Handelsforschung der Universität zu Köln, Nr. 10, S. 205-213　　(k)

CBT ↗ Computerunterstütztes Lernen

Change Agent

Beim Change Agent handelt es sich um eine Person, Gruppe oder ↗ Organisation, welche die im Rahmen von u.U. tief greifenden Änderungen ablaufenden Prozesse bewusst und gezielt auslöst bzw. steuert und so die Erreichung der Wandlungsziele unterstützt.

Je nach Veränderungsstrategie kommen dem Change Agent unterschiedliche Funktionen zu. Beim ↗ geplanten organisatorischen Wandel soll er die Ziele der Organisation (›Klientensystem‹) identifizieren und klären helfen. Darüber hinaus unterstützt er die Erarbeitung inhaltlicher Strategien und Taktiken zur Problemlösung und hält Kontakt zu den verschiedenen am Wandel beteiligten Parteien. Im Rahmen von Prozessen der ↗ Organisationsentwicklung (OE) dient der Change Agent primär dazu, Lernsituationen für die Betroffenen zu schaffen. Sie sollen so die Möglichkeit erhalten, den Veränderungsprozess selbstverantwortlich zu steuern. Weiter begleitet der Change Agent die Betroffenen bei der Umsetzung des gemeinsam erarbeiteten Vorgehens. Die Erfüllung dieser Funktion setzt normalerweise ein tendenziell ausgeglichenes

Machtverhältnis (↗ Macht) zwischen dem Change Agent und dem Klientensystem voraus.

Die Anforderungen an den Change Agent hängen wesentlich von der Art und den Problemen des Klientensystems ab. Verhaltenswissenschaftliche Kompetenz wird durchwegs als Grundvoraussetzung gesehen.

Dem betrieblichen ↗ Personalwesen kommt insbesondere im Rahmen von OE-Prozessen Bedeutung zu. Die Mitglieder der ↗ Personalabteilung verfügen i.d.R. über verhaltenswissenschaftliche Kenntnisse und begleiten oft gemeinsam mit externen Beratern den Veränderungsprozess als Change Agents.

Kritik am Konzept des Change Agent bezieht sich häufig auf die Vermischung von normativen und deskriptiven Elementen in der Literatur sowie die durchaus unterschiedliche und vielfältige inhaltliche Verwendung dieses Begriffs.

Literatur: Jones, G. N. 1978: Soziale Systeme als Veränderungsagenten, in: Wöhler, K. (Hrsg.): Organisationsanalyse, Stuttgart, S. 126-154　　(m)

Christlicher Gewerkschaftsbund Deutschlands
↗ Gewerkschaften

Der Christliche Gewerkschaftsbund (CGB) wurde 1959 gegründet. Den Ausschlag gab der Aufruf des ↗ Deutschen Gewerkschaftsbundes (DGB) zur »Wahl eines besseren Bundestags« 1953, der von manchen christlich orientierten Gruppen als Verstoß gegen die parteipolitische Neutralität einer Einheitsgewerkschaft interpretiert wurde.

Der CGB ist im Gegensatz zum DGB keine Einheitsgewerkschaft, in der alle weltanschaulichen Richtungen organisiert sind, sondern eine dem

Selbstverständnis nach christlich orientierte Richtungsgewerkschaft.

Im Jahre 2002 hatte der CGB knapp 307 Tsd. Mitglieder, er umfasste damit 3,2 % der in Gewerkschaften Organisierten (der ↗ Deutsche Beamtenbund wurde hierbei als Gewerkschaft mitgerechnet).

Der CGB ist der Dachverband räumlich und fachlich strukturierter Einzelgewerkschaften.

Wichtigste Organe sind erstens der Bundeskongress, als alle drei Jahre zusammentretendes Beschluss fassendes Organ, zweitens der Hauptausschuss und drittens der Bundesvorstand.

Die Ziele des CGB sollen sich an christlichen Grundsätzen orientieren, die ideologische Ausrichtung lässt sich mit »partnerschaftlich« kennzeichnen.

Literatur: Niedenhoff, H.-U.; Pege, W. 1997: Gewerkschaftshandbuch: Daten, Fakten, Strukturen, 3. Aufl., Köln   (n)

Christlichnationaler Gewerkschaftsbund (CNG) (Schweiz)

Der CNG war eine gesamtschweizerische Arbeitnehmerorganisation, die sich in ihren Zielen und Aktionsmitteln von der christlichen Sozialethik und -lehre leiten ließ. Sie umfasste im Jahr 2000 sechs christliche Berufsverbände und kantonale christliche Gewerkschaftsvereinigungen. Der Sitz des CNG war ab 1953 in Bern. Mit über 100.000 Mitgliedern war der CNG 1999 die zweitstärkste Kraft der schweizerischen Arbeiterbewegung.

Zusammen mit der ↗ Vereinigung Schweizerischer Angestelltenverbände (VSA) ging der CNG am 14. Dezember 2002 in der neuen Dachorganisation ↗ Travail.Suisse auf.

Literatur: Armingeon, K.; Geissbühler, S. 2000: Gewerkschaften in der Schweiz: Herausforderungen und Optionen, Zürich   (k)

Clusteranalyse

Mit Clusteranalyse bezeichnet man eine Gruppe von statistischen Verfahren (↗ Datenanalyse, multivariate), die in der Regel zur Zusammenfassung von ähnlichen Untersuchungsobjekten (z.B. Personen oder Unternehmen) eingesetzt werden. Zur Beschreibung der Ähnlichkeit gibt es eine Vielzahl von Maßzahlen, die im Hinblick auf inhaltlich-theoretischen Überlegungen und das Datenniveau der Variablen auszuwählen sind.

Die Zielsetzung der Clusteranalyse besteht darin, Objekte so zu gruppieren, dass die Objekte innerhalb einer Gruppe möglichst homogen und die Gruppen untereinander möglichst heterogen sind.

Die Clusteranalyse wird beispielsweise verwendet, um Arbeitsplätze nach Arbeitsanforderungen (in körperlicher und geistiger Hinsicht, Belastung durch Lärm, usw.) zu gruppieren. Eine Gruppe von untereinander ähnlichen Arbeitsplätzen kann dann einer bestimmten ↗ Lohngruppe zugeordnet werden.

Literatur: Backhaus, K. u.a. 2003: Multivariate Analysemethoden: eine anwendungsorientierte Einführung. 10. Aufl., Berlin u.a.   (n)

Coaching

Als Coaching wird die Stimulierung von ↗ Mitarbeitern durch die Diskussion von Problemen und Herausforderungen zwischen Manager und Mitarbeiter bezeichnet. Ähnlich wie im Sport wird die Aufgabe des Managers als Coach in der individuellen Betreuung der ihm anvertrauten Mitarbeiter und Mitarbeiterinnen gesehen, wobei zwischen Management- und Mitarbeiterbedürfnissen vermittelt werden muss. Ziel ist letztlich die Produktivitätssteigerung. Die seit Mitte der 80er Jahre anhaltende Diskussion dieses Themas insbesondere in der populärwissenschaftlichen Literatur wird darauf zurückgeführt, dass die bisher vielfach praktizierte Verhaltenskontrolle schwieriger wird, die Werthaltungen und die Rahmenbedingungen der Arbeit veränderte Formen der Einflussnahme auf das ↗ Personal verlangen. Als wesentliche Elemente des Coaching werden z.b. genannt: Gewährung von Unterstützung durch den Manager, Definition von Zielen und Bedürfnissen, Einflussnahme auf die Perspektiven und Sichtweisen anderer Personen, Initiierung von Plänen, Eingehen von Commitments, Einflussnahme und Umsteuerung von Widerständen, Abklärung und Aufzeigen des gesamten Spektrums von Konsequenzen einer Maßnahme, Erfolgssicherung durch Folgemaßnahmen (Stowell/ Stone 1990). Ähnliche Fragen werden im Zusammenhang mit dem Konzept des ↗ Counselling diskutiert.

Litertur: Backhausen, W./Thommen, J.-P. 2002: Coaching. Durch systematisches Denken zu innovativer Personalentwicklung, Wiesbaden; Böning, U. 2003: Coaching für Mitarbeiter, in: Rosenstiel, L.v.; Regnet, E.; Domsch, M. (Hrsg.): Führung von Mitarbeitern, 5. Aufl., Stuttgart, S. 281-291; König, E./Volmer G. 2002: Systemisches Coaching, Weinheim u.a.; Schreyögg, A. 1999: Coaching. Eine Einführung für Praxis und Ausbildung, 4. Aufl., Frankfurt u.a.; Stowell, S.J.; Stone, W. 1990: Coaching: The Heart of Management, in: Executive Excellence, Bd. 7, S. 8-9   (w)

Computerunterstütztes Lernen

Die Computerunterstützung von Lernprozessen wird unter vielfältigen Bezeichnungen diskutiert: Computer Based Training (CBT), Computer Based Education (CBE), Computer Based Learning (CBL), Computer Managed Learning (CML), Computer Assisted Management of Learning (CAMOL), Computer Aided Learning (CAL), Computer Assisted Learning (CAL), Computerunterstützter Unterricht (CUU), E-Learning. Im internationalen Sprachgebrauch ist die Bezeichnung Computer Based Training am häufigsten anzutreffen.

Sowohl CBT (Computer Based Training) als gängige digitale Lernsoftware als auch das über Bildungsserver verfügbare WBT (Web Based Training) sind in erster Linie darauf ausgerichtet, mit digitalen Lehrmaterialien das Lernen zu unterstützen (Heidack 2004).

Das computerunterstützte Training hat durch die Entwicklung der Mikrocomputer Ende der 70er Jahre neuen Auftrieb erhalten, weil der bis dahin notwendige Anschluss an einen Großrechner nun entbehrlich wurde. Es wird in der Trainingspraxis in drei Varianten praktiziert: in Form von tutoriellen Lernprogrammen, von Übungsprogrammen (Drill and Practices) und von Simulationsprogrammen. Die Lernprogramme werden insbesondere zur Vermittlung von langfristig gültigen Regeln verwendet, die für einen großen Verwenderkreis von Bedeutung sind. Beispiele sind wirtschaftswissenschaftliches Grundwissen, Programmiersprachen und mathematische Regeln. Zur Einübung eines fest umrissenen Wissensbestandes – z.B. zur Einübung von Rechenoperationen oder von typischen Redewendungen einer Sprache – werden Übungsprogramme verwendet. Eine leistungsfähige Unterstützung des Lernens von umfassenden Wirkungszusammenhängen bieten Simulationsprogramme. Durch Veränderung einzelner Parameter größerer Modelle – z.B. eines Personalplanungsmodelles oder des Modells eines technischen Systems – können die Wirkungen erprobt und veranschaulicht werden.

Bei der Entwicklung von Lernprogrammen können konventionelle ↗ Programmiersprachen verwendet werden.

Aufgrund der zunehmenden Nutzung des Computers im Lernbereich hat sich die Produktion und Verwendung von ↗ Autorensystemen sowie von Autorensprachen als zweckmäßig erwiesen.

Literatur: Heidack, C. 2004: CNT/WBT: Multimediale Qualifizierung durch computer- und webunterstütztes Training, in: Gaugler, E.; Oechsler, W.A.; Weber, W. (Hrsg.): Handwörterbuch des Personalwesens, 3. Aufl., Stuttgart, Sp. 639-650; Kammerl, R. (Hrsg.) 2000: Computerunterstütztes Lernen, München u.a.; Scholz, C. 2000: Personalmanagement, 5. Aufl., München, S. 526-530   (w)

Cranfield Project on International Strategic HRM (Cranet)

Das ›Cranfield Network on International Human Resource Management‹ (www.cranet.org) wurde 1990 von Personalmanagement-Arbeitsgruppen aus 5 europäischen Ländern gegründet. Nach einem kontinuierlichen europäischen Wachstum gehören dem Netzwerk seit 1997 auch außereuropäische Arbeitsgruppen an. Gegenwärtig umfasst der Forschungsverbund über 30 Universitäten weltweit.

Ziel des Netzwerks ist eine international vergleichende empirische Untersuchung der Unternehmenspraktiken auf dem Gebiet des Personalmanagements (↗ Personalmanagement).

Im Rahmen dieses Programms sollen grundsätzliche Trends in der Struktur und Politik des Personalwesens (↗ Personalwesen), der ↗ Personalbeschaffung, der ↗ Personalentwicklung, der Vergütung (↗ Lohnfindung, Lohnformen) und der Arbeitsbeziehungen analysiert sowie unternehmensspezifische, sektorale und landesspezifische Unterschiede betrachtet werden. Das Projekt ist in seiner Konzeption und seinem Ausmaß einzigartig.

Zur Datenerhebung wird die Methode der schriftlichen ↗ Befragung verwendet. Seit 1990 werden standardisierte Fragebögen an privatwirtschaftliche und öffentliche Organisationen versandt. Adressat ist jeweils der oberste Personalverantwortliche. Der Fragebogen ist bis auf wenige länderspezifische Veränderungen in allen Ländern identisch.

Literatur: Gaugler, E. 1988: HR management: an international comparison, in: Personnel, Vol. 65, Nr. 8, S. 24-30; Weber, W.; Kabst, R. 2001: Personalmanagement im internationalen Vergleich: The Cranfield Project on International Strategic Human Resource Management-Ergebnisbericht 2000, Paderborn; Brewster, C.; Mayrhofer, W.; Morley, M. 2000: New Challenges for European Human Resource Management, Houndmills/Basingstoke; Brewster, C.; Mayrhofer, W.; Morley, M. (Hrsg.) 2004: Human Resource Management in Europe, London   (k)

D

Daten

Als Daten bezeichnet man in symbolischer Form gespeicherte Informationen über bestimmte Realitätsaspekte, die zum Objekt der ↗ Datenanalyse werden. Als Symbolisierung werden häufig Zahlen verwendet. Man bezeichnet aber auch etwa in Schriftform gebrachte Tonbandaufzeichnungen von Interviews als Daten. Die Daten repräsentieren bestimmte Merkmale der Realität. Der Vorgang der Zuordnung von Zahlen zu Objekten heißt Messen (↗ Messtheorie). Daten, die noch nicht nach bestimmten Kriterien analysiert sind, werden Rohdaten genannt.

Ein einfaches Beispiel für Rohdaten in zahlenmäßiger Form ist eine Datenmatrix aus einer Untersuchung von 200 Unternehmen im Hinblick auf die Frage, ob ↗ Intelligenztests zur ↗ Personalauswahl verwendet werden oder nicht. Ordnet man den Ja-Antworten eine 1 zu und den Nein-Antworten eine 0, dann erhält man eine 200x2-Zahlenmatrix, die den Ausgangspunkt für die Datenanalyse bildet, um z.B. die absolute und prozentuale Verteilung der Ja- und Nein-Antworten festzustellen.

Literatur: Martin, A. 1994: Personalforschung, 2. Aufl., München, Wien (n)

Datenanalyse

Mit Datenanalyse bezeichnet man die Untersuchung von Rohdaten (↗ Daten) aus empirischen Forschungsprojekten. Rohdaten können z.B. die in zahlenmäßige Darstellung gebrachten Antworten einer schriftlichen Befragung sein. Die Datenanalyse hat zum Ziel, Daten numerisch, graphisch oder textanalytisch so aufzubereiten, dass bestimmte Strukturen zu erkennen sind, von denen dann auf die Struktur der Realität rückgeschlossen wird. Wenn man z.B. einen positiven Zusammenhang zwischen ↗ Arbeitszufriedenheit und Leistung vermutet, wird man die meist in Zahlen vorliegenden ↗ Daten daraufhin mit statistischen Verfahren untersuchen und aus vorhandenen statistischen Zusammenhängen schließen, dass der Zusammenhang auch in der Realität existiert.

Die Datenanalyse kann durch implizite oder explizite, durch bereits der Datengewinnung (↗ Datengewinnung, Methoden der) zugrunde liegende oder auch erst in nachhinein formulierte Hypothesen geleitet sein. Eine Datenanalyse ohne Annahmen über Zusammenhänge ist aus erkenntnistheoretischen Gründen nicht möglich.

Man kann die Verfahren der Datenanalyse nach der Anzahl der einbezogenen Variablen unterscheiden: Erstens ist eine Analyse über die Verteilung der Ausprägungen einzelner Variablen möglich (↗ Datenanalyse, univariate), zweitens eine Analyse der Zusammenhänge zwischen zwei oder mehr Variablen (↗ Datenanalyse, bivariate, ↗ Datenanalyse, multivariate). Für die univariate Analyse verwendet man ↗ Positionsmaße wie z.B. das arithmetische Mittel, den Modus, d.h. den häufigsten Wert, und ↗ Streuungsmaße wie die Varianz, d.h. die mittlere quadratische Abweichung usw. Bei der bi- und multivariaten Analyse werden Beziehungen zwischen zwei oder mehr Variablen hergestellt, und z.b. die Stärke eines Zusammenhangs zwischen zwei Größen mit Hilfe eines Korrelationskoeffizienten (↗ Korrelationsanalyse) ausgedrückt. Die meisten, häufig verwendeten Rechenverfahren der Datenanalyse sind in Standard-Statistikprogrammen verfügbar und können mit Personalcomputern durchgeführt werden.

Literatur: Bronner, R.; Appel, W.; Wiemann, V. 1999: Empirische Personal- und Organisationsforschung: Grundlagen – Methoden – Übungen, München, Wien; Martin, A. 1994: Personalforschung, 2. Aufl., München, Wien; Matiaske, W. 1996: Statistische Datenanalyse mit Mikrocomputern, 2. Aufl., München, Wien; Kriz, J.; Lisch, R. 1988: Methoden-Lexikon für Mediziner, Psychologen, Soziologen, München, Weinheim   (n)

Datenanalyse, bivariate

Bei der bivariaten ↗ Datenanalyse (↗ Datenanalyse, univariate, ↗ Datenanalyse, multivariate) werden die Zusammenhänge zwischen zwei Variablen mit Hilfe statistischer Methoden untersucht und dargestellt. Zur Deskription der Zusammenhänge werden bei nicht metrischen Daten häufig Kreuztabellen (↗ Kontingenztabellen-Analyse) verwendet. Die Stärke des Zusammenhangs wird mittels eines geeigneten Assoziationsmaßes (↗ Zusammenhangsmaße) beschrieben, Zusammenhänge zwischen intervallskalierten Daten lassen sich z.B. mit Korrelationskoeffizienten (↗ Korrelationsanalyse) ausdrücken. Nach der Deskription eines Zusammenhangs wird im zweiten Schritt häufig geprüft, ob der Zusammenhang im statistischen Sinne als überzufällig gelten kann. Zu diesem Zweck nutzt man entsprechende interferenzstatistische Verfahren (↗ Hypothesentest).

Da bei der bivariaten Datenanalyse immer nur zwei Variablen gemeinsam

betrachtet werden, besteht die Gefahr, dass weitere Variablen, die die eigentlichen, kausalen Einflussfaktoren bilden, übersehen werden. Zur Vermeidung dieser Gefahr ist eine gute theoretische Basis allerdings hilfreicher als eine mehr oder weniger willkürliche Einbeziehung von weiteren Variablen.

Literatur: Martin, A. 1994: Personalforschung, 2. Aufl., München, Wien; Benninghaus, H. 2001: Einführung in die sozialwissenschaftliche Datenanalyse, 6. Aufl., München, Wien   (n)

Datenanalyse, multivariate

Bei der multivariaten ↗ Datenanalyse (↗ Datenanalyse, univariate, ↗ Datenanalyse, bivariate) werden die Zusammenhänge zwischen drei und mehr Variablen untersucht. Wenn eine Trennung in abhängige und unabhängige, d.h. zu erklärende und erklärende Variablen erfolgt, spricht man von asymmetrischen Verfahren. Hier sind die ↗ Regressionsanalyse, die ↗ Varianzanalyse und die ↗ Pfadanalyse zu nennen. Erfolgt keine Trennung in abhängige und unabhängige Variablen, spricht man von symmetrischen Verfahren. Hier sind vor allem die ↗ Faktorenanalyse und die ↗ Clusteranalyse wichtig, bei denen Strukturen in Variablen bzw. Beobachtungseinheiten zum Gegenstand der Analyse gemacht werden.

Literatur: Backhaus, K. u.a. 2003: Multivariate Analysemethoden, 10. Aufl., Berlin u.a.; Hartung, J.; Epelt, B. 1999: Multivariate Statistik. Lehr- und Handbuch der angewandten Statistik, 6. Aufl., München u.a.   (n)

Datenanalyse, univariate

Bei der univariaten ↗ Datenanalyse ist im Gegensatz zur bi- und multivariaten (↗ Datenanalyse, bivariate, ↗ Datenanalyse, multivariate) jeweils nur eine Variable Gegenstand der Analyse. Zentral sind zum einen Häufigkeitsauszählungen, bei denen die Rohdaten so geordnet werden, dass man erkennen kann, wie viele Beobachtungen oder Fälle auf die jeweilige Variablenausprägung entfallen. Das Ergebnis der Auszählung wird üblicherweise in graphischer Form oder in einer Häufigkeitstabelle dargestellt. Hierzu müssen die Daten meist gruppiert werden. Zum anderen ist die Verteilung der Daten wichtig. Sie lässt sich numerisch in Maßzahlen verdichtet ausdrücken: ↗ Positionsmaße beschreiben die zentrale Tendenz einer Verteilung, d.h., den Mittelwert, ↗ Streuungsmaße die Streuung der Daten um den Mittelwert.

Die univariate Analyse der Variablen geht einer bi- oder multivariaten Auswertung immer voraus, weil diese im Regelfall bestimmte Verteilungsformen der Daten zur Voraussetzung haben.

Literatur: Hartung, J.; Epelt, B.; Klösener, K.-H. 2002: Statistik. Lehr- und Handbuch der angewandten Statistik, 13. Aufl., München u.a.   (n)

Datenbank

Als Datenbank wird die Gesamtheit der nach bestimmten Ordnungskriterien gespeicherten Daten einer organisatorischen Einheit bezeichnet, wobei unter Daten formalisierte Informationen verstanden werden.

Im Zusammenhang mit ↗ Personalinformationssystemen sind ↗ Personaldatenbanken und ↗ Arbeitsplatzdatenbanken von Bedeutung.   (w)

Datengewinnung, Methoden der

Die Analyse empirischer Gesetzmäßigkeiten im Rahmen der ↗ Personalforschung bzw. der empirischen Sozialforschung setzt eine systematische Datengewinnung voraus. Sie stützt sich auf eine theoretische Fundierung (↗ Theorien) sowie darauf aufbauend auf die Formulierung von Hypothesen, die Definition der relevanten Begriffe sowie die Auswahl der Variablen für die jeweilige Untersuchung eines bestimmten Zusammenhangs.

Im Mittelpunkt der Datengewinnung steht die Entwicklung des einzusetzenden methodischen Instruments, die Festlegung der Stichprobe und die Datenerhebung, der in der Regel ein Pretest vorausgeht. Die gewonnenen Daten sind das Rohmaterial für die ↗ Datenanalyse.

Die in der Personalforschung bzw. in der empirischen Sozialforschung verwendeten methodischen Instrumente oder Erhebungsmethoden basieren auf drei grundlegenden Methoden der Datensammlung: der ↗ Befragung, der ↗ Beobachtung und der ↗ Inhaltsanalyse. Die vielfältigen Erhebungsmethoden wie ↗ Laborexperiment und ↗ Feldexperiment, ↗ Feldstudie, ↗ Fallstudie, ↗ Interview und Soziometrie (↗ soziometrische Verfahren) gründen auf diesen methodischen Ansätzen bzw. auf deren kombinierter Anwendung.

Dies gilt auch für die spezielleren Instrumente der Informationsgewinnung im Personalbereich.

Diese Erhebungsmethoden zur Datengewinnung sind Mittel zur Erfassung der Realität und von expliziten oder impliziten Theorien geleitet. Ihr gemeinsames Ziel ist es, Aussagen über bestimmte Objekte an bestimmten Orten zu bestimmten Zeiten zu erhalten, z.B. Daten über das Leistungsverhalten der Mitarbeiter in der Versandabteilung im Jahre 1987. Dabei werden verschiedene Merkmale zugeordnet (↗ Messmethoden).

Welche Methoden zweckmäßigerweise eingesetzt werden, hängt von dem Ziel der Datengewinnung ab. Für die vergleichende Beurteilung der Methoden werden insbesondere folgende

Kriterien herangezogen: ↗ Objektivität, die angibt, ob das Ergebnis unabhängig vom Forscher ist, ↗ Reliabilität, die sich darauf bezieht, ob eine Wiederholung der Datengewinnung zu denselben Resultaten führen würde, und die ↗ Validität, die besagt, ob tatsächlich das Merkmal erfasst wird, das man erfassen will, z.B. Intelligenz oder späterer Berufserfolg. Als weiteres Kriterium werden regelmäßig auch die mit dem Einsatz einer Methode verbundenen Kosten herangezogen.

Literatur: Roth, E.; Holling, H. (Hrsg.) 1999: Sozialwissenschaftliche Methoden: Lehr- und Handbuch für Forschung und Praxis, 5. Aufl., München, Wien; Becker, M.; Martin, A. (Hrsg.) 1993: Empirische Personalforschung: Methoden und Beispiele, München, Mering   (n)

Datenschutz und Datensicherheit

Der Schutz personenbezogener Daten vor missbräuchlicher Nutzung wird als Datenschutz bezeichnet; der Schutz der Daten vor Diebstahl, Beschädigung, Veränderung und Vernichtung wird als Datensicherung angesprochen (Drumm 2000). Die rechtliche Regelung dieses Komplexes erfolgt in der Bundesrepublik Deutschland durch das Bundesdatenschutzgesetz (BDSG).

Das Bundesverfassungsgericht hat im Volkszählungsurteil aus dem Jahre 1993 (Bverf.GE 65,1) zur Beschreibung des Rechts auf informationelle Selbstbestimmung formuliert, dass die Befugnis des Einzelnen zu gewährleisten sei und er grundsätzlich selbst über die Preisgabe und Verwendung seiner persönlichen Daten zu entscheiden habe (Hentschel/Jaspers 2004, Sp. 661).

Das BDSG sieht technische und organisatorische Maßnahmen zur Datensicherung und zum Datenschutz vor.

Technische Maßnahmen sind physische Schutz- und Sicherungsmaßnahmen (Sicherung von Räumen, Terminals usw.), Einbau von Hardware-Sicherheits- und Schutzkomponenten, Software-Schutz, Datenübertragungsschutz sowie Personenkontrollen. Als organisatorische Maßnahmen werden u.a. Schulung und Instruktion sowie Löschung nicht mehr benötigter ↗ Daten genannt.

Zur Erhöhung der Datensicherheit und zur Verbesserung des Datenschutzes werden regelmäßig Kontrollen u.a. durch den ↗ Betriebsrat, die interne Revision eines Unternehmens und den betrieblichen Datenschutzbeauftragten vorgesehen.

Der Datenschutz hat im betrieblichen Personalbereich vor allem durch die zunehmende Verbreitung von ↗ Personalinformationssystemen an Bedeutung gewonnen.

Literatur: Drumm, H.J. 2000: Personalwirtschaftslehre, 4. Aufl., Berlin u.a., S. 155-158; Hentschel, B.; Jaspers, A. 2004: Datenschutz und Datensicherheit, in: Gaugler, E.; Oechsler, W.A.; Weber, W. (Hrsg.): Handwörterbuch des Personalwesens, 3. Aufl., Stuttgart, Sp. 661-672; Simitis, S. 2003: Kommentar zum Bundesdatenschutzgesetz, 5. Aufl., Baden-Baden   (w)

Deferred Compensation

Mit Deferred Compensation verfolgt der Staat das Ziel, eine Plattform für die Stärkung der Eigenvorsorge für das Alter zu schaffen, indem Barlohn in Versorgungslohn (↗ Lohnformen) gewandelt wird. Deferred Compensation folgt der Grundkonzeption: Der ↗ Mitarbeiter verzichtet einmalig, mehrmalig oder laufend auf einen Teil seiner (zukünftigen) Entgeltansprüche und erhält dafür von seinem ↗ Arbeitgeber eine wertgleiche betriebliche Altersversorgung. Der aufgeschobene Betrag muss erst mit dem Eintritt des Versorgungsfalles (Erreichen der Altersgrenze, Invalidität oder Tod) vom ↗ Arbeitnehmer versteuert werden. Bis dahin ist eine anderweitige Verfügung grundsätzlich ausgeschlossen. Während der Anwartschaftsphase wird der aufgeschobene Entgeltanteil zu einem individuell vereinbarten Satz verzinst. Nach Eintritt in den Ruhestand verringert sich die Steuerbelastung des Arbeitnehmers im Allgemeinen (niedrigere Progressionsstufe, Altersentlastungsbeträge), so dass die dann ausgezahlten Vergütungsbestandteile einschließlich der Zinserträge einer geringeren Abgabenlast unterliegen. Deferred Compensation Konzepte werden wiederholt in ↗ Cafeteria-Systeme integriert, die den Mitarbeitern Wahlmöglichkeiten bei der Verwendung ihrer Nebenleistungen gewähren.

Literatur: Grawert, A. 2004: Deferred Compensation, in: Gaugler, E; Oechsler, W.A.; Weber, W. (Hrsg.): Handwörterbuch des Personalwesens, 3. Aufl., Stuttgart, Sp. 673-682   (k)

Delphimethode

Die Delphimethode ist als inexakte Prognosemethode eine Variante der systematischen Expertenbefragung. Die Experten werden zunächst unabhängig voneinander schriftlich befragt, nach Ermittlung einer Gruppenantwort anonym über die Gruppenmeinung informiert und in Kenntnis dieses Ergebnisses erneut befragt. Gegebenenfalls wird dieser Vorgang ein oder mehrmals wiederholt. Durch die individuelle schriftliche Stellungnahme der Experten und die anonyme Rückkopplung der Befragungsergebnisse soll der bei persönlicher Anwesenheit der Befragten entstehende Konformitätsdruck reduziert werden.

Die Delphimethode und andere Varianten der Expertenbefragung kommen auch im personalwirtschaftlichen Kontext für Problemanalyse und Entwicklungsprognosen in Frage.   (w)

Deregulierung

Deregulierung bezeichnet ein wirtschaftspolitisches Programm, häufig mit Bezugnahme auf neoliberale Vorstellungen, zur Verringerung des Staatseinflusses in der Wirtschaft durch Verzicht auf ordnungspolitische Maßnahmen. Damit soll zusätzlicher Entscheidungsspielraum für Unternehmen geschaffen und eine Dynamisierung der Wirtschaft ermöglicht werden. Sie drückt sich vor allem im Abbau von gesetzlichen Regelungen, Auflagen und Genehmigungen, Schutzrechten etc. aus.

Befürworter von Deregulierungsmaßnahmen verweisen auf die positiven Wirkungen wie vereinfachte Umsetzung unternehmerischer Maßnahmen, Erleichterung von Unternehmensgründungen oder höhere Flexibilität bei der Reaktion auf Umweltveränderungen. Kritiker bemängeln den Wegfall verschiedener Schutzbestimmungen und die ungebremste Dominanz der ökonomischen Logik in verschiedenen Lebensbereichen.

Insbesondere im deutschsprachigen Raum ist die ↗ Personalarbeit stark an rechtliche Regelungen gebunden. Eine Veränderung dieser Regelungsdichte schafft in der Personalarbeit eine neue Situation, etwa bei der ↗ Personalbeschaffung, der ↗ Personalfreisetzung oder bei ↗ Tarifverhandlungen.   (m)

Deutsche Gesellschaft für Personalführung

Die Deutsche Gesellschaft für Personalführung e.V. (DGFP) ist ein im Jahre 1952 gegründeter Zusammenschluss von derzeit mehr als 2.000 Mitgliedern aus der Bundesrepublik Deutschland. Fast 1750 Mitglieder sind Unternehmen, während 250 außerordentliche Mitglieder insbesondere Wissenschaftler und Berater sind.

Die DGFP sieht ihre Kernaufgaben in der Unterstützung ihrer Mitglieder in allen Fragen der ↗ Personalarbeit durch Erfahrungsaustausch, Fachtagungen, Weiterbildungsseminare, Sammlung und Weitergabe von personalwirtschaftlichen Dokumenten und Publikationen, u.a. durch die Zeitschrift »Personalführung«. Sitz der DGFP ist Düsseldorf.

Die DGFP pflegt internationale Kontakte durch ihr Engagement in der European Association of Personel Management Associations.   (w)

Deutsche Gesellschaft für Personalwesen

Die Deutsche Gesellschaft für Personalwesen e.V. (DGP) wurde 1949 auf Initiative der amerikanischen Militärregierung von ↗ Arbeitgebern des öffentlichen Dienstes, Verbänden und Banken gegründet. Die DGP wirkt in der Beratung auf dem Gebiet des ↗ Personalwesens im öffentlichen Dienst. Sie führt hierzu Fortbildungsmaßnahmen durch und gibt einen Informationsdienst heraus. Sitz der DGP ist Hannover.   (w)

Deutscher Beamtenbund (DBB)

Der Deutsche Beamtenbund (DBB) ist eine Organisation zur Vertretung der Interessen der Beamten. Er wurde 1950 gegründet. Die Ansichten, ob man den DBB als Gewerkschaft (↗ Gewerkschaften) bezeichnen soll, gehen auseinander: Sieht man die Möglichkeit und Bereitschaft zum ↗ Streik als unabdingbare Definitionsmerkmale von Gewerkschaften, dann ist der DBB keine Gewerkschaft, weil die Mitglieder wegen ihres Beamtenstatus nicht streiken dürfen. Definiert man den Begriff der Gewerkschaft dagegen ohne diese Merkmale, dann kann der DBB durchaus als Gewerkschaftsbund bezeichnet werden, zumal er – indirekt über weitere Organisationen, in denen er Mitglied ist – an ↗ Tarifverhandlungen im Öffentlichen Dienst mitwirkt.

Im Jahre 2002 hatte der DBB 1,2 Mio. Mitglieder; damit organisiert er knapp 13 Prozent aller Gewerkschaftsmitglieder (den DBB als Gewerkschaft mitgerechnet). Von den organisierten Beamten sind 38 Prozent im Deutschen Gewerkschaftsbund Mitglied, 59 Prozent im DBB und 2,7 Prozent im Christlichen Gewerkschaftsbund.

Der DBB ist regional und fachlich ausdifferenziert: Regional gibt es DBB-Landesbünde, die alle im DBB organisierten Beamten, z.B. von Bayern, unabhängig vom Aufgabenbereich, in dem sie tätig sind, zusammenfasst. Fachlich gibt es DBB-Berufsverbände, die überregional die Beamten eines bestimmten Aufgabengebiets (z.B. Eisenbahner) organisieren. Sowohl die Landesbünde als auch die Bundesfachverbände sind Mitglied im DBB, der also ein »Bund von Bünden« ist.

Wichtigste Organe des DBB sind der Bundesvertretertag als oberstes Beschluss fassendes Organ, in dem die Mitgliedsverbände über Delegierte vertreten sind, der Bundeshauptvorstand und Bundesvorstand, die für wichtige, grundsätzliche Entscheidungen zuständig sind, und die geschäftsführende Bundesleitung.

Die ideologische Ausrichtung wird im Vergleich zu den DGB-Gewerkschaften, aber auch zur ↗ Deutschen Angestelltengewerkschaft und zum ↗ Christlichen Gewerkschaftsbund, als stärker konservativ eingeordnet.

Literatur: Keller, B. 1983: Arbeitsbeziehungen im öffentlichen Dienst, Frankfurt/M., New York   (n)

Deutscher Gewerkschaftsbund (DGB)

Der 1949 gegründete Deutsche Gewerkschaftsbund (DGB) ist mit 7,7 Mio. Mitgliedern der größte gewerkschaftliche Dachverband im deutschsprachigen Raum, in dem 8 Einzelgewerkschaften organisiert sind. Er ist nach dem Einheits- und Industrieprinzip aufgebaut (↗ Gewerkschaften), d.h., der DGB und seine Mitgliedsgewerkschaften sind weltanschaulich und parteipolitisch unabhängig und umfassen Arbeiter, Angestellte sowie Beamte unabhängig von ihrem Beruf. Die Mehrheit (84 Prozent) der Gewerkschaftsmitglieder ist in DGB-Gewerkschaften organisiert.

Die beiden größten Einzelgewerkschaften des DGB sind ver.di (Vereinigte Dienstleistungsgewerkschaft) mit 2,8 Mio. Mitgliedern und die IG Metall mit 2,6 Mio. Mitgliedern (Stand 2002).

Die Einzelgewerkschaften sind gegenüber dem DGB in ihrer Finanz- und Tarifpolitik relativ autonom, sie zahlen einen bestimmten Prozentsatz ihrer Beitragseinnahmen an den DGB.

Die Mitgliedsgewerkschaften haben im Allgemeinen folgenden Aufbau: Auf jeder der drei organisatorischen Ebenen gibt es ein Beschluss fassendes und ein ausführendes Organ. Die unterste organisatorische Einheit ist die Ortsverwaltung bzw. Verwaltungsstelle. Die Gewerkschaftsmitglieder wählen über Vertreterversammlungen den Verwaltungsstellenvorstand, der aus haupt- und ehrenamtlichen Mitarbeitern besteht. Die Vertreterversammlungen wählen außerdem die Delegierten für die Beschluss fassenden Organe der nächsthöheren Ebenen, für die Bezirkskonferenz und für den alle drei bis vier Jahre stattfindenden Gewerkschaftstag. Der Gewerkschaftstag wählt den Vorstand und den Kontrollausschuss, der die Ausführung der Beschlüsse des Gewerkschaftstages durch den Vorstand kontrollieren soll. Zwischen den Gewerkschaftstagen beschließt ein Beirat.

Der DGB als Verband ist ganz ähnlich aufgebaut: Das höchste Organ ist der Bundeskongress, der alle vier Jahre zusammentritt. Die Einzelgewerkschaften wählen hierfür entsprechend ihrer Mitgliederzahl Delegierte. Der Bundeskongress bestimmt die Gewerkschaftspolitik und wählt den Geschäftsführenden Bundesvorstand, der den DGB nach außen und innen vertritt und an die Beschlüsse des Bundeskongresses und Bundesausschusses gebunden ist. Der Bundesausschuss tritt zwischen den Bundeskongressen zusammen, meist alle drei Monate.

Schwerpunktziele des DGB sind: Vollbeschäftigung, gerechte Einkommens- und Vermögensverteilung, Ausbau des Systems der Sozialen Sicherung, Reform der Allgemein- und Berufsbildung, Humanisierung der Arbeit und Schutz der Umwelt. Der Gegensatz von »Kapital« und »Arbeit« ist eine programmatisch wichtige, aber an Bedeutung verlierende Leitvorstellung.

Literatur: Müller-Jentsch, W. 1997: Soziologie der industriellen Beziehungen, 2. Aufl., Frankfurt/M., New York; Schroeder, W.; Weßels, B. (Hrsg.) 2003: Gewerkschaften in Politik und Gesellschaft der Bundesrepublik: Ein Handbuch, Wiesbaden   (n)

Dezentralisierung der Personalarbeit

Dezentralisierung (oder Cost-Center-Modell) der Personalarbeit bezeichnet idealtypisch erstens die Verteilung der personalwirtschaftlichen Aufgaben auf mehrere (untergeordnete) organisationale Einheiten (z.B. Abteilungen, Linienvorgesetzte) und/oder zweitens die Verteilung von Entscheidungsrechten sowie der Ressourcenkontrolle auf mehrere Einheiten. Im Extremfall: In Fall einer vollständigen Dezentralisierung befassen sich alle organisatorischen Einheiten mit ↗ Personalarbeit, die Linie hat weitgehende Entscheidungsautonomie für die gesamte Palette der Personalarbeit. Eine vollständige Delegation der Entscheidungsrechte, d.h. eine echte Autonomie der dezentralen Aufgabenträger ist jedoch bei den real vorkommenden bzw. auch bei den in den Literatur propagierten Modellen in der Regel nicht vorgesehen.

In der Praxis kommen vor allem zwei Formen vor:

Beim Personalreferenten-Modell liefern in einzelnen Unternehmensteilen (z.B. in einzelnen Werken) Personalreferenten alle personalwirtschaftlichen Dienstleistungen aus einer Hand. Die Referenten sind meist disziplinarisch der nach wie vor vorhandenen zentralen ↗ Personalabteilung und fachlich der dezentralen Subeinheit unterstellt.

Eine zweite, den Steuerungsaspekt stärker betonende Form bilden Cost-Center- oder Profit-Center-Modelle der ↗ Personalarbeit. Hier sind nicht nur die Aufgaben dezentralisiert, sondern teilweise auch die Entscheidungsrechte. Allerdings sind die Kompetenzen über zentral vorgegebene Erfolgs- oder Kostengrößen begrenzt. Die Steuerungs- und Koordinationsform kann daher ebenfalls als (kosten- oder erfolgsbezogene) Fremdsteuerung bezeichnet werden, auch wenn Elemente von Selbststeuerung vorhanden sind.

Einer dezentralen ↗ Organisation der Personalarbeit wird vor allem der Vorteil zugeschrieben, dass sie stärker auf die Probleme »vor Ort« ausgerichtet sein kann.

Literatur: Wunderer, R. 1992: Von der Personaladministration zum Wertschöpfungs-Center, in: DBW, 52. Jg., H. 2, S. 201-215 (n)

Diskriminierung

Diskriminierung heißt Benachteiligung von sich in sozialen Merkmalen unterscheidenden Personengruppen. Diskriminierung würde z.B. vorliegen, wenn Beschäftigte bei gleichen Arbeitsanforderungen und gleicher ↗ Arbeitsleistung deswegen weniger ↗ Lohn erhielten, weil sie einem bestimmten Geschlecht oder einer bestimmten Altersgruppe oder Nationalität angehören (↗ Arbeitnehmer, ältere, ↗ Arbeitnehmer, ausländische, ↗ Arbeitnehmer, behinderte, ↗ Arbeitnehmer, weibliche). Von besonderer politischer und juristischer Bedeutung ist die Diskriminierung nach dem Geschlecht.

Zu unterscheiden ist zwischen unmittelbarer und mittelbarer Diskriminierung. Unmittelbare Diskriminierung liegt vor, wenn eine Frau (ein Mann) aufgrund des Geschlechts weniger günstig behandelt wird als ein Mann (eine Frau). Mittelbare Diskriminierung ist gegeben, wenn nicht nach dem Geschlecht, sondern nach Merkmalen unterschieden wird, in denen sich erstens Männer und Frauen zwar nicht prinzipiell, wohl aber faktisch häufig unterscheiden, und wenn zweitens diese Merkmale nichts mit den Anforderungen des Arbeitsplatzes zu tun haben. Mittelbare Diskriminierung läge z.B. vor, wenn bei einer Stellenbesetzung von weiblichen und männlichen Bewerbern verlangt würde, dass sie ein 80 kg schweres Gewicht über eine bestimmte Strecke tragen können, obwohl an dem betreffenden Arbeitsplatz keine schweren Gewichte zu bewegen sind.

Sowohl unmittelbare als auch mittelbare Diskriminierung sind verboten. Das Grundgesetz enthält mit Artikel 3 Abs. 3 ein Diskriminierungsverbot und ein Gebot zur Gleichstellung. Hinzu kommen zahlreiche Gerichtsentscheidungen und EU-Richtlinien bzw. -gesetze.

Literatur: Schiek, D. 2004: Was Personalverantwortliche über das Verbot der mittelbaren Diskriminierung wissen sollten, in: Krell, G. (Hrsg.): Chancengleichheit durch Personalpolitik, 4. Aufl., Wiesbaden, S. 133-150; Kay, R. 2004: Gewinnung und Auswahl von MitarbeiterInnen, in: Krell, G. (Hrsg.): Chancengleichheit durch Personalpolitik, 4. Aufl., Wiesbaden, S. 163-182   (n)

Dissonanztheorie

Bei der ursprünglich von Festinger formulierten Dissonanztheorie handelt es sich um eine kognitive Theorie. Auf der Grundlage des Gesetzes der Prägnanz bzw. der guten Gestalt erklärt sie menschliches Verhalten aus dem Streben nach einem stimmigen kognitiven System. Sie variiert damit den allgemeinen Homöostasegedanken: Menschen handeln so, dass sich ihre Kognitionen, d.h. Überzeugungen, Einstellungen, Werte, etc. respektive ihre Verhaltensweisen nicht widersprechen.

Dissonanz zwischen zwei relevanten Kognitionen entsteht, wenn psychologisch – nicht logisch-kausal – aus der einen Kognition das Entgegengesetzte der anderen folgt. Beispiel: (1) »Ich möchte Karriere machen«; (2) »Ich möchte, dass die Familie meinen Lebensmittelpunkt darstellt«; (3) »Karriere machen bedeutet, dass ich wenig Zeit für die Familie habe«. Zur Dissonanzreduktion werden primär Maßnahmen eingesetzt, die das kognitive System betreffen: Hinzufügen neuer konsonanter Kognitionen, Subtraktion dissonanter Kognitionen durch Ignorieren, Vergessen, Verdrängen etc. oder die Substitution von Kognitionen durch Wegfall dissonanter bei gleichzeitiger Hinzufügung konsonanter Elemente. Erst in zweiter Linie kommt es zu Verhaltensänderungen. Durch Verringerung des Anteils dissonanter Kognitionen soll ein neuer Gleichgewichtszustand erreicht werden.

Ebenso wie andere Überlegungen zur ↗ Motivation und zum Entscheiden ist auch dieser Ansatz für das betriebliche ↗ Personalwesen von Bedeutung. Das gilt etwa in den Bereichen der ↗ Führung, betrieblicher ↗ Änderungen und für das Verständnis von Verhalten im Anschluss an Wahlhandlungen.

Die Dissonanztheorie zählt zu den bedeutendsten sozialpsychologischen Konzepten. Nicht zuletzt die vom ›Hausverstand‹ abweichenden Ergebnisse brachten der Theorie eine große Resonanz, was zu einer Fülle von theoretischen und empirischen Arbeiten führte. Kritisch ist anzumerken, dass keine exakten Angaben über die Entstehungsbedingungen für Dissonanz gemacht werden. Ebenso wird die Auswahl der Maßnahmen zur Dissonanzreduktion nur unbefriedigend erklärt. Die an den Schwachstellen ansetzenden Erweiterungs- und Reformulierungsversuche führten nur zu partiellen Verfeinerungen.

Literatur: Frey, D. 1978: Die Theorie der kognitiven Dissonanz, in: Frey, D. (Hrsg.): Kognitive Theorien der Sozialpsychologie, Bern et al., S. 243-292   (m)

Distance Learning

Von Distance Learning wird gesprochen, wenn bei Lernprozessen die Überbrückung großer Entfernungen und die Nutzung moderner Medien in umfassenden Lernsystemen die Hauptkennzeichen sind. Die Grenzen werden häufig weit gezogen; zu den zahlreichen Varianten des Distance Learning (↗ Computerunterstütztes Lernen) werden dann auch die traditionellen Formen des Fernunterrichts gezählt.

Hauptelemente des Distance Learning sind die Trennung von Lehrer bzw. Trainer und Lernendem, die Beeinflussung des Lernprozesses durch

eine Bildungsorganisation, Medienein-
satz, Ergänzung des häufig im Selbststudium erfolgenden Kernbereichs
des Lernens durch 2-Weg-Dialog sowie durch persönlichen Kontakt. (w)

Disziplin

Disziplin bezeichnet die Ausführung
eines Befehls, der durch eine entsprechende Einstellung motiviert ist (vgl.
Weber 1980, S. 28).

Man kann bei diesem Begriff drei
Elemente unterscheiden: das gezeigte Verhalten, die Verhaltensnorm bzw.
den Befehl und die Einstellung, d.h.
die verinnerlichte Norm.

Die o.a. Definition bezieht sich auf
Fremddisziplin, d.h. auf fremde, nicht
selbst gesetzte Ziele. Man kann hiervon die Selbstdisziplin unterscheiden.
Die Grenzen zwischen Fremd- und
Selbstdisziplin sind allerdings fließend,
da auch individuelle Ziele und Wertvorstellungen größtenteils in spezifischen Umwelten erworben sind. Im
Laufe des Sozialisationsprozesses können die Normen der Fremddisziplin
verinnerlicht werden (↗ Sozialisation).
Disziplin im Sinne eines Befolgens der
in einer ↗ Organisation typischen Regelungen ist eine wesentliche Voraussetzung für das Funktionieren von Organisationen.

Eine Totalisierung der Fremddisziplin in perfektionierten Rollenvorschrif-
ten führt zu zwanghaftem Befolgen der
Regeln, Ausweichen auf nicht diesen
Regeln unterworfene Verhaltensberei-
che oder Widerstand gegen die zu be-
folgenden Regeln. Daher ist auch in Ar-
beitsorganisationen zu beachten, dass
eine zu rigide Arbeitsdisziplin – die
sich je nach Stellenbeschreibung auf
unterschiedliche Inhalte bezieht – dys-
funktionale Folgen in Form etwa bürokratischen Verhaltens, Demotivation
oder gesteigerten Fehlzeiten (↗ Absentismus) haben kann (↗ Autorität).

Literatur: Weber, M. 1972: Wirtschaft und Gesellschaft, 5., rev. Aufl., Tübingen; Türk, K.
1976: Grundlagen einer Pathologie der Organisation, Stuttgart   (n)

Diversity Management

Die Bezeichnung Diversity Management oder Managing Diversity wird
seit den 80er-Jahren insbesondere in
den USA, seit den 90er-Jahren zunehmend auch im deutschsprachigen
Raum als Sammelbezeichnung für die
Managementpraktiken verwendet, mit
denen darauf reagiert wird, dass in jeder Belegschaft Menschen mit unterschiedlichen Merkmalen wie ethnische
Herkunft, Geschlecht, Alter, Nationalität vertreten sind. Durch Diversity Management soll die Vielfalt der Beleg-
schaftsmitglieder mit dem Ziel größerer Effizienz genutzt werden.

Literatur: Krell, G. 2004: Managing Diversity:
Chancengleichheit als Wettbewerbsfaktor, in:
Krell, G., Chancengleichheit durch Personal-
politik, 4. Aufl., Wiesbaden, S. 41-56   (w)

Dokumentenanalyse ↗ Inhalts-
analyse

Downsizing

Unter Downsizing wird die bewusst
gewählte Strategie verstanden, mit der
in größerem Umfang ↗ Personal reduziert wird mit dem Ziel der Effizienz-
steigerung und Verbesserung der Wett-
bewerbsposition (Kieser 2002b).

Mit Downsizing werden oftmals US-
amerikanische Erfolgsgeschichten asso-
ziiert. Ein prominentes Beispiel ist General Electric (GE). Jack Welch, der
1981 als CEO von GE antrat, reduzier-
te mit mehreren Massenentlassungs-
wellen die Mitarbeiterzahl von rund
400.000 auf weniger als 280.000.
Im gleichen Zeitraum verdreifachte

GE seinen Umsatz und steigerte seinen Börsenwert um mehr als 4.000%. Massenentlassungen (↗ Arbeitslosigkeit, Kündigung) stellen jedoch nur eine von vielen Maßnahmen dar, mit denen Personal eingespart werden kann. Einstellungsstopps und das Ausnutzen der natürlichen Fluktuation sind vorbeugende Maßnahmen, mit denen auf zukünftige Erfordernisse frühzeitig reagiert werden kann. Dementsprechend ungeeignet sind sie, wenn in akuten Krisensituationen flexible Reaktionen erforderlich sind. Frühpensionierungen und interne Versetzungen reduzieren die Mitarbeiterzahl, ohne den externen ↗ Arbeitsmarkt zu belasten. Eine weitere Möglichkeit zur Reduzierung der Belegschaft liegt in so genannten »buy-out packages«. Mit Buy-outs sind Aufhebungsverträge gemeint, die mit Abfindungszahlungen verbunden sind und Mitarbeiter zum freiwilligen Austritt aus der Organisation motivieren sollen. Mit dem so genannten ↗»Outplacement« werden zwar ↗ Mitarbeiter freigesetzt, das entlassende Unternehmen bietet aber umfangreiche Betreuungsmaßnahmen an, wie Weiterbildungsprogramme (↗ Fortbildung, Weiterbildung), psychologische Unterstützung, Hilfe bei der Arbeitssuche oder Vermittlungsbörsen. Betriebsbedingte Kündigungen bzw. Massenentlassungen sind letztlich die rigorosesten Maßnahmen zur Verringerung der Mitarbeiterzahl. Rationalisierungsstrategien auf Organisationsebene wie Business Process Reengineering, Firmenübernahmen oder Beteiligungen implizieren häufig mehrere der genannten Maßnahmen gleichzeitig und können daher als integrierte Maßnahmen bezeichnet werden.

Literatur: Budros, A. 1999: A Conceptual Framework for Analyzing Why Organizations Downsize, in: Organization Science, Vol. 10, S. 69-82; Cameron, K.S. 1994: Strategies for Successful Organizational Downsizing, in: Hu-

man Resource Management, Vol. 33, S. 189-211; Kieser, A. 2002b: Downsizing - eine vernünftige Strategie?, in: Harvard Business Manager, Vol. 24, H. 2, S. 30-39   (k)

Dual-Career Couples

Dual-Career Couples sind (Ehe-)Paare mit oder ohne Kinder, die sowohl kontinuierliche, aufeinander abgestimmte Laufbahnen in Organisationen als auch ein weitgehend gemeinsam geführtes und gleichberechtigtes (Familien-)Leben anstreben. Beide Partner betrachten Erfüllung im Beruf und in der Beziehung als Kernelemente der eigenen Identität. Durch eine verstärkte Betonung von sowohl Laufbahn- als auch Beziehungswerten, einer veränderten Stellung von Frauen in der Arbeitswelt durch wachsende Bildungsabschlüsse und eine höhere Erwerbsquote und der Ablösung der ›traditionellen‹ Familie als Normalform des Zusammenlebens durch alternative Beziehungsformen hat die Häufigkeit dieser Beziehungsform in den letzten drei Jahrzehnten stark zugenommen.

Diese Beziehungsform, welche im Hinblick auf die gegenseitige Abstimmung der Laufbahnen und auf die Handhabung der Beziehung zwischen Arbeit und Privatleben hohe Anforderungen an die beteiligten Personen stellt, bringt auch für die betroffenen Organisationen neue Problemstellungen mit sich. In den personalwirtschaftlichen Kernbereichen der Gewinnung, Entwicklung, Beurteilung und Vergütung von ↗ Personal stellen sich jeweils spezifische Aufgaben. So ist etwa bei der Personaleinsatz- oder auch der Karriereplanung zu berücksichtigen, dass Personen aus Dual-Career Couples spezifische Beschränkungen hinsichtlich der Mobilität haben. Auch sind hinsichtlich einer individualisierten Anreizgestaltung die besonderen Bedürfnisse zu beachten, etwa hinsichtlich der Flexibilität der eigenen Arbeitserbringung. Insgesamt lässt sich festhalten, dass Organisationen bisher relativ wenig Augenmerk auf spezielle personalwirtschaftliche Maßnahmen für diese Mitarbeitergruppe legten.

Literatur: Corpina, P. 1996: Laufbahnentwicklung von Dual-Career Couples - Gestaltung partnerschaftsorientierter Laufbahnen, St. Gallen, Dissertation Universität St. Gallen   (m)

Duales System

Duales System der ↗ Berufsausbildung bedeutet, dass die Ausbildung im Wesentlichen an zwei ↗ Lernorten stattfindet: im Betrieb, in dem die berufspraktische Ausbildung erfolgt, und in der Berufsschule, in der die berufstheoretische Ausbildung dominiert. Dabei ist der betriebliche bzw. der berufspolitische Teil der Ausbildung stärker gewichtet als der schulische, berufstheoretische Teil. Kernstück der Ausbildung im dualen System ist die betriebliche Lehre, die auf die handwerkliche Lehre der mittelalterlichen Zünfte zurückgeht und unter dem Einfluss der Berufsbildungstheorie (Georg Kerschensteiner, Eduard Spranger u.a.) ständig weiterentwickelt wurde.

Die durch den Berufsschulbesuch ergänzte betriebliche Lehre erfolgt in staatlich anerkannten ↗ Ausbildungsberufen, die zu einem Abschluss als Facharbeiter, als Kaufmannsgehilfe oder – im Handwerk – als Geselle führen. Die vom ↗ Bundesinstitut für Berufsbildung in Zusammenarbeit mit Experten er-

arbeiteten ↗ Ausbildungsordnungen stellen einen allgemeinverbindlichen Rahmen für die Berufsausbildung dar. Träger der Berufsausbildung im dualen System sind der Staat (für den schulischen Teil) und die Unternehmen (für den berufspraktischen Teil). Für das rechtliche Regelungssystem sind der Bund im Hinblick auf die betriebliche Berufsausbildung und die Länder im Hinblick auf die Berufsschulen zuständig.

Die Gesamtzahl der ↗ Auszubildenden stieg seit Beginn der 70er-Jahre in der Bundesrepublik Deutschland von 1,3 Millionen (1972) auf den Höchststand von 1,83 Millionen in 1985 an. Seither geht die Zahl aufgrund der gesunkenen Geburtenzahlen wieder zurück (rund 1,6 Millionen in 2002). Der Anteil der Auszubildenden betrug 2002 in Industrie und Handel 52,4%, im Handwerk 32,5%, im öffentlichen Dienst 2,8%. Der Anteil weiblicher Auszubildender stieg kontinuierlich auf zuletzt 41,0% an.

In Österreich und in der Schweiz bestehen ähnliche Berufsausbildungssysteme. In der Schweiz wird neben den Lernorten Betrieb und Berufsschule der im Bundesgesetz über die Berufsbildung (BBG) von 1978 verankerte Einführungskurs besonders betont.

Literatur: Bundesminister für Bildung und Wissenschaft (Hrsg.) 1988: Berufsbildungsbericht, Bad Honnef; Institut der deutschen Wirtschaft 2004: Deutschland in Zahlen, Köln; Greinert, W.D. 1998: Das »deutsche System« der Berufsbildung: Tradition, Organisation, Funktion, Baden-Baden   (w)

E

Ecklohn

Mit Ecklohn, auch Eckgehalt oder Eckentgelt genannt, bezeichnet man die 100-Prozent-Gruppe im tariflichen Lohn- und Gehaltsgefüge. Die 100-Prozent-Gruppe ist im Allgemeinen die unterste Lohngruppe für ↗ Arbeiter bzw. ↗ Angestellte mit abgeschlossener, meist dreijähriger Berufsausbildung (↗ Lohn, ↗ Lohngruppe). Der Ecklohn dient als Orientierungsgröße bei Lohn- und Gehaltsvergleichen.

Literatur: Wirtschafts- und Sozialwissenschaftliches Institut in der Hans-Böckler-Stiftung (WSI) (Hrsg.) 2003: WSI-Tarifhandbuch 2003, Frankfurt/M. (n)

EDV im Personalbereich

Die elektronische Datenverarbeitung (EDV) beinhaltet die Eingabe und die Verarbeitung von ↗ Daten mit Unterstützung von Computern. Der Computereinsatz umfasst stets die Komponenten ↗ Hardware und ↗ Software.

EDV wird mittlerweile im Personalbereich intensiv genutzt. Erste Anwendungen umfassten insbesondere administrative Aufgaben, die Durchführung der Lohn- und Gehaltsabrechnung und die Aufbereitung ausgewählter Bereiche der Personalinformationen (↗ Personalinformationssystem). Methodisch anspruchsvolle Ansätze, früher eher selten, haben zunehmend Verbreitung gefunden (bspw. SAP HR Modul).

Die Entwicklung auf dem Gebiet der EDV hat für das ↗ Personalwesen jedoch nicht nur im Bereich der fachgebietsspezifischen Anwendungen Bedeutung; von ebenso großer Relevanz sind die durch den Computereinsatz im Unternehmen ausgelösten Veränderungen der organisatorischen Strukturen, der ↗ Anforderungsprofile usw., die personalwirtschaftliche Reaktionen z.B. auf den Gebieten der ↗ Anreizgestaltung oder der betrieblichen ↗ Bildungsarbeit erforderlich machen.

Literatur: Strohmeier, S. 1999: Softwarekompendium Personal: Anbieter, Produkte, Marktübersicht, Frechen (k)

Effektivlohn

Mit Effektivlohn ist der tatsächlich erzielte Arbeitsverdienst gemeint. Dieser setzt sich aus der tariflichen Grundvergütung, den sonstigen tariflichen Leistungen (wie Zulagen) sowie den übertariflichen Zahlungen (etwa Sonderprämien) zusammen (↗ Lohn, ↗ Lohngruppe).

Literatur: Wirtschafts- und Sozialwissenschaftliches Institut in der Hans-Böckler-Stiftung (WSI) (Hrsg.) 2003: WSI-Tarifhandbuch 2003, Frankfurt/M. (n)

Effizienzlohntheorie

Die Effizienzlohntheorie beansprucht zu erklären, warum es Lohnrigiditäten und unfreiwillige ↗ Arbeitslosigkeit gibt. Anders als das neoklassische Grundmodell geht sie davon aus, dass der ↗ Arbeitgeber häufig nur unter großen Aufwand kontrollieren kann, ob die ↗ Arbeitnehmer die vereinbarte Menge und Qualität der ↗ Arbeitsleistung erbringen. Damit die Arbeitnehmer auf ein solches Verhalten verzichten, zahlt ihnen ein sich rational verhaltender Arbeitgeber freiwillig einen über dem Markträumungslohn liegenden Effizienzlohn, um die Arbeitsproduktivität und den Gewinn zu erhöhen. Lohnerhöhungen erfolgen bis zu der Höhe, bei der die zusätzliche (in Geldeinheiten bewertete) Leistungssteigerung gerade noch höher ist als der zusätzlich zu zahlende ↗ Lohn. Lohnkürzungen, die nach der neoklassischen Theorie möglich wären, wenn Arbeitslosigkeit existiert, können also nach den Annahmen der Effizienzlohntheorie zu einer verringerten ↗ Motivation und Absenkung der Arbeitsproduktivität führen. Unternehmen verhalten sich demnach rational, wenn sie auch bei Arbeitslosigkeit ihre Löhne nicht soweit absenken, dass ein sog. Markträumungsgleichgewicht eintritt. Bei Nachfragerückgängen reagieren die Unternehmen auch nicht mit Absenkungen der Reallohnsätze, sondern reduzieren ihre Nachfrage nach Arbeitskräften. Das Rationalverhalten der Unternehmen kann somit eine Ursache unfreiwilliger Arbeitslosigkeit sein.

Literatur: Sesselmeier, W.; Blauermel, G. 1998: Arbeitsmarkttheorien: ein Überblick, 2. Aufl., Heidelberg   (n)

Eigenschaftstheorie der Führung

Im Rahmen der eigenschaftsorientierten ↗ Führungstheorie wird ↗ Führung primär über die Person des Führers erklärt. Im Zentrum steht dabei die Ermittlung der idealen Führerpersönlichkeit. Sie soll aufgrund bestimmter Persönlichkeitsmerkmale Garant für den ↗ Führungserfolg sein. Als ›typische‹ Führereigenschaften werden häufig Merkmale wie ↗ Intelligenz, Durchsetzungsfähigkeit, soziale Kompetenz, Initiative etc. genannt.

Dieser Ansatz ist stark verbreitet und impliziter oder expliziter Bestandteil einer Reihe personalwirtschaftlicher Instrumente wie Führungsanweisungen, ↗ Personalauswahl oder ↗ Leistungsbeurteilung.

Kritisiert wird vor allem die ungenügende Berücksichtigung der Umweltvariablen bzw. die Tendenz von einseitiger Hervorhebung personaler Merkmale bei der Erklärung von Verhalten, die unklare Abgrenzung der einzelnen Persönlichkeitsmerkmale und die Überlegung, ein bestimmtes Merkmalsbündel und nicht die Merkmalsstruktur als entscheidend anzusehen.

Insgesamt gilt die traditionelle Eigenschaftstheorie mit ihrem monokausalen Bezug auf Führereigenschaften als überwunden. Empirische Evidenz für diesen Ansatz liegt nicht vor. Dem steht nicht entgegen, dass Führereigenschaften ein Platz in der Erklärung von ↗ Führung zukommen muss. Insbesondere im Rahmen charismatischer Führungsansätze und auch in der international-vergleichenden Führungsforschung kommt eigenschaftsbezogenen Elementen eine neue Bedeutung zu.

Literatur: Neuberger, O. 2002: Führen und führen lassen. Ansätze, Ergebnisse und Kritik der Führungsforschung, 6. Aufl., Stuttgart   (m)

Eignung

Unter Eignung versteht man die Summe der Merkmale, die einen Menschen in die Lage versetzen, eine bestimmte Tätigkeit erfolgreich auszuüben. Eignung bezeichnet dabei nicht die Eigenschaften einer Person an sich, sondern ist immer in Relation zu bestimmten Tätigkeiten bzw. Arbeitsplätzen zu sehen, denn welche Eignungsmerkmale überhaupt relevant sind, hängt von den zu erledigenden Arbeitsaufgaben ab.

Geeignet ist eine Person in dem Maße, in dem ihre Merkmale mit den Arbeitsanforderungen (↗ Anforderungsprofil, ↗ Arbeitsbewertung, ↗ Genfer Schema) übereinstimmen.

Folgende Eignungsmerkmale (↗ Eignungsprofil) werden häufig verwendet: Wissen, geistige und körperliche Fähigkeiten und Persönlichkeitsmerkmale wie Ausdauer, Geduld, Reaktionsvermögen, Kontaktsfähigkeit usw.

Die Eignung eines ↗ Mitarbeiters kann mit verschiedenen Verfahren festgestellt werden, z.B. durch Tests wie ↗ Intelligenztests, durch ↗ Beobachtung, durch ↗ Interviews oder ↗ Inhaltsanalyse (↗ Datengewinnung, Methoden der, ↗ Personalforschung). Hierbei ist zu beachten, dass Quantifizierungs-, Mess- und Bewertungsprobleme auftreten. Die erhobenen Daten über die Mitarbeitereignung werden zu Entscheidungen über ↗ Personalauswahl, ↗ Personaleinsatz, ↗ Personalentwicklung usw. herangezogen.

Die Eignung einer Person ist kein statisches Merkmal, sondern kann – wenigstens zum Teil – durch Bildungsmaßnahmen oder durch Erfahrungen am Arbeitsplatz und Übung verbessert werden.

Für die optimale Zuordnung von Arbeitsplatz und Mitarbeiter (↗ Personalzuordnungsproblem) gilt, dass man nicht nur nach der Eignung des Mitarbeiters für einen bestimmten Arbeitsplatz, sondern auch nach der Eignung eines Arbeitsplatzes für den Mitarbeiter fragen muss.   (n)

Eignungsdiagnostik

Eignungsdiagnostik ist die Lehre von der sachgemäßen Durchführung von Untersuchungen zur Feststellung und Beurteilung der Eignung einer Person für die Ausübung bestimmter Tätigkeiten oder Berufe. Eignung ist dabei eine Sammelbezeichnung für die Voraussetzungen, die ein Individuum erfüllen muss, um bestimmte Tätigkeiten, Aufgaben oder Aufgabenbündel erfüllen

zu können. Sie umfasst Fähigkeiten, aber auch Eigenschaften, wie z.B. Tropentauglichkeit sowie Interessen. Vielfach wird die Möglichkeit, die für eine Tätigkeit notwendigen Fähigkeiten durch Training zu erwerben, in den Eignungsbegriff eingeschlossen. Die Feststellung und Beurteilung der Eignung einer Person stützt sich auf die Beschreibung von Verhaltensmerkmalen und die Zuordnung zu bestimmten Kategorien, z.B. für eine bestimmte Tätigkeit geeignet oder nicht geeignet. Solche Aussagen sind Grundlage für die ↗ Personalauswahl, aber auch für spezifische Förderungsmaßnahmen im Rahmen der ↗ Qualifizierung und Förderung von ↗ Mitarbeitern.

Im Mittelpunkt der Eignungsdiagnostik stehen die vielfältigen Methoden, die im Rahmen der Psychologie entwickelt und diskutiert werden (insbesondere ↗ Test), zum großen Teil jedoch für spezifische Zwecke entwickelt wurden (z.B. ↗ Assessment-Center-Verfahren, ↗ Einstellungsinterview, ↗ Lebenslaufanalyse, ↗ Mitarbeiterbeurteilung).

Literatur: Lössl, E. 1992: Eignungsdiagnostische Instrumente, in: Gaugler, E.; Weber, W. (Hrsg.): Handwörterbuch des Personalwesens, 2. Aufl., Stuttgart, Sp. 750-763; Maukisch, H. 1978: Einführung in die Eignungsdiagnostik, in: Mayer, A. (Hrsg.): Organisationspsychologie, Stuttgart, S. 105-136; Triebe, J.K.; Ulich, E. 1977: Beiträge zur Eignungsdiagnostik, Bern   (w)

Eignungsprofil

Eignungsprofile ergeben sich aus der Gegenüberstellung von Fähigkeitsprofilen bestimmter Personen und Anforderungsprofilen für bestimmte Arbeitsplätze. Dabei wird unterstellt, dass von größerer Ähnlichkeit von Fähigkeits- und Anforderungsprofil auf ein höheres Maß an Eignung geschlossen werden kann. Profile ergeben sich, wenn mehrere Fähigkeits- und Anforderungsmerkmale verglichen werden.

Der Profilvergleich als Methode der Eignungsuntersuchung (↗ Eignungsdiagnostik) wirft eine Fülle methodischer Fragen und Bedenken auf. Deshalb spielt diese Methode, die insbesondere zur Lösung des Personalzuordnungsproblems entwickelt wurde, in der Praxis nur eine geringe Rolle.

Literatur: Scholz, C. 2000: Personalmanagement, 5. Aufl., München, S. 477-491, S. 651   (k)

Einigungsstelle

Können Arbeitgeber und ↗ Betriebsrat sich in mitbestimmungspflichtigen Angelegenheiten (↗ Mitbestimmungsrecht Bundesrepublik Deutschland) nicht einigen, entscheidet die Einigungsstelle (§ 76 BetrVG). Sie wird entweder dauerhaft oder anlässlich eines konkreten Konfliktfalles gebildet (§ 76 Abs. 1 BetrVG/ § 109 BetrVG) und setzt sich aus einer gleichen Anzahl von Beisitzern der Arbeitgeber- und Arbeitnehmerseite sowie einem neutralen Vorsitzenden zusammen. Der Spruch der Einigungsstelle beendet den Konflikt zwischen ↗ Arbeitgeber und ↗ Arbeitnehmern und ersetzt die Einigung.

Literatur: Oechsler, W.A. 2000a: Personal und Arbeit, 7. Aufl., München; Wien, S. 76ff.   (k)

Einstellung

Als Einstellung wird die Bereitschaft bezeichnet, auf ein Objekt gleichartig zu reagieren. Einstellungsobjekte können Gegenstände (z.B. Computer), Personen (z.B. Ausländer) und Sachverhalte (z.B. Führungsmodelle) sein. Den unterschiedlichen Definitionsvorschlägen ist gemeinsam, dass unter Einstellungen relativ stabile, das Verhalten be-einflussende Dispositionen verstanden werden.

Es wird zwischen Ein- und Mehrkomponentenansätzen unterschieden. Der Dreikomponentenansatz umfasst die kognitive, die affektive und die konative Komponente der Einstellung. Als kognitive Komponente werden die Gedanken gegenüber dem Einstellungsobjekt, als affektive Komponente die Gefühle und als konative Komponente das Verhalten gegenüber dem Einstellungsobjekt bezeichnet. Das Verhalten einer Person steht nicht immer in Einklang mit der kognitiven und der affektiven Disposition. Dies wird insbesondere darauf zurückgeführt, dass neben der Einstellung auch die jeweilige Situation Einfluss auf das Verhalten nimmt.

Einstellungen erleichtern die Orientierung in einer sozialen Umgebung, sie erleichtern das Handeln und sie fördern die Identitätsfindung. Wenn sich stark verfestigen und Änderungen nicht oder kaum mehr zugänglich sind, engen sie als Stereotype die ↗ Wahrnehmung und die Möglichkeiten des Verhaltens ein. Von Stereotypen wird eher mit Blick auf die kognitive Komponente, von Vorurteilen eher mit Blick auf die affektive Komponente gesprochen.

Das Entstehen von Einstellungen wird insbes. lerntheoretisch (↗ Lerntheorien), aber auch entscheidungs- und konsistenztheoretisch (↗ Theorie der kognitiven Dissonanz) erklärt.

Für die Erklärung des ↗ Verhaltens kommt Einstellungen trotz der Grenzen dieses Konzepts Bedeutung zu. Im Kontext personalwirtschaftlicher Fragestellungen sind Einstellungen im Zusammenhang mit dem Verhaltenserwerb (↗ Lernen) und der Ausführung typischer Verhaltensweisen, z.B. gegenüber ↗ Minoritäten von besonderer Bedeutung.

Literatur: Fischer, L.; Wiswede, G. 1997: Grundlagen der Sozialpsychologie, München, Wien 1997; Triandis, H.C. 1975: Einstellungen und Einstellungsänderung, Weinheim, Basel   (w)

Einstellungsgespräch

Einstellungsgespräche (Einstellungsinterviews) sind persönliche Gespräche zwischen potenziellen Organisationsmitgliedern und Vertretern der ↗ Organisation im Zuge der ↗ Personalauswahl. Sie dienen dem Austausch von Informationen, die als notwendig für die Aufnahme- bzw. ↗ Eintrittsentscheidung gesehen werden. Die Organisation möchte Informationen einholen, die durch andere Instrumente wie etwa ↗ Tests nicht oder nur unzureichend gewonnen werden können, z.B. persönlicher Eindruck. Darüber hinaus können erwartete Beiträge und Anreize konkretisiert und mit dem Bewerber abgesprochen werden. Der Einzelne kann seine Vorstellungen über den konkreten Arbeitsplatz überprüfen, Informationen über die Gesamtorganisation einholen und so die Entscheidungsunsicherheit abbauen. Bei einem Überangebot an Arbeitskräften verlieren Einstellungsinterviews tendenziell ihren gleichgewichtigen Austauschcharakter und werden für den Einzelnen zu prüfungsähnlichen Situationen mit existenzieller Dimension. Entsprechend verkehren sich die Vorzeichen, wenn Arbeitskräfte über besonders seltene und begehrte ↗ Qualifikationen und Eigenschaften verfügen.

Die ↗ Personalabteilung hat ihre Aufgabe besonders in der Vorbereitung und Bewertung des Gesprächs. Wichtige Elemente für die Planung sind die Festlegung von Zielen für das Gespräch, die Auswahl von Teilnehmern seitens der Organisation, die Gestaltung der äußeren Rahmenbedingungen und die Art der Gesprächsführung. Dazu kommt die Auswertung der Ergebnisse von Einstellungsgesprächen und ihre Gewichtung im Rahmen des gesamten Auswahlprozesses.

Literatur: Swan, W. S. 2002: Den richtigen Mitarbeiter finden. Wie Sie im Einstellungsgespräch zielsicher entscheiden, wer am besten in Ihr Unternehmen passt, München (m)

Einstellungsinterview ↗ Einstellungsgespräch

Eintrittsarbeitsplätze

Als Eintrittsarbeitsplätze werden innerhalb der ↗ Segmentationstheorien jene Arbeitsplätze bezeichnet, die typischerweise von neu eingestellten Arbeitskräften übernommen werden und die Ausgangspunkt für innerbetriebliche ↗ Karrieren sind. Die Schaffung von Eintrittsarbeitsplätzen ist mit einer starken Reduzierung der externen Rekrutierung für alle anderen Arbeitsplätze und damit stets mit einem Konzept der Pflege des internen Arbeitsmarktes (↗ Arbeitsmarkt, interner) verbunden.

Literatur: Lutz, B. 1987: Arbeitsmarktstruktur und betriebliche Arbeitskräftestrategie, Frankfurt/M., New York   (w)

Eintrittsentscheidung

Die Eintrittsentscheidung befasst sich als eine Variante von ↗ Teilnahmeentscheidungen mit der Wahl einer konkreten ↗ Organisation bzw. eines Arbeitsplatzes durch den Einzelnen.

Für die Eintrittsentscheidung sind mehrere Faktoren von Bedeutung. Die individuell getroffene Berufswahl bzw. die vorhandene Ausbildung schränkt die Zahl der Entscheidungsalternativen (zwischen möglichen Organisationen bzw. Arbeitsplätzen) ein. Vorhandene Persönlichkeitsmerkmale wie Erwartungen an Arbeitstätigkeit, Karriereziele oder Risikofreude fließen z.B. über die Auswahl und Bewertung der Alternativen ebenfalls in die Entscheidung mit ein. Ein weiterer wesentlicher Faktor ist das vorhandene Maß an entscheidungsrelevanten Informationen. Vier Quellen sind zu unterscheiden. Neben den allgemein zugänglichen Informationen über eine ↗ Organisation bzw. Tätigkeit und den durch die Außendarstellung (›Public Relations‹) der Organisation verfügbaren Eindrücken sind es vor allem – so vorhanden – die persönlichen Kontakte mit aktuellen oder ehemaligen Organisationsmitgliedern, die im Rahmen des Entscheidungsprozesses hohes Gewicht erhalten. Dazu kommen die während der ↗ Bewerbung anfallenden Informationen, etwa durch das ↗ Vorstellungsgespräch.

Ist die Eintrittsentscheidung abgeschlossen, so durchläuft das neue Organisationsmitglied i.d.R. eine Phase der ↗ Personaleinführung.

Literatur: Wanous, J. P. 1980: Organizational Entry, Reading, Mass.; Schanz, G. 2000: Personalwirtschaftslehre: lebendige Arbeit in verhaltenswissenschaftlicher Perspektive, 3. Aufl., München   (m)

Einzelfallstudie

Bei der Einzelfallstudie ist eine einzige Untersuchungseinheit (N=1) Objekt der empirischen Analyse. Untersuchungseinheit kann z.B. eine Person, eine Gruppe, eine Organisation oder eine Entscheidung sein. Die Einzelfallstudie kann zu einem Zeitpunkt oder wiederholt zu mehreren Zeitpunkten durchgeführt werden.

Der Begriff der Einzelfallstudie umfasst ein weites Spektrum von Untersuchungen. Es reicht von subjektiv-beschreibenden Erfahrungsberich-

ten ohne Angabe der Analysekategorien, des Untersuchungsplans und der Methoden bis hin zu theoretisch geleiteten Untersuchungen mit genauer Angabe der Methoden und des Untersuchungsplans sowie quantitativen Auswertungsverfahren. Es können im Prinzip alle Methoden der Datengewinnung (↗ Datengewinnung, Methoden der) eingesetzt werden.

Die Einzelfallstudie dient verschiedenen Zwecken: Für den Wissenschaftler dient die Einzelfallstudie häufig zur explorativen Vorbereitung einer größeren Studie (↗ Repräsentativerhebung, ↗ Teilerhebung), zum Testen von Hypothesen oder Methoden oder der Illustration bestimmter theoretischer Aussagen. In der Betriebspraxis ist die Analyse eines einzelnen Vorkommnisses – z.B. einer Konfliktsituation in einer Arbeitsgruppe – oft gezwungenermaßen Hauptgrundlage für Gestaltungsmaßnahmen.

Ein Problem der Verwertung der in Einzelfallstudien gewonnenen Informationen besteht häufig darin, dass unzulässige, induktive Verallgemeinerungen vorgenommen werden.

Literatur: Alemann, H. v.; Ortlieb, P. 1975: Die Einzelfallstudie, in: Koolwijk, J. v.; Wiken-Mayser, M. (Hrsg.): Techniken der empirischen Sozialforschung, Bd. 2, München; Wien, S. 157-177; Yin, R.K. 2003: Case Study Research, 3. Aufl., Thousand Oaks u.a.   (n)

Elternzeit ↗ Erziehungsurlaub

Empirische Sozialforschung

Die empirische Sozialforschung ist als empirische Wissenschaft auf einen bestimmten Ausschnitt der sozialen Realität spezialisiert, nämlich auf Menschen und deren soziale Beziehungen in ihrer Rolle als Mitglieder von ↗ Organisationen. Die empirische Sozialforschung dient sowohl einem theoretischen wie einem (sozial-)technologischen Erkenntnisinteresse. Mit Blick auf das theoretische Wissenschaftsziel soll sie empirische Beschreibungen und insbesondere Erklärungen liefern. Darüber hinaus ist die empirische Sozialforschung auf das technologische Wissenschaftsziel praktischer Gestaltung ausgerichtet (Matiaske 2004).

Das Instrumentarium der empirischen Sozialforschung lässt sich grob in Methoden zur Datengewinnung, zur Prüfung der Datenqualität und der Datenanalyse unterteilen. Ferner sind verschiedene Forschungsformen zu unterscheiden. Das Spektrum der Methoden der Datengewinnung umfasst die ↗ Befragung, die Beobachtung und die Inhaltsanalyse, wobei sich jeweils quantitative und qualitative Varianten dieser Methoden unterscheiden lassen (Diekmann 2002; Friedrichs 1990).

Literatur: Friedrichs, J. 1990: Methoden empirischer Sozialforschung, 14. Aufl., Opladen; Matiaske, W. 2004: Personalforschung, in: Gaugler, E; Oechsler, W.A.; Weber, W. (Hrsg.): Handwörterbuch des Personalwesens, 3. Aufl., Stuttgart, Sp. 1521-1534; Diekmann, A. 2002: Empirische Sozialforschung: Grundlagen, Methoden, Anwendungen, Reinbek bei Hamburg   (k)

Empowerment

Empowerment (»Bevollmächtigung«) bezeichnet die Weitergabe von Entscheidungsbefugnissen und Verantwortung durch ↗ Vorgesetzte an ↗ Mitarbeiter. Sie umfasst etwa die Partizipation am Entscheidungsfindungsprozess, den Ansporn zum eigenständigen Denken im jeweiligen Tätigkeitsbereich oder die stärkere Betonung des unternehmerischen Elements auf allen Ebenen der Beschäftigten. Als Vorteile des Empowerments werden auf organisationaler Ebene weniger Hierarchie, weniger Bürokratie und Leistungsoptimierung und auf Mitarbeiterebene motivationale Ef-

fekte genannt. Kritisch wird häufig gesehen, dass trotz Empowerment-Rhetorik sich wenig an den tatsächlichen Arbeitsverhältnissen ändert.

Literatur: Blanchard, K.; Carlos, J.P.; Randolph, A. 1999: Management durch Empowerment. Das neue Führungskonzept: Mitarbeiter bringen mehr, wenn sie mehr dürfen, Reinbek bei Hamburg   (m)

Entfremdung

Entfremdung bezeichnet ein objektives oder subjektives Verhältnis von Menschen gegenüber ihrer Umwelt, das durch eine Passivität und Rezeptivität gekennzeichnet ist: Die Umwelt wird dem Menschen fremd, Subjekt und Objekt werden getrennt. Im Zentrum der Entfremdung steht dabei die menschliche Arbeitstätigkeit und die Verwirklichung des Menschen in seiner Arbeit.

Entfremdung wird einerseits als objektives Merkmal auf gesellschaftlicher Ebene, andererseits als subjektives Merkmal auf individuell-psychologischer Ebene verwendet. Der objektive Entfremdungsbegriff ist vor allem in Arbeiten zu finden, die sich an den Analysen von Karl Marx orientieren. Nach dieser Auffassung wird im Kapitalismus, vor allem durch das Privateigentum an Produktionsmitteln in Verbindung mit bestimmten Produktionsbedingungen (technologische Entwicklung), menschliche Arbeit zur Ware. Der Arbeitende verliert seine Selbstbestimmung und wird dadurch dem Produktionsprozess, dem Produkt, seinen Mitmenschen und sich selbst entfremdet. Wie der Arbeitende dabei seine Entfremdung subjektiv erfährt, spielt eine untergeordnete Rolle. Psychologische Entfremdungsbegriffe stellen auf die subjektive Erfahrung der Entfremdung ab. Eine weit verbreitete Differenzierung von Seeman

(1961) unterscheidet zwischen Machtlosigkeit, Sinnlosigkeit, Normenlosigkeit, Isoliertheit und Selbstentfremdung als subjektive Erfahrungsdimensionen.

Das psychologische Entfremdungskonstrukt ist eng verwandt mit dem Konstrukt der ↗ Arbeitszufriedenheit.

Literatur: Israel, J. 1972: Der Begriff Entfremdung, Reinbek bei Hamburg; Seeman, M. 1961: On the Meaning of Alienation, in: American Sociological Review, Vol. 24, S. 783-791   (n)

Entlassung ↗ Kündigung

Entscheidung

Als Entscheidung im engeren Sinne wird die Wahl zwischen mehreren Möglichkeiten oder Alternativen verstanden. Bei dieser engen Begriffsfassung wird nur der Willensakt betrachtet, der die Entscheidungsfindung abschließt. Dieser abschließende Willensakt – auch Entschluss – ist jedoch in einen Prozess der Willensbildung und -durchsetzung eingebettet, der als Entscheidung im weiteren Sinne, vielfach auch als Entscheidungsprozess bezeichnet wird.

Dieser Prozess der Entscheidungsfindung umfasst mehrere Phasen, die von verschiedenen Autoren unterschiedlich abgegrenzt werden. Die meisten Phasenschemata nehmen ihren Ausgang von den drei von John Dewey (How to think, Boston 1910) gestellten Fragen: »Worin besteht das Problem?« (Anregungsphase), »Welche Alternativen sind möglich?« (Suchphase) und »Welche Alternative ist die beste?« (Optimierungsphase). Detaillierter unterscheidet John Dewey fünf Phasen des Entscheidungsprozesses: Erleben einer Schwierigkeit bzw. eines Konflikts, Präzisierung und Lokalisierung der Schwierigkeit, Ansatz zu möglicher Lösung, logische Entwicklung der Folgen dieser Lösung und Überprüfen der Lösung in der Realität. Diese und ähnliche Unterscheidungen von Phasen sind nicht als starre Abfolge zu sehen. Phasenschemata dieser Art bringen lediglich eine Tendenz der Reihenfolge zum Ausdruck. Überdies finden auch nach der Auswahl der am günstigsten eingeschätzten Alternative Prozesse des Suchverhaltens statt, die insbesondere im Rahmen der kognitiven ↗ Dissonanztheorie behandelt werden.

Neben Individualentscheidungen können ↗ Gruppenentscheidungen und ↗ kollektive Entscheidungen in Organisationen betrachtet werden. Diese Hauptvarianten von Entscheidungen werden im Rahmen der ↗ Entscheidungstheorie untersucht.

Literatur: Conrad, P. 2004: Personalentscheidungen, in: Gaugler, E.; Oechsler, W.A.; Weber, W. (Hrsg.): Handwörterbuch des Personalwesens, 3. Aufl., Stuttgart, Sp. 1488-1500; Kirsch, W.; Michael, M.; Weber, W. 1973: Entscheidungsprozesse in Frage und Antwort, Wiesbaden   (k)

Entscheidungstheorie

Die Entscheidungstheorie begegnet uns in zwei Hauptvarianten: 1. als Konzept zur Erklärung des Entscheidungsgeschehens und der sich hieraus ergebenden Entscheidungsergebnisse (deskriptive Entscheidungstheorie, genauer, aber weniger gebräuchlich: erklärende Entscheidungstheorie); 2. als normative Entscheidungstheorie, die Regeln bzw. Lösungsmethoden für rationale Entscheidungen entwickelt und dem nach Rationalität strebenden Entscheider vorschlägt.

Entscheidungstheorien existieren außerdem für unterschiedliche Entscheidungsebenen: individuelle Entscheidungen, Gruppenentscheidungen und kollektive Entscheidungen auf der Organisationsebene. Für normative Entscheidungskalküle ist die Differenzierung dieser Ebenen weniger relevant; allerdings hat die entscheidungstheoretische Diskussion eine Fülle von Annäherungen an die realen Entscheidungsgegebenheiten und entsprechende Modelle des beschränkt-rationalen Entscheidens entwickelt. Für die deskriptive bzw. erklärende Entscheidungstheorie ist die Differenzierung verschiedener Entscheidungsebenen von großer Bedeutung. In der ↗ Organisationstheorie hat sich ein Aussagengerüst auf der Basis der verhaltenswissenschaftlichen Entscheidungstheorie herausgebildet, die bestimmte Ausschnitte der deskriptiven bzw. erklärenden Entscheidungstheorie umfasst.

Literatur: Kirsch, W. 1971: Entscheidungsprozesse, 3 Bände, Wiesbaden; March, J.G. 1988: Decisions and Organizations, Oxford and Cambridge; Simon, H.A. 1981: Entscheidungsverhalten in Organisationen, Landsberg a.L.; Laux, H. 2002: Entscheidungstheorie, Berlin; Staehle, W. 1999: Management: eine verhaltenswissenschaftliche Perspektive, 8. Aufl., München, S. 518-538   (w)

Equity-Theorie

Im Rahmen der ↗ Austauschtheorien ist die Equity-Theorie – auch Fairness-, Gleichheits-, Konsonanz-Theorie – der am meisten ausgearbeitete Ansatz.

Dem Einzelnen wird ein Streben nach ausgeglichenen, fairen und gerechten Austauschverhältnissen zugeschrieben. Ein solches subjektives Gleichgewicht besteht dann, wenn für den Einzelnen in einer Beziehung das Verhältnis zwischen den persönlich geleisteten Inputs – z.B. Zeit, Energie – und den erhaltenen Outputs – z.B. Entgelt, soziale Zuwendung – der Input-Output-Relation einer Vergleichsinstanz entspricht. Als Vergleichsinstanz kommen Einzelpersonen, Personengruppen oder das eigene Selbst – z.B. in einer anderen sozialen Rolle – in Frage. Sowohl die eigene Austauschrelation als auch die der Vergleichsinstanz werden vom Einzelnen eingeschätzt. Damit ist nicht die tatsächliche, sondern die wahrgenommene Situation für die Feststellung vom Gleichgewicht bzw. Ungleichgewicht maßgeblich. Bei Ungleichgewicht stehen dem Einzelnen verschiedene Methoden zur Herstellung einer gerechten Austauschbeziehung zur Verfügung: Veränderung von Inputs bzw. Outputs (z.B. durch Erhöhung der Arbeitsleistung), kognitive Veränderung bzw. Verzerrung von Inputs und Outputs (z.B. umwerten), Flucht aus dem Feld (z.B. Verlassen der Organisation), Beeinflussung der Vergleichsinstanz (z.B. Wechseln der Bezugsperson).

Diese Theorie lenkt das Augenmerk auf die Bedeutung sozialer Prozesse in ↗ Organisationen. Subjektiv bewertete Fairness in der Beziehung zwischen Individuum und Vergleichsinstanzen wird zum wichtigsten Faktor für das Verstehen von individuellem Verhalten. Die Equity-Theorie betont auch die dynamische und veränderliche Natur individueller ↗ Motivation. Vor dem Hintergrund dieses theoretischen Konzepts wird etwa die große Bedeutung offenkundig, die Lohnstrukturen zukommt, die von den Beschäftigten als subjektiv gerecht empfunden werden. Für das Arbeitsverhalten ist also neben der absoluten Lohnhöhe auch die als gerecht empfundene Lohndifferenzierung (↗ Lohn, ↗ Lohngerechtigkeit) von großer Bedeutung.

Im konkreten Fall bleibt allerdings weitgehend unklar, was als Input bzw. Output gesehen wird, wie diese Größen miteinander in Beziehung gesetzt, welche Vergleichsinstanzen benutzt und welche Strategien zur Reduktion von Ungleichgewichten angewandt werden.

Literatur: Adams, J. S. 1979: Inequity in Social Exchange, in: Sterrs, R.; Porter, L. W. (Hrsg.): Motivation and Work Behavior, Auckland u.a., S. 107-124   (m)

Erfolgsbeteiligung

Erfolgsbeteiligung liegt vor, wenn das Gesamtergebnis des Unternehmens in einer Rechnungsperiode als Grundlage für die Entgeltfestsetzung herangezogen wird. Deshalb wird auch von Ergebnisbeteiligung gesprochen. Weil am Ende einer Periode, z.B. am Ende eines Jahres, abgerechnet wird, spricht man auch von finaler ↗ Lohnfindung.

Dieser Form der Lohnfindung liegt der Gedanke zugrunde, dass am Prozess der ↗ betrieblichen Wertschöpfung die Faktoren Kapital und Arbeit zusammenwirken und beide Gruppen von Beteiligten angemessen an dem gemeinsam erzielten Ergebnis beteiligt sein sollen. Dabei steht gelegentlich, aber nicht durchgängig, die Überlegung im Hintergrund, dass die Lohnzahlungen an die ↗ Arbeitnehmer als vorab auszahlter Ertragsanteil angesehen werden können. Die Ziele, die mit dem Einsatz von Erfolgsbeteiligungskonzepten verfolgt werden, sind insgesamt jedoch weiter gefächert. Aus Mitarbeitersicht dominiert die Einkommenswirkung; aus Sicht des arbeitgebenden Unternehmens sind gesellschaftspolitische, sozialpolitische, personalpolitische und steuer- bzw. finanzierungspolitische Ziele wichtig. Von besonderer Bedeutung sind die Liquiditätswirkungen, die erzielt werden können, wenn die ausgeschütteten Erfolgsanteile wenigstens vorübergehend im Unternehmen verbleiben (↗ Kapitalbeteiligung). Sowohl aus Arbeitnehmer- als auch aus Arbeitgebersicht kann der Abbau von Konfliktpotenzial zwischen Arbeit und Kapital als erwünschter Effekt angesehen werden.

Die Ausgestaltung von Erfolgsbeteiligungsmodellen umfasst die Wahl der Beteiligungsbasis, die Festlegung der Faktoranteile, die Festlegung individueller Anteile der Mitarbeiter, die Verwendung der Anteile und die rechtliche Ausgestaltung.

Nach den gewählten Beteiligungsbasis lassen sich Leistungsergebnis-, Ertrags- und Gewinnbeteiligung unterscheiden. Bei der Leistungsbeteiligung wird von Leistungsgrößen wie Produktionsmenge, Produktivität oder Kostenersparnis ausgegangen. Wichtigste Form der Ertragsbeteiligung ist die Umsatzbeteiligung, bei der im Gegensatz zur Leistungsergebnisbeteiligung die Marktseite betont wird. Die verschiedenen Formen der Gewinnbeteiligung beziehen über die Aufwands- und die Ertragsseite der Gewinn- und Verlustrechnung sowohl inner- wie außerbetriebliche Aspekte der Unternehmenstätigkeit mit ein. Sie wird dann gewählt, wenn die ↗ Identifikation mit dem Unternehmen und seinen Zielen Hauptziel der Erfolgsbeteiligung ist.

Die Mitarbeiter-Erfolgsbeteiligung hat in den letzten Jahren an Bedeutung gewonnen. Diese Entwicklung hat mehrere Ursachen: Der technisch-organisatorische Wandel verlangt Mitarbeiterinnen und ↗ Mitarbeiter, die Verantwortung tragen, in gesamtbetrieblichen Zusammenhängen denken und sich mit den Zielen und Aufgaben des Betriebes identifizieren. Angesichts der technischen Entwicklung wird die direkte Zurechnung von individuellem Leistungsbeitrag und Lohn schwieriger, oft sogar ganz unmöglich. Der materielle Wohlstand rückt höherrangige Motive in den Vordergrund. Diese Entwicklung verlangt Führungskonzepte, die ein hohes Maß an Mitbeteiligung der Mitarbeiter zulassen (↗ Mitarbeiterbeteiligung), und Anreizsysteme, die dieser Entwicklung Rechnung tragen.

Literatur: Schanz, G. 1985: Mitarbeiterbeteiligung, München; Schneider, H./Zander, E. 2001: Erfolgs- und Kapitalbeteiligung der Mitarbeiter, 5. Aufl., Stuttgart   (w)

ERG-Konzept

Das ERG-Konzept von Alderfer ist innerhalb der ↗ Motivationstheorien eine Inhaltstheorie. Es baut auf der Theorie der ↗ Bedürfnishierarchie von Maslow auf.

Menschliches Verhalten wird auf dahinter stehende ↗ Bedürfnisse zurückgeführt, Ziel des Handelns ist die Befriedigung unterschiedlicher Klassen von Bedürfnissen. Alderfer unterscheidet drei Bedürfnisklassen, deren Anfangsbuchstaben E, R und G dem Konzept den Namen geben: Existenz (›existence‹), z.B. Hunger, Sicherheit; sozialer Bezug (›relatedness‹), z.B. Kontakt, Ansehen; Wachstum (›growth‹), insbesondere Selbstverwirklichung. Zu deren Messung schlägt er spezifische Verfahren vor.

Neben der bereits im Konzept von Maslow verwendeten Frustrationshypothese – ein nicht befriedigtes Bedürfnis wird dominant – und der Satisfaktions-Progressions-Hypothese – ein befriedigtes Bedürfnis aktiviert das nächsthöhere – postuliert er zwei weitere Beziehungen zwischen den Bedürfnisklassen. Ein nicht befriedigtes Bedürfnis lässt das hierarchisch niedrigere dominant werden (Frustrations-Regressions-Hypothese) bzw. kann zur Persönlichkeitsentwicklung beitragen und höherrangige Bedürfnisse aktivieren (Frustrations-Progressions-Hypothese).

Das ERG-Konzept weist u.a. auf die Bedeutung eines differenzierenden betrieblichen Anreizsystems hin. Je nach Bedürfnisstruktur der Organisationsmitglieder erzielen die einzelnen Elemente des Anreizsystems unterschiedliche Wirkungen.

Durch die versuchte Operationalisierung wurde die empirische Überprüfbarkeit erleichtert. Insbesondere die Einteilung in drei Bedürfnisklassen fand stärkere empirische Unterstützung als die Kategorisierung bei Maslow. Trotzdem müssen die Forschungsergebnisse im Hinblick auf eine Stützung der Theorie insgesamt als enttäuschend gewertet werden. Unklar bleibt auch die Entstehung der Grundaussagen sowie die Bedeutung der Frustrations-Progressions-Hypothese für die Grundaussagen. Weitere Kritik wurde, ähnlich wie bei Maslow, am hierarchischen Aufbau der Bedürfnisse und an der bedürfnistheoretischen Basis geübt, welche z.B. keine Möglichkeit der systematischen Integration von kognitiven Variablen gestattet.

Literatur: Alderfer, C. P. 1972: Existence, relatedness, and growth. Human needs in organizational settings, New York   (m)

Ergonomie

Ergonomie ist ein Teilgebiet der ↗ Arbeitswissenschaft und betrifft die optimale Gestaltung von ↗ Arbeitssystemen in Bezug auf die Abstimmung zwischen Mensch, Maschine und Arbeitsumwelt. Dazu werden einerseits die biologischen, psychischen und sozialen Voraussetzungen der menschlichen Arbeitskraft untersucht, um eine verbesserte Anpassung des Menschen an die Maschine zu erreichen. Andererseits erfolgt eine Analyse der Maschinen und der Arbeitsumwelt (↗ Arbeitsanalyse), damit diese optimal an die menschliche Leistungsfähigkeit und Belastbarkeit angepasst werden können. Maßnahmen auf dem Gebiet der Ergonomie können somit der Rationalisierung und ↗ Humanisierung der Arbeit dienen.

Erkenntnisse aus verschiedenen Wissenschaften fließen in die Ergonomie ein: Aus den Humanwissenschaften Anatomie, Anthropometrie, ↗ Arbeitsphysiologie, Arbeitspsychologie und -soziologie, Arbeitstoxikologie; aus den technischen Wissenschaften vor allem den Ingenieurwissenschaften.

Bei der Gestaltung von ↗ Arbeitssystemen sind verschiedene Gesetze (z.B. Arbeitsschutzgesetze, ↗ Betriebsverfassungsgesetz], ↗ Tarifverträge und ↗ Betriebsvereinbarungen zu beachten. Nach § 90 BetrVG sollen die »gesicherten arbeitswissenschaftlichen Erkenntnisse« herangezogen werden. »Gesichert« ist allerdings nur das, worüber es einen Konsens der Fachleute gibt: Dies kann aber auch veraltetes oder falsches Wissen sein.

Literatur: Rohmert, W.; Rutenfranz, J. (Hrsg.) 1983: Praktische Arbeitsphysiologie, 3. Aufl., Stuttgart, New York (n)

Erstausbildung, berufliche

Berufliche Erstausbildung wird häufig mit ↗ Berufsausbildung im Sinne des Berufsbildungsgesetzes gleichgesetzt. Gemeint ist dann die erste Ausbildung in einem anerkannten Ausbildungsberuf; die Umschulung ist in diesem Sinne berufliche Zweitausbildung.

Dieser Sprachgebrauch greift allerdings zu kurz, wenn Hochschulen ebenfalls – zumindest auch – als Ausbildungsstätten gesehen werden. Dies ist angesichts der Tatsache, dass mittlerweile ein großer Anteil der Jugendlichen über Hochschulen seine berufliche Grundqualifikation erwirbt, zweckmäßig. (w)

Erwachsenenbildung

Das organisierte Lernen nach Abschluss von Schule und ↗ Berufsausbildung wird vielfach als Erwachsenenbildung bezeichnet. Sie ist gleichzusetzen mit dem quartären Bildungssektor. Während das inhaltsähnliche Wort ↗ Weiterbildung den funktionalen Aspekt betont, wird dieser Aspekt durch die Verwendung des Wortes Erwachsenenbildung schwach oder gar nicht gewichtet. Ein Teil der Pädagogen geben deshalb der Bezeichnung Erwachsenenbildung den Vorzug vor anderen Termini mit ähnlichem Begriffsinhalt. Gleichwohl wird die berufliche Weiterbildung als Teil der Erwachsenenbildung gesehen.

Literatur: Tietgens, H. 1981: Erwachsenenbildung, München; Olbrich, J.; Siebert, H. 2001: Geschichte der Erwachsenenbildung in Deutschland, Opladen (w)

Erwartungs-Valenz-Theorie

Die Erwartungs-Valenz-Theorie (auch: Erwartungs-Theorie, Instrumentalitäts-Theorie, Weg-Ziel-Ansatz, Valenz-Instrumentalität-Erwartungstheorie, VIE-Theorie) zählt innerhalb der ↗ Motivationstheorien zu den kognitiven Prozesstheorien.

Der Mensch wird als rational handelndes Wesen gesehen, das verschiedene Annahmen über zukünftige Ereignisse hat und sein Wahlverhalten danach ausrichtet. Die Theorie steht damit älteren ökonomischen Ansätzen, z.B. den Utilitaristen, nahe.

Vroom geht in seinem ursprünglichen Modell davon aus, dass die motivationalen Leistungs- bzw. Anstrengungskräfte das Produkt von Erwartung und Valenz sind. Durch die multiplikative Verknüpfung wird deutlich, dass es sowohl der Erwartung als auch der Valenz bedarf, um Antriebskräfte freizusetzen.

Erwartung ist eine Aktions-Ergebnis-Verbindung. Sie wird als subjektive Wahrscheinlichkeitsannahme über den Eintritt eines zukünftigen Ereignisses aufgrund einer spezifischen Handlung des Einzelnen operationalisiert. Der Wert der Erwartung kann sich zwischen 0 – keine subjektive Wahrscheinlichkeit – und 1 – sichere Erwartung – bewegen.

Valenz stellt die Präferenz, d.h. die gefühlsmäßige Einstellung des Individuums zu einem bestimmten Ergebnis dar. Sie kann Werte zwischen -1 (negative Haltung) und +1 (positive Haltung) annehmen und hängt von der Verbindung des Ergebnisses mit anderen Ergebnissen (Instrumentalität) und deren Bewertung ab.

Für das betriebliche ↗ Personalwesen ergeben sich einige Schlussfolgerungen. So legt die Bedeutung der Erwartung für die Entstehung von ↗ Motivation etwa nahe, den Zusammenhang zwischen individuellem Handeln und Folgen dieses Handelns besonders deutlich zu machen. Beispiel: Konsequenzen der Teilnahme an Maßnahmen der ↗ Weiterbildung.

Bei der Erwartungs-Valenz-Theorie handelt es sich um eine weit verbreitete, empirisch häufig untersuchte Theorie. Die empirischen Befunde sind teilweise ermutigend. Ansatzpunkte für Kritik sind die Schwierigkeiten bei der Bestimmung von subjektiven Erwartungen, die Unbestimmtheit der Valenzen bei Ereignissen vielfältiger Instrumentalität und die multiplikative Verknüpfung von Erwartung und Valenz. Durch Erweiterung und Modifizierung des Ausgangsmodells wurden einige Versionen überdies sehr komplex.

Literatur: Campell, J. P.; Pritchard, R. D. 1979: Research Evidence Pertaining to Expectancy – Instrumental-Valence-Theory, in: Steers, R.; Porter, L. W. (Hrsg.): Motivation and Work Behavior. Auckland et al.; Nadler, D. A.; Lawler, E. 1979: Motivation: A Diagnostic Approach, in: Steers, R.; Porter, L. W. (Hrsg.): Motivation and Work Behavior, Auckland u.a.   (m)

Erziehungsurlaub

Erziehungsurlaub oder Elternzeit bezeichnet das Anrecht auf Erziehungs- oder Karenzurlaub von unselbstständig Erwerbstätigen, d.h. auch von Arbeitnehmern in Teilzeit oder in einem befristeten Arbeitsverhältnis, Auszubildenden oder Praktikanten.

In Deutschland hat der Gesetzgeber Anfang 2001 neue Regelungen zum Erziehungsurlaub erlassen (Bundeserziehungsgeldgesetz). Demnach gelten für beide Elternteile, deren Kinder ab dem 01.01.2001 geboren sind, dass sowohl die Mutter als auch der Vater ganz oder zeitweilig gemeinsam drei Jahre Elternzeit maximal in Anspruch nehmen können. Im Gegensatz zu der bisherigen Gesetzeslage muss die Elternzeit nicht mehr bis zum dritten Geburtstag des Kindes genommen werden, sondern die Eltern können ein Jahr aufsparen, um es zwischen dem dritten und achten Lebensjahr des Kindes zu nehmen. Acht Wochen vor dem in Aussicht gestellten Antrittszeitpunkt der Elternzeit muss der ↗ Arbeitnehmer diese verlangen. Wenn die Elternzeit direkt im Anschluss an die Mutterschutzfrist genommen wird, ist diese Frist sechs Wochen. Beachtenswert ist weiterhin, dass Eltern zum einen eine Nebentätigkeit von bis zu dreißig Wochenstunden ausüben und vom Unternehmen sogar eine Teilzeitstelle einfordern können. Rechtsanspruch auf Teilzeit ist nur gegeben, wenn das Unternehmen mehr als 15 ↗ Mitarbeiter mehr als sechs Monate beschäftigt.

In Österreich bestehen im Falle zweier berufstätiger Elternteile Wahlmöglichkeiten. Die Eltern können einander beim Erziehungsurlaub bis zu zweimal abwechseln, so dass der Karenzurlaub im Ergebnis gedrittelt wird. Darüber hinaus besteht die Möglichkeit einer Überlappung von einem Monat beim erstmaligen Wechsel der Betreuungsperson (§ 3 EKUG, § 15a MSchG), allerdings verkürzt sich der Anspruch auf Karenzurlaub um einen Monat. Die Meldepflicht erstreckt sich bei der Mutter innerhalb der Schutzfrist respektive beim Vater innerhalb von acht Wochen nach der Geburt des Kindes. Wechseln sich beide ab, so ist dies drei Monate vor Ende des Karenzurlaubes des Partners zu melden. Der Erziehungsurlaub beginnt frühestens nach dem Ende des Beschäftigungsverbotes der Mutter und dauert maximal bis zum Tag vor dem zweiten Geburtstag des Kindes.

Literatur: Kollros, E. 2002: Karenz & Kindergeld. Wien; Bundesministerium für Familie, Senioren, Frauen und Jugend: Erziehungsgeld, Elternzeit. Das Bundeserziehungsgeldgesetz – Regelungen ab 1.1.2004, Broschüre 2004   (m)

EU-Institutionen

Am Beschlussfassungsverfahren der Europäischem Union (EU) im Allgemeinen und am Mitentscheidungsverfahren im Besonderen sind die drei wichtigsten EU-Organe oder -Institutionen beteiligt:

1. das Europäische Parlament, das die europäischen Bürger vertritt und direkt von ihnen gewählt wird,
2. der Rat der Europäischen Union, der die einzelnen Mitgliedstaaten vertritt sowie
3. die Europäische Kommission, deren Aufgabe darin besteht, die Interessen der EU insgesamt zu wahren.

Dieses institutionelle Dreieck erarbeitet die politischen Programme und Rechtsvorschriften (Richtlinien, Verordnungen und Entscheidungen), die EU-weit gelten.

Darüber hinaus spielen zwei weitere Einrichtungen eine wesentliche Rolle: Der Europäische Gerichtshof (↗ EU-Recht), der für die Einhaltung des europäischen Rechts sorgt, und der Rechnungshof, der die Finanzierung der Aktivitäten der Union prüft.

Literatur: Zacker, C. 2004: Examinatorium Europarecht, Köln et al.   (k)

EU-Recht

Richtlinien und Verordnungen der Europäischen Union müssen von den nationalen Behörden genauso angewendet werden wie nationale Gesetze, wobei das so genannte EU-Recht bei einem Widerspruch zwischen nationalem und europäischem Recht in jedem Fall Vorrang hat. Falls sich jemand durch nationale Behörden in seinen Rechten als EU-Bürger verletzt fühlt, kann er/sie gerichtlichen Schutz in Anspruch nehmen. Dies betrifft nicht nur den Fall, dass z.B. ein griechischer Staatsbürger in Deutschland Schwierigkeiten mit der Sozialversicherung hat (↗ Sozialversicherungsrecht), sondern auch rein innerstaatliche Angelegenheiten, wie etwa eine Verletzung des Grundsatzes ›gleiche Entlohnung für Frauen und Männer‹ (↗ Lohngerechtigkeit, Lohnpolitik), der in den EU-Verträgen festgeschrieben ist.

Im Mittelpunkt dieses gemeinsamen Rechtsschutzsystems steht der Europäische Gerichtshof (EuGH) (↗ EU-Institutionen), der die höchste richterliche Gewalt in allen Fragen des Unionsrechts hat, sowie das ihm beigeordnete Gericht erster Instanz.

Literatur: Krimphove, D. 2003: Europarecht Basiswissen, Planegg b. München   (w)

Euro-Betriebsrat

Als Euro-Betriebsrat werden Arbeitnehmervertretungen bezeichnet, die in gemeinschaftsweit operierenden Unternehmen und Unternehmensgruppen in den Mitgliedstaaten der Europäischen Gemeinschaft tätig sind. Solche europaweit tätigen ↗ Betriebsräte sind auf freiwilliger Basis bereits seit Beginn der 80er-Jahre tätig. Seit 1996 ist die EU-Richtlinie um Eurobetriebsrat als Europäisches Betriebsräte-Gesetz (EBRG) in nationales deutsches Recht umgesetzt.

Der Eurobetriebsrat bildet ein Gegengewicht zur Internationalisierung bzw. Europäisierung auf Unternehmensebene. Voraussetzung für die Institutionalisierung eines Euro-Betriebsrates ist, dass ein Unternehmen mindestens 1.000 ⌐ Arbeitnehmer in den Mitgliedsstaaten aufweist, von denen wiederum mindestens 150 in zwei Mitgliedsstaaten beschäftigt werden. Das EBRG ermöglicht den Arbeitnehmern europaweit eine einheitliche und vor allem auch grenzüberschreitende Mindesteinbeziehung als Sozialpartner. Euro-Betriebsräte besitzen jedoch im Gegensatz zu Betriebsräten nach deutschem Recht nur Konsultations- und Informationsrechte. Der Eurobetriebsrat ist dann zu konsultieren, wenn Managemententscheidungen gravierende Implikationen für die Belange der ⌐ Mitarbeiter haben, bspw. wenn es um die Verlegung, den Zusammenschluss oder die Schließung von Betrieben geht.

Literatur: Deppe, J.; Hoffmann, R.; Stützel, W. (Hrsg.) 1997: Europäische Betriebsräte: Wege in ein soziales Europa, Frankfurt; Oechsler, W.A. 1996: Europäische Betriebsräte: Zur Problematik einer Europäisierung von Arbeitnehmervertretungen, in: Die Betriebswirtschaft, Heft 5, S. 697-708   (k)

Evaluierung

Als Evaluierung bzw. Evaluation wird insbesondere in der pädagogischen Diskussion die systematische und methodisch abgesicherte Überprüfung der Effektivität von Curricula bezeichnet. Curriculum ist die aus dem amerikanischen Sprachgebrauch übernommene Bezeichnung für Ziele, die durch Unterricht angestrebt sowie die Materialien und Verfahren, die zur Zielerreichung eingesetzt werden. Die Überprüfung erfolgt im Hinblick auf 1. das Erreichen der Lernziele und 2. den Inhalt der Lernziele selbst.

Der Terminus Evaluierung wird jedoch auch im Zusammenhang mit der Aus- und Weiterbildung verwen-

det. Häufig wird auch das Wort Erfolgskontrolle benutzt. Dabei werden als Ansatzpunkte das Lernfeld (Wurden die Lernziele erreicht?), das Funktionsfeld (Gelingt der Transfer bzw. die Anwendung?) und ökonomische Ziele hervorgehoben. Es wird zwischen pädagogischer Erfolgskontrolle (Ansatzpunkte Lernfeld und Funktionsfeld) und ökonomischer Erfolgskontrolle unterschieden.

Letztlich interessiert aus betriebswirtschaftlicher Perspektive die Wirkung der Aus- bzw. Weiterbildung auf die ökonomischen Ziele, ersatzweise der Transfer des Gelernten in die Arbeitssituation. Sie sind jedoch besonders schwer zu messen.   (w)

Experiment

Ein Experiment (⌐ Datengewinnung, Methoden der) ist eine wiederholbare ⌐ Beobachtung unter kontrollierten Bedingungen. Im Gegensatz zur Beobachtung im weiteren Sinne werden eine oder mehrere Variablen so manipuliert, dass man die zugrunde liegenden Hypothesen über einen Variablenzusammenhang überprüfen kann.

Man kann verschiedene Formen des Experiments einerseits nach dem Grad der Kontrollmöglichkeit über die Variablen und andererseits nach dem Zeitpunkt der Untersuchung unterscheiden (vgl. Friedrichs 1989): Nach dem Kriterium der Kontrollmöglichkeit über die Variablen differenziert man zwischen

– Laborexperiment,
– Feldexperiment und
– Quasi-Experiment.

Beim Laborexperiment werden die Untersuchungsobjekte unter vereinfachten, künstlichen Bedingungen betrachtet. Beim Feldexperiment manipuliert und analysiert man den Gegenstand in seiner natürlichen Umgebung. Bei diesen beiden Formen ist die Manipulation der Variablen und die Kontrolle von Störgrößen einfacher als bei der dritten Form: Beim Quasi-Experiment ist z.b. eine Aufteilung in Kontroll- und Experimentalgruppe schwer möglich, da der Forscher selbst nicht eingreift.

Nach dem Zeitpunkt der Betrachtung kann man folgende Formen unterscheiden:

– Prospektives Experiment und
– retrospektives bzw. ex-post-facto-Experiment.

Beim prospektiven Experiment untersucht man einen noch nicht abgeschlossenen Vorgang von der Variation der Variablen bis zu den Wirkungen. Beim retrospektiven Experiment ist der Vorgang bereits abgeschlossen. Man untersucht dann im Nachhinein die Ursachen für bestimmte Wirkungen. Die Variablen können bei dieser Form nicht manipuliert werden.

Eines der größten Probleme beim Experiment ist der Ausschluss von Störgrößen, um entscheiden zu können, ob eine Wirkung auch tatsächlich durch die manipulierten Variablen hervorgerufen wurde. Will man z.B. den Zusammenhang zwischen Veränderungen der Arbeitssituation und dem Leistungsverhalten untersuchen, muss man ausschließen können, dass eine Leistungssteigerung etwa durch Lernprozesse hervorgerufen wurde.

Im Bereich des ↗ Personalwesens (↗ Personalforschung) sind Experimente im Vergleich zu anderen Methoden relativ selten. Das mag darauf zurückzuführen sein, dass Experimente weniger zur Datenerhebung als zur Überprüfung von Hypothesen geeignet sind. Allerdings gibt es eine Reihe von Feld- und Quasi-Experimenten, z.B. hinsichtlich der Zusammenhänge zwischen Arbeitsbedingungen, der Gruppenstruktur und anderer Variablen auf das Leistungsverhalten.

Literatur: Zimmermann, E. 2004: Das Experiment in den Sozialwissenschaften, 2. Aufl., Stuttgart; Stein, Friedrich A. 1990: Betriebliche Entscheidungs-Situationen im Laborexperiment, Frankfurt/M. u.a.   (n)

F

Faktorenanalyse

Die Faktorenanalyse ist ein statistisches Verfahren (↗ Datenanalyse, multivariate), das dazu dient, eine Anzahl von an verschiedenen Untersuchungsobjekten festgestellten Merkmalen durch wenige, sie charakterisierende Faktoren zu beschreiben. Im Unterschied zur ↗ Clusteranalyse werden mit der Faktorenanalyse im Regelfall Variablen und nicht Objekte zusammengefasst. Als Ausgangsmaterial verwendet man die Matrix der Korrelationen zwischen den zu reduzierenden Variablen, die metrisches Datenniveau aufweisen müssen. Dabei erkennt man häufig, dass einige Variablen untereinander hoch korrelieren, mit anderen dagegen gering. Die Faktorenanalyse wird nun dazu benutzt, solche Variablengruppen zu jeweils einem Faktor zusammenzufassen.

Zwei Beispiele sollen den Grundgedanken der Faktorenanalyse verdeutlichen. Wenn man bei verschiedenen Personen Körpergewicht und -größe ermittelt, stellt man fest, dass diese beiden Merkmale hoch korrelieren. Sie ließen sich daher faktorenanalytisch zu einem Faktor zusammenfassen, den man »Statur« nennen könnte (Hartung/Elpelt 1999). Ein Beispiel aus der Führungsforschung: Man befragt ↗ Mitarbeiter nach dem Führungsverhalten ihrer ↗ Vorgesetzten. Dazu wird ein Fragebogen mit einer Vielzahl von Fragen verwendet, die z.T. sehr unterschiedliche, z.T. sich überschneidende Aspekte des Verhaltens erfassen. Auf der Grundlage der Korrelationen zwischen den einzelnen Fragebogenvariablen werden dann Faktoren berechnet, die die Vielzahl der Variablen reduzieren. In vielen empirischen Untersuchungen hat man die Variablen auf die Faktoren Mitarbeiterorientierung und Aufgabenorientierung reduzieren können.

Literatur: Hartung, J.; Elpelt, B. 1999: Multivariate Statistik. Lehr- und Handbuch der angewandten Statistik, 6. Aufl., München; Wien; Gould, S.J. 1988: Der falsch vermessene Mensch, Frankfurt/M. (n)

Firmenwitze

Wenn man davon ausgeht, dass Witze in Firmen und über Firmen bzw. Unternehmungen insbesondere jene Probleme widerspiegeln, die im Arbeitsalltag zwar auftauchen, aber selten offen zur Sprache gebracht werden und das Erzählen dieser Witze zur symbolischen Bewältigung der themenspezifischen ↗ Angst beiträgt, dann ergeben Firmenwitze Auskunft über sonst wenig beachtete Grundprobleme in Unternehmungen. Die Auswertung einer Stichprobe von 500 Firmenwitzen durch Oswald Neuberger ergab folgende zehn häufigsten Themen: 1. ↗ Macht und Abhängigkeit, Hierarchie, 2. Ausreden, Lügen, Bluff, Fassade, 3. Unterwürfigkeit, Kriechen, Zivilcourage, 4. ↗ Motivation und Faulheit, Drückebergerei, 5. Geld, Einkommen, Gewinn, 6. sexuelle Beziehungen und Anspielungen, 7. ↗ Qualifikation, Fähigkeiten, 8. Arbeit und Privatleben, 9. Moral, Doppelmoral und unethisches Verhalten, 10. Formalisierung und Pedanterie. Fast immer handelt es sich bei den in Firmen erzählten Witzen um die Ausfüllung von Witzschablonen, von denen viele einen hohen Bekanntheitsgrad haben. Die Auswahl dieser Schablonen, die Themen und die Beteiligten lassen aber Rückschlüsse auf die typischen Probleme, Ärgernisse und Spannungen, die sonst verleugnet werden, zu.

Literatur: Neuberger, O. 1988: Was ist denn da so komisch? Thema: Der Witz in der Firma, Weinheim   (w)

Fit-Modelle

Die Abstimmung von Merkmalen einer ↗ Organisation, die in einem größeren Wirkungszusammenhang stehen, wird im Anschluss an die angelsächsische Terminologie mit der Bezeichnung »fit« gekennzeichnet. Umfassendere Konzepte, die den Aspekt der Abstimmung von Merkmalen bzw. Merkmalskomplexen betonen, werden als Fit-Konzepte oder Fit-Modelle bezeichnet. Ein Fit-Modell in diesem Sinne sind die Empfehlungen von Baird/ Meshoulam (1988) hinsichtlich der externen und der internen Abstimmung der Personalstrategie (↗ strategisches Personalmanagement). Sie bezeichnen die Abstimmung von Personalstrategie und Entwicklungsstadium der Organisation als external fit, die Ausrichtung der verschiedenen Komponenten der Personalstrategie auf gegenseitige Unterstützung und größtmögliche Wirksamkeit hin als internal fit. Ähnliche Abstimmungsüberlegungen werden auch im Anschluss an den Kontingenzansatz in der ↗ Organisationstheorie angestellt.

Literatur: Baird, L.; Meshoulam, I. 1988: Managing two fits of strategic human resource management, in: Academy of Management Review, S. 116-128   (w)

Flexibilisierung

Mit Flexibilisierung ist eine Erhöhung der Veränderungs- bzw. Anpassungsfähigkeit gemeint. Als Flexibilisierungsgegenstand werden in der personalwirtschaftlichen Diskussion vor allem das ↗ Personal in quantitativer, qualitativer und struktureller Hinsicht, die Arbeitszeit (↗ Arbeitszeitregelung, ↗ Arbeitszeit, flexible, ↗ Arbeitszeit, gleitende), die Arbeitsorganisation und die Arbeitsanreize sowie das Arbeitsrecht und das Tarifvertragswesen (↗ Tarifvertrag) genannt.

Es geht in allen Fällen darum, den Ist-Zustand, z.B. das vorhandene Arbeitskraftvolumen, das von ↗ Personalbestand und Arbeitszeit abhängig ist, schnell und ohne großen Aufwand an bestimmte Sollwerte, etwa das durch eine bestimmte Auftragslage erforderliche Arbeitskraftvolumen, anpassen zu können. Die Flexibilisierungsgegenstände stehen in einem engen Zusammenhang. Eine möglichst anpassungsfähige, flexible Arbeitsorganisation wird erstens ermöglicht durch möglichst breit einsetzbare Fertigungseinrichtungen, zweitens aber auch durch Mitarbeiterqualifikationen (↗ Qualifikation, ↗ Schlüsselqualifikation, ↗ Mehrfachqualifikation), die so beschaffen sind, dass die vorhandenen Kenntnisse, Fertigkeiten und Fähigkeiten ausreichend sind oder die Grundlage für notwendige Qualifizierungsmaßnahmen bilden. Dabei kann es hilfreich sein, Arbeitsanreize wie den ↗ Lohn, aber auch ↗ Sozialleistungen nach oben oder unten variabel zu halten, wobei vertragliche und rechtliche Regelungen Grenzen (↗ Handlungsspielraum bei Personalentscheidungen) setzen. Um das Arbeitskraftvolumen auf die Auftragslage abzustimmen, aber auch, um Wünsche der Beschäftigten nach individueller Zeiteinteilung zu berücksichtigen, wird besonders häufig die Flexibilisierung der Arbeitszeit diskutiert.

Ziel der Flexibilisierung ist zum einen eine Erhöhung des Handlungsspielraums unternehmerischer Entscheidungen, zum anderen auch eine Handlungsspielraumausweitung für die Arbeitnehmer. Die Konsequenzen von Flexibilisierungsmaßnahmen werden dabei von den Vertretern der ↗ Arbeitnehmer und ↗ Arbeitgeber unterschiedlich eingeschätzt und kontrovers diskutiert.

Literatur: Kolb, M. 1989: Flexibilisierung als konzeptionelle Leitidee strategischen Personalmanagements, in: Weber, W.; Weinmann, J. (Hrsg.): Strategisches Personalmanagement, Stuttgart, S. 205-221; Bellmann, L. u.a. 1996: Flexibilität von Betrieben in Deutschland, Nürnberg; Atkinson, J. 1984: Manpower Strategies for Flexible Organizations, in: Personell Management, Vol. 16, No. 8, S. 28-31   (n)

Flexible Arbeitszeit

Regelungen der flexiblen Arbeitszeit machen Dauer bzw. Länge (chronometrische Flexibilisierung) und/oder Lage bzw. Struktur (chronologische Flexibilisierung) der individuellen Arbeitszeit beweglich. Bezugspunkte können die tägliche, wöchentliche, monatliche, jährliche oder die Lebensarbeitszeit sein. Sie geben damit die Vorstellung einer in allen Dimensionen determinierten betrieblichen Arbeitszeit auf. Das vorhandene Flexibilisierungspotenzial der betrieblichen Gestaltung der Arbeitszeit wird so im Unterschied zur starren ↗ Arbeitszeitregelung umfassend zu nutzen versucht.

Zielsetzungen lassen sich auf drei Ebenen erkennen. Aus individueller Sicht wird eine bessere Abstimmung der beruflichen und privaten Sphäre sowie eine Erhöhung des arbeitsplatzbezogenen Handlungsspielraums und damit größere Zeitsouveränität angestrebt. Für die ↗ Organisation soll sich der Flexibilitätsgrad erhöhen, z.B. durch Abkoppelung der Betriebszeit von der individuellen Arbeitszeit. Gesamtgesellschaftliches Anliegen ist primär eine bessere Nutzung der Infrastruktur, etwa durch Vermeidung von Stoßzeiten.

Modelle der flexiblen Arbeitszeit sind besonders: ↗ Gleitzeit, variable Arbeitszeit, Staffelzeit, kapazitätsorientierte bzw. frequenzorientierte variable Arbeitszeit (↗ KAPOVAZ bzw. FREQUOVAZ), ↗ Job Sharing, Jahresarbeitsverträge bzw. Bandbreitenmodelle, ↗ Sabbaticals und ↗ gleitender Ruhestand.

Kritik erfahren Modelle der flexiblen Arbeitszeit vor allem durch die ↗ Gewerkschaften. Sie weisen besonders auf zusätzliche Kontrollmechanismen hin. Zusätzlich wird auf die mit einigen Modellen – z.B. KAPOVAZ – vorhandenen Belastungen aufmerksam gemacht. Dem gegenüber werden bestimmte Formen flexibler Arbeitszeit von den Betroffenen als Erhöhung der persönlichen Flexibilität begrüßt.

Literatur: Marr, R. 2001: Arbeitszeitmanagement. Grundlagen und Perspektiven der Gestaltung flexibler Arbeitszeitsysteme, 3. Aufl., Berlin   (m)

Fluktuation

Mit Fluktuation wird der Wechsel eines ↗ Arbeitnehmers von einem Arbeitsplatz zu einem anderen bezeichnet. Meist bleibt der Fluktuationsbegriff dem zwischenbetrieblichen Arbeitsplatzwechsel vorbehalten; gelegentlich wird auch der außerbetriebliche Arbeitsplatzwechsel mit einbezogen. Unterschiedlich wird auch beurteilt, ob jeder Arbeitsplatzwechsel oder nur der freiwillige Wechsel, ob Zu- oder Abgänge oder beide Richtungen des Wechsels zur Betrachtung gehören.

Das Ausmaß der Fluktuation wird mit Hilfe von Fluktuationskennziffern gemessen. Ein aus den 20er Jahren stammender Vorschlag, der seit einer entsprechenden Empfehlung als BDA-Formel bekannt ist, bezieht den jeweils kleineren Wert der Zu- und Abgänge auf die durchschnittliche Belegschaftsstärke. Insgesamt dominiert jedoch der Gedanke, das Ausscheiden aus dem Unternehmen in den Vordergrund der Fluktuationsproblematik zu rücken.

Für die ↗ Organisation hat das Ausscheiden von Mitgliedern sowohl ökonomische als auch soziale Folgen. Dazu gehören z.B. Opportunitätskosten, Änderungen in der arbeitsteiligen Struktur oder geänderte Kommunikations- und Machtbeziehungen (↗ Kommunikation, innerbetriebliche, ↗ Macht). Sie werden überwiegend als negativ beurteilt, haben aber nicht notwendigerweise dysfunktionalen Charakter. So kann etwa die natürliche Fluktuation zum ↗ Personalabbau genutzt werden.

Das betriebliche ↗ Personalwesen kann über die Gestaltung der innerbetrieblichen Fluktuationsursachen Einfluss auf die Zahl der Austrittsfälle nehmen. Theoretische Konzepte, z.B. die ↗ Anreiz-Beitrags-Theorie, liefern hier ebenso wie für die individuelle ↗ Austrittsentscheidung wichtige Gestaltungshinweise.

Literatur: Mobley, W. H. 1982: Employee Turnover: Causes, Consequences and Control. Reading, Mass.; Bley, A. 1999: Bestimmungsgründe von Arbeitsfluktuation und Arbeitslosigkeit, Berlin   (m)

Forschungsmethoden ↗ Personalforschung

Fortbildung

Die Bezeichnung Fortbildung wird im betrieblichen Kontext weitgehend synonym mit ↗ Weiterbildung verwendet; in der Berufsbildungsdiskussion wird Fortbildung mit beruflicher Weiterbildung gleichgesetzt. Weiterbildung ist der Oberbegriff, Fortbildung eine Teilmenge der Weiterbildung. In Deutschland wird im Berufsbildungsgesetz von 1969, das den Sprachgebrauch stark beeinflusst hat, berufliche Fortbildung als Sammelbezeichnung für alle Aktivitäten verwendet, die es ermöglichen, die beruflichen Kenntnisse und Fertigkeiten zu erhalten, zu erweitern, der technischen Entwicklung anzupassen oder beruflich aufzusteigen. Entsprechend wird zwischen Erhaltungs-, Erweiterungs-, Anpassungs- und Aufstiegsfortbildung unterschieden.   (w)

Fragebogen

Fragebögen werden bei strukturierten schriftlichen ↗ Befragungen und Interviews (↗ Interview) eingesetzt und sind ein Instrument der ↗ Personalforschung. Der Fragebogen umfasst eine Reihe von schriftlich formulierten Fragen, mit deren Hilfe der Forscher vom Befragten Informationen über ganz bestimmte Objekte erhalten will.

Fragebögen werden vor allem in Form von postalischen Befragungen, in Gruppenbefragungen und in Einzelbefragungen verwendet. Bei der postalischen Befragung, die vor allem bei großzahligen Untersuchungen zum Einsatz kommt, werden die Bögen brieflich versandt, meist mit Rückumschlag versehen. Bei der Gruppenbefragung verteilt der Forscher die Fragebögen an eine an einem Ort versammelte Gruppe von Befragten, z.B. an die Teilnehmer einer Weiterbildungsmaßnahme in ihrem Schulungsraum. Bei der Einzelbefragung wird das Frageformular persönlich jedem einzelnen Befragten, z.B. an seinem Arbeitsplatz, überreicht und in Anwesenheit oder Abwesenheit der Erhebungsperson ausgefüllt.

Um die erforderlichen Informationen zu erhalten und eine sinnvolle ↗ Datenanalyse vornehmen zu können, sind bestimmte Anforderungen an die Art der Fragen und die Länge des Fragebogens zu stellen. In Abhängigkeit vom Untersuchungsziel können die Fragen geschlossen oder offen formuliert werden. Geschlossene Fragen geben dem Befragten eine Reihe von Antwortmöglichkeiten vor, aus denen er eine von ihm für zutreffend gehaltene Alternative auswählen muss. Offene Fragen enthalten dagegen keine vorgegebenen Antwortalternativen, sondern der Befragte muss die Antwort selbstständig formulieren. Offene Fragen sind u.a. bei explorativen Untersuchungen sinnvoller, geschlossene Fragen ermöglichen z.B. eine bessere Vergleichbarkeit. Suggestivfragen, d.h. solche Fragen, die eine bestimmte Antwort bereits durch ihre Formulierung nahe legen, sind zu vermeiden. Die Dauer des Ausfüllens eines Fragebogens sollte 1 bis 1 1/2 Stunden nicht überschreiten.

Literatur: Kirchhoff, S. 2000: »Machen wir doch einen Fragebogen«, Opladen   (n)

Frauenförderung

Als Frauenförderung werden alle Bemühungen bezeichnet, die darauf zielen, Frauen die gleichen beruflichen Chancen zu eröffnen wie Männern.

Dieses Ziel wird durch den Abbau von offenen und verdeckten Formen der Diskriminierung mit Hilfe von gesetzlich vorgeschriebenen Maßnahmen sowie durch zusätzliche Maßnahmen im Rahmen der betrieblichen Personalarbeit angestrebt. Die betriebliche ↗ Personalarbeit bietet hierfür mehrere Ansatzpunkte: Im Rahmen der Personalbeschaffung, insbes. der ↗ Personalwerbung besteht die Möglichkeit, Frauen durch spezielle Formen der Ansprache zu einer Bewerbung zu bewegen. Ebenso dient die Berücksichtigung von Frauen bei der Auswahl, ↗ Weiterbildung, ↗ Personalentwicklung und Beförderung dem Ziel der Frauenförderung. Die Gewährung von Erziehungs- oder bzw. ↗ Elternzeiten, das Angebot flexibler Arbeitszeitregelungen und die Unterstützung bei der Wiedereingliederung von vorübergehend aus dem Erwerbsleben ausgeschiedenen Frauen als spezielle Maßnahme der Frauenförderung betonen eher die traditionelle Rollenvorstellungen. Deshalb werden die Aktivitäten zur Vereinbarkeit von Familie und Beruf zunehmend für Männer und Frauen gleichermaßen diskutiert. Zum einen soll damit der Gefahr begegnet werden, dass die oben genannten Maßnahmen eventuell die Gleichberechtigung im Beruf konterkarieren, zum anderen tritt der Aspekt der Familienförderung stärker in den Vordergrund. Neben diesen Ansatzpunkten und Maßnahmen werden Quotierungsregelungen in unterschiedlichen Formen und Ausgestaltungsvarianten diskutiert.

Literatur: Krell, G. 2004: Chancengleichheit durch Personalpolitik. Gleichstellung von Frauen und Männern in Unternehmen und Verwaltungen, 4. Aufl., Wiesbaden; Rüther, B. 2001: Geschlechtsspezifische Allokation auf dem Arbeitsmarkt, München, Mering   (w)

Freizeit

Freizeit wird häufig als Komplementärbegriff zur Arbeit gesehen und als die Zeit definiert, in der Menschen nicht erwerbstätig sind. Weitere Definitionsversuche stellen auf Freizeit als objektiv messbares Zeitquantum, soziales Verhalten, autonomer gesellschaftlicher Sektor oder auf die Aktivitäten innerhalb der arbeitsfreien Zeit ab. Mit der Freizeitproblematik befassen sich unterschiedliche Wissenschaftsdisziplinen, v.a. Soziologie, Psychologie, Wirtschaftswissenschaften und Pädagogik.

Freizeit bzw. das menschliche Freizeitverhalten ist auch für das betriebliche ↗ Personalwesen von Bedeutung. So sind die Auswirkungen des Freizeitverhaltens auf personalwirtschaftliche Aufgabenstellungen zu beachten (z.B. Bevorzugung von Freizeit gegenüber anderen Gratifikationen, Veränderung der Leistungsbereitschaft durch vermehrte Freizeitorientierung). Darüber hinaus stellt der Freizeitbereich einen Gestaltungsparameter für die ↗ Personalarbeit dar, z.B. über die Erhöhung der ↗ Identifikation mit der ↗ Organisation durch Bereitstellung betrieblicher ↗ Freizeitangebote.

In diesem Zusammenhang sind betriebliche Freizeitangebote sind Bestandteil betrieblicher Sozialleistungen (↗ Sozialleistungen, betriebliche). Sie umfassen die Bereiche Sport und Kultur im weitesten Sinne.

Einen großen Teil der betrieblichen Freizeitangebote bilden Sportangebote (↗ Betriebssport). Im Kulturbereich bieten Unternehmen erstens oft selbst Aktivitäten an, die man in Unterhaltung, Geselligkeit, Basteln, Sammeln u.Ä. untergliedern kann. Zweitens helfen sie bei der Nutzung betriebsexterner Angebote (z.B. durch Vermittlung von Theaterkarten). Und drittens stellen sie Räume und sonstige Mittel für Freizeitaktivitäten der Beschäftigten bereit.

Die Nutzung von Freizeitangeboten ist meist auf die arbeitsfreie Zeit beschränkt.

Die Ziele betrieblicher Freizeitangebote sind – neben den allgemeinen Zielen betrieblicher Sozialleistungen (↗ Sozialpolitik, betriebliche) – vor allem die Verbesserung des ↗ Betriebsklimas und die Herausbildung einer gemeinsamen ↗ Organisationskultur.

Literatur: Opaschowski, H. W. 1999: Umwelt, Freizeit, Mobilität: Konflikte und Konzepte. 2. Aufl., Opladen   (m/n)

Friedensabkommen

In der Schweiz wurde 1937 das so genannte Friedensabkommen zwischen dem Arbeitergeberverband Schweizerischer Maschinen- und Metall-Industrieller einerseits und mehreren Schweizerischen Gewerkschaften andererseits mit dem Ziel geschlossen, den Arbeitsfrieden in der Schweiz dadurch zu wahren, dass die Vertragsparteien auf Kampfmaßnahmen wie Streik und Aussperrung während der Geltungsdauer des Abkommens verzichten (absolute Friedenspflicht) und sich verpflichten, »wichtige Meinungsverschiedenheiten und allfällige Streitigkeiten nach Treu und Glauben gegenseitig abzuklären«. Die auftretenden Konflikte sind nach dem Abkommen zunächst auf Betriebsebene zu klären. Verbandsinstanzen sollen erst dann eingeschaltet werden, wenn auf Betriebsebene keine Einigung erzielt wird. Bei der Konflikterledigung ist eine bestimmte Abfolge von Schritten einzuhalten.

Das zunächst auf zwei Jahre befristete Friedensabkommen von 1937 wurde mehrfach verlängert, 1974 sowie 1983 erweitert und dauert bis heute an. Im internationalen Vergleich wird in der Schweiz wenig gestreikt. In den 80er Jahren z.B. gingen durch Streiks im Durchschnitt pro 1000 Beschäftigte lediglich 1,4 Tage im Jahr verloren. In der BRD waren es 666 Tage, in Italien kamen auf 1000 Beschäftigte 1123 verlorene Tage p.a. Durch das Friedensabkommen werden die Kollektivverträge (in der Schweiz: Gesamtarbeitsverträge) ergänzt.

Literatur: Wüthrich, W. 2003: Der Arbeitsfrieden in der Schweiz – ein Modell für die Zukunft, Zeitfragen Nr. 38, Zürich   (w)

Frühwarnsystem

Frühwarnsysteme zielen im Rahmen von Planungssystemen darauf, die im Unternehmens- bzw. Organisationsumfeld stattfindenden Veränderungen, die zumindest in längerfristiger Perspektive Handlungsnotwendigkeiten auslösen, frühzeitig zu identifizieren. Zu diesem Zweck werden kritische Variablen, die möglichst mit Prognosemodellen verknüpft sind, systematisch beobachtet. Besondere Bedeutung kommt im Zusammenhang mit der Früherkennung schwacher Signale jenen Merkmalen zu, die Trendbrüche bzw. Diskontinuitäten erkennen lassen. Angesichts der langen Wirkungsketten zwischen Maßnahmen im Personalbereich und den Auswirkungen auf den Unternehmenserfolg kommt Frühwarnsystemen als Teil der langfristigen und strategischen ↗ Personalplanung besondere Bedeutung zu.

Literatur: Müller, G. 1981: Strategische Frühaufklärung, München; Scholz, C. 2000: Personalmanagement, 5. Aufl., München, S. 246f.   (w)

Führung

Beabsichtigte und zielgerichtete Beeinflussung von Organisationsmitgliedern wird als Führung bezeichnet. In der betrieblichen Praxis finden sich verschiedene Ansatzpunkte zur Sicherstellung zielgerichteten und einheitlichen Handelns. Die wichtigsten Eckpfeiler sind gemeinsame ↗ Ziele und Werte, bewusst gestaltete formelle ↗ organisatorische Regelungen sowie informelle Regeln und Normen, die Über- und Unterordnung im Rahmen von Hierarchien, ↗ Planung bzw. Planvorgaben sowie eine an gemeinsamen Zielen und Werten orientierte Selbstabstimmung. Das Verhalten von Organisationsmitgliedern kann direkt oder indirekt beeinflusst werden.

Die Beeinflussung durch direkte ↗ Interaktion – z.B. zwischen ↗ Vorgesetzten bzw. ↗ Führungskräften und Mitarbeitern – wird auch als interaktive Führung bezeichnet. Einfluss kann aber auch indirekt über die Schaffung bestimmter Rahmenbedingungen ausgeübt werden. Strukturelle Regelungen in Organisationen sind die wichtigsten dieser unpersönlichen oder indirekten Steuerungsmechanismen. Deshalb wird auch von struktureller Führung gesprochen. Darüber hinaus wird gelegentlich die Personengruppe in einer ↗ Organisation, die primär lenkenden Einfluss ausübt, als Führung (auch: oberste Führungskräfte) bezeichnet.

Die wissenschaftliche Beschäftigung mit der Führung weist ein heterogenes Bild auf. Der Blick wird zunächst mit unterschiedlicher Akzentuierung auf die interaktive oder strukturelle Führung gerichtet; Führung wird eher als Prozess, Ergebnis des Führungshandelns oder als Personengruppe gesehen. Neben der reinen Beschreibung finden sich Beiträge zur Erklärung des Führungsgeschehens sowie normative Ansätze.

↗ Führungstheorien versuchen unter Zuhilfenahme unterschiedlicher theoretischer Bezugsrahmen Führungsprozesse zu beschreiben und zu erklären. Damit ist meist das Ziel verbunden, Gestaltungsempfehlungen zu entwickeln.

Untersuchungen zum optimalen ↗ Führungsstil gehen dem Zusammenhang zwischen Persönlichkeitsdispositionen und Verhaltensäußerungen des Führers sowie ↗ Führungserfolg nach.

↗ Führungsmodelle sowie ↗ Management-by-... – Konzepte sind stark pragmatisch-praxeologisch ausgerichtet.

Die intensiven Bemühungen der Führungsforschung zur Ermittlung von Bedingungen für effiziente Führung zeigen, dass Wissenschaft und Praxis dem Konzept Führung und Führungserfolg zentrale Bedeutung zumessen. Auch vom betrieblichen ↗ Personalwesen werden i.d.R. Gestaltungsempfehlungen im Hinblick auf die Führung von Individuen, ↗ Gruppen und ↗ Organisationen erwartet.

Insgesamt kann festgestellt werden, dass die verschiedenen mit Führung befassten Disziplinen, wie Betriebswirtschaftslehre, Soziologie, Psychologie oder Philosophie wichtige Teilaspekte des Führungsphänomens erfassen. Eine integrierte Sicht steht jedoch noch aus.

Literatur: Wunderer, R. 2003: Führung und Zusammenarbeit, 5. Aufl., Wiesbaden   (m)

Führungserfolg

Erfolg in der ↗ Führung von Menschen und Organisationen zu erklären oder zu ermöglichen ist implizites oder explizites Anliegen jeder ↗ Führungstheorie, der ↗ Führungsstil-Forschung und der verschiedenen ↗ Führungsmodelle bzw. ↗ Management-by-... – Konzepte. Zur Bestimmung des Führungserfolgs werden i.d.R. isolierte ökonomische oder personale Erfolgskriterien, die sich auf den Führer oder auf die Geführten beziehen können, herangezogen. Ökonomische Maße sind etwa Umsatzanteil der jeweiligen Organisationseinheit oder Beitrag zur Kostenreduktion. Personale Kriterien orientieren sich am Führer, z.B. erreichte Gehaltsstufe, oder an den Geführten, z.B. ↗ Arbeitszufriedenheit.

Die Heranziehung relativ beliebiger einzelner Maße als Erfolgsindikatoren ist problematisch. Stattdessen wird vorgeschlagen, ein Bündel von Kennziffern und Indikatoren zu verwenden, welches unterschiedlichen Ebenen und Zielvorstellungen der ↗ Organisa-

tion Rechnung trägt. Auch dabei bleibt allerdings das Problem der Zurechnung einzelner Komponenten von Führung zum ↗ Führungserfolg offen.

Literatur: Neuberger, O. 2002: Führen und führen lassen. Ansätze, Ergebnisse und Kritik der Führungsforschung, 6. Aufl., Stuttgart   (m)

Führungsgrundsätze

Mit Führungsgrundsätzen (auch: Führungsrichtlinien, Führungsanweisungen, Verhaltensleitlinien zur Führung) werden die schriftlich niedergelegten grundsätzlichen Regelungen der Zusammenarbeit zwischen ↗ Vorgesetzten/↗ Führungskräften und ihren ↗ Mitarbeitern bezeichnet. Sie sollen das organisationale Führungsgeschehen vereinheitlichen und so die Grundlage für eine möglichst effektive und effiziente ↗ Führung bieten.

Führungsgrundsätze umfassen i.d.R. zumindest zwei Bereiche. Stärker formal ausgerichtet regeln sie Aspekte wie Kompetenzverteilung, die Informations- und Konsultationsbeziehungen oder die Gestaltung der Aufbau- und Ablauforganisation. Stärker verhaltensorientiert enthalten sie Aussagen über die Bedeutung der sozialen Dimension der ↗ Führung, z.B. Aspekte wie Kooperation, Vertrauen, Selbstentfaltung oder Menschenwürde.

Bei der Einführung von Führungsgrundsätzen sind unterschiedliche Grade an Partizipation der zukünftig Betroffenen vorstellbar. Tendenziell erhöht eine frühzeitige und weit reichende Einbindung aller Betroffenen die Akzeptanz und damit die Wahrscheinlichkeit der konkreten Umsetzung. Führungsgrundsätze sollen zur Erhöhung ihrer Effektivität und Effizienz auch mit dem in der ↗ Organisation vorhandenen ↗ Menschenbild, der ↗ Organisationskultur und der Führungsphilosophie abgestimmt sein. Zur Unterstützung der Umsetzung ist eine institutionelle Absicherung, etwa über entsprechend gestaltete Anreiz- und Sanktionssysteme (↗ Anreizgestaltung), ↗ Weiterbildung oder ↗ Personalentwicklung vorteilhaft.

Literatur: Gabele, E.; Liebel, H. J.; Oechsler, W. 1992: Führungsgrundsätze und Mitarbeiterführung. Führungsprobleme erkennen und lösen, Wiesbaden   (m)

Führungskräfte

Der Kreis der Führungskräfte wird unterschiedlich bestimmt. Enge Auslegungen verstehen darunter den Personenkreis, der dispositive Aufgaben verrichtet bzw. einem Leitungsgremium angehört. Weitere Fassungen beziehen auch die Meister und ↗ leitenden Angestellten mit ein. Generell lässt sich sagen, dass meist drei Kriterien zur Bestimmung von Führungskräften herangezogen werden: die hierarchische Stellung (hoch vs. niedrig), die Art der regelmäßig zu treffenden Entscheidungen (↗ Entscheidung) (schlecht-strukturiert/politisch vs. operativ) und die seitens der ↗ Organisation legitimierte Möglichkeit zum Treffen von ↗ Entscheidungen sowohl im Personalbereich als auch im Bereich der Sachvorgänge (ja vs. nein).

Die wichtigste Aufgabe von Führungskräften ist die ↗ Führung der gesamten Organisation in Richtung auf die angestrebten Zielsetzungen (vor allem für die oberen Führungskräfte) sowie eine zieladäquate Vorgesetzten-Mitarbeiter-Interaktion. Dabei wird den Führungskräften i.d.R. ein bedeutsamer Beitrag zum Unternehmenserfolg und eine wichtige Funktion sowohl im Hinblick auf die Sachdimension als auch die soziale Dimension der Organisationsführung zugeschrieben.

Eine gängige Unterscheidung differenziert zwischen Führungskräften der oberen (z.B. Mitgliedern der obersten Leitungsgremien), mittleren (z.B. Leitern von Abteilungen/Sachgebieten) und unteren (z.B. Vorarbeiter, Inhaber von Stabspositionen) Ebene.

Eine Reihe von personalwirtschaftlichen Aufgabenstellungen, z.B. ↗ Personalplanung, ↗ Personalentwicklung (v.a. Laufbahn- und Nachfolgeplanung), ↗ Personalauswahl oder Entlohnung, ist für den Kreis der Führungskräfte unter besonderen Prämissen zu betrachten.

Ein Teil der Führungskräfte ist in unterschiedlichen Interessenverbänden zusammengeschlossen. Die wichtigsten dieser Verbände haben sich in der Union der leitenden Angestellten (ULA) zusammengeschlossen und repräsentieren ca. 40.000 Mitglieder.

Literatur: Mühlbacher, J. 2003: Rollenmodelle der Führung. Führungskräfte aus der Sicht der Mitarbeiter, Wiesbaden   (m)

Führungskräfte-Weiterbildung

Die Führungskräfte-Weiterbildung ist ein wesentlicher Teil der ↗ Weiterbildung. Die ↗ Führungskräfte sind fast durchgängig die wichtigste Zielgruppe der Weiterbildung. Der Hauptgrund für das große Engagement der Unternehmen auf diesem Gebiet liegt in der großen Bedeutung der Führungskräfte als Planer und Lenker der Unternehmen. Die auf die Führungskräfte zielenden betrieblichen Maßnahmen auf dem Gebiet der Weiterbildung werden deshalb auch als wichtiges Element der strategischen Unternehmensführung gesehen.

Hauptträger der Führungskräfte-Weiterbildung sind die Unternehmen, daneben aber auch Verbände und kommerzielle Bildungsinstitute, die sich vielfach auf das Führungskräfte-Training spezialisiert haben. Zu diesen Bildungsträgern gehören z.B. die im Wuppertaler Kreis zusammengeschlossenen Management- und Weiterbildungsinstitute. Insbesondere in Nordamerika, zunehmend aber auch in Europa, kommt den Universitäten, die in großem Umfang spezifische Weiterbildungsangebote für Manager bereitstellen, große Bedeutung als Weiterbildungsträger zu. Insbesondere die sich an Führungskräfte richtenden Programme, die mit dem Grad des Masters of Business Administration abschließen (Executive MBA) und Programme, die Teilbereiche des Managements zum Gegenstand haben, sind in diesem Zusammenhang von Bedeutung.

Die Führungskräfte-Weiterbildung wird auf vielfältige Weise realisiert. Nach den Trägern wird zwischen interner und externer Weiterbildung, nach der Praxisnähe zwischen On-the-Job- und Off-the-Job-Training, nach dem Organisationsgrad zwischen organisierter und nicht-organisierter Weiterbildung sowie nach der spezifischen Zielgruppe zwischen Weiterbildung für das Top-Management, verschiedene Führungskräftegruppen und Führungsnachwuchs (↗ Traineeprogramm) unterschieden. Der nicht organisierten Weiterbildung kommt bei Führungskräften besondere Bedeutung zu. Wichtig sind neben Fachtagungen, Seminaren und Kolloquien insbes. Fachzeitschriften und andere Fachlektüre, informelle Fachgespräche, Diskussionen, Erfahrungsaustausch und persönliche Hochschulkontakte, Besuche von Messen, Verfolgen der Wirtschaftspresse, Branchenberichte usw. Fachlich-inhaltlich wird zwischen langfristig angelegten Standardprogrammen und eher kurzfristig angelegten problemorientierten Programmen unterschieden. Die Standardprogramme enthalten sowohl fachlich orientierte Inhalte (Fachbildung) sowie Führungs- und verhaltensorientierte Inhalte (Führungstraining).

Literatur: Böhnisch, W. 1991: Führung und Führungskräfte-Training nach dem Vroom-Yetton-Modell, Stuttgart; Welge, M.K. et al. 2000: Management Development, Stuttgart   (w)

Führungsmodelle

Als Führungsmodelle werden meist praxisorientierte Konstruktionen mit idealtypischem und normativem Charakter bezeichnet, die eine integrierte Gesamtsicht von ↗ Führung in Organisationen anstreben. Durch die Beschreibung, Systematisierung und Normierung problemadäquater Instrumente sowie die Formulierung genereller Regeln sollen Handlungsanweisungen und Gestaltungsempfehlungen in Bezug auf das Führungssystem gewonnen werden. Führungsmodelle können auch eher beschreibender Art sein. Dies gilt z.B. für die Beschreibung des Idealtyps der bürokratischen oder der organischen Führung.

Führungsmodelle sind stets durch Aussagen zu einer größeren Anzahl von Elementen des Führungsgeschehens gekennzeichnet, die typischerweise sowohl die strukturelle als auch die interaktive Führung umfassen. Beispiele für solche Elemente sind: Art der Koordination, Grad der Delegation, Formalisierungsgrad, Taktiken der Willensdurchsetzung, Ausmaß der Partizipation, Art der Kontrolle, Verteilung von Autorisierungsrechten, Gestaltung der Kommunikation.

Viele Führungsmodelle betonen eine dieser Dimensionen, die dem Modell dann den Namen gibt, z.B. »management-by-delegation« (»Harzburger Modell«), »management-by-results«, wobei »results« für Ergebniskontrolle steht, »management-by-participation« usw. (↗ Management-by-Konzepte). Innerhalb dieser Modellkonzeptionen werden Aussagen bzw. Empfehlungen auch zu den meisten anderen, durch die Namensgebung nicht hervorgehobenen Dimensionen gemacht. So sind wesentliche Elemente des Harzburger Modells neben der Delegation von Verantwortung auch Stellenbeschreibungen, allgemeinverbindliche Führungsanweisungen und ein differenziertes Kontrollsystem.

Die Führungsmodelle und die reale Führungspraxis können auf einem Kontinuum idealtypischer Führungsformen eingeordnet werden, die im Anschluss an Burns und Stalker (1961) von mechanistischen bis zu organischen Führungsformen reichen. Von mechanistischen Führungsformen wird gesprochen, wenn zentral koordiniert wird, wenn nur in geringem Maße Delegation erfolgt, wenn der Formalisierungsgrad hoch ist, bei der Willensdurchsetzung der Befehl dominiert, nur geringe Partizipation erfolgt und die Verhaltenskontrolle überwiegt.

Organische Führungsformen weisen tendenziell die Ausprägungen am anderen Ende der Skala auf: das sind dezentrale Koordination, hoher Grad an Delegation, geringer Formalisierungsgrad, Willensdurchsetzung durch Überzeugung, umfangreiche Partizipation der Geführten und Ergebniskontrolle.

Wesentlichen Einfluss auf den Erfolg der unterschiedlich akzentuierten Führungsmodelle hat das Umfeld, in dem die Modelle eingesetzt werden. Mechanistische Führungsmodelle ermöglichen effiziente Abläufe, fördern tendenziell die Integration, sind aber wenig flexibel im Hinblick auf Umweltveränderungen. Organisch orientierte Führungsmodelle zeichnen sich hingegen durch größere Anpassungsfähigkeit aus. Sie bewähren sich deshalb eher in einer dynamischen Umwelt, mechanistische Führungsmodelle eher in einer sterilen Umwelt.

Literatur: Rühli, E. 1995: Führungsmodelle, in: Kieser, A.; Reber, G.; Wunderer, R. (Hrsg.): Handwörterbuch der Führung, Stuttgart, Sp. 760-772; Weibler, J. 2001: Personalführung, München   (w)

Führungsstil

Führungsstil wird als das über einen längeren Zeitraum und mit Bezug auf bestimmte Situationen konsistent gegenüber ↗ Mitarbeitern gezeigte Führungsverhalten von ↗ Vorgesetzten bezeichnet. Die Führungsstilforschung geht davon aus, dass das Verhalten des Führers maßgeblichen Einfluss auf das Geschehen in der ↗ Gruppe und deren Leistung hat. Über die Ermittlung des optimalen Führungsstils soll die Erreichung von ↗ Führungserfolg unterstützt werden.

Zur Beschreibung von Führungsstil werden unterschiedliche, meist dichotome Kategorien herangezogen. Als wichtigste Dimensionen können ›Möglichkeit der Teilnahme an Entscheidungsprozessen‹ und ›Sach- bzw. Personenorientierung‹ genannt werden.

Nach dem Grad der Entscheidungspartizipation unterscheidet Lewin zwischen autoritärem, demokratischem und laissez-faire Stil. Tannenbaum/ Schmidt beschreiben zwischen den beiden Polen ›autoritär‹ und ›kooperativ‹ sieben verschiedene Ausprägungen. Die Ohio- und Michigan-Studien entwickelten auf empirischem Weg zwei als unabhängig angesehene Dimensionen des Führungsstils: Aufgaben- bzw. Mitarbeiterorientierung. Sie stimulierten eine Reihe von Versuchen, diese Erkenntnisse in Modelle einzubinden. Dazu gehören das ↗ Verhaltensgitter von Blake/Mouton, die ↗ Theorie des situativen Reifegrades von Hersey/Blanchard oder das ↗ 3-D-Konzept von Reddin.

Im Rahmen von ↗ Führung hat der Führungsstil wesentliche Bedeutung.

Die Operationalisierung von Führungserfolg und die Vernachlässigung von situativen Variablen bei der Erklärung des Zusammenhangs zwischen Führungsstil und Führungserfolg werden jedoch vielfach kritisiert. Fiedler versucht in seinem ↗ Kontingenzmodell eine Verbindung von Führungsstil und Kontextfaktoren.

Literatur: Wunderer, R. 2003: Führung und Zusammenarbeit, 5. Aufl., Wiesbaden   (m)

Führungssubstitute

Als Führungssubstitute werden all diejenigen Maßnahmen, Instrumente und Faktoren bezeichnet, welche personale oder interaktive Führung ganz oder teilweise ersetzen. Alle situativen Faktoren, die auf den Erfolg personaler ↗ Führung einwirken, sind potenziell Führungssubstitute. Dazu gehören organisationale Elemente wie etwa Organisationskultur, Anreizsysteme oder die Aufgabengestaltung, Personalentwicklungsprogramme, professionelle Orientierung der Beschäftigten oder die Bildung von Arbeitsgruppen.

Durch den Einsatz von Führungssubstituten versprechen sich ↗ Organisationen eine Stabilisierung von Führung durch die Ablösung schwer berechenbaren individuellen Führungsverhaltens durch besser gestaltbare strukturelle Elemente.

Literatur: Howell, J.P.; Bowen, D.E.; Dorfman, P.W.; Kerr, S.; Podsakoff, P.M. 1990: Substitutes for leadership: Effective alternatives to ineffective leadership, in: Organizational Dynamics, 19 (1), S. 21-38   (m)

Führungstheorien

Führungstheorien beschäftigen sich mit der Beschreibung, Erklärung und Voraussage von Bedingungen, Strukturen, Prozessen und Konsequenzen von ↗ Führung. Sie liefern u.a. die Voraussetzungen für die Ableitung von Gestaltungsempfehlungen.

Die Beteiligung unterschiedlicher Wissenschaftsdisziplinen schlägt sich in einer Vielfalt von Ansätzen nieder. Grundsätzlich lassen sich die verschiedenen Ansätze entlang zweier Dimensionen gliedern. Zum einen unterscheiden sich Führungstheorien hinsichtlich der Rolle der Situation. Universelle Theorien gehen von einem ›one-best-way‹ aus, der in allen Situationen zum Erfolg führt. Situative Theorien hingegen sehen in einer je spezifischen Passung von Führungsperson, ihrem Verhalten und der Situation den entscheidenden Faktor für ↗ Führungserfolg. Zum anderen haben Theorien einen unterschiedlichen Fokus. Eigenschaftstheorien gehen von relativ stabilen, den ↗ Führungserfolg beeinflussenden Persönlichkeitsmustern aus. Verhaltenstheorien wiederum sehen als wesentliche Variable beobachtbares Führungsverhalten. Aus der Kombination dieser beiden Dimensionen und ihrer typischen Ausprägungen ergeben sich vier ›Theoriefamilien‹.

– Universelle Eigenschaftstheorien, z.B. die klassische ↗ Eigenschaftstheorie (great-man-, hero-theory) oder kulturunabhängige Führungsideale
– Universelle Verhaltenstheorien, z.B. das ↗ Verhaltensgitter oder charismatisches Führungsverhalten
– Situative Eigenschaftstheorien, z.B. das ↗ Kontingenzmodell von Fiedler
– Situative Verhaltenstheorien, z.B. das ↗ Vrom-Yetton-Modell als normatives Entscheidungsmodell, die ↗ situative Reifegradtheorie oder die Weg-Ziel-Theorie, die von der ↗ Erwartungs-Valenz-Theorie ausgeht und der Erklärung von Führung

die Verhaltenspläne der Geführten zugrunde legt.

Generell können die genannten Ansätze im Hinblick auf die Vielschichtigkeit von Führung über weite Strecken als komplementär gelten. Eine allgemeine, integrierende Theorie steht noch aus.

Literatur: Steyrer, J. 2002: Theorien der Führung, in: Kasper, H.; Mayrhofer, W. (Hrsg.): Personalmanagement – Führung – Organisation, 3. Aufl., Wien, S. 157-212   (m)

G

Gehalt

Als Gehalt wird die Vergütung bzw. der ↗ Lohn für Angestellte im Sinne des Arbeits- und Sozialversicherungsrechts bezeichnet. Vielfach wird bei der Entgeltdiskussion nicht zwischen ↗ Lohn im engeren Sinne und Gehalt unterschieden, so dass z.B. von ↗ Lohngerechtigkeit und nicht von Lohn- und Gehaltsgerechtigkeit die Rede ist. (w)

Gehaltsgruppen ↗ Lohngruppen

Gemeinkosten Wertanalyse

Die Gemeinkosten-Wertanalyse ist eine spezielle Variante der ↗ Wertanalyse. Sie wirkt in diesem Fall als Verfahren zur Senkung der Gemeinkosten im Verwaltungsbereich darauf, die hier zu erbringenden Leistungen mit möglichst niedrigen Kosten zu erstellen. Damit zielt das Verfahren schwerpunktmäßig auf die Senkung der ↗ Personalkosten. (w)

Genfer Schema

Das Genfer Schema ist eine ursprünglich 1950 bei einer in Genf durchgeführten Konferenz führender europäischer Arbeitswissenschaftler entwickelte Systematisierung der Merkmalskategorien, die bei der analytischen ↗ Arbeitsbewertung verwendet werden können. Das Genfer Schema unterscheidet zwischen Können und Belastung und wendet beide Kategorien auf geistige und körperliche Anforderungen, das Merkmal Belastung außer-

dem auf die Verantwortung und die äußeren Arbeitsbedingungen an.

	Fach- können	Belas- tung
1. geistige Anforderungen	x	x
2. körperliche Anforderungen	x	x
3. Verantwortung		x
4. äußere Arbeits- bedingungen		x

Die Hauptanforderungsarten des weit verbreiteten REFA-Systems orientieren sich am Genfer Schema und unterscheiden die folgenden Bereiche: 1. Kenntnisse, 2. Geschicklichkeit, 3. Verantwortung, 4. geistige Belastung, 5. muskelmäßige Belastung, 6. Umgebungseinflüsse.

Literatur: REFA-Verband für Arbeitsstudien e.V. 1991: Anforderungsermittlung (Arbeitsbewertung), 2. Aufl., München (w)

Geplanter organisatorischer Wandel

Als geplanter Wandel können allgemein die bewussten und systematischen Anstrengungen im Rahmen von tief greifenden ↗ Änderungen bezeichnet werden, welche auf ein verbessertes Funktionieren von (Wirtschafts-) Organisationen abzielen. Im besonderen wird damit unter Bezugnahme auf kybernetisch-systemorientierte Ansätze aus der ↗ Organisationstheorie das Vorgehen bezeichnet, das sich nicht auf die Gestaltung ›optimaler‹ formaler Strukturen beschränkt, sondern den in unterschiedlichen Phasen ablaufenden

Wandel ganzer sozialer Systeme zum Gegenstand hat. Grundannahme ist, dass der Wandel in sozialen Systemen wesentlich von politischen Prozessen, d.h. Verhandlungsprozessen zwischen den am Wandel beteiligten Personen (-gruppen), bestimmt ist und zu einem großen Teil unter Kontrolle von Steuerungsinstanzen steht. Damit kommt der ↗ Führung in ↗ Organisationen besondere Bedeutung zu.

Generelles Ziel des geplanten Wandels ist eine Verbesserung der organisationalen Leistungsfähigkeit, die durch Veränderungen in der internen oder externen Umwelt des jeweiligen sozialen Systems gefährdet ist.

Im Unterschied zur ↗ Organisationsentwicklung werden die Betroffenen nur insoweit in die Zielformulierung und den Wandlungsprozess miteinbezogen, als es für die Durchführung notwendig erscheint, etwa zur Verringerung von Veränderungswiderständen. In jüngerer Zeit haben Maßnahmen des geplanten Wandels insbesondere im Rahmen von Change Management erhöhte Bedeutung erfahren. Dabei kombiniert Change Management Maßnahmen der ↗ Organisationsentwicklung und des geplanten Wandels.

Die Bedeutung dieser gesamtbetrieblichen Veränderungsstrategie geht über den Bereich des betrieblichen ↗ Personalwesens hinaus. Trotzdem können in einzelnen Phasen des Wandels personalwirtschaftliche Problemstellungen zentrale Bedeutung erlangen, z.B. motivationale Wirkungen der angestrebten Veränderungen.

Kritisch bewertet werden die zugrunde liegenden organisationstheoretischen Annahmen sowie die Tatsache, dass die Einbeziehung der über die Steuerungsinstanzen hinaus Betroffenen überwiegend ›instrumentellen‹ Charakter hat.

Literatur: Kirsch, W. 1973: Betriebswirtschaftspolitik und geplanter Wandel betrieblicher Systeme, in: Kirsch, W. (Hrsg.): Unternehmensführung und Organisation, Wiesbaden, S. 15-40; Reiss, M.; Rosenstiel, L. v.; Lanz, A. (Hrsg.) 1997: Change Management. Programme, Projekte und Prozesse, Stuttgart (m)

Geringfügige Beschäftigung

In Deutschland wird eine Beschäftigung als geringfügig bezeichnet, wenn das Arbeitsentgelt aus dieser Beschäftigung regelmäßig im Monat 400 Euro nicht übersteigt. Früher wurde die Geringfügigkeit auch an einer Zeitgrenze festgemacht (geringfügig = Arbeitszeit von weniger als 15 Stunden in der Woche). Diese Zeitgrenze gibt es nicht mehr. Eine geringfügige Beschäftigung ist für den ↗ Arbeitnehmer sozialversicherungsfrei. Mehrere geringfügige Beschäftigungsverhältnisse werden zusammengerechnet. Sie bleiben für den Arbeitnehmer versicherungsfrei, wenn die Arbeitsentgelte aus diesen Beschäftigungen insgesamt höchstens 400 Euro betragen. Bestehen geringfügige Beschäftigungen neben einer versicherungspflichtigen Hauptbeschäftigung, ist die erste geringfügige Beschäftigung versicherungsfrei. Alle weiteren geringfügigen Beschäftigungsverhältnisse werden wegen der Zusammenrechnung mit der versicherungspflichtigen Hauptbeschäftigung versicherungspflichtig. Mehrere geringfügige Beschäftigungen bei ein und demselben ↗ Arbeitgeber werden zu einem Beschäftigungsverhältnis zusammengerechnet.

Der Arbeitgeber hat Pauschalbeträge in Höhe von 25% (Krankenversicherung 11%, Rentenversicherung 12% und Steuer 2%) zu zahlen. Für geringfügige Beschäftigungsverhältnisse in Privathaushalten gilt davon abweichend, dass der Arbeitgeber Pauschalbeiträge in Höhe von 12% (5% Rentenversicherung, 5% Krankenversicherung und 2% Steuer) abführen muss.

Eine besondere Form der Geringfügigkeit liegt vor, wenn eine kurzfristige

Beschäftigung gegeben ist: Eine kurzfristige Beschäftigung liegt vor, wenn sie bezogen auf ein Kalenderjahr maximal zwei Monate oder 50 Arbeitstage dauert. Das Entgelt darf die Grenze von 400 Euro überschreiten. Die zeitliche Begrenzung muss von der Sache her (z.B. Hilfe bei der Ernte) begründet oder von vornherein vertraglich festgelegt sein; zudem muss sie gleichsam „nebenher" und nicht berufsmäßig ausgeübt werden. Für solche kurzfristigen Beschäftigungsverhältnisse sind weder vom Arbeitgeber noch vom Arbeitnehmer Beiträge zur Sozialversicherung (↗ Sozialversicherungsrecht) zu zahlen.

Sowohl geringfügige als auch kurzfristige Beschäftigungsverhältnisse sind meldepflichtig und unterliegen den steuerlichen Regelungen.

In Österreich ist eine geringfügige Beschäftigung eine regelmäßige Tätigkeit mit einer Entlohnung unter der so genannten Einkommensgrenze (in 2004: € 309,38 brutto pro Monat). Sie zählt zu den atypischen Beschäftigungsverhältnissen und ist im § 5 (2) ASVG geregelt. Bei geringfügiger Beschäftigung fallen für den ↗ Arbeitnehmer weder Steuern noch Sozialabgaben an. Dennoch hat er weiterhin Anspruch auf ↗ Urlaub, Entgeltfortzahlung im Krankheitsfall, Recht auf Pflegefreistellung, Recht auf Abfertigung sowie Ansprüche auf Sonderzahlungen, soweit diese im Kollektivvertrag vorgesehen sind. Die Aufnahme einer geringfügigen Beschäftigung hat keine Auswirkungen auf den Arbeitslosenentgeltbezug.

Vorteile dieser Konstruktion sind eine erhöhte Flexibilität im Falle von Ausbildung oder Familienarbeit und die Möglichkeit zur Erzielung eines Zusatzeinkommens ohne negative steuerliche Wirkungen. Dem stehen einige Nachteile wie ein erhöhtes Risiko des Arbeitsplatzverlustes aufgrund des feh-

lenden allgemeinen und besonderen Kündigungsschutzes, Ausfall von Sozialleistungen aufgrund fehlender Sozialversicherungsbeiträge sowie geringes Entgelt gegenüber.

Literatur: Engelbrecht, H./Gruber, B. W./Risak, M. E. (2002): Werkverträge & atypische Dienstverträge, Wien   (n)

Gewerkschaften

Gewerkschaften sind freiwillige Vereinigungen von ↗ Arbeitnehmern zur kollektiven Vertretung ihrer Interessen.

Die deutschen Gewerkschaften sind aus den handwerklichen Bruderschaften der zünftigen Gesellen (bis Mitte des 19. Jahrhunderts) hervorgegangen. Erst gegen Ende des 19. Jahrhunderts verlagerte sich der Kern der Gewerkschaftsbewegung auf die Berufe und Wirtschaftszweige der industriellen Produktion.

Mehrmals wurden die Vorläufer der heutigen deutschen Gewerkschaften z.T. verboten: 1854 Koalitionsverbot, 1878 „Sozialistengesetze" und 1934 „Gesetz zur Ordnung der Nationalen Arbeit". Heute ist das Recht der Koalitionsbildung und -betätigung im Grundgesetz (Art.9,3) abgesichert.

Die Wurzeln der heutigen Gewerkschaften liegen politisch-weltanschaulich in der sozialistischen bzw. sozialdemokratischen Arbeiterbewegung (1892 erster zentraler Gewerkschaftskongress), aber auch in der christlichen Tradition (1901 Gründung des Gesamtverbandes der christlichen Gewerkschaften) und im Liberalismus (1869 Gründung des Verbands Deutscher Gewerkvereine). In organisatorischer Hinsicht dominierte in den Anfängen das Berufsverbandsprinzip, d.h. eine Gewerkschaft organisierte nur eine bestimmte Berufsgruppe, z.B. die Zigarrenarbeiter. Heute herrscht das

Einheitsgewerkschaftsprinzip (Organisation der Arbeitnehmer unabhängig von deren politischer Richtung) und das Industrieverbandsprinzip (Organisation nach Industriezweigen unabhängig von der Berufszugehörigkeit) vor. Der ↗ Deutsche Gewerkschaftsbund ist nach diesen Prinzipien aufgebaut (↗ Österreichischer Gewerkschaftsbund, ↗ Schweizerischer Gewerkschaftsbund ↗ Travail.Suisse). Der ↗ Deutsche Beamtenbund (DBB) wird häufig nicht als Gewerkschaft bezeichnet, da Beamte kein Streikrecht haben und die Streikfähigkeit ein wesentliches Merkmal von Gewerkschaften ist.

Gewerkschaften üben auf ihren Einfluss auf Betriebs- bzw. Unternehmensebene in Deutschland vor allem über die ↗ Vertrauensleute und über Vertreter in mitbestimmten Unternehmen aus. Hauptadressaten der Forderungen der Gewerkschaften sind die ↗ Arbeitgeber, deren Organisationen und der Staat. Die Interessen richten sich vor allem auf die Kontrolle der Arbeitsverhältnisse und der ↗ Arbeitsbeziehungen. Wichtigste Mittel der Interessendurchsetzung sind Verhandlungen und Arbeitskämpfe (↗ Tarifvertrag).

Die Beziehung zu personalwirtschaftlichen Fragen wird besonders bei der Tarifpolitik deutlich, aber auch bei Forderungen zur ↗ Humanisierung der Arbeit und zum Erhalt bzw. zur Ausweitung der ↗ Mitbestimmungsrechte.

Literatur. Schroeder, W., Weßels, B. (Hrsg.) 2003: Gewerkschaften in Politik und Gesellschaft der Bundesrepublik: Ein Handbuch, Wiesbaden; Fluder, R.; Ruf, H.; Schöni, W.; Wicki, M. 1991: Gewerkschaften und Angestelltenverbände in der schweizerischen Privatwirtschaft, Zürich; Klenner, F. 1979: Die österreichischen Gewerkschaften, Bd. 3, Wien (n)

Gleichbehandlungsrichtlinien

Verschiedene auf unterschiedlichen rechtlichen Grundlagen beruhende Gleichbehandlungsgebote regeln das Arbeitsverhältnis.

In der Bundesrepublik Deutschland ist die Gleichheit vor dem Gesetz in Art. 3 GG garantiert. Der Grundsatz beinhaltet eine Gleichheit aller Menschen vor dem Gesetz, d.h., dass niemand z.B. aufgrund seines Geschlechts, seiner politischen Anschauung ohne sachlich gerechtfertigten Grund ungleich behandelt werden darf. Ein Verbot der Ungleichbehandlung findet sich außer im Grundgesetz auch im § 611a BGB, in arbeitsrechtlicher Hinsicht.

Der § 612 Abs. 3 BGB enthält eine Regelung für die Einhaltung der Gleichbehandlungspflicht für den Bereich der Entlohnung.

Die sachwidrige Benachteiligung von Teilzeitkräften verbietet der § 4 TzBfG. § 75 Abs. 1 BetrVG verpflichtet ↗ Arbeitgeber und ↗ Betriebsrat, alle im Unternehmen arbeitenden Personen nach den Grundsätzen von Recht und Billigkeit gleich zu behandeln.

In Österreich definiert der verfassungsrechtliche Gleichbehandlungsgrundsatz in Art. 7 B-VG ein Sachlichkeitsgebot, an den auch Kollektivverträge und Betriebsverfassungen gebunden sind.

Zusätzlich existieren im privatwirtschaftlichen Bereich spezielle Vorschriften zum Schutz vor Diskriminierungen wegen des Geschlechts (Art. 141 EGV). Zu nennen ist v.a. der arbeitsrechtliche Gleichbehandlungsgrundsatz und das Gleichbehandlungsgesetz. Der arbeitsrechtliche Gleichbehandlungsgrundsatz verbietet es ↗ Arbeitgebern, einen oder einzelne ↗ Arbeitnehmer ohne sachlichen Grund schlechter zu behandeln als vergleichbare Arbeitnehmer. Das Gleichbehandlungsgesetz verbietet dem Arbeitgeber Differenzierungen hinsichtlich der Arbeitsbedingungen aufgrund des Geschlechts, sofern kein sachlicher Rechtfertigungsgrund dafür besteht.

Das gilt etwa bei der Einstellung von Arbeitnehmern, beim beruflichen Aufstieg, bei der Festsetzung des Entgelts, bei der Einbeziehung in Aus- und Weiterbildungsmaßnahmen, bei der Gewährung von Sozialleistungen ohne Entgeltcharakter und bei der Beendigung des Arbeitsverhältnisses.

Das Bundesgleichbehandlungsgesetz (B-GBG) formuliert für Dienstverhältnisse zum Bund neben einem dem § 2 GlBG nachgebildeten Gleichbehandlungsgebot noch positive Maßnahmen zur Förderung der Frauenbeschäftigung, sofern die Belegschaft eine Frauenquote von 40 % noch nicht erreicht hat.

Vor dem Hintergrund der rechtlichen Regelungen haben viele ↗ Organisationen weitergehende bzw. differenziertere Bestimmungen entworfen, um dem Gebot der Gleichbehandlung nachzukommen und dieses für das Führungsverhalten in Organisationen noch relevanter zu machen.

Literatur: Lindmayr, M. (2004): Handbuch zum Gleichbehandlungsrecht. Die Gleichstellung von Mann und Frau im Arbeitsleben. 3. Aufl., Wien; Bundenbender, U.; Strutz, H. 2003: Gabler Kompakt-Lexikon Personal, Wiesbaden   (m)

Gleitende Arbeitszeit

Gleitende Arbeitszeit ist die am weitesten verbreitete Form der ↗ flexiblen ↗ Arbeitszeit. Sie teilt die tägliche individuelle Arbeitszeit in Kernzeit mit Verpflichtung zur Anwesenheit und Gleitzeit. Die ↗ Arbeitnehmer können unter Beachtung der Kernzeit Beginn und Ende der täglichen Arbeitszeit innerhalb der Gleitzeitspanne frei wählen.

Die vorliegenden Modelle unterscheiden sich nach dem Bezugszeitraum, innerhalb dessen die vereinbarte Normalarbeitszeit erreicht wer-

den muss, der Möglichkeit zur Übertragung von Zeitguthaben oder -schulden auf folgende Perioden und der Art der Einlösung von Zeitguthaben.

Zu den betrieblichen Zielsetzungen gehören die Steigerung der Arbeitsintensität, Verringerung von Überstunden und ↗ Absentismus sowie die Abkoppelung der Betriebszeit von der individuellen Arbeitszeit. Für den Einzelnen soll die gleitende Arbeitszeit eine verbesserte Anpassung an den individuellen Lebens- und Arbeitsrhythmus und verstärkte Selbstbestimmung bringen.

An gesetzlichen Bestimmungen sind besonders das ↗ Mitbestimmungsrecht des Betriebsrats (↗ Betriebsrat) bei der Einführung sowie tägliche Höchstarbeitszeiten zu beachten.

Arbeitnehmervertretungen weisen auf die Verlagerung des Pünktlichkeitsrisikos auf den ↗ Mitarbeiter und die zusätzlich notwendige Kontrolle hin. Von Arbeitgeberseite (↗ Arbeitgeber) wird der administrative Mehraufwand kritisch erwähnt. Trotzdem ist die gleitende Arbeitszeit heute weit verbreitet und weitgehend akzeptiert.

Literatur: Linnenkohl, K. 2001: Arbeitszeitflexibilisierung: die Unternehmen und ihre Modelle, 4. Aufl., Heidelberg   (m)

Gleitender Ruhestand

Gleitender Ruhestand ist ein Modell der ↗ flexiblen Arbeitszeit für ältere ↗ Arbeitnehmer, die mittelfristig durch Pensionierung aus dem Erwerbsleben ausscheiden werden. In den letzten Jahren vor der Pensionierung kommt es zu einer schrittweisen Verkürzung der ↗ Arbeitszeit des Einzelnen bei gleichzeitiger, meist zugunsten des Mitarbeiters weniger starker Verringerung des Arbeitsentgelts (↗ Lohn, ↗ Gehalt). Damit wird die Einbindung in den Arbeitsprozess vermindert. Häufig wird auch die starre gesetzliche Altersregelung zugunsten einer flexibleren und individuelleren Lösung aufgegeben, z.b. Möglichkeit der freiwilligen Weiterbeschäftigung auch nach Erreichen des gesetzlichen Pensionsalters.

Für den Einzelnen mildert der schrittweise Übergang von der Erwerbs- zur Nichterwerbstätigkeit die mit dem plötzlichen Verlust der Arbeitsstelle verbundenen Krisen (›Pensionierungsschock‹). Die ↗ Organisation erhält die Möglichkeit, sich langsam an die veränderten Gegebenheiten anpassen zu können. Nachteilig für die direkt Betroffenen sind u.a. das Gefühl der zunehmenden Ohnmacht bzw. Entmachtung oder die Reduktion des Entgelts, die u.U. mit einer Verminderung der Pensions- bzw. Rentenbasis verbunden ist.

Literatur: Doleczik, G.; Oser, P.; Schäfer, U. 1998: Altersteilzeit. Ein praxisorientierter Leitfaden für Entscheidungsträger, Stuttgart; Schöngrundner, A. 2004: Die Altersteilzeit, Wien   (m)

Graphologie

Die Untersuchung und Deutung der Handschrift wird als Graphologie bezeichnet. Ihr liegt der Gedanke zugrunde, dass sich die psychische Struktur eines Menschen neben den Ausdruckserscheinungen Physiognomik, Mimik, Gestik und Sprechweise – auch in der Schrift niederschlägt und es möglich ist, vom Ergebnis der Schreibbewegung auf psychische Eigenschaften zurückzuschließen. Die Anwendung der Graphologie als Instrument der ↗ Eignungsdiagnostik ist trotz ihrer langen Tradition umstritten. Neben methodischen Problemen ist hierfür auch das Auftreten von Scharlatanen ein wesentlicher Grund. Außerdem werden im Hinblick auf Personalauswahlentscheidungen (↗ Personalauswahl) juristische Bedenken geltend gemacht.   (m)

Gratifikationen

Bei Gratifikationen handelt es sich um Sondervergütungen mit Entgeltcharakter, die zu bestimmten Anlässen – z.B. Weihnachten, Jahresschluss, Urlaub, Jubiläen – seitens des ↗ Arbeitgebers zusätzlich zum regulären Entgelt an die ↗ Arbeitnehmer gezahlt werden. Sie können in fester oder variabler Höhe gewährt werden. Besonders für außertarifliche ↗ Angestellte stellen Gratifikationen einen wesentlichen Anteil am Jahreseinkommen dar.

Auf Gratifikationen besteht ein Rechtsanspruch, wenn diese in ↗ Tarif- bzw. ↗ Kollektivverträgen, ↗ Betriebsvereinbarungen oder individuellen ↗ Arbeitsverträgen festgehalten sind bzw. durch mehrmalige Zahlungen ohne Vorbehalt begründet wurden (Gewohnheitsrecht). Bei der Auszahlung ist insbesondere auf den Gleichbehandlungsgrundsatz zu achten.

Je nach Ausgestaltung zählen Gratifikationen zum Instrumentarium der betrieblichen ↗ Lohnpolitik bzw. zu den betrieblichen ↗ Sozialleistungen.

Literatur: Eyer, E. 2002: Report Vergütung: Entgeltgestaltung für Mitarbeiter und Manager, 2. Aufl., Düsseldorf   (m)

Groupthink

Hinter Groupthink steht die Beobachtung, dass manche Arbeitsgruppen unter bestimmten Bedingungen stark nach gruppeninterner Übereinstimmung streben und schlechte Entscheidungen treffen. Grundbedingung für das Auftreten von Groupthink-Tendenzen ist das Vorhandensein hoch kohäsiver ↗ Gruppen, d.h. Gruppen mit guten und engen Beziehungen zwischen den Gruppenmitgliedern und einer hohen Wertigkeit der Mitgliedschaft in der Gruppe.

Zur hohen Gruppenkohäsion müssen noch strukturale und situative

Mängel kommen. Zu den strukturalen Mängeln gehören etwa Isolation der Gruppe von der Außenwelt, fehlende organisationsinterne Traditionen in Bezug auf wenig führerbezogenes Entscheidungsverhalten, fehlende Standards hinsichtlich des Vorgehens bei der Entscheidungsfindung oder homogener sozialer Hintergrund der Gruppenmitglieder. Situative Mängel umfassen z.B. verfrühte Festlegung auf eine auch gegen ›warnende‹ Umweltsignale weitgehend resistente Gruppenmeinung oder ein wenigstens zeitweilig reduziertes Selbstwertgefühl der Gruppenmitglieder.

Bei Vorliegen dieser Bedingungen steigt die Wahrscheinlichkeit des Auftretens von Groupthink-Symptomen. Dazu gehören v.a. die Überschätzung der ↗ Macht und Moralität der Gruppe, die hoch selektive Umweltwahrnehmung durch die Gruppe mit sehr groben (›schwarz-weiß‹) Kategorien und ein gruppeninterner Druck in Richtung auf Uniformität.

Diese Symptome haben zwar gruppenintern häufig entlastende Wirkungen, führen aber auch zu Entscheidungsdefekten. Eine unvollständige Prüfung von Zielen und Alternativen, mangelhafte Risikoabwägung der bevorzugten Entscheidung, fehlende Wiederbewertung ursprünglich abgelehnter Alternativen bei neuer Informationslage, ungenügende Informationssuche, selektive Verarbeitung der verfügbaren Informationen oder fehlende Ausarbeitung von Alternativplänen führen zu sub-optimalen Entscheidungen.

Zur Vermeidung von Groupthink wird v.a. empfohlen, kritischen Einwänden einen hohen Stellenwert zu geben, möglichst vielfältige Entscheidungsalternativen zu generieren, Reflexionsschleifen bei der Entscheidungsfindung einzubauen und externe Sichtweisen zu integrieren.

Aus personalwirtschaftlicher Sicht liefert dieses Konzept wertvolle Hinweise für die Analyse von Gruppensituationen und für die praktische Gestaltung guten Entscheidungsverhaltens in Gruppen.

Literatur: Janis, I.L. 1982: Groupthink, 2. Aufl., Dallas u.a.   (m)

Gruppe

Als Gruppen werden Personenmehrheiten unterschiedlicher Größe bezeichnet. Meist wird der Gruppenbegriff auf so genannte Kleingruppen bezogen, die durch folgende Merkmale gekennzeichnet sind: Mehrzahl von Personen, wobei die Untergrenze häufig bei drei, im Extremfall bei zwei Personen (Dyade) gezogen wird und als Obergrenze selten mehr als 30 Personen genannt werden, gemeinsames Ziel oder Aufgabe, direkte Interaktion dieser Personen über eine längere Zeitspanne hinweg, Rollendifferenzierung (↗ Rollen), gemeinsame ↗ Normen und Wir-Gefühl der Mitglieder.

Es lassen sich zwei größere Problemkreise des Gruppengeschehens unterscheiden: die Aufgabenerfüllung oder Zielerreichung und die Lösung der gruppeninternen Probleme. Gruppen erfüllen Aufgaben und bedürfen hierzu ihres eigenen Bestandes, dessen Sicherung mit zunehmender Größe und damit zunehmend differenzierter Gruppenstruktur einen wachsenden Anteil der Aktivitäten der Gruppenmitglieder – z.B. im Rahmen von ↗ Gruppenentscheidungen – beansprucht.

Nach dem Kriterium des Zustandekommens der Gruppe lassen sich formale bzw. formelle Gruppen, die geplant zustande gekommen sind, und informale bzw. informelle Gruppen, die ungeplant, oft zufällig zustande gekommen sind, unterscheiden. Nach dem Kriterium der Gruppengröße lässt sich zwischen Kleingruppen, für die selten Mitgliederzahlen von mehr als 30 als Obergrenze genannt werden, und Großgruppen differenzieren. Üblicher ist jedoch die Unterscheidung von Gruppe (im Sinne der Kleingruppe) und ↗ Organisation. Eine Sonderform der Gruppe ist das durch ein hohes Maß an Kooperation und Kohäsion gekennzeichnete ↗ Team.

Literatur: Antoni, C.H. 1996: Gruppenarbeit. Mehr als ein Konzept. Darstellung und Vergleich unterschiedlicher Formen der Gruppenarbeit, in: Antoni, C.H. (Hrsg.): Gruppenarbeit in Unternehmen. Konzepte, Erfahrungen, Perspektiven, 2. Aufl., Weinheim, S. 19-48; Schuler, H. (Hrsg.) 2003: Enzyklopädie der Psychologie. Organisationspsychologie II: Gruppen und Organisation, Göttingen   (w)

Gruppenarbeit

Eine Gruppe besteht aus mehr als zwei Personen mit intensivem Face-to-Face-Kontakt und Kohäsion (»Wir-Gefühl«), die gemeinsam Ziele und Werte teilen und deren Rollen und Funktionen flexibel aufeinander bezogen sind. Gruppenarbeit umfasst die Erledigung der Aufgabenstellung durch eine ↗ Arbeitsgruppe. Dabei lassen sich nach dem Grad der Autonomie, Partizipation und Kooperation unterschiedliche Arten von Arbeitsgruppen unterscheiden, z.B. teilautonome Gruppen, stark managementgeführte Gruppen, Projektteams, Qualitätszirkel oder virtuelle Arbeitsgruppen.

Spätestens seit der Human-Relations-Bewegung in der Mitte des 20. Jahrhunderts ist die Bedeutung der sozialen Umgebung für die Arbeitsleistung bekannt. Der Grund für die Verwendung von Gruppenarbeit liegt sowohl im fachlichen als auch im außerfachlichen Bereich. Fachlich gesehen ist mit Gruppenarbeit die Hoffnung auf bessere Aufgabenerfüllung verbunden. Je nach Art der Aufgabe sind Gruppen deutlich leistungsfähiger als Einzelpersonen. Im außerfachlichen Bereich ist mit Gruppenarbeit die Erwartung der Entwicklung von extrafunktionalen ↗ Qualifikationen wie methodischer oder ↗ sozialer Kompetenz verbunden.

Arbeitsgruppen weisen eine hohe interne Dynamik und durchaus komplizierte Beziehungen zur Außenwelt auf. Intern sind dabei vor allem die unterschiedlichen Phasen der ↗ Gruppenentwicklung sowie verschiedene Reibungsverluste wie etwa ↗ Groupthink oder sozial bedingte Leistungszurückhaltung zu nennen. Extern sind die Abgrenzung zu Personen außerhalb der Gruppe oder die in ↗ Organisationen besonders wichtige Spannung zwischen den Polen ›Kooperation‹ und ›Konkurrenz‹ mit anderen Arbeitsgruppen zu nennen. Aufgrund dieser hohen Dynamik und der Komplexität von Gruppenstrukturen und -prozessen ist es wenig verwunderlich, dass hinsichtlich der Effizienzziele von Gruppenarbeit durchaus widersprüchliche empirische Ergebnisse vorliegen.

Literatur: Heinrich, M. 2002: Gruppenarbeit: theoretische Hintergründe und praktische Anwendungen, in: Kasper, H.; Mayrhofer, W. (Hrsg.): Personalmanagement – Führung – Organisation, 3. Aufl., Wien, S. 289-335; Mayrhofer, W.; Strunk, G.; Meyer, M. 2002: Eins und eins ist selten zwei · Eigensinn, Paradoxa und Dilemmata in und zwischen Arbeitsgruppen, in: Kasper, H.; Mayrhofer, W. (Hrsg.): Personalmanagement – Führung – Organisation, 3. Aufl., Wien, S. 335-360   (m)

Gruppendiskussion

Die Gruppendiskussion ist eine Form der mündlichen ↗ Befragung in halb- oder nichtstandardisierter Form (↗ Interview). Ziel ist die Erhebung der Verteilung bestimmter Individualvariablen (z.B. Einstellungen) in der Gruppe oder die Wirkung des Gruppenprozesses auf individuelle Variablen (z.B. auf Meinungen).

Diese Methode kann auch im Rahmen der praktischen ↗ Personalforschung im Betrieb eingesetzt werden. Typischer Anwendungsfall ist die Erhebung von Einstellungen, z.B. gegenüber einer geplanten organisatorischen Änderung. Mit Hilfe der Gruppendiskussion können aber auch bestimmte Gruppenprozesse, z.B. gruppendynamisch bedingte Einstellungsänderungen bei Einführung von Sozialleistungen, antizipiert werden.

Bei der Gruppendiskussion wird folgendermaßen vorgegangen: Man bildet eine Gruppe von sechs bis zwölf Personen; ein Diskussionsleiter gibt ein Thema (einen Grundstimulus) vor, und man diskutiert ein bis vier Stunden darüber, wobei der Leiter möglichst wenig dirigierend eingreifen soll. Die Gruppendiskussion wird akustisch und/oder visuell aufgezeichnet. Daneben ist die schriftliche Erhebung der wichtigsten relevanten Merkmale der Teilnehmer notwendig.

Die testtheoretischen ↗ Gütekriterien (↗ Datengewinnung, Methoden der), sind wegen der geringen Strukturiertheit des Verfahrens vergleichsweise schwer sicherzustellen.

Literatur: Bohnsack, R. 2000: Gruppendiskussion, in: Flick, U.; Kardorff, E.v.; Steinke, I. (Hrsg.): Qualitative Forschung. Ein Handbuch, Reinbek bei Hamburg, S. 369-384 (n)

Gruppendruck

↗ Gruppen bzw. die Mitglieder von Gruppen üben auf die anderen Mitglieder der Gruppe auf vielfältige Weise Druck in Richtung auf Uniformität der Meinungen, Überzeugungen und Werthaltungen sowie des Verhaltens aus. Als tragfähig für die Erklärung dieser Prozesse haben sich lerntheoretische Interpretationen (↗ Lerntheorie) erwiesen: Die Gruppenmitglieder können durch Zuwendung, verbale oder andere Bestärkungen, Gewährung von Zugehörigkeitsgefühl und damit Sicherheit belohnen, durch Ablehnung, negative Kommentare, Spott usw. bestrafen. Diese Reaktionen der Gruppenmitglieder sind z.B. umso wirksamer, je größer das Prestige der Gruppe ist, je häufiger die ↗ Interaktionen zwischen den Gruppenmitgliedern sind und je ausgeprägter das Bedürfnis nach Sicherheit und Zuwendung bei den Beeinflussten ist. Für die Tendenz, in Gruppen Konformität zu schaffen, gibt es zahlreiche Belege durch sozialpsychologische Experimente sowie durch Beiträge aus der Forschung zur ↗ Sozialisation.

Nicht immer jedoch erfasst der Konformitätsdruck alle Gruppenmitglieder. Häufig wirken Gruppen als Polarisierungsinstanzen: Zunächst weniger ausgeprägte unterschiedliche Positionen werden durch den Gruppeneinfluss radikalisiert oder abgeschwächt, so dass etwa Pro- und Kontra-Positionen stärker betont werden.

Literatur: Malcolm, A. 1973: The Tyranny of the Group, Toronto; Vancouver (w)

Gruppenentscheidung

Von Gruppenentscheidungen wird gesprochen, wenn die Mitglieder einer ↗ Gruppe in enger ↗ Interaktion gemeinsam ein Entscheidungsproblem bearbeiten. Sie wird unterschieden von kollektiven Entscheidungsprozessen, bei denen die Zahl der Beteiligten so groß ist, dass nicht alle Beteiligten unmittelbare persönliche Kontakte haben sowie von Verhandlungen, bei denen in der Regel jeder Beteiligte ein für ihn bzw. sie günstiges Ergebnis anstrebt und deshalb individuelle Entscheidungsprobleme vorliegen.

Im betrieblichen Alltag stellt sich häufig die Frage, ob Entscheidungsprobleme zweckmäßigerweise durch Individuen oder durch ↗ Gruppen –

z.B. in Kommissionen – gelöst werden sollen. Dabei ist bedeutsam, dass die Leistungswirksamkeit der Gruppe nicht generell höher als die von Individuen ist, in Gruppendiskussionen Druck in Richtung auf Uniformität der Gruppenmeinung entsteht, Gruppen neben aufgabenorientierten Aktivitäten auch interpersonelle Probleme zu lösen haben und deshalb mehr Zeit zur Lösung von Aufgaben als Individuen benötigen, Gruppen relativ unkoordiniert arbeiten und häufig risikoreicher entscheiden als Individuen (↗ Risikoschub).

Eine eventuelle Überlegenheit der Leistungswirksamkeit der Gruppe wird auf den so genannten Synergie-Effekt zurückgeführt: Durch das Zusammenwirken der Gruppenmitglieder entsteht eine höhere Problemlösungsqualität als durch die Addition der Einzelbeiträge.

Literatur: Kelly, H. H.; Thibaut, J. W. 1969: Group Problem Solving, in: Lindzey, G.; Aronson, E. (Hrsg.): The Handbook of Social Psychology, Vol. IV, 2. Aufl., Reading, Mass. u.a., S. 1-101   (w)

Gruppenentwicklung (Phasenmodell)

Modelle der Gruppenentwicklung gehen davon aus, dass Teamentwicklung Zeit braucht und ähnlich der individuellen Entwicklung wenigstens teilweise in erkennbaren Phasen verläuft. Typisch dafür ist das Modell von Tuckman (1965). Es identifiziert fünf Phasen, die Gruppen bzw. Teams im Laufe ihrer Existenz durchlaufen.

(1) Forming: Unsicherheit herrscht vor, die Gruppenmitglieder experimentieren mit Verhaltensweisen und überprüfen deren Akzeptanz. Die Aufgabe und das Vorgehen zu ihrer Bewältigung, d.h. Mission,

Ziele und Spielregeln, werden definiert.

(2) Storming: Beim Aushandeln der Teamaufgabe und der ersten Arbeitsschritte kommt es zu Konflikten, Aufständen und Polarisierung der Meinungen. Kontrolle wird abgelehnt, die Führung in Frage gestellt.

(3) Norming: Wird die vorlaufende Phase positiv bewältigt, kommt es zur Entwicklung von Gruppenkohäsion und gemeinsamen Normen.

(4) Performing: Das Durchlaufen der vorhergehenden Phasen schafft die Voraussetzung für eine erfolgreiche Aufgabenerfüllung.

(5) Adjourning: Nach Abschluss der Teamaufgabe kommt es zum Abschied vom Team oder zu einer grundsätzlichen Neuorientierung

Der Ablauf der Teamentwicklung nach diesen Phasen ist nicht als streng aufeinander folgend zu sehen. Realistischerweise sind zu jedem Zeitpunkt der Teamentwicklung alle Themen der jeweiligen Phasen mit unterschiedlicher Gewichtung präsent. Dazu kommt, dass nicht von einer linearen Abfolge auszugehen ist, sondern Gruppen zwischen verschiedenen Phasen hin- und herspringen können.

Die Stärke dieses Zugangs liegt in der Sensibilisierung für die inhaltlichen und zeitlichen Voraussetzungen gelungener Teamarbeit. Für die ↗ Personalarbeit bietet dieses Konzept eine Grundorientierung zur Einsetzung von Arbeitsgruppen und für deren Entwicklung hin zur Arbeitsfähigkeit.

Literatur: Tuckman, B.W. 1965: Development sequence in small groups, in: Psychological Bulletin, S. 369-384; Mayrhofer, W. 2003: Teamentwicklung, in: Martin, A. (Hrsg.): Organizational Behaviour – Verhalten in Organisationen, Stuttgart, S. 211-226   (m)

Gruppennormen

Als Gruppennormen werden die Einstellungen, Wertvorstellungen und Verhaltensweisen bezeichnet, die von den Mitgliedern einer ↗ Gruppe vertreten werden und deren Einhaltung erwartet wird. Die Gruppennormen bilden sich durch ↗ Interaktion der Gruppenmitglieder heraus. Dabei werden die für die Mitglieder erwünschten Ausprägungen über Einstellungen und Werte bzw. die daraus resultierenden Verhaltensweisen mit positiven Sanktionen (↗ Belohnungen) bzw. Normverletzungen mit negativen Sanktionen (↗ Bestrafungen) belegt. Normen geben den Gruppenmitgliedern eine Orientierung über das „richtige" Verhalten; sie geben damit Sicherheit. Dieses Verhalten wird konformes, von den Normen abweichendes Verhalten nonkonformes Verhalten genannt.

Die Tendenz zur Konformität in Gruppen wird durch das Bestreben der Menschen gefördert, von anderen geschätzt zu werden. Deshalb werden solche Verhaltensnormen bevorzugt, die diese Reaktion der Umwelt wahrscheinlich machen. Starke Bindungen an andere Gruppen oder Werte, z.B. religiöse Bindungen, können diese Verhaltenstendenz in einer Gruppe jedoch einschränken.

Literatur: Stroebe, W.; Jonas, K.; Hewstone, M.R.C.; Reiss, M. 2001: Sozialpsychologie. Eine Einführung, Berlin; Rosenstiel, L. v. 2004: Die Arbeitsgruppe, in: Rosenstiel, L. v.; Regnet, E.; Domsch. M. (Hrsg.): Führung von Mitarbeitern, 5. Aufl., Stuttgart, S. 367-386   (w)

Gruppenstruktur

↗ Gruppen sind durch unterschiedliche Strukturen gekennzeichnet: In der Regel besteht in einer Gruppe ein Statussystem, d.h., die Gruppenmitglieder unterscheiden sich durch unterschiedlichen Rang bzw. soziale Positionen voneinander. An die Mitglieder werden je nach Position in der Gruppe unterschiedliche Erwartungen und Zumutungen gerichtet (Rollenstruktur) (↗ Rolle). Die ↗ Macht als Möglichkeit, andere Gruppenmitglieder zu beeinflussen, ist in Gruppen ungleich verteilt. Diese Ungleichverteilung der Macht lässt sich als Machstruktur der Gruppe erfassen. Ähnliches gilt für die kommunikativen Kontakte und die sich aus diesen Kontakten ergebende Kommunikationsstruktur. Schließlich bildet sich in Gruppen aufgrund von Sympathien und Antipathien eine sozio-emotionale Struktur heraus, die z.B. mit Hilfe eines ↗ Soziogramms erfasst werden kann. (w)

Gütekriterien

Gütekriterien sind Maßstäbe, die zur Beurteilung der Qualität von Messinstrumenten in den Verhaltenswissenschaften dienen. Sie sind „Hilfsmittel zur Kontrolle, ob der Erhebungszweck erreicht wird" (Martin 1988, S. 164). Als Hauptgütekriterien nennt Lienert (1989) ↗ Validität bzw. Gültigkeit, ↗ Reliabilität bzw. Zuverlässigkeit und ↗ Objektivität, als Nebengütekriterien nennt er Wirtschaftlichkeit, Nützlichkeit, Vergleichbarkeit und Normierung.

Wirtschaftlichkeit liegt vor, wenn der Aufwand an Material und Zeit bei Einsatz eines Instruments, z.B. eines ↗ Tests gering ist. Nützlichkeit bedeutet, dass der Forderung nach Entwicklung von Messinstrumenten entsprochen wird, für die ein Bedarf besteht. Vergleichbarkeit bedeutet, dass der Forderung nach Entwicklung von Messinstrumenten entsprochen wird, für die ein Bedarf besteht. Vergleichbarkeit bedeutet, dass die mit einem Instrument gemessenen Ergebnisse mit denen, die mit anderen Instrumenten ermittelt wurden, vergleichbar sind; dadurch ergeben sich Hinweise auf die Validität des Instrumentes. Normierung bedeutet, dass Aus-

sagen über die Verteilung der Messwerte bei einer Vergleichspopulation,
z.B. 18- bis 20-jährige Berufsanfänger,
vorliegen.

Literatur: Lienert, G.A.; Raatz, U. 1998: Test-aufbau und Testanalyse, 6. Aufl., Weinheim, Berlin, Basel; Martin, A. 1988: Personalfor-schung, München, S. 164-170 (w)

H

Handlungsspielraum bei Personalentscheidungen

Handlungsspielraum meint die Menge der zur Verfügung stehenden, akzeptablen Entscheidungsalternativen. Dies bedeutet, dass der Handlungsspielraum zum einen durch die zur Verfügung stehenden Ressourcen (Personal- und Sachmittel, Finanzmittel, Zeit) bestimmt wird. Dies betrifft den Verfügungsaspekt. Zum anderen ist die Akzeptanz von Alternativen angesprochen. Hier spielen die Normen und die Präferenzen eine Rolle, die die Verfügungsweise der Ressourcen regulieren. Schließlich kann wichtig sein, wo die Ursachen für die Begrenzungen zu lokalisieren sind, d.h. innerhalb oder außerhalb des Unternehmens, denn Handlungsspielraumbegrenzungen, die aus unternehmensinternen Bedingungen resultieren, sind sichtbarer und leichter veränderbar als externe Begrenzungen.

Ressourcenknappheit resultiert im Wesentlichen aus dem benötigten ↗ Personal im Verhältnis zum verfügbaren Personal, aus den Kosten der zur Entscheidung anstehenden Maßnahme und aus dem zeitlichen Rahmen für die Entscheidungsfindung. Besonders häufig wird auf die Kosten für Lohn und Sozialleistungen (↗ Sozialpolitik, betriebliche) hingewiesen. Bei allen Entscheidungen ist allerdings immer der Bezug zum verfügbaren Budget herzustellen. Unternehmensextern wirken besonders die Arbeitsmärkte (↗ Arbeitsmarkt) für die benötigten Arbeitskräfte bzw. das Erwerbspersonenpotenzial Handlungsspielraum begrenzend. Der Handlungsspielraum für eine konkrete Entscheidung ist auch durch den zeitlichen Rahmen bestimmt. Zeit ist eine knappe Ressource, und bei sonst gleichen Bedingungen ist der Handlungsspielraum um so größer, je größer die Zeitspanne bis zur definitiven Lösung des Problems ist.

Der Handlungsspielraum wird nicht nur über die zur Verfügung stehenden Ressourcen bestimmt, sondern auch über die Normen und Präferenzen in Bezug auf diese Ressourcen und die Art und Weise ihrer Verwendung. Die normativen Grenzen sind sowohl unternehmensintern als auch -extern vor allem durch die Rechte der ↗ Arbeitnehmer und ihrer Interessenvertretungen abgesteckt. Die Arbeitskräfte können also nicht in jeder beliebigen Art und Weise eingesetzt werden. Zu beachten sind zum einen Gesetze aus dem Bereich des ↗ Arbeitsschutzrechts, des Mitbestimmungsrechts (↗ Betriebsverfassungsgesetz, ↗ Mitbestimmungsrecht) und des Tarifvertragsrechts (↗ Tarifvertragsrecht) sowie die richterliche Rechtsprechung und die betriebliche Übung, zum anderen Tarif- und ↗ Betriebsvereinbarungen sowie einzelvertragliche Regelungen (↗ Arbeitsvertrag). Auch die Unternehmensziele, die Tradition und die Kultur des Unternehmens (↗ Organisationskultur) wirken faktisch normativ. Sie fungieren als Entscheidungsprämissen, deren Missachtung ↗ Konflikte, zumindest Rechtfertigungszwänge hervorrufen und für Entscheider im Personalbereich negative Konsequenzen haben kann. Nicht-kodifizierte, d.h. nicht in Gesetzen oder mit ähnlicher Verbindlichkeit festgehaltene Normen bilden auch unternehmensextern eine wichtige Determinante des Handlungsspielraums. Wenn gesellschaftlich dominante Wertvorstellungen verletzt werden, kann dadurch z.B. das Image der Unternehmung leiden und die ↗ Personalbeschaffung erschwert werden.

Wie Normen wirken auch die Präferenzen der Entscheider, die vor diesem Hintergrund Alternativen bewerten. Allgemein kann man sagen, dass der Handlungsspielraum bei personalwirtschaftlichen Entscheidungen durch die Einschätzung des Nettonutzens für und durch die dominanten Entscheider in der Unternehmung bestimmt wird. Dabei sind auch nicht-monetäre Kosten und Nutzen zu berücksichtigen. Als Präferenzskala dürften vorwiegend die Werte der Unternehmensleitung bzw. der Personalleiter zum Tragen kommen. Die Präferenzen der Arbeitnehmer können allerdings (außer durch die ↗ Mitbestimmung) indirekt einfließen, wenn z.B. eine geringe Präferenz der Arbeitnehmer für eine bestimmte Veränderung der Arbeitsorganisation antizipiert und mit geringer Akzeptanz, Verschlechterung der Leistung usw. und daraus entstehenden negativen Folgen für die Realisierung der Ziele der Unternehmensleitung in Verbindung gebracht werden.

Literatur: Weiber, R.; Stockert, A. 1987: Rechtseinflüsse auf Personalentscheidungen, Stuttgart   (n)

Handwerkskammern

Handwerkskammern (HWK) sind öffentlich-rechtliche Institutionen mit der Aufgabe der Vertretung der Interessen des Handwerks.

Im Zentralverband des Deutschen Handwerks e. V. (ZDH) mit Sitz in Berlin sind 55 Handwerkskammern, 43 Zentralfachverbände des Handwerks sowie bedeutende wirtschaftliche und sonstige Einrichtungen des Handwerks in Deutschland zusammengeschlossen. Es besteht für die ↗ Kammern Zwangsmitgliedschaft.

Mitglieder sind die selbstständigen Handwerker, die Inhaber handwerksähnlicher Betriebe, die Gesellen und die gewerblichen Handwerksauszubildenden (↗ Auszubildende). Es besteht Zwangsmitgliedschaft.

Spitzenorganisation der HWK auf Bundesebene ist der Deutsche Handwerkskammertag (DHKT).

Organe sind die Vollversammlung, der Vorstand und verschiedene Ausschüsse. Die Vollversammlung wählt den Vorstand. Die Geschäfte führt ein verbeamteter Hauptgeschäftsführer. Im Vorstand haben die Selbstständigen zwei Drittel, die Gesellen ein Drittel der Sitze inne. Die Gesellen sollen die Interessen der An- und Ungelernten und der Auszubildenden mit vertreten. Es ist vorgeschrieben, dass die Gesellen bei Abstimmungen nicht ständig unterliegen sollen.

In die Ausschüsse, z.B. in den Berufsbildungsausschuss, können auch hauptamtliche Gewerkschafter als Vertreter der Gesellen entsandt werden. Davon wird i.d.R. auch Gebrauch gemacht.

Die HWK haben folgende Aufgaben:

– allgemein die Interessenvertretung des Handwerks,
– Erlass der Gesellen- und Meisterprüfungsordnungen sowie von Vorschriften über die Lehrlingsausbildung,
– Führung der Handwerker- und Lehrlingsrollen,
– Schlichtung bei Streitigkeiten zwischen Handwerkern und ihren Auftraggebern,
– Bestellung von Sachverständigen,
– Unterhaltung von Gewerbeförderungsstellen und

– Unterstützung für Not leidende Handwerker.

Die oberste Landesbehörde führt die Aufsicht über die Einhaltung von Gesetz und Satzung.

Literatur: www.zdh.de (n)

Hardware

Die technischen Einrichtungen im Zusammenhang mit dem Computereinsatz werden als Hardware bezeichnet. Hardware sind zunächst die Computer selbst.

Nach Größe und Leistungsfähigkeit lassen sich mindestens vier Computervarianten unterscheiden: Mikrocomputer, Minicomputer, Großrechner und Supercomputer. Für personalwirtschaftliche Anwendungen sind nur die drei zuerst genannten Computervarianten relevant.

Mikrocomputer sind die kleinsten frei programmierbaren Computer. Zu dieser Kategorie gehören die Arbeitsplatz-Computer oder Personal-Computer, was soviel wie persönlicher Computer bedeutet. Minicomputer sind größer und leistungsfähiger als Mikrocomputer; sie können in jedem Büro ohne besondere Klimatisierungsvorkehrungen eingesetzt werden. Deshalb heißen sie auch Bürocomputer. Großrechner verfügen im Vergleich zum Mikro- und Minicomputern über eine wesentlich größere Speicherkapazität, ein wesentlich größeres Datenverarbeitungsvolumen und ein vielseitiges Anwendungsspektrum. An diesen Anlagen wird spezialisiertes EDV-Personal eingesetzt. Zwischen Mikro- und Minicomputern können als zusätzliche Kategorie die so genannten Workstations eingeordnet werden. Grundelemente aller Computer sind die Zentraleinheit sowie die Ein- und Ausgabegeräte, die so genannte Peripherie.

Zur Hardware gehören auch Anschlüsse an öffentliche Netze wie z.B. das Internet sowie Geräte zur Inanspruchnahme öffentlicher Kommunikationseinrichtungen und monofunktionale computergestützte Geräte. Neben der Hardware-Mikrostruktur, die auf der Arbeitsplatzebene angesiedelt ist, muss die Hardware-Makrostruktur beachtet werden. Damit ist die Architektur des gesamten Informations- und Kommunikationssystems angesprochen. In diesem Kontext spielen Netzwerke eine besondere Rolle. Computer und andere Bürogeräte werden zunächst unverbunden eingesetzt. Durch die Verbindung dieser Geräte mit Hilfe von Netzen lassen sich die Nutzungsmöglichkeiten erweitern und verbessern. Netze verbinden die Kommunikationspartner durch technische Übertragungskanäle. Dadurch können Texte, Daten, Bilder und Sprache zwischen verschiedenen Arbeitsplätzen ausgetauscht werden. Durch lokale Netze – englisch: Local Area Networks, abgekürzt LAN – werden innerhalb von Unternehmungen oder anderen ↗ Organisationen interne Kommunikationsstrukturen aufgebaut. Telekommunikation, die über einzelne Unternehmen, Organisationen oder Grundstücke hinausgeht, wird in der Bundesrepublik Deutschland über öffentliche Netze abgewickelt. ISDN (Integrated Services Digital Network) ermöglicht auf einer einzigen Leitung und mit nur einer Anschlussnummer die Übertragung von Sprache, Texten, Bildern und Daten im öffentlichen Netz. Die Installation dieses öffentlichen und international standardisierten Kommunikationsnetzes eröffnet weitgehende Nutzungsmöglichkeiten, die auch die Büroarbeitsplätze stark verändern.

Die Veränderungen im Bereich der Bürotechnik lösen Änderungen auf der Arbeitsplatzebene sowie auf der Ebene der organisatorischen Makrostruktur aus, die Änderungen der ↗ Anforderungen nach sich ziehen. Sie haben wiederum Auswirkungen auf die ↗ Personalbeschaffung und die ↗ Weiterbildung.   (w)

Harvard-Ansatz

Das Harvard-Konzept (Beer et al. 1985) betont den Zusammenhang zwischen Unternehmensstrategie, Struktur und Personalstrategie. Hierbei sieht sich dieser als Teil der General Management Perspektive und erlaubt somit Querbeziehungen von der Personalstrategie zur Unternehmensstrategie. Aus diesem Zusammenspiel folgen dann Maßnahmen aus dem Bereich Mitarbeiterbefragung (↗ Befragung), ↗ Personalbeschaffung, -einsatz, -entlassung, Belohnungssysteme (↗ Anreizgestaltung) und der Arbeitsorganisation.

Literatur: Beer, M. et al. 1985: Human Resource Management: A General Manager's Perspektive, New York, London; Scholz, C. 1999: Personalmanagement, 5. Aufl., München   (k)

Haustarifvertrag

Ein Haus- oder Firmentarifvertrag wird (im Gegensatz zum Flächentarifvertrag) von der ↗ Gewerkschaft und einem einzelnen ↗ Arbeitgeber abgeschlossen, d.h. Betriebe, die nicht im ↗ Arbeitgeberverband organisiert sind, können mit der Gewerkschaft Haustarifverträge abschließen. Somit verhandelt das Unternehmen nicht mit jedem Beschäftigen einzeln die Löhne und ↗ Arbeitsbedingungen. Ein Haustarifvertrag ist insbesondere dann vorzufinden, wenn betriebliche Besonderheiten einen solchen ↗ Tarifvertrag sinnvoll bzw. erforderlich machen. Die Gewerkschaften versuchen als Basis für einen Haustarifvertrag die tariflichen Standards der vergleichbaren Branche als Mindeststandard durchzusetzen, damit eine Sogwirkung für den Flächentarifvertrag ausgeschlossen wird.   (k)

Heimarbeit

Heimarbeit ist gewerbliche Arbeit gegen Entgelt, die in eigener Wohnung oder Betriebsstätte im Auftrag eines Gewerbetreibenden oder eines sog. Zwischenmeisters geleistet wird. Die Verwertung der Arbeitsergebnisse ist dem Auftraggeber überlassen.

Der Auftragnehmer ist kein ↗ Arbeitnehmer, wenn er nicht in den Betrieb des Auftraggebers eingegliedert ist, damit nicht dem Direktionsrecht unterliegt, und keine Spielräume in seiner Arbeitsorganisation hat. Seine Stellung ist aber arbeitnehmerähnlich: Heimarbeiter sind für den ↗ Betriebsrat wählbar und lohnsteuer- und arbeitslosenversicherungspflichtig (vgl. Heimarbeitsgesetz (HAG)).

Heimarbeitsverhältnisse sind dem Landesarbeitsministerium zu melden. Heimarbeitsausschüsse, die mit Vertretern der Auftraggeber und Heimarbeiter besetzt sind, können Vereinbarungen über Entgelte und sonstige ↗ Arbeitsbedingungen treffen, die gleich ↗ Tarifverträgen gelten.

In Österreich unterliegt die Heimarbeit dem Heimarbeitsgesetz (Heim-AG), das Schutzbestimmungen zugunsten der Heimarbeit leistenden Personen vorsieht. Es räumt den Heimarbeitern Anspruch auf bezahlten Urlaub und Feiertagsentgelt sowie unter bestimmten Voraussetzungen auf Weihnachtsremuneration und Krankenentgelt ein. Bei erstmaliger Vergebung von Heimarbeit ist dies dem zuständigen Arbeitsinspektorat anzuzeigen. Heimarbeiter sind bei Betriebsratswahlen nur im Falle regelmäßiger Beschäftigung aktiv, in keinem Fall passiv wahlberechtigt. Für die Heimarbeiter können Heimarbeitsgesamtverträge durch kollektivvertragsfähige juristische Personen abgeschlossen werden. Sie haben ähnliche Funktionen wie ↗ Kollektivverträge. Die zur Wahrnehmung der Aufgaben auf dem Gebiet der Heimarbeit eingerichteten Heimarbeitskommissionen – bestehend aus einem Vorsitzenden und Stellvertreter(n) sowie Vertretern der Auftraggeber, Heimarbeiter, Zwischenmeister und Mittelpersonen – können über Heimarbeitstarife beschließen, sofern keine entsprechenden Regelungen in einem Heimarbeitsgesamtvertrag bestehen.

Die Löhne von Heimarbeitern liegen meist niedriger als die von vergleichbaren Betriebsarbeitern. Als Vorteile für den Auftraggeber werden Kostenersparnisse für Arbeitsstätte und Arbeitsmittel sowie erhöhte Flexibilität genannt. Gegenzurechnen sind evtl. erhöhte Transportkosten, geringere Produktqualitäten und Motivations- und Kontrollkosten. In jüngster Zeit wird Heimarbeit unter dem Stichwort ↗ »Telearbeit« verstärkt diskutiert.

Durch die Verbesserungen in der Informations- und Kommunikationstechnik werden virtuelle Formen der Heimarbeit immer häufiger. Unter Bezeichnungen wie virtuelle oder mobile Büros, virtuelle Organisationen, Telearbeit, Telekooperation, Telezellen o.Ä. wird die ↗ Arbeitsleistung ganz oder teilweise von zu Hause aus erbracht.

Literatur: Brandes, W. 1995: »Neue« Heimarbeit. Zwischen traditioneller Heimarbeit und Telearbeit, in: Keller, B.; Seifert, H.: Atypische Beschäftigung: verbieten oder gestalten?, Köln, S. 84-107; Büssing, A.; Drodofsky, A.; Hegendörfer, K. 2003: Telearbeit und Qualität des Arbeitslebens. Ein Leitfaden zur Analyse, Bewertung und Gestaltung, Göttingen et al.   (m/n)

Human Relations

Mit diesem Begriff bezeichnet man drei z.T. unterschiedliche Sachverhalte:

– die Gestaltung der zwischenmenschlichen Beziehungen im Betrieb (↗ Gruppe);
– einen speziellen Ansatz in der amerikanischen Betriebssoziologie und -psychologie zur Erforschung hauptsächlich der informalen Beziehungen;
– eine bestimmte Weltanschauung über die Beziehungen zwischen ↗ Arbeitnehmer und ↗ Arbeitgeber (↗ Arbeitsbeziehungen).

Die Human-Relations-Lehre steht in engem Zusammenhang mit den Hawthorne-Experimenten, die in den Hawthorne-Werken der Western Electric Company in den USA von 1927 – 1932 durchgeführt wurden.

Man kann diese Untersuchungen in drei Phasen beschreiben:

1. Man untersuchte – in tayloristischer Tradition – den Zusammenhang zwischen den äußeren ↗ Arbeitsbedingungen und der ↗ Arbeitsleistung, indem man die Beleuchtungsstärke am Arbeitsplatz variierte. Man erwartete, dass die Arbeitsleistung bei verbesserter Beleuchtung steigen würde. Das Ergebnis war jedoch völlig anders: In der Testgruppe stieg die Leistung sowohl bei steigender als auch bei sinkender Beleuchtungsstärke. In der Kontrollgruppe, bei der die Beleuchtung konstant blieb, stieg die Arbeitsleistung ebenfalls.

2. Nach Scheitern dieser Experimente wurde Elton Mayo, Nationalökonom und Psychologe an der Harvard Universität, beauftragt. Man veränderte eine ganze Reihe von Faktoren wie das Entlohnungssystem, Pausen, ↗ Arbeitszeit, Temperatur, Luftfeuchtigkeit usw., konnte aber keinen systematischen Zusam-

menhang zwischen diesen Variablen und der Arbeitsleistung feststellen.

3. Man ging anschließend von der Vermutung aus, dass die »menschlichen Beziehungen« eine Rolle spielen könnten und veränderte den ↗ Führungsstil, indem mehr Anteilnahme gezeigt wurde, Arbeitsbesprechungen stattfanden und keine Änderungen der Arbeitssituation ohne Zustimmung der Mitarbeiter erfolgen konnten.

Das Ergebnis war, dass man die Veränderungen in der Leistung in erster Linie auf die veränderte soziale Situation zurückführte: Nicht so sehr die physischen ↗ Arbeitsbedingungen, sondern das Arbeitsklima (↗ Organisationsklima) in der Gruppe und der Führungsstil führten zu erhöhter ↗ Arbeitszufriedenheit und zu höherer Leistung.

Vor allem die Managementlehre machte sich die Erkenntnisse zunutze und versuchte auf dieser Basis Techniken zur Steuerung des Verhaltens in (informellen) ↗ Gruppen zu entwickeln.

Als positiv an den Human-Relations-Experimenten wird gesehen, dass die sozialen Bedürfnisse der ↗ Mitarbeiter, z.B. nach Anerkennung und Prestige, berücksichtigt wurden.

Kritiker weisen dagegen auf folgende Punkte hin:

– Die Human-Relations-Bewegung berücksichtigt nicht die Konflikte im Betrieb, sondern geht von einem Harmoniemodell aus.
– Die Wissenschaftler haben sich durch ihre Ratgeber- und Sozialtechnikerrolle einseitig in den Dienst des Managements gestellt.
– Es wurde nur das Vokabular des Managements verändert, nicht aber das reale Führungsverhalten, der Arbeitsprozess und der ↗ Arbeitsinhalt.
– Im Sinne des Taylorismus wurden auch die sozialen und psychischen

Bedingungen für das Ziel der Produktivitätssteigerung instrumentalisiert.
– Die Zusammenhänge zwischen sozialen Faktoren und Leistung sind nicht ausreichend motivationstheoretisch abgesichert.
– Die empirischen Ergebnisse lassen auch andere Interpretationen zu.

Insgesamt haben die Hawthorne-Experimente einen wichtigen Forschungsimpuls gegeben.

Literatur: Roethlisberger, F. J.; Dickson, W. J. 1939: Management and the Worker, Cambridge/Mass.; Kieser, A. 2002a: Human Relations-Bewegung und Organisationspsychologie, in: Kieser, A. (Hrsg.): Organisationstheorien, 5. Aufl., Stuttgart, S. 101-131; Walter-Busch, E. 1989: Das Auge der Firma, Stuttgart   (n)

Human Resource Management

Die Aufgabenfelder der ↗ Personalwirtschaft bzw. des ↗ Personalwesens werden im angelsächsischen Sprachbereich, zunehmend unter diesem Einfluss auch im deutschsprachigen Bereich, unter der Bezeichnung Human Resource Management behandelt. Mit der Verwendung dieser Bezeichnung ist meist auch eine konzeptionelle Neuorientierung verbunden: Die Humanressourcen werden zunehmend als zentraler Wettbewerbsfaktor erkannt, die additiv gewachsenen Aufgaben der betrieblichen ↗ Personalarbeit angesichts dieses Bedeutungswandels integrativ in einem Gesamtkonzept der Personalarbeit verklammert und mit der Unternehmensstrategie verknüpft. Das Human Resource Management wird dann eher langfristig und strategisch ausgerichtet. Human Resource Management rückt dann in die Nähe des ↗ strategischen Personalmanagements.

Literatur: Scherm, E.; Süß, S. 2003: Personalmanagement, München; Staehle, W. 1988:

Human Resource Management (HRM) – eine neue Managementrichtung in den USA?, in: Zeitschrift für Betriebswirtschaft, 58. Jg., S. 576-587; Liebel, H.J.; Oechsler, W.A. 1994: Handbuch Human-Resource-Management, Wiesbaden   (w)

Humanisierung der Arbeit

Humanisierung der Arbeit meint alle betrieblichen Strategien und Maßnahmen, die auf eine konkrete Verbesserung der Arbeitssituation im Sinne bestimmter Humanziele abzielen (Kreikebaum/Herbert 1988, S. 11).

Unter diesen Begriff fallen Maßnahmen, die sich auf die Veränderung vor allem folgender drei Bereiche richten (Wachtler 1979):

1. das Herrschaftsproblem mit den Aspekten Ausweitung oder Einengung der Dispositions- und Verantwortungsspielräume am Arbeitsplatz, auf Betriebs-, Unternehmens- und gesamtwirtschaftlicher Ebene;
2. das Produktivitätsproblem mit den Punkten Motivation zu erhöhter Arbeitsleistung, Abbau besonderer sozialer Kosten, Anpassung an technische Erfordernisse, Entwicklung extrafunktionaler Kompetenzen, Einsparung von Arbeitsplätzen, Erhöhung der Flexibilität;
3. das Persönlichkeitsproblem mit den Bereichen Entwicklung der unmittelbaren und mittelbaren physisch-psychischen Belastungen am Arbeitsplatz, Veränderungen in der personalen Autonomie am Arbeitsplatz, Veränderungen in der beruflichen Qualifikation, Entwicklung der individuellen Arbeitsplatzrisiken, Entwicklung der Chancen zu individueller und kollektiver Interessenrealisierung der Arbeitenden.

Die Bandbreite von tatsächlich durchgeführten bzw. geforderten Humanisierungsmaßnahmen reicht vom Abbau physischer Bedrohung (Unfall, Lärm, usw.) über Veränderungen des Führungsstils bis hin zu der Forderung nach einer umfassenden Demokratisierung der Gesellschaft als Voraussetzung für eine humane Arbeitswelt.

Die Vorstellungen darüber, was »human« ist und was dazu verändert werden soll, sind durch Interessenkonflikte geprägt und wandeln sich im Laufe der Geschichte.

In der Praxis haben vor allem Maßnahmen zur ↗ Arbeitsstrukturierung Verbreitung gefunden, insbesondere Maßnahmen zum Wechsel von Aufgabenfeldern (↗ job rotation), zur Aufgabenerweiterung (↗ job enlargement), Aufgabenbereicherung (↗ job enrichment) und zur Einrichtung ↗ teilautonomer Arbeitsgruppen.

Literatur: Kreikebaum, H.; Herbert, K.-L. 1988: Humanisierung der Arbeit, Wiesbaden; Wachtler, G. 1979: Humanisierung der Arbeit und Industriesoziologie, Stuttgart   (n)

Humanvermögensrechnung

Die Humanvermögensrechnung – auch Humankapitalrechnung oder Personalvermögensrechnung – ist ein partielles Informationssystem, das quantifizierte Informationen über die personellen Ressourcen eines Unternehmens liefern soll. Damit sollen Lücken geschlossen werden, die das traditionelle Rechnungswesen offen lässt. Im Rechnungswesen wird ausschließlich das Sach- und Finanzvermögen, nicht aber der Wert der Menschen und ihrer Fähigkeiten erfasst.

In der Humanvermögensrechnung wird zwischen Humanvermögens-Kostenrechnung und -Wertrechnung unterschieden. In der Humanvermögens-Kostenrechnung werden kurz- und langfristig wirksame Kosten unterschieden und entweder als Ausgaben der laufenden Periode oder als Investitionen erfasst.

In der laufenden Periode sind Kosten vor allem die unmittelbar leistungsbezogenen Löhne. Ausgaben für Anwerbung, Einstellung und Einarbeitung, für Aus- und Fortbildung, auch die Löhne für Ausbilder selbst stellen hingegen Investitionen dar. Sie werden auf funktionale, personalisierte und verantwortungsbereichbezogene Konten verrechnet.

Hauptprobleme im Zusammenhang mit der Erfassung und Verrechnung dieser Investitionen sind die Bestimmung von Nutzungsdauer, Abschreibungsraten und Kalkulationszinsfuß.

Besondere Probleme bereitet die Durchführung einer Personalvermögenswertrechnung. Es wird versucht, den Wert des Faktors Mensch durch die Menge der diskontierten Leistungen zu bestimmen, die ein Mensch in der Zukunft in einem Betrieb abgeben kann. Da dieses Bestreben auf außerordentliche Schwierigkeiten stößt, werden Hilfsgrößen für das Leistungspotenzial einer Arbeitskraft, insbesondere ihr gegenwärtiger Verdienst verwendet, der durch nicht-monetäre Größen ergänzt wird. Die Quantifizierbarkeit dieser Größen ist jedoch außerordentlich problematisch. Als Gesichtspunkte, die den Wert eines Individuums für eine Organisation mitbestimmen, werden Fähigkeiten und Kenntnisse, Persönlichkeitszüge, Motivation und ähnliches verwendet.

Literatur: Schmidt, H. 1982: Humanvermögensrechnung. Instrumentarium und Ergänzung der unternehmerischen Rechnungslegung – Konzepte und Erfahrungen, Berlin et al. 1982; Gröjer, J.E. Johanson, U. 1996; Human Resource Costing and Accounting, 2. Aufl., Stockholm   (w)

Hypothesentest

Ein Hypothesentest wird durchgeführt, um zu entscheiden, ob eine bestimmte Behauptung über die Realität (Hypothese) gilt.

Häufig ist mit Hypothesentest ein Signifikanztest gemeint. Hierbei geht man folgendermaßen vor: Angenommen, man hat in einer Untersuchung von 1000 ↗ Arbeitnehmern eine Korrelation (↗ Korrelationsanalyse) von r = 0,17 zwischen Zufriedenheit und ↗ Arbeitsleistung gefunden. Man möchte nun wissen, ob dieser Zusammenhang nur für die Befragten der ↗ Stichprobe gilt, oder ob er für alle Arbeitnehmer der Grundgesamtheit (z.B. für die Arbeitnehmer in Deutschland) gilt. Man formuliert dazu eine sog. Nullhypothese, die lauten kann: Es gibt keinen Zusammenhang zwischen Zufriedenheit und Leistung in der Grundgesamtheit. In nächsten Schritt berechnet man die Wahrscheinlichkeit, mit der die Korrelation von r = 0,17 bei einer Stichprobe von 1000 Arbeitnehmern zufällig zustande gekommen ist. Dieser Wert wird mit einer festgelegten Wahrscheinlichkeit verglichen, die man als Signifikanzniveau bezeichnet. Als Signifikanzniveau wählt man häufig einen Wert von 0,05 oder 0,01, d.h., die Wahrscheinlichkeit, dass das Ergebnis zufällig ist, soll nicht größer als 5 bzw. 1 Prozent sein. Ist die berechnete Wahrscheinlichkeit größer als das vorher festgelegte Signifikanzniveau, dann nimmt man an, dass die Nullhypothese gilt und schließt darauf, dass in der Grundgesamtheit kein Zusammenhang besteht. Ist die Wahrscheinlichkeit geringer, nimmt man an, die Alternativhypothese gilt, und man geht davon aus, dass der Zusammenhang nicht nur für die Stichprobe, sondern auch für die Grundgesamtheit gilt. Man sagt auch: Das Ergebnis ist signifikant.

Literatur: Martin, A. 1989: Die empirische Forschung in der Betriebswirtschaftslehre, Stuttgart; Beck-Bornholdt, H.-P.; Dubben, H.-H. 1997: Der Hund, der Eier legt. Erkennen von Fehlinformationen durch Querdenken, Reinbek bei Hamburg   (n)

I

Identifikation

Als Identifikation wird die emotionale Bindung eines Individuums an ein Objekt verstanden, die das Verhalten des Individuums beeinflusst. Das Phänomen der Identifikation wurde zunächst im Zusammenhang mit der frühkindlichen Sozialisation diskutiert, zunehmend jedoch auch im Zusammenhang mit der Organisationsmitgliedschaft untersucht.

Für das Zustandekommen von Identifikationsbeziehungen werden unterschiedliche Erklärungen gegeben. Dabei dominieren im Anschluss an Freud psychoanalytische Interpretationen des Identifikationsgeschehens, zunehmend aber auch lerntheoretische Erklärungsansätze.

Im betrieblichen Zusammenhang werden als Identifikationsobjekt die Ziele der ↗ Organisation bzw. des Betriebes, die in Organisationen vorherrschenden Normen und Werte, die Organisation als Ganzes, ↗ Gruppen innerhalb und außerhalb der Organisation und einzelne Personen, z.B. ↗ Vorgesetze und Inhaber anderer attraktiver Positionen, hervorgehoben.

In Organisationstheorie und ↗ Personalwirtschaft wird die Abstimmung persönlicher Arbeitsziele mit den Zielsetzungen der Gesamtorganisation als Identifikationsproblematik angesprochen. Organisationen und damit auch Betriebe sind darauf angewiesen, dass ihre Mitglieder selbstständig Probleme definieren und Lösungen im Rahmen gemeinsamer Ziele anstreben. Voraussetzung hierfür ist insbesondere die Identifikation mit den Organisationszielen. Die betriebli-

che ↗ Personalpolitik ist deshalb darum bemüht, die Identifikation der ↗ Mitarbeiter mit dem Unternehmen und seinen Zielen zu fördern. Wird einer lerntheoretischen Erklärung des Identifikationsgeschehens gefolgt, müssen Bedingungen geschaffen werden, die die erwünschten Lernleistungen begünstigen: die Mitgliedschaft in der Organisation muss als belohnend erlebt werden. Wichtige Ansatzpunkte bilden die Außendarstellung der Organisation (↗ Corporate Identity), die Information über die innerorganisatorischen Zusammenhänge, das Anreizsystem, insbesondere die – gemessen an den erbrachten Beiträgen zur Zielerreichung – angemessene Verteilung der Anreize und Gemeinschaftserlebnisse (↗ Anreizgestaltung).

Weit reichende Konsequenzen für das Verhalten der Organisationsmitglieder hat die Tendenz vieler Individuen, sich mit den Inhabern attraktiver und angestrebter Positionen zu identifizieren. Auf diesem Weg üben z.B. Vorgesetzte und Inhaber attraktiver Spezialistenpositionen Einfluss auf andere Organisationsmitglieder aus (↗ Referenzmacht); gleichzeitig multiplizieren sich über die Modellwirkung (↗ Lernen am Modell) das Verhalten dieser Personen innerhalb der Organisation.

Die Voraussetzungen individueller Identifikationsprozesse und deren Wirkungen auf das Verhalten, insbesondere das Leistungsverhalten in Organisationen wird im Rahmen der Arbeits- und ↗ Organisationspsychologie und der Organisationstheorie untersucht. Mit der Involvement – oder Einbindungsforschung hat sich in diesem Rahmen ein eigenständiges Forschungsgebiet etabliert.

Literatur: Benkhoff, B. 2004: Identifikation und Loyalität, in: Gaugler, E.; Oechsler, W.A.; Weber, W. (Hrsg.): Handwörterbuch des Personalwesens, 3. Aufl., Stuttgart, Sp. 897-905; Conrad, P. 1988: Involvement-Forschung, Berlin, New York   (w)

Individualarbeitsrecht

Das Individualarbeitsrecht beinhaltet Normen, die das Rechtsverhältnis zwischen einem einzelnen ↗ Arbeitnehmer und seinem ↗ Arbeitgeber regeln.

Ein wesentlicher Bestandteil des Individualarbeitsrechts ist das Arbeitsvertragsrecht (↗ Arbeitsvertrag). Hier sind die Pflichten und Rechte festgelegt, die das Arbeitsverhältnis betreffen: Das Austauschverhältnis Arbeit gegen Entgelt beinhaltet für den Arbeitgeber die Lohnzahlungspflicht und die Fürsorgepflicht (z.B. Urlaubsgewährung, usw.), für den Arbeitnehmer die Arbeitspflicht und die Treuepflicht (z.B. die Verschwiegenheitspflicht, die Pflicht zur Unbestechlichkeit usw.).

Da der Arbeitsvertrag ein zweiseitiges Rechtsgeschäft ist, gelten hierfür die vertragsrechtlichen Bestimmungen des Bürgerlichen Gesetzbuches (BGB) bzw. in Österreich des Allgemeinen Bürgerlichen Gesetzbuches (ABGB), in der Schweiz u.a. des Schweizerischen Obligationenrechts (OR).

Zahlreiche ↗ Arbeitsschutzrechte (z.B. Kündigungsschutzgesetz, Mutterschaftsschutzgesetz) sind für das Individualarbeitsrecht ebenfalls von großer Bedeutung.

Literatur: Söllner, A.; Waltermann, R. 2002: Grundriss des Arbeitsrechts, 13. Aufl., München; Däubler, W. 1998: Das Arbeitsrecht, Bd. 2, 11. Aufl., Reinbek bei Hamburg; Mayer-Maly, T. 1987: Österreichisches Arbeitsrecht – Bd. I: Individualarbeitsrecht, Wien, New York; Rehbinder, M. (Hrsg.) 1999: Schweizerische Gesetze. Sammlung des Zivil-, Wirtschafts- und Strafrechts, München   (n)

Industrial Relations
↗ Arbeitsbeziehungen

Industrie- und Handelskammern

Industrie- und Handelskammern (IHK) sind öffentlich-rechtliche Institutionen mit dem Ziel der Interessenvertretung des Handels und Gewerbes einer Region.

In Deutschland existieren zur Zeit 81 Industrie- und Handelskammern.

Die Mitgliedschaft ist kraft Gesetz vorgeschrieben für Einzelkaufleute, Handelsgesellschaften und juristische Personen privaten oder öffentlichen Rechts, die ein Gewerbe betreiben und zur Gewerbesteuer veranlagt werden.

Organe der IHK sind die Vollversammlung, das Präsidium und der Beirat. Die Vollversammlung wählt den Beirat, der das Präsidium bestellt. Der Beirat und das Präsidium bestimmen den Hauptgeschäftsführer.

Die IHK hat folgende Hauptaufgaben:

- Vertretung der Gesamtinteressen der gewerblichen Wirtschaft einer Region,
- Mitgliederberatung,
- Informationen für staatliche Stellen (z.B. Gutachten),
- Träger der ↗ Berufsausbildung,
- Schlichtung bei Streitigkeiten zwischen Mitgliedsfirmen,
- Mitwirkung bei der Führung des Handelsregisters.

Alle Mitgliedsunternehmen müssen einen Pflichtbeitrag zu ihrer IHK leisten, der an die jeweilige wirtschaftliche Leistungsfähigkeit des Mitglieds gebunden ist.

Literatur: www.dihk.de   (n)

Informationswesen, betriebliches

Das betriebliche Informationswesen umfasst die offiziell vorgegebenen betrieblichen Kommunikationswege. Es schafft die Voraussetzungen für den Zusammenhalt zwischen verschiedenen Teilen des Betriebs und erleichtert die innerbetriebliche ↗ Kommunikation. Als Mittel der strukturellen ↗ Führung soll es – gesteuert durch die betriebliche Informationspolitik, einem Teilgebiet der ↗ Personalpolitik – die Betriebsangehörigen dazu befähigen, ihre Aufgaben besser zu erfüllen.

Der Aufbau des betrieblichen Informationswesens orientiert sich meist an der gegebenen funktionalen Struktur. Dabei lässt sich der Informationsfluss je nach beteiligten hierarchischen Ebenen unterschiedlich strukturieren. Es werden vertikale (von ›oben‹ nach ›unten‹ bzw. umgekehrt) und horizontale (zwischen gleichen Hierarchiestufen) Informationskanäle unterschieden.

Das betriebliche Informationswesen bedient sich unterschiedlicher Instrumente. Zu den wichtigsten gehören Anweisungen seitens des Managements, Berichte, Protokolle, Formulare, Rundschreiben und Umläufe, Dokumentationen, Veröffentlichungen wie ↗ Werkszeitschriften oder Versammlungen und ↗ Mitarbeitergespräche. Insbesondere durch den Einsatz neuer Informations- und Kommunikationstechniken (↗ Kommunikation, innerbetriebliche) werden die Informationen zu einem ausgebauten Management- oder ↗ Personalinformationssystem zusammengeführt. Spezielle Software unterstützt diese Prozesse. Durch die zunehmende Möglichkeit der Vernetzung unterschiedlicher Datenbanken (↗ Daten, ↗ Datenbank) tauchen häufig rechtliche Bedenken etwa hinsichtlich des Datenschutzes (↗ Datenschutz und Datensicherheit) und Widerstände der betroffenen Beschäftigten bzw. ihrer Vertretungen (↗ Betriebsrat, ↗ Personalvertretungsrecht) auf.

Literatur: Zander, E.; Femppel, K. 2002: Praxis der Mitarbeiter-Information. Effektiv integrieren und motivieren, München   (m)

Inhaltsanalyse

Die Inhaltsanalyse, gelegentlich auch Dokumentenanalyse genannt, dient zur Gewinnung von Daten (↗ Methoden der Datengewinnung, ↗ Datenanalyse). Objekt der Analyse sind alle in relativ stabilen Medien gespeicherten Zeichen und Inhalte. Dabei sind vor allem schriftliche Unterlagen wichtig, aber auch in Bild bzw. Ton festgehaltene Inhalte. Im personalwirtschaftlichen Bereich können z.B. ↗ Stellenpläne, ↗ Stellenbeschreibungen, ↗ Personaldaten oder Bewerbungsunterlagen (↗ Lebenslaufanalyse) analysiert werden.

Man unterscheidet zwischen qualitativen und quantitativen Methoden: Bei der qualitativen Methode werden z.B. Texte wie Lebensläufe – mehr oder weniger intuitiv – interpretiert; bei der quantitativen Methode werden die Einheiten der Analyse genau festgelegt und quantifiziert. Die Überprüfbarkeit und Nachvollziehbarkeit ist bei der quantitativen Methode leichter sicherzustellen.

Mit Hilfe der Inhaltsanalyse sollen beschreibende Informationen gewonnen und gegebenenfalls Hypothesen geprüft werden. Dieses Wissen kann die Grundlage für Entscheidungen, auch in personalwirtschaftlichen Fragen wie der ↗ Personalauswahl oder der Identifizierung von ↗ Weiterbildungsbedarf, liefern.

Literatur: Merten, K. 1995: Inhaltsanalyse, 2. Aufl., Opladen; Lamnek, S. 1995: Qualitative Sozialforschung. Bd. 2: Methoden und Techniken, 2. Aufl., Weinheim   (n)

Innere Kündigung

↗ Mitarbeiter, die innerlich gekündigt haben, leisten nur noch »Dienst nach Vorschrift«. Sie sind demotiviert, verlassen das Unternehmen jedoch nicht (unmittelbar). Die ↗ Arbeitsleistung wird auf ein notwendiges Mindestmaß reduziert und Eigeninitiative verweigert. Unter innerer Kündigung wird somit die Leistungszurückhaltung und -vermeidung von Beschäftigten in Form eines ›inneren‹ Rückzugs bei aufrechtem Beschäftigungsverhältnis verstanden. Innere Kündigung ist zumeist ein schleichender Prozess, welcher nicht notwendigerweise in vollem Bewusstsein erfolgt. Die ↗ Kündigung findet nicht formal statt, da dies entweder unmöglich oder nicht opportun ist, sondern erfolgt vielmehr durch mentale Verweigerung. Als mögliche Ursache für eine innere Kündigung kann eine Unzufriedenheit mit der Arbeitssituation, insbesondere aufgrund von Führungs- und Gruppenkonflikten, angeführt werden, verbunden mit der Einschätzung, keine tatsächlichen oder wahrgenommenen Möglichkeiten zur positiven Einflussnahme zu haben.

Literatur: Nachbagauer, A.; Riedl, G. 1999: Innere Kündigung. Leistungszurückhaltung zwischen individueller Motivationsblockade und organisatorischer Zuschreibung, in: Zeitschrift Führung & Organisation, 67(1), S. 10-15; Lauck, G. 2004: Burnout oder innere Kündigung, München, Mering; Krystek, U.; Becherer, D.; Deichelmann, K.H. 1995: Innere Kündigung, München, Mering   (k/m)

Insider-Outsider-Theorie

Neoklassische ↗ Arbeitsmarkttheorien unterstellen, dass sich Arbeitsangebot und Arbeitsnachfrage über Lohnanpassungen (↗ Lohn, ↗ Lohnpolitik) so einregulieren, dass keine unfreiwillige ↗ Arbeitslosigkeit entstehen kann. Im Unterschied dazu geht die Insider-Outsider-Theorie von der Beobachtung aus, dass Lohnrigiditäten und auch unfreiwillige ↗ Arbeitslosigkeit die Realität des Arbeitsmarktes (↗ Arbeitsmarkt) kennzeichnen. Die Insider-Outsider-Theorie beansprucht zu erklären, warum Unternehmen die Löhne nicht auf einen markträumenden ↗ Lohn absenken und daher Arbeitslosigkeit entsteht. Während die ↗ Effizienzlohntheorie annimmt, dass nur der ↗ Arbeitgeber über Lohnsetzungsmacht (↗ Macht) verfügt, unterstellt die Insider-Outsider-Theorie, dass ein Teil der Arbeitnehmerschaft Lohnsetzungsmacht hat. Die Theorie unterscheidet drei Gruppen von ↗ Arbeitnehmern: Erstens Insider, d.h. Personen, die schon seit längerem im Betrieb tätig sind, zweitens Entrants, damit sind Arbeitskräfte in der Einarbeitungsphase gemeint, und schließlich drittens Outsider, diejenigen, die außerhalb des Betriebes stehen und keinen Arbeitsplatz innehaben. Die Verhandlungsmacht dieser drei Gruppen unterscheidet sich erheblich: Die Insider verfügen anders als die Outsider und Entrants über betriebsspezifisches Humankapital. Dieses betriebsspezifische Humankapital gibt damit den Insidern gegenüber den Outsidern, aber auch gegenüber den Entrants einen relativen Vorteil und damit Verhandlungsmacht gegenüber dem Arbeitgeber. Die Insider-Outsider-Theorie unterstellt rationales Handeln. Folgerichtig sind die Insider daran interessiert, ihre Verhandlungsposition aufrecht zu erhalten und Konkurrenz durch Outsider und Entrants zu verhindern. Die Insider signalisieren beiden Gruppen, dass ein Unterbieten des Lohnes negativ sanktioniert würde (durch Schikanierung usw.). Der Arbeitgeber will als rationaler Akteur zum einen die Beschaffungs- und Einarbeitungskosten vermeiden, die bei der Entlassung eines Insiders anfallen würden. Zum anderen will er verhindern, dass die Produktivität dadurch sinkt, dass sich die Insider gegenüber den Entrants unkooperativ verhalten. Daher hat der Arbeitgeber – anders als in der neoklassischen Arbeitsmarkttheorie ($\nearrow$ Arbeitsmarkttheorien) – kein Interesse daran, Insider gegen Outsider auszutauschen, und er ist bereit, einen Lohnzuschlag in Form eines über dem Grenzwertprodukt liegenden $\nearrow$ Lohnes zu zahlen, solange dieser Lohnzuschlag geringer ist als die Kosten, die für den Austausch der Insider gegen einen Outsider entstehen.

Literatur: Keller, B.; Henneberger, F. 1997: Arbeitsmarkttheorien, in: Gablers Wirtschafts-Lexikon. 14. Aufl., Wiesbaden, S. 225-241; Literatur: Sesselmeier, W.; Blauermel, G. 1998: Arbeitsmarkttheorien: ein Überblick, 2. Aufl., Heidelberg   (n)

Integrationsstufen der Personalplanung

Die $\nearrow$ Personalplanung kann in unterschiedlichem Ausmaß intern aufeinander abgestimmt bzw. mit den anderen Planungsbereichen des Unternehmens abgestimmt sein. Insofern lassen sich nach dem Kriterium der Integration von Planungsteilbereichen verschiedene Stufen unterscheiden:

– Personalplanung als Bestandteil einer vollintegrierten betrieblichen Planung: In diesem Fall sind alle Funktionsbereiche, also Beschaffungs-, Produktions-, Absatz-, Finanz-, Personalplanung usw. als Bestandteile eines umfassenden Planungssystems aufeinander abgestimmt.
– Personalplanung als Bestandteil einer teilintegrierten Planung: Dieser Fall liegt vor, wenn nur einzelne Bereiche – z.B. Absatz- und Personalplanung – aufeinander abgestimmt sind.
– Integrierte Personalplanung: Damit sind Personalplanungssysteme gemeint, bei denen die einzelnen Aspekte des Personalsektors also Personalbedarfsermittlung, $\nearrow$ Personalbeschaffungsplanung, $\nearrow$ Personalentwicklungsplanung usw. aufeinander abgestimmt sind.
– Teilintegrierte Personalplanung: Es sind nur einzelne Planungsteilbereiche innerhalb des Personalsektors aufeinander abgestimmt, z.B. die Personalbeschaffungs- und Personalentwicklungsplanung.

Literatur: Mag, W. 1998: Einführung in die betriebliche Personalplanung, 2. Aufl., München; Weber, W. 1975: Personalplanung, Stuttgart   (w)

Intelligenz

Intelligenz ist ein in der Umgangssprache und der fachwissenschaftlich psychologischen Diskussion weit verbreiteter Begriff, für den sich eine einheitliche Definition bisher nicht herausgebildet hat. Meist wird die Begabungsbzw. Fähigkeitskomponente als Voraussetzung für die Lösung von Problemen und die Bewältigung neuartiger Situationen in Intelligenzdefinitionen betont. Diese Fähigkeiten besitzen Lebewesen in unterschiedlichem Ausmaß. Sie werden zwar in der Auseinandersetzung mit der Umwelt herausgebildet und sind deshalb auch gelernt und trainierbar; die Leistungsmöglichkeiten hinsichtlich des Erfassens, Deutens und Herstellens komplexer Beziehungen sind jedoch offenkundig von angeborenen Begabungen beeinflusst.

Die Intelligenzförderung bemüht sich um die Entwicklung von Modellen der Intelligenzstruktur und die Identifizierung von Intelligenzfaktoren. Guilford unterscheidet in seinem weit verbreiteten Strukturmodell 120 unterschiedliche Intelligenzleistungen auf der Grundlage dreier Dimensionen: einer Tiefendimension, die verschiedene Denkoperationen wie Gedächtnis, Erkenntnis, Bewertung umfasst, eine Höhendimension, die Denkprodukte wie Klassen, Beziehungen, Systeme enthält, sowie eine Breitendimension, die verschiedene Denkinhalte zum Gegenstand hat.

Im Zusammenhang mit faktorenanalytischen Untersuchungen (↗ Faktorenanalyse) wurden drei Modelle entwickelt: Die Zwei-Faktoren-Theorie geht davon aus, dass Leistungen auf einen gemeinsamen Faktor g und auf einen jeweils spezifischen Begabungsfaktor s zurückgehen; die multiple Faktorentheorie unterstellt, dass für Leistungen eine bestimmte Anzahl aus einer begrenzten Menge von Begabungsfaktoren in unterschiedlicher Gewichtung maßgeblich sind, und die Sampling-Theorie meint, dass bei der Erbringung aller Leistungen eine Anzahl bzw. eine ↗ Stichprobe (Sample) elementarer Begabungsfaktoren in jeweils unterschiedlicher Konstellation zusammenwirken.

Literatur: Roth, E. (Hrsg.) 1998: Intelligenz. Grundlagen und neuere Forschung, Stuttgart   (w)

Intelligenztests

Als Intelligenztests werden psychologische ↗ Tests bezeichnet, die die komplexe Funktion ↗ Intelligenz messen. Dabei soll die intellektuelle Kapazität des Probanden, nicht die Ausschöpfung dieser Kapazität gemessen werden.

Es wird häufig zwischen allgemeinen Intelligenztests und speziellen Intelligenztests unterschieden. Angemessene Intelligenztests zielen darauf, die komplexe Eigenschaft Intelligenz insgesamt, evtl. bei Differenzierung bestimmter Aspekte bzw. der Struktur zu erfassen, wie z.B. Intelligenz-Struktur-Tests (IST). Spezielle Intelligenztests messen ausschließlich bestimmte Aspekte der Intelligenz, z.B. die sprachliche Ausdrucksfähigkeit.

Intelligenztests werden von anderen Testtypen, insbesondere von ↗ Leistungstests und ↗ Persönlichkeitstests abgegrenzt. Gelegentlich werden allerdings Intelligenztests als spezielle Variante von Leistungstests behandelt.

Intelligenztests spielen bei der ↗ Personalauswahl, insbesondere bei der Auswahl von Jugendlichen bzw. von Nachwuchskräften eine relativ beachtliche Rolle. Sie sind häufig auch Bestandteil des ↗ Assessment-Center-Verfahrens.

Literatur: Brickenkamp, R.; Brähler, E.; Holling, H. 2002: Handbuch psychologischer und pädagogischer Tests, 2 Bde., Göttingen   (w)

Interaktion

Kommunikation im weitesten Sinne wird als Interaktion bezeichnet. Der Begriff Interaktion umfasst alle Formen des Austausches von Informationen zwischen mindestens zwei Personen. Er bezieht neben der verbalen Kommunikation durch Sprechen und Schreiben bzw. Hören und Lesen auch Gesten, Blicke, körperliche Berührungen usw. (non-verbale Kommunikation) mit ein.

Literatur: Malewski, A. 1967: Verhalten und Interaktion, Tübingen   (w)

Interkulturelles Training

Interkulturelle Trainings sollen es den ins Ausland zu entsendenden Mitarbeitern ermöglichen, sich vorab mit der Kultur des Gastlandes vertraut zu machen. Ohne ein Verständnis (oder zumindest eine Akzeptanz) der Kultur des Gastlandes erhöht sich die Misserfolgswahrscheinlichkeit bzw. das Risiko des vorzeitigen Abbruchs der ↗ Auslandsentsendung.

Grundsätzlich kann zwischen kulturallgemeinen und kulturspezifischen

Trainingsmethoden unterschieden werden. Kulturallgemeine Vorbereitungsmethoden sollen den Anpassungsprozess an jede Kultur erleichtern und beziehen sich nicht auf ein bestimmtes Entsendungsland. Im Mittelpunkt steht die Entwicklung eines Bewusstseins der eigenen Kultur, auf dessen Basis das Verständnis für Interaktionen mit fremden Kulturen gefördert wird. Kulturspezifischen Methoden liegt die Annahme zugrunde, dass die Zusammenarbeit von Angehörigen unterschiedlicher Kulturen durch rationale Kooperation bestimmt ist. Es werden Informationen und Erfahrungen der Kultur eines spezifischen Landes oder einer Region vermittelt.

Neben dieser inhaltlichen Differenzierung wird auch zwischen verschiedenen Techniken der Wissens- und/oder Erfahrungsvermittlung unterschieden. Kognitives Training dient primär der Wissensvermittlung. Landeskundliche Informationen zu Themen wie Geschichte, Geographie, Wirtschaft, Politik und Gesellschaft werden durch Filme, Vorträge und schriftliches Informationsmaterial vermittelt. Zudem wird über besondere Verhaltensweisen, Traditionen und Lebensstile berichtet.

Affektive Trainingsmethoden sollen es dem zu entsendenden Mitarbeiter ermöglichen, eine Beziehung zur fremden Kultur aufzubauen. Sie gehen über die reine Informationsvermittlung hinaus, indem sie den Teilnehmer aktiv in den Lernprozess einbeziehen. Typische Maßnahmen sind die Fallstudie, der Kulturassimilator oder das Rollenspiel.

Verhaltensorientierte Trainingsmethoden sind durch eine noch größere Intensität der Auseinandersetzung der Teilnehmer gekennzeichnet als die anderen beiden Gruppen. Zu dieser Kategorie gehören das Sensitivitätstraining, Simulationstraining und Felderfahrungen.

Die Durchführung interkultureller Trainingsprogramme erfordert eine hohe Kompetenz in diesem Bereich. Bei kulturspezifischen Maßnahmen sind zudem Kenntnisse des Ziellandes erforderlich. Deshalb führen viele multinationale Unternehmen diese Maßnahmen nicht intern durch. Sie wenden sich statt dessen an Spezialisten wie Moran, Stahl und Boyer in den USA oder an das Center for International Briefing (bekannt als Farnham Castle) in Großbritannien. In Deutschland sind in diesem Kontext beispielsweise die Carl Duisberg Zentren (Köln), das Institut für interkulturelles Management in Bad Honnef, die Gesellschaft für Interkulturelle Kommunikation in Hildesheim, die ↗ Deutsche Gesellschaft für Personalführung (DGfP) in Düsseldorf oder die Evangelische Akademie Bad Boll zu nennen.

Literatur: Weber, W., Festing; M.; Dowling, P.J.; Schuler, R.S. 2001: Internationales Personalmanagement, 2. Aufl., Wiesbaden (k)

Internationale Arbeitsnormen

Internationale Arbeitsnormen sind Übereinkommen bzw. Empfehlungen der ↗ Internationalen Arbeitsorganisation (IAO), die von der Internationalen Arbeitskonferenz nach Beratung mit den Mitgliedsstaaten der IAO verabschiedet werden. Die Bedeutung der Internationalen Arbeitsnormen ergibt sich durch die Ratifizierung und Umsetzung in den Mitgliedsstaaten. Staaten, die die Empfehlungen der IAO ratifizieren, gehen internationale Verpflichtungen ein. Sie müssen regelmäßig über die Umsetzung der ratifizierten Normen in Gesetzgebung und Praxis berichten. Die Internationale Arbeitskonferenz diskutiert diese Berichte nach Prüfungen durch einen Sachverständigenausschuss.

Empfehlungen hinsichtlich der Internationalen Arbeitsnormen wurden

über die Jahre bspw. zu folgenden In-
halten abgegeben: 1. Grundlegende
Menschenrechte (Vereinigungsfreiheit,
Zwangsarbeit, Chancengleichheit und
Gleichbehandlung), 2. Beschäftigung
(Beschäftigungspolitik, Arbeitsmarkt-
verwaltung, Berufsberatung und beruf-
liche Ausbildung, berufliche Eingliederung und Beschäftigung Behinderter,
Arbeitsplatzsicherheit), 3. Sozialpolitik,
4. Arbeitsverwaltung (Arbeitsaufsicht,
Arbeitsstatistik), 5. ↗ Arbeitsbeziehungen, 6. ↗ Arbeitsbedingungen (Löhne, insbes. Mindestlöhne, Allgemeine
Beschäftigungsbedingungen, insbes. ↗
Arbeitszeit, Nachtarbeit, wöchentliche
Ruhezeit und Urlaub, Arbeitsschutz),
7. Soziale Sicherheit (u.a. ärztliche
Betreuung und Krankengeld, Leistungen bei Alter, Invalidität, Arbeitsunfällen, ↗ Arbeitslosigkeit, Mutterschaft),
8. Beschäftigung von Frauen (Mutterschutz, Nachtarbeit, Untertagearbeit),
9. Beschäftigung von Kindern und Jugendlichen (Mindestalter, Nachtarbeit,
ärztliche Untersuchungen, Untertage-
arbeiten), 10. ↗ Ältere Arbeitnehmer,
11. Wanderarbeitnehmer, 12. Einge-
borene Arbeitnehmer und Arbeitnehmer in außerhalb des Mutterlandes
gelegenen Gebieten, 13. Besondere
Arbeitnehmergruppen (z.B. Schiffs-
besatzungen, Fischer, Hafenarbei-
ter, Plantagearbeiter, Krankenpflege-
personal).

Literatur: Internationale Arbeitsorganisation
(Hrsg.) 1990: Zusammenfassungen internati-
onaler Arbeitsnormen, Gent; Senti, M. 2002:
Internationale Regime und nationale Politik.
Die Effektivität der Internationalen Arbeitsor-
ganisation (ILO) im Industrieländervergleich,
Bern   (w)

Internationale Arbeits-
organisation

Die Internationale Arbeitsorganisation
(IAO, engl. ILO für International Labour Organisation) wurde 1919 gleich-

zeitig mit dem Völkerbund mit dem
Ziel gegründet, Regierungen, Arbeitgeber und Gewerkschaften zum gemeinsamen Handeln im Interesse der sozialen Gerechtigkeit zu vereinen. Diese drei Gruppen sind in der IAO bis
heute gleichberechtigt und mit gleicher
Stimmenzahl vertreten. Seit 1946 ist
die IAO eine Spezialorganisation der
UN. Ihr Sitz ist Genf. Sie hat 177 Mitgliedsstaaten.

Organe der IAO sind die Internationale Arbeitskonferenz, die die ↗ Internationalen Arbeitsnormen berät und
verabschiedet, der Verwaltungsrat, der
Generalsekretär und das ↗ Internationale Arbeitsamt (IM). Die von der IAO
erarbeiteten ↗ Internationalen Arbeitsnormen begründen durch Ratifizierung
in den Mitgliedsländern rechtlich bin-
dende internationale Verpflichtungen.

Literatur: Brupbacher, S. 2002: Fundamentale Arbeitsnormen der Internationalen Arbeitsorganisation: eine Grundlage der sozialen Dimension der Globalisierung, Bern   (w/k)

Internationale Kompensation

Die Bereitstellung von Anreizen, insbes. von materiellen Gegenleistungen
für den Einsatz von Arbeitskräften im
internationalen Kontext kann unter der
Bezeichnung internationale Kompensation zusammengefasst werden. Wichtige Problemfelder sind die Differenzierung zwischen Stammhausentsandten
(Parent Country Nationals) und anderen Arbeitnehmergruppen (wie bspw.
Host Country Nationals oder Third
Country Nationals).

Kompensationspakete in international tätigen Unternehmen werden anhand von Netto-Vergleichsrechnungen
(Balance Sheet Approach) kalkuliert
und umfassen insbesondere folgende
Kategorien: Grundgehalt, Steuerkom-
pensationen, (Sozial-) Versicherungs-
kompensationen, Lebenshaltungskos-

tenkompensationen sowie Allowances (mobility allowance, hardship allowance, currency allowance, etc.)

Literatur: Weber, W., Festing, M., Dowling, P. J., Schuler, R. S. 2001: Internationales Personalmanagement, 2. Aufl., Wiesbaden (w)

Internationale Personalarbeit

Die internationale Personalarbeit umfasst grundsätzlich die gleichen Aufgabenbereiche wie die ↗ Personalarbeit einer nationalen Unternehmung. Durch die in einzelnen Ländern unterschiedlichen Rahmenbedingungen und deren Einfluss auf die jeweiligen Organisationsmitglieder erfahren diese Aufgaben jedoch eine besondere Ausformung. Drei spezielle Problemfelder lassen sich abgrenzen.

In den ausländischen Niederlassungen stellen sich eine Fülle von Problemen anders als gewohnt dar. Dabei sind etwa die rechtlichen, politischen und wirtschaftlichen Rahmenbedingungen, die kulturell geprägten Auffassungen über Arbeit und ↗ Führung oder unterschiedliche Lebensgewohnheiten zu nennen. Hier setzen in der Regel spezifische Trainingsmaßnahmen an.

Der Wechsel von ↗ Mitarbeitern zwischen einzelnen Niederlassungen im Rahmen von Auslandsentsendungen (›Expatriation‹) erfordert spezielle Aufmerksamkeit. Es gibt Probleme wie arbeitsvertragliche Gestaltung und versicherungsrechtliche Betreuung, Umzugsprobleme, betriebliche und persönliche ↗ Rückgliederung aus dem Ausland in diesen Bereich.

Auch die ↗ Personalarbeit im Stammhaus wird durch den internationalen Zusammenhang geprägt. Dazu gehört z.B. die Schaffung von Anreizsystemen (↗ Anreizgestaltung) zur Förderung der internationalen Mobilität.

In den letzten Jahren hat dieser Bereich erhöhte Aufmerksamkeit erfahren. Eine Fülle von theoretischen und empirischen Beiträgen greift verschiedene Aspekte der internationalen Personalarbeit auf. Schwerpunkte sind die unterschiedlichen Phasen der Auslandsentsendung (↗ Auslandseinsatz von Mitarbeitern), das Arbeiten in einem multi-nationalen und multi-kulturellen Kontext und vergleichende Untersuchungen zur Personalarbeit in unterschiedlichen Ländern.

Literatur: Weber, W.; Festing, M.; Dowling, P. J.; Schuler, R. S. 2001: Internationales Personalmanagement, 2. Aufl., Stuttgart; Brewster, C.; Mayrhofer, W.; Morley, M. (Hrsg.) 2004: Human Resource Management in Europe. Evidence of convergence?, Oxford (m)

Internationale Personalbesetzungsstrategien

Stellenbesetzungsstrategien in multinationalen Unternehmen sind eng verknüpft mit der strategischen Grundhaltung des Unternehmens. In Anlehnung an Heenan/Perlmutter (1979) wird zumeist zwischen ethnozentrischer, polyzentrischer, regiozentrischer und geozentrischer Strategie unterschieden.

Ethnozentrische Strategie bedeutet Orientierung an bewährten Praktiken im Stammland und – als Folge dieses Konzepts – Entwicklung von ↗ Mitarbeitern im Stammland mit anschließender Entsendung in Schlüsselpositionen der ausländischen Tochtergesellschaften. Diese Personalbereitstellungsstrategie findet sich insbesondere in frühen Stadien der Internationalisierung sowie bei großen Qualifikationsdefiziten der einheimischen Arbeitskräfte.

Die polyzentrische Strategie betont die Orientierung an den verschiedenen Gastländern. Daraus folgt die Entwicklung lokaler Mitarbeiter. Schlüsselpositionen werden mit einheimischem ↗ Personal (host-country-nationals) besetzt. Diese Stellenbesetzungsstrategie setzt sich u.a. bei enger Verknüpfung von Unternehmensführung und jeweiliger nationaler Kultur, aber auch wegen der geringeren Kosten durch.

Entsprechend wird bei regiozentrischer Strategie die Stellenbesetzung und ↗ Personalentwicklung für Regionen (z.B. Südost-Asien), bei geozentrischer Strategie weltweit betrieben.

Literatur: Weber, W., Festing; M.; Dowling, P.J.; Schuler, R.S. 2001: Internationales Personalmanagement, 2. Aufl., Wiesbaden; Heenan, D.A.; Perlmutter, H.V. 1979: Multinational Organization Development, Reading, Mass.   (k)

Internationale Personalentwicklung

Der Bedarf an Maßnahmen der ↗ Personalentwicklung und des Trainings in international tätigen Unternehmen hängt insbesondere von der Art der internationalen Unternehmenstätigkeit, der internationalen Stellenbesetzungsstrategie und den betroffenen Ländern ab.

Bei begrenzten Beziehungen zu ausländischen Märkten dominieren Trainings- und Entwicklungsmaßnahmen für eigene ↗ Führungskräfte, Führungskräfte des ausländischen Partnerunternehmens und für Verkaufsmitarbeiter. Bei Bestehen von Tochtergesellschaften beziehen sich die Maßnahmen vorwiegend auf das Management im Gastland sowie auf den durch temporäre Transfers betroffenen Personenkreis im Stammhaus. Bei regionaler und globaler Unternehmenstätigkeit werden häufig regionsbezogene oder weltweit angelegte Personalentwicklungssysteme, Informationskonzepte und Trainingsprogramme realisiert. Wichtige Trainingsfelder sind kulturelles Training, Sprachtrainings und Trainings zur Alltagsbewältigung in einem fremden Umfeld.

Literatur: Weber, W.; Festing, M.; Dowling, P. J.; Schuler, R. S. 2001: Internationales Personalmanagement, 2. Aufl., Wiesbaden   (w)

Internationale Rekrutierung

Die Rekrutierung von Arbeitskräften für multinationale Unternehmen bzw. für Auslandsentsendungen vollzieht sich entsprechend der internationalen Stellenbesetzungsstrategie. So kann zwischen stammlandbezogenen, gastlandbezogenen, regionalen und globalen Strategien differenziert werden. Die Bedeutung der Auswahlentscheidungen ergibt sich aus den besonderen Risiken einer Fehlbesetzung und den hohen Kosten des Abbruchs einer Auslandsentsendung. Die direkten Abbruchkosten umfassen insbesondere ↗ Gehalt einschl. aller Zulagen, Trainingskosten sowie Umzugskosten; indirekte Kosten ergeben sich aus den negativen Konsequenzen von Fehlbesetzungen für die wirtschaftliche Entwicklung und Reputation des Unternehmens im Auslandsmarkt.

Auf der Grundlage einer Literaturanalyse über den Erfolg von Auslandsentsandten (Expatriates) identifizierte Tung (1981) insgesamt achtzehn Auswahlkriterien, die sie in die vier Gruppen technische Kompetenz am Arbeitsplatz, Persönlichkeitsmerkmale bzw. Beziehungsfähigkeit, Umweltfaktoren und familiäre Situation gruppiert. Im Rahmen der Rekrutierung für Auslandsentsendungen gewinnen »weicheren« Faktoren wie kultureller Empathie, zwischenmenschlichen Fähigkeiten, Vorurteilsfreiheit, Anpassungsfähigkeit sowie Belastbarkeit besondere Bedeutung zu.

Wegen der großen Auswahlrisiken dominiert die interne Rekrutierung für Auslandsentsendungen auf der Grundlage von Leistungsbewertungen und persönlichen Berichten, Interviews beider Ehepartner und Karriereabsprachen im Rahmen der Personalentwicklung.

Literatur: Weber, W.; Festing, M.; Dowling, P.J.; Schuler, R.S. 2001: Internationales Personalmanagement, 2. Aufl., Wiesbaden; Tung, R.L. 1981: Selection and Training for Overseas Assignments, in: Columbia Journal of World Business, Vol. 16, S. 68-78   (w/k)

Internationales Arbeitsamt

Das Internationale Arbeitsamt (IAA) ist das ständige Sekretariat der ↗ Internationalen Arbeitsorganisation (IAO bzw. International Labour Organisation, ILO) in Genf, das im Wesentlichen mit Verwaltungsaufgaben, der Sammlung von Informationen, mit Forschung zu Sozial- und Arbeitsfragen sowie mit der Vorbereitung und Durchführung von Konferenzen betraut ist. Das IAA selbst hat jedoch keine Entscheidungskompetenz, diese liegt ausschließlich bei den repräsentativen Organen der ILO: die Internationale Arbeitskonferenz und der administrative Rat des IAA. Das Internationale Arbeitsamt wird von einem durch den Verwaltungsrat für eine Amtsdauer von 5 Jahren gewählten Generaldirektor geleitet. Die Organisationsstruktur ist auf die vier strategischen Ziele ILO ausgerichtet: Förderung und Umsetzung der grundlegenden Prinzipien und Rechte bei der Arbeit, menschenwürdige Arbeit und Beschäftigung für Frauen und Männer, sozialer Schutz und Stärkung der Dreigliedrigkeit und des sozialen Dialogs.

Das Internationale Arbeitsamt unterhält ein weltweites Netz von Regionalbüros, um einen engen Kontakt vor Ort mit den jeweiligen Regierungen, Arbeitgeberverbänden und ↗ Gewerkschaften zu gewährleisten. (w/k)

Internationales Personalmanagement

Internationales Personalmanagement bzw. Internationales Human Resource Management (IHRM) kann im Anschluss an Morgan (1986) durch drei Dimensionen gekennzeichnet werden: 1. die Funktionen des Personalmanagements, 2. die drei involvierten Länderkategorien und 3. drei Gruppen von Beschäftigten in internationalen Unternehmen.

Morgan unterscheidet, neben den klassischen Funktionen des ↗ Personalmanagements, insbesondere zwischen den Länderkategorien Gastland, in dem sich das Auslandsengagement befindet, Stammland, in dem eine internationale Unternehmung ihren Hauptsitz hat und Drittländern, die bspw. Quellen für Arbeitskräfte sein können. Als die drei Gruppen von Beschäftigten, die in diesem Kontext von Bedeutung sind, werden genannt: 1. einheimische Beschäftigte oder host-country-nationals; das sind Beschäftigte, die die Staatsangehörigkeit des Gastlandes besitzen, 2. Stammhausentsandte oder parent-country-nationals; sie haben die Staatsangehörigkeit des Stammlandes und werden vom Stammhaus entsandt, 3. Beschäftigte aus Drittländern oder third-country-nationals.

Die Diskussion des internationalen Personalmanagements knüpft überwiegend an den traditionellen Personalfunktionen und den spezifischen Problemen an, die sich aus der internationalen Unternehmenstätigkeit ergeben. Vielfach werden die Rahmenbedingungen (↗ internationale Arbeitsbeziehungen) und methodische Probleme (↗ Organisationsentwicklung in internationalen Unternehmen, ↗ Personalplanung) in die Betrachtung einbezogen. Die häufig konstatierte größere Komplexität der internationalen ↗ Personalarbeit ergibt sich u.a. aus den zusätzlich zu lösenden Aufgaben (z.B. ↗ Repatriierung), die weitere Perspektive, die zwangsläufige Einbeziehung der Privatsphäre, die besonderen Risiken der Personalentscheidungen und die vielfältigeren Einflüsse auf die personalwirtschaftlichen Problemkonstellationen, insbes. die jeweils unterschiedlichen kulturellen, sozialen und wirtschaftlichen Rahmenbedingungen.

Literatur: Weber, W., Festing; M., Dowling; P.J., Schuler; R.S. 2001: Internationales Personalmanagement, 2. Aufl., Wiesbaden; Morgan, P.V. 1986: International HRM: Fact or Fiction, in: Personnel Administrator, Vol. 31, S. 43-47   (w)

Interview

Das Interview ist eine Form der mündlichen ↗ Befragung (↗ Datengewinnung, Methoden der). Im Gegensatz zur schriftlichen Befragung liest der Interviewer (Befrager) dem Befragten die Frage vor oder formuliert sie frei und hält die Antwort (schriftlich oder per Tonband) fest.

Für das Interview bietet sich im Personalwesen ein breites Anwendungsfeld, z.B. bei der ↗ Personalauswahl in Form des Eintrittsinterviews, um Informationen über Eignungsprofil und -potenzial (↗ Eignung) des Mitarbeiters, seine Persönlichkeit, Einstellungen und Interessen zu erlangen.

Als wichtigste Formen unterscheidet man nach dem Grad der Strukturierung von Frageninhalt, -formatierung und -reihenfolge sowie Kategorisierung der Antwort zwischen

– unstrukturiertem,
– halbstrukturiertem und
– strukturiertem Interview.

Die unstrukturierte Form wird auch als ungelenktes Interview bezeichnet. Dabei wird auf einen Fragebogen, an den sich der Interviewer hält, verzich-

tet. Beim halbstrukturierten Interview benutzt man einen Interviewerleitfaden, der offene Fragen, d.h. Fragen ohne Vorgabe der Antwortmöglichkeiten, enthält. Strukturierten oder auch standardisierten Interviews liegt dagegen ein Fragebogen zugrunde, der genaue Frageformulierungen, die Reihenfolge sowie die Antwortmöglichkeiten vorgibt.

Je größer der Strukturierungsgrad ist, desto leichter ist es, die Ansprüche der testtheoretischen Gütekriterien ↗ Objektivität, ↗ Reliabilität und ↗ Validität (↗ Datengewinnung, Methoden der) zu gewährleisten. Da die mündliche Kommunikation (↗ Kommunikation, innerbetriebliche) eine vertraute menschliche Interaktionsform darstellt, sind die Akzeptanz und Verbreitung dieses Verfahrens relativ groß.

Literatur: Diekmann, A. 2004: Empirische Sozialforschung: Grundlagen, Methoden, Anwendungen, 11. Aufl., Reinbek bei Hamburg (n)

Investitionsrechnung

Investitionsrechnungen sind Hilfsmittel zur Unterstützung von Investitionsentscheidungen. Mit ihrer Hilfe wird über die Vorteilhaftigkeit von Investitionen durch den Vergleich der durch eine Investition ausgelösten Ein- und Auszahlungen entschieden. Es wird zwischen statischen und dynamischen Verfahren der Investitionsrechung unterschieden, die durch unterschiedliche Vorteilhaftigkeitskriterien gekennzeichnet sind.

Statische Verfahren haben den Charakter von Faustregeln; sie vernachlässigen den in den dynamischen Rechnungen erfassten Zeitfaktor. Typische Beispiele sind Kostenvergleiche, Gewinnvergleiche, einfache Amortisationsrechnungen und Rentabilitätsrechnungen. Dabei werden die Kosten, Gewinne, Amortisationszeiten, Zinssätze u.Ä. verschiedener Objekte miteinander oder mit angestrebten Mindestwerten verglichen, um zu Aussage über die Vorteilhaftigkeit zu gelangen.

Der Kerngedanke der dynamischen Verfahren der Investitionsrechung besteht darin, dass alle Ein- und Auszahlungen auf einen Zeitpunkt bezogen werden, um sie vergleichbar zu machen. Hinsichtlich der Vorgehensweise im Einzelnen werden unterschiedliche Verfahren angewandt.

Der Investitionsgedanke und damit die Konzepte der Investitionsrechnung sind im Personalbereich insofern von Bedeutung, als Aus- und Weiterbildungsmaßnahmen, der Ressourceneinsatz bei der ↗ Personalbeschaffung und weitere Maßnahmen vielfach als Investitionen in das Humanvermögen eines Unternehmens begriffen werden. Dieser Denkansatz findet sich u.a. im Konzept der ↗ Humanvermögensrechnung, in Beiträgen zur ↗ Evaluation der betrieblichen Bildungsarbeit (Bronner/Schröder 1983) und – ansatzweise – in Konzepten zur quantitativ gestützten Nutzenbewertung von Human-Resource-Programmen (z.B. Schmidt et al. 1982). Die entsprechenden Formeln zielen auf einen Vergleich der einmaligen Auszahlung für ein Human-Resource-Programm und den geschätzten Nutzen dieses Programms in der Zukunft. Das Denken in Investitionskategorien ist im Bereich der ↗ Personalwirtschaft mittlerweile relativ weit verbreitet, die Investionsrechnung oder Varianten hiervon werden allerdings im Personalbereich nur in begrenztem Maße genutzt.

Literatur: Bronner, R.; Schröder, W. 1983: Weiterbildungserfolg: Modelle und Beispiele systematischer Erfolgssteuerung, München; Kruschwitz, L. 2003: Investitionsrechnung, 9. Aufl., München; Oechsler, W.A. 2000a: Personal und Arbeit, 7. Aufl., München, Wien, S. 178ff.; Rosenberg, O.; Weber, W. 1997: Betriebliches Rechnungswesen, 7. Aufl., München; Schmidt, F. L.; Hunter, J. E.; Pearlman, K. 1982: Assessing the Economic Impact of Personnel Programs on Workforce Productivity, in: Personnel Psychology, Vol. 35, S. 333-347 (w/k)

J

Jahresabschluss

Der Jahresabschluss ist ein vom Grundkonzept her vergangenheitsorientiertes Informationsinstrument, das aus Bilanz, Gewinn- und Verlustrechnung, weiteren Bestandteilen wie Anhang, Lagebericht und gelegentlich weiteren Rechnungen, insbesondere der so genannten ↗ Sozialbilanz besteht.

In der Bilanz wird – bezogen auf einen Stichtag – das Vermögen und das Kapital eines Unternehmens, in der Gewinn- und Verlustrechnung der Erfolg eines Unternehmens in einer Rechnungsperiode durch Gegenüberstellung von Aufwand und Ertrag dargestellt.

Der Jahresabschluss dient primär der Rechenschaftslegung gegenüber externen Interessenten, z.B. gegenüber dem Staat bzw. der staatlichen Finanzverwaltung, den Kapitalgebern und dem ↗ Personal. Als externe Interessenten werden dabei die Angehörigen jener Gruppen angesehen, die nicht direkt in die Leitung eines Unternehmens eingreifen. Deshalb wird in diesem Sinne auch das ↗ Personal zu den externen Interessenten gerechnet.

Eine Auseinandersetzung des Personals und dessen Repräsentanten mit den Ergebnissen des Jahresabschlusses erfolgt insbesondere im Rahmen der Wahrnehmung von Aufgaben der ↗ Mitbestimmung, etwa im ↗ Wirtschaftsausschuss, darüber hinaus auch im Zusammenhang mit Modellen der ↗ Erfolgsbeteiligung und der ↗ Vermögensbeteiligung.

Literatur: Coenenberg, A.G. 2003: Jahresabschluss und Jahresabschlussanalyse, 19. Aufl.,
Landsberg/Lech; Rosenberg, O.; Weber, W. 1997: Betriebliches Rechnungswesen, 7. Aufl., München; Winnefeld, R. 2002: Bilanz-Handbuch, 3. Aufl., München; Wöhe, G. 1997: Bilanzierung und Bilanzpolitik, 9. Aufl., München   (w)

Job enlargement

Job enlargement ist ein Verfahren der ↗ Arbeitsstrukturierung und meint Aufgabenerweiterung. Hierbei wird das Arbeitsfeld einer Stelle (↗ Stellenbeschreibung) vergrößert, indem qualitativ gleichartige oder ähnliche Aufgabenelemente den bisherigen Elementen hinzugefügt werden. Der Arbeitszyklus wird verlängert und die ↗ Arbeitsteilung reduziert.

Job enlargement wird vor allem im Rahmen der Bestrebungen zur ↗ Humanisierung der Arbeit diskutiert. Es wird angenommen, dass die Tätigkeit durch die Aufgabenerweiterung interessanter für den Arbeitnehmer wird. Hieraus soll sich eine höhere ↗ Arbeitszufriedenheit und ↗ Arbeitsleistung ergeben.

Literatur: Kreikebaum, H.; Herbert, K.-L. 1988: Humanisierung der Arbeit, Wiesbaden; Heller, W. 1994: Arbeitsgestaltung, Stuttgart   (h)

Job enrichment

Job enrichment ist ein Verfahren der ↗ Arbeitsstrukturierung und meint Aufgabenbereicherung (↗ Humanisierung der Arbeit). Das Arbeitsfeld einer Stelle (↗ Stellenbeschreibung) wird durch Planungs-, Entscheidungs- und Kontrolltätigkeiten bereichert, die vorher überwiegend auf höheren Hierarchieebenen erfüllt wurden. Der Arbeitszyklus verlängert sich, und die Arbeitsanforderungen steigen.

Literatur: Kreikebaum, H.; Herbert, K.-L. 1988: Humanisierung der Arbeit, Wiesbaden; Heller, W. 1994: Arbeitsgestaltung, Stuttgart   (n)

Job rotation

Job rotation ist ein Verfahren der ↗ Arbeitsstrukturierung. Man bezeichnet mit job rotation den Wechsel von Tätigkeiten, meist zwischen den Mitgliedern einer ↗ Arbeitsgruppe. Der Wechsel richtet sich dabei nach einem festen oder variablen Schema, das vorgegeben wird oder durch Absprache innerhalb der Arbeitsgruppe zustande kommen kann (↗ Arbeitsgruppe, teilautonome).

Job rotation hat zum Ziel, die Flexibilität, die ↗ Qualifikation und ↗ Motivation der ↗ Mitarbeiter zu steigern, und damit zur ↗ Humanisierung der Arbeit und zur Steigerung der ↗ Arbeitsleistung beizutragen.

Literatur: Kreikebaum, H.; Herbert, K.-L. 1988: Humanisierung der Arbeit, Wiesbaden; Heller, W. 1994: Arbeitsgestaltung, Stuttgart   (n)

Job sharing

Job sharing ist ein Modell der ↗ flexiblen Arbeitszeit, bei dem zwei oder mehrere Personen in freiwilliger Übereinkunft mindestens einen Vollzeitarbeitsplatz miteinander teilen und unter Rücksichtnahme auf vereinbarte Rahmenbedingungen in gemeinsamer Verantwortung eine individuelle Aufteilung von ↗ Arbeitszeit, Tätigkeit, Entlohnung und Sozialleistungen vornehmen. Job Sharing hat in dieser Form auch Bedeutung als Möglichkeit der ↗ Arbeitsstrukturierung. Die ersten Versuche entstanden Ende der 60er-Jahre in den USA. In Europa wurden die ersten Modelle um 1975 bekannt.

An Zielsetzungen sind für den Einzelnen vor allem ↗ Humanisierung der Arbeit und Zeitsouveränität zu nennen. Für die ↗ Organisation stehen Kosten- und Produktivitätsziele, z.B. Senkung des ↗ Absentismus oder Steigerung der Leistungsbereitschaft im Vordergrund. Gesamtgesellschaftlich wird auf die Möglichkeit der Entlastung des ↗ Arbeitsmarktes hingewiesen. Während US-amerikanische Modelle auf weitgehender Vertragsfreiheit basieren, sind die Vorschläge im deutschsprachigen Raum rechtlich stärker normiert.

Nachteilig sind für den Einzelnen der verringerte Bestandschutz des Arbeitsverhältnisses und die geminderten Aufstiegschancen. Aus Organisationssicht sind zusätzliche Kosten durch einen gesteigerten Verwaltungsaufwand zu beachten. Für den Arbeitsmarkt gehen vom Job Sharing keine entscheidenden Impulse aus.

Literatur: Dorrer, M. 2002: Das Jobsharing-Arbeitsverhältnis. Arbeitsrechtliche Fragen der Arbeitsplatzteilung, Wien   (m)

K

Kammern

Kammern sind die gesetzlichen Interessenvertretungen von Angehörigen verschiedener Berufsbereiche. Im Unterschied zu den auf vereinsrechtlicher Basis gegründeten freiwilligen Berufsvertretungen stellen sie durch besondere Gesetze begründete Körperschaften des öffentlichen Rechts dar, denen der Staat bestimmte, sie unmittelbar betreffende Aufgaben überlässt (Selbstverwaltung).

Im selbstständigen Wirkungsbereich werden sie autonom tätig. Die staatlichen Behörden haben keinerlei Weisungsrechte, sondern lediglich bestimmte Aufsichtsbefugnisse. Im übertragenen Wirkungsbereich sind sie in den behördlichen Instanzenzug als Verwaltungsbehörde eingegliedert und weisungsunterworfen.

Auf Arbeitgeberseite sind als Kammern die ↗ Industrie- und Handelskammern bzw. ↗ Handelskammern und die ↗ Handwerkskammern eingerichtet. Auf Seiten der ↗ Arbeitnehmer bestehen ↗ Arbeiterkammern bzw. ↗ Arbeitnehmerkammern.

Literatur: Pelinka, A. (Hrsg.) 1996: Kammern auf dem Prüfstand. Vergleichende Analysen institutioneller Funktionsbedingungen, Wien; Charim, I.; Füreder, H. 2000: Gewerkschaften, Kammern, Sozialpartnerschaft und Parteien nach der Wende. Erfahrungen aus Schweden, Großbritannien, Frankreich und Deutschland, Wien   (m)

Kapitalbeteiligung

Die Kapitalbeteiligung ist eine der Grundformen der ↗ Mitarbeiterbeteiligung im bzw. am Unternehmen. Die ↗ Mitarbeiter sind in diesem Fall am Kapital des Unternehmens, und zwar am Eigen- oder Fremdkapital direkt oder indirekt beteiligt.

Eine Arbeitnehmer-Beteiligung am Eigenkapital ist als direkte Beteiligung bei der AG, der KGaA sowie als stille Beteiligung möglich. Wegen dieser begrenzten direkten Beteiligungsmöglichkeiten werden häufig indirekte Beteiligungsformen mit der Zwischenschaltung einer Beteiligungsgesellschaft gewählt. Arbeitnehmer-Beteiligungen am Fremdkapital werden in der Form des Arbeitnehmer-Darlehens und der Arbeitnehmer-Schuldverschreibung praktiziert. Eine Sonderform stellt die ↗ Laboristische Kapitalbeteiligung dar.

Die engste und mit Kapitalbeteiligungen meist angestrebte Bindung an die wirtschaftliche Situation des Unternehmens wird mit Eigenkapitalbeteiligungen erreicht, die mit der möglichen Verlustbeteiligung ein größeres Risiko, mit der Gewinnbeteiligung aber auch größere Chancen einräumen. Die Bindung der Mitarbeiter wird durch die mit der Beteiligung verbundenen Mitentscheidungsrechte als Anteilseigner verstärkt. Die Form der Eigenkapitalbeteiligung wird stark von der Rechtsform des Unternehmens bestimmt. Eigenkapitalbeteiligungen der Mitarbeiter von Personengesellschaften lassen sich aufgrund der unternehmensrechtlichen und steuerlichen Rahmenbedingungen kaum realisieren. Die Beteiligungsmöglichkeiten bei der GmbH sind wegen der hier geltenden Formvorschriften ebenfalls eng begrenzt. Günstige Voraussetzungen bietet hingegen die AG mit der Möglichkeit, Belegschaftsaktien auszugeben. Von den rechtlichen Rahmenbedingungen her gut geeignet ist auch die KGaA, die allerdings wenig verbreitet ist.

Die stille Beteiligung und die Ausgabe von Genussscheinen stellen eigenkapitalähnliche Beteiligungen dar, die grundsätzlich nahezu allen Rechtsformen offen stehen. Die Entscheidungskompetenzen der bisherigen Geschäftsinhaber bleiben im Wesentlichen bestehen; dies gilt vor allem für das Beteiligungsinstrument des Genussscheins. Die stille Beteiligung bietet eine Fülle von Ausgestaltungsmöglichkeiten, die dazu beitragen, dass die stille Gesellschaft häufig als Beteiligungsform gewählt wird.

Wichtigste Formen der Mitarbeiterbeteiligung am Fremdkapital sind das Mitarbeiterdarlehen und die Mitarbeiterschuldverschreibung. Verträge, durch die Mitarbeiter Darlehensgeber gegenüber dem Unternehmen werden, kommen prinzipiell in allen Rechtsformen in Frage. Hier bestehen weitgehende Gestaltungsmöglichkeiten, z.B. auch die Möglichkeit der Vereinbarung einer erfolgsabhängigen Verzinsung (partiarisches Darlehen). Emissionsfähige Unternehmen haben die Möglichkeit, Mitarbeiterschuldverschreibungen auszugeben.

Die Zahl der Unternehmen, die ihre ⁊ Mitarbeiter am Kapital beteiligen, kann nur grob geschätzt werden. Die ⁊ AGP schätzt die Zahl auf weit über 1000. Die Zahl der Unternehmen, die Mitarbeiter-Kapitalbeteiligungsmodelle eingeführt haben, steigt relativ kontinuierlich an. Häufig werden im Rahmen dieser Beteiligungsmodelle Kapitalbeteiligung und ⁊ Erfolgsbeteiligung kombiniert (⁊ laboristische Kapitalbeteiligung). Die Beteiligungsmittel werden in diesem Fall aus der Erfolgsbeteiligung, ansonsten meist durch Eigenleistungen, Unternehmenszuwendungen

oder Kombinationen dieser Möglichkeiten aufgebracht.

Als wichtigste unternehmerische Zielsetzungen, die mit Mitarbeiter-Kapitalbeteiligungen verfolgt werden, haben Schanz/Riekhof (1984, S. 38) in einer empirischen Untersuchung die Weckung unternehmerischen und kostenbewussten Denkens, Erhöhung der Arbeitszufriedenheit, Ausnutzung staatlicher Vergünstigungen für die Mitarbeiter, Förderung der Leistungsbereitschaft, Überwindung des »Klassenkampf-Denkens«, Stützung des marktwirtschaftlichen Systems, finanzwirtschaftliche Überlegungen und Schaffung einer zusätzlichen Altersversorgung für die Mitarbeiter identifiziert.

Literatur: Riekhof, H.C. 1984: Mitarbeiter-Kapitalbeteiligung in der Wirtschaft Niedersachsens, Spardorf   (w)

KAPOVAZ

Der ⁊ Arbeitgeber behält sich bei kapazitätsorientierter variabler Arbeitszeit das Recht vor, die Arbeitskraft des ⁊ Arbeitnehmers je nach Auslastung des Betriebes in Anspruch zu nehmen. Damit soll die Arbeitskapazität, d.h. die tatsächlich beschäftigten Personen, an die jeweilige aktuelle Auslastung des Betriebes angepasst werden. Für die Beschäftigten bringt eine solche Regelung erhebliche Einschränkungen hinsichtlich der Planbarkeit der beruflichen Tätigkeit.

Nach herrschender Lehre ist eine auf vollständige Flexibilität abzielende Vereinbarung sittenwidrig und damit rechtsunwirksam. Zulässig kann sie sein, wenn der Arbeitgeber eine Mindestbeschäftigungsgarantie abgibt und die Leerzeiten angemessen entlohnt.

Literatur: Runggaldier, U.; Burger-Ehrnhofer, K.; Frauscher, C. 2002: Individualarbeitsrecht I. Herausgegeben vom Institut für Arbeits-

und Sozialrecht an der Wirtschaftsuniversität Wien   (m)

Karenztage

Bei Karenztagen handelt es sich um leistungsfreie Tage im Rahmen eines Beschäftigungsverhältnisses. Karenzierungen kann es aus den verschiedensten Gründen wie etwa private Ausbildungen, Studienreisen, oder Kinderbetreuung geben. Sie bedürfen einer Vereinbarung zwischen ↗ Arbeitgeber und ↗ Arbeitnehmer. Außer im Falle der Elternkarenz (↗ Elternzeit/Erziehungsurlaub) besteht kein rechtlicher Anspruch auf Karenztage. Allen Arten der Karenzierung gemeinsam ist, dass der Arbeitnehmer von der Arbeitspflicht und der Arbeitgeber von der Entgeltzahlung (↗ Lohn, ↗ Gehalt) für einen bestimmten Zeitraum befreit ist, ohne dass dadurch das zugrunde liegende Dienstverhältnis tangiert würde.

Literatur: Für Österreich: Kollros, E. 2002: Karenz & Kindergeld, Wien   (m)

Karriere

Karriere ist die Positionsfrage einer Person im Stellengefüge einer oder mehrerer ↗ Organisationen (Berthel; Becker 2003, S. 328). Diese weite Fassung des Karrierebegriffs bezieht jedoch beliebige Positionsfolgen in die Betrachtung ein. Eine engere und vielfach gebräuchliche Begriffsfassung begrenzt die Betrachtung auf Aufwärtsbewegungen beim Wechsel innerhalb einer Hierarchie von Stellen. Karriere ist dann weitgehend identisch mit beruflichem Aufstieg.

Es kann unterstellt werden, dass Individuen durch ihre berufliche Karriere ihre persönlichen Ziele und Motive, die sich in verschiedenen Lebensphasen (↗ Karrierephasen) verän-

dern können, verwirklichen wollen. Die Möglichkeit solcher Zieländerungen und die Tatsache, dass der berufliche Ausschnitt der persönlichen Lebensplanung (↗ Karriereplanung) häufig auch durch einen Positionswechsel, der nicht mit Aufstieg verbunden ist, realisiert werden kann, spricht für die Zweckmäßigkeit der weiten Fassung des Karrierebegriffs.

Literatur: Berthel, J.; Becker, F. 2003: Personalmanagement, 7. Aufl., Stuttgart, S. 328ff. (w)

Karrierephasen

Der Verlauf von ↗ Karrieren wird durch individuelle Merkmale wie soziale Herkunft und Bildungshintergrund bestimmt.

Als Karrierephasen werden die auf die Arbeitssphäre bezogenen typischen Lebensabschnitte eines Menschen bezeichnet, die idealtypisch abgegrenzt werden und von den charakteristischen Entwicklungen im persönlichen Umfeld und den psychologischen Besonderheiten der verschiedenen Lebensabschnitte beeinflusst werden.

Verbreitet ist die Unterscheidung von früher, mittlerer und später Karrierephase. Die frühe Karrierephase reicht im persönlichen Bereich vom Jugendalter bis zur Gründung einer Familie. In der Arbeitssphäre fällt in diese Zeit Berufswahl, Ausbildung und erster Abschnitt des Berufslebens. Charakteristische Krisenerscheinung in dieser Phase ist der Realitätsschock, der in der Diskrepanz zwischen Erwartungen des Berufsanfängers und Realität des Arbeitslebens seine wichtigste Ursache hat.

Die mittlere Karrierephase ist von tief greifenden Veränderungen im persönlichen Lebensumfeld begleitet (z.B. Ausscheiden der Kinder aus dem häuslichen Familienleben). In der Arbeitssphäre fallen in diese Zeit häufig Neuorientierungen, etwa die Überprüfung und Neudefinition des persönlichen und beruflichen Standortes und vielfach – als Krise in der Lebensmitte bezeichnet – Unsicherheit. Die persönlichen Lebens- und Karriereziele werden in dieser Phase oft neu definiert.

Die späte Karrierephase (etwa ab 50 Jahre) verläuft häufig relativ ruhig. Sie ist durch stabile Leistungsbeiträge gekennzeichnet, die zu Beförderungen führen können. In dieser Phase wird die berufliche Endposition erreicht. Der letzte Abschnitt dieser Phase ist vielfach durch die Wahrnehmung verminderter Leistungsfähigkeit, einer Absenkung des beruflichen Anspruchsniveaus und – oft begleitet von Schicksalsschlägen im privaten Umfeld (Tod von Freunden) – dem Eintreten der so genannten Ruhestandskrise gekennzeichnet.

Literatur: Koch, H.E. 1985: Karriereplanung und Mitarbeiterförderung, Sindelfingen   (w)

Karriereplanung

Als Karriereplanung werden die Entscheidungen bezeichnet, durch die künftige Positionen einer Person im Stellengefüge einer oder mehrerer Organisationen festgelegt werden. Dabei sind zwei Perspektiven zu unterscheiden: die individuelle und die betriebliche bzw. Organisationsperspektive. Beide Blickwinkel werden vielfach im Rahmen der ↗ Personalentwicklung zusammengeführt.

Die individuelle Karriereplanung orientiert sich an den persönlichen Lebenszielen. Schein (1978) systematisiert diese Ziele und unterscheidet fünf dominante Ziele, die er Karriereanker nennt. Anknüpfend an diese Systematisierung unterscheidet er aufstiegsorientierte, sicherheitsorientierte, kreativitätsorientierte, autonomieorientiere Personen und Personen, die pri-

mär an der Nutzung ihrer Fähigkeiten interessiert sind. Aufstiegsorientierte Personen zielen mit ihrer persönlichen Karriereplanung auf das Erreichen von hierarchisch hoch angesiedelten Positionen, die Einfluss gewähren. Sicherheitsorientierte Personen versuchen die erreichte Position zu halten und sind deshalb an anderen Positionen weniger interessiert. Kreativitätsorientierte Personen suchen Herausforderungen durch die Neuentwicklung von Produkten usw. Autonomieorientierte Personen richten ihre persönlichen Karriereziele darauf, mit einem möglichst geringen Maß an Beschränkungen tätig sein zu können, z.B. als selbstständiger Unternehmer. Personen, die primär an der Nutzung ihrer Fähigkeiten interessiert sind, streben in erster Linie solche Stellen bzw. Positionen an, die es ermöglichen, die eigenen Fähigkeiten bestmöglich zu nutzen. Neben dieser Typisierung hat die Unterscheidung von »cosmopolitans«, die sich bei ihren Entscheidungen eher an einer Berufsgruppe (z.B. Ingenieuren) orientierten, und »locals«, die sich ihrer Organisation besonders verpflichtet fühlen und hier gegebenenfalls einen Positionswechsel anstreben, als hilfreich erwiesen.

Die betriebliche Karriereplanung ist in der Regel Teil eines ↗ Personalentwicklungssystems, mit dessen Hilfe angestrebt wird, den Bedarf der ↗ Organisation an ↗ Mitarbeitern mit bestimmten Merkmalen und die individuellen Karrierevorstellungen in Einklang zu bringen. Dem stehen allerdings vielfältige Hindernisse entgegen (z.B. falsche Einschätzung des Karrierepotenzials durch das Individuum oder die betrieblichen Entscheider, Diskrepanz zwischen verfügbaren und angestrebten Karrierepositionen), deren Identifizierung Voraussetzung dafür ist, durch ↗ Personalplanung die geeigneten Maßnahmen in den Bereichen der Personalbereitstellung, der Nachfolgeplanung, der gezielten Förderung von Mitarbeitern, der Beratung, gegebenenfalls auch durch Änderung des betrieblichen Organisationsgefüges einzuleiten.

Literatur: Berthel, J.; Becker, F. 2003: Personalmanagement, 7. Aufl., Stuttgart, S. 328-344; Berthel, J.; Koch, H.E. 1985: Karriereplanung und Mitarbeiterförderung, Sindelfingen; Schein, E. H. 1978: Career Dynamics: Matching Individual and Organizational Needs, Reading, Massachusetts et al. (w)

Knappschaftsversicherung

Die Knappschaftsversicherung umfasst als ein Zweig der Sozialversicherung in der Bundsrepublik (↗ Sozialversicherungsrecht) die ↗ Rentenversicherung und ↗ Krankenversicherung für alle in Unternehmen des Bergbaus beschäftigten ↗ Arbeitnehmer. Historisch ist die Knappschaftsversicherung aus der Selbstorganisation der Bergleute hervorgegangen.

Alle ↗ Arbeiter und ↗ Angestellten aus diesen Betrieben sind unabhängig von der Höhe des Verdienstes in der Knappschaftsversicherung pflichtversichert. Die Knappschaftsversicherung leistet Maßnahmen zur Erhaltung, Verbesserung und Wiederherstellung der Erwerbsfähigkeit, zahlt Renten bei Berufs- bzw. Erwerbsunfähigkeit sowie Knappschaftsruhegeld und Hinterbliebenenrenten. Es gibt einige von den anderen gesetzlichen ↗ Rentenversicherungen abweichende Regelungen. Bei der Berechnung der Rentenleistungen werden z.Z. höhere Sätze zugrunde gelegt, und es gibt unter bestimmten Bedingungen vorgezogene Ruhegelder und Bergmannsrenten. Träger ist die Bundesknappschaft mit Sitz in Bochum. Die Finanzierung erfolgt ähnlich wie bei den anderen Sozialversicherungsbereichen vor allem durch die Beiträge der Arbeitnehmer und ↗ Arbeitgeber.

In Österreich ist für die Kranken- und Pensionsversicherung der im Bergbau beschäftigten Arbeitnehmer als eigener Versicherungsträger die Versicherungsanstalt des österreichischen Bergbaus eingerichtet.

Literatur: Lampert, H.; Althammer, J. 2004: Lehrbuch der Sozialpolitik, 7. Aufl., Berlin u.a. (n)

Kognitive Dissonanz ↗ Dissonanztheorie

Kognitive Lerntheorien

Als kognitive Lerntheorien werden jene Theorien bezeichnet, die kognitive Vorgänge in den Mittelpunkt der Erklärungsbemühungen rücken. Kognitionen sind Erkenntnisse bzw. Einsichten. Deshalb wird auch häufig von einsichtigem Lernen gesprochen.

Zunächst wandten sich die Gestaltpsychologen gegen das Konditionierungsmuster des Lernens. Sie betonen die Einsicht in einen komplexen Problemzusammenhang beim ↗ Lernen. Im Mittelpunkt des Lerngeschehens stehen Vorgänge der inneren Umstrukturierung von Ausgangstatbeständen und frühere Erfahrungen, also kognitive Vorgänge. Diese gestalttheoretischen Überlegungen nahm später vor allem Tolman auf, der die Idee entwickelte, dass sich Lebewesen zunächst eine vorläufige Vorstellung bzw. Karte, die so genannte »cognitive map« von ihrer Umwelt bilden. Auf dieser Grundlage werden Erwartungen gebildet und Handlungen ausgeführt. Ähnliche Überlegungen werden angestellt, wenn davon ausgegangen wird, dass das Vorwissen von Menschen in Form von Bedeutungszusammenhängen (semantische Netzwerke) im Langzeitgedächtnis gespeichert ist und von dort in Ausschnitten zur weiteren Verarbeitung abgerufen werden können. Beim Lernen werden aktuelle, auf das Individuum einwirkende Informationen mit dem bereits vorhandenen Wissen neuartig kombiniert. Eine spezielle Variante kognitiver Konzepte stellt der Informationsverarbeitungsansatz dar.

Kognitive Lerntheorien und die damit erklärten höheren Lernprozesse beim Menschen sind für die Erklärung des Verhaltens von Menschen in Organisationen von herausragender Bedeutung. Für die ↗ Sozialisation von Individuen in Organisationen spielt neben der Beobachtung anderer Personen (↗ Beobachtungslernen) und ↗ Verstärkungen das Verstehen von sozialen Zusammenhängen und die sich daran anschließenden Schlussfolgerungen des Individuums eine herausragende Rolle. Höhere Lernprozesse dominieren aber insbesondere auch bei dem organisierten Lernen im Rahmen der ↗ Ausbildung und ↗ Weiterbildung.

Literatur: Gagn, R.M. 1969: Die Bedingungen des menschlichen Lernens, Hannover; Kirsch, W. 1971: Entscheidungsprozesse, Bd. 2: Informationsverarbeitungstheorie des Entscheidungsverhaltens, Wiesbaden; Baumgärtner, F. 1986: Richtungen der Psychologie, in: Sarges, W.; Fricke, R. (Hrsg.): Psychologie für die Erwachsenenbildung, Göttingen   (w)

Kollektive Entscheidungen

Kollektive Entscheidungen sind durch eine große Anzahl von Beteiligten, die – im Gegensatz zur ↗ Gruppenentscheidung – nicht mehr in unmittelbarem persönliche Kontakt stehen und i.d.R. mehreren hierarchischen Ebenen einer Organisation angehören, gekennzeichnet. Ein großer Teil der Entscheidungen in Organisationen muss als kollektive Entscheidung eingeordnet werden: z.B. Investitionsentscheidungen oder im Personalbereich die Entscheidun-

gen über organisatorische Veränderungen (↗ Organisationsentwicklung), über die Reaktionen auf diese Veränderungen auf dem Gebiet der ↗ Weiterbildung, Entscheidungen über personalwirtschaftliche Konzepte wie das der ↗ Kompensation sowie Entscheidungen über die Inanspruchnahme oder Nicht-Inanspruchnahme von ↗ Personalberatung.

Wichtige Konzepte zur Analyse dieses Entscheidungstyps sind im Rahmen der ↗ verhaltenswissenschaftlichen Entscheidungstheorie entwickelt worden.   (k)

Kollektives Arbeitsrecht

Das kollektive Arbeitsrecht beinhaltet Normen, die das Rechtsverhältnis zwischen Arbeitnehmerkollektiven und Arbeitgeberkollektiven bzw. einzelnen ↗ Arbeitgebern regeln.
Es umfasst

– das Recht der Verbände (↗ Gewerkschaften, ↗ Arbeitgeberverbände), z.B. die Koalitionsfreiheitsgarantie im Grundgesetz (GG),
– das Arbeitskampfrecht (↗ Streik, ↗ Aussperrung) und das Schlichtungsrecht,
– das Tarifvertragsrecht (↗ Tarifvertragsrecht bzw. für Österreich ↗ Arbeitsverfassungsgesetz),
– das Betriebsverfassungs- und Personalvertretungsrecht (für Deutschland ↗ Betriebsverfassungsgesetz, ↗ Personalvertretungsgesetz, für Österreich vor allem ↗ Arbeitsverfassungsgesetz), sowie
– das Mitbestimmungsrecht (↗ Mitbestimmungsrecht Deutschland, ↗ Mitbestimmungsrecht Österreich).

Durch das Zusammenwirken der Verbände und Gruppen auf Verbands- und Betriebsebene werden die ↗ Arbeitsbedingungen kollektiv geregelt, um zum einen zu vermeiden, dass einzelne ↗ Arbeitnehmer ihren Arbeitsvertrag mit einem ihnen i.d.R. wirtschaftlich überlegenen Arbeitgeber individuell aushandeln müssen. Zum anderen resultiert aus der Regulierung der Konfliktaustragung zwischen den Kollektiven eine Befriedungsfunktion.

Literatur: Söllner, A.; Waltermann, R. 2003: Grundriss des Arbeitsrechts, 13. Aufl., München; Däubler, W. 1998: Das Arbeitsrecht, Bd. 1, 15. Aufl., Reinbek bei Hamburg   (n)

Kollektivvertrag (Österreich)

Der Kollektivvertrag als Teil des ↗ kollektiven Arbeitsrechts ist das dominierende Regelungsinstrument für Arbeitsbeziehungen in Österreich. Durch ihn wird die Gestaltungsmacht des ↗ Arbeitgebers im ↗ Arbeitsvertrag maßgeblich eingeschränkt. Es handelt sich ähnlich wie bei den in der Bundesrepublik Deutschland abgeschlossenen ↗ Tarifverträgen um schriftliche Vereinbarungen zwischen den kollektivvertragsfähigen Körperschaften der ↗ Arbeitgeber und ↗ Arbeitnehmer. Die Zuerkennung zur Kollektivvertragsfähigkeit und damit zum Eintritt in ↗ Kollektivvertragsverhandlungen ergeht per Bescheid des Bundeseinigungsamtes. Die wichtigsten Koalitionen hierbei sind im konkreten der ↗ österreichische Gewerkschaftsbund und seine Fachgewerkschaften auf Arbeitnehmer, sowie die jeweiligen Fachgruppen oder Fachverbände der Wirtschaftskammer auf Arbeitgeberseite. Einzelne Arbeitgeber sind in aller Regel nicht kollektivvertragsfähig.

Kollektivverträge enthalten einen obligatorischen und einen normativen Teil.

Im obligatorischen (schuldrechtlichen) Teil werden die Rechtsbeziehungen zwischen den Kollektivvertragsparteien geregelt. Dieser begründet keine unmittelbaren Rechte und Pflichten für die Kollektivvertragsunterworfenen. Anders als in der Bundesrepublik Deutschland sind auch Abschlussnormen, welche das Zustandekommen des Arbeitsverhältnisses regeln, im Wesentlichen diesem Teil zuzuordnen.

Der normative, wichtigste Teil der Kollektivverträge regelt die direkt aus dem Arbeitsverhältnis entstehenden Rechte und Pflichten. Dazu gehören z.B. Höhe des Entgelts, Arbeitszeitregelungen, Ansprüche nach der Pensionierung, Sicherheitsbestimmungen (↗ Kompensation, ↗ Arbeitszeitregelung) u.a.m. Er wird auch ohne besondere Vereinbarung Teil der Einzeldienstverträge, hat den Charakter unmittelbar verbindlicher Rechtsetzung und i.d.R. einseitig zwingende Wirkung. Abweichende Vereinbarungen sind dabei nur zu Gunsten des ↗ Arbeitnehmers zulässig.

Kollektivverträge haben drei zentrale Funktionen: Arbeitnehmerschutzfunktion, z.B. durch Regelung des Mindestlohns, Befriedungsfunktion, d.h. durch kollektive Einigung werden Auseinandersetzungen weniger wahrscheinlich, sowie Kartellfunktion, d.h. durch die Festlegung von Mindestarbeitsbedingungen soll einem Sozialkostenwettbewerb vorgebeugt werden.

Kollektivverträge, die lediglich einzelne ↗ Arbeitsbedingungen regeln und deren Wirkungsbereich sich fachlich auf die überwiegende Anzahl der Wirtschaftszweige und räumlich auf das ganze Bundesgebiet erstreckt, werden als Generalkollektivverträge bezeichnet (§ 18 Abs. 4 ArbVG).

Innerhalb des persönlichen, fachlichen und räumlichen Geltungsbereiches ist der Kollektivvertrag unmittelbar rechtsverbindlich (§§ 8 ff. ArbVG) Er gilt auch für diejenigen ↗ Arbeitnehmer, die nicht Mitglied des Verbandes sind, der den Kollektivvertrag abschließt (Außenseiterwirkung auf Arbeitnehmerseite ohne Einspruchsrecht, § 12 ArbVG). Der Kollektivvertrag endet mit Zeitablauf, Kündigung, einvernehmlicher Auflösung, der vorzeitigen Auflösung aus wichtigem Grund und dem Verlust der Kollektivvertragsfähigkeit (§ 17 ArbVG).

Zusätzlich zu den Kollektivverträgen gibt es Substitutionsformen für nicht erfasste Beschäftigte (↗ Satzung, ↗ Mindestlohntarif, ↗ Lehrlingsentschädigung).

Entsprechend dem Schutzgedanken des ↗ Arbeitsrechts hat der Kollektivvertrag starke Schutzfunktion. Darüber hinaus stellt er ein wichtiges Instrument der ↗ Lohnpolitik im Rahmen der ↗ Sozialpartnerschaft dar. In den letzten Jahren ist in der betrieblichen Praxis zu beobachten, dass es de facto oft zu einem Unterlaufen von kollektivvertraglich festgelegten Regelungen kommt. Auch erlauben Öffnungsklauseln Sonderregelungen.

Literatur: Strasser, R.; Jabornegg, P. 2001: Floretta · Spielbüchler · Strasser: Arbeitsrecht. Band II: Kollektives Arbeitsrecht (Arbeitsverfassungsrecht), 4. Aufl., Wien; Tomandl, T. (Hrsg.) 2003: Aktuelle Probleme des Kollektivvertragsrechts, Wien   (m)

Kollektivvertragsverhandlungen (Österreich)

Aufgrund der jeweils zeitlich begrenzten Laufzeit eines ↗ Kollektivvertrags kommt es in regelmäßiger Folge zu Kollektivvertragsverhandlungen. Diese werden üblicherweise mit voneinander abweichenden Eröffnungsangeboten beider Seiten begonnen. Daran schließt sich – meist mit gewissen ritualisierten Zügen – die Zurückweisung des Angebots des Verhandlungspartners sowie eine darauf folgende schrittweise Annäherung der Standpunkte an. Neben verschiedenen Methoden der Verhandlungsführung und -taktik sowie der Ausübung von Druck

über die öffentlichen Medien verfügen die Verhandlungsparteien über die Mittel des ↗ Streiks bzw. der ↗ Aussperrung. Deren Existenz fördert potenziell die Durchsetzung der jeweiligen Standpunkte.

Damit ein ↗ Kollektivvertrag rechtsgültig zu Stande kommt, ist erforderlich, dass auf jeder Seite mindestens eine kollektivvertragsfähige Partei auftritt. Grundsätzlich besteht keine Verhandlungspflicht, § 6 ArbVG äußert jedoch einen Vorrang freiwilliger Berufsvereinigungen (wie dem ↗ österreichischen Gewerkschaftsbund). Faktisch sind die Partnerparteien jedoch schon festgelegt (↗ Kollektivvertrag). Auch in zeitlicher Hinsicht besteht keine Verhandlungspflicht, was aus praktischer Sicht jedoch keine Relevanz besitzt, da üblicherweise beide Seiten ein Interesse an Verhandlungen haben.

Literatur: Marhold, F.; Mayer-Maly, T. 1999: Österreichisches Arbeitsrecht Bd. II: Kollektivarbeitsrecht, Wien, New York   (m)

Kommunikation, innerbetriebliche

Unter innerbetrieblicher Kommunikation ist der im betrieblichen Rahmen stattfindende Austauschprozess von Informationen zwischen Personen(-gruppen) bzw. betrieblichen Einheiten wie etwa Abteilungen zu verstehen. Dabei lassen sich zwei miteinander verbundene Aspekte unterscheiden.

Die strukturell bzw. institutionell vorgezeichnete Kommunikation wird im Wesentlichen durch das betriebliche ↗ Informationswesen bestimmt. Die interpersonelle Kommunikation enthält darüber hinaus auch die sich zwischen einzelnen Betriebsmitgliedern – z.T. spontan – ergebenden Interaktionen.

Die innerbetriebliche Kommunikation mit ihren vielfältigen Formen wie Rundschreiben, Informations-E-Mails o.ä. ist durch neue Informations- und Kommunikationstechnologien (↗ Informationswesen, betriebliches) stark beeinflusst. Insbesondere die Möglichkeit, über interne Mails rasch und ohne großen Aufwand viele Personen zu erreichen, hat zu einem veränderten Kommunikationsverhalten geführt. Teilweise ist zu beobachten, dass elektronische an die Stelle persönlicher Kommunikation tritt.

Innerbetriebliche Kommunikation berührt wie jede Form von Kommunikation unterschiedliche Ebenen der Kommunikation. Schulz von Thun unterscheidet vier Aspekte der Kommunikation: Sachaspekt (Sachinformationen), Beziehungsaspekt (Aussagen über die Beziehung zwischen den Kommunikationspartnern), Selbstoffenbarungsaspekt (Informationen über den Sender der Informationen) und Apellaspekt (Beeinflussung des Empfängers durch die Nachricht). Kommunikation enthält daher viele Botschaften gleichzeitig.

Durch diese Vielfalt von Ebenen kommt es leicht zu Konflikten (↗ Konflikt), da die beteiligten Kommunikationspartner i.d.R. die einzelnen Aspekte einer Nachricht unterschiedlich gewichten bzw. mit unterschiedlichen Filtern herangehen. Gezielte Kommunikationstrainings können hier Abhilfe schaffen und so auch die betriebliche Kommunikation verbessern.

Literatur: Frech, M.; Schmidt, A. 2002: Kommunikation im Management: Grundlagen und die Rolle neuer Medien, in: Kasper, H.; Mayrhofer, W. (Hrsg.): Personalmanagement – Führung – Organisation, 3. Aufl., Wien, S. 213-254 (m)

Kompensation

Das Aufgabenfeld der Kompensation ist neben der ↗ Personalbereitstellung und ↗ Qualifizierung und Förderung eines der Hauptaufgabengebiete der ↗

Personalwirtschaft. Es bezeichnet die einem ↗ Arbeitnehmer bzw. Beschäftigten als Gegenleistung für die Beiträge zur Erfüllung der betrieblichen Gesamtaufgabe gewährten Leistungen und Anreize. Kompensation bezeichnet generell einen Ausgleich; in der Personalwirtschaft ist damit der Ausgleich zwischen den Leistungen eines Mitglieds einer ↗ Organisation und denen der Organisation gemeint. Dieser Sachverhalt reicht weiter über das Gebiet des ↗ Lohnes bzw. der ↗ Lohnfindung hinaus, schließt diese aber mit ein. Diese umfassendere Sicht zielt auf die Gestaltung wirksamer Belohnungssysteme bzw. die Abstimmung von Anreizen und Beiträgen (↗ Anreiz-Beitrags-Theorie); sie bezieht im Sinne einer austauschtheoretischen Betrachtung (↗ Austauschtheorie) die möglichen Reaktionsweisen des Arbeitnehmers, der Leistung und Engagement bei als unzureichend empfundenen Anreizen reduzieren kann, mit in die Betrachtung ein. Die Bezeichnungen »Gestaltung von Anreizsystemen«, »betriebliche Anreize« oder »Leistungsabgeltung« decken diesen Sachverhalt nur unvollständig ab. Deshalb findet das Wort Kompensation in Anlehnung an den angelsächsischen Sprachgebrauch (compensation) zunehmend auch in der deutschsprachigen Personalwirtschaftspraxis Verwendung.

Wichtige Teilgebiete der Kompensation sind Fragen des ↗ Lohns, der materiellen ↗ Mitarbeiterbeteiligung, die Gestaltung der ↗ Sozialleistungen und anderer Anreize, aber ggf. auch die Gestaltung des Arbeitsumfeldes (↗ Arbeitsqualität).

Literatur: Milkovich, G.; Newman, J. 2002: Compensation, N.Y., Ithaca; Weber, W. (1993): Entgeltsysteme: Lohn, Mitarbeiterbeteiligung und Zusatzleistungen, Stuttgart; Ridder, H.G. 1999: Personalwirtschaftslehre, Stuttgart et al., S. 348-407 (w)

Konditionierung

↗ Lernen, das durch den bewussten Einsatz von ↗ Verstärkungen bzw. von ↗ Belohnungen und Bestrafungen erreicht wird, wird als Konditionierung bezeichnet. Dabei wird zwischen klassischer Konditionierung und operanter Konditionierung unterschieden.

Die klassische Konditionierung baut auf dem Gedanken der zeitlichen Nachbarschaft (Kontiguität) zweier Ereignisse auf, die durch diese Nachbarschaft assoziativ miteinander verknüpft werden. Als Ausgangspunkt für die Entwicklung der klassischen Konditionierung werden vielfach die Untersuchungen des russischen Neurophysiologen Pawlow genannt, dessen wissenschaftliche Position als Mediziner jedoch nicht dem Behaviorismus zugeordnet werden kann, der ansonsten für die Vertreter der Konditionierungstheorien charakteristisch ist. Das klassische Experiment Pawlows war wie folgt aufgebaut: Einem Hund wurde als zunächst neutraler Stimulus ein Glockenton und unmittelbar danach Futter dargeboten, das Speichefluss auslöst. Wenn diese beiden Ereignisse häufig in zeitlich enger Nachbarschaft aufgetreten sind, ruft der ursprünglich neutrale Stimulus dieselbe Reaktion, nämlich Speichelfluss hervor wie das Futter. Das Futter wird als unbedingter oder unkonditionierter Stimulus, der Speichelfluss als Folge der Darbietung des Glockentons als bedingte oder konditionierte Reaktion bezeichnet.

Beim instrumentellen oder operanten Konditionieren stehen ↗ Verstärkungen im Mittelpunkt. ↗ Lernen wird hauptsächlich über die Konsequenzen des Verhaltens erklärt. Das »Gesetz der Wirkung« von Thorndike besagt, dass solche Reaktionen ausgewählt und fixiert werden, auf die Zustände folgen, die von den betreffenden Individuen angestrebt werden. Später hat vor allem Skinner die Wirkung von Verstärkungen im Rahmen der operanten Konditionierung in vielen Varianten untersucht. Von operanter Konditionierung wird gesprochen, weil eine Handlung bzw. Operation Voraussetzung dafür ist, den verstärkenden Reiz zu erhalten.

Die vielfältigen Wirkungen von ↗ Belohnungen und Bestrafungen bzw. von ↗ Verstärkungen im Rahmen des Lernens durch Konditionierung haben erheblichen Einfluss auf die personalwirtschaftliche Diskussion. Wichtige Felder sind ↗ Führung und Verhaltensbeeinflussung von ↗ Mitarbeitern (Luthans 1985) und die Gestaltung von Anreizsystemen.

Literatur: Skinner, B. F. 1938: The Behavior of Organisms, New York; Thorndike, E.L. 1931: Human Learning, New York (Neudruck Cambridge 1966); Zimbardo, P.G.; Gerrig, R.J. 1999: Psychologie, 7. Aufl., Berlin, Heidelberg   (w)

Konflikt

Als Konflikte werden unterschiedliche, sich zumindest teilweise widersprechende Verhaltenstendenzen bezeichnet. Dabei lassen sich verschiedene Konfliktebenen unterscheiden. Häufig wird zwischen intra-individuellen Konflikten auf der individuellen Ebene (↗ Dissonanztheorien), inter-individuellen Konflikten auf der Ebene mehrerer Personen und Intergruppenkonflikte auf der Ebene mehrerer ↗ Gruppen unterschieden. Das Wort ↗ Gruppe wird dabei meist weit gefasst. Es bezeichnet hier auch Organisationen und gesellschaftliche Gruppierungen wie ↗ Arbeitnehmer oder deren Verbände (↗ Gewerkschaften). Wird der Gruppenbegriff jedoch eng gefasst, ist die Unterscheidung mindestens einer weiteren Konfliktebene zweckmäßig, die Konflikte zwischen ↗ Organisationen umfasst. Inter-individuelle und

Intergruppenkonflikte werden auch als soziale Konflikte bezeichnet. Andere Einteilungen orientieren sich an den ↗ Konfliktursachen.

Im betrieblichen Kontext sind vielfältige Konfliktvarianten bedeutsam: Konflikte zwischen ↗ Vorgesetzten und Untergebenen, zwischen den Mitgliedern von Abteilungen oder Leitungsgremien, zwischen verschiedenen Abteilungen eines Unternehmens, die Zielen unterschiedliche Prioritäten einräumen, zwischen Management und Eigentümern, zwischen Arbeitnehmern und Arbeitgebern bzw. deren Organisationen (z.B. Verbraucherverbänden, Umweltschutzorganisationen usw.).

Konflikte stellen eine wesentliche Triebfeder für Veränderungen bzw. Anpassungsprozesse an veränderte Bedingungen dar. Sie können Ideen und Aktivitäten freisetzen sowie vorhandene Spannungen abbauen. Neben diesen positiven Wirkungen können negative Wirkungen auftreten: Instabilität, Störungen der Kommunikation und der innerorganisatorischen Abläufe. Für die beteiligten Individuen ist ein Konflikt in der Regel mit persönlichen Belastungen (↗ Stress) verbunden. Aus Organisationssicht stellt sich die Konfliktproblematik deshalb als Optimierungsproblem im Rahmen der ↗ Konflikthandhabung dar: Ein hohes Konfliktniveau bindet Ressourcen und mindert die Effizienz, ein sehr geringes Konfliktniveau kann notwendige Änderungen vereiteln. Die Bearbeitung bzw. Handhabung von Konflikten stellt eine wichtige Aufgabe der Managementtätigkeit dar. Dabei wird insbesondere versucht, auf die ↗ Konfliktverläufe einzuwirken.

Literatur: Staehle, W.H. 1999: Management. 8. Aufl, München; Rosenstiel, L. v.; Molt, W.; Rüttinger, B. 1986: Organisationspsychologie, 6. Aufl., Stuttgart u.a.   (w)

Konflikthandhabung

Handlungen zur Auslösung, Beschleunigung, Vermeidung, Regelung und gegebenenfalls Lösung von ↗ Konflikten werden als Konflikthandhabung oder Konfliktmanagement bezeichnet.

Als Maßnahmen zur Konfliktvermeidung in ↗ Organisationen gelten die Vermeidung von Situationen, bei denen der Gewinn des einen den Verlust des oder der anderen bedeutet, die Belohnung von Handlungen, die Kooperation und gesamtorganisatorische Effizienz fördern, die Rotation der Organisationsmitglieder als Basis für wechselseitiges Verständnis und informelle Kontakte, Förderung der Kommunikation innerhalb der Organisation, Training des gemeinsamen Problemlösens und Entscheidens sowie partizipatives Entscheiden.

Hauptansatzpunkt für Konfliktlösungen ist das Aufspüren der Konfliktursachen durch die Beteiligten. Daneben ist das Erarbeiten einer gemeinsamen Informationsbasis bzw. der Abbau von Wahrnehmungsverzerrungen sowie die Entwicklung gemeinsamer Ziele als Ausgangspunkt für eine Problemlösung wichtig.

Die Regelung von Konflikten erfolgt meist auf dem Wege von ↗ Verhandlungen und durch das Einbeziehen von Dritten, die vermitteln oder schlichten. Zur Kanalisierung der Konflikthandhabung trägt die Festlegung von Regeln bei, die von den Konfliktbeteiligten als verbindlich akzeptiert werden.

Eine wichtige Maßnahme zur Auslösung und Beschleunigung von Konflikten, die nicht gleichzeitig effizienzmindernde Nebeneffekte hat, ist die Schaffung bzw. Förderung eines offenen und angstfreien Klimas (↗ Angst).

Literatur: Jost, P.J. 2000: Konfliktmanagement und das Organisationsproblem, in: Wirtschaftsstudium, Jg. 29, H. 4, S. 510-523; Rosenstiel, L.v.; Molt, W.; Rüttinger, B. 2004:

Organisationspsychologie, 8. Aufl., Stuttgart u.a.   (w)

Konfliktorientierter Ansatz

Der konfliktorientierte Ansatz der Personalwirtschaftslehre geht davon aus, dass konfliktäre Interessenlagen in und zwischen verschiedenen ↗ Gruppen von Mitarbeitern sowie der Gesamtorganisation wesentliches Merkmal jeder ↗ Organisation ist und daraus als zentrale Aufgabe der ↗ Personalwirtschaft die Steuerung dieser ↗ Konflikte bzw. des Interessenausgleichs abgeleitet werden kann. Konflikte werden also keineswegs negativ gewertet, sondern als charakteristisches Organisationsmerkmal gedeutet. Die Basishypothese des von Marr und Stitzel (1979) vertretenen Konzepts besteht darin, »dass eine interessenausgleichsorientierte Steuerung der Konflikte ihre positiven Wirkungen zum Tragen kommen lässt und die negativen Folgen abmildert, dass also der langfristige Organisationserfolg wesentlich von der Interessenausgleichsfähigkeit der Personalverantwortlichen abhängt« (Marr/Stitzel 1979, S. 20). Frühere Ansätze der Personalwirtschaftslehre haben demgegenüber das Auftreten von Konflikten entweder ignoriert, vernachlässigt oder als pathologische Erscheinungen gedeutet.

Marr und Stitzel (1979, S. 139ff.) unterscheiden fünf Konfliktfelder: 1. Stellenbesetzung mit allen Teilaufgaben der Personalbereitstellung, 2. Arbeitsstrukturierung, 3. Wertschöpfungsverteilung (↗ Wertschöpfung, betriebliche), 4. soziofunktionale Beziehungen zwischen ↗ Vorgesetzten und ↗ Mitarbeitern sowie innerhalb von ↗ Arbeitsgruppen, 5. Koordination personalwirtschaftlicher Einzelmaßnahmen.

Eng verbunden mit dem konflikttheoretischen Ansatz ist die Vorstellung einer Zieldualität ökonomischer und sozialer Ziele (↗ Ziele, personalwirtschaftliche).

Literatur: Marr, R.; Stitzel, M. 1979: Personalwirtschaft. Ein konfliktorientierter Ansatz, München   (w)

Konfliktursachen

Die Ursachen von sozialen ↗ Konflikten werden im Wesentlichen in unterschiedlichen Interessen (Interessenkonflikt) sowie in der unterschiedlichen Rangordnung von Werten bzw. Zielen (Wertkonflikt) gesehen. Dabei verlaufen die Konflikte (↗ Konfliktverläufe) in der Regel umso intensiver, je knapper die mit Interessen belegten Güter (materielle Güter, aber auch ↗ Macht, Status, Entscheidungskompetenz) sind.

Als weitere Ursachen für Konflikte werden der unterschiedliche Informationsstand der an einer Entscheidung Beteiligten, der zu unterschiedlichen Einschätzungen über den Erfolg versprechenden Weg zu einem evtl. sogar gemeinsamen Ziel (Wahrscheinlichkeitskonflikt) sowie die emotionale Gestimmtheit der Beteiligten angeführt. Zwischen den Mitgliedern von ↗ Gruppen bzw. ↗ Organisationen bestehen vielfältige positive und negative emotionale Beziehungen, die oft auf dem Umweg über sachliche Konflikte bearbeitet werden.

Literatur: Rosenstiel, L. v.; Molt, W., Rüttinger, B. 2004: Organisationspsychologie, 8. Aufl., Stuttgart u.a.   (w)

Konfliktverläufe

Der Verlauf von ↗ Konflikten wird meist durch die Abgrenzung typischer Prozessphasen beschrieben, wobei es keine Übereinkunft über Anzahl und Abgrenzung dieser Phasen gibt. Im Anschluss an Rosenstiel et al. (2004) und Pondy können z.B. die folgenden fünf Phasen unterschieden werden: (1) Konfliktwahrnehmung, (2) Definition und Bewertung der Konfliktsituation, (3) ↗ Konflikthandhabung (Beziehen einer konfliktären Position und Einsetzen von Konflikthandhabungsmechanismen, Interaktion mit der anderen Partei), (4) Ergebnis und (5) Konflikt-Folgen, die die weitere Zusammenarbeit mit der anderen Partei positiv oder negativ beeinflussen.

Die Intensität des Konfliktverlaufes hängt u.a. von den Machtverhältnissen, der Wichtigkeit des Konfliktgegenstandes, den Erwartungen über eine Konfliktlösung, den von den Kontrahenten geteilten Normen über die Konfliktaustragung und – in Arbeitsgruppen – vom ↗ Führungsstil des Vorgesetzten ab.

Literatur: Pondy, L.R. 1975: Organisationaler Konflikt: Konzeptionen und Modelle, in: Türk, K. (Hrsg.): Organisationstheorie, Hamburg, S. 235-251; Regnet, E. 2001: Konflikte in Organisationen, 2. Aufl., Göttingen; Stuttgart; Rosenstiel, L. v.; Molt, W.; Rüttinger, B. 2004: Organisationspsychologie, 8. Aufl., Stuttgart u.a.   (w)

Kontingenzansatz der Führung

Der Kontingenzansatz von Fiedler sieht ↗ Führung als Ergebnis des Zusammenwirkens von Persönlichkeits- und Situationsvariablen.

Die personale Komponente dieser ↗ Führungstheorie wird durch den ↗ Führungsstil des formellen oder soziometrisch ermittelten Führers repräsentiert. Mit Hilfe eines speziellen Messverfahrens wird der so genannte LPC-Wert (LPC = least preferred coworker) ermittelt. Er soll messen, ob der Führer über einen aufgabenorientierten oder einen personenorientierten Führungsstil verfügt. Ein hoher LPC-Wert bedeutet, dass der Führer den am wenigsten geschätzten Mitarbeiter noch

relativ positiv beurteilt. Dies wird als Indikator für Personenorientierung gewertet. Umgekehrt wird aus einem niedrigen LPC-Wert auf eine Aufgabenorientierung des Führers geschlossen. Diese Messung des ↗ Führungsstils stellt nicht primär auf Verhaltensäußerungen, sondern auf die motivationale Ausrichtung des Führers ab.

Der situative Aspekt wird in drei Dimensionen mit jeweils dichotomer Ausprägung erfasst, die im Verhältnis 4:2:1 gewichtet werden: Führer-Geführten-Beziehung, Aufgabenstruktur, Positionsmacht. Auf dieser Grundlage werden Ausprägungen situativer Günstigkeit unterschieden, die von sehr günstig bis sehr ungünstig reichen. Als sehr günstig wird die Kombination gute Führer-Geführten-Beziehung, hoher Strukturierungsgrad der Aufgabe und hohe Positionsmacht (↗ Macht), als sehr ungünstig die Kombination der Situationsvariablen mit umgekehrten Vorzeichen gesehen.

In interagierenden Gruppen – so die zentrale Aussage – begünstigt die Wahl des richtigen Führungsstils den ↗ Führungserfolg. Dieser wird als outputorientierte, technisch-ökonomische Größe operationalisiert. In Situationen mäßiger Günstigkeit ist ein personenorientierter und in sehr günstigen bzw. sehr ungünstigen Situationen ein aufgabenorientierter Führungsstil überlegen.

Der Ansatz kann für sich beanspruchen, personale und situative Variablen zu verbinden und durch die vorgenommenen Operationalisierungen die Prüfbarkeit der Aussagen zu ermöglichen. Die davon stimulierte umfangreiche Forschung erforderte Modifikationen am ursprünglichen Ansatz. Kritik wurde insbesondere an der Konzentration auf die Person des Führers, am LPC-Maß und an der willkürlichen Auswahl und Gewichtung der Situationsdimensionen sowie deren Überführung in Ausprägungen situativer Günstigkeit geübt.

Literatur: Fiedler, F. E. 1972: Das Kontingenzmodell: Eine Theorie der Führungseffektivität, in: Kunczik, M. (Hrsg.): Führung, Düsseldorf, Wien, S. 179-198 (m)

Kontingenztabellen-Analyse

Zur Darstellung von Beziehungen zwischen meist zwei – manchmal auch mehr – Variablen benutzt man häufig Kreuztabellen oder Kontingenztabellen. Der einfachste Fall ist eine Zweimal-Zwei-Tabelle. Z.B. könnte man die mögliche Beziehung zwischen dem Alter der Beschäftigten eines Unternehmens und der Weiterbildungsabsicht analysieren:

Wei-	Alter		
terbil-			
dungs-	Jünger	45 Jah-	Alle
absicht	als 45	re und	
	Jahre	älter	
ja	70	30	100
nein	30	70	100
Summe	100	100	200

Man sieht, dass in dem fiktiven Beispiel 70 Prozent der Jüngeren, aber nur 30 Prozent der Älteren beabsichtigen, sich weiterzubilden. Die Prozentsatzdifferenz von 40 ist ein einfaches Maß für die Stärke des Einflusses der Variable Alter (↗ Zusammenhangsmaße).

Man könnte nun die Vierfeldertabelle erweitern, indem man eine weitere, möglicherweise wichtige Variable einführt, z.B. die berufliche ↗ Qualifikation in den Ausprägungen Facharbeiterabschluss ja/nein. Da der Anteil

der älteren ↗ Arbeitnehmer mit Facharbeiterabschluss geringer ist und evtl. der Qualifikationsstatus die wichtigere Variable darstellt, wird sich möglicherweise der »Einfluss« der Variablen Alter – ausgedrückt in der Prozentsatzdifferenz zwischen jüngeren und älteren Arbeitnehmern – verringern. Bei Erweiterung der Betrachtung von zwei auf mehr Variablen läge statt einer bivariaten eine multivariate Analyse vor (↗ Datenanalyse, bivariate, ↗ Datenanalyse, multivariate).

Die Kontingenztabellen-Analyse ist insbesondere bei nominalen oder ordinalen Variablenausprägungen sinnvoll. Aber auch Beziehungen zwischen intervallskalierten, später kategorisierten Variablen lassen sich – wie in unserem Beispiel – mit Kreuztabellen sehr anschaulich, wenn auch mit Informationsverlust, darstellen und analysieren.

Literatur: Benninghaus, H. 2002: Deskriptive Statistik, 9. Aufl., Stuttgart (n)

Kontrakttheorie

Wie die ↗ Effizienzlohntheorie und die ↗ Insider-Outsider-Theorie versucht die Kontrakttheorie zu erklären, warum es Lohnstarrheiten und daraus resultierende unfreiwillige ↗ Arbeitslosigkeit gibt. Die Kontrakttheorie geht davon aus, dass es für die Arbeitsangebots- und -nachfrageseite vorteilhaft ist, die Löhne (↗ Lohn) nicht ohne weiteres an veränderte Marktbedingungen anzupassen. Das heißt, Arbeitslosigkeit geht wenigstens zum Teil auf das Rationalverhalten der Arbeitsmarktparteien (↗ Arbeitsmarkt, ↗ Arbeitsmarkttheorien) zurück.

Die Kernannahme der Kontrakttheorie besagt, dass ↗ Arbeitnehmer und ↗ Arbeitgeber nicht nur einen expliziten ↗ Arbeitsvertrag, sondern auch einen impliziten Kontrakt schließen. Der

↗ Arbeitgeber verpflichtet sich gegenüber dem Arbeitnehmer, auf einen Rückgang der Nachfrage nach Gütern und Dienstleistungen nicht sofort mit Entlassungen zu reagieren. Der Arbeitnehmer verpflichtet sich im Gegenzug, nicht sofort bei höheren Lohnangeboten zu kündigen (↗ Kündigung). Der Arbeitnehmer wird im Gegensatz zum Arbeitgeber als risikoscheu angenommen, weil sein Kapital – sein Arbeitsvermögen – weniger fungibel ist als das Sach- und Finanzkapital des Arbeitgebers. Daher bevorzugen Arbeitnehmer »sichere« Löhne (u.a. in Form von Schutz vor Entlassungen) und akzeptieren für eine erhöhte Sicherheit einen unter dem Gleichgewichtslohn liegenden Lohn. Der Lohnabschlag wird als eine Art Versicherungsprämie des Arbeitnehmers gedacht. Der Arbeitgeber ist an einer kontinuierlichen Beschäftigung interessiert, weil bei einem Arbeitnehmerwechsel Kosten in Form von Such-, Informations-, Fluktuations- und Umstellungskosten (Transaktionskosten, ↗ Transaktionskostentheorie) anfallen. Das Interesse an einer Bindung des Arbeitnehmers wird umso geringer sein, je weniger betriebsspezifisches Humankapital (↗ Humankapitaltheorie) benötigt wird, weil bei geringen Anforderungen an betriebsspezifisches Wissen die Arbeitnehmer zu geringeren Kosten ausgetauscht werden können. Die »Versicherungsprämie« (der Lohnabschlag) für die Arbeitnehmer dürfte umso niedriger liegen, je geringer das Interesse des Arbeitgebers ist, den Arbeitnehmer zu halten.

Kritisiert wird an der Kontrakttheorie vor allem, dass die Annahme der Existenz impliziter Kontrakte schwer empirisch überprüfbar ist.

Literatur: Keller, B.; Henneberger, F. 1997: Arbeitsmarkttheorien, in: Gablers Wirtschafts-Lexikon. 14. Aufl., Wiesbaden, S. 225-241; Literatur: Sesselmeier, W.; Blauermel, G. 1998: Arbeitsmarkttheorien: ein Überblick, 2. Aufl., Heidelberg; Sesselmeier, W.; Blauermel, G. 1997: Arbeitsmarkttheorien, 2. Aufl., Heidelberg et al.   (n)

Konzernbetriebsrat

Auf Beschluss der einzelnen Gesamtbetriebsräte (↗ Betriebsrat) eines Konzerns kann ein Konzernbetriebsrat gebildet werden. Erforderlich ist die Zustimmung der Gesamtbetriebsräte der Konzernunternehmen, die insgesamt mehr als 50 Prozent der ↗ Arbeitnehmer aller Konzernunternehmen beschäftigen. Besteht in einem Konzernunternehmen nur ein einziger Betriebsrat, nimmt dieser die Aufgaben des Konzernbetriebsrates wahr (§ 54 BetrVG).

Der Konzernbetriebsrat ist zuständig für solche Angelegenheiten des gesamten Konzerns oder mehrerer Konzernunternehmen, die nicht durch den Gesamtbetriebsrat geregelt werden können. Er ist auch für die Unternehmen zuständig, die keinen Gesamtbetriebsrat haben und für Betriebe des Konzerns, in denen kein Betriebsrat gewählt ist. Der Konzernbetriebsrat ist dem Gesamtbetriebsrat nicht übergeordnet (§ 58 BetrVG, ↗ Betriebsverfassungsrecht, ↗ Betriebsverfassungsgesetz).

Literatur: Däubler, W. 1998: Das Arbeitsrecht, Bd. 1, 15. Aufl., Reinbek bei Hamburg   (n)

Korrelationsanalyse

Gegenstand der Korrelationsanalyse ist die Frage nach der Stärke eines Zusammenhanges zweier oder mehrerer Variablen. In der Regel unterstellt man eine lineare Beziehung zwischen den Variablen. Die Stärke der Beziehung wird durch Korrelationskoeffizienten ausgedrückt, die meist so definiert sind, dass sie Werte zwischen -1 und +1 annehmen können. Ein Wert von 1 bedeutet, dass die »Veränderung« der einen Variablen mit einer positiven bzw. negativen »Veränderung« einer anderen Variablen einhergeht. Ein Wert von Null drückt aus, dass die Variablen nicht zusammenhängen, d.h. nicht gemeinsam variieren. Korrelationen können nicht ohne weiteres als Hinweis auf kausale Beziehungen gedeutet werden – daher wurde oben das Wort »Veränderungen« in Anführungsstriche gesetzt: Variablen können sich wechselseitig beeinflussen oder aber gemeinsam von einer oder mehreren anderen Variablen beeinflusst werden. Es empfehlen sich daher gründliche theoretische Vorüberlegungen über Variablenbeziehungen, in Verbindung mit einer Erweiterung der bivariaten auf eine multivariate Betrachtung (↗ Datenanalyse, bivariate, ↗ Datenanalyse, multivariate). Z.B. ist es beim Produkt-Moment-Koeffizienten r (↗ Zusammenhangsmaße) möglich, die Beziehung zwischen zwei Variablen x und y zu berechnen und dabei den Einfluss einer dritten Variable z (oder weiterer Variablen) konstant zu halten. Man spricht in diesem Fall von Partialkorrelation.

Neben dem häufig bei intervallskalierten Variablen angewandten Koeffizienten r gibt es eine ganze Reihe von anderen Korrelationskoeffizienten (↗ Zusammenhangsmaße).

Meist wird die Korrelationsanalyse mit Signifikanztests verbunden, mit deren Hilfe geprüft wird, ob die Koeffizienten signifikant von Null verschieden sind (↗ Hypothesentest).

Die Interpretation von Korrelationen ist abhängig vom verwendeten Maß. Wenn man die Produkt-Moment-Korrelation r heranzieht, kann die Deutung durch den Determinationskoeffizienten r^2 erleichtert werden, der sich als PRE-Maß auffassen lässt: r^2 gibt dann den Anteil der Varianz an, den eine

Variable x in Bezug auf eine Variable y »erklärt«. Ein Korrelationskoeffizient von r = 0,4 »erklärt« dann 16 % der Varianz. Welche Variable (im Beispiel x oder y) die abhängige und die unabhängige, die determinierende ist, lässt sich nur durch inhaltlich-theoretische Überlegungen entscheiden.

Das Problem, ab welcher Größe eines Koeffizienten man von einem geringen, mittleren oder starken Zusammenhang reden will, ist nur schwer allgemeingültig, d.h. für jede Forschungsfrage in gleicher Weise, zu lösen. Man findet aber auch die Auffassung, dass Zusammenhänge, z.B. bei r, von bis zu 0,3 als gering, bis 0,6 als mittel und darüber als hoch zu bezeichnen sind.

Literatur: Hartung, J.; Elpelt, B. 1999: Multivariate Statistik. Lehr- und Handbuch der angewandten Statistik, 6. Aufl., München, Wien   (n)

Kosten-Nutzen-Analyse

Die Kosten-Nutzen-Analyse (auch: Cost-Benefit-Analyse) ist eine ↗ Methode zur Bewertung von Alternativen in komplexen Entscheidungssituationen. Zur Bewertung werden die Gesamtkosten den Gesamtnutzen einer oder mehrerer Alternativen gegenübergestellt, um das Verhältnis von Kosten und Nutzen bei den Alternativen zu ermitteln und die günstigste Alternative auswählen zu können.

Wesentliches Charakteristikum der Kosten-Nutzen-Analyse ist, dass neben den direkten, für die Durchführung einer Maßnahme nötigen Kosten auch die indirekten, mittelbar mit der Maßnahme verbundenen und die intangiblen bzw. unwägbaren, sehr entfernten und daher schlecht zu quantifizierenden Kosten den in gleicher Weise aufgegliederten Nutzengrößen gegenübergestellt werden. Die Hauptschwierigkeiten dieses Bewertungsverfahrens liegen in der Erfassung aller Nutzengrößen, der Erfassung der indirekten und intangiblen Kosten sowie in der Berücksichtigung des unterschiedlichen zeitlichen Anfalls der Kosten und Nutzen.

Die Kosten-Nutzen-Analyse wird vorwiegend bei Entscheidungsproblemen im staatlichen Bereich, z.B. bei Entscheidungen über Großprojekte wie U-Bahnbau, eingesetzt; sie kann aber auch bei betrieblichen Entscheidungsproblemen angewandt werden.

Beispiele für Anwendungsmöglichkeiten dieser Methode im Personalbereich sind die Entscheidung über die Errichtung eines Bildungszentrums, über die Entwicklung eines ↗ Personalinformationssystems oder die Einführung einer neuen Personalbeschaffungsstrategie. Diese komplexen Entscheidungsprobleme entziehen sich einer Bewertung durch traditionelle Investitionskalküle; sie sind aber von so weit reichender Bedeutung, dass eine systematische Bewertung unabdingbar ist. Als methodische Alternative kommt z.T. die ↗ Nutzenwertanalyse in Frage.

Literatur: Domsch, M. 1979: Das Problem der Kosten-Nutzen-Analyse bei Personalinformationssystemen, in: Reber, G. (Hrsg.): Personalinformationssysteme, Stuttgart, S. 337-370; Scholz, C. 2000: Personalmanagement, 5. Aufl., München, S. 689ff. (w)

Kostenrechnung

Die Kostenrechnung ist ein Teil des betrieblichen Rechnungswesens (↗ Rechnungswesen, betriebliches), das primär gegenwartsorientierte Informationen zur Unterstützung interner betrieblicher Entscheidungen liefert. In der Kostenrechnung werden die ↗ Kosten erfasst und den Leistungen direkt oder indirekt zugerechnet. Deshalb wird häufig auch von Kosten- und Leistungsrechnung gesprochen.

Zentrale Begriffe sind also Kosten und Leistung. Als Kosten wird der sachzielbezogene bewertete Güterverzehr in einer Periode bezeichnet. Die sachzielbezogene bewertete Gütererstellung in einer Periode heißt Leistung. Die Kostenrechnung richtet den Blick also ausschließlich auf die mit der betrieblichen Leistungserstellung verbundenen Vorgänge.

Die Kostenrechnung umfasst in ihrer Standardversion die Teilrechnungen bzw. Rechnungsstufen der Kostenartenrechnung, Kostenstellenrechnung und Kostenträgerrechnung.

Die Kostenartenrechnung gibt Antwort auf die Frage, welche Kosten sind in einer Periode angefallen? Teilaufgaben der Kostenartenrechnung sind deshalb die systematische Gliederung aller Kosten und die Erfassung der Kosten als Kostenarten. Grundlage hierfür ist ein systematisch gegliederter Kostenartenplan, der regelmäßig die Kategorie der ↗ Personalkosten bzw. Personal- und Sozialkosten enthält. Die detaillierte Erfassung der Kosten nach verschiedenen Kostenarten ist die Voraussetzung für die richtige Zuordnung der Kosten zu Kostenstellen und Kostenträgern und damit eine entscheidende Voraussetzung für eine wirksame Kostenkontrolle.

In der Kostenträgerrechnung werden die Kosten je Produkt erfasst. Die Kostenträgerrechnung gibt Antwort auf die Frage: Welches Produkt hat die Kosten zu tragen?

Die in der Kostenartenrechnung erfassten Kosten können nur zum Teil direkt den Kostenträgern bzw. Produkten zugerechnet werden. Dies gilt für die Einzelkosten in Bezug auf die Kostenträger. Die Gemeinkosten in Bezug auf die Kostenträger, das sind Kosten, die für alle Produkte gemeinsam anfallen, ohne dass eine direkte Zurechnung möglich wäre, werden indirekt über die Kostenstellenrechnung mit Gemeinkostenzuschlagsätzen den Produkten als Kostenträgern zugerechnet. Die Kostenstellenrechnung gibt Antwort auf die Frage: Wo sind die Kosten entstanden? Hauptaufgabe der Kostenstellenrechnung ist die Vorbereitung der Kostenträgerrechnung durch die Ermittlung von Gemeinkostenzuschlagsätzen. Zweite Hauptaufgabe ist die Wirtschaftlichkeitskontrolle.

Die Kostenrechnung ist nicht vorrangig als Informationsinstrument für personalwirtschaftliche Entscheidungen konzipiert. Sie enthält jedoch wesentliche Informationen, die sich z.B. durch ↗ Personalkennziffern so aufbereiten lassen, dass sie Grundlage für Entscheidungen im Personalbereich sein können.

Literatur: Coenenberg, A.G. 2003: Kostenrechung und Kostenanalyse, 5. Aufl., Stuttgart; Rosenberg, O.; Weber, W. 1997: Betriebliches Rechnungswesen, 7. Aufl., München; Schweitzer, M.; Küpper H.-U. 1998: Systeme der Kostenrechnung und Erlösrechnung, 7. Aufl., München (w)

Krankenversicherung

Die Krankenversicherung ist ein Teilbereich der Sozialversicherung (↗ Sozialversicherungsrecht) mit der Aufgabe, die Versicherten und ihre Familien vor Risiken wie Krankheit und Tod zu schützen. Historisch gesehen ist die Krankenversicherung mit ihrer ersten gesetzlichen Regelung 1883 der älteste Zweig der deutschen Sozialversicherung. Rechtsgrundlagen sind vor allem Sozialgesetzbuch und das Lohnfortzahlungsgesetz, in Österreich das Allgemeine Sozialversicherungsgesetz (ASVG) und das Entgeldfortzahlungsgesetz (EFZG) in der Schweiz u.a. das Sozialversicherungsrecht.

Krankenversicherungspflichtig sind alle ↗ Arbeiter, ↗ Angestellte bis zu einem bestimmten Jahresverdienst, Rentner, die der ↗ Rentenversicherung angehören, Bezieher von Arbeitslosengeld (↗ Arbeitslosenversicherung) sowie bestimmte arbeitnehmerähnliche Selbstständige. Versicherungsfrei sind Personen, die anderweitig sozial abgesichert sind, z.B. Beamte, Berufssoldaten und Richter, oder nur in geringem Umfang oder kurzfristig beschäftigt sind. Eine freiwillige Versicherung ist unter bestimmten Umständen möglich.

Die Leistungen der Krankenversicherung bestehen einerseits in der Bereitstellung ärztlicher Versorgung, von Medikamenten und Krankenhausversorgung. Andererseits wird bei Krankheit Krankengeld gezahlt, um den Entgeltausfall teilweise auszugleichen. Die Höhe des Krankengeldes richtet sich dabei nach der Verdiensthöhe. Außerdem besteht Anspruch auf Mutterschaftsgeld.

Träger der gesetzlichen Krankenversicherung sind in Deutschland die Allgemeinen Ortskrankenkassen, Land- und Innungskrankenkassen, ↗ Betriebskrankenkassen, Seekassen, Knappschafts- und Ersatzkassen (↗ Knappschaftsversicherung). In Österreich sind die Träger teils territorial (Gebietskrankenkassen), teils berufsständisch (z.B. Versicherungsanstalt öffentlich Bediensteter) gegliedert.

Die Finanzierung der Krankenversicherung geschieht in erster Linie über die Beiträge, die von Arbeitnehmer und Arbeitgeber je zur Hälfte in Abhängigkeit von der Verdiensthöhe des Arbeitnehmers gezahlt werden, und über Zuschüsse.

Literatur: Lampert, H.; Althammer, J. 2004: Lehrbuch der Sozialpolitik, 7. Aufl., Berlin u.a. (n)

Kreativitätsmethoden

Kreativitätsmethoden sind inexakte ↗ Methoden der Entscheidungsunterstützung, die zur Unterstützung kreativer Prozesse, also der Gewinnung und Bewertung von Ideen dienen. In Entscheidungsprozessen werden Kreativitätsmethoden vor allem zur Gewinnung von Alternativen und zur Bewertung von Konsequenzen der Alternativen eingesetzt.

Beispiele für Kreativitätsmethoden sind Brainstorming und Morphologie. Beim Brainstorming werden in kleinen ↗ Gruppen zu einem bestimmten Problem freie Assoziationen gebildet, die zunächst unkritisiert bleiben. In späteren Auswertungen werden erfolgversprechende Ideen ausgesucht und weiterverfolgt. Zunächst steht die Quantität der Ideen, später die Qualität der Ideen und deren Weiterentwicklung im Vordergrund.

Morphologische Methoden dienen der systematischen Gewinnung von Alternativen bzw. Erscheinungsformen eines Problems. Dies geschieht durch Kombination mehrerer Dimensionen des Problems und deren Erscheinungsformen. Der Wert dieser Methode besteht darin, dass sie eine gute Hilfe bei der systematischen Suche von möglichen Lösungen darstellt, wobei gesichertes, aber neuartig kombiniertes Wissen den Ausgangspunkt der Überlegungen bildet.   (w)

Kündigung

Bei der Kündigung handelt es sich um eine einseitige, empfangsbedürftige, i.d.R. formfreie und nicht begründungspflichtige, einseitig nicht widerrufbare Willensäußerung zur zukünftigen Beendigung des Arbeitsverhältnisses. Es lassen sich unterschiedliche Formen der Kündigung unterscheiden, wobei jedoch der ↗ Betriebsrat stets zu beteiligen ist.

Die ordentliche Kündigung (in Österreich Kündigung) ist in befristeten Arbeitverhältnissen meist ausgeschlossen und beendet das unbefristete Arbeitsverhältnis unter Einhaltung einer nach Dauer der Betriebszugehörigkeit gestaffelten Kündigungsfrist (= Zeitraum zwischen Ausspruch der Kündigung und Ende des Arbeitsverhältnisses). Die Möglichkeit zur Kündigung durch den ↗ Arbeitgeber wird durch verschiedene Elemente des Kündigungsschutzes eingeschränkt. Dazu zählen die Beteiligung des ↗ Betriebsrats sowie der Schutz spezieller Mitarbeitergruppen, z.B. Schwangere, Jugendliche, Invalide, Mitglieder des Betriebsrats.

Die außerordentliche Kündigung – in Österreich ↗ Entlassung (durch den Arbeitgeber initiiert) bzw. Austritt (durch den ↗ Arbeitnehmer initiiert) – ist in allen Arbeitsverhältnissen möglich und beendet das Arbeitsverhältnis i.d.R. unmittelbar (›fristlos‹). Sie ist an besondere Gründe gebunden, die es für den Kündigenden unter Berücksichtigung aller Umstände des Einzelfalls und unter Abwägung der Interessen beider Vertragsparteien unzumutbar machen, das Arbeitsverhältnis bis zum Ende der Kündigungsfrist bzw. dem Ablauf des Dienstverhältnisses fortzusetzen. Solche schwerwiegenden Gründe sind Tätlichkeiten, Verweigerung des Entgelts, Verweigerung der Arbeit etc. Eine unwirksame außerordentliche Kündigung (in Österreich ungerechtfertigte(r) Entlassung (Austritt)) kann zur Schadenersatzpflicht führen. Auch hier schränken Schutzbestimmungen zugunsten der ↗ Arbeitnehmer den Handlungsspielraum ein.

Die Änderungskündigung ist eine Kündigung des Arbeitsverhältnisses (normalerweise unter Einhaltung der vorgesehenen Kündigungsfristen) mit dem Vorbehalt, dass sie nur dann wirksam wird, wenn der Arbeitnehmer einer gleichzeitig vorgeschlagenen Arbeitsvertragsänderung nicht zustimmt.

Die Teilkündigung kündigt lediglich einzelne Teile des Arbeitsvertrags (↗ Arbeitsvertrag). Sie ist rechtlich unwirksam.

Als wichtige gesetzliche Rahmenbedingungen für die Kündigung sind im Rahmen des ↗ Arbeitsschutzrechts zu nennen: Kündigungsschutzgesetz, Bürgerliches Gesetzbuch, Angestelltenkündigungsschutzgesetz, ↗ Betriebsverfassungsgesetz sowie die spezielle Mitarbeitergruppen betreffenden Gesetze, z.B. Schwerbehindertengesetz, Mutterschutzgesetz (in Österreich: Arbeitsverfassungsgesetz, Gewerbeordnung sowie die spezielle Mitarbeitergruppen betreffenden Gesetze, z.B. Journalistengesetz, Mutterschutzgesetz).

Verschiedene personalwirtschaftliche Instrumente wie etwa das ↗ Austrittinterview oder ↗ Outplacement unterstützen die ↗ Personalarbeit in diesem wichtigen und heiklen Bereich des betrieblichen Geschehens.

Literatur: Stahlhacke, E.; Preis, U.; Vossen, R. 1999: Kündigung und Kündigungsschutz im Arbeitsverhältnis, 7. Aufl., München; Krapf, G. 2001: Ihr Recht bei Kündigung. Arbeitgeberkündigung, Arbeitnehmerkündigung, Entlassung, Austritt, befristetes Dienstverhältnis, Lösung in der Probezeit, 3. Aufl., Wien (m)

Kurzarbeit

Unter betrieblicher Kurzarbeit wird die unfreiwillige und temporäre Verkürzung der betriebsüblichen Arbeitszeit für ↗ Arbeitnehmer einer ↗ Organisation bei gleichzeitiger Verringerung des Entgelts verstanden. Als Maßnahme der kollektiven betrieblichen Anpassung hat sie wirtschaftliche Ursachen wie Arbeitsmangel oder Produktionsstörungen und vorübergehenden Charakter, d.h. eine Rückkehr zur Vollbeschäftigung wird angestrebt. Diese Form der ↗ Arbeitszeitregelung stellt somit eine kurzfristige Reaktionsmöglichkeit dar, um eine geringer gewordene Gesamtmenge an Arbeit auf ein bestehendes Arbeitnehmerpotenzial aufzuteilen.

Ziel von Kurzarbeit ist die Erhaltung des Personalstandes bei gleichzeitiger Kostenreduktion.

Die Verringerung der betrieblichen Arbeitszeit kann durch den Wegfall einzelner Arbeitsstunden (z.b. Nachtschicht) oder ganzer Tage erfolgen. Bei Vorliegen der entsprechenden betrieblichen und persönlichen Bedingungen – in Österreich im Arbeitsmarktförderungsgesetz, in der Bundesrepublik Deutschland im Arbeitsförderungsgesetz festgelegt – kommt es zur Auszahlung von Kurzarbeitsgeld an die ↗ Arbeitnehmer.

In Österreich stammen die Gelder aus der Arbeitslosenversicherung, in der Bundesrepublik Deutschland aus den Mitteln der Bundesagentur für Arbeit (ehem. Bundesanstalt für Arbeit).

Literatur: Spielbüchler, K.; Grillberger, K. 1998: Floretta · Spielbüchler · Strasser: Arbeitsrecht. Band I: Individualarbeitsrecht, 4. Aufl., Wien; Schaub, G.; Schindele, F. 2003: Kurzarbeit, Massenentlassung, Sozialplan, 2. Aufl., München (m)

KVP

In Verbindung mit einem umfassenden Qualitätsmanagement beinhaltet ein kontinuierlicher Verbesserungsprozess (KVP) das ständige Streben nach Verbesserung der organisationalen Leistungserstellung in kleinen Schritten. An die Stelle von einschneidenden organisationalen Veränderungen treten viele kleine Veränderungsschritte. Damit ist KVP nicht nur ein Instrument des Qualitäts- und Veränderungsmanagements, sondern repräsentiert auch eine Grundhaltung gegenüber organisationalem Wandel. In kontinuierliche Veränderungsprozesse sind tendenziell alle Organisationsmitglieder einbezogen. Gegenstand von KVP können alle organisationalen Teilprozesse sein.

Literatur: Howaldt, J.; Kopp, R.; Winter, M. (Hrsg.) 1998: Kontinuierlicher Verbesserungsprozess: KVP als Motor lernender Organisation, Köln   (m)

L

Laboristische Kapitalbeteiligung

Die laboristische Kapitalbeteiligung kombiniert die ↗ Erfolgsbeteiligung bzw. Ergebnisbeteiligung mit der ↗ Kapitalbeteiligung. Die ↗ Mitarbeiter werden damit am Erfolg des Unternehmens sowohl aufgrund ihrer Mitarbeit als auch aufgrund ihrer Kapitalbeteiligung beteiligt. Dabei wird die Kapitalbeteiligung zumindest partiell durch die Verwendung von Erfolgsanteilen aufgebaut. Die Erfolgsanteile des Mitarbeiters bleiben also zu investiven Zwecken zumindest teilweise im Unternehmen. Das Einkommen der Mitarbeiter setzt sich bei Verwendung der laboristischen Kapitalbeteiligung aus den drei Komponenten ↗ Lohn bzw. ↗ Gehalt, Erfolgsanteil und Gewinnanteil aufgrund der Kapitalbeteiligung zusammen.

Literatur: Oechsler, W.A. 2000a: Personal und Arbeit, 7. Aufl., München, Wien, S. 424-532 (w)

Lebenslanges Lernen

Lebenslanges Lernen, auch ›life long learning‹ (LLL), bezeichnet die ständige Anpassung einmal erworbener Qualifikationen an sich wandelnde Gegebenheiten in der Arbeitswelt. Durch die zunehmend sinkende Halbwertszeit des Wissens ist es zum einen erforderlich, fachliche Qualifikationen ständig an die gegenwärtigen und vermuteten zukünftigen Arbeitsanforderungen anzupassen. Zum anderen ist der Erwerb von ↗ Schlüsselqualifikationen zentral. Lebenslanges Lernen wird so zur ständigen berufsbegleitenden Tätig-keit und fokussiert auf zentrale Qualifikationen, die für den Einstieg bzw. zur längerfristigen Sicherung einer Beschäftigung benötigt werden (›employability‹).

Für das Personalmanagement ergibt sich daraus eine steigende Bedeutung von Weiterbildungs- und Personalentwicklungsmaßnahmen (↗ Weiterbildung, ↗ Personalentwicklung), die auch einer entsprechenden ↗ Anreizgestaltung bedürfen.

Literatur: Behrmann, D.; Schwarz, B. (Hrsg.) 2003: Selbstgesteuertes lebenslanges Lernen: Herausforderungen an die Weiterbildungsorganisation, Bielefeld (m)

Lebenslaufanalyse

Bei der Lebenslaufanalyse (↗ biographischer Fragebogen) wird der maschinen- oder handschriftliche Lebenslauf hinsichtlich formaler und inhaltlicher Aspekte untersucht, um Informationen für Personalauswahl- oder -entwicklungsentscheidungen zu bekommen.

Neben der formalen Gestaltung (Aufbau und optischer Eindruck) sind inhaltliche Informationen über die soziale Herkunft sowie über die private und berufliche Entwicklung Gegenstand der Analyse. Der Lebenslauf kann Aufschluss geben über Häufigkeit und Dauer bisheriger Beschäftigungsverhältnisse und Beschäftigungslücken, d.h., insgesamt über die Kontinuität der beruflichen Entwicklung sowie evtl. über Veränderungen in Arbeitsinhalten und Hierarchieebenen in der jeweiligen Tätigkeit. Die Qualität der Informationen wird allerdings durch die Tendenz zur Selbstidealisierung von Bewerbern, durch die mangelnde Vergleichbarkeit mit anderen Lebensläufen und die in der Praxis meist eher intuitive Analyse und Interpretation der Daten (↗ Inhaltsanalyse) beeinträchtigt.

Literatur: Berthel, J.; Becker, F.G. 2003: Personal-Management, 7. Aufl., Stuttgart   (n)

Lehrling

Lehrlinge ist der veraltete Begriff für ↗ Auszubildende und bezeichnet diejenigen, die im Rahmen eines Lehr- bzw. Ausbildungsverhältnisses zu einem formalen Abschluss einer ↗ Berufsausbildung geführt werden. Die Bezeichnung Lehrling ist in der Bundesrepublik Deutschland in der Handwerksordnung, in Österreich im Berufsbildungsgesetz sowie in der Schweiz im Bundesgesetz über die Berufsbildung (BBG) von 1978 verankert. Das deutsche Berufsbildungsgesetz von 1969 sieht die Bezeichnung ↗ Auszubildender vor.   (w)

Lehrlingsentschädigung (Österreich)

Die Lehrlingsentschädigung ist eine der Substitutionsformen des ↗ Kollektivvertrags (neben ↗ Satzung und ↗ Mindestlohntarif). Wurde für einen bestimmten Wirtschaftszweig keine Lehrlingsentschädigung durch den Kollektivvertrag determiniert, so hat das Bundeseinigungsamt auf Antrag einer kollektivvertragsfähigen Körperschaft die Lehrlingsentschädigung gemäß dem Ortsgebrauch festzulegen, wobei die gleichen Rechtsfolgen wie beim ↗ Mindestlohntarif gelten. Als Rechtsquellen gelten die §§ 26-28 ArbVG.

Literatur: Tomandl, T. 1999: Arbeitsrecht. Band 1: Gestalter und Gestaltungsmittel, Wien (m)

Lehrwerkstatt ↗ Ausbildungswerkstatt

Leistungslohn

Als Leistungslohn werden Lohnformen bezeichnet, bei denen die Lohnhöhe nach der erbrachten Leistung bemessen wird. In der Regel wird der Begriff des Leistungslohns weit gefasst: Im Anschluss an das ↗ Äquivalenzprinzip wird gefordert, dass sich sowohl die Anforderungen als auch die erbrachte Leistung in der Lohnhöhe niederschlagen sollen, wobei die Anforderungen durch verschiedene Verfahren der ↗ Arbeitsbewertung und die Leistung im engeren Sinne durch die ↗ Lohnformen berücksichtigt werden. Eine enge Beziehung zwischen dem quantitativen Arbeitsergebnis und der Lohnhöhe wird beim ↗ Akkordlohn, eine enge Beziehung zwischen hauptsächlich qualitativen Aspekten der Arbeitsleistung und der Lohnhöhe wird beim ↗ Prämienlohn hergestellt. Als Leistungslohn wird regelmäßig auch der ↗ Zeitlohn angesehen, bei dem die Bemessungsgrundlage zwar die Arbeitszeit ist, bei dem aber mit der im Unternehmen verbrachten Arbeitszeit bestimmte Leistungserwartungen verbunden sind. Abweichungen von diesen Leistungserwartungen nach oben werden durch Zulagen, Abweichungen nach unten durch Sanktionen unterschiedlicher Art (Wegfall von Zulagen, unterproportionale Lohnzuwächse, Änderungskündigung und Zuweisung anderer Arbeitsplätze usw.) berücksichtigt.

Die mit der Anwendung des Leistungslohns verbundene Erwartung motivationssteigernder Wirkungen wird mit Hinweis auf den sinkenden Grenznutzen eines höheren Einkommens zumindest für höhere Einkommenskategorien bezweifelt, die akquisitorische Wirkung der Höhe des Arbeitseinkommens für diesen Fall jedoch besonders betont: Die Lohnhöhe wird als Leistungsindikator akzeptiert und nimmt Einfluss insbesondere auf die Eintritts-, Verbleibs- und Austrittsentscheidungen im Unternehmen (Drumm 2000).

Literatur: Drumm, H.J. 2000: Personalwirtschaft, 4. Aufl., Berlin et al.; Scholz, C. 2000: Personalmanagement, 5. Aufl., München; Hentze, J. 1995: Personalwirtschaftslehre 2, 6. Aufl., Bern et al. (w)

Leistungsmotivationstheorien

Leistungsmotivationskonzepte nehmen innerhalb der ↗ Motivationstheorien eine verbindende Stellung zwischen den Inhalts- und den Prozesstheorien der ↗ Motivation ein und verknüpfen Motive, kognitive Aspekte und Umwelteinflüsse.

Aufbauend auf den Arbeiten von McClelland und Lewin beschäftigt sich insbesondere Atkinson mit dem intrinsisch gesteuerten Verhalten in Erfolgssituationen. Diese sind durch die Abhängigkeit des Erfolgs von den eigenen Anstrengungen und Fähigkeiten sowie durch ein klares, eindeutiges und unmittelbares Feedback gekennzeichnet. Motivation wird als abhängige Größe gesehen, die aus der multiplikativen Verknüpfung von Stärke eines zugrunde liegenden Motivs, Anreiz eines bestimmten Ziels (Valenz) und subjektiver Wahrscheinlichkeit der Zielerreichung (Erwartung) entsteht. Damit ist eine unmittelbare Nähe zur ↗ Erwartungs-Valenz-Theorie gegeben. Über die Annahme eines im Laufe der Kindheitsentwicklung erworbenen Leistungsmotivs (›Hoffnung auf Erfolg‹) bzw. eines Motivs, Misserfolg zu vermeiden (›Angst vor Misserfolg‹), daraus resultierenden Handlungstendenzen sowie weitere Zusatzannahmen wird individuelles Verhalten erklärt. Erfolgsmotivierte Personen, bei denen das Leistungsmotiv stärker ist

als das Motiv, Misserfolg zu vermeiden, bevorzugen Aufgaben mit mittleren Schwierigkeitsgraden bzw. zeigen in solchen Situationen maximale Anstrengungen. Misserfolgsmotivierte, bei denen die Misserfolgsvermeidung überwiegt, meiden leistungsbezogene Situationen möglichst oder wählen Aufgaben, bei denen die Erfolgswahrscheinlichkeit entweder sehr hoch oder sehr niedrig ist. Die gezeigte Anstrengung ist hier am höchsten, die Misserfolgsangst am geringsten.

Das Leistungsmotiv wird vorwiegend über die inhaltsanalytische Auswertung projektiver standardisierter Testverfahren (↗ Test) gemessen. Die bekanntesten Verfahren sind der TAT (Thematische Apperzeptions-Test) und der TAQ (Test Anxiety-Questionnaire).

Durch die nachprüfbare Formulierung der verschiedenen Ansätze entwickelte sich eine umfangreiche Forschungsaktivität, wobei in vielen Fällen unterstützende Ergebnisse gefunden werden konnten. Diese Konzepte sind allerdings außerhalb ihres relativ eingeschränkten Anwendungsbereiches bisher weniger erfolgreich. Darüber hinaus werden die konkrete Bestimmung von Erwartungen und Valenzen – insbesondere bei komplexen Zusammenhängen – sowie deren multiplikative Verknüpfung problematisiert.

Literatur: Atkinson, J.W. 1981: Motivationale Determinanten des Verhaltens bei Risiko, in: Ackermann, K.F.; Reber, G. (Hrsg.): Personalwirtschaft. Motivationale und kognitive Grundlagen, Stuttgart, S. 261-279 (m)

Leistungstests

Als Leistungstests werden psychologische ↗ Tests bezeichnet, die das aktuelle Leistungsniveau eines Probanden in einem definierten Fähigkeitsbereich messen. Sie werden deshalb auch als Fähigkeitstests bezeichnet.

Es existiert eine große Anzahl von Testklassifikationen, die keineswegs einheitliche Interpretationen liefern. Lienert (1989, S. 22) unterscheidet z.b. motorische, sensorische sowie psychische Leistungstests und grenzt sie von ↗ Intelligenztests und ↗ Persönlichkeitstests ab. Demgegenüber moniert Brickenkamp et al. (2002), dass auch Intelligenztests in der Regel Leistungen prüfen und auch viele Typentests Leistungsaspekte enthalten. Er schlägt deshalb vor, neben allgemeinen Leistungstests, die solche Merkmale wie Konzentrationsfähigkeit messen und speziellen Funktionsprüfungs- und Eignungstests (z.B. Büroarbeitstests) auch Intelligenztests, Entwicklungstests usw. als Leistungstests einzuordnen.

Zahlreiche Leistungstests sind für personalwirtschaftliche Entscheidungen äußerst relevant. Dies gilt insbesondere für die ↗ Personalauswahl, den ↗ Personaleinsatz und die Personalförderung im Rahmen der ↗ Personalentwicklung.

Literatur: Berthel, J.; Becker, F.G. 2003: Personalmanagement, 7. Aufl., S. 174ff.; Brickenkamp, R.; Brähler, E.; Holling, H. 2002: Handbuch psychologischer und pädagogischer Tests, 2 Bde., Göttingen; Lienert, G.A. 1989: Testaufbau und Testanalyse, 4. Aufl., Weinheim u.a.   (w)

Leitende Angestellte

Leitende Angestellte sind ↗ Arbeitnehmer mit Arbeitgeberfunktionen oder besonders qualifizierte Arbeitnehmer, die eine mit persönlicher Verantwortung verbundene Arbeitsleistung vollbringen oder nach freier Entschließung tätig sind. Andere häufig benutzte Kriterien zur Abgrenzung dieser Beschäftigtengruppe sind Prokura, die Position in der Leitungshierarchie eines Unternehmens, das Jahreseinkommen sowie das Ausmaß der Personal- und Sachverantwortung.

Diese Gruppe von Arbeitnehmern lässt sich unter rechtlichen und soziologischen Gesichtspunkten betrachten. Leitende Angestellte sind von einer Reihe von Gesetzen ausgenommen, oder die Regelungen gelten für sie – anders als bei anderen Arbeitnehmern – nur eingeschränkt. Sie sind ausgenommen von den Regelungen des ↗ Arbeitszeitgesetzes. Das ↗ Kündigungsschutzgesetz gilt für sie nur begrenzt, denn das Arbeitsverhältnis kann auf nicht zu begründenden Antrag des ↗ Arbeitgebers gegen eine ↗ Abfindung aufgelöst werden. Das ↗ Betriebsverfassungsgesetz findet auf die leitenden Angestellten keine Anwendung, wenn sie nach Dienststellung und Dienstvertrag selbstständig einstellen und entlassen dürfen oder Generalvollmacht oder Prokura haben oder eigenverantwortlich, regelmäßig und wegen ihrer Qualifikationen für den Betrieb wichtige Aufgaben wahrnehmen.

Man schätzt, dass es zwischen 300 Tsd. und 600 Tsd. leitende Angestellte in Deutschland gibt. Sie werden meist außertariflich entlohnt (↗ Lohn, Gehalt). Allerdings ist die Zahl der außertariflich Entlohnten insgesamt erheblich größer. Die leitenden Angestellten sehen sich selbst überwiegend in einer Position zwischen Unternehmer und den übrigen Arbeitnehmern. Ihre Interessenorganisation (die 1951 gegründete Union der Leitenden Angestellten, ULA) forderte lange eine eigenständige betriebliche Vertretung durch sog. Sprecherausschüsse. Seit 1990 sieht das Sprecherausschussgesetz die Möglichkeit vor, dass die leitenden Angestellten einen ↗ Sprecherausschuss wählen. Im ↗ Mitbestimmungsgesetz 1976 ist die Eigenständigkeit der Interessen dadurch berücksichtigt, dass die leitenden Angestellten im Aufsichtsrat der Unternehmen einen eigenen Sitz haben.

Literatur: Hromadka, W. 1979: Das Recht der leitenden Angestellten, München; Witte, E.; Bronner, R. 1974: Die Leitenden Angestellten. Eine empirische Untersuchung, München (n)

Lernen

Unter Lernen wird die Änderung menschlicher Dispositionen und Fähigkeiten aufgrund von Erfahrung verstanden. Diese in den ↗ Verhaltenswissenschaften übliche Begriffsfassung ist weiter als der umgangssprachliche Lernbegriff. Sie schließt Änderungen des Verhaltens aufgrund von Reifungsprozessen oder nur vorübergehende Verhaltensänderungen aufgrund von Ermüdung aus und bezieht die Veränderungen von Interessen, Einstellungen und Werten eines Individuums ein. Lernen kann – noch allgemeiner – als der Prozess der Wechselwirkung zwischen Mensch und Umwelt gesehen werden: Durch Lernen nimmt der Mensch bzw. jedes Lebewesen die Merkmale und Eigenschaften der Umwelt in sich auf, erwirbt adäquate Reaktionsmuster auf diese Gegebenheiten und verändert durch seine Reaktionen wiederum diese Umwelt.

Die Vorgänge des Lernens werden auf unterschiedliche Weise von der ↗ Lerntheorie erklärt.

Literatur: Heinze, B. 1986: Lernen und Lerntheorien, in: Sarges, W.; Fricke, R. (Hrsg.): Psychologie für die Erwachsenenbildung/Weiterbildung, S. 350-354   (w)

Lernorte

Als Lernorte werden jene Orte bzw. Einrichtungen bezeichnet, an denen in der ↗ Berufsausbildung die organisierten Lernprozesse stattfinden. Bei der Systematisierung der Lernorte wird 1. auf die Trägerschaft und 2. auf die pädagogische Funktion im Lernprozess abgehoben. Im ersten Fall werden die Lernorte Betrieb, Schule und überbetriebliche Ausbildungsstätte, im zweiten Fall Unterrichtsraum, ↗ Lehrwerkstatt bzw. Ausbildungswerkstatt oder Simulationsstätte, Labor und Arbeitsplatz unterschieden.

Der Begriff Lernort stammt aus der berufspädagogischen Diskussion. 1974 entwickelte die Bildungskommission des Deutschen Bildungsrates für die Sekundarstufe II das Konzept von der Pluralität der Lernorte, das mit der Idee einer stark ausgeprägten Berufs- und Handlungsorientierung verbunden war. Die Lernortdiskussion wurde in der Folge in der Berufspädagogik insbesondere unter dem Gesichtspunkt der Optimierung von Lernprozessen geführt.

Literatur: Deutscher Bildungsrat (Hrsg.) 1974: Die Bedeutung der verschiedenen Lernorte in der beruflichen Bildung, Stuttgart; Arnold, R.; Lipsmeier, A. (Hrsg.) 1995: Handbuch der Berufsbildung, Opladen   (w)

Lernstatt

Lernstatt bezeichnet einen Ansatz, bei dem ↗ Arbeitnehmer in kleinen Gruppen zusammenkommen, um selbst entwickelte Themenstellungen und Probleme zu bearbeiten. Es handelt sich um einen längerfristigen Lern- und Entwicklungsprozess, durch den Lernen integrierter Bestandteil des Arbeitens werden soll. Lernen wird dabei als ganzheitlicher Prozess aufgefasst, der die emotionale, kognitive und soziale Ebene umfasst.

Die Ziele der Lernstatt-Gruppen werden von den Betroffenen selbst festgelegt und orientieren sich sowohl an den Lernergebnissen als auch am Lernprozess.

Methodisch wird auf den Wechsel zwischen Individual-, Kleingruppen- und Plenumsarbeit zurückgegriffen, wobei Moderatoren aus dem Kreis der Arbeitnehmer den Lernprozess steuern helfen.

Neben den Moderatoren und den Teilnehmern an einer Lernstatt-Gruppe nehmen fallweise inner- oder außerbetriebliche Experten an den Zusammenkünften teil. Eine innerbetriebliche Lernstatt-Zentrale übernimmt Planungs- und Koordinationsaufgaben und schafft strukturelle und finanzielle Voraussetzungen für einzelne Lernstatt-Gruppen.

Ähnlich wie bei ↗ Qualitätszirkeln oder ↗ Organisationsentwicklung handelt es sich bei der Lernstatt um einen Ansatz, der für das betriebliche ↗ Personalwesen insbesondere im Bereich der ↗ Arbeitsgestaltung und im Rahmen der ↗ Personalentwicklung von Bedeutung ist.

Als Auswirkungen für den einzelnen ↗ Mitarbeiter ergeben sich vor allem die Chance einer erhöhten sozialen und praktischen Kompetenz und eine stärkere Möglichkeit zur Beeinflussung der Arbeitssituation. Als organisationale Vorteile sind die stärkere Nutzung des kreativen Potenzials der Arbeitnehmer und die steigende Qualifizierung der Arbeitskräfte festzuhalten. Kritisch wird z.T. die mangelnde quantitative Überprüfbarkeit der Ergebnisse gesehen.

Literatur: Deppe, J. 1992: Quality circle und Lernstatt. Ein integrativer Ansatz, 3. Aufl., Wiesbaden   (m)

Lerntheorien

Aussagen über Gesetzmäßigkeiten und Zusammenhänge beim ↗ Lernen werden als Lerntheorien bezeichnet. Eine geschlossene Theorie des Lernens existiert nicht; hingegen gibt es eine Reihe von Aussagen über Gesetzmäßigkeiten und Zusammenhänge bei bestimmten Varianten des Lernens.

Eine lange Tradition haben behavioristische Lerntheorien, die sich auf die Betrachtung der Zusammenhänge zwischen beobachtbaren Reizen und den beobachtbaren Reaktionen konzentrieren, die nicht beobachtbaren intervenierenden Prozesse innerhalb des Organismus aber explizit ausklammern. Hier sind die verschiedenen Konzepte der ↗ Konditionierung bzw. jene Lerntheorien einzuordnen, die sich auf die Wirkungsweise von Assoziationen und ↗ Verstärkungen beschränken.

Demgegenüber betonen ↗ kognitive Lerntheorien Vorgänge der internen Umstrukturierung von Ausgangstatbeständen und früheren Erfahrungen, also kognitive Vorgänge. Gegenüber den einfacheren Konditionierungen werden hier komplexere, für den Wissenserwerb von Menschen charakteristische Lernvorgänge interpretiert und erklärt.

Die Theorien des sozialen Lernens (↗ Beobachtungslernen) knüpfen an der Alltagserfahrung an, dass ein großer Teil des Lernens durch Beobachtung und Nachahmen des beobachteten Verhaltens erfolgt. Es wird dadurch gelernt, dass sowohl das Verhalten anderer Personen, von Modellen, als auch die Konsequenzen des Verhaltens bei diesen Personen beobachtet und verarbeitet werden.

Obwohl keine geschlossene Lerntheorie existiert, lassen sich die folgenden zentralen Problemfelder des Lernens, die in den verschiedenen theoretischen Konzepten mit unterschiedlichem Gewicht behandelt werden, identifizieren: Das erstmalige Auftreten eines Verhaltens (Zufall, sukzessive Annäherung in den einfachen Reiz-Reaktions-Theorien, interne Umstrukturierung früherer Erfahrungen im Rahmen kognitiver Lerntheorien und Beobachtungen von Modellen im Rahmen sozialer Lerntheorien), die Verfestigung bestimmter Verhaltensweisen und Dispositionen, die im Wesentlichen durch Verstärkungen erklärt werden und die Auslösung eines Verhaltens, die im Rahmen aller Ansätze mehr oder weniger explizit mit den Verhaltenserwartungen bzw. mit den erwarteten Konsequenzen eines Verhaltens erklärt werden. Theorien des ↗ Problemlösens beziehen diese Teilaspekte des Lernens ein; solche kognitiv orientierten Konzepte werden deshalb gelegentlich als theoretischer Rahmen zur Betrachtung des Lerngeschehens unter einheitlicher Perspektive verwendet.

Literatur: Hilgard, E.R.; Bower, G.H. 1983: Theorien des Lernens, Bd. 1, 5. Aufl., Stuttgart; 1984: Bd. 2, 3. Aufl., Stuttgart   (w)

Lerntransfer

Als Lerntransfer wird Umsetzung des Gelernten in neuen Kontexten bezeichnet. Im Zusammenhang mit der ↗ Ausbildung und ↗ Weiterbildung interessiert vor allem die Umsetzung des in Aus- und Weiterbildungsmaßnahmen Gelernten im betrieblichen Alltag bzw. der Transfer aus dem Lernumfeld in das Arbeitsfeld. In diesem Fall wird auch von lateralem Transfer im Gegensatz zum vertikalen Transfer gesprochen, bei dem das Lernen auf einer niedrigeren Lernstufe das Lernen auf einer höheren Lernstufe erleichtert.

Zur Förderung des Transfers vom Lern- in das Arbeitsfeld werden vielfältige transferfördernde Maßnahmen vorgeschlagen. Solche transferfördernden Maßnahmen können vor, während und nach einer Bildungsmaßnahme ergriffen werden. Transferfördernde Maßnahmen in der Vorbereitungsphase zielen vor allem auf die Sicherstellung eines engen Bezugs zwischen Lernsituation und Arbeitsumfeld der Lernenden. Maßnahmen in der Durchführungsphase zielen auf die planende Vorbereitung des Transfers (z.B. durch die Vereinbarung von konkreten Umsetzungsplänen, Aktionsplänen usw.) und die Erleichterung der späteren Umsetzung (z.B. durch die Einbeziehung von ↗ Vorgesetzten in die Bildungsmaßnahme). Transferfördernde Maßnahmen in der Nachbereitungsphase zielen meist auf die Erzeugung von Umsetzungsdruck (z.B. durch Lernerfolgskontrollen, Follow-up-Kurse, Umsetzungs-Check-Lists usw.)

Literatur: Dubs, R. 1990: Lernprozesse in Unternehmungen beschleunigen. Zur Transferproblematik in Unternehmungen, in: Die Unternehmung, 40. Jg., 1990, S. 154-163   (w)

Lohn

Als Lohn wird jede Form des Entgelts für Arbeitsleistungen bezeichnet, die von einem ↗ Arbeitgeber an einen ↗ Arbeitnehmer bezahlt wird und vertragsmäßig ausbedungen ist. Unter den Lohnbegriff fallen demnach auch das ↗ Gehalt und die Bezüge im oberen Angestelltenbereich, gelegentlich wird ein weiter und ein enger Lohnbegriff unterschieden: Lohn. I.w.S. sind dann alle gezahlten Entgelte, Lohn i.e.S. nur die Äquivalente für die erbrachten Arbeitsleistungen (↗ Äquivalenzprinzip).

Es lassen sich verschiedene Lohnarten unterscheiden: Nach der Art des Leistungsäquivalents wird zwischen Geld- und Naturallohn unterschieden. Der tarifvertraglich vereinbarte Lohn heißt Tariflohn, der tatsächlich bezahlte Lohn Effektivlohn. Außerdem wird zwischen Nominal- und Reallohn unterschieden. Der Nominallohn ist das in Geldeinheiten ausgedrückte Entgelt, der Reallohn entspricht der Kaufkraft des Nominallohns. Die Lohnhöhe vor Abzug der Steuern wird als Brutto-, nach Abzug der Steuern als Nettolohn bezeichnet.   (w)

Lohn- und Gehaltsabrechnung

Die Lohn- und Gehaltsabrechnung umfasst eine personen- oder mitarbeiterbezogene sowie eine unternehmensbezogene Komponente.

Im Rahmen der mitarbeiterbezogenen Abrechnung sind folgende Teilaufgaben zu erfüllen: Bruttoentgelt für die Abrechnungsperiode, Ermittlung und Abführung der gesetzlichen und freiwilligen Abzüge (Lohnsteuer, Kirchensteuer, Sozialversicherungsbeiträge, insbes. Renten- und Arbeitslosenversicherung und Krankenversicherung), Durchführung individueller Inkassoverpflichtungen der ↗ Mitarbeiter (z.B. Pfändungen, Gewerkschaftsbeiträge, Darlehnsrückzahlungen), Sicherstellung der rechtzeitigen Überweisung bzw. Auszahlung der Arbeitsentgelte und Nachweis der Entgeltsrechnung gegenüber den Mitarbeitern (Mentzel o.J.).

Die unternehmensbezogenen Abrechnungsaufgaben, die sich insbes. aus gesetzlichen Bestimmungen ergeben, umfassen die Ermittlung und Abführung von Steuern, Sozialabgaben usw., die buchhalterische Erfassung der Abrechnungen und die Erfüllung der Aufbewahrungsfristen sowie die Erfüllung gesetzlicher Meldepflichten. Als ergänzende Aufgabe kann die Aufbereitung der Abrechnungsergebnisse in Form von Kennziffern u.Ä. angeführt werden.

Literatur: Mentzel, W. o.J.: Personalwirtschaftliches Rechnungswesen, Reihe: Fachkaufmann für das Personalwesen, Wiesbaden; Das Personalbüro in Recht und Praxis (Loseblattsammlung)　　　　　　　　　　(w)

dominanten Kriteriums für die Bestimmung der Lohnhöhe wird zwischen kausaler, finaler und sozialer Lohnfindung unterschieden.

Bei der kausalen Lohnfindung wird angestrebt, einen möglichst engen, d.h. kausalen Zusammenhang zwischen Anforderungen und Leistung sowie der Lohnhöhe herzustellen (↗ Äquivalenzprinzip). Dabei werden verschiedene ↗ Lohnformen bzw. Varianten des sog. ↗ Leistungslohnes unterschieden: ↗ Akkordlohn, ↗ Prämienlohn und ↗ Zeitlohn.

Die finale Lohnfindung geht vom periodenbezogenen Ergebnis betrieblicher Tätigkeit aus, z.B. vom Ertrag, Umsatz, Gewinn usw. Im Vordergrund stehen Fragen der Verteilung der betrieblichen ↗ Wertschöpfung, die meist als Problem der betrieblichen ↗ Erfolgsbeteiligung diskutiert werden.

Die soziale Lohnfindung zielt auf die Berücksichtigung sozialer Gesichtspunkte bei der Lohnfestsetzung, z.B. von Familienstand, Kinderzahl u.Ä. Es wird auch vom bedarfsgerechten Lohn und vom Soziallohn gesprochen. Mit der sozialen Lohnfindung soll mindestens das Existenzminimum gesichert und ein Ausgleich zwischen unterschiedlichen Belastungen durch unterschiedliche soziale Lebensbedingungen hergestellt werden. Da diese Aufgabe in entwickelten Volkswirtschaften meist der Gesellschaft insgesamt und damit staatlichem Ordnungshandeln zugeordnet wird, spielt diese Form der Lohnfindung im betrieblichen Alltag nur eine untergeordnete Rolle.　　　　　　　　　　　(w)

Lohnfindung

Als Lohnfindung (↗ Entgeltfindung) wird das Vorgehen bei der Feststellung der Höhe des ↗ Lohnes eines ↗ Arbeitnehmers bezeichnet. Nach der Art des

Lohnformen

Als Lohnformen werden die Verfahren der Ermittlung der Lohnhöhe aufgrund unterschiedlicher Bemessungsgrundlagen bezeichnet. Es wird zwischen ↗ Zeitlohn und ↗ Prämienlohn unterschieden.

Diese Lohnformen stellen auf unterschiedliche Weise einen Zusammenhang zwischen Leistungskomponenten (mengenmäßiges Arbeitsergebnis, Arbeitsqualität, Kosteneinsparungen usw.) und Lohnhöhe her.

Literatur: Hentze, J. 1995: Personalwirtschaftslehre 2, 6. Aufl., Bern et al. (w)

Lohngerechtigkeit

Es besteht weitgehende Einigkeit darüber, dass es angesichts der unterschiedlichen Wert- und Gerechtigkeitsvorstellungen keine allgemein anerkannten Maßstäbe für einen gerechten Lohn gibt. Da der ↗ Lohn für die meisten ↗ Arbeitnehmer die einzige Einkommensquelle ist, die den Lebensstandard bestimmt, und die Lohnzahlungen den verbleibenden Rest der betrieblichen ↗ Wertschöpfung vermindern, aus dem Fremdkapitalzinsen, Unternehmenssteuern und Einkommen der Kapitaleigner abzudecken sind, steht die Frage der Lohngerechtigkeit im Zentrum wirtschaftswissenschaftlicher, insbesondere sozialpolitischer Auseinandersetzungen. Auf der Ebene der ↗ Tarifvertragsparteien steht in gesamtwirtschaftlicher Perspektive die Frage der gerechten Einkommensverteilung sowie das Ausmaß einer angemessenen Lohndifferenzierung im Mittelpunkt (↗ Tarifverhandlungen).

Auf betrieblicher Ebene dominiert die Suche nach Orientierungsgrößen, die ein gewisses Maß an Akzeptanz finden. Die Vorstellungen vom Lohngerechtigkeit, die sich an diesen Kriterien orientieren, können sich in unterschiedlichen gesellschaftlichen Umwelten und im Zeitablauf deutlich unterscheiden.

Eine häufig anzutreffende Unterscheidung differenziert zwischen markt-, bedarfs- und betriebsgerechtem Lohn. Als marktgerecht wird ein Lohn verstanden, der dem Angebots- und Nachfrageverhältnis auf dem ↗ Arbeitsmarkt entspricht. Arbeitnehmer mit seltenen Qualifikationen z.B. werden danach aufgrund der Knappheitssituation wesentlich besser entlohnt als Arbeitnehmer mit häufig vorhandenen Qualifikationen.

Der bedarfsgerechte Lohn – auch Soziallohn oder Familienlohn – orientiert sich zunächst am physischen Existenzminimum, dann auch an dem in der jeweiligen gesellschaftlichen Umwelt angemessenen Lebensstandard.

Der betriebsgerechte Lohn orientiert sich an dem betrieblichen Ergebnis. Dabei wird zwischen dem ertragsgerechten und dem leistungsgerechten Lohn unterschieden. Überlegungen zum ertragsgerechten Lohn werden vor allem im Zusammenhang mit der ↗ Erfolgsbeteiligung angestellt. Der leistungsgerechte Lohn zielt auf die Sicherstellung des ↗ Äquivalenzprinzips, das einen engen Zusammenhang zwischen Lohnhöhe und Anforderungen und erbrachter Leistung fordert.

Literatur: Steinmann, H.; Löhr, A. 1992: Lohngerechtigkeit, in: Gaugler, E.; Weber, W. (Hrsg.): Handwörterbuch des Personalwesens, 2. Aufl., Stuttgart, Sp. 1284-1294; Reichmann, L. 2004: Lohngerechtigkeit, in: Gaugler, E.; Oechsler, W.; Weber, W. (Hrsg.): Handwörterbuch des Personalwesens, 3. Aufl., Stuttgart, Sp. 1114-1120 (w)

Lohngruppe

Betriebsspezifische Lohngruppen beschreiben Tätigkeiten mit unterschiedlichen Kriterien, z.B. Grad der erforderlichen Qualifikation und Berufserfahrung, Schwierigkeit und Belastung durch die Tätigkeit, Einarbeitungszeit, und sind ein Ergebnis der betrieblichen ↗ Arbeitsbewertung. Die einzelnen Stufen werden durch Beispiele illustriert und in Relation zu einer Bezugslohngruppe (auch: Ecklohngruppe; entspricht 100%) gesetzt.

Lohngruppen dienen der Unterscheidung von Tätigkeiten zur Festsetzung eines differenzierten Entgelts im Rahmen der Anforderungsgerechtigkeit (↗ Lohngerechtigkeit): Jede betrieblich vorhandene Tätigkeit wird in eine dieser Gruppen eingestuft. Sie sind somit Teil der betrieblichen ↗ Lohnpolitik und tragen wesentlich zur Gestaltung des monetären Anreizsystems bei.

Bei ihrer Bildung ist auf die entsprechenden gesetzlichen Regelungen, insbesondere die im jeweils gültigen ↗ Tarifvertrag bzw. ↗ Kollektivvertrag festgelegten Lohn- bzw. Gehaltsgruppen (↗ Lohn, ↗ Gehalt) zu achten.

Literatur: Elsik, W.; Nachbagauer, A. 2002: Entlohnung, in: Kasper, H.; Mayrhofer, W. (Hrsg.): Personalmanagement – Führung – Organisation, 3. Aufl., Wien, S. 527-564; Hentze, J. 1995: Personalwirtschaftslehre 2, 6. Aufl., Bern et al.　　　　　　　　　　　　　　(m/w)

Lohnpolitik

Die betriebliche Lohn- oder Entgeltpolitik umfasst grundsätzliche Entscheidungen des Unternehmens, die den vereinbarten ↗ Lohn direkt (z.B. über die Beeinflussung der absoluten Höhe des Entgelts) oder indirekt (z.B. über Entlohnungsgrundsätze oder neue ↗ Lohnformen) betreffen. Sie beschäftigt sich insbesondere mit praktikablen Lösungen zum Problem der ↗ Lohngerechtigkeit.

Im Zentrum der entgeltpolitischen Zielsetzungen stehen neben den Kostenüberlegungen vor allem die Anreizwirkungen. Das Entgeltsystem soll dazu beitragen, von den Organisationsmitgliedern genügend Beiträge für den Fortbestand der ↗ Organisation zu erhalten.

Zur Umsetzung der Lohnpolitik steht das entgeltpolitische Instrumentarium zur Verfügung. Die ↗ Arbeitsbewertung differenziert die Lohnsätze nach den unterschiedlichen Anforderungsgraden der einzelnen Arbeitsplätze. Die individuellen Unterschiede in der Leistungserbringung werden in der ↗ Leistungsbewertung erfasst und durch unterschiedliche ↗ Lohnformen berücksichtigt. Die Gestaltungsmöglichkeiten für eine autonome betriebliche Entgeltpolitik werden durch die gesellschaftlichen und gesetzlichen Bestimmungen, insbesondere das ↗ Tarifvertragsrecht bestimmt. Die betriebliche Gesamtleistung schlägt sich in verschiedenen Varianten der ↗ Erfolgsbeteiligung nieder.

Die Lohnpolitik ist Teil der betrieblichen ↗ Personalpolitik und ordnet sich in die Unternehmenspolitik ein.

Literatur: Waszkewitz, B. 2001: Entgeltpolitik und -gestaltung im 21. Jahrhundert. Lohn- und Gehaltspolitik im Zeitalter der Wissenschaften und Informationen, Stuttgart　　　(m)

M

Macht

Macht ist eine Form sozialen Einflusses. Eine Person hat über eine andere Person Macht, wenn sie diese zu einem ↗ Verhalten veranlassen kann, das sie sonst nicht wählen würde. Dieser Machtbegriff ist in etwa identisch mit dem Begriff der Herrschaft (Max Weber 1972).

Die verhaltenswissenschaftliche Machtdiskussion umfasst eine Fülle von Gesichtspunkten: insbes. die Grundlagen der Macht, die Mittel bzw. Aktionen, mit denen die Beeinflussung durchgesetzt wird, die Machtfülle im Sinne der Wahrscheinlichkeit, ein bestimmtes angestrebtes Verhalten durchsetzen zu können und die Ausdehnung der Macht, d.h. die Individuen, über die Macht besteht. Große Beachtung hat die Klassifikation von Machtgrundlagen gefunden, wobei die Unterscheidung von French und Raven (1959) besonders verbreitet ist. Sie unterscheiden Belohnungsmacht, Bestrafungsmacht, Expertenmacht, legitimierte Macht und Referenzmacht. Machtgrundlagen sind die Möglichkeit, zu belohnen und zu bestrafen, Expertenwissen bzw. Sachverständigkeit, verinnerlichte Werte, die dem Inhaber der Macht das Recht zuerkennen zu beeinflussen (Legitimation), sowie die ↗ Identifikation mit dem Beeinflussenden, dem der Beeinflusste gleichen will.

Als weitere Machtgrundlage wird die Information (Informationsmacht) genannt. Dem Begriff der legitimierten Macht nahe ist der Begriff der ↗ Autorität.

Literatur: French, J.R.P. jr.; Raven, B. 1959: The Basis of Social Power, in: Cartwright, D. (Hrsg.): Studies in Social Power, Michigan, S. 150-167; Sandner, K. 1990: Prozesse der Macht, Berlin et al.; Krüger, W. 1976: Macht in der Unternehmung, Stuttgart; Küpper, W.; Fetsch, A. 2000: Organisation, Macht und Ökonomie, Wiesbaden (w)

Management Buy-Out

Als Management Buy-Out wird seit Ende der 70er-Jahre eine Form des Eigentümerwechsels von Unternehmen bezeichnet, bei denen in der Regel die leitenden Angestellten (↗ Leitende Angestellte) die Anteile der bisherigen Eigentümer – oft zu großen Teilen fremdfinanziert – übernehmen. Wenn der Kreis der neuen Anteilseigner größere Teile der Belegschaft umfasst, wird auch von Belegschafts-Buy-Out gesprochen. In diesem Fall liegt eine Variante der ↗ Kapitalbeteiligung von Mitarbeitern vor. Gleichzeitig stellt insbesondere die Variante des Belegschafts-Buy-Out einen Ansatzpunkt zur stärkeren Bindung der Mitarbeiter an das Unternehmen (↗ Identifikation) und zur Förderung unternehmerischen Denkens und Handelns dar.

Management Buy-Out wird verstärkt seit den 80er-Jahren in Nordamerika und in Europa, insbesondere in Großbritannien, in Frankreich, in den Niederlanden und zunehmend auch in Deutschland beobachtet. Zur technischen Abwicklung der Übernahme werden meistens Übernahmegesellschaften gebildet.

Literatur: Hoffmann, P.; Ramke, P. 1990: Management Buy-Out in der Bundesrepublik Deutschland: Anspruch, Realität und Perspektiven, Berlin; Wallwieser; W.; Schmidt, H. 1990: Charakteristika und Problembereiche von Management Buy-Outs, in: WISU, 19. Jg., 1990, S. 299-305 und S. 358-364   (k)

Management-by-Konzepte

Bei Management-by-...-Konzepten handelt es sich um normative Empfehlungen zur ↗ Führung von Menschen und ↗ Organisationen, in denen einzelne, scheinbar selbstverständliche und triviale Führungsgrundsätze besonders herausgestellt werden. Mit Ausnahme des Management-by-Objectives beziehen sie sich im Unterschied zu ↗ Führungsmodellen lediglich auf Teilbereiche der Führungsaufgaben, ohne eine integrierte Gesamtschau zu ermöglichen.

Ihre Realisation soll ↗ Führungserfolg gewährleisten und die einheitliche Handhabung von Führungsproblemen sicherstellen. Durch die Verringerung der Verhaltensvariabilität in Organisationen wird eine Reduktion der Führungskomplexität und eine stärkere Transparenz für die Geführten durch Verringerung der Ungewissheit bezüglich der möglichen Verhaltensäußerungen der Führer angestrebt.

Aus den zahlreichen, unterschiedlich ausgereiften ›Management-by-...‹-Konzepten sind im Hinblick auf Verbreitung und theoretischen Bezug besonders Management-by-Objectives, Management-by-Exception und Management-by-Motivation zu erwähnen.

Kritisch bleibt anzumerken, dass diese Konzepte über weite Strecken auf nicht verallgemeinerbaren ↗ Beobachtungen und Erfahrungen beruhen und von wissenschaftlich fragwürdigen und wenig explizierten Prämissen ausgehen. Durch ungenügende Operationalisierung, Vernachlässigung oder Missinterpretation relevanter wissenschaftlicher Erkenntnisse und die Forderung der Praxis nach Einfachheit, Verständlichkeit und Umsetzbarkeit kommt es häufig zu apodiktisch-generalisierenden Formulierungen und einem Defizit an kritischer Reflexion.

Literatur: Wunderer, R. 2003: Führung und Zusammenarbeit, 5. Aufl., Wiesbaden   (m)

Management Development

Konzepte der ↗ Personalentwicklung, die sich auf die Zielgruppe der ↗ Führungskräfte konzentrieren, werden vielfach als Management Development bezeichnet. In den 70er-Jahren, der Frühphase der Personalentwicklungsdiskussion wurden Personalentwicklung und Management Development vielfach weitgehend gleichgesetzt. Mit der Öffnung der Personalentwicklung im Hinblick auf die Mitarbeitergruppen hat sich der Terminus Personalentwicklung durchgesetzt. Personalentwicklung für Führungskräfte bzw. Management Development ist ein allerdings sehr wichtiger Teil der Personalentwicklung.   (w)

Mehrfachqualifikation

Die ↗ Eignung eines Mitarbeiters für mehr als eine Stelle (↗ Stellenbeschreibung) wird als Mehrfachqualifikation (↗ Qualifikation) bezeichnet.

Mehrfachqualifikationen vergrößern das Flexibilitätspotenzial (↗ Flexibilisierung) z.B. beim ↗ Personaleinsatz, da sich die Anzahl der Tätigkeiten erhöht, die ein ↗ Mitarbeiter ausüben kann. Anpassungen an technisch-organisatorische Änderungen und Stellvertretungen werden erleichtert. Für den ↗ Arbeitnehmer kann die Mehrfachqualifikation die Möglichkeit größerer inner- und außerbetrieblicher ↗ Mobilität bieten.

Erworben werden können Mehrfachqualifikationen auf verschiedenen

Wegen: durch formale Aus- und Weiterbildungsmaßnahmen (↗ Berufsbildung, ↗ Weiterbildung) am oder außerhalb des Arbeitsplatzes ebenso wie durch eher informale Erfahrungen an verschiedenen Arbeitsplätzen.

Probleme der Mehrfachqualifikation liegen vor allem in folgenden Punkten:

– Die anforderungsgerechte Entgeltfindung (↗ Lohnfindung) wird erschwert: Wird nach den Anforderungen (↗ Anforderungsprofil) der jeweils ausgeübten Tätigkeit entlohnt oder nach den Anforderungen der Tätigkeiten, für die der Mitarbeiter qualifiziert ist? Wenn sich ein Mitarbeiter mit anderen vergleicht und er einen anderen Vergleichsmaßstab wählt als den vom Unternehmen bei der Entgeltfindung zugrunde gelegten, können Unzufriedenheits- bzw. Leistungsprobleme auftreten.

– Die jeweils nicht eingesetzten Fähigkeiten, Fertigkeiten und Kenntnisse können veralten und vergessen werden; daher ist ein Training der vorübergehend nicht genutzten Qualifikationen erforderlich.

Literatur: Fucke, E. 1978: Mehr Chancen durch Mehrfachqualifikation, 2. Aufl., Stuttgart   (n)

Menschenbild

Als Menschenbilder werden Vorstellungen über den Menschen bezeichnet. Sie beziehen sich auf grundsätzliche Kategorien wie Natur des Menschen (z.B. gut vs. böse), Verhältnis Mensch-Umwelt (z.B. Dominanz vs. Interdependenz) etc.

Es gibt eine Vielzahl von Menschenbildern. Im betriebswirtschaftlichen Bereich ist eine bekannte Unterscheidung die von Schein. Das Bild vom rationalen Menschen entspricht dem des ›homo oeconomicus‹, der bei vollstän-

diger Information rational und emotionsfrei entscheidet; das ›Scientific Management‹ von Taylor ist mit dieser Vorstellung verbunden. Das Bild des sozialen Menschen hebt die Bedeutung der Sozialkontakte in der Gruppe für das Verhalten hervor; die Human-Relations-Bewegung ist dafür Ausdruck. Das Bild des selbst aktualisierenden Menschen betont die menschliche Ausrichtung auf individuelle Selbstverwirklichung; das Modell der ↗ Bedürfnishierarchie von Maslow ist hier zu nennen. Das Bild vom komplexen Menschen legt diesen nicht mit einem inhaltlichen Schwerpunkt fest, sondern betont dessen Flexibilität, Wandlungs- und Anpassungsfähigkeit.

Menschenbilder sind häufig nicht explizit formuliert, sondern impliziter Bestandteil von Theorie und Praxis. Im Rahmen personalwirtschaftlicher Aufgabenstellungen sind sie u.a. für die ↗ Personalpolitik, die ↗ Führung und die ↗ Organisationskultur von Bedeutung.

Literatur: Hampden-Turner, C. 1996: Modelle des Menschen. Dem Rätsel des Bewußtseins auf der Spur, Weinheim, Basel; Kirchler, E.; Meier-Pesti, K.; Hofmann, E. 2004: Menschenbilder in Organisationen, Wien   (m)

Messen ↗ Messtheorie

Messtheorie

Messtheorien beinhalten Hypothesen und Axiome, die das ↗ Messen regeln. Unter Messen versteht man die realitätsabbildende Zuordnung von Zahlen, z.T. auch anderen Symbolen, zu empirischen Objekten. Die Eigenschaften der Objekte oder der Beziehungen der Objekte untereinander sollen in (meist) numerischen Größen repräsentiert sein. Die Messtheorie umfasst die Hypothesen und Axiome, die dieser Repräsentation zugrunde liegen.

Zum Beispiel soll bei einer Messung berücksichtigt werden, dass die Relation der numerischen Größen (100 g ist doppelt so schwer wie 50 g) auch der Relation der empirischen Objekte entspricht. Korrekte Messungen setzen auch die Gültigkeit inhaltlicher Annahmen voraus. Man geht etwa bei Intelligenzmessungen (↗ Intelligenztest) davon aus, dass der Intelligenzquotient eine korrekte Abbildung der tatsächlichen Intelligenz ist.

Literatur: Martin, A. 1994: Personalforschung, 2. Aufl., München, Wien; Roth, E.; Holling, H. (Hrsg.) 1999: Sozialwissenschaftliche Methoden, 5. Aufl., München, Wien   (n)

Methoden

Methoden sind Beschreibungen eines Prozesses, durch den ein bestimmter Anfangszustand in einer Folge von Einzelheiten in einen bestimmten Endzustand überführt wird. Methoden zielen also stets auf ein bestimmtes Ergebnis. In der Betriebswirtschaftslehre und ihren Nachbardisziplinen wurde ein umfangreiches methodisches Instrumentarium entwickelt. Dabei stehen die Methoden zur Unterstützung betriebswirtschaftlicher Entscheidungen im Mittelpunkt des Interesses. Daneben ist das Instrumentarium an ↗ Forschungsmethoden insbesondere auch für die Personalwirtschaft (↗ Personalforschung) von Bedeutung.

Bei den Methoden zur Entscheidungsunterstützung kann zwischen exakten bzw. formalen und inexakten bzw. nichtformalen Methoden differenziert werden. Bei exakten Methoden ist sowohl Inhalt und Reihenfolge der auszuführenden Schritte eindeutig beschrieben, so dass prinzipiell die Automatisierbarkeit der Schrittabfolge möglich ist. Inexakte Methoden sind demgegenüber durch vollständige oder mehrdeutige Vorschrif-

ten über die auszuführenden Einzelschritte und/oder deren Reihenfolge gekennzeichnet. Die methodische Diskussion in der ↗ Personalwirtschaft ist durch das Streben nach der Entwicklung exakter bzw. formaler Methoden insbes. zur Unterstützung der ↗ Personalplanung gekennzeichnet; empirische Befunde zeigen jedoch, dass bislang erhebliche Anwendungsbarrieren bestehen, die Drumm und Scholz (1988) mit dem von ihnen formulierten ↗ Akzeptanztheorem erklären.

Außerdem können die in der Personalwirtschaft relevanten betriebswirtschaftlichen Methoden nach Phasen des Entscheidungsprozesses unterschieden werden. Neben Methoden der Informationsgewinnung (↗ Rechnungswesen, ↗ Personalinformationssysteme, ↗ EDV im Personalbereich) können dann Methoden der Alternativensuche, insbes. ↗ Kreativitätsmethoden, ↗ Prognosemethoden und ↗ Bewertungsmethoden unterschieden werden. Schließlich sind Methoden der Ablaufplanung wie die ↗ Netzplantechnik relevant.

Literatur: Drumm, H.J. 2000: Personalwirtschaft, 4. Aufl., Berlin et al.; Drumm, H.J.; Scholz, C. 1988: Personalplanung. Planungsmethoden und Methodenakzeptanz, 2. Aufl., Bern, Stuttgart; Kirsch, W.; Bamberger, I.; Berg, C.; Weber, W. 1975: Die Wirtschaft. Einführung in die Volks- und Betriebswirtschaftslehre, Wiesbaden, S. 239-307; Weber, W. 1975: Personalplanung, Stuttgart   (w)

Methoden der Prozessplanung

Methoden der Prozessplanung unterstützen Entscheidungen über Abläufe und Terminierung (↗ Methoden zur Entscheidungsunterstützung). Neben den Standardinstrumenten Flussdiagramm und Balkendiagramm hat die ↗ Netzplantechnik besondere Bedeutung erlangt.

Fluss- bzw. Ablaufdiagramme sind schaubildliche Darstellungen des Ablaufs eines Arbeitsprozesses. Sie dienen hauptsächlich als Projektierungshilfe. Grundlage der Darstellung ist die Gliederung des Arbeitsprozesses nach Phasen. Gelegentlich werden auch die beteiligten Personen und die Sachmittel in die Darstellung einbezogen. Im Gegensatz zum Ablaufdiagramm wird beim Balkendiagramm auch die zeitliche Komponente berücksichtigt. Meist wird in horizontaler Ebene die Zeit abgetragen. In der vertikalen Ebene werden die Arbeitsvorgänge angeführt. Durch Balken wird Anfang und Ende bzw. Dauer eines Arbeitsvorgangs sichtbar gemacht. Statt Arbeitsvorgängen können in der vertikalen Ebene auch andere Tatbestände abgetragen werden. Der Vorteil eines Vorgehens mit Hilfe des Balkendiagramms liegt in der leichten Handhabbarkeit und Interpretation der Darstellung, der Nachteil in der begrenzten Darstellungsmöglichkeit und mangelnden Flexibilität. Typische Anwendungen im Personalbereich sind Einsatzpläne, Beförderungspläne, aber auch Pläne für den Ablauf von Projekten wie die Verlegung von Betriebsstätten u.Ä.   (w)

Methoden- und Modellbank

Methoden- und Modellbanken sind Hauptkomponenten von computergestützten Informationssystemen und damit auch von ↗ Personalinformationssystemen. Sie enthalten Programme zur Verarbeitung der Daten, die in der ↗ Personaldatenbank und der ↗Arbeitsplatzdatenbank erfaßt sind.

Die Methoden- und Modellbank enthält die für die Aufbereitung sowie Auswertung der Personal- und Arbeitsplatzdaten erforderlichen Programme. Da ein großer Teil der durch Personalinformationssysteme unterstützten Entscheidungen schlecht strukturiert ist,

kommt standardisierten bzw. exakten Methoden im Vergleich zu inexakten Methoden geringere Bedeutung zu.

Drumm (2000) nennt im Anschluss an Mertens/Griese (1988, S. 225ff.) im Hinblick auf Personalinformationssysteme die folgenden Programmtypen: Abrechnungsprogramme (Lohn, Steuern, Sozialabgaben usw.), Abfrageprogramme, Verdichtungsprogramme (z.B. zur Ermittlung von Personalstrukturgrößen), statistische Prognoseprogramme (z.B. ↗ Markoff-Modelle), Planungs- und Entscheidungsmodelle, Simulationsmodelle (↗ Simulation) und ↗ Expertensysteme.

Literatur: Drumm, H.J. 2000: Personalwirtschaft, 4. Aufl., Berlin et al.; Mertens, P.; Griese, I. 1988: Industrielle Datenverarbeitung, Bd. 2.: Informations- und Planungssysteme, 5. Aufl., Wiesbaden 1988; Strohmeier, S. 1999: Softwarekompendium Personal: Anbieter, Produkte, Marktübersicht, Frechen   (w)

Methoden zur Entscheidungsunterstützung

↗ Methoden sind Beschreibungen einer Folge von Schritten, die einen gegebenen Anfangszustand in einen gewünschten Endzustand transformieren (Kirsch et al. 1973). Die Wirtschaftswissenschaften stellen eine Fülle von Methoden zur ↗ Entscheidungsunterstützung zur Verfügung. Außerdem gibt es viele spezielle Methoden zur Unterstützung bereichsspezifischer Entscheidungen; dies gilt auch für den Bereich der ↗ Personalwirtschaft.

Grundsätzlich können alle Phasen von Entscheidungsprozessen durch Methoden unterstützt werden: Anregungsphase, Definition des Problems, Alternativensuche, Prognose der Konsequenzen, Alternativenbewertung, Alternativenauswahl, Realisation, Kontrolle. Besondere Aufmerksamkeit erfahren ↗ Kreativitätsmethoden, die insbesondere in der Anregungsphase und bei der Alternativensuche bedeutsam sind, ↗ Prognosemethoden sowie ↗ Bewertungsmethoden, die die Bewertung von Alternativen und damit die Alternativenauswahl unterstützen.

Es können exakte und inexakte Methoden unterschieden werden. Bei exakten Methoden ist sowohl Inhalt und Reihenfolge der auszuführenden Schritte eindeutig beschrieben, so dass prinzipiell die Automatisierbarkeit der Schrittabfolge möglich ist.

Inexakte Methoden sind demgegenüber durch nicht vollständige oder mehrdeutige Vorschriften über die auszuführenden Einzelschritte oder deren Reihenfolge gekennzeichnet. Trotz des Strebens nach exakten Methoden dominieren in der Betriebswirtschaftslehre inexakte Methoden. Dies gilt in besonderem Maße für den Bereich der Personalwirtschaft. Beispiele für exakte Methoden sind die lineare Programmierung, die u.a. bei der ↗ Ungarn-Methode angewandt wird, die ↗ Simulation und die ↗ Trendextrapolation. Beispiele für inexakte Methoden sind die ↗ Kreativitätsmethoden, die ↗ Delphimethode, die ↗ Szenariotechnik und die ↗ Kosten-Nutzen-Analyse. Spezielle, auf den Personalbereich bezogene Methoden werden auf dem Gebiet der ↗ Personalplanung angewandt. Unter den ↗ Methoden der Prozessplanung ist die ↗ Netzplantechnik wichtig.

Besondere Bedeutung haben in der Betriebswirtschaftslehre die Informationsverarbeitungsmethoden, insbesondere das ↗ Rechnungswesen sowie die automatisierte Datenverarbeitung (↗ EDV im Personalbereich, ↗ Personalinformationssystem).

Literatur: Kirsch, W. u.a. 1973: Betriebswirtschaftliche Logistik. Systeme, Entscheidungen, Methoden, Wiesbaden; Conrad, P. 2004: Personalentscheidungen, in: Gaugler, E.; Oechsler, W.A.; Weber, W. (Hrsg.): Handwörterbuch des Personalwesens, 3. Aufl., Stuttgart, Sp. 1488-1500   (w)

Michigan-Ansatz

Der Michigan-Ansatz (Tichy/Fombrun/Devanna 1982) betont den Zusammenhang zwischen Unternehmensstrategie, Struktur und Personalstrategie. Hierbei geht der Michigan-Ansatz derivativ vor, d.h. er leitet die Personalstrategie aus der Unternehmensstrategie ab. Das Management der Human Resources umfasst dabei die Teilfunktionen ↗ Personalauswahl, Leistungsbeurteilung (↗ Personalbeurteilung), ↗ Anreizsysteme sowie ↗ Personalentwicklung.

Literatur: Tichy, N.M.; Fombrun, C.J.;Devanna, M.A. 1982: Strategic Human Resource Management, in: SMR, Vol. 23, Winter, S. 47-61; Scholz, C. 1999: Personalmanagement, 5. Aufl., Munchen   (k)

Mikropolitik

Mikropolitik bezeichnet die »kleine« Politik – die Gesamtheit der Mikrotechniken, mit denen Menschen ↗ Macht aufbauen und nutzen, um ihre Handlungsspielräume zu erhalten, zu erweitern und sich der Kontrolle durch andere zu entziehen (Neuberger 1995, S. 14). Gemeint sind in aller Regel inoffizielle, zum Teil illegale Mittel der Interessendurchsetzung auf Seiten der ↗ Arbeitnehmer, aber auch des ↗ Arbeitgebers. Zu solchen Techniken zählen u.a.

– Zwang (z.B. durch Verweigern einer erwarteten Prämie),
– Belohnungen (z.B. durch Beförderungen),
– Einschaltung höherer Autoritäten (etwa Berufung auf den nächsthöheren Vorgesetzten),
– Argumentation (Versuch, durch Begründungen zu überzeugen),

– Koalitionsbildung (z.B. Absprachen unter den Arbeitnehmern),
– Einsatz persönlicher Anziehungskraft (z.B. Nutzung der Beliebtheit bei Kollegen),
– Einschmeicheln (etwa bei Vorgesetzten),
– Informationsblockaden oder Verzerrungen bei der Weitergabe von Wissen,
– Kontrolle und Manipulation der Tagesordnung im eigenen Interesse,
– Tauschhandel (z.B. sich gegenseitig einen Gefallen tun).

Der Begriff der Mikropolitik wird manchmal auch im Sinne einer Perspektive – man könnte fast sagen: einer Theorie – verwendet. Aus dieser Perspektive versucht man, betriebliche Entscheidungen, Prozesse und Strukturen zu verstehen, indem man auf Annahmen über politische, interessengeleitete, machtnutzende und machtausbauende Aktivitäten von betrieblichen Akteuren (Arbeitnehmer und Arbeitgeber) zurückgreift.

Literatur: Neuberger, O. 1995: Mikropolitik. Der alltägliche Aufbau und Einsatz von Macht in Organisationen, Stuttgart; Alt, R. 2001: Mikropolitik, in: Weik, E.; Lang, R. (Hrsg.): Moderne Organisationstheorien. Eine sozialwissenschaftliche Einführung, Wiesbaden, S. 285-318 (n)

Mindestlohntarif

Die in Österreich vorgesehenen Mindestlohntarife (§§ 22-25 Arbeitsverfassungsgesetz (ArbVG)) enthalten Bestimmungen über Mindestentgelte und Mindestbeträge für den Ersatz von Auslagen. Sie werden vom ↗ Bundeseinigungsamt auf Antrag einer kollektivvertragsfähigen Körperschaft der ↗ Arbeitnehmer festgesetzt, wenn für die entsprechenden Arbeitnehmergruppen mangels kollektivvertragsfähiger

Körperschaften der ↗ Arbeitgeber ein Kollektivvertrag nicht abgeschlossen werden kann und entsprechende Regelungen durch die Erklärung eines Kollektivvertrags zur ↗ Satzung nicht erfolgt sind.

Mindestlohntarife sind innerhalb ihres räumlichen, fachlichen und persönlichen Geltungsbereiches unmittelbar rechtsverbindlich und können durch ↗ Betriebsvereinbarung oder ↗ Arbeitsvertrag nicht aufgehoben oder beschränkt werden. Günstigere Bestimmungen sind zulässig. Kollektivverträge oder Satzungen setzen Mindestlohntarife außer Kraft.

Dieses insbesondere für Hausgehilfen und Hausbesorger relevante Rechtsinstitut soll Vorteile kollektiver Rechtsgestaltung auch ↗ Arbeitnehmern zugänglich machen, die mangels Kollektivvertragsfähigkeit ihrer Arbeitgeber keinem Kollektivvertrag unterliegen.

Literatur: Strasser, R. 2001: Arbeitsrecht – Bd. II: Kollektives Arbeitsrecht (Arbeitsverfassungsrecht), 4. Aufl., Wien (m)

Minoritäten im Betrieb

Mit Minoritäten werden Arbeitnehmergruppen bezeichnet, die zu sozialen Kategorien gehören, denen abwertende Eigenschaften und Verhaltensweisen zugeschrieben werden und deswegen häufig benachteiligt sind. Oft sind diese ↗ Gruppen auch zahlenmäßig in der Minderheit. Zu den häufigsten Minoritäten zählen ausländische ↗ Arbeitnehmer bzw. Angehörige bestimmter ethnischer Gruppen, Behinderte, z.T. aber auch ältere oder jüngere Arbeitnehmer. Gegenüber diesen Gruppen bestehen oft unzutreffende Vorurteile hinsichtlich arbeitsrelevanter Einstellungen und Verhaltensweisen. Hieraus können Fehlurteile bei der ↗ Personalauswahl und falsche

Einschätzungen der Leistung (↗ Leistungsbeurteilung) der Minoritätsangehörigen entstehen. Die Vorurteile führen bei den Minoritäten außerbetrieblich zu erhöhter ↗ Arbeitslosigkeit, innerbetrieblich zu sinkender ↗ Motivation, erhöhten Fluktuations- und Absentismusraten (↗ Fluktuation, ↗ Absentismus) sowie zu ↗ Konflikten mit der Majorität. Daher wird die Integration von Minoritäten zu einer Aufgabe der ↗ Personalarbeit.

Literatur: Moscovici, S. 1979: Wandel durch Minoritäten, München; Nienhüser, W. 1998: Ursachen und Wirkungen betrieblicher Personalstrukturen, Stuttgart   (n)

Mitarbeiter

Mit dem Begriff Mitarbeiter ist eine Rollenrelation (↗ Rolle) in Unternehmen gemeint. Die Relation ergibt sich aus der Beziehung zu den Kollegen auf derselben Hierarchieebene. Im Sprachgebrauch der Unternehmen, aber auch der Wissenschaft, werden als Mitarbeiter häufig alle ↗ Arbeitnehmer eines Unternehmens bezeichnet, manchmal erfolgt auch eine Einschränkung der Begriffsverwendung auf alle Nicht-Führungskräfte. Eine ideologische, sprachliche Neutralisierung der Hierarchie liegt vor, wenn man zwar den Vorgesetztenbegriff (↗ Vorgesetzter) verwendet, den Begriff des Untergebenen aber durch das Wort Mitarbeiter ersetzt.

Literatur: Neuberger, O. 2002: Führen und führen lassen: Ansätze, Ergebnisse und Kritik der Führungsforschung, 6. Aufl., Stuttgart   (n)

Mitarbeiterbefragung

Bei der Mitarbeiterbefragung werden ausgewählten Personen oder Personengruppen systematisch und planmäßig Fragen gestellt, um aus den Antworten Informationen über individuelle und soziale Phänomene zu erhalten. Dabei sind alle Befragungsmethoden der ↗ Personalforschung anwendbar (z.B. ↗ Interview, ↗ Gruppendiskussion), d.h. die ↗ Befragung kann mündlich oder schriftlich durchgeführt werden. Erhoben werden können z.b. Einstellungen zur Arbeit oder zu den ↗ Vorgesetzten und Kollegen, aber auch bestimmte objektive Aspekte der ↗ Arbeitsbedingungen.

Verfahren der Mitarbeiterbefragung sollten den methodischen Standards der Datengewinnung (↗ Datengewinnung, Methoden der) entsprechen. Für die Durchführung werden vielfach ethische Standards formuliert: Z.B. wird gefordert, dass Mitarbeiterbefragungen anonym und freiwillig durchgeführt werden sollen. Obwohl die Durchführung einer Mitarbeiterbefragung nicht mitbestimmungspflichtig ist, wird im Sinne des Grundsatzes der vertrauensvollen Zusammenarbeit die Einbeziehung des ↗ Betriebsrates in die Vorbereitung und Realisation von Befragungen empfohlen. Die Ergebnisse sollten – wie insgesamt für die Praxis der empirischen Sozialforschung zu fordern – den Befragten zur Kenntnis gelangen.

Die Mitarbeiterbefragung bzw. ihre Resultate können vielfältig genutzt werden: als Informationsgrundlage für personalwirtschaftlich relevante ↗ Entscheidungen, als ↗ Frühwarnsystem und als Kontroll- bzw. Evaluierungsinstrument. Z.T. wird auch darauf hingewiesen, dass die Mitarbeiterbefragung als Instrument zur Kommunikation (↗ Kommunikation, innerbetriebliche) mit den Mitarbeitern und zur Verbesserung der Partizipation einsetzbar sei.

Literatur: Borg, I. 2003: Führungsinstrument Mitarbeiterbefragung: Theorien, Tools und Praxiserfahrungen, 3. Aufl., Göttingen u.a.   (n)

Mitarbeiterbeteiligung

Die verschiedenen Formen der Beteiligung von Mitarbeitern am Erfolg und Kapital des Unternehmens (↗ Erfolgsbeteiligung, ↗ Kapitalbeteiligung) sowie an den unternehmerischen Entscheidungsprozessen (↗ Mitbestimmung) werden unter der Bezeichnung Mitarbeiterbeteiligung zusammengefasst. Dabei wird gewöhnlich zwischen materiellen Beteiligungsformen (Erfolgs- und Kapitalbeteiligung) sowie immateriellen Beteiligungsformen (Mitbestimmung) unterschieden.

Der Gedanke der Mitarbeiterbeteiligung ist eng mit dem Konzept der Wirtschafts- und Gesellschaftsordnung verknüpft. Die Wirtschaftsordnung der sozialen Marktwirtschaft betont das Eigentumsrecht und ordnet die wirtschaftliche Entscheidungskompetenz den Eigentümern an den Produktionsmitteln zu. Mit den Eigentumsrechten sind wirtschaftliche Risiken und Erfolgschancen verbunden, die sich im positiven Fall in Gewinnerzielung und weiterer Eigenkapitalbildung niederschlagen. Die Sozialbindung des Eigentums begrenzt diese Eigentumsrechte.

Diese schlägt sich insbesondere in der Mitbestimmungsgesetzgebung nieder, die vorrangig sicherstellt, dass die in den Unternehmungen Beschäftigten bzw. deren Repräsentanten bei den personalen und sozialen Folgen wirtschaftlicher Entscheidungen relativ weitreichende Mitbestimmungsrechte in Anspruch nehmen können. Die Mitbestimmung in wirtschaftlichen Angelegenheiten ist sowohl auf Unternehmensebene in den Aufsichtsräten als auch im Rahmen des Betriebsverfassungsrechts begrenzt.

Die Sozialbindung des Eigentums schlägt sich zwar nicht in kodifizierten Regelungen zur materiellen Mitarbeiterbeteiligung nieder; sie findet aber in vielfältigen Formen freiwillig vereinbarter materieller Beteiligungsmodelle ihren Niederschlag.

Der Beteiligungsgedanke wird über den gesetzlich vorgezeichneten Rahmen hinaus u.a. von den Unternehmen gepflegt, die der ↗ AGP angehören.

Literatur: Fitzroy, F. R.; Kraft, K. (Hrsg.) 1987: Mitarbeiterbeteiligung und Mitbestimmung im Unternehmen, Berlin, New York; Schanz, G. 1985: Mitarbeiterbeteiligung, München; Drumm, H. J. 2000: Personalwirtschaft, 4. Aufl., Berlin et al., S. 595-623   (w)

Mitarbeitergespräche

Mitarbeitergespräche sind offizielle Gespräche zwischen Mitarbeitern und Vertretern des Managements, häufig den direkten ↗ Vorgesetzten. Es handelt sich um ein Element der ↗ innerbetrieblichen Kommunikation bzw. des betrieblichen ↗ Informationswesens. Sie sind meist an bestimmte Anlässe gebunden, z.B. an den Eintritt in die ↗ Organisation, an die ↗ Leistungsbeurteilung, an die Beförderung oder an das Verlassen der Organisation (↗ Austrittsinterview).

Häufig finden sie in regelmäßigen Abständen statt (z.B. einmal pro Jahr) und werden durch eine offizielle Einladung an den Mitarbeiter mit der Bitte um spezielle Vorbereitung auf dieses Gespräch angekündigt.

Im Rahmen von Mitarbeitergesprächen können verschiedene Themen behandelt werden. Sie lassen sich i.d.R. den Bereichen Arbeitsaufgaben bzw. ↗ Verhalten des Mitarbeiters am Arbeitsplatz (z.B. Feedback über vergangene Leistungen), zukünftige Laufbahn im Betrieb (z.B. Beförderung) sowie der Vereinbarung konkreter Schritte als sichtbares Ergebnis solcher Gespräche zuordnen.

Eine besondere Form von Mitarbeitergesprächen sind die ↗ Beratungs- und Förderungsgespräche. Sie haben meist entweder eine spezielle Art von

Problemen (z.B. Alkohol- oder Drogenprobleme des Betroffenen) oder spezifische Bereiche (z.B. Karrieregespräche) zum Inhalt.

Literatur: Mentzel, W.; Grotzfeld, S.; Dürr, C. 2001: Mitarbeitergespräche. Mitarbeiter motivieren, richtig beurteilen und effektiv einsetzen, Freiburg im Breisgau et al.   (m)

Mitbestimmungsrecht (Deutschland)

Die Mitbestimmungsrechte der Arbeitnehmer auf Unternehmensebene (↗ Mitbestimmung, ↗ Mitbestimmungsrecht Österreich) sind durch das Montanmitbestimmungsgesetz (MMitbG) von 1951, das Mitbestimmungsergänzungsgesetz (MitbErgG) von 1956, das Betriebsverfassungsgesetz (BetrVG) von 1952 und das Mitbestimmungsgesetz (MitbG) von 1976 geregelt. Das Betriebsverfassungsgesetz (BetrVG) von 1972 enthält neben Mitbestimmungsrechten des einzelnen Arbeitnehmers vor allem Vorschriften über die Mitbestimmung auf Betriebsebene. Für die ↗ leitenden Angestellten ist die betriebliche Mitbestimmung im Sprecherausschussgesetz von 1988 geregelt.

Die vier Gesetze über Mitbestimmung auf Unternehmensebene begrenzen die Geltendmachung der Mitbestimmung nach drei Kriterien: nach der Unternehmensform, nach der Unternehmensgröße und nach dem Organ, in dem die Arbeitnehmer repräsentiert sind. Es unterliegen erstens nur solche Unternehmen der Mitbestimmung, die in der Rechtsform einer Aktiengesellschaft, einer Gesellschaft mit beschränkter Haftung, einer Kommanditgesellschaft auf Aktien oder einer ähnliche Rechtsform als juristische Person geführt werden. Zweitens muss eine bestimmte Mindestzahl von Arbeitnehmern beschäftigt sein. Drittens ist die institutionalisierte Einflussnahme der Arbeitnehmer überwiegend nur im Aufsichtsrat möglich und nicht etwa im Vorstand bzw. in der Geschäftsführung oder in der Hauptversammlung.

Das Montanmitbestimmungsgesetz erfasst Unternehmen, deren Umsatzerlöse überwiegend aus der Kohleförderung oder aus der Produktion von Eisen und Stahl erzielt werden, eine der oben genannten Rechtsformen aufweisen und mehr als 1000 Arbeitnehmer beschäftigen. Der Aufsichtsrat ist zahlenmäßig paritätisch besetzt. Sowohl die Vertreter der Arbeitnehmerseite als auch der Kapitaleignerseite werden von der Hauptversammlung bzw. Gesellschafterversammlung gewählt. Die Wahl der Arbeitnehmervertreter ist gebunden an die Vorschläge des Betriebsrats sowie der im Unternehmen vertretenen Gewerkschaften. Alle Aufsichtsratsmitglieder wählen gemeinsam ein sog. neutrales Mitglied, das in Pattsituationen durch seine Stimme den Ausschlag gibt. Der Aufsichtsrat wählt weiterhin als Mitglied im Vorstand oder der Geschäftsführung einen Arbeitsdirektor. Er kann nicht gegen die Stimmen der Mehrheit der Arbeitnehmervertreter bestellt werden.

Nach dem Mitbestimmungsergänzungsgesetz von 1956 unterliegen auch Konzerne selbst dann der Montanmitbestimmung, wenn der überwiegende Unternehmenszweck zwar nicht im Montanbereich liegt, die Konzernunternehmen aber mehr als 50 Prozent der gesamten Umsätze des Konzerns im Montanbereich erwirtschaften.

Das Betriebsverfassungsgesetz von 1952 schreibt eine Drittelbeteiligung der Arbeitnehmer im Aufsichtsrat vor. Es gilt für Unternehmen, die weniger als 2000 Beschäftigte haben, in der Rechtsform der Aktiengesellschaft – mit Ausnahme von Familienunternehmen mit weniger als 500 Mitarbeitern – oder als Gesellschaft mit beschränkter Haftung, in der mehr als 500 Arbeitnehmer organisiert sind. Die Arbeitnehmervertreter im Aufsichtsrat werden direkt von der Belegschaft gewählt. ↗ Betriebsräte oder ↗ Gewerkschaften haben anders als beim Montanmitbestimmungsgesetz keinen institutionalisierten Einfluss auf die Entsendung. Ein Arbeitsdirektor ist nicht vorgesehen.

Das Mitbestimmungsgesetz 1976 gilt für Unternehmen in der Rechtsform einer Aktiengesellschaft, einer Gesellschaft mit beschränkter Haftung, einer Kommanditgesellschaft auf Aktien, einer Genossenschaft oder einer bergrechtlichen Gewerkschaft, wenn sie nicht unter das Montanmitbestimmungsgesetz fallen und mehr als 2000 Arbeitnehmer beschäftigen. Arbeitnehmer- und Kapitaleignervertreter sind wie bei der Montanmitbestimmung mit gleicher Anzahl im Aufsichtrat vertreten, in Pattsituationen entscheidet jedoch im Unterschied zum Montanbereich kein neutrales Mitglied, sondern der Aufsichtsratsvorsitzende. Er hat bei einer erneuten Abstimmung ein Zweitstimmrecht. Da der Vorsitzende in der Praxis immer der Gruppe der Anteilseigner angehört, verschiebt sich die Parität zugunsten der Kapitalseite. Die Anzahl der Vertreter im Aufsichtsrat hängt ab von der Beschäftigtenanzahl des Unternehmens. Bei einem Unternehmen mit mehr als 2000 Arbeitnehmern setzt sich der Aufsichtsrat aus je zehn Vertretern der Anteilseigner und der Arbeitnehmer zusammen. Die zehn Anteilseignervertreter werden durch die Hauptversammlung gewählt. Die Arbeitnehmerseite besteht aus sechs Arbeitern und Angestellten, aus einem leitenden Angestellten und drei Gewerkschaftsvertretern. Dabei wählen die Arbeiter die Vertreter der Arbeiter und die Angestellten die Vertreter der Angestellten und der leitenden Angestellten. Die von der Gewerkschaft vorgeschlagenen Gewerkschaftsvertreter werden von Arbeitern und Angestellten gemeinsam gewählt. Wie im Montanmitbestimmungsgesetz ist ein Arbeitsdirektor zu wählen, allerdings kann er auch gegen die Stimmen der Mehrheit der Arbeitnehmervertreter gewählt werden.

Auf der betrieblichen Ebene ist die Mitbestimmung der Arbeitnehmer im Betriebsverfassungsgesetz von 1972 geregelt. Repräsentant der Arbeitnehmerinteressen ist der ↗ Betriebsrat (↗ Betriebsverfassungsrecht). Er kann in Betrieben mit mindestens fünf wahlberechtigten, ständig beschäftigten Arbeitnehmern, von denen wenigstens drei wählbar sein müssen, gewählt werden. Die Größe des Betriebsrats richtet sich nach der Mitarbeiterzahl. Die Mitbestimmungsrechte des Betriebsrates reichen von reinen Informationsrechten bis hin zu Zustimmungs-, Widerspruchs- und Initiativrechten. In den sozialen Angelegenheiten wie Fragen der Arbeitszeit und der Urlaubsregelung, der Lohnauszahlung und des Lohnsystems, der Verwaltung von Sozialeinrichtungen, der Unfallverhütung, der Betriebsordnung u.Ä. sind seine Mitbestimmungsrechte groß, d.h. der ↗ Arbeitgeber darf ohne Einigung mit dem Betriebsrat die Maßnahme nicht durchführen. Bei den wirtschaftlichen Angelegenheiten besteht im Wesentlichen lediglich ein Informations- und Beratungsrecht.

Nach dem Sprecherausschussgesetz (SprAuG 1988) können in Betrieben mit mindestens zehn ↗ leitenden Angestellten ↗ Sprecherausschüsse gewählt werden, wenn die Mehrheit der Leitenden dies wünscht. Die Rechte des Sprecherausschusses beschränken sich weitgehend auf Informations-, Anhörungs- und Beratungsrechte.

Literatur: Bauer, J.-P. 1985: Zuständigkeit der Akteure, in: Endruweit, G.; Gaugler, E.; Staehle, W.H.; Wilpert, B. (Hrsg.): Handbuch der Arbeitsbeziehungen. Deutschland – Österreich – Schweiz; Berlin, New York, S. 145-167 (n)

Mitbestimmungsrecht (Österreich)

In Österreich besteht für die abhängig Beschäftigten durch die ↗ Sozialpartnerschaft die Möglichkeit zur Mitbestimmung auf gesamtwirtschaftlicher Ebene. Auf den übrigen Ebenen sind Mitbestimmungsmöglichkeiten hauptsächlich im ↗ Arbeitsverfassungsgesetz (ArbVG; siehe ↗ Betriebsverfassungsrecht) niedergelegt; weitere Regelungen finden sich auch im Arbeitszeitgesetz (AZG), Arbeitnehmerschutzgesetz (ASchG) oder im Kinder- und Jugendlichen-Beschäftigungsgesetz (KJBG). Träger der Mitbestimmungsrechte (›Befugnisse der Arbeitnehmer‹) ist grundsätzlich die Gesamtheit der Belegschaft, diese werden jedoch durch ihre Organe (v.a. ↗ Betriebsrat) wahrgenommen. Nach dem Gegenstand kann man drei Arten der Mitbestimmung unterscheiden.

Personelle Mitbestimmungsrechte (§§98-104 ArbVG) regeln jene Befugnisse des ↗ Betriebsrates, durch die er an personellen Einzelentscheidungen und in allgemeinen personellen Angelegenheiten mitwirken kann, z.B. bei ↗ Einstellung, Beförderung, ↗ Kündigung oder Verhängung von Disziplinarmaßnahmen.

Soziale Mitbestimmungsrechte (§§ 94-97 ArbVG) umfassen generelle Maßnahmen zur Wahrung der Interessen der Belegschaft als Ganzes oder zumindest von Gruppen von ↗ Arbeitnehmern. Dazu zählen etwa betriebliche Bildungsmaßnahmen, Schulungen oder Wohlfahrtseinrichtungen.

Wirtschaftliche Mitbestimmungsrechte (§§108-112 ArbVG) schließlich beziehen sich auf Mitwirkung des Betriebsrates in der wirtschaftlichen

und technischen ↗ Führung des Unternehmens sowie die Mitwirkung in Unternehmensorganen wie dem Aufsichtsrat. Je nach Intensität lassen sich Auskunftsrechte, Informationsrechte, Überwachungsrechte, Beratungsrechte, imparitätische Mitentscheidungsrechte, Einspruchs- bzw. Zustimmungsrechte sowie paritätische Mitentscheidungsrechte unterscheiden.

Literatur: Schrammel, W. 2000: Arbeitsrecht. Band 2: Sachprobleme, 4. Aufl., Wien   (m)

Mobbing

Mobbing ist ein Sammelbegriff für verschiedenste Formen der systematischen Feindseligkeit und Schikane gegenüber Personen im beruflichen Umfeld. Dabei handelt es sich um einen Prozess, in dem die von einer Person wahrgenommenen Feindseligkeiten gehäuft und über längere Zeit auftreten und das gegebene Machtungleichgewicht (↗ Macht) es den Betroffenen nicht gestattet, sich adäquat zu verteidigen oder das Problemfeld zu verlassen.

Als zentrale Formen des Mobbing gelten feindselige Kommunikationen (↗ Kommunikation) wie etwa Verbreitung falscher Gerüchte, soziale Ausgrenzung, z.B. dauernde Nichtbeachtung in informellen Kommunikationen, gezielte negative Gestaltung der Arbeitsaufgaben bzw. -inhalte wie etwa Zuweisung sinnloser Tätigkeiten oder direkte Gewaltakte wie Drohungen oder sexuelle Belästigung.

Als wesentliche organisationsstrukturelle Ursachen sind mangelnder Handlungsspielraum, eine hohe Arbeitsplatzunsicherheit oder ein systematisches Defizit an gemeinsamen Diskussionen über Aufgaben und Ziele zu sehen. Dazu kommen personale Ursachen wie etwa autoritärer ↗ Führungsstil, Neid, die Persönlichkeit des Gemobbten (z.B. Selbstunsicherheit) oder ein hohes Maß an Konkurrenzkampf.

Neben persönlichen Auswirkungen wie etwa psychische und somatische Beschwerden sind mit Mobbing auch weitere betriebswirtschaftlich relevante Konsequenzen wie Krankenstände (↗ Absentismus), innere Kündigung oder arbeitsrechtliche Auseinandersetzungen verbunden.

Zum Umgang mit Mobbing bieten sich einerseits präventive Maßnahmen an. Eine Mobbing reduzierende Normen- und Wertebildung, die Enttabuisierung der Thematik oder deren Einbindung in die Führungskräfteausbildung (↗ Führungskräfte) trägt dazu bei, das Entstehen von Mobbing zu verhindern. Bei aktuellen Mobbingfällen kann ein spezifisches Konfliktmanagement – etwa moderierte Konfliktgespräche (↗ Konflikt) oder strukturelle Interventionen wie geänderte ↗ Arbeitsorganisation eine weitere Eskalation verhindern helfen.

Literatur: Niedl, K. 1999: Mobbing, in: Die Betriebswirtschaft, 59. Jg., H 3, S. 426-429; Leymann, H. (Hrsg.) 1995: Der neue Mobbing-Bericht. Erfahrungen und Initiativen, Auswege und Hilfsangebote, Reinbek bei Hamburg (m)

Mobilität

Mit Mobilität wird der Wechsel einer Position bzw. eines Platzes in einer Gesellschaft bezeichnet. Mobilität kann sich damit auf unterschiedliche Gesichtspunkte beziehen, die allerdings meist in enger Beziehung zueinander stehen: z.B. auf Berufe, auf den Wohnort, die hierarchische Position im Berufsleben, die Zugehörigkeit zu einer sozialen Schicht oder auf den Arbeitsplatz. Entsprechend wird von Berufsmobilität, von regionaler Mobilität, Aufstiegsmobilität, Schichtmobilität und Arbeitsplatzmobilität gesprochen. Dabei ist fast immer die tatsächliche

Erscheinung einer Veränderung, nicht die Veränderungsfähigkeit und -bereitschaft, gemeint. Die Aussage, die regionale Mobilität ist groß, bedeutet dann, dass viele Menschen ihren Wohnort tatsächlich ändern.

Gelegentlich wird auch die Fähigkeit und Bereitschaft zu einem Wechsel als Mobilität bezeichnet. Mobilität ist dann eine Eigenschaft. Es ist jedoch zweckmäßig, für diese Eigenschaft ein anderes Wort zu verwenden. Bereits eingeführt ist hierfür die Bezeichnung Flexibilität (↗ Flexibilisierung), die z.B. in der Arbeitsmarkt- und Berufsforschung verwendet wird. Flexibilität umfasst wiederum zwei Komponenten: die Fähigkeit und die Bereitschaft zu einem Wechsel. Wenn von beruflicher, Wohnort- oder Arbeitsplatzflexibilität gesprochen wird, ist die Fähigkeit und die Bereitschaft angesprochen, das berufliche Tätigkeitsfeld, den Wohnort bzw. den Arbeitsplatz zu wechseln. Fähigkeit und Bereitschaft zu einem Wechsel beeinflussen zusammen mit situativen Komponenten das Ausmaß tatsächlicher Veränderungen.

Eine spezielle Variante der Mobilität ist die Arbeitsplatzmobilität, die meist als ↗ Fluktuation bezeichnet wird.

Literatur: Bolte, K.M. 1972: Mobilität, in: Bernsdorf, W. (Hrsg.): Wörterbuch der Soziologie, Band 2, Frankfurt/M., S. 554ff.; Scholz, C. 2000: Personalmanagement, 5. Aufl., München, S. 393 (w)

Motivation

Unter Motivation wird der sinnvolle Ausschnitt aus dem menschlichen Aktivitäts- und Erlebenskontinuum verstanden, der sich auf Intensität, Richtung und Form (Qualität) menschlichen Verhaltens bezieht. Motivation umfasst den aktuellen Vorgang der Änderung von ↗ Verhalten in den genannten Dimensionen und besitzt Prozesscharakter. Motive dagegen werden als angenommene Verhaltensursachen zur Erklärung individuellen Verhaltens über die einmalige Situation hinaus herangezogen. Ihnen kommt der Charakter von Eigenschaften zu.

Während bei extrinsischer Motivation die angenommenen Ursachen für ein bestimmtes Verhalten in der Umwelt der Person vermutet werden (z.B. Belohnung, Bestrafung), handelt ein intrinsisch motiviertes Individuum gleichsam ›von innen heraus‹ (z.B. Freude an Leistung).

Über die Konstrukte Aktivierung und Richtung versuchen ↗ Motivationstheorien unter Rückgriff auf unterschiedliche theoretische Leitvorstellungen menschliches Verhalten zu erklären und vorherzusagen. Sie umfassen ein großes Spektrum von Erklärungsansätzen für das Motivationsgeschehen, das aus unterschiedlichen Perspektiven beleuchtet wird.

Als Teilgebiet der allgemeinen Motivationspsychologie konzentrieren sich Überlegungen zur ↗ Arbeitsmotivation auf menschliches Verhalten in Organisationen. Problembereiche sind etwa der Zusammenhang zwischen (Arbeits-)Motivation und ↗ Arbeitszufriedenheit oder die Frage, wie ↗ Arbeitnehmer zu motivieren sind.

Für die ↗ Personalwirtschaft besitzt die Motivationsthematik besondere Relevanz. Eine Reihe von Aufgabengebieten wie ↗ Führung, Anreizsysteme (↗ Anreizgestaltung) oder ↗ Arbeitsstrukturierung hängt in ihrer Gestaltung wesentlich von den Annahmen über Entstehung bzw. Steuerung menschlichen Verhaltens ab.

Literatur: Kirchler, E.; Rodler, C. 2002: Motivation in Organisationen, Wien   (m)

Motivationstheorien

Motivationstheorien versuchen, mit Hilfe zweier grundsätzlicher Konstruk-

te der Motivation – Aktivierung und Richtung – und unter Rückgriff auf verschiedene theoretische Leitvorstellungen menschliches Verhalten bzw. Ausschnitte davon zu erklären und vorherzusagen. Aktivierung weist auf die Notwendigkeit einer angemessenen Reizung hin, Richtung betont besonders die Tatsache, dass menschliches Verhalten in der Regel gerichtet ist und eine bestimmte Qualität und Form aufweist.

Die Fülle von Motivationstheorien hat sich in einer großen Anzahl von Klassifikationsversuchen niedergeschlagen.

Eine Klassifikation stellt auf unterschiedliche Vorstellungen über die ›Triebfeder‹ menschlichen Verhaltens ab. Triebtheoretisch-homöostatische Überlegungen gehen davon aus, dass dem Menschen angeborene und erlernte Bedürfnisse eigen sind und er bestrebt ist, jeden subjektiv als Abweichung von einem Optimum empfundenen Zustand in einen Gleichgewichtszustand zu überführen. Anreiztheoretischen Konzepten liegt die hedonistische Annahme zugrunde, dass der Mensch nach Lust strebt und Unlust vermeidet. Kognitive Konzeptionen heben der Wichtigkeit der menschlichen Erkenntnisleistungen wie Lernen, Denken oder Wahrnehmung für die Erklärung menschlichen Verhaltens hervor.

Eine weitere Möglichkeit ist die Unterscheidung von Inhalts- und Prozesstheorien. Inhaltstheorien stellen primär die Frage, was menschliches Verhalten erzeugt bzw. erhält. Sie versuchen insbesondere, Bedürfniskategorien und deren Beziehungen zu identifizieren. Zu diesen Theorien gehören z.B. die Theorie der ↗ Bedürfnishierarchie, die ↗ Zwei-Faktoren-Theorie und die ↗ ERG-Theorie. Prozesstheorien sehen den inhaltlichen Aspekt erst in zweiter Linie. Sie versuchen zu erklären, wie einzelne Hauptklassen von Variablen zusammenwirken und aus dieser gegenseitigen Beeinflussung bestimmte Verhaltensweisen entstehen. Beispiele dafür sind die ↗ Erwartungs-Valenz-Theorie, die ↗ Austauschtheorien, die ↗ Leistungsmotivationstheorien, die ↗ Aktivationstheorie und die ↗ Reaktanztheorie.

Trotz der unterschiedlichen Schwerpunkte muss jedoch gesehen werden, dass eine Motivationstheorie nur in dem Maß zur Erklärung und Prognose menschlichen Verhaltens herangezogen werden kann, wie sie sowohl wichtige Variablen als auch die sie beeinflussenden Prozesse beinhaltet.

Literatur: Mayrhofer, W. 2002: Motivation und Arbeitsverhalten, in: Kasper, H.; Mayrhofer, W. (Hrsg.): Personalmanagement – Führung – Organisation, 3. Aufl., Wien, S. 255-288   (m)

Motivieren

Jeder Mensch ist motiviert, d.h. er ist aufgrund seiner inneren Organisation (↗ Motivation) bereit, ↗ Verhalten zu zeigen, das er in Bezug auf diese innere Struktur für sinnvoll hält. Insbesondere die ↗ Personalführung macht es sich zur Aufgabe, bei ↗ Arbeitnehmern ein Verhalten zu erreichen, welches festgelegten Zielsetzungen förderlich ist. Durch entsprechende Gestaltung der Arbeitssituation, z.B. Schaffung von Lohnanreizen und/oder Veränderung der Motivation, z.B. Wecken von Bedürfnissen, wird versucht, ein solches gewünschtes Verhalten im Einzelnen anzuregen: er bzw. sie wird motiviert. Je nach Ausformung und Zielsetzung dieser Maßnahmen kann daher der Versuch, Menschen zu motivieren, sowohl zur Manipulation als auch zur Unterstützung der Betroffenen genutzt werden.

Literatur: Mayrhofer, W. 2002: Motivation und Arbeitsverhalten, in: Kasper, H.; Mayrhofer, W.

(Hrsg.): Personalmanagement – Führung – Organisation, 3. Aufl., Wien, S. 255-288   (m)

Mutterschutz

Der Mutterschutz, der in Deutschland im Gesetz zum Schutz der erwerbstätigen Mutter (Mutterschutzgesetz, s.a. ↗ Arbeitsschutzrecht) geregelt ist, hat das Ziel, die Arbeitstätigkeit erwerbstätiger Frauen so zu gestalten, dass die Gesundheit von Mutter und Kind gewährleistet wird. Darüber hinaus kann man zum Mutterschutz auch das Bundeserziehungsgeldgesetz rechnen, da die dort vorgesehenen Leistungen zwar grundsätzlich von Vätern und Müttern in Anspruch genommen werden könnten, faktisch jedoch vor allem von Frauen genutzt werden.

Das Mutterschutzgesetz verpflichtet den ↗ Arbeitgeber, die ↗ Arbeitsbedingungen an den besonderen Zustand einer werdenden oder stillenden Mutter anzupassen. Für schwangere Frauen gibt es eine Reihe von Beschäftigungsverboten, insbesondere bei Akkordtätigkeit sowie bei sehr schweren oder gefährlichen Arbeiten. Schwangere sind sechs Wochen vor der Entbindung von der Arbeit freizustellen, nach der Entbindung besteht eine Freistellungspflicht von acht Wochen. Während der Schwangerschaft und in den vier Monaten nach der Entbindung ist eine ↗ Kündigung der Arbeitnehmerin nicht zulässig. Darüber hinaus wird werdenden Müttern und Wöchnerinnen Mutterschaftsgeld (von der gesetzlichen ↗ Krankenversicherung) gezahlt, das evtl. durch einen Zuschuss des Arbeitgebers bis zur Höhe des Nettoverdienstes aufgestockt wird.

Bei der ↗ Personalauswahl ist die Entscheidung des Bundesarbeitsgerichts zu beachten, dass bei Einstellungen Fragen nach Vorliegen einer Schwangerschaft generell unzulässig sind, eine Ausnahme gilt dann, wenn die Tätigkeit bei Schwangerschaft erst gar nicht aufgenommen werden dürfte oder die Gesundheit von Mutter und Kind gefährdet ist bzw. die ↗ Elternzeit (Däubler 1998).

Das Bundeserziehungsgeldgesetz regelt zum einen das Erziehungsgeld und zum anderen den ↗ Erziehungsurlaub bzw. die ↗ Elternzeit. Arbeitsrechtlich ist insbesondere von Bedeutung, dass das Arbeitsverhältnis während des Erziehungsurlaubs bestehen bleibt. Die Lohnzahlungspflicht ruht in dieser Zeit.

Literatur: Däubler, W. 1998: Das Arbeitsrecht, Bd. 2, 11. Aufl., Reinbek bei Hamburg (n)

N

Nachwuchsführungskräfteprogramme

Programme für Nachwuchsführungskräfte dienen dazu, den Führungskräftenachwuchs einer ↗ Organisation im Hinblick auf fachliche und außerfachliche ↗ Qualifikationen sowie Netzwerkbildung besondere Entwicklungschancen zu bieten. Vor allem im Hinblick auf besonders qualifizierte Nachwuchsführungskräfte – sog. High Flyer, High Potentials oder ›goldfish‹ – stellen Organisationen besondere Förderungsmaßnahmen bereit, um für diese Personengruppe attraktiv zu sein und sie an die Organisation zu binden. Diese umfassen z.B. die Bereitstellung von hochrangigen internen Mentoren (↗ Mentoring), das Absolvieren besonders ausgezeichneter interner oder externer Programme oder das Durchlaufen eines Förderungs-Assessment-Center (↗ Assessment-Center).

Literatur: Kunz, G.C. 2004: Nachwuchs fürs Management. High Potentials erkennen und fördern, Wiesbaden　　　　　　(m)

Neoinstitutionalistische Organisationstheorie

Neoinstitutionalistische Organisationstheorien (die auf den soziologischen Institutionalismus zurückgehen und von ökonomischen institutionalistischen Ansätzen wie etwa der ↗ Transaktionskostentheorie abzugrenzen sind) (↗ Organisation, ↗ Organisationstheorie) wollen erklären, warum Organisationen sich in ihren Strukturen und Prozessen unterscheiden bzw. gleichen. In vielen organisationstheoretischen Ansätzen wird davon ausgegangen, dass sich solche Strukturen und Abläufe herausbilden, die die effizienteste Leistungserstellung ermöglichen. Unterstellt wird, dass Organisationen weitgehend rational handeln. Sie erkennen Probleme zutreffend und finden die zur Lösung dieser Probleme am besten geeigneten Mittel. Neoinstitutionalistische Ansätze gehen dagegen von beschränkter Rationalität aus: Man nimmt an, dass Organisationen ihre Umwelt, aber auch ihre eigenen Strukturen und Abläufe nicht vollständig durchschauen können. Auch Außenstehende sind nicht in der Lage, sicher zu entscheiden, ob eine Organisation die richtigen, von bestimmen Anspruchsgruppen gewünschten Ziele verfolgt und dabei die richtigen Mittel einsetzt. Vielmehr sind es kognitiv und normativ verankerte Vorstellungen über Ziele und Mittel, die als Erwartungen das Handeln der Organisation beeinflussen. Man bezeichnet solche Vorstellungen über Ziel-Mittel-Zusammenhänge als institutionalisiert, wenn sie als selbstverständlich erscheinen und nicht mehr in Frage gestellt werden. Die Vorstellungen werden damit zu »Rationalitätsmythen«, da man nicht weiß, ob die in ihnen enthaltenen Annahmen über das Funktionieren von Organisationen zutreffend sind oder nicht. Organisationen, die sich mit solchen Vorstellungen konform verhalten, gelten als legitim. Je höher die Legitimität einer Organisation ist, desto größer ist die Wahrscheinlichkeit, dass der Organisation notwendige Ressourcen (etwa Fremdkapital) bereitgestellt werden. Konformität und daraus resultierende Legitimität erhöhen letztendlich die Überlebenswahrscheinlichkeit von Organisationen.

Eine weitere Annahme der Theorie besagt, dass sich Organisationen unter bestimmten Bedingungen aneinander angleichen. Dieser Prozess der Angleichung wird als Isomorphismus bezeichnet. Isomorphismus beruht auf drei Mechanismen: Erstens kann Zwang Angleichung bewirken. Beispielsweise müssen alle Organisationen staatliche Gesetze und Auflagen befolgen, was zu ähnlichen Praktiken führt. Ein zweiter Mechanismus, der für Angleichung sorgt, ist die Tendenz zur Nachahmung des Handelns von Organisationen, die man für erfolgreich hält. Drittens resultiert Isomorphismus aus normativem Druck, der auf die Professionalisierung bestimmter organisationaler Gruppen zurückgeht; zum Beispiel entwickelt die ↗ Deutsche Gesellschaft für Personalführung (DGFP), in der vor allem Personalleiter organisiert sind, Vorstellungen über »richtige« Personalpraktiken, die einen Einfluss auf die personalwirtschaftlichen Praktiken in den Betrieben haben.

Kritiker wenden gegen den Ansatz ein, dass Organisationen keineswegs nur passiv auf Umweltdruck und normative Zwänge reagieren, sondern stärker aktiv solche Vorstellungen mitgestalten, Umwelten verändern etc. Darüber hinaus klammere der Ansatz ↗ Macht und konfliktäre Interessen (↗ Konflikt) aus und könne deswegen das handeln von Organisationen nicht zureichend erklären.

Literatur: Walgenbach, P. 2002: Neoinstitutionalistische Organisationstheorie – State of the Art und Entwicklungslinien, in: Schreyögg, G.; Conrad, P. (Hrsg.): Managementforschung, Bd. 12, Wiesbaden, S. 155-202; Jörges-Süß, K.; Süß, S. 2004: Neo-Institutionalistische Ansätze der Organisationstheorie, in: WISU, 33. Jg., H. 3, S. 316-318   (n)

Netzplantechnik

Die Netzplantechnik ist die am meisten verbreitete Methode zur Analyse, Beschreibung, Planung und Überwachung von Abläufen. Sie wird insbesondere zur Terminplanung von Projekten eingesetzt. Für die Anwendung der Netzplantechnik gilt die Voraussetzung, dass sich das zu planende Projekt in eine endliche Zahl von Vorgängen zerlegen lässt und diese Vorgänge zeitlich und funktional voneinander abhängen. Netzpläne bilden die logischen und zeitlichen Abhängigkeiten dieser Vorgänge ab. Die Modelle zur Abbildung der Problemstrukturen und die Algorithmen zur Optimierung der Planungsprobleme stammen aus der Graphentheorie.

Die wichtigsten Teilschritte bei der Durchführung der Netzplantechnik sind die Strukturplanung und die Zeitplanung, zu denen evtl. noch die Kapazitäts- und Kostenanalyse hinzukommen. Bei der Strukturplanung werden zunächst die Abfolge der Vorgänge und die Abhängigkeiten dieser Vorgänge festgestellt. Auf dieser Grundlage kann der Netzplan zeichnerisch dargestellt werden. Dies ist jedoch nicht unbedingt erforderlich, bei Großprojekten sogar unmöglich. Die Zeitanalyse umfasst das Schätzen der Zeiten für alle Vorgänge und die Terminberechnung für den Netzplan. Durch die evtl. durchgeführte Kapazitätsanalyse wird die Verteilung der knappen Ressourcen auf die einzelnen Vorgänge, durch die Kostenanalyse die Errechnung kostenoptimaler Projekte angestrebt.

Die Entwicklung der Netzplantechnik begann Ende der 50er-Jahre, als die Idee der aus den Ingenieurwissenschaften kommenden Netzwerkanalyse erstmals auf Planungsprobleme angewandt wurde. Die hierbei entwickelte Methode ist unter der Bezeichnung CPM (Critical Path Method) bekannt. Ebenfalls Ende der 50er entstand PERT

(Program Evaluation and Review Technique). Die später entwickelten Methoden der Netzplantechnik sind meist Varianten und Weiterentwicklungen von CPM und PERT.

Im Personalbereich ist die Netzplantechnik in doppelter Weise von Bedeutung: Erstens können personalwirtschaftliche Planungsprobleme mit Hilfe der Netzplantechnik gelöst werden. So wird die Anwendbarkeit der Netzplantechnik z.B. in der ↗ Ausbildungsplanung diskutiert. Andere Beispiele für Anwendungsmöglichkeiten sind Personalbeschaffungsvorgang und Projekte im Zusammenhang mit personalwirtschaftlichen Innovationen. Zweitens sind personalwirtschaftlich relevante Aspekte häufig Gegenstand von umfassenderen Problemen, die mit Hilfe der Netzplantechnik bearbeitet werden. Insbesondere die Problematik des ↗ Personaleinsatzes wird im Rahmen der Netzplantechnik diskutiert. Es wurden einige Ansätze entwickelt, die bei der Terminplanung großer Projekte Optimierungen in der Weise anstreben, dass die Ressourcen einschließlich der Arbeitskräfte so günstig wie möglich eingesetzt werden oder dass bei fehlender Flexibilität des Personaleinsatzes die Vorgänge in eine solche Reihenfolge zu bringen sind, dass ein optimaler Zeitplan entsteht.

Literatur: Holzschuh, G. 1989: Was ist Netzplantechnik?, 4. Aufl., Heidelberg; Berthel, J.; Becker, F.G. 2003: Personalmanagement, 7. Aufl., Stuttgart, S. 216f.   (w/k)

Normalarbeitsverhältnis

Als »Normalarbeitsverhältnis bezeichnet man ein Beschäftigungsverhältnis, das auf einem unbefristeten ↗ Arbeitsvertrag mit dem ↗ Arbeitgeber beruht, in dessen Betrieb eine den Lebensunterhalt sichernde Vollzeit-Arbeitsleistung erbracht wird (↗ atypische Beschäftigungsverhältnisse).

Literatur: Mückenberger, U. 1989: Der Wandel des Normalarbeitsverhältnisses unter den Bedingungen einer »Krise der Normalität«, in: Gewerkschaftliche Monatshefte, 40. Jg., S. 211-223   (n)

Normalleistung

Die Normalleistung ist die Leistung, die ein geeigneter und geübter ↗ Arbeiter ohne extremen Einsatz längerfristig erbringen kann. Die Normalleistung spielt eine wichtige Rolle bei der Ermittlung von Vorgabezeiten im Rahmen des ↗ Akkordlohnes. Die tatsächlichen Leistungen unterliegen erheblichen interpersonellen Abweichungen und intrapersonellen Schwankungen. Bei der Ermittlung der Vorgabezeiten werden deshalb die tatsächlich beobachteten Leistungen durch die Schätzung des Leistungsgrades korrigiert. Die Normalleistung stellt die Bezugsgröße bei der Festlegung des Akkordlohns dar. Deshalb werden auch die Termini Bezugsleistung und Normalleistung verwendet.

Die Normalleistung wird in dem von ↗ REFA-Verband für Arbeitsstudien empfohlenen Konzept sowie im Bedaux-System durch Zeitaufnahme, Leistungsgradschätzen und Zuschläge für persönliche und Erholzeiten ermittelt. Andere Möglichkeiten sind die Orientierung an Durchschnittsleistungen und Standardleistungen, die mit Hilfe von ↗ Systemen vorbestimmter Zeiten ermittelt werden.

Die Normalleistung wird bei Anwendung von Methoden der analytischen ↗ Arbeitsbewertung unterstellt.

Literatur: REFA-Verband für e.V. 1991: Anforderungsermittlung (Arbeitsbewertung), 2. Aufl., München   (w)

Nullhypothese ↗ Hypothesentest

Nutzwertanalyse

Die Nutzwertanalyse ist eine ↗ Methode zur Bewertung von komplexen Projektwirkungen. Bei Anwendung dieser Methode wird von einer vorgegebenen Zielsetzung, z.B. Reduzierung der Kosten für die Bereitstellung aller planungsrelevanten Personalinformationen um 10 % ausgegangen. Die Zielsetzung kann auch mehrere Dimensionen umfassen. Weitere Verfahrensschritte nach der Zielkriterienbestimmung sind Gewichtung der Zielkriterien, Bestimmung des Nutzens hinsichtlich der einzelnen Zielkriterien (Teilnutzen) und Nutzwertermittlung für die verschiedenen Alternativen durch die Aggregation der Teilnutzen. Die Nutzwertanalyse wird vor allem angewandt, um bei komplexen ↗ Entscheidungen über Projektalternativen auch monetär nicht oder nur schwer erfassbare Zielwirkungen zu berücksichtigen. Dabei ist die bewertende Analyse durch den strengeren Zielbezug enger angelegt als bei der ↗ Kosten-Nutzen-Analyse. Anwendungsmöglichkeiten im Personalbereich bestehen bei Projekten wie Einführung eines Personalinformationssystems oder Neustrukturierung des betrieblichen Bildungswesens.

Literatur: Bechmann, A. 1978: Nutzwertanalyse: Bewertungstheorie und Planung, Bern, Stuttgart; Knigge, R. 1975: Von der Cost-Benefit-Analyse zur Nutzwertanalyse, in: WISU, 4. Jg., S. 123-129; Liellich, L. 1992: Nutzwertverfahren, Heidelberg   (w/k)

O

Objektivität

Objektivität ist eines der Hauptgüte-kriterien (↗ Gütekriterien) psychologi-scher Messinstrumente. Sie liegt vor, wenn das mit einem Messinstrument wie ↗ Test oder Interview gewonnene Ergebnis von der Person des Untersu-chers unabhängig ist.

Es wird zwischen Durchführungs-, Auswertungs- und Interpretationsob-jektivität unterschieden. Durchfüh-rungsobjektivität ist dann gegeben, wenn sich der Untersucher an genaue Instruktionen halten kann und das Vor-gehen beim Einsatz eines bestimmten Instruments nicht von persönlichen Ei-genheiten des Untersuchers bestimmt ist. Auswertungsobjektivität ist gege-ben, wenn sich bei jedem Auswerter der Testergebnisse die gleichen Ergeb-nisse ergeben. Interpretationsobjektivi-tät liegt vor, wenn verschiedene Aus-werter aus den ermittelten Werten die gleichen Schlussfolgerungen ziehen.

Literatur: Lienert, G.A. 1989: Testaufbau und Testanalyse, 4. Aufl., Weinheim u.a.; Scholz, C. 2000: Personalmanagement, 5. Aufl., Mün-chen, S. 230-234 (w)

Ökonomische Theorien der Führung

Ökonomische Theorien der ↗ Führung wenden einfache ökonomische Prinzi-pien auf Problemstellungen der ↗ Füh-rung an. Drei zentrale theoretische Ansätze kommen häufig zur Anwen-dung. Die Theorie der Verfügungsrech-te macht Aussagen über die effiziente Verteilung von Verfügungsrechten über knappe Güter und die damit verbunde-nen Verhaltenskonsequenzen (↗ Verhal-ten), insbesondere im motivationalen Bereich (↗ Motivationstheorien). Die ↗ Transaktionskostentheorie beschäftigt sich mit optimalen Koordinationsfor-men. Sie geht davon aus, dass zur Ko-ordination von Verhalten unterschied-licher Akteure jeweils die Vorgehens-weise mit den niedrigsten Transakti-onskosten gewählt wird. Transaktions-kosten sind solche Kosten, die zur Si-cherstellung einer bestimmten Trans-aktion anfallen, also etwa Kontrollkos-ten. Die Principal-Agent-Theorie geht von rationalem und opportunistischem Verhalten von Führungspersonen und ↗ Mitarbeitern aus und beschäftigt sich vor allem mit der Gestaltung der Auf-tragsbeziehung zwischen dem Prinzi-pal als Auftraggeber und dem Agent als Auftragnehmer.

Ökonomische Theorien der Führung können für eine Vielzahl von Problem-stellungen angewendet werden, etwa die Zusammenarbeit zwischen Unter-nehmen oder Markteintrittsstrategien. Aufbauend auf theoretischen und me-thodischen Weiterentwicklungen wer-den im Rahmen personalökonomischer Untersuchungen Fragestellungen wie optimale ↗ Anreizgestaltung oder Lauf-bahnentwicklungen (↗ Karrierephasen, ↗ Karriereplanung) untersucht.

Vorzüge einer ökonomischen Be-trachtung der Führung ist die Bezug-nahme auf weit verbreitete ökonomi-sche Prinzipien, die Möglichkeit der Operationalisierung und Quantifizie-rung von ›weichen‹ Sachverhalten und die theoretisch stringente For-mulierung von Hypothesen über das Verhalten von Organisationsmitgliedern. Diese theoretischen Ansätze leisten auch einen Beitrag zu einer höheren Akzeptanz personalwirtschaftlicher Fragestellungen und Instrumente, da durch die Möglichkeit der Quantifizierung der Nachweis und die Kommunikation (↗ Kommunikation, innerbetriebliche) von Effekten gegenüber anderen Entscheidungsträgern in der ↗ Organisation leichter fallen. Kritisch ist anzumerken, dass manche der Verhaltensannahmen dieser Ansätze in der Realität nur bedingt zutreffen und die Leistungsfähigkeit der Ansätze für bestimmte Fragestellungen eingeschränkt bleibt.

Literatur: Backes-Gellner, U. 2001: Personalökonomie, Wiesbaden   (m)

Organisation

Das Wort Organisation wird in der Betriebswirtschaftslehre in unterschiedlicher Weise verwendet. Es bezeichnet

- das Schaffen von dauerhaften Regelungen über Struktur und Abläufe in Betrieben,
- das Ergebnis dieser Tätigkeit, also die Regelungen selbst und
- zielgerichtete soziale oder soziotechnische Systeme.

Betriebswirte bedienen sich häufig einer der beiden ersten Verwendungsweisen. Ihr Anliegen besteht darin, Rahmenbedingungen im Betrieb zu schaffen, die dazu beitragen, feststehende Aufgaben möglichst effizient zu verwirklichen. Deshalb bevorzugen Betriebswirte häufig Organisationsdefinitionen, die die Organisation als Instrument der Aufgabenerfüllung sehen. Erich Kosiol (1962) kennzeichnet Organisation zum Beispiel als »integrative Strukturierung von Ganzheiten«. Er versteht unter Organisation eine Strukturierungstätigkeit, die integrativ, d.h.

auf eine gemeinsam zu erfüllende Aufgabe abzielt. Wenn diese oder ähnliche Interpretationen des Organisationsbegriffs verwendet werden, spricht man auch vom instrumentellen Organisationsbegriff. Er wurde durch den Satz gekennzeichnet: der Betrieb hat eine Organisation. Sie ist Mittel zur Zielerreichung.

Die organisatorische Gestaltung von Betrieben befasst sich mit der Aufspaltung der betrieblichen Gesamtaufgabe in Teilaufgaben und der Zuordnung dieser Teilaufgaben zu bestimmten organisatorischen Einheiten. Diese Organisationstätigkeit umfasst zwei Hauptschritte: die organisatorische Analyse und organisatorische Synthese. Die zu erfüllenden Aufgaben werden zunächst erfasst und nach mehreren Kriterien (Objekt, Phase, Verrichtung) analysiert. Erst dann können die typischen Ergebnisse des Organisierens – z.B. Stellenpläne, hierarchische Ordnungen usw. – geschaffen werden. Im deutschsprachigen Raum wird dabei meist zwischen Aufbau- und Ablauforganisation unterschieden. Die Aufbauorganisation beschäftigt sich mit der Struktur des Betriebes, den langfristig geltenden Regeln über Zuständigkeiten usw. Die Ablauforganisation widmet sich dem Abläufen bzw. Prozessen innerhalb dieser Zuständigkeiten. Gelegentlich wird der Begriff Organisation mit Aufbauorganisation gleichgesetzt. Dies ist bei instrumenteller Perspektive z.B. im angelsächsischen Raum der Fall.

Für das ↗ Verhalten von Mitgliedern eines Betriebes und die Koordination dieser Verhaltensweisen im Hinblick auf gemeinsam zu erfüllende Aufgaben sind aber nicht nur die formalen Regelungen relevant. Es bestehen soziale Zusammenhänge, die – wie das betriebliche Wertesystem – für die Koordination der Einzelbeiträge äußerst bedeutsam sind. Für die Gestalter von

Organisationszusammenhängen ist deshalb die Einbeziehung dieser weiteren Perspektive unabdingbar notwendig. Diese Sichtweise kann als institutioneller Organisationsbegriff und durch den Satz »Der Betrieb ist eine Organisation« gekennzeichnet werden. Ein Beispiel für eine Organisationsdefinition aus dieser Sicht lautet: Organisationen sind bewusst geschaffene Zusammenschlüsse zur arbeitsteiligen Erfüllung einer Aufgabe. Hier könnte auch eine Definition eingeordnet werden, die innerhalb der institutionellen Begriffsfassung den instrumentellen Teilaspekt stärker in den Vordergrund rückt: Organisationen sind soziale Systeme, die dauerhaft Ziele verfolgen und eine formale Struktur aufweisen, mit deren Hilfe die Handlungen der Mitglieder auf die Ziele ausgerichtet werden sollen (Kieser/Kubicek).

Die institutionelle Begriffsfassung der Organisation ist mittlerweile die Standardperspektive innerhalb der interdisziplinären ↗ Organisationstheorie, auf die im Zusammenhang mit vielen personalwirtschaftlichen Fragestellungen Bezug genommen wird (Zielvorgaben und deren Umsetzung, Konflikthandhabung usw.).

Literatur: Kieser, A.; Walgenbach, P. 2003: Organisation, 4. Aufl., Suttgart; Schreyögg, G. 2003: Organisation. Grundlagen moderner Organisationsgestaltung, 4. Aufl., Wiesbaden; Wolf, J. 2003: Organisation, Management, Unternehmensführung. Theorie und Kritik, Wiesbaden   (w)

Organisation des Personalwesens

Die ↗ Organisation bzw. Struktur der ↗ Personalarbeit im Unternehmen umfasst zwei Hauptkomponenten: die Fachabteilung(en) für personalwirtschaftliche Probleme und die Vorgesetzten im Liniensystem des Unternehmens. Die Diskussion über die Frage der Zentralisation bzw. Dezentralisation im Personalbereich zielt im Wesentlichen auf den Umfang der Kompetenzzuordnung zwischen Fachabteilungen und direkten Vorgesetzten. In diese Diskussion wurde auch der Vorschlag eingebracht, die Personalabteilung als Gewinnzentrum bzw. »profit center« zu verselbstständigen. Für Teile der Personalaufgaben, z.B. die an Bildungszentren übertragenen Weiterbildungsaufgaben des Unternehmens, haben sich derartige Lösungen bewährt.

In der betrieblichen Praxis dominieren für die Strukturierung der in Personalabteilungen zentralisierten Aufgaben die Gliederung nach Teilfunktionen (z.B. Personalentwicklung, Arbeitsbeziehungen usw.), das sog. Referentensystem mit der Zuständigkeit eines Personalreferenten für eine abgegrenzte Personengruppe sowie Kombinationen beider Konzepte, bei denen in der Regel die zentralisierten Personalaufgaben in Stellen oder Abteilungen mit Stabscharakter zusammengefasst werden.

Literatur: Klimecki, R.G.; Gmür, M. 2001: Personalmanagement, 2. Aufl., München; Schirmer, F. 2004: Organisation und Träger der Personalarbeit, in: Gaugler, E.; Oechsler, W.A.; Weber, W. (Hrsg.): Handwörterbuch des Personalwesens, 3. Aufl., Stuttgart, Sp. 1271-1279; Spie, U. 1988: Personalwesen als Organisationsaufgabe. Ein Leitfaden zur organisatorischen Gestaltung betrieblicher Personalarbeit, Heidelberg; Wunderer, R. 1992: Von der Personaladministration zum Wertschöpfungs-Center, in: Die Betriebswirtschaft, 52. Jg., S. 201-215   (w/k)

Organisationales Lernen

Insbesondere in Verbindung mit Wissensmanagement findet organisationales Lernen erneut Beachtung. Es betont zwei Aspekte: Wissen als wichtige organisationale Ressource und Veränderung als Reaktion auf geänderte Umweltbedingungen.

Individuelles ↗ Lernen als eine langfristige Verhaltensänderung von Individuen ist eine notwendige, jedoch nicht hinreichende Bedingung für organisationales Lernen. Wenn einzelne Beschäftige lernen, heißt das noch nicht, dass Organisationen lernen. Letztere lernen dann, wenn sich unabhängig von ggfs. wechselnden Organisationsmitgliedern die organisationalen Strukturen und Prozesse überdauernd so ändern, dass die Organisationen hinsichtlich wandelnder Umweltbedingungen ein erhöhtes Handlungsrepertoire aufweisen und ihre Problemlösungskompetenz (↗ Problemlösen) erhöhen.

Drei Arten des organisationalen Lernens lassen sich unterscheiden. Einfaches ↗ Lernen bezieht sich auf Veränderungen von Entscheidungen durch Beobachtung ihrer Konsequenzen. Komplexes Lernen berührt die Leitvariablen und organisationalen Strategien, welche im Licht der Konsequenzen von Entscheidungen und der Umweltbedingungen verändert werden. Lernen lernen bezieht sich auf die Lernprozesse selbst.

Organisationales Lernen ist eine strategische Kernkompetenz von ↗ Organisationen. Sie ermöglicht eine rasche Reaktion auf veränderte Umweltbedingungen und die Umsetzung von strategischen Zielsetzungen. Die ↗ Personalarbeit kann mehrere Beiträge zum organisationalen Lernen leisten. Zum einen kann sie durch verschiedene Maßnahmen der Aus- und ↗ Weiterbildung sowie der ↗ Personalentwicklung individuelles Lernen als notwendige, aber nicht hinreichende Bedingung für organisationales Lernen unterstützen. Zum anderen kann die ↗ Personalarbeit organisationales Lernen auf der Ebene der Lerninhalte, der Lernprozesse, der Lernkontexte und der Lernparadigmen

fördern. Beispiele dafür sind etwa die Unterstützung der Transformation des impliziten in explizites Wissen durch den Aufbau von Wissensdatenbanken, die Stärkung organisationaler Lernroutinen wie etwa ↗ Qualitätszirkel, die Verhinderung eines Übermaßes an Lernen durch Abgleichung der Lernaktivitäten mit den strategischen Zielen der Organisation oder die Schaffung der Voraussetzungen für unterschiedliche Arten des organisationalen Lernens, etwa durch Berücksichtigung der mikropolitischen Komponente bei komplexem Lernen.

Literatur: Dierkes, M.; Berthoin Antal, A.; Child, J.; Nonaka, I. (Hrsg.) 2001: Handbook of organizational learning and knowledge. Oxford; Pawlowsky, P. (Hrsg.) 2002: Wissensmanagement für die Praxis: Methoden und Instrumente zur erfolgreichen Umsetzung, Neuwied et al. (m)

Organisationsdemographie

Als Organisationsdemographie wird die Wissenschaft von den Strukturen des Personals von ↗ Organisationen und der Veränderung dieser Strukturen bezeichnet. Struktur meint dabei insbesondere Größe und Zusammensetzung nach verschiedenen Merkmalen wie Alter, Geschlecht, Nationalität, Dauer der Betriebszugehörigkeit usw. Diese Strukturen verändern sich in Organisationen durch Wachstum und dem damit verbundenen Personalzuwachs, durch ↗ Fluktuation, Erreichen der Altersgrenze, Unterbrechung der Berufstätigkeit, Invaliditäts- und Todesfälle, durch betrieblich veranlassten Personalabbau sowie durch die Beschaffung von Ersatz für ausgeschiedenes Personal.

Organisationsdemographie ist ein organisationstheoretisches Konzept, das auf die Erklärung der strukturellen Veränderungen und der Konsequenzen demographischer Strukturen und deren

Dynamik zielt. Die ersten Beiträge aus der Perspektive der Organisationstheorie zu diesem Themenkreis stammen von Pfeffer (1983), der sich allerdings auf ein in den USA besonders problembeladenes demographisches Merkmal, die Dauer der Betriebszugehörigkeit, bei seinen Analysen beschränkt. In Deutschland hat sich Werner Nienhüser seit Beginn der 90er Jahre dieser Thematik gewidmet.

Wichtige Einflussfaktoren der Populationsstrukturen von Organisationen sind neben den Rahmenbedingungen wie Wachstum, Stagnation oder Schrumpfen der Organisation insbesondere die Rekrutierungspraktiken, das Konzept der Personalentwicklung bzw. der Pflege des internen Arbeitsmarktes, die Praktiken der Personalarbeit, die die Neigung, in der Organisation zu verbleiben oder sie zu verlassen, beeinflussen. Große Bedeutung kommt der Personalstruktur selbst zu, die bestimmte Tendenzen fördern oder bremsen kann: Die Zusammensetzung des Personals nach Qualifikation, Alter, Dauer der Betriebszugehörigkeit, ethnischer Herkunft usw. beeinflusst die Neigung, in der Organisation zu verbleiben oder sie zu verlassen. Sie macht es für potenzielle Organisationsmitglieder mehr oder weniger attraktiv, in die Organisation einzutreten.

Trotz der großen Bedeutung dieser Zusammenhänge wurde das Thema Organisationsdemographie bisher wenig beachtet. In der Personalpraxis dominiert die Reaktion auf Symptome für die durch Nichtbeachtung der demographischen Veränderungen ausgelösten Probleme.

Literatur: Nienhüser, W. 1991: Organisationale Demographie, in: Die Betriebswirtschaft, H. 6, S. 763-780; Nienhüser, W. 1998: Ursachen und Wirkungen betrieblicher Personalstrukturen, Stuttgart; Pfeffer, J. 1983: Organizational Demography, in: Cummings, L.L.; Staw, B. (Hrsg): Research in Organizational Behavior, Bd. 5, Greenwich, S. 290-357; Weber, W. 1984: The impact of population change on enterprise behavior, in: Steinmann, G. (Hrsg.): Economic Consequences of Population Change in Industrialized Countries, Berlin u.a., S. 404-415; Niehüser, W. (1998): Ursachen und Wirkungen betrieblicher Personalstrukturen, Stuttgart   (w)

Organisationsdiagnose

Organisationsdiagnose bezeichnet den umfassenden Prozess der Beschreibung und Analyse von ↗ Organisationen bzw. ihrer Elemente und deren Zusammenwirken sowie der daraus entstehenden Erscheinungen und Probleme. Sie dient der besseren Erreichung von Zielen der Organisation und der einzelnen Mitglieder.

Unterschiedliche Disziplinen wie z.B. ↗ Organisationstheorie, ↗ Organisationspsychologie oder ↗ Organisationssoziologie befassen sich mit Organisationsdiagnose. Sie beziehen sich je nach theoretischem Hintergrund auf unterschiedliche Gegenstandsbereiche. Objekte sind etwa die ↗ Organisationsstruktur oder die vernetzten Beziehungen zwischen Individuum, Gruppe, Organisation und Umwelt.

Mit Hilfe der Aufnahme und Darstellung des Ist-Zustandes und der ursachenbezogenen Analyse von Stärken und Schwächen werden Veränderungsmaßnahmen wie z.B. ↗ Organisationsentwicklung oder ↗ geplanter Wandel vorbereitet. Das verwendete methodische Instrumentarium stammt aus der empirischen Sozialforschung (↗ Personalforschung), z.B. ↗ Beobachtung, ↗ Befragung, ↗ Inhaltsanalyse oder ↗ Experiment.

Für das betriebliche ↗ Personalwesen stellt die Organisationsdiagnose einen wichtigen Beitrag zum Verständnis organisationaler Zusammenhänge und oft die Grundlage für Gestaltungsmaßnahmen dar.

Literatur: Hugl, U. 1995: Qualitative Inhaltsanalyse und Mind-Mapping. Ein neuer Ansatz für Datenauswertung und Organisationsdiagnose, Wiesbaden; Howaldt, J.; Jürgenhake, U.; Kopp, R. 2000: Personal- und Organisationsdiagnose. Ein Instrument für wettbewerbsfähige Personal- und Organisationsstrukturen, Eschborn   (m)

Organisationsentwicklung

Organisationsentwicklung (OE) bezeichnet einen längerfristig angelegten, organisationsumfassenden und verhaltenswissenschaftlich fundierten Entwicklungs- und Lernprozess. Unter Beteiligung der Betroffenen und Berücksichtigung der ↗ Organisationskultur kommt es zu (u.U. tief greifenden) ↗ Änderungen der ↗ Organisation und der darin tätigen Menschen mit dem Ziel, sowohl die Effizienz der Organisation als auch die Qualität des Arbeitslebens zu steigern. Grundannahme dabei ist, dass sich zumindest partiell die Ziele von Management und ↗ Arbeitnehmern vereinbaren bzw. gleichzeitig erreichen lassen.

In OE-Prozessen werden von der Ausrichtung her alle Ebenen der Organisation berührt, d.h. die Gesamtorganisation/betroffene Organisationseinheit, die (Arbeits-)Gruppe und die einzelnen Individuen sind in den Veränderungs-, Lern- und Problemlösungsprozess miteinbezogen: Die Betroffenen werden zu Beteiligten. OE strebt an, unter Einbeziehung der verschiedenen Interessen und des Problemlösungspotenzials der Beteiligten zu einer von allen getragenen Lösung zu kommen. Beabsichtigt ist, eine dauerhaft oder tendenziell asymmetrische Durchsetzung von Interessen einzelner Gruppierungen zu vermeiden und ↗ Konflikte verhandelbar zu erhalten. Der Veränderungsprozess wird häufig von einem ↗ Change Agent – z.B. einem externen Berater – begleitet.

Für das betriebliche ↗ Personalwesen ist OE von erheblicher praktischer Relevanz geworden. Ähnlich wie beim ↗ geplanten Wandel verändert OE sowohl die ↗ Organisationsstruktur als auch die einzelnen ↗ Mitarbeiter, bietet die Möglichkeit organisationalen Lernens und schafft die Voraussetzung für eine ›lebensfähigere‹ Organisation.

OE kann als Form der angewandten Sozialwissenschaft gesehen werden, welche insbesondere auf Erkenntnisse aus der Kommunikations-, Gruppen-, ↗ Führungs- und ↗ Organisationstheorie zurückgreift. Trotzdem wird die theoretische Fundierung häufig als mangelhaft bezeichnet und, insbesondere seitens der ↗ Gewerkschaften, auf die ›harmonisierende‹ Sichtweise des betrieblichen Geschehens hingewiesen. In neuerer Zeit hat OE als eigenständiges Konzept an konzeptioneller und praktischer Relevanz verloren. Allerdings finden sich viele Elemente von OE in Konzepten wie lernende Organisation, Wissensmanagement oder Change Management.

Literatur: Trebesch, K. (Hrsg.) 2000: Organisationsentwicklung. Konzepte, Strategien, Fallstudien, Stuttgart   (m)

Organisationsklima

Organisationsklima bezeichnet die von den Organisationsmitgliedern wahrgenommene Qualität der inneren Umwelt der ↗ Organisation. Es spiegelt sich in der individuellen Beschreibung von Organisationsumwelt, -strukturen und von Verhalten in der Organisation wider und ist damit ein nicht direkt beobachtbares hypothetisches Konstrukt. Charakteristisch ist sein Differenzierungspotenzial (es unterscheidet Organisationen untereinander), seine Mehrdimensionalität (z.B. Strukturierung, Autonomie, Wärme und Unterstützung,...) und seine relative zeitliche Stabilität.

Im Unterschied zum ↗ Betriebsklima gibt das Organisationsklima-Konzept die Beschränkung auf die soziale Dimension auf. Von der ↗ Organisationskultur hebt es sich durch den verstärkten Zugriff auf psychologische Erkenntnisse und die Betonung der augenblicklichen Wahrnehmung der Situation durch die Organisationsmitglieder ab. ↗ Arbeitszufriedenheit bezieht sich weniger auf die organisationale Ebene, sondern primär auf den einzelnen Mitarbeiter.

Die Messung des Organisationsklimas erfolgt fast ausnahmslos durch standardisierte Fragebögen.

Als wichtigste Bestimmungsfaktoren des Organisationsklimas können situative Variablen wie Organisationsumwelt, -größe, -struktur, Technologie, Führungsverhalten und Aufgabe sowie personale Faktoren wie Zugehörigkeitsdauer, hierarchische Position, soziodemographische und psychologische Merkmale gelten.

Das Organisationsklima hat Auswirkungen insbesondere auf das individuelle Erleben und Verhalten in Arbeitssituationen. Es beeinflusst z.B. die ↗ Arbeitsmotivation, ↗ Absentismus, ↗ Fluktuation oder Attraktivität der Organisation für neue ↗ Arbeitnehmer. Auch erlangt es funktionale Bedeutung für das Erreichen von gesamtorganisationalen Zielsetzungen wie z.B. Gewinn- oder Effizienzziele.

Literatur: Ashkanasy, N.; Wilderom, C.; Peterson, M. (Hrsg.) 2000: Handbook of organizational culture & climate, Thousand Oaks, CA (m)

Organisationskultur

Organisationskultur ist als ein von den Organisationsmitgliedern geteiltes relativ dauerhaftes und symbolisches System von Werten, Normen, Meinungen, Annahmen etc. zu verstehen. Es entsteht aus der Interaktion der Organisationsmitglieder untereinander. Die Organisationskultur erlaubt dem Einzelnen, Verhalten zu erklären und zu

koordinieren (Orientierungsfunktion) und dem organisationalen Geschehen Sinn zuzuschreiben (Interpretationsfunktion). Auf organisationaler Ebene kommt ihr eine stabilisierende Funktion zu, indem sie als gemeinsames Bezugssystem Komplexität reduziert.

Die Organisationskultur manifestiert sich in gemeinsamen Sprachregelungen, organisationstypischen Symbolen, Mythen, Ritualen, Zeremonien, organisationalen ›Helden‹ etc., welche ihrerseits wieder die Organisationskultur beeinflussen.

Zwei Großgruppen von theoretischen Zugängen lassen sich unterscheiden: Kultur als externe oder interne Variable (›Organisationen haben eine Kultur‹) und Kultur als Metapher für ↗ Organisationen (›Organisationen sind Kulturen‹).

Vom ↗ Organisationsklima unterscheidet sich dieser Ansatz durch einen anderen wissenschaftsdisziplinären Ursprung (Kulturanthropologie), durch die Hervorhebung der Bedeutung von Attribution und Interaktion und die stärkere Verweisung auf in der Vergangenheit liegendes Geschehen.

Organisationskultur hat für das betriebliche ↗ Personalwesen Bedeutung als Rahmen, innerhalb dessen sich die Gestaltungsmaßnahmen bewegen und auf den sie abgestimmt werden müssen. Das trifft insbesondere für Veränderungsmaßnahmen wie z.B. ↗ Organisationsentwicklung oder ↗ geplanter Wandel zu. Darüber hinaus erstreckt sich die Relevanz auf das gesamte Management: Der ›symbolische Manager‹ denkt in kulturellen Kategorien.

Das Organisationskultur-Konzept bietet die Chance, Organisations- und Personalphänomene in ganzheitlicher Sicht zu durchleuchten, hebt den Sinnaspekt des betrieblichen Geschehens hervor und vertieft die Problemsicht in der ↗ Personalarbeit, z.B. durch Hinterfragung bestehender personalwirtschaftlicher Instrumente im Hinblick auf ihre Vereinbarkeit mit der gegebenen Organisationskultur. Kritisiert werden häufig die nicht ausreichende Konzeptualisierung und mangelnde theoretische Fundierung, die vorgelegten Diagnoseverfahren sowie die nicht ausreichende Berücksichtigung ethischer Probleme (z.B. Nebenwirkungen von bewusstem Kulturmanagement).

Literatur: Ashkanasy, N.; Wilderom, C.; Peterson, M. (Hrsg.) 2000: Handbook of organizational culture & climate, Thousand Oaks, CA; Kasper, H.; Mühlbacher, J. 2002: Von Organisationskulturen zu lernenden Organisationen, in: Kasper, H.; Mayrhofer, W. (Hrsg.): Personalmanagement – Führung – Organisation, 3. Aufl., Wien, S. 95-155 (m)

Organisationspsychologie

Organisationspsychologie ist die aus der Betriebs- und Sozialpsychologie hervorgegangene Wissenschaft vom Erleben und Verhalten des Menschen in ↗ Organisationen. Die Interaktion zwischen den Individuen, insbesondere in ihren vorgegebenen Rollen, zwischen Individuum, ↗ Gruppe und Organisation sowie zwischen Individuum und Aufgabe erfahren besondere Beachtung. Diese Basisbeziehungen werden im Hinblick auf ihre Bedingungen, Erscheinungsweisen und Auswirkungen auf das Erleben und Verhalten sowie ihre Veränderbarkeit untersucht.

Entsprechend dem Selbstverständnis als ›Angewandte Psychologie‹ werden in Zusammenarbeit mit einer Reihe von Nachbardisziplinen, z.B. anderen Teilgebieten der Psychologie, der Kulturanthropologie, ↗ Organisationssoziologie, Betriebswirtschaftslehre oder Arbeitswissenschaft verschiedene personalwirtschaftlich relevante Fragestellungen bearbeitet. Beispielhaft können ↗ Personalauswahl, ↗ Weiterbildung, ↗ Arbeitsanalyse, ↗ Eignungsdiagnostik, ↗ Motivation, ↗ Arbeitszufrieden-

heit, ↗ Führung, ↗ Konflikte, ↗ Organisationsdiagnose oder ↗ Organisationsentwicklung genannt werden.

Organisationspsychologische Überlegungen sind für das betriebliche ↗ Personalwesen von hoher Bedeutung, da nicht primär die formale Struktur der Organisation, sondern das Erleben und Verhalten der Organisationsteilnehmer in den verschiedenen organisationalen Prozessen bearbeitet wird.

Kritiker bemängeln, dass diese junge Disziplin noch nicht über eine ausreichend eigenständige Identität verfügt. Sie wird kritisch-abwertend auch als ›Hilfswissenschaft‹ der Betriebswirtschaftslehre bezeichnet, welcher sie Optimierungsstrategien für die Organisationsgestaltung liefert, ohne z.B. auf die damit verbundenen Wertprobleme explizit einzugehen.

Literatur: Rosenstiel, L. v. 2003: Grundlagen der Organisationspsychologie, 5. Aufl., Stuttgart (m)

Organisationssoziologie

Die Organisationssoziologie ist eine spezielle Soziologie: Sie will das Zustandekommen, die Struktur und das Verhalten in und von ↗ Organisationen beschreiben und erklären. Sie greift dabei häufig auf dieselben organisationstheoretischen Ansätze (↗ Organisationstheorie) zurück wie die Betriebs- und ↗ Personalwirtschaftslehre. Allerdings betrachtet die Organisationssoziologie die Organisation weniger als Instrument zur Erreichung bestimmter Zwecke, und sie untersucht neben Unternehmen eine Vielzahl von anderen Organisationen.

Allgemein kann man drei Ebenen unterscheiden, die von der Organisationssoziologie untersucht werden:

– die Beziehungen zwischen Organisation und Umwelt, d.h. zwischen Organisationen sowie zwischen Organisation und Gesellschaft,

– Strukturen und Prozesse von und in Organisationen und
– Interaktionen zwischen Individuen in Organisationen sowie zwischen Individuum und Organisation.

Im Mittelpunkt vieler Untersuchungen steht dabei das Problem, dass Organisationen oft Dominanz über ihre Mitglieder und die Gesellschaft gewinnen (»Organisationsgesellschaft«). In diesem Zusammenhang wird die Gefahr gesehen, dass die Menschen für die Organisation da sein müssen und nicht die Organisation für die Menschen.

Literatur: Müller-Jentsch, W. 2003: Organisationssoziologie: eine Einführung, Frankfurt/M., New York   (n)

Organisationsstruktur

Die Organisationsstruktur ist ein System von Regelungen (↗ organisatorische Regelungen), das die Vorgänge in ↗ Organisationen durch Festlegung von Rechten und Pflichten für die Mitglieder ordnet, d.h. organisiert (vgl. Kieser/Walgenbach 2003).

Die Organisationsstruktur stellt die Beziehungen zwischen den Elementen der Organisation her: zwischen den Mitgliedern und zwischen Mitgliedern und bestimmten Mitteln der Aufgabenerfüllung, z.B. Maschinen.

Die Organisationsstruktur lässt sich durch folgende Dimensionen beschreiben:

– Arbeitsteilung: der Grad der Aufteilung von bestimmten Aufgaben auf bestimmte Stellen,
– Entscheidungszentralisation: der Grad der Konzentration von Entscheidungsbefugnissen auf die oberen Hierarchieebenen (Kompetenzstruktur),
– Konfiguration: das äußere Bild der Hierarchieebenen (Leitungsstruktur),

– Standardisierung und Formalisierung: der Grad der Regulierungen durch generelle Vorschriften und der Grad der schriftlichen Fixierung dieser Vorschriften.

Neben der formalen Struktur kann man noch die von diesen Regelungen nicht erfassten Beziehungen zwischen den Mitgliedern unterscheiden: die informale Struktur (↗ Gruppe). Hiermit sind vor allem die persönlichen Beziehungen zwischen den Mitgliedern gemeint.

Literatur: Kieser, A.; Walgenbach, P. 2003: Organisation, 4. Aufl., Stuttgart   (n)

Organisationstheorien

Organisationstheorien entwickeln Aussagen zur Beschreibung und Erklärung, zur Prognose und Gestaltung von Organisationsstrukturen und -prozessen (↗ Organisation, ↗ Organisationsstruktur, ↗ organisatorische Regelungen).

Organisationstheoretische Ansätze können erstens nach der jeweiligen Betrachtungsebene in Makro-, Meso- und Mikrotheorien der Organisation unterschieden werden (Kieser 1993, S. 2). Zweitens kann man Organisationstheorien danach unterscheiden, ob sie vorrangig darauf abzielen, organisationale Strukturen und Prozesse zu erklären bzw. zu verstehen oder ob sie primär auf die Entwicklung von Handlungsempfehlungen bzw. -möglichkeiten ausgerichtet sind.

1. Organisationstheorien auf Makroebene befassen sich mit Mengen von Organisationen und den Beziehungen zwischen diesen Organisationen. Sie behandeln z.B. folgende Fragen: Wie arbeiten Organisationen zusammen? Wie entwickeln sich Populationen von Organisationen? Beispiel für theoretische Ansätze sind evolutionstheo-

retische Konzepte, aber auch volkswirtschaftliche Konzepte. Mesotheorien behandeln das Verhalten ganzer Organisationen und fragen etwa danach, warum bestimmte Organisationsstrukturen entstehen und sich verändern. Auf dieser Ebene ist z.b. der ↗ Situative Ansatz einzuordnen, der davon ausgeht, dass Organisationsstrukturen in Abhängigkeit von der Organisationsumwelt zustande kommen. Während die Mitglieder der Organisation und ihr Verhalten auf der Makro- und Mesoebene nur eine geringe Rolle spielen, stellen Ansätze auf Mikroebene Fragen wie: Wovon hängt die Motivation von Organisationsmitgliedern ab, unter welchen Bedingungen treffen sie welche Entscheidungen? Mit solchen Fragen befassen sich vor allem verhaltenswissenschaftliche Konzepte. Hier bilden Entscheidungs- und Problemlösungsprozesse auf Individual-, Gruppen- und Organisationsebene den Schwerpunkt bei der Erklärung des Verhaltens von und in Organisationen.

2. Weiterhin kann man organisationstheoretische Ansätze danach unterscheiden, ob sie organisationale Phänomene eher erklären bzw. verstehen wollen oder ob sie auf die Entwicklung von pragmatischen Gestaltungsaussagen abzielen. In der Betriebswirtschaftslehre dominierten bis etwa 1970 Ansätze, die stärker das pragmatische Ziel verfolgten Dieser recht heterogenen Gruppe ist das von F. W. Taylor begründeten »Scientific Management«, das sich um die Jahrhundertwende entwickelte, ebenso wie die betriebswirtschaftliche Organisationslehre (Nordsiek, Kosiol u.a.) zuzurechnen. Auch die normative Entscheidungstheorie, die Regeln für rationales Handeln angibt, kann zu den pragmatischen Konzepten gezählt

werden. Die organisationspsychologisch ausgerichteten ↗ Human Relations-Ansätze waren ebenfalls stärker pragmatisch orientiert. Neuere, weniger an den vorfindbaren Unternehmenszielen ausgerichtete, sondern mehr normativ-ethische Konzepte finden sich auch unter Begriffen wie Organisationsentwicklung und »geplantem Wandel«. Diese Konzepte beruhen teilweise auf gesellschaftstheoretisch-humanistischen Gedanken. Gemeinsam ist diesen Konzepten, dass die Gestaltungsregeln wenig realtheoretisch begründet sind.

In der neueren Betriebswirtschaftslehre finden immer mehr Versuche, realtheoretische Konzepte für die Entwicklung praktischer Gestaltungsaussagen heranzuziehen.

Literatur: Kieser, A. (Hrsg.) 2002: Organisationstheorien, 5. Aufl., Stuttgart; Ortmann, G.; Sydow, J.; Türk, K. (Hrsg.) 1997: Theorien der Organisation. Die Rückkehr der Gesellschaft, Opladen   (n)

Organisatorische Anpassungsprozesse

Organisationen sind durch permanente, wenn auch unterschiedlich stark ausgeprägte Änderungen der Aufgaben sowie der auf die Aufgabenerfüllung ausgerichteten Strukturen und Prozesse gekennzeichnet. Jede Änderung der Einflussfaktoren dieser Organisationsmerkmale, insbesondere also der wirtschaftlichen, technischen, sozialen und rechtlichen Rahmenbedingungen, ist potenzieller Auslöser von Anpassungsmaßnahmen bzw. Änderungen der Aufgaben, Strukturen und Prozesse auf Organisationsebene.

Die Änderungen im Umfeld der Organisationen vollziehen sich permanent und oft – sofern nur kleine Zeitabschnitte betrachtet werden – unmerklich. Die Aufgaben, die technische und personelle Ausstattung, die organisatorischen Strukturen, die Abläufe bei der Aufgabenerfüllung werden in der Regel kontinuierlich angepasst. Diese evolutionären Entwicklungsphasen werden aber durch tief greifende Veränderungen mit einem erhöhten Anpassungsbedarf als Voraussetzung für die Überlebensfähigkeit der Organisationen abgelöst. Greiner (1972) unterscheidet in seinem Wachstumsmodell von Organisationen zwischen längeren evolutionären Wachstumsphasen und krisenartigen revolutionären Stufen der Veränderung.

Insbesondere die tief greifenden Änderungen (↗ Änderungen, tief greifende) sind durch ein hohes Ausmaß an Komplexität, durch Unsicherheit und Ängste bei den Betroffenen sowie durch meist unterschiedliche Interessen gekennzeichnet. Bei der Bewältigung der Anpassungsprozesse werden Konzepte der an der Planungslogik orientierten Organisationsplanung bzw. der Reorganisation, des eher außengesteuerten ↗ geplanten organisatorischen Wandels und der eher innengesteuerten ↗ Organisationsentwicklung angewendet. Wichtige Instrumente zur Sicherstellung der überlebensnotwendigen Anpassungsprozesse sind in Unternehmungen die Marktforschung, Forschung und Entwicklung, betriebliche ↗ Ausbildung und ↗ Weiterbildung sowie Kontrollsysteme, die auf Änderungsbedarfe aufmerksam machen.

Literatur: Greiner, L. E. 1972: Evolution and Revolution as Organisations Grow, in: Harvard Business Review, S. 37-46; Staehle, W. H. 1999: Management, 8. Aufl., München   (w)

Organisatorische Regelungen

Organisatorische Regelungen legen die Rechte und Pflichten der Mitglieder in Bezug auf die Aufgabenerfüllung fest. Das äußere Abbild dieser Regelungen findet sich in der ↗ Organisationsstruktur.

Man kann formale und informale Regelungen unterscheiden: Formale Regelungen sind oft schriftlich fixiert sowie in einem offiziellen (Verhandlungs-)Prozess zustande gekommen und legitimiert. Die informalen Regelungen sind ein Ergebnis der sozialen Interaktionen und werden eher mündlich und auf Arbeitsgruppenebene weitergegeben. Das schwierige Verhältnis von formalen zu informalen Regelungen sowie Befolgen und Nichtbefolgen der jeweiligen Regelungen tritt etwa beim »Dienst nach Vorschrift« zutage: Wenn die Mitglieder alle formalen Regelungen streng befolgen, kommt es zu erheblichen Problemen. Man kann daher vermuten, dass bei der Formulierung von organisatorischen Regelungen auf das Zusammenspiel von informalen und formalen Regelungen geachtet werden muss.

Literatur: Kieser, A.; Walgenbach, P. 2003: Organisation, 4. Aufl., Stuttgart; Türk, K. 1976: Grundlagen einer Pathologie der Organisation, Stuttgart   (n)

Österreichischer Gewerkschaftsbund

Der österreichische Gewerkschaftsbund (ÖGB) versteht sich als einheitlicher, überparteilicher Zusammenschluss aller ↗ Arbeitnehmer Österreichs, wobei unter dieser Definition auch potenziell unselbstständig Erwerbstätige (Arbeitslose, Schüler, Studenten) gefasst werden. Er wurde 1945 gegründet und basiert auf freiwilliger Mitgliedschaft. Der Gewerkschaftsbund besteht aus 13 Fachgewerkschaften, die als Organe des ÖGB fungieren. Darüber hinaus ist der Bundeskongress das höchste Organ.

Zweck des ÖGB ist die Wahrung der Interessen seiner Mitglieder. Dazu gehören der Eintritt in ↗ Kollektivvertragsverhandlungen zur Beeinflussung der Ausgestaltung der ↗ Arbeitsbedingungen, die Begutachtung der Ministerialentwürfe zur Überprüfung der Gesetzgebung, die Übernahme von Kultur-, Freizeit- und Bildungsaufgaben, insbesondere der Ausbildung der Arbeitnehmervertreter im ↗ Betriebsrat und die Möglichkeit der Vertretung der ↗ Arbeitnehmer vor Gericht.

Bundeskongress, Bundesvorstand und Präsidium sind die wichtigsten Organe der Willensbildung und Exekutive. Der Bundeskongress setzt sich aus den Mitgliedern des Bundesvorstands und einer je nach Stärke der Einzelgewerkschaft unterschiedlichen Zahl von Delegierten dieser Einzelgewerkschaften zusammen. Er tritt alle vier Jahre zusammen. Zu seinen Aufgaben gehören u.a. die Wahl des Präsidiums, Entscheidungen über Statuten und gestellte Anträge. Der Bundesvorstand, bestehend aus Mitgliedern des Präsidiums und Vertretern der Einzelgewerkschaften, ist mit einer Generalkompetenz ausgestattet. Das Präsidium umfasst den Präsidenten, maximal sechs Vizepräsidenten – eine davon eine Vertretung der Frauen – und zwei leitende Sekretäre. Es führt die Geschäfte zwischen den Sitzungen des Bundesvorstandes.

Seit etwa 20 Jahren leidet der ÖGB an leichtem Mitgliederschwund, was als Ausdruck steigender Individualisierungswünsche und erhöhtem Ausbildungsgrad der Arbeitnehmer, aber auch als Konsequenz des Rückgangs des sekundären zugunsten des tertiären Sektors gelten kann. Zur Zeit verweist er auf eine Organisationsdichte von ca. 50 % (das sind ca. 1,5 Millionen Mitglieder).

Das Verhältnis zwischen dem ÖGB und den Einzelgewerkschaften ist durch einen hohen internen Zentralisationsgrad gekennzeichnet. Diese sind keine juristischen Personen und können z.b. in Kollektivvertragsverhandlungen nur bevollmächtigt auftreten. Der ÖGB kann daher kaum als Dachverband bezeichnet werden: Die Einzelgewerkschaften bilden Gruppierungen innerhalb des Gesamtverbandes ÖGB. Derzeit wird auch eine Zusammenlegung verschiedener Einzelgewerkschaften zu größeren Clustern diskutiert.

Als Besonderheit gegenüber anderen Ländern kann neben dem hohen Organisationsgrad – ca. 60% der Arbeitnehmer sind im ÖGB organisiert – und der starken Zentralisierung der Umstand gelten, dass sich der ÖGB keinem Konkurrenzverband gegenübersieht und de facto ein Organisierungs- und Kollektivvertragsmonopol besitzt.

Literatur: http://www.oegb.at   (m)

Outplacement

Outplacement umfasst die systematische, vor allem unter Gestaltungsgesichtspunkten erfolgende Beschäftigung mit den durch die Trennung von Individuum und vor allem bei ↗ Personalabbau bzw. ↗ Personalfreisetzung entstehenden Problemen.

Mit Outplacement verbinden sich auf der organisationalen Ebene Ziele im Bereich der Kostenreduktion, der positiven Beeinflussung der Organisations-Umwelt-Beziehung und der in der ↗ Organisation verbleibenden ↗ Mitarbeiter. Auf individueller Ebene wird mit Outplacement die materielle Absicherung der Betroffenen, die Unterstützung bei der Bewältigung der psycho-sozialen Konsequenzen der Trennung, die Neuorientierung der individuellen ↗ Karriere und die Unterstützung bei der Suche nach einem neuen Arbeitsplatz angestrebt.

Hauptansatzpunkte in der Outplacement-Praxis sind die Gestaltung der Übermittlung der Nachricht von der Trennung an die Betroffenen und die Unterstützung bei der Suche nach einem neuen Arbeitsplatz. Mit Hilfe von speziellen Seminaren, Einzel- oder Gruppenberatung wird versucht, die Betroffenen zu unterstützen.

Literatur: Berg-Peer, J. 2003: Outplacement in der Praxis: Trennungsprozesse sozialverträglich gestalten, Wiesbaden   (m)

Outsourcing

Die Bezeichnung Outsourcing ist ein Kunstwort, das aus den Begriffen »Outside Resource Using« gebildet wird. Outsourcing bezeichnet die Externalisierung von Aufgaben, die nicht zum Kerngeschäft des Unternehmens gerechnet werden. Outsourcing bedeutet somit die Nutzung externer Dienstleister. Dabei umfasst der externe Bezug von Ressourcen sowohl die Auslagerung, d. h. die Übertragung an ein rechtlich und wirtschaftlich selbstständiges Unternehmen, als auch die Ausgliederung, d.h. die Übertragung an eine kapitalmäßig verbundene Unternehmung. Während im Frühstadium der Diskussion Outsourcing in der Regel mit der Auslagerung oder Ausgliederung der Datenverarbeitung gleichgesetzt wurde, wird mittlerweile argumentiert, dass prinzipiell alle ökonomischen Leistungen fremdbezogen werden können, sei es durch Veränderung der Fertigungstiefe in der Produktion, die Übertragung der Kundenbetreuung an externe Dienstleister oder durch die Ausgliederung personalwirtschaftlicher Aufgaben. In Anlehnung an die Entwicklung von einer zunächst primär EDV-basierten Outsourcing-Praxis hin zu einer funktionsneutralen Outsourcing-Praxis, verändern sich auch die Motive bzw. die

Art der ausgelagerten Aufgaben. Während zunächst ausschließlich Routineaufgaben aus schlichten Kostenerwägungen extern vergeben wurden, rücken heutzutage zudem hochwertige und komplexe Fremdleistungen in das Rampenlicht, welche von dem jeweiligen Unternehmen nicht in der Güte oder Flexibilität selbst ausgeführt werden könnten. Hierdurch sollen Leistungsverbesserungen erzielt werden. Externe Dienstleister können und sollten über größeres und aktuelleres Know-how, besser qualifiziertes Personal und über modernere Technologien verfügen als das auslagernde Unternehmen, insbesondere dann, wenn diese Aufgaben nicht dem Kerngeschäft bzw. der Kernkompetenz des Unternehmens zuzurechnen sind. Anders formuliert, nicht mehr nur standardisierte Routineaufgaben, sondern komplexe und hochwertige Leistungen werden extern bezogen. Auf personalwirtschaftliche Funktionen bezogen bedeutet dies beispielsweise, dass nicht nur die Lohn- und Gehaltsbuchhaltung fremdvergeben wird, sondern auch im Rahmen der ↗ Personalbeschaffung externe Dienstleister die Personalwerbung und die (Vor-)auswahl übernehmen, dass in der ↗ Personalentwicklung Instrumente und Maßnahmen zugekauft werden oder ein Outplacement-Berater (↗ Outplacement) in den Prozess der Personalreduktion eingeschaltet wird.

Literatur: Matiaske, W.; Kabst, R. 2002: Outsourcing und Professionalisierung in der Personalarbeit: Eine transaktionskostentheoretisch orientierte Studie, in: Zeitschrift für Personalforschung, S. 247-271; Matiaske, W.; Mellewigt, T. 2002: Motive, Erfolge und Risiken des Outsourcings – Befunde und Defizite der empirischen Outsourcing-Forschung. in: Zeitschrift für Betriebswirtschaft, Vol. 72, S. 641-659; Bühner, R.; Tuschke, A. 1997: Outsourcing, in: Die Betriebswirtschaft, 57. Jg., H. 1, S. 20-30   (k)

P

Partnerschaft, betriebliche

Das Konzept der betrieblichen Partnerschaft ist eine bestimmte normative Vorstellung der betrieblichen Beziehungen zwischen ↗ Arbeitnehmern und ↗ Arbeitgeber. Die Grundidee besteht darin, dass kein Interessengegensatz zwischen Kapital und Arbeit besteht, der nicht überwunden werden könnte durch die Einbeziehung der Arbeitnehmer. Ihre historisch-ideologischen Wurzeln liegen u.a. in der Human Relations-Bewegung (↗ Human Relations) und in der Katholischen Soziallehre.

Betriebe, die die Idee der betrieblichen Partnerschaft verfolgen, sind häufig Mitglied in der »Arbeitsgemeinschaft zur Förderung der Partnerschaft in der Wirtschaft e.V.« (AGP). Die AGP versteht betriebliche Partnerschaft als eine vertraglich vereinbarte Form der Zusammenarbeit zwischen Unternehmensleitung und ↗ Mitarbeitern, die den Beteiligten ein Höchstmaß an Selbstentfaltung ermöglichen und durch verschiedene Formen der Mitwirkung und Mitbestimmung bei entsprechender Mitverantwortung einer Fremdbestimmung entgegenwirken soll. Als notwendiger Bestandteil dieser Partnerschaft wird die Beteiligung der Mitarbeiter am Erfolg oder am Kapital des Unternehmens angesehen.

Das Konzept der betriebliche Partnerschaft kann als ein Weg zur Kanalisierung und Handhabung (↗ Problemhandhabung) von ↗ Konflikten im Betrieb interpretiert werden, das allerdings nicht unumstritten ist: Insbesondere gewerkschaftliche Kritiker wenden ein, dass durch dieses Konzept der grundsätzliche Unterschied zwischen Kapital und Arbeit – privates Eigentum bzw. Verfügungsgewalt über die Produktionsmittel – nicht aufgehoben, sondern verfestigt wird. Dem wird entgegengehalten, dass durch Erfolgs-, Kapital- und stärkere Entscheidungsbeteiligung der Arbeitnehmer das Potenzial an Konflikten zwischen Arbeit und Kapital vermindert wird und – insbesondere bei einer ↗ Kapitalbeteiligung der Arbeitnehmer – deren Einfluss im Unternehmen zunimmt.

Literatur: Lezius, M. 1989: Menschen machen Wirtschaft. Betriebliche Partnerschaft als Erfolgsfaktor, Frankfurt/M.; Krell, G. 1994: Vergemeinschaftende Personalpolitik: normative Personallehren, Werksgemeinschaft, NS-Betriebsgemeinschaft, betriebliche Partnerschaft, Japan, Unternehmenskultur, München, Mering (n)

Pausen

In einer weiten Begriffsfassung wird unter Pause jede Art von bezahlter und unbezahlter Arbeitsunterbrechung verstanden.

Die Pausen können dabei in den Arbeitsablauf eingeplant oder ungeplant sein. Außerdem lässt sich zwischen arbeitsablaufbedingten Pausen (z.B. verursacht durch Maschineneinrichtung, Reparatur) und personenbedingten Pausen (bedingt durch Erholungsbedürfnis etc.) unterscheiden.

Eine Vielzahl von rechtlichen, tariflichen und betrieblichen Regelungen schreiben Ruhepausen vor.

Die Wirkungen von Pausen sind abhängig von der Pausenart, von der Ermüdung und dem Erholungsbedürfnis, dem Tagesrhythmus, der Arbeitsbelastung und der Technologie. Im betriebswirtschaftlichen Sinne lohnend ist eine Pause, wenn der Erholungswert und die Motivationswirkung so groß sind, dass trotz des Leistungsverlusts während der Arbeitsunterbrechung der Leistungsanteil des Einzelnen für das Gesamtsystem nicht reduziert wird bzw. steigt.

Es sollten relativ viele, kurze Pausen, vor allem in den Leistungstiefs der Tagesrhythmuskurve, gegeben werden, um positive Wirkungen zu erzielen.

Literatur: Pfeiffer, W.; Doerrie, U.; Stoll, E. 1977: Menschliche Arbeit in der industriellen Produktion, Göttingen; Sperling, H. J. 1983: Pause als soziale Arbeitszeit, Berlin; Franke, J. 1998: Optimierung von Arbeit und Erholung: ein kompakter Überblick für die Praxis, Stuttgart   (n)

Pensumlohn

Als Pensumlohn bezeichnet man ↗ Lohnformen, bei denen man einen ↗ Lohn in der Erwartung zahlt, dass ein vorher festgelegtes Arbeitspensum in einer künftigen Periode erledigt wird (Schettgen 1996, S. 319f.). Bei der Anwendung dieser Lohnformen ist Folgendes zu klären:

– Die erwartete Soll-Mengenleistung (das Pensum) ist festzulegen.
– Die Ist-Leistung ist zu bestimmen und mit der Soll-Leistung zu vergleichen.
– Die Folgen der Überschreitung und Unterschreitung der Soll-Menge müssen festgelegt werden.

Der Pensumlohn findet vor allem in zwei Varianten Anwendung: Ein *Zeitlohn für eine festgelegte Leistung* liegt beim *Measured Day Work* und beim *Programmlohn* vor. Beim Measured Day Work-Lohn wird ein Festlohn für eine geplante Tagesleistung festgelegt, z.B. die Gepäckmenge beim Beladen

von Flugzeugen. Dauerhafte Unterschreitungen der Sollleistung führen dazu, dass die betreffenden ↗ Mitarbeiter geschult oder ihnen andere Aufgaben zugewiesen werden. Beim Programmlohn bezieht sich die Leistung nicht unbedingt auf einen Tag, auch die Folgen beim Unterschreiten des Solls sind andere als bei der Measured Day Work-Lohnform. Beim Programmlohn wird als Leistung ein bestimmtes Fertigungsprogramm vereinbart, z.B. die Montage einer Heizungsanlage in einer bestimmten Zeit. Wird das Programm eingehalten, zahlt man den Lohn zu 100 Prozent aus, bei Zeitüberschreitungen sind Lohnabzüge üblich. Beim *Vertragslohn* oder *Kontraktlohn* handelt es sich dagegen um einen ↗ *Leistungslohn mit mehreren Leistungsstufen*. Man könnte diese Form auch als eine Art von im Vorhinein garantierten ↗ Akkordlohn bezeichnen. Sie findet zum Beispiel bei Einzel- oder Kleinserienfertigung im Schiffsbau Anwendung. Der Lohn wird für einen bestimmten Zeitraum bezogen auf eine bestimmte Leistung, die üblicherweise höher als die Normalleistung liegt, vereinbart. Geringe Abweichungen in der Leistung haben keine Folgen. Bei größeren Unterschreitungen kann »nachgearbeitet« werden. Sind die Leistungsunterschreitungen häufiger, werden die Mitarbeiter in eine geringere Leistungsstufe und damit auf einen geringeren ↗ Lohn zurückgestuft. Wird die Leistungsvorgabe dauerhaft überfüllt, kann die Vorgabe (und evtl. auch der Lohn) angepasst werden.

Literatur: Schettgen, P. 1996: Arbeit – Leistung – Lohn, Stuttgart   (n)

Personal

Als Personal werden die in ↗ Organisationen, insbes. in Unternehmen im Hinblick auf die Erfüllung der jeweiligen Aufgaben Beschäftigten Personen bezeichnet. Personal ist einerseits stets Instrument der Aufgabenerfüllung; andererseits sind Organisationen, insbes. Unternehmen, für das Personal Mittel zur Erreichung persönlicher Ziele. Beide Aspekte werden durch die Anreiz- bzw. Kompensationsbemühungen der Organisationen miteinander verbunden (↗ Anreizgestaltung, ↗ Kompensation). Deshalb wird darauf hingewiesen, dass Personal sowohl in instrumenteller als auch in motivationaler Perspektive betrachtet wird.   (w)

Personal als Wissenschaft

Die ↗ Personalwirtschaft ist eine ↗ Realwissenschaft, d.h. eine Wissenschaften, die sich mit realen Erscheinungen befasst. Realwissenschaften streben nach der Entwicklung von Theorien über die ihrem Erkenntnisobjekt (hier: Personalwirtschaft) entsprechenden Phänomene.

Realwissenschaftliche Aussagen weisen demnach Informationsgehalt auf; ihr Wahrheitsgehalt kann durch Konfrontation mit der Realität überprüft werden. Die Personalwirtschaftslehre kann von ihrem Kern her als Realwissenschaft eingeordnet werden. Als relativ junge Disziplin hat sie die theoretische Fundierung jedoch in vielen Teilbereichen noch wenig vorangetrieben; vielfach werden Theorien bzw. theoretische Konzepte aus Nachbardisziplinen herangezogen.

Als Teilbereiche realwissenschaftlicher Analyse lassen sich Beschreibung, Erklärung, Prognose, Gestaltung und Kritik nennen. Dabei ist auch die Beschreibung durch Theorien oder theoretische Hintergrundvorstellungen beeinflusst. Wissenschaftliche Beschreibung ist durch die Verwendung einer akzeptierten Fachsprache, Systematisierung und Beschränkung auf das Wesentliche gekennzeichnet; sie bedeutet

deshalb immer auch Abstraktion. Beschreibende Modelle bilden die Realität systematisch ab und bieten in der Regel auch Informationen über die Hauptzusammenhänge zwischen den Elementen der abgebildeten Realität; auch sie enthalten insofern theoretische Elemente.

Theorien sind logisch-systematisch miteinander verknüpfte Systeme von Hypothesen, die als begründete Vermutungen über die Realität gekennzeichnet werden können (↗ Theorien, personalwirtschaftlich relevante). Theoretisches Wissen kann in Prognosen transformiert und als Basis für praktisches Gestaltungshandeln verwendet werden (Nienhüser 1989) oder den Hintergrund für wissenschaftliche Kritik bilden.

Literatur: Marr, R.; Stitzel, M. 1979: Personalwirtschaft. Ein konflikttorientierter Ansatz, München; Raffée, H.; Abel, B. 1979: Wissenschaftstheoretische Grundfragen der Wirtschaftswissenschaften, München; Nienhüser, W. 1989: Die praktische Nutzung theoretischer Erkenntnisse in der Betriebswirtschaftslehre, Stuttgart; Raffée, H. 1995: Grundprobleme der Betriebswirtschaftslehre, 9. Aufl., Göttingen; Weber, W.; Kabst, R. 2004: Human Resource Management: The Need for Theory and Diversity, in: Management Revue: The International Review of Management Studies, Vol. 15, No. 2, S. 171-178   (k)

Personalabbau

Unter Personalabbau wird die von der Unternehmensleitung herbeigeführte Verringerung der Zahl von ↗ Arbeitnehmern in einer ↗ Organisation verstanden. Begründet wird diese Vorgangsweise oft mit einer im Rahmen der ↗ Personalbedarfsermittlung festgestellten personellen Überdeckung infolge technischen Fortschritts (↗ Personalfreisetzung), rückläufiger Produktions- und Absatzentwicklung oder betrieblichen Umstrukturierungen.

Für das betriebliche ↗ Personalwesen stellt die Gestaltung der Mitgliederstruktur in quantitativer Hinsicht einen zentralen Aufgabenbereich dar. In Abstimmung mit den übrigen Teilbereichen der ↗ Personalplanung sowie anderen organisationalen Funktionen, z.B. Absatz oder Produktion, können unter Beachtung der rechtlichen Rahmenbedingungen Maßnahmen getroffen werden, die einen Personalabbau überflüssig machen. Beispiel sind etwa die Erhöhung der ↗ Qualifikation der Mitarbeiter, Umsetzungen, Abbau von Überstunden oder ↗ Kurzarbeit.

Sollte eine Reduzierung der Gesamtbelegschaft als unumgänglich angesehen werden, stehen Instrumente wie Einstellungsstopp, vorzeitige Pensionierung, Ausnutzung der ›natürlichen‹ ↗ Fluktuation, Förderung des freiwilligen Ausscheidens und letztlich ↗ Kündigung bzw. Entlassung zur Verfügung.

Die vielfältigen organisationalen und individuellen Konsequenzen des Personalabbaus werden zur Zeit bei seiner Gestaltung nicht ausreichend berücksichtigt. Personalwirtschaftliche Instrumente wie z.B. ↗ Outplacement finden nur selten Verwendung. Rechtlich häufig erforderlich ist die Erstellung von Sozialplänen.

Literatur: Marr, R.; Steiner, K. 2003: Personalabbau in deutschen Unternehmen. Empirische Ergebnisse zu Ursachen, Instrumenten und Folgewirkungen, Wiesbaden   (m)

Personalabteilung

Die Personalabteilung ist die organisatorische Einheit, in der die Aufgaben des betrieblichen ↗ Personalwesens zusammengefasst sind oder zumindest koordiniert und administrativ betreut werden. An ihrer Spitze steht der ↗ Personalleiter. Die Betreuung von Teilaufgaben wird häufig von ↗ Personalreferenten übernommen.

In Abhängigkeit von unterschiedlichen Einflussfaktoren wie z.B. Zahl und ↗ Qualifikation der ↗ Arbeitnehmer, ↗ Organisationsstruktur, Art und technischer Entwicklungsstand der Produkte oder Produktionstechnik ist die Aufgabenstellung und strukturelle Verankerung der Personalabteilung unterschiedlich.

Zu den Kernaufgaben der Personalabteilung gehören die Aufrechterhaltung des zur Leistungserstellung erforderlichen ↗ Personalbestands, die Gestaltung des ↗ Personaleinsatzes, die Frage nach der Eingliederung und ↗ Motivation der Organisationsmitglieder einschließlich der Gestaltung der ↗ Führung, die Aus- und ↗ Weiterbildung sowie die ↗ Personalentwicklung. Dazu kommen administrative Tätigkeiten im Rahmen der ↗ Personalverwaltung.

Die Eingliederung der Personalabteilung in die Organisationsstruktur kann als Stabs- oder Linieneinheit, als Mischform sowie in Zuordnung zu meist besonders wichtigen Abteilungen (z.B. Produktion oder Verkauf) erfolgen. Zunehmend gehört der ↗ Personalleiter zur ersten Führungsebene der Organisation. In Unternehmungen, die der Montanmitbestimmung oder dem Mitbestimmungsgesetz (↗ Mitbestimmungsrecht) unterliegen, ist der für die Personal- und Sozialfragen zuständige ↗ Arbeitsdirektor Mitglied der Unternehmensleitung.

Die innere Strukturierung der Personalabteilung kann nach unterschiedlichen Gesichtspunkten erfolgen. Kriterien sind vor allem verschiedene Arbeitnehmerkategorien (z.B. technisch-gewerbliche, kaufmännische Arbeitnehmer), Unternehmensbereiche (z.B. Absatz, Fertigung) und Teilfunktionen (z.B. ↗ Personalplanung, Aus- und ↗ Weiterbildung). Besonders in großen Unternehmen ist die bestehende Struktur oft das Ergebnis einer Kombination dieser Kriterien.

Literatur: Ackermann, K.F.; Meyer, M.; Mez, B. (Hrsg.) 1998: Die kundenorientierte Personalabteilung. Ziele und Prozesse des effizienten HR-Management, Wiesbaden   (m)

Personalakquisition

Personalakquisition bezeichnet die Summe der Maßnahmen, durch die im Rahmen der ↗ Personalbeschaffung mit potenziellen Stelleninhabern Kontakt aufgenommen wird.

Über die ↗ Personalwerbung wird das externe ↗ Personalbeschaffungspotenzial angesprochen. Die interne Personalakquisition, welche sich an die Mitglieder der ↗ Organisation richtet (internes Personalbeschaffungspotenzial), verwendet vor allem die ↗ innerbetriebliche Stellenausschreibung, Stellenclearing oder die Nachfolge- und Laufbahnplanung im Rahmen einer systematischen ↗ Personalentwicklung.

Literatur: Bröckermann, R. (Hrsg.) 2002: Handbuch Recruitment, Berlin   (m)

Personalakte

Die Personalakte, Hilfsmittel der ↗ Personalverwaltung, ist eine Zusammenfassung von Unterlagen über einen ↗ Arbeitnehmer. In ihr werden alle Personalunterlagen mit Urkundencharakter für den Betrieb (›Urbelege‹) gesammelt.

Sie beinhaltet Informationen zur Person des Arbeitnehmers, soweit sie mit dem Arbeitsverhältnis in sachlichem Zusammenhang stehen, z.B. Name, Schulbildung, berufliche ↗ Qualifikationen oder bisherigen Werdegang. Darüber hinaus enthält sie weitere Informationen wie Bewerbungsunterlagen, Ergebnisse von Eingangstests, vertragliche Vereinbarungen, Bezüge etc. sowie die im Laufe des Beschäftigungsverhältnisses eingetretenen Änderungen und Entwicklungen. Die Personalakte stellt so eine umfassende Dokumentation über den Arbeitnehmer dar.

Der Arbeitnehmer hat ein Einsichtsrecht in die vollständige Personalakte. Zur Einsicht kann er auf eigenen Wunsch ein Mitglied des ↗ Betriebsrats beiziehen. Ein Berichtigungsanspruch ermöglicht es ihm, zum Inhalt der Personalakte eine schriftliche Stellungnahme abzugeben und unrichtige Angaben entfernen zu lassen. Bei Verwendung von Dateien im Sinne des Bundesdatenschutzgesetzes (in Österreich: des Datenschutzgesetzes, in der Schweiz: des Bundesgesetzes über den Datenschutz (DSG) sowie Art. 328b OR), wie sie durch die Verwendung neuer Informations- und Kommunikationstechnologien etwa bei ↗ Personalinformationssystemen auftauchen, gelten die Schutzbestimmungen dieser Gesetze.

Literatur: Kammerer, K. 2001: Personalakte und Abmahnung, Heidelberg   (m)

Personalarbeit

Personalarbeit deckt sich mit der funktionalen Auffassung des betrieblichen ↗ Personalwesens und umfasst die Summe der Aufgaben und Tätigkeiten, die sich auf die Gestaltung menschlicher Arbeit in zweckgerichteten sozialen Systemen, insbesondere Wirtschaftsorganisationen, beziehen. Kerngebiete der Personalarbeit sind die Heranbildung bzw. Gewinnung und Auswahl geeigneter ↗ Mitarbeiter, die Anreiz- und Betreuungsproblematik, Integrations- und Führungsaufgaben sowie Trainings- bzw. Aus- und Weiterbildungsmaßnahmen. Potenziell ist darin auch die Gestaltung aller Teilbereiche der Unternehmung eingeschlossen. So verstandene Personalarbeit greift über den institutionellen Personalwesen-Begriff hinaus, der sich primär auf bestimmte Organisationseinheiten – v.a. die ↗ Personalabteilung – bezieht.

Aus dieser umfassenden Sicht folgt, dass eine Reihe von unternehmensinternen Personen, ↗ Gruppen und Abteilungen auf die Personalarbeit Einfluss nimmt. Zu den wichtigsten zählen ↗ Arbeitsdirektor, ↗ Personalleiter, Personalabteilung, ↗ Personalreferenten, andere Abteilungen mit ähnlichen oder verwandten Aufgaben (z.B. Organisations-, Rechtsabteilung), ↗ Vorgesetzte, ↗ Betriebsrat und ↗ Gewerkschaften.

Neuere Entwicklungen weisen einer umfassenden Personalarbeit unter dem Namen Human Resource Management einen wichtigen Platz im Rahmen der (strategischen) Unternehmensführung zu.

Literatur: Götz, K. 2002: Personalarbeit der Zukunft, München, Mering   (m)

Personalaufwand

Der Personalaufwand ist ein Teil des Aufwands eines Unternehmens, der in der Gewinn- und Verlustrechnung ausgewiesen wird. Aufwand ist der gesamte nach gesetzlichen Regeln bewertete Güterverzehr in einer Periode. Gesamter Güterverzehr bedeutet, dass sowohl der nicht leistungsbezogene als auch der leistungsbezogene Güterverzehr, der mit den Kosten (↗ Personalkosten) identisch ist, einbezogen wird. In diesem Sinne ist der Personalaufwand jener Aufwand, der für die Ressource ↗ Personal entsteht. Da der Leistungsbezug als Abgrenzungskriterium zwischen Aufwand und Kosten oft nicht eindeutig festgestellt oder verworfen werden kann, wird vielfach auf eine Abgrenzung zwischen Personalaufwand und Personalkosten verzichtet.

Der Personalaufwand wird im Aktiengesetz in die Positionen Löhne und Gehälter, soziale Abgaben und Aufwendungen für Altersversorgung und Unterstützung gegliedert. In personalwirtschaftlichen Analysen wird demgegenüber häufig zwischen Personalbasisaufwand und Personalzusatzaufwand unterschieden. Der Personalbasisaufwand umfasst Löhne und Gehälter, wobei meist auf die Löhne und Gehälter im Bereich der unmittelbaren Leistungserstellung abgehoben wird. Der Personalzusatzaufwand umfasst jenen Aufwand, der über den Personalbasisaufwand hinaus anfällt: Löhne und Gehälter für bezahlte Ausfallzeiten, Löhne und Gehälter ohne Leistungsbezug, Löhne und Gehälter, die im Zusammenhang mit sozialen Diensten sowie mit Aus- und Weiterbildungsmaßnahmen anfallen, soziale Abgaben, Aufwendungen für Altersversorgung und Unterstützung, Sachaufwendungen für soziale Dienste sowie für die Aus- und Weiterbildung des ↗ Personals. Der Personalzusatzaufwand fließt dem Personal direkt oder indirekt zu; zum Teil kommt er dem Personal insgesamt zugute (z.B. betriebliche Freizeiteinrichtungen). Der Personalzusatzaufwand kann gesetzlich oder tarifvertraglich festgelegt sein oder aus betrieblicher Perspektive geboten sein. Für die Gliederung des Personalaufwands gibt es jedoch keine allgemein akzeptierten Normen. Deshalb müssen pauschale Angaben über die Höhe des Personalzusatzaufwandes durch die inhaltliche Abgrenzung präzisiert werden.

Literatur: Grünefeld, H.-G. 1983: Steuerung und Kontrolle des Personalaufwandes, Wiesbaden; Henselek, H. 2004: Personalkosten und -aufwand, in: Gaugler, E.; Oechsler, W.A.; Weber, W. (Hrsg.): Handwörterbuch des Personalwesens, 3. Aufl., Stuttgart, Sp. 1554-1566 (w)

Personalauswahl

In einem an ↗ Auswahlrichtlinien orientierten Entscheidungsprozess wird bei der Personalauswahl versucht, anhand eines erarbeiteten ↗ Anforderungsprofils die ↗ Arbeitnehmer auszuwählen, die aufgrund ihrer ↗ Eignung bestmöglich den Stellenanforderungen entsprechen.

Voraussetzungen für eine fundierte Auswahl sind die Erstellung des Anforderungsprofils, z.b. über die ↗ Arbeitsanalyse bzw. Stellenbeschreibungen sowie Daten über den geplanten Beginn des Beschäftigungsverhältnisses.

Als Methoden zur Feststellung des ↗ Eignungsprofils stehen neben der Auswertung der ↗ Bewerbungsunterlagen und medizinischen Untersuchungen die Möglichkeiten der ↗ Eignungsdiagnostik zur Verfügung. Insbesondere ↗ Assessment-Center, verschiedene Arten von ↗ Tests wie ↗ Intelligenztests, ↗ Leistungstests, ↗ Persönlichkeitstests, biographische Fragebögen und das ↗ Einstellungsgespräch finden Verwendung. Für Bewerber aus dem internen ↗ Personalbeschaffungspotenzial, die sich im Zuge einer ↗ innerbetrieblichen Stellenausschreibung beworben haben, bieten sich die bereits durchgeführten ↗ Personalbeurteilungen an.

Neben der betroffenen Fachabteilung und der ↗ Personalabteilung ist nach dem ↗ Betriebsverfassungsrecht auch der ↗ Betriebsrat an der Personalauswahl zu beteiligen.

Die Personalauswahl gehört zu den zentralen Aufgaben des betrieblichen ↗ Personalwesens und ist Teil der ↗ Personalbeschaffung.

Besonders die Methoden der Personalauswahl unterliegen hinsichtlich ihrer Eignung für die angestrebten Ziele umfangreicher Kritik. Messtheoretische Voraussetzungen wie ↗ Objektivität, ↗ Validität oder ↗ Reliabilität sind nicht immer gewährleistet, sodass ↗ Beurteilungsfehler auftreten.

Literatur: Haltmeyer, B.; Lueger, G. 2002: Beschaffung und Auswahl von Mitarbeitern, in: Kasper, H.; Mayrhofer, W. (Hrsg.): Personalmanagement – Führung – Organisation, 3. Aufl., Wien, S. 405-446 (m)

Personalbedarf

Als Personalbedarf wird die Gesamtheit aller zur Erfüllung der Unternehmensaufgaben erforderlichen Arbeitskräfte bezeichnet. Bei dieser weiten Begriffsfassung wird auch von Personalbruttobedarf oder vom Personalsollbestand gesprochen. In qualitativer Hinsicht werden darunter die notwendigen Qualifikationen der Arbeitskräfte vor dem Hintergrund zukünftiger Arbeitsplatzanforderungen verstanden. In quantitativer Sicht umfasst er die Anzahl der zur Leistungserstellung notwendigen Personen einer bestimmten ↗ Qualifikation. Beide Aspekte werden zeitraum- bzw. zeitpunktbezogen betrachtet. Der Personalbedarf setzt sich aus dem zur Erfüllung der Leistungsaufgaben notwendigen Einsatzbedarf und dem Ausfälle wie Fehlzeiten etc. berücksichtigenden Reservebedarf zusammen.

Aus dem Vergleich zwischen dem Personalbedarf und dem ↗ Personalbestand zum Betrachtungszeitpunkt ergibt sich der Personalnettobedarf als personelle Überdeckung (↗ Personalabbau) bzw. personelle Unterdeckung (↗ Personalbeschaffung). Er gliedert sich in Neu- bzw. Freisetzungsbedarf und Ersatzbedarf, z.B. durch ↗ Fluktuation.

Die Entwicklung des Personalbedarfs ist von einer Vielzahl von organisationsexternen und -internen Bestimmungsfaktoren abhängig. Dazu gehören besonders das Absatz- bzw. Produktionsvolumen, die Wirtschafts- und Branchenentwicklung, gesetzliche Rahmenbedingungen, technologische Veränderungen, die Arbeitsorganisation und das Qualifikationspotenzial der ↗ Arbeitnehmer.

Der Personalbedarf bzw. die ↗ Personalbedarfsermittlung ist ein wichtiger Teilaspekt der ↗ Personalplanung.

Bei der Ermittlung des Personalbedarfs ergeben sich besondere Schwierigkeiten durch die in die Zukunft gerichtete Betrachtung, d.h. die prognostische Unsicherheit und die Hindernisse bei der Erfassung der qualitativen Komponente in Form von Anforderungs- bzw. Eignungsprofilen.

Literatur: Hansen, H. 2000: Organisationeller Wandel und Personalbedarf. Unternehmensstrategien und Beschäftigungssituation Ende der neunziger Jahre, Opladen   (m)

Personalbedarfsermittlung

Durch die Personalbedarfsermittlung wird versucht, den gegenwärtigen bzw. zukünftigen ↗ Personalbedarf, d.h. Art und Anzahl der ↗ Arbeitnehmer, die zu einem bestimmten Zeitpunkt oder -raum für die Erfüllung der betrieblichen Aufgaben notwendig sind, zu ermitteln. Die Personalbedarfsermittlung kann sich auf die Gesamtorganisation oder auf Teilbereiche beziehen und einen kurz-, mittel- oder langfristigen Planungshorizont haben.

Zur Ermittlung des Personalbedarfs stehen verschiedene Methoden zur Verfügung. Der quantitative Personalbedarf kann insbesondere durch Ableitung aus vorgeordneten Plänen (z.B. Organisationsplan), Einsatz statistischer und arbeitswissenschaftlicher Methoden (z.B. Zeitstudien, Regressionsmodelle, Trendextrapolation) und Ableitung aus den zu erfüllenden Aufgaben bestimmt werden. Im qualitativen Bereich, der sich die Erfassung der Arbeitsanforderungen und die Bestimmung der qualitativen Struktur der Arbeitnehmer zum Ziel setzt, bilden vielfach Arbeitsplatz- und Stellenbeschreibungen bzw. ↗ Anforderungsprofile eine wichtige Planungsgrundlage. Durch den Vergleich des Personalbedarfs (auch: Bruttobedarf, Sollbestand) mit dem ↗ Personalbestand (auch: Istbestand) ergibt sich der Nettopersonalbedarf als personelle Überdeckung oder Unterdeckung.

Von personeller Überdeckung wird gesprochen, wenn zu einem gegebenen Zeitpunkt der ↗ Personalbestand an Arbeitskräften den ↗ Personalbedarf übersteigt. Es sind in qualitativer und/oder quantitativer Hinsicht mehr Arbeitskräfte vorhanden, als zur betrieblichen Leistungserstellung benötigt werden. Maßnahmen zur Reduktion einer Überdeckung liegen z.B. im Bereich der Arbeitsorganisation, etwa ↗ Kurzarbeit, oder von ↗ Personalabbau. Bei personeller Unterdeckung fehlen in quantitativer und/oder qualitativer Hinsicht Arbeitskräfte zur betrieblichen Leistungserstellung. Zur Beseitigung einer Unterdeckung stehen verschiedene Maßnahmen im Rahmen der ↗ Personalbeschaffung zur Verfügung.

Die grundsätzliche Logik der Personalbedarfsermittlung lässt sich auch in Form eines einfachen Berechnungsschemas (Skontraktionsrechnung) darstellen:

Gegenwärtig bestehende Stellen

+ Anzahl neuer Stellen bis zum Berechnungsstichtag
− Anzahl entfallender Stellen bis zum Berechnungsstichtag

= Personalbedarf am Berechnungsstichtag
Gegenwärtiger Personalbestand
− Pensionierungen im Planungszeitraum
− Abgänge durch Kündigung
− Todesfälle
− Sonstige Abgänge
+ Bereits feststehende Zugänge

= Fortgeschriebener Personalbestand bis zum Berechnungsstichtag

Personalbedarf am Berechnungsstichtag
– Fortgeschriebener Personalbestand
bis zum Berechnungsstichtag

= Nettopersonalbedarf am Berechnungsstichtag
(personelle Über- bzw. Unterdeckung)

Die Personalbedarfsermittlung ist wesentlicher Teil der ↗ Personalplanung
und damit auch der Planung auf der
Ebene der Gesamtorganisation. Für die
Personalplanung ergibt sich durch die
Verwendung unterschiedlicher Arten
von Planungssoftware und integrierter Personal- und Managementinfor-
mationssysteme die Möglichkeit, unterschiedliche Szenarien durchzuspie-
len.

Schwierigkeiten bei der Personalbedarfsermittlung entstehen insbesondere
bei der Auswahl der für die verschiedenen Methoden verwendeten Parameter und der Ermittlung konkreter
und zutreffender Zahlen für diese Mo-
dellparameter, vor allem aufgrund des
Prognoseproblems.

Literatur: Horsch, J. 2000: Personalplanung.
Grundlagen, Gestaltungsempfehlungen, Praxisbeispiele, Herne   (m)

Personalberatung

Personalberatung bezeichnet im weiten Sinn die Inanspruchnahme von
Dienstleistungen für Teilgebiete des
betrieblichen ↗ Personalwesens, z.B.
Durchführung von ↗ Mitarbeiterbefragungen oder Begleitung respektive
Steuerung von Prozessen organisatorischer ↗ Änderungen. In einem engeren
werden darunter Serviceleistungen or-
ganisationsexterner Berater bei der Personalbeschaffung und ↗ Personalauswahl von ↗ Führungskräften verstanden. Diese beinhalten v.a. Unterstützung bei der Vorbereitung der externen Suche (z.B. Stellenanalyse, Erstellung eines Anforderungsprofils), Durchführung der Suche (überwiegend über
↗ Stellenanzeigen oder Direktkontak-
te), Auswahl (durch Auswertung der
Bewerbungsunterlagen, Eignungstests
etc.) und Einstellung der Bewerber
(durch Hilfe bei der Abfassung der
Arbeitsverträge). Die dabei entstehenden Kosten sind je nach Hierarchiestufe der zu besetzenden Position unterschiedlich hoch und bewegen sich
i.d.R. zwischen DM 5.000 und 30.000
bzw. rund 2.500 bis 15.500 €.

Die Verwendung von Personalberatern wird insbesondere mit der besseren Detailkenntnis auf eng umgrenzten
Gebieten, der Diskretion bzw. Anonymität bei der Personalbeschaffung sowie der Möglichkeit einer kurzfristigen
Kapazitätserweiterung begründet. Als
nachteilig werden vor allem die hohen
Kosten angeführt.

Insgesamt ist Personalberatung trotz
möglicher Konfliktflächen mit den seitens des Betriebs für Personalfragen zuständigen Personen und Abteilungen
als sinnvolle Ergänzung der von der
↗ Personalabteilung getragenen betrieblichen ↗ Personalarbeit zu sehen. Sie
erhöht die Problemlösungskapazität
und ist i.d.R. kurzfristig verfügbar.

Literatur: Dincher, R.; Gaugler, E. 2002: Personalberatung bei der Beschaffung von Fach-
und Führungskräften, Mannheim   (m)

Personalbereitstellung

Die Gesamtheit der Maßnahmen, die
dafür sorgen, dass das zur betrieblichen Aufgabenerfüllung erforderliche ↗ Personal in jeweils angemes-
sener Menge und mit angemessenen
persönlichen Merkmalen wie Ausbildung, Alter usw. an den bereits eingerichteten oder noch abzugrenzen-
den Arbeitsplätzen bereitsteht, wird als

Personalbereitstellung bezeichnet. Dazu dienen insbesondere die Ermittlung des ↗ Personalbedarfs, die ↗ Personalbeschaffung bzw. – bei einem personellen Überhang – der ↗ Personalabbau sowie die Zuordnung von Personal und Arbeitsplätzen im Rahmen des ↗ Personaleinsatzes.

Die Personalbereitstellung – manche Autoren sprechen auch von der Personalausstattung des Unternehmens – ist neben der Qualifizierung und Förderung der ↗ Mitarbeiter sowie der ↗ Kompensation und damit der Gestaltung betrieblicher Anreiz- oder Belohnungssysteme eines der drei zentralen Aufgabenfelder betrieblicher ↗ Personalarbeit.   (w)

Personalbeschaffung

Unter Personalbeschaffung wird die Suche und Bereitstellung von Arbeitskräften verstanden. Sie baut auf den im Zug der ↗ Personalbedarfsermittlung gewonnenen Daten auf und versucht den ↗ Personalbedarf in qualitativer, quantitativer und zeitlicher Hinsicht zu decken. Damit ist eine enge Verknüpfung zu den Ergebnissen der ↗ Personalplanung und der betrieblichen bzw. überbetrieblichen ↗ Arbeitsmarktforschung gegeben. Die Personalbeschaffungsmöglichkeiten werden von der Ausgestaltung des betrieblichen Anreizsystems – z.B. Entgelt – und dessen Darstellung in der Öffentlichkeit beeinflusst. ↗ Anreizgestaltung und Öffentlichkeitsarbeit sind deshalb wichtige Elemente der ↗ Personalbeschaffungspolitik.

Der Vorgang der Personalbeschaffung umfasst mehrere Einzelschritte. Die ↗ Personalbedarfsermittlung bestimmt Art und Anzahl der für die Erfüllung der betrieblichen Aufgaben notwendigen ↗ Arbeitnehmer. Das interne und externe ↗ Personalbeschaffungspotenzial steckt durch seine qualitativen und quantitativen Merkmale und seine zeitliche Verfügbarkeit den Rahmen von Personalbeschaffungsmaßnahmen ab. Die ↗ Personalakquisition zielt darauf ab, mit externen Bewerbern durch die ↗ Personalwerbung oder mit internen Bewerbern durch verschiedene Varianten der internen Ansprache – z.B. ↗ innerbetriebliche Stellenausschreibung – Kontakt aufzunehmen. Im Rahmen der ↗ Personalauswahl wird versucht, aus den Bewerbern diejenigen auszuwählen, bei denen die Übereinstimmung zwischen den Anforderungen der Position und der Eignung bzw. Neigung möglichst groß ist. Die ↗ Personaleinführung übernimmt die Aufgabe, die neu in die Organisation eingetretenen Arbeitnehmer während ihrer ersten Zeit in der Unternehmung zu betreuen. Eine Sonderform der Personalbeschaffung ist die vorübergehende Beschäftigung von Mitarbeitern im Rahmen des ↗ Personalleasings.

Personalbeschaffung ist eine der klassischen Aufgaben des betrieblichen ↗ Personalwesens. Durch ihre Bedeutung für die betriebliche Leistungserstellung ist sie von zentraler Wichtigkeit für die gesamte ↗ Organisation und stark mit der Gesamtunternehmensplanung und -politik verbunden.

Zu den wesentlichen Schwierigkeiten bei der Personalbeschaffung zählt die mit den zugrunde liegenden Daten verbundene Planungsunsicherheit, die Wahl geeigneter Personalbeschaffungsmaßnahmen und das mit der Personalauswahl verbundene Problem der ↗ Eignungsdiagnostik.

Literatur: Bröckermann, R. (Hrsg.) 2002: Handbuch Recruitment, Berlin   (m)

Personalbeschaffungspolitik

Die Personalbeschaffungspolitik umfasst die grundsätzlichen Überlegungen zu Zielen und Mitteln im Bereich der

↗ Personalbeschaffung. Sie bezieht sich auf die einzelnen Teilaufgaben der Personalbeschaffung und entwickelt Richtlinien in Bezug auf das ↗ Personalbeschaffungspotenzial, die ↗ Personalakquisition, die ↗ Personalauswahl und die ↗ Personaleinführung.

Mit ihrer Hilfe sollen die einzelnen Teilfunktionen der Personalbeschaffung koordiniert und auf gemeinsame Grundüberzeugungen verpflichtet werden. Sie zielt darauf ab, die Deckung des quantitativen und qualitativen ↗ Personalbedarfs zu unterstützen.

Das beschaffungspolitische Instrumentarium, z.B. ↗ Auswahlrichtlinien, Richtlinien hinsichtlich der Ausnutzung des externen und internen ↗ Arbeitsmarkts oder der Einführung von neuen Organisationsmitgliedern, dient der Umsetzung der angestrebten Ziele. Die ↗ Anreizgestaltung und die Öffentlichkeitsarbeit sind wichtige Elemente der Personalbeschaffungspolitik, da die Personalbeschaffungsmöglichkeiten von der Ausgestaltung des betrieblichen Anreizsystems – z.B. Entgelt – und dessen Darstellung in der Öffentlichkeit beeinflusst werden.

Die Personalbeschaffungspolitik ist als Teil der ↗ Personalpolitik in die Unternehmenspolitik eingeordnet. Ihre Zielsetzungen haben abgeleiteten Charakter.

Literatur: Martin, A.; Nienhüser, W. 2002: Neue Formen der Beschäftigung – neue Personalpolitik?, München, Mering   (m)

Personalbeschaffungspotenzial

Das Personalbeschaffungspotenzial bezeichnet den Teil der Arbeitskräfte auf dem ↗ Arbeitsmarkt, der zur Besetzung gegenwärtig oder zukünftig freier Positionen in der ↗ Organisation in Frage kommt. Damit werden alle die ↗ Arbeitnehmer ausgeschlossen, welche

eine solche Position nicht annehmen können oder wollen.

In qualitativer Sicht umfasst es die Arbeitnehmer mit den gesuchten ↗ Qualifikationen. Quantitativ bezeichnet es die Zahl der Arbeitnehmer mit ausreichenden Qualifikationen. Zeitlich wird auf die Verfügbarkeit für bestimmte Planungszeiträume abgestellt. Die Segmentierung nach ›intern-extern‹ unterscheidet, ob potenzielle Stelleninhaber bereits in der Organisation beschäftig sind oder nicht. Die Unterscheidung ›offen-latent‹ trennt den aktiv arbeitssuchenden Teil von denjenigen, die kein unmittelbares Interesse an einem neuen Arbeitsplatz haben und nur durch besondere Maßnahmen erreicht werden können, z.B. Abwerbung oder Erhöhung der Erwerbsquote in bestimmten demographischen Gruppen wie Frauen oder ältere Arbeitnehmer (↗ Arbeitnehmer, weibliche, ↗ Arbeitnehmer, ältere).

Die Ermittlung und Analyse des gegenwärtigen und zukünftigen Personalbeschaffungspotenzials zählt zu den Aufgabenstellungen der ↗ Personalforschung. Gegenstand der Erhebungen sind z.B. Nachwuchskartei, ↗ Personalakte, Einrichtungen der Arbeitsmarktverwaltung, demographische Prognosen, Gespräche mit Personalberatern oder das Verfolgen von ↗ Stellenanzeigen. Der Umfang und die Struktur des Personalbeschaffungspotenzials ist im Zuge der ↗ Personalbeschaffung von spezieller Bedeutung, da damit der Rahmen für Personalbeschaffungsmaßnahmen abgesteckt wird.

Bei der Ermittlung des Personalbeschaffungspotenzials stellen sich die typischen Probleme der Personalforschung wie z.B. Auswahl der Ermittlungsmethoden und Interpretation der Ergebnisse.

Literatur: Herrmann, J. 1999: Personalplanung und Personalbeschaffung, Wiesbaden   (m)

Personalbestand

Unter Personalbestand – auch: Personalausstattung, Personal-Ist-Bestand – wird die Art (qualitativer Aspekt) und Anzahl (quantitativer Aspekt) von ↗ Arbeitnehmern verstanden, die der Organisation zu einem gegenwärtigen oder zukünftigen Zeitpunkt bzw. -raum zur Verfügung stehen.

Zur Ermittlung des gegenwärtigen Personalbestands dienen besonders der Stellenbesetzungsplan (quantitativ) oder Qualifikationsprofile (qualitativ), in welche Berufserfahrung, Aufstiegsziele und -erwartungen, bisherige Leistungen etc. der Beschäftigten eingehen.

Davon ausgehend sind bei der Bestimmung des zukünftigen Personalbestands in quantitativer Hinsicht die sicheren oder statistisch erfassbaren Zu- und Abgänge mit einzubeziehen. Dazu gehören z.B. Wehrdienst, Pensionierung, ↗ Fluktuation, Beförderungen oder Übernahmen aus dem Ausbildungsverhältnis. Im qualitativen Bereich stehen Qualifikationsprognosen bzw. Leistungspotenzialbeurteilungen zur Verfügung. In beiden Bereichen sind neben weitgehend unbeeinflussbaren Faktoren wie Kündigung durch Arbeitnehmer aus privaten Gründen oder spontanen Lernprozessen insbesondere die Auswirkungen von betrieblichen Maßnahmen (z.B. ↗ Personalentwicklung, Veränderungen in der Arbeitsstruktur) auf den Personalbestand zu berücksichtigen.

Die Bestimmung des Personalbestands ist Teil der ↗ Personalplanung. Durch Vergleich des Personalbestands mit dem ↗ Personalbedarf, d.h. der Art und Anzahl von Arbeitnehmern, welche für die Erfüllung der betrieblichen Aufgaben notwendig sind, ergibt sich der Netto-Personalbedarf als personelle Überdeckung oder Unterdeckung (↗ Personalbedarfsermittlung).

Literatur: Herrmann, J. 1999: Personalplanung und Personalbeschaffung, Wiesbaden   (m)

Personalbeurteilung

Unter Personalbeurteilung wird die formalisierte und regelmäßige (häufig jährliche) Einschätzung des Beitrags eines ↗ Mitarbeiters zu den Zielen der ↗ Organisation verstanden. Die Personalbeurteilung kann sich als Persönlichkeitsbeurteilung auf personale Merkmale wie z.B. Sicherheit im Auftreten und als Leistungsbewertung/Leistungsbeurteilung auf Leistungsaspekte wie z.B. Grad der Erreichung vereinbarter Ziele richten.

Gründe für die Durchführung von Personalbeurteilungen sind v.a.: Beitrag zur Entscheidungsfindung bei Beförderung und Entgeltfestsetzung, Bestimmung von Aus- und Weiterbildungsbedarf, Unterstützung der Selbstentwicklung, Evaluation von Personalauswahlmaßnahmen. Daneben lassen sich latente Funktionen von Personalbeurteilung nennen, z.B. Erhöhung des Anpassungsdrucks, ex-post Legitimation von Personalentscheidungen, Schutz vor Willkürmaßnahmen.

Die Personalbeurteilung wird i.d.R. vom direkten ↗ Vorgesetzten durchgeführt. Daneben ist auch eine Beurteilung durch die Kollegen (›peer-rating‹), eine Selbstbeurteilung sowie eine ↗ Vorgesetztenbeurteilung denkbar.

Zu den wichtigsten verwendeten Methoden zählen die schriftliche freie Eindrucksschilderung, verschiedene Einstufungs-, Auswahl- und Rangordnungsverfahren, die Methode der kritischen Ereignisse und ↗ Management-by-Objectives. Für diese Verfahren ist analog zu den testtheoretischen ↗ Gütekriterien ↗ Validität, ↗ Reliabilität und ↗ Objektivität zu fordern.

Die Personalbeurteilung ist als sozialer Prozess Wahrnehmungs- und Urteilstendenzen unterworfen. Häufig treten ↗ Beurteilungsfehler auf, z.B. Milde- bzw. Strengefehler, Tendenz zur Mitte (Vermeidung von Extremwerten bei der Beurteilung), Halo-Effekt (Ausstrahlung bestimmter Einschätzungen auf andere Beurteilungsdimensionen).

Literatur: Lueger, G. 2002: Personalbeurteilung, in: Kasper, H.; Mayrhofer, W. (Hrsg.): Personalmanagement – Führung – Organisation, 3. Aufl., Wien, S. 447-481; Becker, F.G. 2003: Grundlagen betrieblicher Leistungsbeurteilungen, 4. Aufl., Stuttgart   (m)

Personal-Controlling

Als Personal-Controlling werden innerbetriebliche Planungs- und Kontrollsysteme für den Personalbereich der Unternehmung bezeichnet, mit deren Hilfe die Umsetzung von Zielen in Plandaten und konkrete Maßnahmen erfolgt und überwacht wird. Personal-Controlling stellt deshalb eine wesentliche Grundlage für die Steuerung des Personalbereichs der Unternehmung dar. Als Hauptelemente dieses Steuerungskonzepts werden gesehen: ein mit den Zielen des Gesamtunternehmens verknüpftes personalwirtschaftliches Zielsystem, ↗ Personalplanung, personalwirtschaftliches Informationssystem und Kontrolle. Dabei orientieren sich Planung, Informationssystem und Kontrolle an den personalwirtschaftlichen Zielen. Das Handeln im Personalbereich wird durch die Planung bzw. durch die von der Kontrolle ausgehenden Rückkopplungen ausgelöst. Personal-Controlling ist ebenso wie z.B. Marketing-Controlling Funktions-Controlling, damit Element des Controllingsystems der Gesamtunternehmung und mit diesem über die Zielgrößen verknüpft. Eine direkte organisatorische Zuordnung des Gesamtkomplexes Personal-Controlling zum Personalbereich der Unternehmung wird als problematisch angesehen; zumindest für das Controlling-Element Kontrolle wird eine unabhängige Position von dem zu kontrollierenden Bereich empfohlen.

Wegen der zum Teil langen Wirkungsketten im Personalbereich ist die Verbindung zwischen der Erfolgssteuerung der Unternehmung und dem Planungs- und Kontrollsystem im Personalbereich über eine eindeutige Zielhierarchie nicht zu realisieren. Steuerungsmaßnahmen setzen wegen der Länge dieser Wirkungsketten in der Regel nicht direkt bei der Produktivität des Personals und ähnlichen Zielgrößen, sondern bei jenen Größen an, die mit den Zielgrößen in engem Zusammenhang stehen, z.B. bei der Personalstruktur (↗ Organisationsdemographie), Personalbeschaffungsmaßnahmen, Fluktuation, Aus- und Weiterbildungsmaßnahmen usw.

Für das Controlling und damit auch für das Personal-Controlling ist praktisch das gesamte methodische Instrumentarium der Betriebswirtschaftslehre relevant. Hervorgehoben werden jedoch der Einsatz der Kosten- und Leistungsrechnung, die Computerunterstützung der Datenaufbereitung sowie die Verwendung der quantitativen und qualitativen Methoden der Betriebswirtschaftslehre. Dieses methodische Instrumentarium wird bisher in der personalwirtschaftlichen Praxis nur partiell eingesetzt. Dieses instrumentelle Defizit spiegelt sich in den bis Ende der 80er-Jahre vorliegenden Beiträgen zum Personal-Controlling fast durchgängig wider.

Literatur: Wunderer, R.; Schlagenhaufer, P. 1994: Personal-Controlling: Funktionen – Instrumente – Praxisbeispiele, Stuttgart; Küpper, H.-U. 1991: Personal-Controlling aus der Sicht des Controllers – Entwicklungschancen?, in: Ackermann, K.F.; Scholz, H. (Hrsg.): Personalmanagement für die 90er Jahre, Stuttgart, S. 223-247   (w)

Personaldaten

Informationen über die ↗ Mitarbeiter eines Unternehmens werden als Personaldaten bezeichnet. Häufig werden Informationen nur dann als ↗ Daten bezeichnet, wenn sie auf so genannten Datenträgern (Bänder, Platten, Disketten, Karteien, Formblättern usw.) erfasst sind. Personaldaten sind dann die auf Datenträgern erfassten Informationen über die Mitarbeiter eines Unternehmens. Sammlungen solcher Daten werden als Personaldateien bezeichnet (↗ Personalinformationssystem).

Die Daten beziehen sich zunächst auf den individuellen Mitarbeiter. Sie umfassen dann Aussagen über persönliche Merkmale wie Namen, Geburtsdatum, Geschlecht, Ausbildung, Spezialkenntnisse, medizinische Befunde z.B. über Tropentauglichkeit u.Ä., Einstellungstermin, bisher übernommene Aufgaben usw.

Teilaspekte dieser Daten werden im Hinblick auf unterschiedliche Kriterien aufbereitet. Es ergeben sich dann insbesondere die folgenden weiteren Bereiche:

- Gesamtzahl und quantitative Entwicklung des Personals,
- Personalstruktur, d.h. die Zusammensetzung nach Berufen, Status, Alter, Geschlecht, Qualifikation usw.,
- Personalbewegungen, insbesondere Einstellungen, Kündigungen von Seiten des Arbeitnehmers und von Seiten des Unternehmens, innerbetriebliche Versetzungen, Beförderungen usw.,
- Art, Umfang und Verteilung der Ausfall- und Fehlzeiten, aber auch bewertete Zahlen über den personellen Ressourceneinsatz, also Angaben über

- den Personalaufwand bzw. die Personalkosten sowie über
- die Veränderungen des Personalaufwands z.b. durch Tarifbewegungen und über
- die Struktur des Personalaufwands.

Diese Daten werden mit den Methoden der ↗ Personalforschung (↗ Datengewinnung, Methoden der) erhoben. Bei der Sammlung, Verarbeitung und Nutzung von Daten über Mitarbeiter sind Grenzen zu beachten: z.B. rechtliche Grenzen wie Datenschutzbestimmungen und Mitwirkungs- oder Mitbestimmungsrechte des Betriebsrates (↗ Betriebsrat, ↗ Betriebsverfassungsgesetz), darüber hinaus ethische Grenzen.

Literatur: Martin, A. 1994: Personalforschung, 2. Aufl., München, Wien   (n)

Personaldatenbank

Personaldatenbanken sind Hauptkomponente von ↗ Personalinformationssystemen. Sie enthalten jene ↗ Daten, die für Personalentscheidungen relevant sind und deren Erfassung möglich ist. Welche Daten im konkreten Fall erfasst werden, hängt davon ab, welche Aufgaben bzw. ↗ Entscheidungen mit Unterstützung des Personalinformationssystems bearbeitet werden sollen.

Deshalb liegen unterschiedliche Vorschläge zur Gestaltung von Personaldatenbanken vor. Nach dem Kreis der erfassten Personen kann unterschieden werden zwischen Personalarchiv-Datenbank, aktueller Datenbank und Personalplanungsdatenbank. In diesen Personaldatenbanken sind Daten über frühere, jetzige und potenzielle Mitarbeiter erfasst. Weiterhin kann nach dem Kriterium der Überschneidungsfreiheit zwischen fünf Dateien differenziert werden: Stamm-Datei, Mitarbeitergeschichts-Datei (erfasst Werdegang und besondere Ereignisse während der Mitgliedschaft im Unternehmen), Potenzial-Datei (Fähigkeiten, Kenntnisse, Gesundheitsdaten), Arbeitszeit-Datei und Vergütungs-Datei.

Literatur: Drumm, H.J. 2000: Personalwirtschaft, 4. Aufl., Berlin et al.; Scholz, C. 2000: Personalmanagement, 5. Aufl., München (w)

Personaleinführung

Bei der Personaleinführung handelt es sich um den geplanten und systematischen Integrationsprozess von neuen Mitgliedern in die ↗ Organisation. Sie ist der letzte Schritt der ↗ Personalbeschaffung.

Auf der sachlichen Ebene wird eine umfassende Vermittlung von Informationen über die ↗ Organisation, den Arbeitsbereich, z.B. Stellung im Produktionsprozess, den Arbeitsplatz oder über weitere organisationale Gegebenheiten wie ↗ Werksbücherei, ↗ werksärztlicher Dienst oder ↗ betriebliche Sozialeinrichtungen angestrebt. Dazu kommt eine laufende fachliche Betreuung während der Einführungsphase.

Auf sozialer Ebene verfolgen Einführungsprogramme das Ziel, neue Organisationsmitglieder in die Sozialstruktur der Organisation einzugliedern und Kontakte mit anderen Kollegen, insbesondere der entsprechenden ↗ Arbeitsgruppe, herzustellen.

Neben diesen beiden Bereichen wird im Rahmen der Personaleinführung auch versucht, bei den neu in die Organisation eingetretenen Mitgliedern die Übernahme organisationsspezifischer Normen und Werte zu erreichen und Loyalität und Bindung an die Organisation aufzubauen (organisationale ↗ Sozialisation).

Instrumente der Personaleinführung sind Einführungsseminare, ↗ Werksbesichtigungen, Benennung einer Ver-

trauensperson (›Pate‹), das Durchlaufen spezieller fachlicher Programme (↗ Traineeprogramme) oder die Vermittlung von Normen und Werten durch ›implizite Botschaften‹ bzw. Betonung der herrschenden Werte über formelle und informelle Gratifikationssysteme o.Ä.

Aufgrund der positiven Auswirkungen von Einführungsprogrammen auf die Verringerung der ↗ Fluktuation und der Krankenstände in der Einführungsphase sowie auf die Einstellungen der ↗ Arbeitnehmer zur Arbeit und zur Organisation tragen sie zu einer Verringerung der Kosten bei. Für den Einzelnen bieten sie eine Orientierungshilfe. Kritisch wird oft die mangelnde Tiefe der vermittelten Information und der starke Druck zur Übernahme spezifischer Werte gesehen. Umfassende Einführungsprogramme haben sich auf breiter Basis noch nicht durchgesetzt.

Literatur: Kieser, A.; Nagel, R.; Krüger, K.H.; Hippler, G. 1990: Die Einführung neuer Mitarbeiter in das Unternehmen, Frankfurt (m)

Personaleinsatz

Personaleinsatz bezeichnet den Prozess, manchmal das Ergebnis der Zuordnung von Arbeitsaufgaben zu einzustellenden oder bereits im Unternehmen beschäftigten ↗ Mitarbeitern (↗ Personalzuordnungsproblem).

Ziel eines optimalen Personaleinsatzes ist es, einen möglichst hohen Deckungsgrad zwischen ↗ Anforderungsprofil der Arbeitsaufgabe und ↗ Eignungsprofil des Mitarbeiters zu erreichen. Dabei sollten auch die ↗ Motivation des Mitarbeiters und Integrationsprobleme etc. berücksichtigt werden.

Abweichungen zwischen Anforderungen und Eignung können gehandhabt werden durch

– Anpassung des Mitarbeiters an eine gegebene Stelle,
– Anpassung der Stelle an den Mitarbeiter,
– Auswahl eines anderen Mitarbeiters, oder
– Zuordnung zu einer anderen Stelle innerhalb des Unternehmens.

Man kann zwischen statischen und dynamischen Personaleinsatzkonzepten unterscheiden. Die Unterscheidung richtet sich danach, wie veränderbar die Zuordnung zwischen Arbeitsaufgabe und Person in zeitlicher, quantitativer und qualitativer Hinsicht ist (↗ Mehrfachqualifikation, ↗ Flexibilisierung).

Beim Personaleinsatz müssen die Mitwirkungs- und Mitbestimmungsrechte des ↗ Betriebsrats, insbesondere die §§ 92ff. ↗ Betriebsverfassungsgesetz, beachtet werden.

Literatur: Bosch, G.; Kohl, H.; Schneider, U. (Hrsg.) 1995: Handbuch Personalplanung: ein praktischer Ratgeber, Köln   (n)

Personalentwicklung

Unter Personalentwicklung wird die Veränderung persönlicher Merkmale verstanden, die für die Ausübung beruflicher Tätigkeiten relevant sind (Kenntnisse, Erfahrungen, Fähigkeiten), die Maßnahmen, die auf diese Veränderungen einwirken sollen (insbes. Weiterbildung und gezielte Erfahrungsvermittlung) und die Maßnahmen, mit denen auf die Veränderungen reagiert wird (Zuweisung neuer Aufgaben, Erweiterung bzw. Veränderung des Zuständigkeitsbereichs der Mitarbeiter u.Ä.)

Nur noch selten wird Personalentwicklung mit ↗ Weiterbildung gleichgesetzt. Personalentwicklungsmaßnahmen umfassen zwar alle Formen beruflicher Qualifizierung, gehen aber auch über weite Interpretationen von

Weiterbildung hinaus. Einbezogen sind insbesondere Maßnahmen der Aufgabenzuweisung (Stellenwechsel, Versetzungsketten) und der individuellen Laufbahnberatung und ↗ Laufbahnplanung. Es scheint überdies zweckmäßig, auch die Reduzierung von Fähigkeiten und die Zuordnung entsprechender Aufgabengebiete als Teilaspekt der Personalentwicklung zu betrachten.

Generelles Ziel von Personalentwicklungsmaßnahmen ist aus betrieblicher Perspektive die optimale Nutzung der personellen Ressourcen des Betriebes. Aus Sicht der ↗ Mitarbeiter ist Personalentwicklung ein Mittel zur beruflichen Weiterentwicklung und persönlichen Entfaltung, zur Realisierung individueller Aufstiegsziele sowie zur Zuordnung von Arbeitsaufgaben, die dem persönlichen Fähigkeitsprofil entsprechen (↗ Personaleinsatz, ↗ Arbeitsmarkt, interner).

Personalentwicklung erfüllt deshalb mehrere Funktionen: Versorgungsfunktion, Motivierungsfunktion und Abstimmungsfunktion. Mit der Versorgungsfunktion ist die Bereitstellung geeigneter und für ihre Aufgaben qualifizierter Mitarbeiter mit geringen Risiken der Fehlbesetzung, insbesondere die Gewinnung von Nachwuchskräften (Beschaffungsfunktion) und das frühzeitige Erkennen und Fördern von spezifischen Begabungen (Förderungsfunktion) gemeint. Die Einschränkung des Fehlbesetzungsrisikos wird erreicht, weil die Mitarbeiter über einen längeren Zeitraum Bewährungsmöglichkeiten haben und in ihrem Werdegang beobachtet werden können. Insbesondere die Förderung der Mitarbeiter lässt weitere Wirkungen aus. Zu diesen Wirkungen gehört die Motivierungsfunktion. Die Motivierung der Mitarbeiter wird erreicht durch die Information über berufliche Entwicklungschancen, Eingehen auf die spezifischen Mitarbeiterbedürfnisse, das Eröffnen von Aufstiegsmöglichkeiten und Karrierevorstellungen sowie durch die individuelle Förderung und Beratung. Mit der Abstimmungsfunktion der Personalentwicklung ist der Sachverhalt angesprochen, dass individuelle und organisatorische Bedürfnisse, die zumindest partiell in konfliktärer Beziehung stehen können, unter Beteiligung des Mitarbeiters so weit wie möglich aufeinander abgestimmt werden. Das betriebliche Konfliktpotenzial wird auf diesem Wege reduziert. Als wichtiges Merkmal der Personalentwicklung gilt deshalb die Abstimmung persönlicher und organisatorischer Bedürfnisse und Interessen.

In der betrieblichen Praxis sind in der Regel nicht alle Mitarbeitergruppen gleichermaßen von Personalentwicklung betroffen. Systematische Entwicklungskonzepte werden am häufigsten für Führungs- und Führungsnachwuchskräfte entwickelt. In diesem Fall wird auch von ↗ Management Development gesprochen. Im Allgemeinen werden in die Überlegungen zur Personalentwicklung alle Mitarbeitergruppen einbezogen, wobei jedoch im Rahmen umfassender ↗ Personalentwicklungssysteme unterschiedliche Instrumente zur Handhabung der Personalentwicklungsproblematik eingesetzt werden.

Literatur: Becker, M. 2002: Personalentwicklung. Bildung, Förderung und Organisationsentwicklung in Theorie und Praxis, 3. Aufl., Stuttgart; Scherm, E.; Süß, S. 2003: Personalmanagement, München, S. 103-122   (w)

Personalentwicklungssystem

Personalentwicklungssysteme umfassen die Instrumente zur Handhabung der Personalentwicklungsaufgaben. Sie beziehen sich auf die Maßnahmenbereiche ↗ Weiterbildung und Aufgabenzuordnung sowie auf die Bereit-

stellung der erforderlichen Informationen.

Die Instrumente zur Realisierung der Aufgabenzuordnung sind Stellenbesetzung, Versetzungsketten, individuelle Aufgabenbestimmung, innerbetriebliche Stellenausschreibung, Nachfolgeplanung, Laufbahnplanung. Um die Maßnahmen auf den Gebieten der Weiterbildung und Aufgabenzuordnung bestimmen zu können, sind Informationen über die betroffenen Aufgaben (↗ Stellenbeschreibungen) und die betroffenen Personen (↗ Leistungsbeurteilung, Erfassung des Entwicklungspotenzials) erforderlich. Die Abstimmung der individuellen und organisationsbezogenen Bedürfnisse erfolgt in der Regel im Rahmen eines Mitarbeiterberatungs- und Förderungsgesprächs.

Nur selten umfassen Personalentwicklungssysteme alle hier genannten Elemente. Im Führungskräftebereich konzentriert sich der Maßnahmeneinsatz auf ein Mix, in dem individuell angelegte Maßnahmen dominieren: Potenzialerfassung, Beratungsgespräch, gezielte Weiterbildungsempfehlungen, systematischer Arbeitsplatzwechsel, Nachfolge- und Laufbahnplanung. Bei der Bewältigung der Massenprobleme für große Mitarbeitergruppen wird als erster Schritt meist die innerbetriebliche Stellenausschreibung eingeführt. Zweckmäßige Folgeschritte können sein: Bereitstellung von Weiterbildungsangeboten, auch von sehr spezifischen Weiterbildungsangeboten für bestimmte Mitarbeitergruppen (z.B. ↗ Lernstatt), Mitarbeitergespräch sowie systematische Gestaltung von Arbeitsplatzwechseln.

Literatur: Becker, M. 2002: Personalentwicklung. Bildung, Förderung und Organisationsentwicklung in Theorie und Praxis, 3. Aufl., Stuttgart; Mentzel, W. 1997: Unternehmenssicherung durch Personalentwicklung. Mitar-

Maßnahmen		Informationsgewinnung und -verarbeitung	
Weiterbildung	Aufgabenzuordnung	Mitarbeiter	Aufgaben
Weiterbildungs-angebote	innerbetriebliche Stellenaus-schreibung	Leistungsbeur-teilung	Stellenbe-schreibung
gezielte Weiterbildungs-empfehlungen	individuelle Auf-gabenzuordnung	Potenzialbe-beurteilung	
	Laufbahnplanung		
	Nachfolgeplanung	Beratungsge-spräch, bzw. Förderungsge-spräch	

Abb. 1: Elemente von Personalentwicklungssystemen

beiter motivieren, fördern und weiterbilden, 7. Aufl., Freiburg et al.   (w)

Personalforschung

Personalforschung bezeichnet den systematischen, mit den Methoden der empirischen Sozialforschung durchgeführten Prozess der Gewinnung, Analyse und Darstellung von Informationen zur Beschreibung, Erklärung und Gestaltung von personalwirtschaftlich relevanten Variablen.

In der Personalforschung werden verschiedene Systemebenen untersucht. Auf Individualebene werden etwa Daten über sozio-demographische Merkmale, Einstellungen und Verhaltensweisen der ↗ Arbeitnehmer gewonnen, die mit Daten der Gruppen- und Organisationsebene in Beziehung gesetzt werden. Z.B. werden ↗ Mitarbeiterbefragungen zur Einstellung gegenüber neuen Technologien vor und nach der Einführung dieser Technologien durchgeführt, oder es

wird der Einfluss eines veränderten Führungssystems auf die Arbeitsmotivation analysiert. Die überbetriebliche Ebene ist etwa bei der Analyse des ↗ Arbeitsmarktes im Hinblick auf veränderte Rekrutierungsmöglichkeiten von qualifizierten Arbeitnehmern angesprochen.

Personalforschung bedient sich der verschiedenen Methoden der empirischen Sozialforschung (↗ Datengewinnung, Methoden der), analysiert diese gewonnenen Daten im Hinblick auf bestimmte Zustandsbeschreibungen und Zusammenhänge (↗ Datenanalyse) und stellt diese Informationen so dar, dass die Beschreibungen und Zusammenhänge möglichst klar zu erkennen sind. Notwendig ist – sowohl in der Wissenschaft als auch in der betrieblichen Praxis – die theoretische, methodische, methodologische und normativ-ethische Fundierung der Personalforschung. Theoretisches Wissen liefert Aussagen darüber, welche Zusammenhänge vermutlich gegeben sind und leitet so die Suche nach Informationen. Methodisches Wissen ist notwendig, um Untersuchungen so durchführen, dass sie den ↗ Gütekriterien (↗ Objektivität, ↗ Reliabilität und ↗ Validität), aber auch ethischen Maßstäben genügen. Die Methodologie liefert Kriterien zur Beurteilung der Güte von Theorien und empirischer Ergebnisse, Wissen über die Anwendungsvoraussetzungen von Forschungs- und Datenanalysemethoden sowie Regeln über die Anwendung von Theorien für praktische Probleme. Der normative Aspekt der Personalforschung umfasst im Kern die Frage: Welche Informationen können gerechtfertigt für wen zu welchem Zweck wie gewonnen werden? Personalforschung ist immer von bestimmten Erkenntnisinteressen geleitet; die Unternehmensleitung muss nicht selbstverständlich Adressat der Ergebnisse der Personalforschung sein; und nicht alle Methoden der Informationsgewinnung sind ethisch zu vertreten.

Literatur: Schmitt, N. W.; Klimoski, R.J. 1991: Research Methods in Human Resources Management. Cincinnati/Ohio; Martin, A. 1994: Personalforschung, 2. Aufl., München, Wien; Nienhüser, W.; Becker, C. 2000: Betriebliche Personalforschung: eine problemorientierte Einführung, Berlin　(n)

Personalfragebogen

Der Personalfragebogen – auch· Personalbogen, Bewerbungsbogen – erfasst alle für die Einstellung wichtigen Angaben zur Person eines potenziellen Organisationsmitglieds.

Er beinhaltet neben persönlichen Daten wie Name oder Familienstand auch weitere Informationen, z.B. Schulbildung, Berufsausbildung, bisherige Arbeitsstellen, berufliche Pläne oder Gehaltsvorstellungen. In seinem Aufbau orientiert er sich an der Struktur der

↗ Personalakte, um im Falle einer Einstellung eine möglichst arbeitssparende Übertragung der Daten zu ermöglichen und so zu einer effizienteren ↗ Personalverwaltung beizutragen.

Der Personalfragebogen findet im Rahmen der ↗ Personalauswahl Verwendung und wird häufig an Bewerber verschickt, um die Vorauswahl und das ↗ Bewerbungsgespräch vorzubereiten. Zum Teil verwenden Organisationen auch ihre Homepage, um interessierten Personen online das Ausfüllen eines Personalfragebogens zu ermöglichen.

Die inhaltliche Gestaltung und die Verwendung des Personalfragebogens erfordert nach dem ↗ Mitbestimmungsrecht die Mitwirkung des ↗ Betriebsrats (vgl. für die Bundesrepublik Deutschland § 94 BetrVG, für Österreich § 96 ArbVG). Die Gesetze wollen die Privatsphäre des ↗ Arbeitnehmers schützen und diskriminierende Fragen unmöglich machen. Sie sind daher bei der Erstellung von Personalbögen zur Vermeidung negativer rechtlicher Konsequenzen zu beachten.

Literatur: Möllhoff, D. 2001: Praxishandbuch Personalmanagement. Grundlagen und Instrumente für erfolgreiche Personalarbeit, Frankfurt/M. et al.　(m)

Personalfreisetzung

Personalfreisetzung bezeichnet die Abnahme der Zahl der Arbeitsplätze durch eine vom technischen Fortschritt, d.h. Rationalisierung, Mechanisierung, Automatisierung, Einsatz elektronischer Prozessoren etc. hervorgerufene Steigerung der Arbeitsproduktivität. Häufig ist eine ↗ personelle Überdeckung die Folge.

Für das betriebliche ↗ Personalwesen, insbesondere für die strategische ↗ Personalplanung, stellt sich die Aufgabe, beschäftigungsrelevante Variablen zu identifizieren, deren Einfluss auf die Organisations- und Beschäftigtenstruktur herauszuarbeiten und geeignete Maßnahmen zur Bewältigung der Personalfreisetzung vorzusehen. Im Gestaltungsbereich kommt dabei insbesondere dem ↗ Personalabbau erhöhte Bedeutung zu.

Literatur: Park, Y.K. 1999: Personalfreisetzungsstrategien und Personalfreisetzungsalternativen: eine transaktionskostentheoretische Untersuchung, München, Mering   (m)

Personalführung

Führung im Sinne der Verhaltenssteuerung bzw. Verhaltensbeeinflussung in einer unmittelbaren Vorgesetzten-Mitarbeiterbeziehung wird auch als Personalführung (z.B. Oechsler 2000a, S. 404ff.) oder als Mitarbeiterführung (z.B. Berthel 2003) bezeichnet, wobei ↗ Führung vorwiegend unter der Perspektive der Zielerreichung bzw. der Führungseffizienz (↗ Führungserfolg) betrachtet wird, während die in sozialpsychologisch erklärender Perspektive erarbeiteten führungstheoretischen Ergebnisse zwar einbezogen werden, insgesamt aber in den Hintergrund treten.

Literatur: Berthel, J.; Becker, F.G. 2003: Personalmanagement, 7. Aufl., Stuttgart, S. 59-117; Oechsler, W.A. 2000a: Personal und Arbeit. 7. Aufl., München, Wien, S. 404-429   (w)

Personalinformationssystem

Als Personalinformationssysteme (abgekürzt: PIS) werden computergestützte Verfahren zur Erfassung, Speicherung, Verarbeitung und Bereitstellung von Informationen zur Unterstützung von personalwirtschaftlichen Entscheidungen bezeichnet. Anwendungsbereiche sind insbesondere die Personalbedarfs- und -bestandsermittlung, Personaleinsatz, Beschaffung und Freiset-

zung von Personal, Personalentwicklung, Entgeltfindung und Personalverwaltung. Bei eher empirischen Bestandsaufnahmen herrschten Ende der 70er-Jahre Abrechnungs- und Verwaltungsaufgaben in der Praxis vor (Kilian 1982, S. 43f.).

Über die Definitionen herrscht keineswegs Übereinstimmung. Einen Überblick über verschiedene Begriffsvarianten gibt Wimmer (1985, S. 209). Die Unterschiede werden weitgehend von der Position bestimmt, von der aus die Abgrenzung erfolgt (Betriebswirt, Informatiker, Jurist usw.). Obwohl die Informationsproblematik im Personalbereich grundsätzlich unabhängig von den eingesetzten Instrumenten betrachtet werden kann, herrscht jedoch Übereinstimmung darüber, dass von Personalinformationssystemen nur im Zusammenhang mit EDV- bzw. Computerunterstützung gesprochen wird.

Domsch (1980, S. 24) kennzeichnet Personalinformationssysteme durch die folgenden Komponenten: ↗ Personaldatenbank, ↗ Arbeitsplatzdatenbank, ↗ Methoden und Modellbank, EDV-Anlagenkonfiguration sowie zusätzlich Definitionsbank.

Besondere Aufmerksamkeit fand mit zunehmender Verbreitung und Leistungsfähigkeit von Personalinformationssystemen die Frage des Datenschutzes (↗ Datenschutz und Datensicherheit).

Literatur: Bader, B. 1996: Computergestützte Personalinformationssysteme, Stand und Entwicklungstendenzen, Diss., Dresden; Drumm, H.J. 2000: Personalwirtschaft, 4. Aufl., Berlin et al.; Kilian, W. 1982: Personalinformationssysteme in deutschen Großunternehmen – Ausbaustand und Rechtsprobleme, 2. Aufl., Berlin u.a.; Mülder, W. 2000: Personalinformationssysteme – Entwicklungsstand, Funktionalität und Trends, in: Wirtschaftsinformatik, Sonderheft IT&Personal, S. 98-106; Scholz, C. 2000: Personalmanagement, 5. Aufl., München, S. 129ff.; Wimmer, P. 1985: Personalplanung, Stuttgart, S. 208-252   (w)

Personalkartei

Die Personalkartei beinhaltet ↗ Daten aus der ↗ Personalakte. Bestimmte häufig benötigte Daten werden aggregiert, aus der Personalakte herausgenommen und in der Personalkartei zusammengefasst. Sie stehen dem Benutzer, z.B. dem Personalsachbearbeiter, in der Regel dezentral zur Verfügung. Der rasche und leichte Zugriff sowie die Notwendigkeit zur laufenden Überarbeitung und Aktualisierung kennzeichnen dieses Hilfsmittel der ↗ Personalverwaltung. Sie wird insbesondere für die regelmäßige Erstellung von Berichten und Statistiken sowie als Informationsinstrument zur Entscheidungsunterstützung in Routinefragen wie etwa Urlaubsanträgen verwendet. Die Personalkartei existiert heutzutage fast ausnahmslos elektronisch und ist häufig in ↗ Personalinformationssysteme integriert.

Literatur: Möllhoff, D. 2001: Praxishandbuch Personalmanagement. Grundlagen und Instrumente für erfolgreiche Personalarbeit, Frankfurt/M. et al. (m)

Personalkennziffern

Als Kennzahlen bzw. Kennziffern werden in der Betriebswirtschaftslehre Zahlen bezeichnet, die Informationen über betriebliche Sachverhalte meist als Verhältniszahl, zum Teil auch als absolute Zahl in komprimierter Form darstellen. Sie tragen dazu bei, die betrieblichen Informationen überschaubar zu machen. Ein großer Teil der Kennzahlen stützt sich auf Informationen aus dem ↗ Rechnungswesen. Kennzahlen sind oftmals ein Hilfsmittel für die Steuerung und Kontrolle des Unternehmens oder von Teilbereichen des Unternehmens. In diesem Fall bilden die Kennzahlen Zielgrößen des Unternehmens ab.

Im Personalbereich werden Kennzahlen in großem Umfang verwen-

det. Von Eckardstein (1982) nennt in einem Überblicksartikel Kennzahlen der Belegschaftsstruktur (z.B. Quote der Angehörigen einer bestimmten Altersgruppe an der Gesamtbelegschaft), Kennzahlen des Personalaufwands bzw. der Personalkosten (↗ Personalaufwand, ↗ Personalkosten), der Personalleistung (insbes. Kennzahlen der Arbeitsproduktivität), des Verhältnisses von Personalkosten und Leistung, Kennzahlen zu Verhalten und Einstellung der Beschäftigten (z.B. Fluktuationsquote, Fehlzeitenquote).

Literatur: Eckardstein, D. v. 1982: Kennzahlen im Personalbereich, in: WiSt, S. 423-426; Metz, T. 2004: Personalkennziffern und -statistik, in: Gaugler, E.; Oechsler, W.A.; Weber, W. (Hrsg.): Handwörterbuch des Personalwesens, 3. Aufl., Stuttgart, Sp. 1546-1533 (w)

Personalkosten

Als Personalkosten werden alle Kosten bezeichnet, die für die Bereitstellung, den Einsatz und die zielorientierte Steuerung des ↗ Personals in Unternehmen bzw. in anderen ↗ Organisationen anfallen. Kosten sind der leistungsbezogene bzw. der sachzielbezogene bewertete Güterverzehr in einer Periode.

Die Personalkosten lassen sich von dem ↗ Personalaufwand durch den Leistungs- bzw. Sachzielbezug abgrenzen: Personalkosten sind durch die Produktion von Gütern veranlasst. Allerdings ist der Leistungsbezug nicht immer eindeutig feststellbar. Der Charakter der Personalkosten ist eindeutig bei dem Entgelt für das ↗ Personal, das direkt oder indirekt an der Erstellung und marktlichen Verwertung der betrieblichen Leistungen beteiligt ist. Da die Leitungsfunktion eng mit der Leistungserstellung verknüpft ist, stellt auch der kalkulatorische Unternehmerlohn Personalkosten dar. Schwierig ist die Identifizierung von Personen, die nicht in Hinblick auf die Leistungserstellung Entgelt erhalten, z.B. im Zuge des Mäzenatentums des Unternehmenseigners. Deshalb werden in der Praxis regelmäßig alle Entgelte den Personalkosten zugerechnet.

Leistungsbezug liegt eindeutig auch dann vor, wenn Mittel aufgrund von Gesetzen oder tarifvertraglichen Vereinbarungen eingesetzt werden, z.B. Arbeitgeberbeiträge zur Sozialversicherung, Kosten der Betriebsratswahl, Unfallschutz. Bei Leistungen, die über die gesetzlichen und tarifvertraglichen Regelungen hinausgehen, kann der Kostencharakter umstritten sein. In der Regel werden jedoch auch die freiwilligen bzw. zusätzlichen Sozialleistungen erbracht, um das Personal an das Unternehmen zu binden und um ein akquisitorisches Potenzial auf dem Arbeitsmarkt im Hinblick auf Personalrekrutierungen aufzubauen, so dass auch hier von Personalkosten ausgegangen werden kann.

Dies gilt auch für Qualifizierungsmaßnahmen, auch wenn sie ausschließlich auf die private Lebensführung zielen (z.B. Kochkurs). Die Qualifizierungsmaßnahme hat in diesem Fall den Charakter eines zusätzlichen, real geleisteten Entgelts. Längerfristig angelegte Qualifizierungsmaßnahmen sind als ↗ Investitionen in das Humanvermögen zu interpretieren, die korrekterweise über die Zeit der Nutzung dieser Qualifikationen auf die einzelnen Perioden über Abschreibungen verteilt werden mussten. Dies unterbleibt jedoch in der Praxis – mit Ausnahme der Sachinvestitionen im Bildungsbereich – für einen großen Teil der ↗ Ausbildungskosten und ↗ Weiterbildungskosten.

Die verbreiteten Gliederungen der Personalkosten umfassen regelmäßig die folgenden Positionen: 1. Entgelt, 2. Gesetzliche Personalnebenkosten, 3. Tarifliche Personalnebenkosten,

4. Zusätzliche Leistungen an das Personal (auch: freiwillige Sozialleistungen), 5. Aus- und Weiterbildungskosten.

Literatur: Henselek, H. 2004: Personalkosten und -aufwand, in: Gaugler, E.; Oechsler, W.A.; Weber, W. (Hrsg.): Handwörterbuch des Personalwesens, 3. Aufl., Stuttgart, Sp. 1554-1566; Schoenfeld, H.M. 1992: Personalkostenplanung, in: Gaugler, E.; Weber, W. (Hrsg.): Handwörterbuch des Personalwesens, 2. Aufl., Stuttgart, Sp. 1735-1746   (w)

Personalleasing

Personalleasing – auch: Leiharbeit, Arbeitnehmerüberlassung, Zeitarbeit – liegt vor, wenn ein selbstständiger Unternehmer (Verleiher) gegen Entgelt bei ihm beschäftigte ↗ Arbeitnehmer (Leiharbeitskräfte) unter Aufrechterhaltung des i.d.R. unbefristeten Vertragsverhältnisses an andere Unternehmungen (Entleiher) zu dem Zweck verleiht, dort für einen vertraglich bestimmten Zeitraum Arbeit nach der Weisung des Entleihers zu verrichten. Von echter Leiharbeit wird gesprochen, wenn der Leiharbeitnehmer nur ausnahmsweise dem Entleiher überlassen wird, normalerweise aber im Betrieb des Verleihers beschäftigt ist. Unechte Leiharbeit ist gegeben, wenn der ↗ Arbeitnehmer von vornherein zu diesem Zweck beschäftigt wird.

Arbeitsrechtliche Diskussionen sowie eine sozialpolitisch und ethisch bedenkliche Verleihpraxis führten zu gesetzlichen Regelungen des Leiharbeitsverhältnisses: in der Bundesrepublik Deutschland im Arbeitnehmerüberlassungsgesetz (AÜG), in Österreich indirekt im Arbeitsmarktförderungsgesetz (AMFG). In zunehmendem Maß ist, vor allem durch die Freiheiten innerhalb der Europäischen Union, auch grenzüberschreitendes Personalleasing festzustellen.

Mit Personalleasing soll im Rahmen der ↗ Personalbeschaffung eine rasche

Anpassung des ↗ Personalbestands an den aktuellen ↗ Personalbedarf erreicht werden, ohne die mit der Einstellung von neuen Arbeitnehmern verbundenen Kosten tragen zu müssen. Es stellt so ein Instrument der kurzfristigen ↗ Personalplanung dar.

Personalleasing wird in vielerlei Hinsicht problematisiert. Zu den Kritikpunkten gehören die z.T. ungeklärten rechtlichen Probleme, die negativen Konsequenzen für die Leiharbeitskraft durch ständig wechselnde Arbeitsumgebungen und – ähnlich wie bei ↗ Personalabbau – Verringerung der organisationalen Effizienz durch die häufig wechselnde Mitgliederzahl und -struktur.

Literatur: Springer, W. 2002: Der geliehene Erfolg: Leiharbeit aus wirtschaftlicher und sozialpolitischer Sicht, Wien; Nienhüser, W.; Matiaske, W. 2003: Leiharbeit ist gleich gut? – Arbeitsbedingungen, Arbeitszufriedenheit und Gleichbehandlung von Leiharbeitern in Europa, in: Martin, A. (Hrsg.): Personal als Ressource, München, Mering, S. 157-184 (m)

Personalleiter

Der Personalleiter – auch Personalchef, Personaldirektor, Personalabteilungsleiter, Leiter des Personalwesens – ist der verantwortliche Leiter des betrieblichen Funktionsbereichs ↗ Personalwesen.

Er ist i.d.R. für das gesamte betriebliche Personalwesen und Sozialwesen zuständig und steht der ↗ Personalabteilung vor. Je nach Art der Eingliederung der Personalabteilung in die Organisationsstruktur hat der Personalleiter unterschiedliches Gewicht im Rahmen der Entscheidungsprozesse, die personalpolitische Fragen betreffen.

Als wesentliche ↗ Qualifikationen für diese Position werden arbeits- und sozialrechtliche sowie betriebswirtschaftliche Kenntnisse und individual- und sozialpsychologische Kompetenzen genannt. Während in der Vergangenheit überwiegend Juristen als Personalleiter herangezogen wurden, ist der fachliche Hintergrund der Personalleiter heute breiter gestreut. Im deutschsprachigen Raum dominiert mittlerweile ein betriebswirtschaftlicher Hintergrund. In der ↗ Personalleiter-Ausbildung tritt vermehrt eine wirtschaftswissenschaftliche Orientierung in den Vordergrund.

Literatur: Popp, G. J. 1998: Personalleiter-Taschenbuch. Funktion, Status und Selbstverständnis eines heterogenen Berufsstands, Heidelberg (m)

Personalleiter-Ausbildung

Die inhaltlichen Schwerpunkte einer anforderungsgerechten Personalleiter-Ausbildung werden wesentlich durch die Merkmale des Berufsfeldes bestimmt. Eine systematische und an den Erfordernissen der Praxis orientierte Personalleiter-Ausbildung muss zumindest die folgenden Gebiete umfassen: personalwirtschaftliche Aufgabenstellungen und Instrumente und Methoden (z.B. ↗ Personalbeschaffung, ↗ Personalplanung, Arbeitsgestaltung, entscheidungsunterstützende Instrumente, Software in der Personalarbeit), verhaltenswissenschaftliche Grundlagen der ↗ Personalarbeit (z.B. Führungs- und Motivationstheorien, Gruppenforschung), rechtliche und institutionelle Rahmenbedingungen (z.B. Arbeitsrecht, Verbändewesen) und Grundlagen der ↗ Personalverwaltung. Neben diesen langfristig ausgerichteten Maßnahmen haben ergänzend auch kurzfristige Maßnahmen (z.B. Seminare, Kurzlehrgänge) ihren Platz. Sie gestatten es, punktuell nach individuellem Bedarf Ausbildungsschwerpunkte zu setzen.

Die Personalleiter-Ausbildung findet gegenwärtig zumindest in drei Bereichen statt. Anfang der 70er-Jahre hielt der Bereich ↗ Personalwirtschaft Einzug in die wirtschaftswissenschaftlichen Hochschulen und Fakultäten, seither werden an den meisten Universitäten Vertiefungsgebiete und Studienschwerpunkte zum Bereich Personal und betriebliche Bildung angeboten. Daneben gibt es die Ausbildungsangebote praxisorientierter Institutionen wie der Deutschen Gesellschaft für Personalführung (DGfP), dem Rationalisierungskuratorium der deutschen Wirtschaft (RKW), des REFA-Verbandes oder des Österreichischen Produktionswirtschaftlichen Zentrums (ÖPWZ) oder weiterer Anbieter. Schließlich sind die weitgehend ungeplanten Aktivitäten bzw. Wirkungen der Praxistätigkeit zu nennen, die durch On-the-job-Training dazu beitragen, ↗ Mitarbeiter für die Position des Personalleiters zu qualifizieren.   (m)

Personalmanagement

Das Aufgabenfeld der ↗ Personalwirtschaft bzw. des ↗ Personalwesens wird häufig auch durch das Wort Personalmanagement gekennzeichnet. In diesem Fall wird der Handlungsaspekt bzw. das pragmatische Wissenschaftsziel stärker, das theoretische Wissenschaftsziel schwächer gewichtet. Im angelsächsischen Sprachbereich wird von ↗ Human Resource Management gesprochen.

Literatur: Berthel, J.; Becker, F.G. 2003: Personalmanagement, 7. Aufl., Stuttgart; Scholz, C. 2000: Personalmanagement, 5. Aufl., München   (w)

Personalmarketing

Die Anwendung des Marketing-Konzepts auf den Personalbereich, insbesondere auf die Bemühungen um die ↗ Personalbereitstellung wird zuneh-

mend als Personalmarketing bezeichnet. Die Verbreitung der Bezeichnung Marketing ging einher mit dem Wandel vom Verkäufer- zum Käufermarkt; Marketing kennzeichnet entsprechend dieser Orientierung eine Denkhaltung oder Unternehmensphilosophie, deren Hauptmerkmal die systematische Marktorientierung des gesamten unternehmerischen Handels sind. Dabei steht der Absatzmarkt als Hauptorientierungsgröße im Mittelpunkt. Mit dem Auftreten weiterer Engpassbereiche auf den Gebieten der Rohstoffversorgung, der Personalbereitstellung, der Kapitalbeschaffung usw. wurde das Marketingkonzept auch auf diese Bereiche angewandt und von Beschaffungs-, Personalmarketing usw. gesprochen. Personalmarketing wird dann relevant, wenn der ↗ Arbeitsmarkt sich in wichtigen Bereichen verengt. Die entsprechenden Maßnahmen zielen auf das Schaffen von Präferenzen für das Unternehmen auf dem Arbeitsmarkt und umfassen alle Teilaspekte der ↗ Personalwirtschaft. Hierzu zählen nicht nur die Maßnahmen, die in unmittelbarem Zusammenhang mit der Personalbeschaffung stehen, sondern auch die Qualifizierung und Förderung des ↗ Personals, die Anreizelemente, die Führungspraxis, aber auch die Außendarstellung und der Markterfolg des Unternehmens.

Literatur: Scholz, C. 2000: Personalmanagement, 5. Aufl., München, S. 417-454; Strutz, H. (Hrsg.) 1993: Handbuch Personalmarketing, 2. Aufl., Wiesbaden; Bröckermann, R.; Pepels, W. 2002: Personalmarketing, Stuttgart   (w)

Personalökonomie

Mit Personalökonomie – auch Personalökonomik genannt – bezeichnet man die Anwendung mikroökonomischer Theorien auf personalwirtschaftliche Sachverhalte. Vor allem soll erklärt werden, wie unterschiedliche personalwirtschaftliche Regelungen auf das Verhalten der Arbeitskräfte wirken. Im Allgemeinen bilden solche ökonomischen Theorien die Grundlage, die unterstellt, dass sich die Akteure (↗ Arbeitnehmer und ↗ Arbeitgeber, aber auch der ↗ Betriebsrat, ↗ Gewerkschaften und andere individuelle und kollektive Akteure) rational verhalten. Das heißt, die Akteure wählen in Entscheidungssituationen diejenige Handlungsalternative mit dem höchsten erwarteten Nettonutzen. Kosten und Nutzen sind nicht nur auf monetäre Größen beschränkt. Die Präferenzen, die bestimmen, was die Akteure als nutzenstiftend empfinden, werden in der Regel als gegeben angenommen. Man schließt zwar nicht aus, dass sich die Präferenzen im Zeitablauf ändern können, in konkreten Analysen abstrahiert man allerdings von möglichen Veränderungen. Auch interindividuelle Präferenzunterschiede und Differenzen in der Wahrnehmung von Alternativen und Handlungsfolgen werden in den grundsätzlichen Theorieannahmen meist nicht ignoriert, allerdings bei konkreten Erklärungen nicht immer einbezogen.

Ein sehr wichtiges Konstrukt für die Analyse personalwirtschaftlicher Sachverhalte ist der ↗ Arbeitsvertrag. Er wird als unvollkommener Vertrag gesehen: Man geht davon aus, dass aufgrund unvollkommener Voraussicht nicht alle Sachverhalte im Vorhinein vertraglich geregelt werden können. Die Unbestimmtheit des Arbeitsvertrages wirft Opportunismusprobleme auf, da rationale Akteure definitionsgemäß versuchen, sich ihren Vorteil zu sichern, ggf. auf Kosten des Vertragspartners.

Insgesamt unterstellt die Personalökonomik, dass personalwirtschaftliche Regelungen (von der ↗ Personalauswahl über die Qualifizierung bis hin zur betrieblichen Mitbestimmung) auf Kosten-Nutzen-Überlegungen der Akteure unter Einbezug der Verhinderung des Opportunismus entstanden sind bzw. sich aufgrund ihrer nutzenstiftenden Funktion erhalten.

Literatur: Wolff, B.; Lazear, E.P. 2001: Einführung in die Personalökonomik, Stuttgart; Sadowski, D. 2002: Personalökonomie und Arbeitspolitik, Stuttgart   (n)

Personalplanung

Die Personalplanung umfasst das System betrieblicher Entscheidungen, mit dem künftiges betriebliches Handeln im Personalbereich systematisch durchdacht und in den Grundzügen festgelegt wird.

Im Mittelpunkt der betrieblichen Personalplanung stehen jene Entscheidungstatbestände, die auf die Sicherung des zukünftig erforderlichen Personalbestands gerichtet sind (↗ Personalbedarfsermittlung, ↗ Personalbestandsplanung). Weitere Teilbereiche der Personalplanung sind die Zuordnung von Aufgaben und Personen (↗ Personaleinsatzplanung) und die Qualifizierung dieser Personen nach ihren persönlichen Entwicklungsmöglichkeiten und -wünschen bzw. den betrieblichen Erfordernissen (↗ Ausbildungsplanung, ↗ Weiterbildungsplanung, ↗ Personalentwicklungsplanung). Die zuerst genannten Planungsteilbereiche (Personalbedarf, Personalbestand, Personalbeschaffung) werden auch als quantitative Personalplanung, die zuletzt genannten Planungsbereiche (Ausbildung, Weiterbildung, Personalentwicklung) als qualitative Personalplanung angesprochen. Die Planungsentscheidungen im Personalbereich finden ihren Niederschlag in Personalkosten (↗ Personalkostenplanung) bzw. im Personalaufwand (↗ Personalaufwandsplanung).

Eine isolierte Beschäftigung mit Personalplanung ohne Beachtung anderer betrieblicher Bereiche ist unzweckmäßig, wenn nicht sogar unmöglich. In der Planungspraxis zeigt sich freilich, dass einige Planungsbereiche eindeutig im Vordergrund stehen und andere Bereiche zumindest explizit nicht auftauchen. Dass Absatzplanung oder Finanzplanung häufig im Vordergrund stehen und die Personalplanung vielfach in den Hintergrund tritt, kann mit dem »Ausgleichsgesetz der Planung« und der kurzfristigen Konzentration auf den Engpasssektor erklärt werden. Eine solche, an Engpassbereichen orientierte Planung schließt planerische Überlegungen über den Personalsektor nicht aus. Üblicherweise wird dann – ausgehend vom Engpasssektor – sukzessive ein Planungsbereich nach dem anderen durchdacht. Als Regelfall ergibt sich dann häufig die Reihenfolge Absatzplanung, Produktions-, Beschaffungs- und Finanzplanung sowie Personalplanung. Personalplanung ist dann eindeutig Folgeplanung. Nur in Ausnahmefällen ist der Personalbereich Engpasssektor und Ausgangspunkt für weitere Planungsüberlegungen.

In der Unternehmenspraxis sind mehrstufige Planungssysteme die Regel. Besonders häufig sind dreigliedrige Planungssysteme mit Langfristplanung, die sich auf Zeiträume von mehreren Jahrzehnten beziehen kann, strategische Planung, die sich meist auf einen Zeitraum von 5 bis 10 Jahren erstreckt sowie operative Planung, die in einem Ein- bis Zweijahreszeitraum die strategischen Pläne in konkrete Maßnahmen umsetzt. Die Personalplanung bewegt sich zu einem großen Teil auf der Ebene der operativen Planung. Im Zeichen eines umfassenden gesellschaftlichen, technischen und wirtschaftlichen Wandels gewinnt jedoch die ↗ strategische Personalplanung an Bedeutung. Der empirisch ermittelte durchschnittliche Planungshorizont im Personalbereich liegt trotz dieser konzeptionellen Forderungen weit unter einem Jahr.

Literatur: Mag, W. 1998: Einführung in die betriebliche Personalplanung, 2. Aufl., München   (w)

Personalplanungsausschuss

In Betrieben, in denen der ↗ Betriebsrat einen ↗ Betriebsausschuss (↗ Betriebsverfassungsgesetz) gebildet hat, können weitere Ausschüsse eingerichtet werden, z.B. ein Personalplanungsausschuss (↗ Personalplanung). Der Betriebsrat kann den Personalplanungsausschuss beauftragen, ihm bei seiner Arbeit zu unterstützen oder Betriebsratsaufgaben selbstständig zu erfüllen. Wenn der Personalplanungsausschuss selbstständige Aufgaben übernimmt, müssen die im Betriebsrat vertretenen Gruppen entsprechend ihres Anteils im Betriebsrat repräsentiert sein und durch mindestens ein Mitglied im Personalplanungsausschuss vertreten werden.

Aufgaben des Personalplanungsausschusses bestehen z.B. in den §§ 92 Betriebsverfassungsgesetz zur Personalplanung angeführten Bereichen: Beratung über den gegenwärtigen und zukünftigen Personalbedarf, über die sich daraus ergebenden Maßnahmen und die Vermeidung von Härten für die Arbeitnehmer, über Maßnahmen der Berufsbildung usw. Der Betriebsrat kann zur Personalplanung Vorschläge machen, die im Personalplanungsausschuss erörtert werden.

Der Betriebsrat kann zusammen mit dem ↗ Arbeitgeber paritätische Ausschüsse bilden, in die Betriebsrat und Arbeitgeber eine jeweils gleiche Anzahl von Mitgliedern entsenden. Solche Ausschüsse sind in der Praxis vorhanden und häufig per Betriebsvereinbarung geregelt.

Personalplanungsausschüsse stellen institutionalisierte Formen der Konfliktregelung dar (↗ Konflikte). Bereits im Vorfeld der Entscheidungen lassen sich so Interessenkonflikte handhaben (↗ Konflikthandhabung).

Literatur: Mag, W. 2003: Personalplanung und Mitbestimmung, Teil 1 und 2, in: Wirtschaftswissenschaftliches Studium, 32. Jg., H. 2, S. 83-87 und 148-153   (n)

Personalpolitik

Die Personalpolitik beinhaltet in einer weiten Fassung alle Ziele, Aufgaben und Maßnahmen einer ↗ Organisation im Hinblick auf ihre Mitglieder. Sie ist in dieser Sichtweise weitgehend identisch mit dem betrieblichen ↗ Personalwesen. In einer engeren Betrachtungsweise handelt es sich um Grundsatzentscheidungen von weit reichender Bedeutung im Personalbereich, die als innovative Entscheidungen relativ schlecht strukturiert sind und in die individuellen Wertvorstellungen in hohem Maß einfließen. Die Personalpolitik stellt sich so als ein Zentralbereich des Personalwesens dar. Ausgehend von dieser engeren Auffassung umfasst Personalpolitik sowohl die Ziel- als auch die Maßnahmenplanung.

Informationsgrundlage für die Personalpolitik sind organisationsinterne ↗ Daten wie Gewinnsituation, technologische Gegebenheiten oder ↗ Qualifikation der ↗ Mitarbeiter. Dazu kommen Informationen über relevante externe Rahmenbedingungen, z.B. den Absatz- und ↗ Arbeitsmarkt, die gesamtwirtschaftliche Entwicklung oder den rechtlichen Rahmen.

Personalpolitische Entscheidungen sind das Ergebnis von Verhandlungsprozessen. An der Formulierung und Durchsetzung personalpolitischer Ziele sind dauerhaft die Träger der Personalpolitik beteiligt. Dabei handelt es sich um Kern- und Satellitengruppen aus dem internen und externen Bereich, insbesondere Unternehmensleitung, ↗ Arbeitnehmer und deren inner- und außerbetriebliche Vertretungen, ↗ Vorgesetzte und Geldgeber.

Die personalpolitischen Ziele orientieren sich an den gesamtorganisationalen Zielsetzungen und sind diesen untergeordnet. Sie haben einerseits eine ökonomische Ausrichtung, z.B. Orientierung am Gewinnstreben. Dies konkretisiert sich in Überlegungen zum Einsatz des Produktionsfaktors Arbeit oder zur Kombination mit anderen Produktionsfaktoren. Auf die soziale Dimension der Organisation bezogen steht die materielle und immaterielle Bedürfnisbefriedigung der Mitarbeiter im Zentrum.

Den Entscheidungsträgern steht bei der Verfolgung ihrer Ziele ein umfangreiches personalpolitisches Instrumentarium zur Verfügung. Beispielhaft können die Gestaltung der ↗ Führung, des Entgelts, der betrieblichen Sozialleistungen, der ↗ Arbeitsbedingungen oder der ↗ Personalentwicklung genannt werden.

Ergebnisse der Personalpolitik sind schriftlich fixierte Ziele sowie Grundsätze und Leitlinien bezüglich der Umsetzungsmöglichkeiten. Sie betreffen den gesamten Personalbereich.

Als Teilpolitiken sind vor allem die ↗ Lohn-, Ausbildungs-, Informations-, ↗ Personalbeschaffungs-, Beschäftigungs-, Nachwuchs- oder Förderungspolitik zu nennen. Sie konkretisieren die allgemeine Personalpolitik und umfassen die spezifischen Teilziele, Grundsätze und Leitlinien für den betreffenden personalwirtschaftlichen Aufgabenbereich.

Literatur: Martin, A.; Nienhüser, W. (Hrsg.) 1998: Die theoretische Erklärung der Personalpolitik, München, Mering   (m)

Personalrat

Der Personalrat im öffentlichen Dienst stellt das Äquivalent zum ↗ Betriebsrat in Wirtschaftsunternehmen dar.   (k)

Personalreferent

Der Personalreferent – auch Personalbetreuer, Personalsachbearbeiter – ist Mitglied der betrieblichen ↗ Personalabteilung und dem ↗ Personalleiter untergeordnet. Er steht den Organisationsmitgliedern als Ansprechpartner für Probleme aus dem Personal- und Sozialbereich zur Verfügung, z.B. bei Entgeltfragen oder Sozialleistungsansprüchen.

Je nach Stellenzuschnitt ist er entweder für wenige Mitarbeiter in allen Personalproblemen zuständig oder betreut viele Mitarbeiter im Hinblick auf einige wenige Spezialgebiete.

Ähnlich den ↗ Qualifikationen beim Personalleiter erfordert auch die Tätigkeit des Personalreferenten Kenntnisse aus unterschiedlichen Bereichen, vor allem Arbeits- und Sozialrecht, Individual- und Sozialpsychologie sowie Betriebswirtschaft. Ebenso ist ↗ soziale Kompetenz im Umgang mit anderen Menschen notwendig.

Literatur: Koppert, W. 2003: Der Handlungsspielraum von Personalreferenten im Personalmanagement großer Industrieunternehmen, München, Mering   (m)

Personalstruktur

Mit Personalstruktur bezeichnet man die Zusammensetzung des Personals nach bestimmten Merkmalen. Insbesondere sind dabei Merkmale von Bedeutung wie ↗ Qualifikation, Alter, Betriebszugehörigkeitsdauer, Geschlecht, Nationalität, usw. Unterschiedliche Personalstrukturen können wichtige personalwirtschaftliche Wirkungen haben. Beispielsweise kann eine Altersstruktur, die durch große Anteile

›mittelalter‹ Mitarbeiter gekennzeichnet ist, für die jüngeren Beschäftigten Beförderungsstau, Demotivation und steigende Fluktuationsneigung bedeuten, sofern Seniorität bei Beförderungen eine Rolle spielt (↗ Organisationsdemographie).

Literatur: Nienhüser, W. 1998: Ursachen und Wirkungen betrieblicher Personalstrukturen, Stuttgart   (n)

Personalvertretungsrecht

Das Personalvertretungsrecht regelt die Mitbestimmung der Beschäftigten im öffentlichen Dienst auf Bundes- und Landesebene. Die Personalvertretungsgesetze (PersVG) gelten für ↗ Arbeiter, ↗ Angestellte und Beamte. Das Bundespersonalvertretungsgesetz (BPersVG) trat 1974 in kraft und löste das bis dahin bestehende Gesetz von 1954 ab. Die Regelungen entsprechen weitgehend denen des Betriebsverfassungsgesetzes (BetrVG) (↗ Betriebsverfassungsrecht) von 1972. Das Personalvertretungsrecht des Bundes und der Länder unterscheidet sich. Während im Bereich der Bundesverwaltung das BPersVG gilt, richtet sich das Personalvertretungsrecht der Länder nach den Rahmenvorschriften des BPersVG und den jeweiligen LPersVG. Die LPersVG weisen untereinander und in Bezug auf das BPersVG unterschiedliche Regelungen auf.

Die Institutionen der Personalvertretungsgesetze unterscheiden sich nicht wesentlich von denen des BetrVG, auch wenn die Bezeichnungen anders lauten. Die dem ↗ Betriebsrat analoge Institution ist der Personalrat. Der wichtigste Unterschied liegt in der Stufenvertretung und dem damit verbundenen Verfahren, wenn bei mitbestimmten Angelegenheiten zwischen dem Personalrat und dem Dienststellenleiter (der dem ↗ Arbeitgeber im BetrVG entspricht) keine Einigung zustande kommt. Die ↗ Organisation der Personalräte folgt dem hierarchischen Aufbau der Behörden. Bei den einzelnen Dienststellen gibt es Personalräte, bei den Mittelbehörden Bezirkspersonalräte und bei der obersten Dienstbehörde einen Hauptpersonalrat. Für jeden Personalrat haben die Wähler eine Stimme. Wenn bei mitbestimmten Angelegenheiten, die denen im BetrVG weitgehend entsprechen, keine Einigung zu erreichen ist, wird die ↗ Entscheidung auf die jeweils nächsthöhere Ebene verlagert. Die letzte Entscheidungsebene ist die oberste Dienstbehörde. Bei Nichteinigung entscheidet die ↗ Einigungsstelle verbindlich, wobei sie für die Beamten nur Empfehlungen abgeben kann, was mit dem besonderen Status der Beamten begründet wird.

Literatur: Ilbertz, W. 2004: Personalvertretungsrecht des Bundes und der Länder: mit Wahlordnung, 13. Aufl., Berlin   (n)

Personalverwaltung

Mit Personalverwaltung wird ein in der ↗ Personalabteilung angesiedelter Aufgabenbereich des betrieblichen ↗ Personalwesens bezeichnet, welcher die primären Funktionen des Personalwesens, z.B. ↗ Personalbeschaffung oder ↗ Personalentwicklung, unterstützt. Durch die Personalverwaltung werden Informationen über den Personalbereich beschafft, bearbeitet, gespeichert und ausgewertet.

Die ↗ Daten, die der Personalverwaltung zur Verfügung stehen, werden im Hinblick auf unterschiedliche Zwecke und Personengruppen ausgewertet. Aufstellungen über den augenblicklichen quantitativen ↗ Personalbestand, die Zahl der beschäftigten Ausländer (↗ Arbeitnehmer, ausländische) oder eine Fehlzeitenstatistik (↗ Absen-

tismus) für bestimmte Abteilungen sind dafür Beispiele. Daneben wirkt die Personalverwaltung bei einer Reihe von weiteren personalwirtschaftlichen Aufgaben mit. Neben der allgemeinen Informationsfunktion ist insbesondere auf die Beteiligung an der Vorbereitung und Abwicklung von ↗ Einstellungen, Versetzungen oder Trennungen, die Durchführung der ↗ Lohn- und Gehaltsabrechnung oder die Ausfertigung von ↗ Zeugnissen hinzuweisen.

Wichtige Hilfsmittel für die Personalverwaltung sind der ↗ Personalfragebogen, die ↗ Personalakte, die ↗ Personalkartei sowie ↗ Personalstatistiken. Neue Informationstechniken ermöglichen den Einsatz softwareunterstützter ↗ Personalinformationssysteme.

Bei der Verarbeitung von Informationen sind die in den rechtlichen Rahmenbedingungen verankerten Mitteilungspflichten und Einsichtsrechte sowie bei der automatisierten Datenverarbeitung die Bestimmungen des Datenschutzes (Bundesdatenschutzgesetz in der Bundesrepublik Deutschland, Datenschutzgesetz in Österreich, Bundesgesetz über den Datenschutz (DSG) in der Schweiz) zu beachten.

Literatur: Stierand, H.W. 2002: Personalbeschaffung und -verwaltung, Darmstadt   (m)

Personalwerbung

Personalwerbung bezeichnet den koordinierten Einsatz bestimmter Kommunikationsmittel im Rahmen der ↗ Personalakquisition, um beurteilungsfähige Bewerbungen durch geeignete Bewerber auszulösen.

Die Personalwerbung richtet sich primär an das externe ↗ Personalbeschaffungspotenzial und informiert über vorhandene Stellenangebote (Informationsfunktion). Sie stellt den Kontakt mit potenziellen Bewerbern her (Kommunikationsfunktion) und soll diejenigen zur Bewerbung veranlassen (Aktivierungsfunktion), deren Qualifikationen und Neigungen möglichst weitgehend mit den Anforderungen der Stelle übereinstimmen (Selektionsfunktion). Weitere Funktionen sind Imagepflege, Werbung um öffentliches Vertrauen, die Schaffung eines Bewerberreservoirs oder Herstellung einer Legitimationsgrundlage durch ›nachträgliche‹ Ausschreibung einer de facto intern bereits vorab vergebenen Position.

Wichtige Kanäle für die Personalwerbung sind ↗ Stellenanzeigen, Inserate und Anzeigenkampagnen sowie der Auftritt im Internet. Dazu kommen Kontakte zu verschiedenen Institutionen, z.B. Universitäten, Berufsschulen, ↗ Kammern, Arbeitgeberverbände und ↗ Mitarbeitern innerhalb der ↗ Organisation, die Kontakte zu potenziellen Bewerbern haben. Im Einzelfall wird auch der direkte Kontakt zu bestimmten ↗ Arbeitnehmern in anderen Betrieben gesucht (Abwerbung, Headhunting).

Probleme bei der Personalwerbung ergeben sich, ähnlich wie bei der Produktwerbung, besonders bei der Auswahl der einzusetzenden Werbekanäle und -mittel sowie bei der Quantifizierung des Werbeerfolgs.

Literatur: Pepels, W. (Hrsg.) 2001: Erfolgreiche Personalwerbung in Medien, München, Wien   (m)

Personalwesen

Personalwesen, auch ↗ Personalwirtschaft, ↗ Personalmanagement, ↗ Human Resource Management ist eine betriebswirtschaftliche Funktion, deren Kernaufgaben die Bereitstellung und der zielorientierte Einsatz von ↗ Personal ist. Die Bezeichnungen Personalwesen, Personalwirtschaft, Personalmanagement und Human Resour-

ce Management werden nahezu synonym verwendet. Der erste Lehrstuhl an einer wissenschaftlichen Hochschule im deutschsprachigen Bereich, der Anfang der 60er Jahre an der Universität Mannheim gegründet wurde, trug die Bezeichnung Personalwesen. Mittlerweile sind die Bezeichnungen Personalwirtschaft und Personalmanagement mindestens ebenso geläufig. In der Praxis wird häufig auch von betrieblicher ↗ Personalarbeit gesprochen.

Die Verwendung der Bezeichnung Personalwesen oder betriebliches Personalwesen ist häufig mit einer interdisziplinären Öffnung verbunden, während Personalwirtschaft stärker den ökonomischen Akzent betont.

Dennoch wird das Personalwesen meist im Sinne einer betriebswirtschaftlichen Funktion abgegrenzt. Es kann aber auch institutionell interpretiert werden. In diesem Falle sind mit dem Personalwesen die Träger der Personalarbeit, insbesondere die Mitglieder der Personalabteilung, aber auch die Inhaber von Führungspositionen gemeint.

Zur näheren Kennzeichnung der Aufgabenfelder: siehe ↗ Personalwirtschaft.

Literatur: Gaugler, E.; Oechsler, W.A.; Weber, W. 2004: Personalwesen, in: Gaugler, E.; Oechsler, W.A.; Weber, W. (Hrsg.): Handwörterbuch des Personalwesens, 3. Aufl., Stuttgart, Sp. 1653-1663   (w)

Personalwirtschaft

Personalwirtschaft, auch ↗ Personalwesen, ↗ Personalmanagement, ↗ Human Resource Management, ist eine betriebswirtschaftliche Funktion, deren Kernaufgabe die Bereitstellung, deren zielorientierte Einsatz und die Steuerung des ↗ Verhaltens von ↗ Personal ist.

Die Fragestellungen der Personalwirtschaft werden geprägt von dem Spannungsfeld zwischen dem Streben nach effizientem Einsatz aller Produktionsfaktoren, auch des Faktors Arbeit, und den Besonderheiten des Faktors Arbeit, insbesondere der personalen Gebundenheit der Arbeit, den Werthaltungen, Zielen und Motiven der Menschen sowie dem arbeitsteiligen Zusammenwirken vieler Menschen und den damit ausgelösten sozialen Phänomenen.

Kernaufgaben der Personalwirtschaft sind Beschaffung bzw. Abbau von ↗ Personal (↗ Personalbeschaffung, ↗ Personalabbau), Qualifizierung und Förderung des Personals (↗ Personalentwicklung,↗ Berufsausbildung, ↗ Weiterbildung), Bereitstellung von Anreizen (↗ Kompensation) sowie die Steuerung des Verhaltens durch strukturelle und personelle ↗ Führung (↗ Personalführung). Als weitere zentrale Aufgabe kann die Handhabung von ↗ Konflikten zwischen ↗ Arbeitgeber und ↗ Arbeitnehmern (↗ Arbeitsbeziehungen) angeführt werden. Die Kernaufgaben der Personalwirtschaft werden ergänzt durch Hilfsfunktionen, insbesondere die personalwirtschaftliche Informationsverarbeitung und -aufbereitung sowie die ↗ Personalverwaltung.

Die Aufgabenfelder der Personalwirtschaft können unter den Perspektiven der Planung, der Realisation und der Kontrolle betrachtet werden. Planung bzw. ↗ Personalplanung kann sich auf alle Kernaufgaben bzw. Teilfunktionen der Personalwirtschaft sowie auf übergeordnete Steuerungsgrößen (z.B. ↗ Personalkosten) beziehen. Die Verknüpfung von Planung und Kontrolle im Rahmen von Steuerungssystemen für den Personalbereich wird unter der Bezeichnung ↗ Personalcontrolling diskutiert.

Obwohl das Fach Personalwirtschaft bzw. Personalwesen fast durchgängig als spezielle Betriebswirtschaftslehre etabliert ist und die meisten Fachvertreter im Wissenschaftssystem aus der Betriebswirtschaftslehre kommen, ist der wissenschaftsdisziplinäre Standort des Fachs nicht eindeutig bestimmt. Dominant ist jedoch die Einordnung als spezielle Betriebswirtschaftslehre mit verhaltenswissenschaftlicher und damit interdisziplinärer Öffnung.

Literatur: Drumm, H.J. 2000: Personalwirtschaft, 4. Aufl., Berlin et al.; Hentze, J. 1991: Personalwirtschaftslehre, 2 Bände, 5. Aufl., Stuttgart; Marr, R.; Ridder, H.-G. 1999: Personalwirtschaftslehre, Stuttgart et al.   (w)

Personalwirtschaftliche Konzeptionen

Unter Konzeptionen – auch Ansätzen – der Personalwirtschaft werden Grundideen bzw. klar umrissene Vorstellungen über die betriebswirtschaftliche Funktion ↗ Personalwirtschaft verstanden. Die jeweilige Sichtweise und Betonung unterschiedlicher Teilaspekte innerhalb des Aufgabenkomplexes der ↗ Personalarbeit sind abhängig vom theoretischen Entwicklungsstand der Disziplin und von der Problemkonstellation, in der ein solches Konzept entsteht. Die theoretische Fundierung der Personalwirtschaft als einer jungen betriebswirtschaftlichen Teildisziplin ist noch schwach entwickelt. Noch 1974 musste Wächter (1974, S. 30f.) feststellen, dass die Literatur zum ↗ Personalwesen »durch die Erörterung einer Vielzahl von Einzelproblemen, von praktischen Winken für die Personalverwaltung und arbeits- und sozialrechtlichen Detailfragen (gekennzeichnet) ist, ohne dass dahinter ein erkennbares Konzept stünde«.

Ackermann; Reber (1981) weisen darauf hin, dass Personalfragen seit der Jahrhundertwende in unterschiedlichen Kontexten, z.T. auch in unterschiedlichen Disziplinen behandelt werden. Sie unterscheiden drei Zugangsweisen zu den Fragestellungen eines weit und interdisziplinär verstandenen Personalwesens: individualistische, mikrosoziale und makrosoziale Ansätze. Die individualistische Perspektive wird überwiegend in der Psychologie und der Pädagogik gepflegt. Diese Schwerpunktsetzung in den Verhaltenswissenschaften gilt auch für die mikrosoziale oder Gruppenperspektive, der die aus der Human Relations-Bewegung entstandenen Ansätze, die sozialpsychologische Führungsdiskussion, die kommunikationsorientierte und die gruppenbezogene konfliktorientierte Sichtweise zugerechnet werden. Die makrosoziale oder innerorganisationale Problemperspektive umfasst die Sichtweise, die für das Verständnis der ökonomisch orientierten Personalwirtschaftslehre kennzeichnend ist. Die Betrachtung richtet sich auf die Systemebene Organisation, d.h. es werden Strukturen und Prozesse des gesamten sozio-technischen Systems betrachtet. Daraus ergibt sich ein hohes Maß an Komplexität, das durch unterschiedliche Ordnungsschemata strukturiert wird.

Meist folgen diese Schemata einer funktionalistischen Betrachtungsweise. Als Funktionen werden Gruppen von Vorgängen bezeichnet, die für das Bestehen von Organisationen notwendig sind. Als solche Teilaufgaben innerhalb der Funktion Personalwirtschaft werden insbesondere genannt; Personalbeschaffung, Personaleinsatz, Personalabbau, Personalentwicklung, Kompensation und Anreizgestaltung. Die funktionsorientierte Sicht wird fast durchgängig in den planungsorientierten Darstellungen gewählt (Marx 1963 u.a.).

Kolbinger (1961, 1962) orientiert seinen ganzheitlichen Ansatz an der Philosophie Spanns. Dieser schon früh entwickelte ganzheitliche sozialwissenschaftliche Ansatz blieb allerdings ohne nachhaltigen Einfluss auf die weitere Diskussion. Schon vor dem 2. Weltkrieg setzten sich u.a. Guido Fischer (1929), Rudolf Seyffert (1922), Heinrich Nicklisch (1932) u.a. mit Personalfragen in beschreibender und normativ-wertender Weise auseinander, wobei die Wertbasis in der christlichen Soziallehre (Fischer) oder im deutschen Idealismus (Nicklisch) wurzelte.

In den 70er-Jahren gewannen systemtheoretisch ausgerichtete Konzepte an Bedeutung (↗ systemorientierter Ansatz). Eine entscheidungsorientierte Sicht kann hinter jenen Konzepten gesehen werden, die Personalarbeit nach Aktionszentren bzw. Entscheidungszentren systematisieren (↗ entscheidungsorientierter Ansatz) oder die Fragen der ↗ Personalpolitik in den Vordergrund rücken. Der ↗ konfliktorientierte Ansatz geht davon aus, dass zentrale Aufgaben der Personalarbeit in der Handhabung der konfliktären Interessenlagen in Unternehmen bestehen. Die jüngere konzeptionelle Diskussion konzentriert sich auf das Thema des ↗ strategischen Personalmanagements.

Seit den 90er-Jahren nimmt die Personalökonomik eine immer stärkere Position innerhalb der personalwirtschaftlichen Konzeptionen ein. Die Personalökonomik entwickelt auf der Grundlage ökonomischer Theorien Modelle zur Erklärung und Unterstützung personalpolitischer Entscheidungen. Dabei stützt sie sich auf das Theoriespektrum der Mikroökonomik, der Neuen Institutionenökonomik sowie der Verhaltungs- und Spieltheorie. Charakteristisches Merkmal personalökonomischer Modellbetrachtung ist die Konzentration auf ausgewählte und zentrale Variablen personalrelevanter Zusammenhänge.

Literatur: Fischer, G. 1929: Mensch und Arbeit im Betrieb, Zürich; Gaugler, E.; Oechsler, W.A.; Weber, W. 2004: Personalwesen, in: Gaugler, E.; Oechsler, W.A.; Weber, W.

(Hrsg.): Handwörterbuch des Personalwesens, 3. Aufl., Stuttgart, Sp. 1653-1663; Kolbinger, J. 1961/1962: Das betriebliche Personalwesen I und II, Stuttgart; Nicklisch, H. 1932: Die Betriebswirtschaft, 7. Aufl., Stuttgart; Seyffert, R. 1922: Der Mensch als Betriebsfaktor, Stuttgart; Wolff, B.; Lazear, E.P. 2001: Einführung in die Personalökonomik, Stuttgart; Ackermann, U.-F.; Reber, G. 1981: Entwicklung und gegenwärtiger Stand der Personalwirtschaftslehre, in: Ackermann, K.-F., Reber, G. (Hrsg.): Personalwirtschaft. Motivationale und kognitive Grundlagen, Stuttgart, S. 3-53   (w)

Personalzuordnungsproblem

Das Personalzuordnungsproblem zielt auf die Frage nach der Zuordnung von ↗ Arbeitnehmern zu Stellen (↗ Stellenbeschreibung), wobei das Ziel darin besteht, eine möglichst hohe Übereinstimmung zwischen ↗ Anforderungsprofil und ↗ Eignungsprofil zu erreichen (↗ Personaleinsatz).

Zur Lösung dieses Problems werden verschiedene Methoden verwendet. Ein mathematisches Verfahren aus dem Bereich der Linearen Programmierung ist die Ungarn-Methode.

Der ↗ Betriebsrat hat bei Personalzuordnungen je nach Grad der erfolgten Realisierung der Maßnahme (Planung oder bereits konkrete Maßnahme für bestimmte Mitarbeiter) unterschiedliche Mitbestimmungsrechte (↗ Personalplanungsausschuss).

Literatur: Moser, G. 1979: Das Assignment-Problem im Personal-Informations-Entscheidungssystem, in: Reber, G. (Hrsg.): Personalinformationssysteme, Stuttgart, S. 204-265   (n)

Persönlichkeit

Über die Verwendung des Worts Persönlichkeit besteht trotz oder gerade wegen der Häufigkeit seiner Verwendung kein Konsens. Dies gilt auch für die Psychologie. Herrmann (1969, S. 28f.) kommt zu folgendem Fazit:

»1. Beim heutigen Stand der Psychologie herrscht keine Einigkeit über den Gegenstand der Persönlichkeitsforschung.

2. Die Psychologen bezeichnen mit dem Wort Persönlichkeit höchst unterschiedliche Sachverhalte.

3. Dem Wort Persönlichkeit sind im Laufe seiner Wortgeschichte (innerhalb und außerhalb der wissenschaftlichen Psychologie) bisweilen geradezu gegensätzliche Bedeutungen zugeordnet worden.

4. Die Mehrheit heutiger Persönlichkeitsdefinitionen fasst Persönlichkeit auf als ein bei jedem Menschen einzigartiges, relativ stabiles und den Zeitablauf überdauerndes Verhaltenskorrelat. Davon abgesehen, werden aber die unterschiedlichsten begrifflichen Bestimmungsstücke zum Bestandteil der Definition.

5. Die Persönlichkeitsdefinitionen sind abhängig von den Persönlichkeitstheorien, in denen sie verankert sind.

6. Die Persönlichkeitstheorien sind stark traditionsabhängig und spiegeln unter anderem das – erkannte oder nicht erkannte – philosophische bzw. weltanschauliche Menschenbild des Autors wider.«

Allport hat die typischen Unterschiede zwischen angelsächsischen (z.B. von Eysenck) und empirisch-kontinentalen Persönlichkeitstheorien (z.B. von Lersch) herausgearbeitet, in denen sich die grundsätzlichen Differenzen der philosophischen Bezugssysteme widerspiegeln. Demnach heben angelsächsische Theorien u.a. stärker auf äußeres Verhalten und Modifizierbarkeit, kontinentale Theorien stärker auf innere Anlagen und relative Nichtmodifizierbarkeit der Persönlichkeit ab.

Der Persönlichkeitsbegriff wird vielfach auch in personalwirtschaftlichen

Kontexten verwendet, z.B. bei der Merkmalsbeschreibung in Stellengesuchen, ohne dass damit angesichts der oben gekennzeichneten Situation die erwünschte Klarheit der Merkmalsanforderungen erreicht werden könnte.

Literatur: Herrmann, T. 1969: Lehrbuch der empirischen Persönlichkeitsforschung, Göttingen (3. Aufl. 1976)   (w)

Persönlichkeitstest

Als Persönlichkeitstests werden psychologische ↗ Tests bezeichnet, die die ↗ Persönlichkeit als ganzes oder einzelne Teilaspekte der ↗ Persönlichkeit, in jedem Fall relativ stabile und den Zeitablauf überdauernde Verhaltensmerkmale des Individuums messen. In praktisch allen Testklassifikationen taucht der Begriff Persönlichkeitstest auf. Dennoch ist die Abgrenzung des Inhalts dieser Testkategorien wegen des schillernden Persönlichkeitsbegriffs, der in vielfältigen Ausprägungsformen existiert, keineswegs einheitlich.

Lienert (1989, S. 22) unterscheidet innerhalb der Persönlichkeitstests Eigenschafts-, Interessen-, Einstellungs-, Charakter- und Typentests. Brickenkamp differenziert hingegen nach den Testkonstruktionsprinzipien zwischen psychometrischen Persönlichkeitstests, zu denen insbesondere Persönlichkeitsstruktur- sowie Einstellungs- und Interessentests gehören sowie Persönlichkeits- und Entfaltungsverfahren, zu denen u.a. Formdeuteverfahren gehören.

Nur ein Teil der Persönlichkeitstests kommt aus rechtlichen und Praktikabilitätsgründen für einen Einsatz mit personalwirtschaftlichen Zielsetzungen, etwa für die ↗ Personalauswahl in Frage. Beispiele sind der Berufs-Interessen-Test (BIT) oder der Differentielle-Interessen-Test (DIT), die im Zusammenhang mit Berufswahlentscheidungen von Jugendlichen eingesetzt werden können. Zahlreiche Persönlichkeitstests sind im Hinblick auf klinische Anwendungen konstruiert.

Literatur: Berthel, J., Becker, F.G. 2003: Personalmanagement, 7. Aufl., Stuttgart, S. 176f.; Brickenkamp, R.; Brähler, E.; Holling, H. 2002: Handbuch psychologischer und pädagogischer Tests, 2 Bde., Göttingen; Lienert, G.A. 1989: Testaufbau und Testanalyse, 4. Aufl., Weinheim u.a.   (w)

Pfadanalyse

Die Pfadanalyse ist ein statistisches Verfahren (↗ Datenanalyse, multivariate), das dazu dient, komplexe Wirkungszusammenhänge zwischen Variablen zu erkennen. Es setzt im Prinzip metrische Variablen voraus und beruht mathematisch auf der ↗ Regressionsanalyse. Während bei der Regressionsanalyse der Einfluss einer oder mehrerer Variablen auf eine abhängige Variable untersucht werden kann, lassen sich mit der Pfadanalyse auch mehrere abhängige Variablen einbeziehen.

Beispiele mit 3 Variablen — Regressionsanalyse / Pfadanalyse (zwei mögliche Modelle): Modell 1, Modell 2

Im Fall einer Drei-Variablen-Betrachtung bestimmt man also den Einfluss von B auf C, »bereinigt« um den Einfluss von A auf C und den Einfluss von A auf B. Ebenso verfährt man für die Beziehungen A-B und A-C. Zu beachten ist, dass ein und dieselbe Datenmatrix mit ganz unterschiedlichen Modellen abgebildet werden kann. Zur Entscheidung über das beste Modell stehen statistische Gütemaße zur Verfügung, die die Abweichung der empirischen mit der aus den Modellbeziehungen reproduzierten Datenmatrix vergleichen. Inhaltliche, auf Theorien zurückgreifende Argumente sollten allerdings eine mindestens ebenso wichtige Rolle spielen wie statistische Anpassungstests.

Besonders verbreitet ist das LISREL-Verfahren (Analysis of Linear Structural Relationships), das in einem Software-Paket (↗ Software) verfügbar ist. Es erlaubt auch eine Verbindung mit der ↗ Faktorenanalyse, um latente Variablen, die auf mehreren, gemessenen Variablen beruhen, einzubeziehen zu können. Darüber hinaus ist das LISREL-Modell geeignet, unterschiedliche Datenniveaus zu berücksichtigen.

Literatur: Backhaus, K. u.a. 2003: Multivariate Analysemethoden, 10. Aufl., Berlin u.a.; Homburg, Ch. 1992: Die Kausalanalyse. Eine Einführung, in: WiSt, 21. Jg., H. 10, S. 499-508, S. 541-544   (n)

Polyvalenzlohn
↗ Potenziallohn

Positionsmaße

Die zentrale Tendenz einer Verteilung wird mit Positionsmaßen beschrieben (↗ Datenanalyse, univariate). Wichtige Maße sind der Modalwert, der Median und das arithmetische Mittel. Der Modalwert ist der am häufigsten vorkommende Wert in der Verteilung. Der Modalwert oder Modus stellt keine Anforderungen an das Skalenniveau. Der Median bezeichnet den Wert einer mindestens ordinal skalierten Vari-

ablen, der die Verteilung in zwei gleiche Hälften teilt. Oberhalb und unterhalb des Medians liegen 50 Prozent der Messwerte. Das arithmetische Mittel wird bei mindestens intervall-skalierten Daten verwendet. Es ist definiert durch die Summe aller Messwerte einer Variablen, dividiert durch die Anzahl der Messwerte. Das arithmetische Mittel ist relativ anfällig gegenüber »Ausreißern«, d.h. einzelnen, weit vom Zentrum der Verteilung entfernt liegenden Werten. Der Median ist hiervon weniger beeinflusst.

Will man die zentralen Tendenzen mehrerer Verteilungen miteinander vergleichen, z.B. die mittleren Fehlzeiten der Beschäftigten zweier Abteilungen, ist ein Vergleich ohne Einbeziehung der Streuungen leicht irreführend, weil Verteilungen mit ganz unterschiedlichen Streuungen die gleiche zentrale Tendenz zeigen können (↗ Streuungsmaße).

Literatur: Hartung, J.; Elpelt, B.; Klösener, K.-H. 2002: Statistik. Lehr- und Handbuch der angewandten Statistik, 13. Aufl., München, Wien   (n)

Potenzialbeurteilung

Die Potenzialbeurteilung ist eine Form der ↗ Personalbeurteilung, bei der ↗ Qualifikationen bzw. Eignungen für bestimmte Tätigkeiten erfasst und prognostiziert werden. Das Potenzial einer Person umfasst die aktuelle vorhandenen und die in der Zukunft erwarteten bzw. die entwickelbaren Qualifikationen, die Eignungen für bestimmte Tätigkeiten begründen.

Zur Beurteilung des Potenzials werden im Wesentlichen zwei Verfahren eingesetzt: Stichproben des gegenwärtigen Verhaltens bzw. des dahinter stehenden Leistungsvermögens (oft in Verbindung mit der Extrapolation solcher über längere Zeiträume – z.B. durch ↗ Tests oder durch mehr oder weniger systematische Beobachtung gewonnene Informationen) sowie die Simulation des ↗ Verhaltens in Arbeitssituationen, auf die hin das Potenzial beurteilt werden soll. Die Simulation von gegebenenfalls zu übertragenden Arbeitssituationen spielt im Rahmen des ↗ Assessment Centers eine wichtige Rolle.

Die Potenzialbeurteilung ist ein wichtiges Element von ↗ Personalentwicklungssystemen.

Literatur: Peter, U.; Holling, H. 2004: Potenzialbeurteilung, in: Gaugler, E.; Oechsler, W.A.; Weber, W. (Hrsg.): Handwörterbuch des Personalwesens, 3. Aufl., Stuttgart, Sp. 1685-1692; Scherm, E.; Süß, S. 2003: Personalmanagement, München, S. 92-94   (w)

Potenziallohn

Der Potenziallohn oder Polyvalenzlohn ist im weiteren Sinne ein Leistungslohn, der sich an der betriebsnotwendigen oder der tätigkeitsspezifischen ↗ Qualifikation einer Person orientiert (Oechsler 2000a, S. 486; Becker 2002, S. 452 u. 471): Letztlich ist das bereitgestellte, durch die vorhandenen Qualifikationen bestimmte Leistungspotenzial für die Lohnhöhe maßgebend. Ob dieses Potenzial genutzt wird oder nicht, ist zumindest kurzfristig für die Lohnhöhe nicht Ausschlag gebend.

Die Anwendung des Potenziallohns kommt vor allem dann in Frage, wenn die Anwendungsbedingungen der traditionellen Formen des ↗ Leistungslohns an Grenzen stoßen, insbes. wenn ein hohes Maß an eigenverantwortlichem Handeln auf der Grundlage hoher Qualifikationen gefordert ist.

Literatur: Becker, F.G. 2002: Lexikon des Personalmanagements, 2. Aufl., München; Drumm,

H.J. 2000: Personalwirtschaft, 4. Aufl., Berlin usw., S. 57-572; Eckardstein, D.v. et al. 1988: Die Qualifikation der Arbeitnehmer in neuen Entlohnungsmodellen. Zur Funktion von Modellen des Qualifikationslohns in personalwirtschaftlichen und gewerkschaftlichen Strategien, Frankfurt/M. et al.; Oechsler, W.A. 2000a: Personal und Arbeit, 7. Aufl., München, Wien, S. 430-532   (w)

Prämienlohn

Von Prämienlohn wird gesprochen, wenn zu einem vereinbarten Grundlohn ein zusätzliches Entgelt (Prämie) bezahlt wird, das im Zusammenhang mit einer Leistungsgröße steht (Oechsler 2000a, S. 490). Von Prämienlohn wird nur dann gesprochen, wenn das zusätzliche Entgelt planmäßig, also aufgrund einer klaren, den Arbeitenden bekannten Regelung und nicht etwa aufgrund von Einzelentscheidungen des ↗ Vorgesetzten gewährt wird. Im Gegensatz zur ↗ Erfolgsbeteiligung wird beim Prämienlohn die individuelle und nicht die kollektive Mehrleistung vergütet.

Es werden verschiedene Typen von Prämien unterschieden, die meist am quantitativen Arbeitsergebnis und an verschiedenen Aspekten des qualitativen Arbeitsergebnisses anknüpfen. Im ersten Fall wird von Mengenleistungsprämie, Arbeitsproduktivitätsprämie oder Grundprämie gesprochen. Die mengenmäßige Arbeitsleistung schlägt sich hier wie beim ↗ Akkordlohn, jedoch mit geringerem Gewicht in der Lohnhöhe nieder. Die durch Mehrleistungen erzielbaren Lohnsteigerungen sind geringer als beim Akkordlohn.

Mehr qualitative Aspekte überwiegen bei den Zusatzprämien, die auf die möglichst kostengünstigste Nutzung von Betriebsmitteln (Nutzungsprämien), Einsparungen von Werkstoffen, von Energie usw. (Ersparnisprämien) oder auf das Erreichen eines bestimmten Gütestandards (Qualitätsprämien) zielen.

Gelegentlich wird bei der Einteilung der Prämienarten an den Produktionsfaktoren angeknüpft. In diesem Fall wird neben der Arbeitsproduktivitätsprämie die Betriebsmittel- und die Werkstoffproduktivitätsprämie unterschieden. Die verschiedenen Prämienarten können auch kombiniert angewandt werden.

Der Prämienlohn wird vor allem angewandt, wenn Qualität, Ersparnis von Material, Nutzung von Maschinen und ähnliche Gesichtspunkte eine große Rolle spielen und die Bedingungen für die Anwendung des Akkordlohnes nicht erfüllt sind. Für Mengenleistungsprämien gelten ähnliche Voraussetzungen wie für den Akkordlohn. Bei fortschreitender Automatisierung werden die Anwendungsfelder für den Prämienlohn immer mehr eingeengt, weil sowohl Menge als auch Qualität des Produktionsergebnisses nur mehr durch die Produktionsanlagen bestimmt werden.

Literatur: Oechsler, W.A. 2000a: Personal und Arbeit, 7. Aufl., München, Wien, S. 490ff.; Schettgen, P. 1996: Arbeit, Leistung, Lohn, Stuttgart, S. 303-308; Ridder, H.-G. 1999: Personalwirtschaftslehre, Stuttgart et al., S. 381-386   (w)

Probezeit

Als Probezeit bezeichnet man die arbeits- oder ausbildungsvertraglich vereinbarte, zeitlich begrenzte Phase der Erprobung der Eignung eines ↗ Arbeitnehmers oder ↗ Auszubildenden, innerhalb derer das Vertragsverhältnis (↗ Arbeitsvertrag) von beiden Vertragsparteien unter erleichterten Bedingungen gelöst werden kann. Eine Probezeit ist für Berufsausbildungsverträge vorgeschrieben.

Man unterscheidet zwischen einer Probezeit, die am Beginn eines unbefristeten Beschäftigungsverhältnisses steht, und einer Probezeit, die auf einem zum Zweck der Probe befristeten Arbeitsverhältnis beruht. Im Falle der einem unbefristeten Vertrag vorangestellten Probezeit geht das Arbeitsverhältnis ohne besondere Erklärung in ein unbefristetes über. Im Falle des befristeten Probearbeitsverhältnisses endet die Vertragsbeziehung nach Ablauf der Probezeit. Anschließend kann evtl. ein unbefristeter Vertrag geschlossen werden.

Die Dauer der Probezeit ist nur für das Berufsausbildungsverhältnis gesetzlich geregelt. Sie beträgt mindestens einen Monat, höchstens drei Monate. Die meisten Tarifverträge (↗ Tarifvertragsrecht) enthalten Regelungen über die maximale Dauer der Probezeit. In der Regel werden drei Monate nicht überschritten.

Literatur: Söllner, A.; Waltermann, R. 2003: Grundriss des Arbeitsrechts, 13. Aufl., München   (n)

Problemhandhabung und -lösung

Menschliches Handeln kann als Handhabung von Problemen interpretiert werden. Die Handhabung von Problemen vollzieht sich als Interaktion zwischen Person und Umwelt. Die Umwelt liefert dem Individuum Probleme und legt Problemlösungshypothesen nahe; das Verhalten ist größtenteils auf die Umwelt gerichtet, in der Umwelt werden die tatsächlichen oder vermeintlichen Konsequenzen des Verhaltens beobachtet und als Bestätigung oder Falsifizierung der Problemlösungshypothese interpretiert. Dieser Prozess enthält zwei wesentliche Komponenten: Verhalten und Erwerb von Erfahrungen. Der erste Aspekt wird eher in Handlungstheorien, der zweite eher in ↗ Lerntheorien betont, wobei eine strikte Trennung nicht möglich ist.

Vor diesem Hintergrund kann Problemdruck als Erklärungsansatz für Organisationshandeln verwendet werden: Handeln wird durch Probleme ausgelöst; Probleme wiederum werden durch Wertverletzungen ausgelöst, d.h. Probleme werden dann wahrgenommen, wenn Wertvorstellungen der Entscheider gefährdet erscheinen. Daraus folgt, dass das Handeln in ↗ Organisationen und von Organisationen wesentlich durch Werte gesteuert wird. Dies macht plausibel, dass die ↗ Unternehmenskultur erheblichen Einfluss auf das Organisationshandeln hat. Bei der Auswahl konkreter Handlungen kann davon ausgegangen werden, dass die am einfachsten zu realisierende Alternative bevorzugt wird, weil die Handelnden danach trachten, ihre Problembearbeitungskapazität möglichst effektiv zu nutzen.

Wenn diese Grundannahmen zutreffen, wird plausibel, dass betriebliches Handeln generell und im Besonderen die betriebliche Personalarbeit überwiegend reaktiv und kurzfristig orientiert ist. Strategisches Handeln ist eher die Ausnahme (↗ strategisches Personalmanagement).

Von Problemlösen wird hingegen gesprochen, wenn ein Individuum einer neuartigen komplexen Situation gegenübergestellt wird, in der ein Ziel durch Kombination früherer Erfahrungen bzw. durch Überlegen erreicht wird. Problemlösen ist demnach identisch mit ↗ Entscheidung bzw. Entscheiden in komplexen Situationen und höheren Lernformen wie dem ↗ Lernen durch Einsicht. Dieser Begriff liegt überdies in der Nähe des Begriffs Denken, mit dem ebenfalls Vorgänge bezeichnet werden, in denen ein Problem erfasst und verarbeitet wird. Bei der Verwendung des Begriffs Denken erhalten jedoch solche Vorgänge wie Beurteilen, Abstrahieren, in Begriffe fassen,

Schlussfolgerungen ziehen usw. ein stärkeres Gewicht.   (w/k)

Prognosemethoden

Prognosemethoden sind jene ↗ Methoden zur Entscheidungsunterstützung, die in Entscheidungsprozessen zur Prognose der Konsequenzen der erwogenen Alternativen herangezogen werden (↗ Entscheidung). Als inexakte Methoden kommen verschiedene Varianten der Expertenbefragung, z.B. die ↗ Delphi-Methode, in Frage. Unter den exakten Methoden sind jene Methoden, die auf der Analyse von Zeitreihen basieren (↗ Trendextrapolation), und die ↗ Simulation besonders wichtig.   (k)

Projektive Testverfahren

Im Gegensatz zu psychometrischen Testverfahren werden Persönlichkeitsmerkmale bei projektiven Testverfahren indirekt erschlossen. Die Probanden erhalten mehrdeutige Vorlagen (z.B. Bilder), die sie zu interpretieren haben.

Dieses Testverfahren macht sich zunutze, dass die Interpretation mehrdeutiger Reize stark von persönlichen Einstellungen, Bedürfnissen usw. beeinflusst wird (↗ Wahrnehmungsprozesse) und sich diese Persönlichkeitsvariablen in Äußerungen des Probanden bei Vorliegen entsprechender Reize niederschlagen.

Ein Beispiel für projektive Testverfahren ist der Thematische Apperzeptionstext (TAT), bei dem 20 Testbilder vorgelegt werden, zu denen Geschichten zu erfinden sind.

Die testtheoretischen Gütekriterien der ↗ Objektivität, ↗ Reliabilität und ↗ Validität sind in der Regel bei projektiven Testverfahren in geringerem Maße erfüllt als bei psychometrischen Verfahren. Die Anwendung dieser Testverfahren erfordert oft langjähriges Training und kommt vor allem im klinischen Bereich und als Grundlage für persönliche Beratungen in Frage. Der Einsatz bei Personalauswahlentscheidungen, dem ↗ Personaleinsatz usw. ist wegen der größeren Möglichkeiten der Manipulation durch den Probanden nicht zweckmäßig und bei Eindringen in die Intimsphäre auch nicht zulässig.

(w)

Q

Qualifikation

Qualifikation kann als Inbegriff menschlicher Leistungsfähigkeit verstanden werden. Der Begriff bezeichnet das in einem Menschen in jeweils charakteristischer Ausprägung vorhandene Arbeits- bzw. Leistungspotenzial, für das vielfach auch der Terminus ↗ Eignung verwendet wird.

Der Begriff Qualifikation umfasst alle kognitiven, physischen und sozialen Fähigkeiten, die zur Erfüllung einer bestimmten Tätigkeit erforderlich sind. Kognitive Fähigkeiten umfassen Wissen und Erfahrungen, physische Fähigkeiten körperliche Kraft, Ausdauer, Geschicklichkeit, soziale Fähigkeiten z.B. Verhaltensdispositionen und Einstellungsmuster. Im Hinblick auf berufliche Fähigkeiten wird zwischen verschiedenen Arten von Qualifikationen unterschieden. Dabei werden neben spezifischen, für bestimmte Tätigkeitsfelder typischen fachlichen Qualifikationen auch ↗ Schlüsselqualifikationen beachtet.

Der Qualifikationserwerb ist insbesondere Gegenstand von ↗ Berufsausbildung, ↗ Umschulung, ↗ Fortbildung bzw. ↗ Weiterbildung.

Im Zeichen des raschen technologischen Wandels werden unterschiedliche Thesen über Veränderungen des Qualifikationsniveaus diskutiert. Am bekanntesten sind die Höherqualifizierungsthese, die ein allgemeines Steigen des Qualifikationsniveaus behauptet, die Dequalifizierungsthese, die von der gegenteiligen Entwicklung ausgeht, sowie verschiedene Varianten der Polarisierungsthese, die eine Zunahme niedriger und höherer Qualifikationsbedarfe und ein Ausdünnen mittlerer Qualifikationsanforderungen behauptet. Die verschiedenen Versuche einer empirischen Fundierung dieser Thesen haben zu keinen eindeutigen Ergebnissen geführt. Dies liegt u.a. daran, dass die Zusammenhänge zwischen technischem Wandel und Qualifikation zu wenig differenziert erfasst werden.

Literatur: Berthel, J.; Becker, F.G. 2003: Personalmanagement, 7. Aufl., Stuttgart, S. 261-379; Arbeitsgemeinschaft betriebliche Weiterbildungsforschung (ABWF) (Hrsg.) 1999: Kompetenzentwicklung `99. Aspekte einer neuen Lernkultur, Münster et al. (w)

Qualitätszirkel

Die Anfang der 60er-Jahre in Japan entstandenen Qualitätszirkel, engl. quality circles, bestehen aus kleinen Gruppen von ↗ Mitarbeitern des gleichen Arbeitsbereichs, die sich auf freiwilliger Basis unter der Leitung ihres ↗ Vorgesetzten zusammenfinden. Unter Anwendung bestimmter Techniken werden arbeitsbezogene Probleme erkannt, Lösungsvorschläge erarbeitet und dem Management präsentiert. Bei dessen Zustimmung führen die Qualitätszirkel die vorgeschlagenen Lösungen durch und überwachen deren Implementierung. Qualitätszirkel sind häufig Teil umfassender Bemühungen zum Total Quality Management.

Die Ziele von Qualitätszirkeln liegen sowohl auf betrieblicher als auch auf individueller Ebene, z.B. Qualitätssteigerung, Kostensenkung, Partizipation, ↗ Arbeitszufriedenheit. Gegenstand solcher Gruppen sind meist unmittelbar arbeitsbezogene Probleme. Übergreifende Aspekte wie z.B. Verteilungskonflikte bleiben normalerweise ausgeschlossen. An beteiligten Personen (-gruppen) sind neben den Teilnehmern und dem Leiter noch der Moderator, der den Leiter unterstützt und die Gruppe in die Selbstständigkeit führt, der Koordinator als Gesamtverantwortlicher für das Qualitätszirkelprogramm in einer ↗ Organisation und die Steuergruppe, ein organisationsweit verankertes Kollegialorgan, zu nennen.

Dieser Ansatz hat für das betriebliche ↗ Personalwesen insbesondere im Zusammenhang mit der ↗ Arbeitsgestaltung und der Förderung der Partizipation Bedeutung. Er kann überdies auch einen Einstieg zur ↗ Organisationsentwicklung darstellen.

Positiv ist zu vermerken, dass Qualitätszirkel den ↗ Arbeitnehmer in seinen sozialen Bedürfnissen und seinem Problemlösungspotenzial (↗ Problemhandhabung und -lösung) ernst nehmen und so einen Beitrag zur Steigerung der organisationalen Effizienz und zur ↗ Humanisierung der Arbeit leisten.

Kritisch wird jedoch gesehen, dass sie die tägliche Arbeitsroutine – zumindest vorerst – unberührt lassen und gleichsam eine ›parallele‹ Arbeitsorganisation aufbauen.

Literatur: Pepels, W. (Hrsg.) 2001: Erfolgreiche Personalwerbung in Medien, München, Wien (m)

Quantitative Methoden

Als quantitative Methoden der Datenerhebung gelten solche Verfahren, die einen vergleichsweise hohen Standardisierungsgrad aufweisen und die Möglichkeit der mathematisch-statistischen Analyse eröffnen. Quantitative Erhebungsinstrumente lassen daher nur die Aufnahme der im Konstruktionsprozess der Instrumente berücksichtigten Sachverhalte oder Reaktionen zu. Somit verlangt der Einsatz quantitativer Methoden in der Datenerhebung und in der Analyse nach weit fortgeschrittenen theoretischen Überlegungen. Sowohl zur Prüfung der Datenqualität unter mess- und testtheoretischen Gesichtspunkten als auch zur Analyse der ↗ Daten werden Operationen des Zählens, Vergleichens und Schließens eingesetzt (Leblebici/Matiaske 2004).

Als prototypischer Anwendungsfall der quantitativen Forschung können standardisierte Befragungen gelten. Klassische Softwarepakete wie SAS, SPSS, STATA oder Splus bzw. R dienen der statistischen Analyse quantitativen Datenmaterials (Matiaske 1996; Diekmann 2002).

Literatur: Diekmann, A. 2002: Empirische Sozialforschung: Grundlagen, Methoden, Anwendungen, Reinbek; Leblebici, H.; Matiaske, W. 2004: Methoden der quantitativen Personalforschung, in: Gaugler, E; Oechsler; W.A. Weber, W. (Hrsg.): Handwörterbuch des Personalwesens, 3. Aufl., Stuttgart, Sp. 1186-1193; Matiaske, W. 1996: Statistische Datenanalyse mit Mikrocomputern, 2. Aufl., München, Wien   (k)

R

Radikalökonomische Theorie

Die radikalökonomische Theorie – häufig kurz als Theorie der »Radicals« bezeichnet – ist eine von marxistischem Gedankengut beeinflusste ↗ Arbeitsmarkttheorie, die – wie andere ↗ Segmentationstheorien – von einer Spaltung des Arbeitsmarktes ausgehen. Dabei wird unterstellt, dass die Spaltung des Arbeitsmarktes durch Kräfte hervorgerufen wird, die dem Kapitalismus immanent sind. Als Erklärungsansätze stehen die Klassengegensätze und historische Ableitungen im Vordergrund.

Die »Radicals« unterscheiden ähnlich wie andere Konzepte des dualen Arbeitsmarktes zwischen Sekundärmarkt und Primärmarkt, differenzieren jedoch den Primärmarkt in einen untergeordneten und einen unabhängigen Sektor. Dem Sekundärmarkt, auf dem es keine gewerkschaftliche Interessenvertretung gibt, werden schlecht bezahlte, unsichere Arbeitsplätze zugeordnet, die jederzeit von Arbeitskräften aus der »Reservearmee« übernommen werden können. Als Reservearmee wird ein Überangebot an Arbeitskräften bezeichnet, das zur Disziplinierung der Arbeitskräfte dient. Der untergeordnete Primärmarkt umfasst vor allem gewerkschaftlich organisierte ↗ Arbeitnehmer auf wenig anspruchsvollen und relativ unsicheren Arbeitsplätzen. Der unabhängige Arbeitsmarkt ist durch anspruchsvolle Arbeitsplätze mit guter Bezahlung, Aufstiegschancen und einem hohen Maß an Gestaltungsspielräumen gekennzeichnet. Es wird unterstellt, dass das herausragende Motiv für diese Ausformung des Arbeits-

marktes das Interesse der ↗ Arbeitgeber an Machtausübung (↗ Macht) durch Interessenspaltung ist.

Die Kritik an der radikalökonomischen Theorie richtet sich darauf, dass die bereits von anderen Segmentationstheoretikern beschriebenen Phänomene lediglich mit einer »marxistischen Haube« versehen würden, diese Phänomene mit anderen Ansätzen der Arbeitsmarkttheorie gleich gut oder besser erklärt werden, die Ziele und das Handeln der Arbeitskräfte vernachlässigt werden und ein Teil der Aussagen ausschließlich auf nordamerikanische Verhältnisse abhebt.

Literatur: Gordon, D. M.; Edwards, R.; Reich, M. 1978: Arbeitssegmentation und Herrschaft, in: Sengenberger, W. (Hrsg.): Der gespaltene Arbeitsmarkt, Frankfurt/M., New York 1978, S. 55-66 (w)

Randbelegschaft

Als Randbelegschaft werden im Gegensatz zur ↗ Stammbelegschaft in der ↗ Arbeitsmarkttheorie jene Arbeitskräfte bezeichnet, die durch geringen innerbetrieblichen Status, niedrige Löhne, geringe Aufstiegschancen und hohes Beschäftigungsrisiko gekennzeichnet sind. Die Randbelegschaft ist am unteren Ende der betrieblichen Arbeitskräftehierarchie positioniert. Diese Beschäftigtengruppe ist durch ein geringes Qualifikationsniveau und entsprechend leichte Verfügbarkeit auf dem ↗ Arbeitsmarkt gekennzeichnet. Sie dient deshalb über ↗ Einstellungen, ↗ Kündigungen und andere Anpassungsmaßnahmen als Puffer zum Ausgleich von Beschäftigungsschwankungen.

Die Unterscheidung und die Gründe für das Herausbilden von Stamm- und Randbelegschaft wird vor allem im Zusammenhang mit der Pflege interner Arbeitsmärkte (↗ Arbeitsmärkte, interne) bzw. innerhalb der Arbeitsmarkttheorie im Rahmen der ↗ Segmentationstheorien diskutiert.   (w)

Reaktanztheorie

Die Reaktanztheorie von Brehm beschäftigt sich mit der Erklärung von individuellem ↗ Verhalten bei subjektiv wahrgenommener Bedrohung oder Beeinträchtigung des Verhaltensspielraums. Sie zählt innerhalb der ↗ Motivationstheorien zu den Prozesstheorien.

Dem Einzelnen wird die Erwartung zugeschrieben, einen freien Handlungsspielraum zu besitzen. Er gewinnt sie aus dem Vergleich mit anderen Personen, mit der eigenen Erfahrung oder aus der Zuerkennung durch andere. Wird der Handlungsspielraum, der über Entscheidungs- oder Wahlalternativen definiert ist, bedroht oder eingeengt, so reagiert das Individuum mit psychologischer Reaktanz. Reaktanz ist ein motivationaler Erregungszustand mit der Tendenz, die verloren gegangenen Freiheitsgrade wieder herzustellen. Ihre Stärke hängt vom Ausmaß der Freiheitseinengung, der subjektiven Wichtigkeit des bedrohten Bereichs sowie dem Umfang der bedrohten oder gestörten Bereiche bzw. der Implikation für andere Freiräume ab.

Verschiedene Arten von Reaktanzeffekten dienen der Wiedererlangung der bedrohten bzw. beeinträchtigten Freiräume: kognitive Veränderung der Attraktivität der verloren gegangenen Alternativen bzw. der nach wie vor bestehenden Möglichkeiten; implikative Wiederherstellung der Freiheit durch Ausweichen auf ein dem eingeengten Verhalten ähnliches Gebiet bzw. durch

Aktivierung einer anderen Person, dieses Verhalten zu zeigen; direkte Versuche der Rückeroberung (Verhaltensreaktanz); Aggression.

Die Theorie der gelernten Hilflosigkeit von Seligman macht andere Annahmen über die Verhaltenskonsequenzen bei Bedrohung. Sie nimmt für den Fall der Freiheitseinengung nicht Reaktanz, sondern im Gegenteil Passivität und allgemein depressives Verhalten an. Durch eine Erweiterung der Reaktanztheorie um attributionstheoretische Überlegungen, die sich auf die subjektiv wahrgenommenen Ursachen der Freiheitseinengung beziehen und um die Variable ›Erwartung von Kontrolle über die Ereignisse der individuellen Umwelt‹ erscheint es möglich, diese beiden Theorien zu einer allgemeinen Theorie kognitiver Kontrolle zu vereinigen.

Literatur: Dickenberger, D.; Gniech, G.; Grabitz, H.J. 1993: Theorie der psychologischen Reaktanz, in: Frey, D.; Irle, M. (Hrsg.): Theorien der Sozialpsychologie, 2. Aufl., Bern, S. 243-273   (m)

Rechnungswesen, betriebliches

Das betriebliche Rechnungswesen ist ein Informationsinstrument mit besonders langer Tradition und besonders hervorgehobener Stellung. Im betrieblichen Rechnungswesen werden Informationen aufgezeichnet, die den Betrieb bzw. die Unternehmung und deren Beziehungen mit der Umwelt betreffen. Anlass für die Aufzeichnungen sind außerbetriebliche Zwänge, wie etwa Buchführungspflichten, aber auch der innerbetriebliche Informationsbedarf für die Entscheidungsfindung. Unter den ↗ Methoden zur Entscheidungsunterstützung nimmt es eine herausragende Stellung ein.

Vielfach wird zwischen internen und externen Informationszwecken des Rechnungswesens unterschieden. Die Gruppen, die keinen unmittelbaren Zugriff auf die betrieblichen Daten haben, werden als externe Interessenten bezeichnet. Zu ihnen gehören Gläubiger, große Teile der Kapitaleigner, Staat, aber auch ↗ Arbeitnehmer. Als interne Interessenten stehen die Mitglieder der Unternehmensleitungen im Vordergrund. Das Rechnungswesen stellt Informationen für die interne Kontrolle sowie für die Planung und Steuerung betrieblicher Prozesse zur Verfügung. Als zentrale Aufgaben des betrieblichen Rechnungswesens werden die nach außen gerichtete Rechenschaftslegung und die nach innen gerichtete Bereitstellung von Informationen für die betriebsinterne Kontrolle und die Entscheidungsunterstützung genannt. Im Zusammenhang mit personalwirtschaftlichen ↗ Entscheidungen stehen diese beiden zuletzt genannten Aufgaben im Vordergrund. Diese Aufgaben werden primär von der ↗ Kostenrechnung bzw. Kosten- und Leistungsrechnung sowie von der zukunftsorientierten Investitionsrechnung und Finanzplanung erfüllt. Im Zusammenhang mit personalwirtschaftlichen Fragestellungen und Problemen ist insbesondere die Kostenrechnung, in begrenztem Umfang auch die Investitionsrechnung von Bedeutung.

Der ↗ Jahresabschluss mit Bilanz, Gewinn- und Verlustrechnung und – bei Kapitalgesellschaften – Anhang und Lagebericht sowie die ergänzende gesellschaftsbezogene Berichterstattung (↗ Sozialbilanz) erfüllen primär externe Informationsfunktionen, sind aber in Teilen auch im personalwirtschaftlichen Kontext relevant.

Literatur: Rosenberg, O.; Weber, W. 1997: Betriebliches Rechnungswesen, 7. Aufl. München; Weber, J./Weißenberger B.E. 2002: Einführung in das Rechnungswesen, 6. Aufl., Stuttgart   (w)

Rechtliche Rahmenbedingungen der Personalarbeit

Vielfältige rechtliche Vorschriften bilden einen wichtigen Teil des Rahmens für die betriebliche ↗ Personalarbeit (↗ Handlungsspielraum bei Personalentscheidungen). Handlungsalternativen werden durch diese rechtlichen Regelungen ausgeschlossen, vorgeschrieben oder kanalisiert.

Man kann zwischen zwei großen Gruppen von Rahmenbedingungen unterscheiden. Die erste Gruppe bezieht sich eher auf die Beziehung zwischen dem individuellen ↗ Arbeitnehmer und dem ihn beschäftigenden ↗ Arbeitgeber, die zweite Gruppe mehr auf die Beziehung zwischen kollektiven Akteuren.

Der erste Bereich setzt Grenzen für die individuellen Vereinbarungen zwischen Arbeitnehmer und Arbeitgeber und regelt wichtige Rechte und Pflichten der beiden Parteien (↗ Mietsrecht, individuelles). Hierzu gehören vor allem das Arbeitsvertragsrecht (↗ Arbeitsvertrag), das ↗ Arbeitsschutzrecht und z.T. das ↗ Betriebsverfassungsrecht mit seinen Regelungen über die Informations- und Beschwerderechte des einzelnen Arbeitnehmers. Die Gesetze sollen zum einen dafür sorgen, dass bei den Vertragsparteien Sicherheit über die Art und die Einhaltung der Abmachungen besteht und keine Vereinbarungen getroffen werden, die dem Arbeitnehmer unzumutbare bzw. nicht erlaubte oder für ihn ungünstige Arbeitsbedingungen aufzwingen. Zum anderen sind seine Einflussrechte, z.B. Informations- und Beschwerderechte, durch die diesem Bereich zugeordneten Gesetze geregelt. Die Quellen, die festsetzen, was nicht zumutbar, nicht erlaubt oder ungünstig ist, reichen vom Bürgerlichen Gesetzbuch über das Arbeitszeitgesetz, das Bundesurlaubsgesetz oder datenschutzrechtliche Bestimmungen bis hin zu Tarifverträgen. Die individuellen Mitbestimmungsrechte sind vor allem im Betriebsverfassungsgesetz (↗ Tarifvertragsrecht) geregelt.

Der zweite Bereich der Regelungen betrifft weniger individuelle Arbeitnehmer oder Arbeitgeber, sondern Kollektive vor allem auf Seiten der Beschäftigten (↗ Arbeitsrecht, kollektives). Hier sind insbesondere Rechte der Interessenvertretung der Arbeitnehmer sowie Regelungen über die Tarifbeziehungen wesentlich. Die Mitbestimmungsgesetze (↗ Mitbestimmungsrecht) auf Unternehmens- und Betriebsebene legen Charakter und Ausmaß der Einflussnahme der Arbeitnehmer-Interessenvertretungen auf Entscheidungen des Unternehmens fest. Das Tarifvertragsgesetz (↗ Tarifvertragsrecht) ist die zentrale Quelle für Regelungen der Tarifverhandlungen bis hin zum Arbeitskampf (↗ Aussperrung, ↗ Streik).

Diese Rahmenbedingungen sind in der Personalarbeit zu beachten. Ihre zukünftige Ausgestaltung ist in personalstrategische Überlegungen einzubeziehen, denn die rechtlichen Regelungen unterliegen einem erheblichen Wandel.

Literatur: Weiber, R.; Stockert, A. 1987: Rechtseinflüsse auf Personalentscheidungen, Stuttgart   (n)

REFA – Verband für Arbeitsstudien und Betriebsorganisationen

Der REFA-Verband für Arbeitsstudien und Betriebsorganisation e.V. verfolgt die Aufgabe, methodisches Wissen über das Arbeitsstudium, insbesondere die Arbeitsgestaltung, sowie über die Planung und Steuerung von Betrieben zu entwickeln und zu verbreiten. Er ist einer der größten Fachorganisationen für Arbeitsorganisation in Europa. Der Verband wurde 1924 in Berlin als »Reichsausschuss für Arbeitszeit-

ermittlung« (abgekürzt REFA) gegründet. Er hat seither im Hinblick auf die sich ändernden Problemstellungen der Praxis sein Aufgabengebiet kontinuierlich ausgeweitet und die Schwerpunkte neu akzentuiert. Gegenwärtig nutzen rund 20.000 Mitarbeiter und Unternehmen als Mitglieder das Leistungsangebot von REFA. Sitz des Verbandes ist Darmstadt. Der Verband ist in Gebiets- bzw. Landesverbände sowie Orts- und Bezirksverbände gegliedert. In sämtlichen Gremien des Verbandes sind ↗ Gewerkschaften und ↗ Arbeitgeberverbände vertreten.

Außerhalb Deutschlands wird der Verband in über 40 Ländern durch REFA-International – einem Bereich des REFA Bundesverband e.V. – vertreten.

Die Verbreitung des REFA-Methodenwissens erfolgt durch ein ausgebautes und differenziertes Aus- und Weiterbildungssystem, Buchreihen und Fachzeitschriften (insbesondere REFA-Nachrichten).

Literatur: o.V. 2004: 80 Jahre REFA, in: REFA-Nachrichten 2004, Nr. 3, S. 8-36   (w)

Referenzen

Als Referenz wird die Nennung von Personen bezeichnet, die aufgrund bisheriger Erfahrungen eine Beurteilung einer Person abgeben können. Dabei kann es sich um ehemalige ↗ Vorgesetzte, den Vorsitzenden eines Berufsverbandes, in welchem der Betreffende Mitglied ist, etc. handeln.

Referenzen werden i.d.R. ↗ Bewerbungsunterlagen beigelegt und sollen die ↗ Bewerbung durch zusätzliche Informationen unterstützen.

Die Aussagekraft der aus Referenzen gewonnenen Urteile ist begrenzt, da i.d.R. Personen benannt werden, die – aus der Sicht des Bewerbers – positive Beurteilungen abgeben.

Literatur: Göpfert, G.A. 2002: Argumentative Bewerbung: Tipps für die Stellensuche, Bewerbung und Vorstellung, 5. Aufl., München   (m)

Regressionsanalyse

Die Regressionsanalyse ist ein statistisches Verfahren mit dem Zweck, den Einfluss einer oder mehrerer Variablen auf eine unabhängige Variable zu analysieren (↗ Datenanalyse, multivariate). Im Regelfall sollten alle Variablen intervallskaliert sein; die unabhängigen Variablen können auch nominales Niveau aufweisen (↗ Varianzanalyse). Es gibt auch Varianten der Regressionsanalyse, die für nominale und ordinale Daten angemessen sind und darüber hinaus Verallgemeinerungen für mehrere abhängige Variablen (↗ Pfadanalyse).

Meist geht man von linearen Beziehungen aus, die Grundfunktion der Regressionsanalyse lautet dann:

$$y = c + b_1 x_1 + b_2 x_2 + \ldots + b_n x_n$$

Y ist die abhängige Variable, z.B. die Arbeitsleistung eines ↗ Arbeitnehmers, c ist eine Konstante, und x_1 bis x_n sind die unabhängigen ↗ Variablen, z.B. Motivation und ↗ Qualifikation usw. Mit b bezeichnet man die Regressionskoeffizienten, sie drücken die Stärke des Einflusses der Variablen x auf y aus. Da die Regressionskoeffizienten nicht miteinander verglichen werden können, wenn unterschiedliche Skalen verwendet werden, berechnet man aus ihnen oft die sog. Beta-Koeffizienten, die die relative Einflussstärke der unabhängigen Variablen angeben. Im Beispiel könnte man dann etwa ablesen, ob der Einfluss der Motivation auf die Arbeitsleistung größer ist als der Einfluss der Qualifikation oder umgekehrt. Die Frage, inwieweit mit Hilfe der im Modell enthaltenen unabhängigen Variablen y »erklärt«, d.h. inwie-

weit sich der tatsächlich beobachtete Wert von y aus den Werten der Gleichung berechnen lässt (Differenzen zwischen den tatsächlichen y-Werten und den aus der Gleichung berechneten Werten bezeichnet man als Residuen), wird mit Hilfe des Determinationskoeffizienten R^2 quantifiziert beantwortet. Hätte man im Beispiel ein R^2 von 0,2, würden 20 % der Varianz von y (der Arbeitsleistung) durch die Variablen Motivation und Qualifikation erklärt.

Literatur: Backhaus, K. u.a. 2003: Multivariate Analysemethoden: eine anwendungsorientierte Einführung. 10. Aufl., Berlin u.a.   (n)

Reifegrad der Führung

Die ›Situative Reifegrad-Theorie‹ von Hersey/Blanchard ist eine situative und verhaltensbezogene ↗ Führungstheorie. Sie verbindet die Wahl des richtigen ↗ Führungsstils mit dem Reifegrad der ↗ Mitarbeiter.

Ähnlich wie beim ↗ Grid-Modell der ↗ Führung wird zwischen aufgabenorientiertem und mitarbeiterorientiertem ↗ Führungsstil unterschieden. Der Reifegrad der Mitarbeiter ergibt sich aus der spezifischen Kombination von Fähigkeit und Bereitschaft zur Durchführung der jeweiligen Aufgaben. Vier Reifegradstufen (R) werden unterschieden. R1 bezeichnet Mitarbeiter mit geringer arbeitsbezogener und psychologischer Reife, die Aufgabenverantwortung weder übernehmen können noch wollen. R2 charakterisiert Personen mit hoher psychologischer, aber niedriger arbeitsbezogener Reife: Die Mitarbeiter wollen zwar Verantwortung übernehmen, können das jedoch nicht. R3 umfasst diejenigen, die Verantwortung zwar übernehmen können, dies aber nicht wollen (hohe arbeitsbezogene und niedrige psychologische Reife). R4 bezieht sich auf Beschäftigte, die Verantwortung sowohl übernehmen können als auch wollen, d.h. über hohe arbeitsbezogene und psychologische Reife verfügen.

Im Unterschied zur universellen Konzeption des ↗ Grid-Modells der Führung, das einen hoch aufgabenorientierten und hoch mitarbeiterorientierten Führungsstil als Ideal vorschlägt, berücksichtigt das Konzept von Hersey/Blanchard die situative Komponente. Je nach Reifegrad der Mitarbeiter sollen Führungskräfte eine unterschiedliche Kombination von aufgaben- und mitarbeiterorientiertem Führungsstil zeigen (s. Abbildung 2).

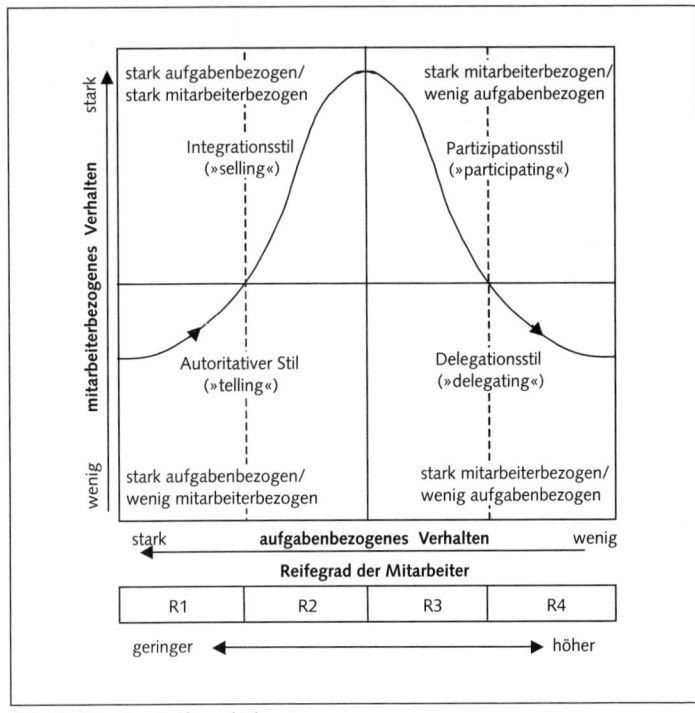

Abb. 2: Situative Reifegrad-Theorie

Bei niedrigem Reifegrad schlägt das Konzept einen autoritativen Stil (›telling‹) als Kombination von stark aufgabenbezogenem und wenig mitarbeiterbezogenem Führungsstil vor. Die aufgabenbezogenen Defizite der Mitarbeiter sollen durch genauere Anweisungen und Kontrolle ausgeglichen werden.

Bei niedrigem bis mittleren Reifegrad favorisiert das Konzept einen integrativen Führungsstil (›selling‹). Es kombiniert einen stark aufgabenbezogenen mit einem stark mitarbeiterbezogenen Führungsstil, um sowohl Qualifikationsdefizite auszugleichen als auch motivationale Effekte

(↗ Motivation, ↗ Motivieren) zu erzielen.

Bei mittlerem bis hohem Reifegrad ist ein Partizipationsstil (›participating‹) angemessen. Er kombiniert stark mitarbeiterzbezogenes mit wenig aufgabenbezogenem Führungsverhalten, um insbesondere allfällige Motivationsdefizite auszugleichen.

Ein hoher Reifegrad erfordert einen Delegationsstil (›delegating‹) mit wenig mitarbeiterbezogenem und wenig aufgabenbezogenem Führungsverhalten. Hier ist ein ›Rückzug‹ des Vorgesetzten passend.

Trotz geringer empirischer Bestätigung hat dieses Konzept in der betrieblichen Praxis aufgrund seiner Eingängigkeit eine relativ hohe Verbreitung gefunden.

Literatur: Hersey, B.; Blanchard, K.H.; Johnson, D.E. 2001: Management of Organizational Behavior. 8. Aufl., Upper Saddle River, N.J. (m)

Reiz-Reaktions-Theorien

Reiz-Reaktions-Theorien (auch Stimulus-Response-Theorien) erklären menschliches Verhalten im Sinne des klassischen Behaviorismus ausschließlich aufgrund der beobachtbaren Reize und der darauf folgenden Reaktionen. Der Mensch wird als »black box« gesehen: Das bedeutet, dass die Vorgänge der internen Verarbeitung der Reize nicht analysiert werden.

Die Reiz-Reaktions-Theorien des Lernens sehen in der zeitlichen Nachbarschaft bzw. Kontinuität von Reiz und Reaktion (Kontinuitätstheorien) oder in den Konsequenzen des Verhaltens bzw. den Verstärkungen (Verstärkungstheorien) die zentralen Ereignisse des Lerngeschehens. Lernen wird hier als klassisches bzw. operantes Konditionieren (↗ Konditionierung) erklärt.

Diese einfacheren lerntheoretischen Ansätze wurden vielfach vor allem deshalb kritisiert, weil sie nur einen sehr kleinen Teil des umfangreichen menschlichen Repertoires an Dispositionen und Verhaltensweisen erklären können. Deshalb rückten zunehmend ↗ kognitive Lerntheorien in den Mittelpunkt des Interesses. Diesen Theorien kommt dennoch das Verdienst zu, die Verknüpfung von Reizen und Reaktionen und die Prinzipien der Kontinuität sowie der Verstärkung in ihrer Bedeutung für menschlichen Verhaltenserwerb erkannt zu haben. Zahlreiche Konzepte der Führungs- und Personalpraxis beruhen auf dem Reiz-Reaktions-Prinzip: ↗ Akkord- und ↗ Prämienlohn suchen zum Beispiel eine möglichst enge Verknüpfung von erwünschtem Arbeitsverhalten und positiv bewerteten Konsequenzen des Verhaltens herzustellen.   (w)

Reliabilität

Reliabilität – auch Zuverlässigkeit – ist eines der Hauptgütekriterien für psychologische bzw. sozialwissenschaftliche Messinstrumente. Die Reliabilität zielt auf die Genauigkeit, mit der gemessen wird. Sie bezieht sich nur auf den Messwert (z.B. die erzielte Punktzahl bei einem Test), nicht auf die Interpretation dieses Messwertes. Das Ausmaß der Reliabilität wird durch einen Korrelationskoeffizienten gemessen, wobei folgende Koeffizienten von Bedeutung sind: Paralleltest-Reliabilität (Stimmen die Ergebnisse bei einem Test mit der Parallelform dieses Tests überein?), Retest-Reliabilität (Ergeben sich bei einer Testwiederholung die gleichen Ergebnisse?), innere Konsistenz des Tests, die häufig durch Testhalbierung und der Korrelation der beiden Hälften miteinander gemessen wird.

Literatur: Lienert, G.A. 1989: Testaufbau und Testanalyse, 4. Aufl., Weinheim u.a.; Scholz,

C. 2000: Personalmanagement, 5. Aufl., München, S. 230-234   (w)

Rentenversicherung

Die gesetzliche Rentenversicherung ist ein Teilbereich der Sozialversicherung (↗ Sozialversicherungsrecht) der ↗ Arbeitnehmer. Sie ist gesetzlich vorgeschrieben und geregelt und dient vor allem der Absicherung der ehemals Erwerbstätigen im Alter. Die Entstehung der Rentenversicherung geht – zusammen mit der ↗ Krankenversicherung und ↗ Unfallversicherung – zurück auf die Selbsthilfe der Arbeitnehmer und ihrer Organisationen. Sie wurde durch die Sozialgesetzgebung Bismarcks im letzten Jahrhundert öffentlich-rechtlich institutionalisiert.

Alle Arbeitnehmer sowie einige Gruppen von Selbstständigen sind Mitglieder der gesetzlichen Rentenversicherung. Die Rentenversicherung zahlt Altersruhegelder, Hinterbliebenenrenten, leistet Maßnahmen zur Aufrechterhaltung der Erwerbsfähigkeit (z.B. Kuren und Umschulungen) und Ersatz des Erwerbseinkommens bei geminderter Erwerbsfähigkeit. Träger der Rentenversicherung sind für die ↗ Arbeiter vor allem die Landesversicherungsanstalten, für die ↗ Angestellten die Bundesversicherungsanstalt für Angestellte sowie für die knappschaftliche Rentenversicherung die Bundesknappschaft (↗ Knappschaftsversicherung). Sie sind selbst verwaltete Körperschaften des öffentlichen Rechts. In Österreich sind als Träger vor allem die beiden Pensionsversicherungsanstalten der Arbeiter bzw. Angestellten zu nennen; daneben existieren Einrichtungen für die gewerbliche Wirtschaft, die Bauern sowie für die Bereiche der Eisenbahnen, des Bergbaus und des Notariats. Die Finanzierung der Rentenversicherung erfolgt durch die Beiträge der Mitglieder, die je zur Hälfte von diesen selbst und ihren ↗ Arbeitgebern aufgebracht werden, durch Zahlungen der ↗ Arbeitslosenversicherung für die Arbeitslosen und durch staatliche Zuschüsse. Die Höhe der Beiträge richtet sich nach dem Einkommen.

In Rahmen betrieblicher ↗ Sozialleistungen sind über die gesetzliche Rentenversicherung hinaus freiwillige Versicherungen möglich.

Literatur: Lampert, H.; Althammer, J. 2004: Lehrbuch der Sozialpolitik, 7. Aufl., Berlin u.a.   (n)

Reorganisation

Reorganisation bezeichnet eine Möglichkeit des Vorgehens bei organisatorischen ↗ Veränderungen. Der Veränderungsprozess beinhaltet die Phasen Problemdefinition, Ausarbeitung von Lösungen, Umsetzung und Kontrolle. Er wird i.d.R. zentral von Experten wie internen oder externen Beratern gesteuert. Diese entwickeln die inhaltlichen Vorstellungen in den einzelnen Phasen des Reorganisationsprozesses, wobei die Sachaspekte des Problems im Vordergrund stehen. Prozesskomponenten wie Widerstände der Betroffenen, Akzeptanz von Lösungen o.Ä., die mit der Art des Vorgehens bei Veränderungen (der Prozessebene) zusammenhängen, werden selten explizit berücksichtigt.

Im Unterschied zum Vorgehen im Rahmen der ↗ Organisationsentwicklung werden die Betroffenen kaum in die Gestaltung mit einbezogen. Das erschwert die Umsetzung von erarbeiteten Lösungen, da diese oft abgehoben von der konkreten Situation der Betroffenen entwickelt werden.

Literatur: Eckardstein, D. v.; Zauner, A. 1999: Das Management von Veränderungen, in: Eckardstein, D. von; Kasper, H.; Mayrhofer, W.

(Hrsg.): Management. Theorien – Führung – Veränderung, Stuttgart, S. 363-382; Best, E.; Weth, M. 2003: Geschäftsprozesse optimieren. Der Praxisleitfaden für erfolgreiche Reorganisation, Wiesbaden   (m)

Repatriierung

Als Repatriierung wird die persönliche und berufliche Wiedereingliederung von ins Ausland entsandten Beschäftigten und deren Familienangehörigen bezeichnet. Im Mittelpunkt der allerdings nur selten praktizierten Repatriierungsprogrammen stehen Maßnahmen zur Information und Kontaktpflege während des Auslandsaufenthaltes, der persönlichen Betreuung und der Einbeziehung des Auslandsaufenthaltes in die Karriere- und Entwicklungsplanung im Heimatland.

Literatur: Weber, W.; Festing, M.; Dowling, R.J.; Schuler, R.S. 2001: Internationales Personalmanagement, 2. Aufl., Wiesbaden, S. 196-201   (w)

Repräsentativerhebung

Der Begriff der »Repräsentativität« (und der Repräsentativerhebung) hat keine Entsprechung in der statistischen Theorie. In der Praxis der empirischen Forschung ist er gleichwohl von großer Bedeutung. Im Allgemeinen versteht man unter einer Repräsentativerhebung eine besondere Form der ↗ Teilerhebung. Es wird eine Stichprobe aus der Grundgesamtheit gezogen, von der man annimmt, dass alle Merkmale, die Gegenstand der Untersuchung sind, in der Stichprobe anteilsmäßig genauso wie in der Grundgesamtheit enthalten sind. Eine repräsentative Stichprobe, z.B. aller Beschäftigten, müsste die gleiche Struktur der Merkmale (etwa die relative Verteilung der Berufe) enthalten wie die Gesamtheit der Beschäftigten.

Es gibt zwei grundlegende Verfahren, repräsentative Stichproben zu ziehen: die Quotenauswahl und die Zufallsauswahl. Bei der Quotenauswahl müssen die Merkmale der Grundgesamtheit bekannt sein. Die Stichprobe wird dann aufgrund der Merkmale so zusammengestellt, dass ein verkleinertes Abbild der Grundgesamtheit entsteht (z.B. derselbe Anteil von Berufen). Die Voraussetzungen sind aber nicht immer erfüllt: Wenn man etwa betriebliche Entscheidungen untersuchen will, kennt kaum man die Grundgesamtheit der Entscheidungen.

Bei der Zufallsauswahl zieht man nach dem Zufallsprinzip Elemente aus der Grundgesamtheit. Zufallsprinzip heißt, dass alle Elemente die gleiche Wahrscheinlichkeit haben, gezogen zu werden.

In beiden Fällen untersucht man nach der Auswahl die Stichprobe und schließt von den Ergebnissen der Stichprobe auf die Grundgesamtheit.

Die Durchführung von Repräsentativerhebungen erfolgt im Bereich der betrieblichen ↗ Personalwirtschaft z.B. bei ↗ Mitarbeiterbefragungen, wenn auf eine Totalerhebung verzichtet wird, jedoch ein zutreffendes Bild der Gesamtsituation ermittelt werden soll.

Literatur: Diekmann, A. 2004: Empirische Sozialforschung: Grundlagen, Methoden, Anwendungen, 11. Aufl., Reinbek bei Hamburg   (n)

Resource-based-view

Mit Resource-based-view oder Ressourcenansatz bezeichnet man eine Theorie der Wettbewerbsvorteile. Der Grundgedanke besagt, dass die Wettbewerbsvorteile eines Unternehmens um so größer sind, je seltener dessen Ressourcen sind, je schwerer die Ressourcen von anderen nachgebildet (imitiert) werden können und je schwieriger die Ressourcen durch andere substituierbar sind. Im Personalbereich ist es vor allem das durch lange Zusammenarbeit gewachsene, explizite und implizite Wissen der Beschäftigten, das diese Eigenschaften aufweist.

Literatur: Ridder, H.G.; Conrad, P.; Schirmer, F.; Bruns, H.-J. 2001: Strategisches Personalmanagement. Mitarbeiterführung, Integration und Wandel aus ressourcenorientierter Perspektive, Landsberg; Wernerfelt, B. 1984: A resource-based view of the firm, in: Strategic Management Journal, 2/1984, S. 171-180; Barney, J.B. 1991: Firm resources and sustainable competitive advantage, in: Journal of Management, 1/1991, S. 99-120   (n)

Resource Dependence-Ansatz

Der Resource Dependence-Ansatz untersucht Wirkungsmechanismen hinsichtlich des Zusammenhangs zwischen Umwelt und Unternehmensverhalten. Der wesentliche Zusammenhang wird in dem Streben der Entscheider nach Unsicherheitsreduktion sowie Machterhaltung und -ausweitung gesehen. Handeln wird dadurch ausgelöst, dass bestimmte, für die Machterhaltung dominanter Entscheiderkoalitionen wesentliche Ressourcen gefährdet erscheinen. Extern und intern ausgerichtete Strategien dienen zur Beeinflussung der Ressourcenabhängigkeit (Pfeffer/Salancik 1978).

Der Kerngedanke des Ansatzes ist die Ressourcen- und damit Umweltabhängigkeit von Organisationen: Unternehmen benötigen jeweils spezifische Ressourcen aus ihrer Umwelt, von der sie abhängig sind. Deshalb haben Umweltfaktoren Einfluss auf die Gestaltung von Personalstrategien. Der Resource Dependence-Ansatz ist bei der Analyse personalwirtschaftlicher Fragestellungen insbesondere dann von Bedeutung, wenn die Reaktionen im Personalbereich in Abhängigkeit von bspw. Arbeitsmarktentwicklungen im Umfeld des Unternehmens erklärt wer-

den sollen. Er lässt sich auf die Frage anwenden, ob und inwieweit Veränderungen im Erwerbspersonenpotenzial als Gefährdung kritischer Ressourcen wahrgenommen werden und wie hierauf reagiert wird. Vor diesem theoretischen Hintergrund ergibt sich, dass die Ressource Humanvermögen umso kritischer für ein Unternehmen ist, je schwieriger sie zu reproduzieren ist und je problematischer die Substitution durch andere Faktoren etwa durch Kapital in Form von Technologien ist. In solchen Konstellationen wäre die ↗ Macht der Personalabteilungen besonders groß.

Literatur: Pfeffer, J.; Salancik, G. R. 1978: The External Control of Organizations, New York; Nienhüser, W. 2004: Political [Personnel] Economy: A Political Economy Perspective to Explain Different Forms of Human Resource Management Strategies, in: Management Revue: The International Review of Management Studies, Vol. 15, Nr. 2, S. 228-248; Nienhüser, W. 2004: Die Resource Dependence-Theorie – wie (gut) erklärt sie Unternehmensverhalten?, in: Festing, M.; Martin, A; Mayrhofer, W.; Nienhüser, W. 2004: Personaltheorie als Beitrag zur Theorie der Unternehmung, München, Mering, S. 87-120   (w)

Ressourcenansatz ↗ Resource-based-view

Risikoschub

Mit Risikoschub wird das empirisch beobachtbare Phänomen bezeichnet, dass Gruppenmitglieder nach der Diskussion eines Entscheidungsproblems zu risikoreicheren Alternativen neigen als vor der Diskussion. Der Risikoschub zeigt sich allerdings nicht, wenn die Mitglieder der Gruppe fremde Interessen vertreten.

Als Begründung für den Risikoschub werden die Anonymität der ↗ Gruppenentscheidung und die damit verbundene Verteilung der Verantwortung, die

Dominanz der meist risikofreudigeren Gruppenführer und das Vorherrschen von Normen und Werten, die risikofreudiges Verhalten positiv bewerten und die durch die Interaktion im Gruppenkontext besonders verhaltensbeeinflussend sind.

Das Phänomen des Risikoschubs ist im betrieblichen Kontext bei der Verteilung von Entscheidungskompetenzen von Bedeutung.

Literatur: Schuler, H. 1981: Gruppenentscheidung, in: Werbik, H.; Kaiser, H. (Hrsg.): Kritische Stichwörter zur Sozialpsychologie, München, S. 123-149; Wallach, M.A.; Kogan, N.; Beem, D.J. 1962: Group influence on individual risk taking, in: Journal of Abnormal and Social Psychology, 65. Jg., S.75-86   (k)

Rolle

Unter einer Rolle versteht man ein Bündel normativer Verhaltenserwartungen an eine Position innerhalb eines sozialen Systems. So werden z.B. ganz bestimmte Erwartungen an den Inhaber eines bestimmten Arbeitsplatzes innerhalb eines Unternehmens gerichtet.

Ähnlich wie bei der Rolle eines Schauspielers steuern die Rollenerwartungen das Verhalten eines Rollenträgers. Der Positionsinhaber muss die Anforderungen an ihn aber wahrnehmen, kann oder muss sie sogar interpretieren und ergänzen, um sich anschließend rollenkonform zu verhalten. Nicht erfüllte Rollenerwartungen können je nach Grad ihrer Verbindlichkeit zu negativen Sanktionen führen. Dieser Prozess kann zur Verinnerlichung der Normen führen und so die Persönlichkeitsbildung des Rollenträgers beeinflussen.

Die Rolle stellt ein Verbindungsglied zwischen einem Individuum und dem sozialen System dar. Hieraus ergeben sich eine Reihe von Möglichkeiten für Rollenkonflikte (Neuberger 2002):

- Intra-Sender-Konflikt: Die Rollenerwartungen einer Person an eine andere sind innerhalb einer Rolle widersprüchlich (z.B. sowohl schnell als auch sorgfältig arbeiten).
- Inter-Sender-Konflikt: Die Erwartungen in Bezug auf eine Rolle sind zwischen mehreren Sendern widersprüchlich (z.B. fordern Mitarbeiter etwa Rücksicht von einem Vorgesetzten, dessen Vorgesetzter aber Härte).
- Inter-Rollen-Konflikt: Mehrere Rollen widersprechen sich untereinander (z.B. sind Beschäftigte häufig Untergebene und Vorgesetzte zugleich).
- Personen-Rollen-Konflikt: Die Rollenerwartungen stehen im Widerspruch zu den Wünschen des Positionsinhabers.
- Rollenambiguität: Die Rolle ist nicht präzise festgelegt, woraus Verhaltensunsicherheit entstehen kann.
- Rollenüberlastung: Die Menge der zu erfüllenden Rollen ist zu groß.

Beim Rollenbegriff handelt es sich um ein beschreibendes, weniger um ein erklärendes Konstrukt. Die hohe Plausibilität und der Bezug zur Alltagssprache haben zu einer großen Verbreitung geführt.

Literatur: Neuberger, O. 2002: Führen und führen lassen: Ansätze, Ergebnisse und Kritik der Führungsforschung, 6. Aufl., Stuttgart; Dreitzel, H. P. 1980: Die gesellschaftlichen Leiden und das Leiden an der Gesellschaft, 3. Aufl., Stuttgart; Wiswede, G. 1977: Rollentheorie, Stuttgart u.a.   (n)

S

Sabbatical

Sabbatical bezeichnet eine individuell vereinbarte Unterbrechung des Erwerbslebens, meist in der Dauer von sechs bis zwölf Monaten, bei Aufrechterhaltung des Arbeitsverhältnisses. Ziel des Sabbaticals ist normalerweise das Verfolgen privater Interessen oder die Unterbrechung der normalen Arbeitstätigkeit zwecks ↗ Weiterbildung. In der Regel erhält der Sabbatical-Nehmer kein Entgelt (↗ Lohn, ↗ Gehalt) während dieser Zeit. Allerdings findet man in der Praxis zahlreiche Varianten, etwa länger dauernder ↗ Urlaub ohne Entgeltfortzahlung bis hin zu vom ↗ Arbeitgeber bei betrieblichem Bedarf über volle oder teilweise Entgeltweiterzahlung geförderte Sabbaticals mit dem Ziel berufsnaher, aber außerbetrieblicher Weiterqualifizierung.

Literatur: Richter, A. 1999: Aussteigen auf Zeit. Das Sabbatical Handbuch, Köln   (m)

Satzung (Österreich)

Die Satzung ist eine der Substitutionsformen des ↗ Kollektivvertrages (neben ↗ Mindestlohntarif und ↗ Lehrlingsentschädigung). Sie hat den Zweck, den normativen Teil des Kollektivvertrages auch außerhalb des räumlichen, fachlichen und persönlichen Geltungsbereichs als rechtsverbindlich zu erklären. Dadurch werden bislang nicht kollektivvertragsunterworfene Arbeitsverhältnisse oder Betriebe unter die Normwirkung des Kollektivvertrages gestellt. Damit das Bundeseinigungsamt eine Satzung erlässt, müssen vier Voraus-

setzungen gegeben sein: 1.) Nur aus einem ordentlich kundgemachten und in Geltung stehenden Kollektivvertrag kann eine Satzung erarbeitet werden. 2.) Der betreffende Kollektivvertrag muss überwiegende Bedeutung haben (also repräsentativ sein und damit innerhalb des Geltungsbereiches die Mehrheit der Arbeitsverhältnisse erfassen). 3.) Die einzubeziehenden Arbeitsverhältnisse müssen denen im Kollektivvertrag ›im Wesentlichen gleichartig‹ sein. 4.) Die einzubeziehenden Arbeitsverhältnisse dürfen keinem Kollektivvertrag unterworfen sein.

Inhalt, Geltungsbereich, Beginn der Wirksamkeit und Geltungsdauer der Satzung werden in der Satzungserklärung festgesetzt, die durch jede Partei eines Verbandskollektivvertrages – nicht aber durch einen kollektivvertragsfähigen Arbeitgeber – gestellt werden kann. Rechtsquellen dabei sind die §§ 18-21 ArbVG.

Literatur: Tomandl, T. 1999: Arbeitsrecht. Band 1: Gestalter und Gestaltungsmittel, 4. Aufl., Wien   (m)

Scheinselbstständigkeit ↗ Selbstständige

Schichtwechselplan

Der Schichtwechselplan oder Schichtplan legt fest, wann und in welcher zeitlichen Reihenfolge bestimmte ↗ Gruppen von ↗ Arbeitnehmern im Betrieb arbeiten. Er bestimmt Schichtbeginn und -ende, die Anzahl der Schichten, die Schichtdauer, die Wochenarbeitszeit, die Verteilung der ↗ Freizeit sowie Wochenend- und Nachtarbeitszeit, die Anzahl gleicher, aufeinander folgender Schichten, die Richtung der Schichtrotation (z.b. Vorwärtsrotation: Frühschicht, Spätschicht, Nachtschicht), die Dauer des Schichtwechselzyklus usw.

Grundsätzlich kann zwischen Dauerschicht und Wechselschicht differenziert werden:

Bei der Dauerschicht wird der Arbeitsplatz nacheinander durch unterschiedliche Arbeitnehmer besetzt. Für den einzelnen Arbeitnehmer tritt kein Wechsel ein, er arbeitet z.b. immer in der Frühschicht von 6 bis 14 Uhr.

Bei der Wechselschicht wechselt die Schicht des einzelnen Arbeitnehmers nach einem in voraus festgelegten Zeitabschnitt. Z.B. arbeitet er nach drei Wochen nicht mehr in der Früh-, sondern in der Spätschicht von 14 bis 22 Uhr.

Ein kontinuierlicher Schichtbetrieb mit einer 24-stündigen Betriebszeit, z.b. mit drei Schichten, wird häufig auch Konti-Schicht genannt.

Bei der Aufstellung von Schichtwechselplänen sind zum einen rechtliche, tarifliche und betriebliche Bestimmungen zu berücksichtigen. Zum anderen werden häufig Empfehlungen diskutiert, die Schichtarbeit gemäß physiologischer, psychologischer und soziologischer Erkenntnisse human zu gestalten. Da sich der menschliche Organismus an Nachtarbeit nicht vollständig anpasst, sollten möglichst wenig Nachschichten hintereinander liegen, und nach jeder Nachtschicht sollten 24 Stunden arbeitsfrei sein. Bei körperlich schwerer Arbeit ist es vorteilhaft, wenn die Schichtdauer unter acht Stunden liegt. Freie Tage sollten möglichst zusammenhängend und das Wochenende einschließend liegen. Es sind mindestens soviel Freischichten wie Wochenendtage pro Jahr (104 Tage) einzuplanen.

Literatur: Beermann, B. 2001: Leitfaden zur Einführung und Gestaltung von Nacht- und Schichtarbeit, Dortmund; Schardt, L.P. u.a. 1987: Schichtarbeit, in: Zimmermann, L. (Hrsg.) 1987: Humane Arbeit – Leitfaden für Arbeitnehmer, Bd. 4: Organisation der Arbeit, Reinbek bei Hamburg, S. 181-289   (n)

Schlüsselqualifikationen

Schlüsselqualifikationen sind jene Kenntnisse, Fähigkeiten und Fertigkeiten, die generell zur Bewältigung von Arbeitssituationen erforderlich sind und den »Schlüssel« zur Erschließung weiterer Spezialwissens sowie zum Einsatz dieses Wissens bilden.

Von besonderer Bedeutung sind die folgenden Schlüsselqualifikationen: die Kenntnis größerer Zusammenhänge (so genanntes Integrationswissen), die Fähigkeit zur Erkennung und selbstständigen Bearbeitung von Problemen, Informations- und Kommunikationsfähigkeit, die Fähigkeit zum selbstständigen Lernen sowie soziale Kompetenz.

Diese Schlüsselqualifikationen sind nur begrenzt trainierbar. Sie sind zum Teil ererbte Anlagen und zu einem wesentlichen Teil Ergebnis lebenslanger Lernprozesse in Elternhaus, Schule, Beruf usw. (↗ Sozialisation).

Unternehmungen sichern sich die Schlüsselqualifikationen bei ihren ↗ Mitarbeitern durch ↗ Personalauswahl, durch die Gestaltung des organisatorischen Umfeldes der Beschäftigten bzw. durch die Wirkung der ↗ Organisationskultur auf die Organisationsmitglieder sowie durch gezielte Trainingsmaßnahmen.

Literatur: Berthel, J.; Becker, F.G. 2003: Personalmanagement, 7. Aufl., Stuttgart, S. 265-267; Gaugler, E. 1987: Zur Vermittlung von Schlüsselqualifikationen, in: Gaugler, E.. (Hrsg.): Betriebliche Weiterbildung als Führungsaufgabe, Wiesbaden, S. 69-84   (w)

Schweizerischer Gewerkschaftsbund (SGB)

Der Schweizerische Gewerkschaftsbund (SGB) ist die Dachorganisation schweizerischer ↗ Gewerkschaften, deren ideologischer Hintergrund die freie Gewerkschaftsbewegung ist. Sie bildet gleichzeitig die größte Arbeitnehmerorganisation der Schweiz. In ihm sind 17 Einzelgewerkschaften zusammengeschlossen, die insgesamt rund 390.000 Mitglieder vertreten.

Die Mitgliedsgewerkschaften stehen in der Tradition der sozialdemokratischen Arbeiterbewegung. Der SGB wurde 1880 als Allgemeiner Schweizerischer Gewerkschaftsbund gegründet und ist heute nach dem Industrie- oder Branchenprinzip organisiert. In territorialer Hinsicht gliedert sich der SGB in kantonale sowie regionale bzw. lokale Gewerkschaftsbünde.

Die beiden größten Mitgliedsverbände des SGB sind die Gewerkschaft Bau und Holz sowie der Schweizerische Metall- und Uhrenarbeitnehmerverband, die beide deutlich über 100.000 Mitglieder haben.

Neben dem SGB wurde Ende 2002 der ↗ Travail.Suisse gegründet, der 13 Gewerkschaften mit rund 130.000 bis 140.000 Mitgliedern vereinigt. Weiterhin existieren einzelne Arbeitnehmerverbände, die nirgendwo angeschlossen sind, wie etwa der Dachverband Schweizer Lehrer und Lehrerinnen oder der Schweizerisch-Kaufmännische-Verband.

Literatur: Fluder, R.; Ruf, H.; Schöni, W.; Wicki, M. 1991: Gewerkschaften und Angestelltenverbände in der Schweizerischen Privatwirtschaft, Zürich; SGB-Schweizerischer Gewerkschaftsbund 1984: Die Gewerkschaften in der Schweiz, Bern   (k)

Segmentationsansätze

Als Segmentationsansätze werden arbeitsmarkttheoretische Konzepte (↗ Arbeitsmarkttheorien) bezeichnet, die durch die Grundannahme der Spaltung des ↗ Arbeitsmarktes in Teilarbeitsmärkte gekennzeichnet sind. Sie schließen ein breites Spektrum insbes. sozialwissenschaftlicher Erklärungsbeiträge mit ein und stehen insofern in einem gewissen Gegensatz zu den neoklassischen Arbeitsmarkttheorien und deren Weiterentwicklungen.

Die Segmentationsforschung strebt an, Arbeitsmarktphänomene empirisch zu belegen und diese Phänomene zu erklären, wobei unterschiedliche Richtungen zu unterscheiden sind. Zu ihnen zählen der institutionalistische, der radikalökonomische und der alternativrollentheoretische Ansatz. Der institutionalistische Ansatz (Doeringer/ Piore 1985) unterscheidet zwischen einem primären und einem sekundären Teilarbeitsmarkt. Der primäre Teilarbeitsmarkt ist durch größere Arbeitsplatzsicherheit, günstigere ↗ Arbeitsbedingungen, weitgehend festgelegte Karrieremuster und höheres Einkommen, der sekundäre Arbeitsmarkt durch die jeweils konträren und damit für die Arbeitnehmer ungünstigen Merkmale gekennzeichnet.

Literatur: Doeringer, P.B.; Piore, M.J. 1985: Internal Labor Markets and Manpower Analysis, London; Blossfeld, H.P.; Mayer, K.U. 1988: Arbeitsmarktsegmentation in der Bundesrepublik Deutschland, in: Kölner Zeitschrift für Soziologie und Sozialpsychologie, H. 40, S. 262-283; Sengenberger, W. 1987: Struktur und Funktionsweise von Arbeitsmärkten, Frankfurt/M., New York   (w./k)

Selbstentwicklung

Unter Selbstentwicklung wird der Prozess der Herausbildung bzw. Entwicklung des Selbst der Persönlichkeit einschließlich der Maßnahmen verstanden, die auf diesen Prozess einwirken. Dieser Prozess ist in Kindheit und Jugend weitgehend außengesteuert; bei

Erwachsenen kann er, muss aber nicht selbst gesteuert sein. Die Selbst- bzw. Persönlichkeitsentwicklung erfolgt im Wesentlichen in der Auseinandersetzung des Individuums mit der Umwelt. Damit gewinnen ↗ Lerntheorien Erklärungsrelevanz.

Literatur: Wunderer, R. 2003: Führung und Zusammenarbeit, 5. Aufl., München, Neuwied, S. 359-360; Eckardstein, D. v. 1999: Implizite Qualifizierung zwischen Steuerung und Selbstentwicklung, in: Martin, A./Mayrhofer, W./Nienhüser, W. (Hrsg.): Die Bildungsgesellschaft im Unternehmen, München et al. (w)

Selbstlernkonzepte

Als Selbstlernkonzepte werden in der ↗ Weiterbildung solche Konzepte verstanden, die – vor allem durch die Bereitstellung einer geeigneten Lern-Infrastruktur – die Voraussetzungen für selbstgesteuertes Lernen. in dem jeweils vorgegebenen Rahmen eigenorganisiertes Lernen bereitstellen. Das ↗ computerunterstützte Lernen sowie die Bereitstellung von Lernmaterialien sind wichtige Komponenten solcher Konzepte.

Die Selbststeuerung des Lernens stellt wegen des erheblich gestiegenen Volumens an Weiterbildungsaktivitäten in den Unternehmen eine Alternative zur kursmäßig organisierten Weiterbildung dar, für das erhebliche Entwicklungsmöglichkeiten gesehen werden.

Literatur: Heidack, C. 2001: Praxis der kooperativen Selbstqualifikation, Lernen der Zukunft, München; Mering; Heidack, C. 2004: CBT/WBT: Multimediale Qualifizierung durch computer- und webunterstützes Training, in: Gaugler, E.; Oechsler, W.A.; Weber, W. (Hrsg.): Handwörterbuch des Personalwesens, 3. Aufl., Stuttgart, Sp. 639-651 (w)

Selbstständige

Zu den Selbstständigen zählt man im Allgemeinen erstens Personen, die Erwerbsarbeit leisten und dabei andere Personen beschäftigen. Zweitens zählen zu den Selbstständigen diejenigen, die zwar auch selbstständige Erwerbsarbeit leisten, dabei aber keine anderen Personen beschäftigen. Zur ersten Gruppe gehört der »klassische« Unternehmer. Der zweiten Gruppe sind Angehörige der Freien Berufe (Ärzte, Anwälte, Architekten usw.) zuzurechnen, sofern sie keine eigenen ↗ Mitarbeiter beschäftigen (sonst zählen sie zur ersten Gruppe), ebenso die Anbieter von einfachen personenbezogenen Dienstleistungen (etwa Masseure) und unternehmensbezogenen Dienstleistungen (z.B. Berater und Dozenten), aber auch beispielsweise Schauspieler, Musiker, Sportler, Journalisten und Schriftsteller.

Von besonderer rechtlicher und praktischer Bedeutung ist die Abgrenzung zwischen Selbstständigen und ↗ Arbeitnehmern. Nicht selten versuchen Unternehmen Arbeitskräfte als »Selbstständige« zu beschäftigen, um Sozialabgaben zu sparen, Kündigungsschutzgesetze (↗ Kündigung) zu umgehen usw. Dabei hat sich der Begriff »Scheinselbstständigkeit« eingebürgert, um zum Ausdruck zu bringen, dass eine Person zwar wie ein Selbstständiger behandelt werden oder auch nach ihrem Selbstverständnis als Selbstständiger auftreten kann, sie aber dem ↗ Arbeitsrecht als ↗ »Arbeitnehmer« zu gelten hat, wenn die Bedingungen für Selbstständigkeit nicht gegeben sind. Kein Selbstständiger ist, wer in hohem Maße von einem einzelnen Unternehmen *persönlich abhängig* ist. Ob persönliche Abhängigkeit vorliegt, versucht man, in der Rechtsprechung an folgenden Kriterien festzumachen: Wenn jemand weisungsgebunden ist und dem betrieblichen Direktionsrecht unterliegt, wenn er dieselbe Tätigkeit ausübt wie andere Arbeitnehmer im Betrieb, wenn er nur einen einzigen Auftraggeber hat und über keine eigene Betriebsstätte verfügt, dann ist davon auszugehen, dass diese Person ein Arbeitnehmer und kein Selbstständiger ist (↗ Werkvertrag, ↗ Arbeitsvertrag).

Literatur: Martin, A. 2002: Selbstständige Arbeitnehmer oder abhängige Selbstständige? Ein realwissenschaftlicher Beitrag zur Klärung einer juristisch und ökonomisch brisanten Frage, in: Martin, A.; Nienhüser, W. (Hrsg.): Neue Formen der Beschäftigung – neue Formen der Personalpolitik?, München, Mering, S. 17-60   (n)

Sexualität am Arbeitsplatz

Sexualität am Arbeitsplatz umfasst unterschiedliche Facetten. Praktisch unmittelbar relevant und rechtlich mit teils erheblichen Konsequenzen verbunden ist das Problem der sexuellen und sexistischen Belästigung. Dabei handelt es sich um ein breites Spektrum an Verhaltensweisen, die durch Gesten, Äußerungen, Darstellungen oder Handlungen solche sexuellen Aspekte ins Spiel bringen, die von den adressierten Personen oder Personengruppen als unangemessen, unerwünscht oder beleidigend empfunden werden. Beispiele bilden scheinbar zufällige Körperberührungen, anzügliche sexuell ›geladene‹ Bemerkungen, Annäherungsversuche unter Ausnutzung von Machtpositionen (↗ Macht) oder abwertende Witze über bestimmte Personengruppen (z.B. ›Blondinen‹). Ein weiterer Aspekt umfasst die Auswirkungen sexueller Beziehungen am Arbeitsplatz und unterschiedlicher sexueller Orientierung auf das Arbeitsverhalten. Insbesondere bei Schwulen und Lesben tauchen spezifische Problemstellungen auf, etwa im Rahmen der Auslandsentsendung gleichgeschlechtlicher Partner in bestimmte Länder oder hinsichtlich ihrer innerorganisationalen Akzeptanz. Schließlich ist die Thematik der Beschäftigung von (Ehe-)Paaren in

derselben ↗ Organisation zu nennen. Organisationen haben hier – meist in Abhängigkeit von den jeweiligen Positionen, welche die Partner besetzen – häufig spezifische Bestimmungen (›Nepotismusregelungen‹).

Literatur: Bührmann, A.; Diezinger, A.; Metz-Göckel, S. 2000: Arbeit, Sozialisation, Sexualität. Zentrale Felder der Frauen- und Geschlechterforschung, Opladen   (m)

Signifikanz ↗ Hypothesentest

Simulation

Simulationsmodelle bilden wirtschaftliches Geschehen vereinfacht ab. Der besondere Wert von Simulationsmodellen besteht in der Möglichkeit des Experimentierens am Modell. Das Durchrechnen verschiedener Datenkonstellationen, die Simulation, zeigt die Konsequenzen unter den jeweiligen Modellannahmen auf. Simulationen können deshalb zur Sensibilisierung von Entscheidern beitragen.

Da in Simulationsmodellen sehr komplexe Zusammenhänge vereinfacht abgebildet werden können, wird versucht, die wichtigsten Beziehungen eines Unternehmens zu erfassen. Das bekannteste Beispiel ist »Industrial Dynamics«. Der Personalbereich kann in solchen Modellen als Teilaspekt des Gesamtzusammenhangs Eingang finden.

Spezielle Anwendungen der Simulation im Personalbereich sind in Großorganisationen bekannt. Es werden z.B. alle Beschäftigten und deren Struktur sowie die ↗ Organisationsstruktur einschließlich der Leitungsspanne erfasst; durch Simulation können dann z.B. die Aufstiegsmöglichkeiten bzw. die Karrierechancen der Beschäftigten bei verschiedenen Personal- und Organisationskonstellationen dargestellt werden.

Literatur: Strauß, B.; Kleinmann, M. 1995: Computersimulierte Szenarien in der Personalarbeit, Köln   (w)

Situativer Ansatz

Der situative oder Kontingenz-Ansatz untersucht die Zusammenhänge zwischen betriebswirtschaftlich relevanten Sachverhalten und den jeweiligen Situations- bzw. Kontextfaktoren. Dieser Ansatz hat eine längere Tradition in der Führungsdiskussion (Kontingenzansatz der ↗ Führung), vor allem aber in der Organisationsdiskussion (Kieser/ Kubicek 1978).

Im Vordergrund der organisationstheoretischen Diskussion stand zunächst der Zusammenhang zwischen Situation der ↗ Organisation, formaler ↗ Organisationsstruktur, Verhalten der Organisationsmitglieder und der Effizienz der Organisation sowie der Gedanke, dass Effizienz durch ein optimales Zusammenpassen situativer und struktureller Aspekte gewährleistet wird. Bei dieser Variante des organisationstheoretischen situativen Ansatzes wurde insbesondere die mangelnde theoretische Untermauerung und damit die geringe Erklärungsleistung kritisiert.

Der Kerngedanke dieses Konzepts kann im Hinblick auf die angestrebten Erklärungsleistungen allgemeiner formuliert werden: die Entscheider in Organisationen reagieren auf den wahrgenommenen Problemdruck, der durch die jeweiligen situativen Faktoren des Entscheidungsproblems ausgelöst wird. Effizienzaussagen orientieren sich dann an Vorstellungen über situationsangemessene Problemlösungen; effizient sind Übereinstimmungen zwischen der tatsächlichen und der idealen Problemlösung. Dabei wird unterstellt, dass relativ einheitliche Effizienzkriterien bestehen.

Dieser Denkansatz kann auch im personalwirtschaftlichen Kontext angewandt werden: Die Lösungen von personalwirtschaftlichen Entscheidungsproblemen folgen dem Problemdruck, der durch die Kontextfaktoren ausgelöst wird.

Literatur: Kieser, A.; Walgenbach, P. 2003: Organisation, 4. Aufl., Stuttgart   (w)

Skalenniveau

Skalen werden zur numerischen Erfassung der Ausprägungen empirischer Merkmale von Objekten verwendet (↗ Messtheorie). Ein Beispiel für eine Skala ist das Schulnotensystem. Man bildet Schulnoten ab, indem man ihnen numerische Werte zuordnet.

Man differenziert hinsichtlich ihrer mathematischen Eigenschaften zwischen verschiedenen Skalenarten. Diese Unterscheidung ist insbesondere deswegen von Bedeutung, weil die numerischen Werte nicht bei allen Skalenarten jeder beliebigen statistischen Transformation unterworfen werden können (↗ Datenanalyse):

Nominalskala: Die Ausprägungen dieser Skala schließen sich nur logisch aus. Das Kriterium der Unterschiedlichkeit zweier Skalenwerte ist Gleichheit/Ungleichheit. Beispiel: männlich/ weiblich.

Ordinalskala: Die Ausprägungen schließen sich auch logisch aus, und außerdem lassen sich die Ausprägungen in eine Rangordnung bringen. Beispiel: sehr zufrieden – zufrieden – unzufrieden – sehr unzufrieden.

Intervallskala: Es gelten die Bedingungen der Ordinalskala, und außerdem sind die Abstände zwischen den einzelnen Werten gleich groß. Dies ist bei dem Zufriedenheitsbeispiel nicht unbedingt der Fall. Ein Beispiel für eine Intervallskala ist der Intelligenzquotient. Hier ist der Abstand zwischen einem Quotienten von 90 zu 100 genau so groß wie der Abstand zwischen 110 und 120.

Rationalskala: Es gelten die Bedingungen der Intervallskala, und außerdem hat der Wert Null einen empirischen, natürlichen Sinn. Beispiele sind Alter oder Einkommen.

Die beiden ersten Skalenarten werden als nicht-metrische Skalen bezeichnet, die beiden letzten Arten als metrische Skalen. Je nach Skalenart sind bestimmte mathematische Transformationen nicht zulässig: So dürfen z.B. Mittelwerte (↗ Datenanalyse, univariate) oder Produkt-Moment-Korrelationskoeffizienten (↗ Korrelationsanalyse) streng genommen nur bei metrischen Skalen berechnet werden. Häufig findet man jedoch das Argument, dass bestimmte Merkmale wie z.B. ↗ Arbeitszufriedenheit zwar auf einer Ordinalskala gemessen werden, jedoch empirisch metrisches Niveau aufweisen. Daher sei es zulässig, auch mit ordinalen ↗ Daten Operationen auszuführen, die im Grunde metrisches Niveau voraussetzen.

Literatur: Martin, A. 1994: Personalforschung, 2. Aufl., München, Wien; Diekmann, A. 2004: Empirische Sozialforschung: Grundlagen, Methoden, Anwendungen, 11. Aufl., Reinbek bei Hamburg   (n)

Skontrationsmethode

Die Skontrationsmethode bzw. Skontrationsrechnung wird bei der Personalbestandsplanung als einfaches Rechenschema eingesetzt. Sie knüpft an der Skontrationsgleichung der Lagerbestandsermittlung an; diese Gleichung lautet: Endbestand = Anfangsbestand plus Zugang minus Abgang. Im Kontext der ↗ Personalplanung lautet die Rechnung: Gegenwärtiger Personalbestand minus nicht beeinflussbare Abgänge während der Periode (z.B. Pensionierungen, Invaliditätsfälle, ungeplante Kündigungen) plus nicht beeinflussbare Zugänge während der Periode (z.B. Rückkehr von der Bundeswehr oder vom Ersatz-

dienst) = Prognosebestand am Ende der Periode plus bzw. minus geplante Bestandsveränderungen durch Personalbeschaffung, Übernahme von Ausgebildeten oder Freisetzung = Planbestand am Ende der Periode sowie am Anfang der Folgeperiode (Drumm 2000; Drumm/Scholz 1988). Diese Rechnung taucht – z.T. mit leichten Abwandlungen – regelmäßig in Vorschlägen zur Personalbestandsplanung sowie in der betrieblichen Personalplanungspraxis auf.

Literatur: Drumm, H.J. 2000: Personalwirtschaft, 4. Aufl., Berlin u.a.; Drumm, H.J.; Scholz, C. 1988: Personalplanung. Planungsmethoden und Methodenakzeptanz, 2. Aufl., Bern, Stuttgart   (w)

Software

Als Software werden im Zusammenhang mit dem Computereinsatz Programme unterschiedlicher Art bezeichnet: das Betriebssystem, mit dessen Hilfe das Computersystem betriebsbereit gehalten wird, Programme zur Systementwicklung, insbesondere Programmiersprachen, und Anwendungssoftware, die mit unterschiedlichem Spezifikationsgrad entwickelt wird.

Im personalwirtschaftlichen Kontext sind die Programmiersprachen zur Entwicklung von Endnutzeranwendungen und die Anwendungssoftware, die im Hinblick auf personalwirtschaftliche Probleme entwickelt wurde, von besonderer Bedeutung (↗ EDV im Personalbereich).

Literatur: Strohmeier, S. 1999: Software Kompendium Personal, Anbieter, Produkte, Marktübersicht, Frechen   (w)

Sozialbilanz

Die Sozialbilanz ist ein Informations- und Rechnungslegungsinstrument. Sie dient der regelmäßigen systematischen Erfassung und Dokumentation der gesellschaftlichen Auswirkungen (Nutzen und Belastungen) der Unternehmenstätigkeit. Sozialbilanzen sind nicht gesetzlich vorgeschrieben.

Als Ziele der Sozialbilanz werden die nach innen und außen gerichtete Information, die Rechenschaftslegung und die Ausgestaltung als Planungs- und Kontrollinstrument zur Unternehmenssteuerung genannt. Insbesondere die nach außen gerichtete Information z.B. von Kunden, Anteilseignern und Öffentlichkeit steht im Dienste von Zielen der Öffentlichkeitsarbeit des Unternehmens.

Es gibt eine Reihe von unterschiedlichen Formen der Sozialbilanzierung: Eher verbale Darstellungen, aber auch rechnerische, monetarisierte Versionen in Form einer sozialen Erfolgsrechnung, ggf. ergänzt um eine Beständebilanz.

Als Elemente der Sozialbilanz werden der eher verbal angelegte Sozialbericht, die Wertschöpfungsrechnung und eine Sozialrechnung genannt, die die gesellschaftsbezogenen Aufwendungen und Erträge umfasst. Gesellschaftsbezogen meint hier ↗ Mitarbeiter, Staat, Eigen- und Fremdkapitalgeber, Unternehmen und Öffentlichkeit.

Mit der Erstellung der Sozialbilanz sind erhebliche Mess-, Kriterien- und Gewichtungsproblem verbunden, da Belastungen und Nutzen nicht ohne weiteres in Geldeinheiten ausgedrückt werden können. Bei der Sozialbilanz handelt es sich um keine Bilanz im engeren Sinne. Deshalb wird auch vorgeschlagen, die Sozialbilanz besser »gesellschaftsbezogene Rechnungslegung« zu nennen. Außerdem resultiert die Charakterisierung »Sozial« aus einer irreführenden Übersetzung des englischen »social«, das eher »gesellschaftlich« meint.

Literatur: Dierkes, M. 1974: Die Sozialbilanz – ein gesellschaftsbezogenes Informations- und Rechnungslegungsinstrument, Frankfurt/M.;

New York; Wysocki, K. v. 1981: Sozialbilanzen. Inhalt und Formen gesellschaftsbezogener Berichterstattung, Stuttgart, New York   (n)

Soziale Kompetenz

Neben der Fach-, ↗ System- und Methodenkompetenz stellt soziale Kompetenz ein wesentliches individuelles Kompetenzfeld dar. Unter verschiedenen Bezeichnungen wie Sozialkompetenz, Soziale Qualifikation, Kompetenz im Umgang mit Menschen, sozial kompetentes Handeln oder soziale ↗ Intelligenz sind damit im Kern die Fähigkeiten gemeint, in sozialen Situationen angemessen und erfolgversprechend zu interagieren. Wesentliche Teilaspekte der sozialen Kompetenz sind etwa Kommunikationsfähigkeit, Kooperationsfähigkeit, Teamfähigkeit, Konfliktfähigkeit (↗ Konflikthandhabung), Kontaktfähigkeit, Empathie, Rollenflexibilität, interpersonelle Flexibilität, Kompromiss- und Durchsetzungsfähigkeit oder die Fähigkeit zur Selbstreflexion. Soziale Kompetenz stellt eine ↗ Schlüsselqualifikation für beruflichen Erfolg und ›employability‹ dar. Daher ist ihre Identifikation und Förderung eine wesentliche personalwirtschaftliche Aufgabe, vor allem in der ↗ Personalauswahl und der ↗ Personalentwicklung.

Literatur: Crisand, E. 2002: Soziale Kompetenz als persönlicher Erfolgsfaktor, Heidelberg; Wellhöfer, P.R. 2004: Schlüsselqualifikation Sozialkompetenz. Theorie und Trainingsbeispiele, Stuttgart   (m)

Sozialeinrichtungen, betriebliche

Die Formulierung betriebliche Sozialeinrichtungen wird als Sammelbezeichnung für betriebliche Einrichtungen verwendet, die einem auf Dauer angelegten sozialen Zweck dienen und die ganz überwiegend von Personen genutzt werden, die mit dem Unternehmen als ↗ Arbeitnehmer, Angehöriger, Pensionär usw. verbunden sind. Von Sozialeinrichtungen wird insbesondere dann gesprochen, wenn Mittel für den jeweiligen Zweck abgesondert von den übrigen Mitteln des Unternehmens zur Verfügung gestellt werden und eine bis zu einem gewissen Grade eigene Organisation für die Verwaltung und Vergabe dieser Mittel besteht. Ob dies im Rahmen eines Betriebsteils – etwa einer Abteilung – oder einer rechtlich selbstständigen Einheit geschieht, ist unerheblich.

Wichtigste betriebliche Sozialeinrichtungen sind Werksküche bzw. Kantine, Werkswohnungen und Wohnheime, Erholungseinrichtungen (↗ Gesundheitswesen, betriebliches), Sportanlagen (↗ Betriebssport), Freizeiteinrichtungen (↗ Freizeitangebote, betriebliche), Sozialarbeit bzw. Sozialberatung und -betreuung, Kindertagesstätten und Sozialräume.

Literatur: Oechsler, W.A. 2000: Personal und Arbeit, 7. Aufl., S. 518-524; Oechsler, W.A.; Kastura, B. 1993: Betriebliche Sozialleistungen. Entwicklungen und Perspektiven, in: Weber, W. (Hrsg.): Entgeltsysteme, Stuttgart, S. 341-363   (w)

Sozialisation

Der Begriff Sozialisation wird zur Kennzeichnung der Eingliederung von Individuen in eine soziale Umwelt gebraucht. Er wird sowohl für das sozialisierende Verhalten der Umwelt als auch für den Prozess der Eingliederung und für das Ergebnis dieses Prozesses verwendet. Im ersten Fall wird z.B. nach bestimmten Erziehungs- oder Beeinflussungstechniken und deren Wirkungen für das Individuum gefragt. In den beiden anderen Fällen steht der Verlauf und die Erklärung des Eingliederungsgeschehens bzw. der Persönlichkeitsveränderungen sowie das Ergebnis dieser Vorgänge im Mittelpunkt.

Diese zweite Perspektive dominiert in der Sozialisationsdiskussion. Eine typische Definition von Sozialisation zielt auf den Prozess, durch den eine Person das Wertsystem, die Normen und die geforderten Verhaltensmuster von Gesellschaften, ↗ Organisationen oder Gruppen erlernt, deren Mitglied sie ist oder zu werden wünscht.

Bei der Erklärung des Sozialisationsgeschehens wird auf unterschiedliche Theorien Bezug genommen (Hurrelmann/Ulich 1980). Zu nennen sind insbesondere Lern- und Verhaltenstheorien (in Anlehnung an z.B. Pawlow, Skinner, Bandura) (↗ Lerntheorien), Entwicklungstheorien (z.B. Piaget), psychoanalytische Theorien (anknüpfend meist an Freud) und Rollen- und Interaktionstheorien (Mead, Parsons) (↗ Rolle).

Das Sozialisationsgeschehen muss als lebenslanger Prozess verstanden werden, wenn auch die frühen Kindheitserfahrungen von weitreichender Bedeutung sind und langfristigere Wirkungen hinterlassen als die Beeinflussung im Erwachsenenalter. Die Hauptaufmerksamkeit galt deshalb lange Zeit den Sozialisationsprozessen in Familie, Kindergarten, Schule und Gruppen von Gleichaltrigen. In neuerer Zeit werden in zunehmendem Maße auch Sozialisationsvorgänge in Organisationen wie Betrieben, Hochschulen usw. analysiert. Besonderes Interesse gilt dabei den Sozialisationsagenten, insbesondere den Vorgesetzten und Arbeitskollegen, deren Modellwirkungen und Sanktionen, aber auch den Zielen, Werten und Verhaltenserwartungen, die Objekt der ↗ Identifikation und damit verhaltensbestimmend sein können.

Lerntheoretische Erklärungen des Sozialisationsgeschehens betonen die Bedeutung von ↗ Verstärkungen im Rahmen der ↗ Konditionierung, des ↗ Beobachtungslernens und die Einsicht in soziale Zusammenhänge (↗ Lernen). Sie werden ergänzt durch die Beobachtung typischer Strategien, z.b. die Vermittlung verunsichernder, erschütternder Erfahrungen oder die Technik der erzwungenen Einwilligung, durch die widerstrebende neue Organisationsmitglieder in Situationen gebracht werden, in denen sie sich abweichend von ihren bisherigen Überzeugungen verhalten, wobei die Reduktion der entstehenden ↗ kognitiven Dissonanz zu Wertänderungen führen kann.

Literatur: Hurrelmann, K.; Ulich, D. 1980 (Hrsg.): Handbuch der Sozialisationsforschung, Weinheim, Basel; Gebert, D.; Rosenstiel, L.v. 1996: Organisationspsychologie, 4. Aufl., Stuttgart; Wiese, B.S.; Sauer, J.; Rüttinger, B. 2004: Sozialisation, betriebliche, in: Gaugler, E.; Oechsler, W.A.; Weber, W. (Hrsg.): Handwörterbuch des Personalwesens, 3. Aufl., Stuttgart, Sp. 1733-1741   (k)

Sozialleistungen, betriebliche

Unter betrieblichen Sozialleistungen (↗ Sozialpolitik, betriebliche) sollen alle zusätzlichen, d.h. nicht tariflich oder gesetzlich vorgeschriebenen und langfristig festgelegten Maßnahmen zur Erhaltung und Verbesserung der ↗ Arbeitsfähigkeit und ↗ Arbeitsmotivation der im Betrieb Beschäftigten verstanden werden.

Der Erhaltung bzw. Verbesserung der Arbeitsfähigkeit dient vor allem die Gesundheitsfürsorge durch den ↗ Betriebsarzt (↗ Arbeitsmedizin) und die betriebliche ↗ Sozialarbeit, Leistungen der ↗ Betriebskrankenkasse, aber auch ↗ Betriebssport und Belegschaftsverpflegung.

Zur Erhaltung und Erlangung der ↗ Arbeitsmotivation dienen z.B. die ↗ betriebliche Altersversorgung, ↗ Betriebsrenten und ↗ Sozialeinrichtungen wie ↗ Werksbücherei sowie Veranstaltungen wie ↗ Betriebsfeste.

Gleichermaßen der Erhaltung und Verbesserung der Arbeitsfähigkeit und

-motivation dienen etwa die Bereitstellung von ↗ Freizeitangeboten (↗ Freizeit, ↗ Freizeitangebote, betriebliche) oder Wohnungen für die ↗ Arbeitnehmer.

Betriebliche Sozialleistungen wurden in den Anfängen der Industrialisierung, verbunden mit zunehmender politischer ↗ Macht der Arbeiterbewegung, notwendig, um die Risiken aus der Verwertung der Arbeitskraft zu mildern, da staatliche Sozialleistungen weitgehend fehlten. Heute sind viele Leistungen, die früher freiwilliger Art waren, tariflich oder gesetzlich geregelt.

Zu beachten sind die je nach Sozialleistung unterschiedlichen Mitbestimmungsrechte des ↗ Betriebsrates nach § 87ff ↗ Betriebsverfassungsgesetz.

Literatur: Moderegger, H. A.; Heitkamp, A. 1995: Betriebliche Sozialleistungen: Erfolgs- und Leistungsorientierung als Strategie, Köln; Sadowski, D.; Pull, K. 1999: Können betriebliche Sozialleistungen die staatliche Sozialpolitik entlasten?, in: Schmähl, W. (Hrsg.): Betriebliche Sozial- und Personalpolitik, Frankfurt/M., S. 66-104   (n)

Sozialpartnerschaft (Österreich)

Das System der ↗ Arbeitsbeziehungen in Österreich wird meist als Sozialpartnerschaft bezeichnet. In der wissenschaftlichen Literatur wird oft von Wirtschafts- und Sozialpartnerschaft gesprochen, um auf den umfassenden Begriff zu verweisen, der sich aus der Zusammenarbeit zwischen Regierung, ↗ Arbeitgebern und ↗ Arbeitnehmern auf allen Gebieten der Wirtschafts- und Sozialpolitik ergibt.

Diese Kooperation ist freiwillig und beruht auf der Überzeugung, dass der natürliche Interessenskonflikt zwischen Unternehmern und unselbstständig Erwerbstätigen im Sinne eines Nicht-Nullsummenspiels ausgeglichen werden kann, wenn sich alle Parteien ihres gemeinsamen Interesses bewusst sind. Auf der Seite der Arbeitgeber treten hierfür die ↗ Wirtschaftskammern sowie die Landwirtschaftskammern ein. Diese finden auf Arbeitnehmerseite in den ↗ Arbeiterkammern sowie im ↗ Österreichischen Gewerkschaftsbund (ÖGB) ihr Pendant.

Wichtige Voraussetzungen für die Entstehung dieser spezifisch österreichischen Form der Konfliktaustragung sind die geringe Größe des Wirtschaftsraums, in dem eine überschaubare Anzahl von Akteuren in häufigem Kontakt steht, und die Verbandsstruktur. Die Interessenvertretungen sind durch einen charakteristischen Dualismus von öffentlich-rechtlichen Kammern mit Zwangsmitgliedschaft und Umlagesystem einerseits und vereinsrechtlich organisierten Vertretungen mit hohem Organisationsgrad und enger personeller Verflechtung mit den beigeordneten (de facto untergeordneten) gesetzlichen Vertretungen andererseits gekennzeichnet. Das schafft in Verbindung mit dem erheblichen politischen Gewicht der Verbandsvertreter die Voraussetzung, wirtschaftspolitische ↗ Entscheidungen ›nach unten‹ auch ohne formale gesetzliche Handhabe mit Hilfe informaler Sanktionsmacht durchzusetzen und ›nach oben‹ in den politischen Prozess einzubinden.

Auf überbetrieblicher Ebene schließen sich die Interessensvertretungen gemeinsam mit Vertretern der Regierung zur Paritätischen Kommission zusammen. Diese verfügt über vier Unterausschüsse: den Beirat für Wirtschafts- und Sozialfragen, den Unterausschuss für internationale Fragen, den Lohnunterausschuss sowie den Wettbewerbs- und Preisunterausschuss. Seit jeher haben die Entscheidungen dieser Institution den Charakter unterschiedlicher Empfehlungen.

An diesem System kann man kritisieren, dass dadurch politische Rand-

gruppen aus dem Entscheidungsprozess ausgeschlossen werden, dass es auf mangelnder demokratischer Legitimation beruht und dass der Einfluss der Wirtschafts- und Sozialpartner zu groß ist. Darüber hinaus kann man die wirtschaftliche Effizienz nur schwer messen. Dennoch hat es mit Einschränkungen zu hoher Stabilität auf sozialer und politischer Ebene geführt, und genießt hohe Akzeptanz und Wertschätzung in der Bevölkerung. Der Einfluss der Sozialpartnerschaft ist im letzten Jahrzehnt – auch vor dem Hintergrund einer zunehmenden Konfliktfreudigkeit und der geringeren Bedeutung kollektiver Interessenvertretungen – zurückgegangen.

Literatur: Prisching, M. 1996: Die Sozialpartnerschaft: Modell der Vergangenheit oder Modell für Europa? Eine kritische Analyse mit Vorschlägen für zukunftsgerechte Reformen, Wien   (m)

Sozialplan

Als Sozialplan bezeichnet man eine schriftliche, von ↗ Arbeitgeber und ↗ Betriebsrat zu unterschreibende Vereinbarung über den Ausgleich bzw. die Milderung der wirtschaftlichen Nachteile, die Arbeitnehmern aufgrund einer Betriebsänderung (§ 111 BetrVG) entstehen. Ein Sozialplan wirkt wie eine ↗ Betriebsvereinbarung (§ 112 BetrVG). Typische Inhalte von Sozialplänen sind Regelungen über Nachteilsminderung bei Entlassungen (↗ Kündigung), etwa in Form von Abfindungszahlungen (↗ Abfindung), Mobilitätsbeihilfen oder Qualifizierungsmaßnahmen.

Die Betriebsparteien können Sozialpläne in jedem Fall vereinbaren. Dies setzt das Einverständnis beider Seiten voraus. Unter folgenden Bedingungen kann der ↗ Betriebsrat allerdings einen Sozialplan erzwingen: Das Unternehmen, in dem die Betriebsänderung geplant ist, muss mehr als 20 wahlberechtigte ⌐ Arbeitnehmer beschäftigten (§ 111 BetrVG). Die Betriebsänderung muss wesentliche wirtschaftliche Nachteile für einen erheblichen Teil der Belegschaft mit sich bringen. Auch bei Vorliegen dieser Voraussetzungen kann ein Sozialplan erzwungen werden, wenn eine der beiden folgenden Bedingungen gegeben sind: Es handelt sich um einen ⌐ Personalabbau, der in § 112a Abs. 1 BetrVG festgelegte Grenzwerte nicht überschreitet. Zum Beispiel könnte kein Sozialplan erzwungen werden, wenn in einem Betrieb mit 600 Beschäftigten weniger als 10 Prozent der Belegschaft entlassen werden. Zweitens sind Betriebe eines Unternehmens in den ersten vier Jahren nach seiner Neugründung ausgenommen.

Das Sozialplanvolumen, die Höhe des Nachteilsausgleichs, hängt von der wirtschaftlichen Leistungsfähigkeit des Unternehmens ab. Will ein Arbeitgeber den Forderungen des Betriebsrates hinsichtlich des Sozialplanvolumens nicht nachkommen, muss er nachweisen, dass der geforderte Nachteilsausgleich wirtschaftlich nicht vertretbar ist.

In den Fällen, in denen der Betriebsrat die Aufstellung eines Sozialplans erzwingen kann, entscheidet eine ⌐ Einigungsstelle nach § 76 BetrVG, wenn eine Einigung zwischen den betrieblichen Parteien nicht zustande kommt.

Literatur: Hase, D.; Neumann-Cosel, R.v.; Rupp, R. 2004: Handbuch Interessenausgleich und Sozialplan, 4. Aufl., Frankfurt/Main (n)

Sozialpolitik, betriebliche

Betriebliche Sozialpolitik ist ein Teilbereich der ⌐ Personalpolitik. Der Begriff beinhaltet in einer sehr weiten Auffassung alle Ziele und Maßnahmen im Zusammenhang mit betrieblichen ⌐ Sozialleistungen. Nach einem engeren Begriffsverständnis bezeichnet betriebliche Sozialpolitik alle langfristig und umfassend Ressourcen bindenden, schlecht strukturierten und von vielen, unterschiedlichen Wertvorstellungen beeinflussten Entscheidungen der Leitungsorgane einer Unternehmung über die generelle Ausgestaltung der Sozialleistungen. Sozialpolitische Entscheidungen sind von den Werten und Zielen der dominanten Koalition in der Unternehmung, jeweils vor dem Hintergrund der Problemdruck erzeugenden Umwelt, beeinflusst. So haben unterschiedliche Wertvorstellungen innerhalb und außerhalb der Unternehmung und in historischen Phasen je unterschiedliche Umweltkonstellationen zu unterschiedlichen sozialpolitischen Entscheidungen geführt. In den Anfängen der Industrialisierung fehlten staatliche Sozialleistungen weitgehend. Durch den Druck der an politischem Einfluss gewinnenden Arbeiterbewegung und aus ökonomischen sowie humanitären Beweggründen trafen viele, vor allem größere Unternehmen, die Entscheidung, ihren ⌐ Arbeitnehmern durch betriebliche Sozialleistungen eine materielle Grundsicherung zu gewähren und so die Gewinnung, den Einsatz und Nutzung von Arbeitskräften langfristig zu sichern. Zunächst rein freiwillige Leistungen wurden zunehmend gesetzlich oder tariflich gesichert, was dazu führte, das weniger eine Grundsicherung die gewünschten Ziele und Funktionen erreichte, sondern eine Verschiebung hin zu Beteiligungen am Erfolg des Unternehmens und zu eher immateriellen Leistungen wie ⌐ Freizeitangebote (⌐ Freizeit, ⌐ Freizeitangebote, betriebliche) u.Ä. bewirkte.

Die Funktionen der betrieblichen Sozialpolitik bestehen vor allem in der Integrationsfunktion (Orientierung der Beschäftigten an den Unternehmenszielen, Verbesserung der Arbeitnehmer-Arbeitgeber-Beziehungen, Konfliktreduzierung), der Steuerersparnisfunktion (z.B. bei Pensionsrückstellungen), der Akquisitionsfunktion (Werbung neuer Arbeitskräfte) und der Public-Relations-Funktion (Verbesserung des Unternehmensbildes in der Öffentlichkeit).

In jüngster Zeit sind vor allem die ↗ Flexibilisierung und Individualisierung, d.h. die Differenzierung der Höhe und der Art der Sozialleistungen nach der individuellen Leistung und den individuellen Bedürfnissen, Gegenstand der Diskussion um die betriebliche Sozialpolitik.

Literatur: Moderegger, H. A.; Heitkamp, A. 1995: Betriebliche Sozialleistungen: Erfolgs- und Leistungsorientierung als Strategie, Köln; Sadowski, D.; Pull, K. 1999: Können betriebliche Sozialleistungen die staatliche Sozialpolitik entlasten?, in: Schmähl, W. (Hrsg.): Betriebliche Sozial- und Personalpolitik, Frankfurt/M., S. 66-104   (n)

Sozialversicherungsrecht

Zum Sozialversicherungsrecht gehören gesetzliche Regelungen über die ↗ Krankenversicherung, die ↗ Rentenversicherung, die ↗ Unfallversicherung und die ↗ Arbeitslosenversicherung. Die Kranken- und Rentenversicherung der im Bergbau Beschäftigten ist in der ↗ Knappschaftsversicherung zusammengefasst. In Österreich kommt die Insolvenz-Entgeltsicherung hinzu, die die Versicherten gegen das Risiko eines Entgeltverlusts infolge einer Arbeitgeber-Insolvenz absichert.

Ziel der Regelungen des Sozialversicherungsrechts ist es, die sozial abhängigen und wirtschaftlich schwachen Arbeitnehmer und ihre Familien vor Risiken der Krankheit und der Mutterschaft, des Unfalls, verminderter Erwerbsfähigkeit, Arbeitslosigkeit, des Alters und des Todes zu schützen. Rechtsgrundlagen des Sozialversiche-

rungsrechts sind vor allem das Sozialgesetzbuch (SGB), aber auch neben anderen Quellen die Satzungen der Versicherungsträger und das Grundgesetz, in Österreich das vielfach novellierte Allgemeine Sozialversicherungsgesetz (ASVG).

In der Schweiz bilden die Grundlagen des Sozialversicherungsrechts u.a. das Bundesgesetz über den Allgemeinen Teil des Sozialversicherungsrechts (ATSG), das Bundgesetz über die Freizügigkeit in der beruflichen Alters-, Hinterlassenen- und Invalidenvorsorge (Freizügigkeitsgesetz, FZG) sowie das Bundesgesetz über die Alters- und Hinterlassenenversicherung (AHVG).

Das Sozialversicherungsrecht knüpft wie das ↗ Arbeitsrecht an den Sachverhalt der abhängigen Arbeit an: Es besteht grundsätzlich Versicherungspflicht, wenn ein Beschäftigungsverhältnis vorliegt, wobei es allerdings bestimmte Ausnahmen gibt, z.B. bei geringfügiger Beschäftigung oder ab bestimmten Verdienstgrenzen.

Finanziert wird die Sozialversicherung in erster Linie aus den Beiträgen der versicherten ↗ Arbeitnehmer und ihren ↗ Arbeitgebern, aber auch aus Zuschüssen. Die Beitragsanteile der Arbeitnehmer sind von Lohn bzw. Gehalt abzuziehen und zusammen mit den Arbeitgeberanteilen an die zuständige Einzugsstelle abzuführen; von dort aus werden sie an die einzelnen Versicherungsträger verteilt.

Die Träger der Sozialversicherung sind als Körperschaften des öffentlichen Rechts und nach dem Prinzip der Selbstverwaltung organisiert.

Literatur: Lampert, H.; Althammer, J. 2004: Lehrbuch der Sozialpolitik, 7. Aufl., Berlin u.a.; KMU Gesetzesangabe für kleine und mittlere Unternehmen, ZGB, OR, SchKG, Arbeitsrecht, Steuerrecht und weitere Erlasse, 2004, Zürich   (n)

Soziogramm ↗ **soziometrische Verfahren**

Soziometrische Verfahren

↗ Methoden bzw. Verfahren zur Erfassung von Beziehungsstrukturen in Gruppen werden als soziometrische Verfahren bezeichnet. Mit diesen Methoden werden Informationen über die ↗ Gruppenstruktur, den Status der Gruppenmitglieder und die emotionellen Beziehungen der Gruppenmitglieder gewonnen und aufbereitet. Diese Informationen werden durch Matrizen, Indizes oder Graphiken aufbereitet. Die graphische Darstellung der Beziehungsstrukturen in einer ↗ Gruppe wird als Soziogramm bezeichnet, das auf Moreno zurückgeht.

Literatur: Moreno J.L. 1996: Die Grundlagen der Soziometrie, unv. Nachdruck der 3. Aufl., Opladen   (w)

Sprecherausschuss

Der Sprecherausschuss ist in Deutschland in Betrieben mit in der Regel mindestens zehn leitenden ↗ Angestellten die Interessenvertretung der ↗ leitenden Angestellten dieses Betriebes. Die entsprechenden Regelungen enthält das Gesetz über Sprecherausschüsse der leitenden Angestellten (Sprecherausschussgesetz – SprAuG) von 1989. Der Sprecherausschuss arbeitet mit dem ↗ Arbeitgeber – analog zu den Regelungen des Betriebsverfassungsgesetzes – vertrauensvoll zum Wohl der leitenden Angestellten und des Betriebes zusammen. Der Arbeitgeber hat vor Abschluss einer Betriebsvereinbarung oder sonstiger Vereinbarungen mit dem ↗ Betriebsrat, die rechtliche Interessen der leitenden Angestellten berühren, den Sprecherausschuss rechtzeitig anzuhören. Eine gedeihliche Zusammenarbeit wird auch

durch Betriebsrat und Sprecherausschuss angestrebt: Beide Gremien haben das Recht, Mitglieder des jeweils anderen Gremiums an der eigenen Sitzung teilnehmen zu lassen. Einmal im Jahr soll eine gemeinsame Sitzung des Sprecherausschusses und des Betriebsrates stattfinden.

In Bezug auf die Mitbestimmungsrechte des Sprecherausschusses sind die Bereiche relevant: 1) ↗ Arbeitsbedingungen und Beurteilungsgrundsätze: Hier besteht ein Informations- und Beratungsrecht des Sprecherausschusses, 2) Personelle Maßnahmen: Hier besteht bei Einstellungen, Kündigungen und anderen personellen Veränderungen Mitwirkungsrechte, 3) Wirtschaftliche Angelegenheiten: Hier bestehen – analog zum Betriebsverfassungsgesetz – Informationsrechte; der Unternehmer hat dem Sprecherausschuss mindestens einmal im Jahr über die wirtschaftlichen Angelegenheiten des Betriebes und des Unternehmens zu unterrichten.

Der Sprecherausschuss wird für eine Periode von vier Jahren gewählt. Wenn in einem Unternehmen mehrere Sprecherausschüsse bestehen, kann ein Unternehmenssprecherausschuss gewählt werden. In Konzernen kann ein Konzernsprecherausschuss errichtet werden.

Literatur: Gesetz über Sprecherausschüsse der leitenden Angestellten (Sprecherausschussgesetz – SprAuG) vom 01.01.1989 (BGBl.I S. 2312); Hromadka, W. 1991: Sprecherausschussgesetz – Kommentar, Neuwied   (w)

Stammbelegschaft

Als Stammbelegschaft werden in der ↗ Arbeitsmarkttheorie jene Arbeitskräfte bezeichnet, die im Gegensatz zur ↗ Randbelegschaft durch hohen innerbetrieblichen Status, hohe Löhne, günstige Aufstiegschancen und geringes Beschäftigungsrisiko gekennzeichnet sind. Dabei handelt es sich in der Regel um qualifizierte und meist auch langjährige Beschäftigte, die das Unternehmen auf dem externen ↗ Arbeitsmarkt nur mit hohen Kosten rekrutieren könnte und deren Mitwirkung für das Unternehmen höchst attraktiv ist: Die Stammbelegschaft garantiert Stabilität und wegen der hohen Qualifikation auch Flexibilität.

Die Unterscheidung und die Gründe für das Herausbilden von Stamm- und Randbelegschaft wird vor allem im Zusammenhang mit der Pflege interner Arbeitsmärkte (↗ Arbeitsmärkte, interne) bzw. innerhalb der Arbeitsmarkttheorie im Rahmen der ↗ Segmentationstheorien diskutiert. (w)

Stellenanzeigen

Stellenanzeigen sind Veröffentlichungen in gedruckten Medien, welche das Vorhandensein von offenen Stellen anzeigen. Sie richten sich im Zuge der ↗ Personalwerbung an das externe ↗ Personalbeschaffungspotenzial der ↗ Organisation. Hauptziel von Stellenanzeigen ist das Auslösen von aussagekräftigen und beurteilungsfähigen Bewerbungen zur Beseitigung einer personellen Unterdeckung. Daneben bieten Stellenanzeigen für die Organisation auch Möglichkeiten zur Werbung. Es lassen sich offene, chiffrierte sowie durch einen Berater (↗ Personalberater) gestaltete Stellenanzeigen unterscheiden.

Häufig vorzufindende inhaltliche Elemente sind eine Schlagzeile mit Berufs- oder Positionsbezeichnung, Aussagen über die Organisation, Beschreibung der Position, Überblick über die Anforderungen und Anreize (↗ Anreizgestaltung), z.B. Ausbildung oder ↗ Gehalt, und Angaben über die technische Abwicklung der ↗ Bewerbung. ↗ Stellenbeschreibungen bzw. Teile davon

bieten eine gute Voraussetzung für eine präzise und ›trennscharfe‹ Formulierung von Anzeigen. Insbesondere bei häufiger Verwendung von Stellenanzeigen wird die visuelle Gestaltung zum Aufbau eines Organisationsimages (Corporate Identity) genutzt.

Die Auswahl der verwendeten Medien richtet sich nach der angesprochenen Zielgruppe. Weitere Faktoren wie etwa finanzielle Beschränkungen, Leserkreis oder Reichweite des gewählten Mediums ergänzen die Überlegungen. Aufgrund seiner einfachen Zugänglichkeit und Reichweite stellt das Internet ein wesentliches Medium für Stellenanzeigen dar.

Literatur: Demmer, C.; Soder, A. 2002: Stellenanzeigen richtig verstehen. Wie Sie Jobangebote entschlüsseln und sich erfolgreich bewerben, Frankfurt/M.   (m)

Stellenausschreibung, innerbetriebliche

Die innerbetriebliche Stellenausschreibung richtet sich als ein Instrument der ↗ Personalakquisition an die ↗ Arbeitnehmer, die bereits Mitglieder des Betriebs sind, um sie über offene Stellen zu informieren. Damit wird ihnen eine Aufstiegs- und Veränderungschance geboten und das interne ↗ Personalbeschaffungspotenzial genutzt.

Bei der innerbetrieblichen Stellenausschreibung sind eine Reihe von Verfahrensfragen – z.B. Art der Ausschreibung, Zielgruppe – zu klären. Der ↗ Betriebsrat hat dabei durch das ↗ Betriebsverfassungsgesetz festgelegte Mitwirkungsrechte. Eine Verpflichtung, die Stelle intern zu besetzen, gibt es nicht.

Als wesentliche positive Effekte der innerbetrieblichen Stellenausschreibung gelten die Erhaltung von Knowhow für den Betrieb, die durch Aufstiegsanreize entstehenden motivationalen Wirkungen und die Senkung der ↗ Fluktuation. Nachteilig auswirken können sich die durch einen innerbetrieblichen Wechsel verursachten Ketten von Stellenneubesetzungen, die Zurückhaltung von ↗ Vorgesetzten bei der Förderung des internen Stellenwechsels und die Schwierigkeiten, die eine Ablehnung interner Bewerber verursacht.

Literatur: Bröckermann, R. (Hrsg.) 2002: Handbuch Recruitment, Berlin   (m)

Stellenbeschreibung

Stellenbeschreibungen sind schriftlich festgelegte, verbindliche Darstellungen ↗ organisatorischer Regelungen, die eine Stelle betreffen. Mit dem Begriff der Stelle bezeichnet man das Arbeitsgebiet einer gedachten Person mit bestimmter Eignung und bestimmten Arbeitsaufgaben. Die Informationen für die Stellenbeschreibung werden im Rahmen der ↗ Aufgabenanalyse und -synthese gewonnen (↗ Aufgabenverteilung).

Die Stellenbeschreibung hat im Allgemeinen folgende Inhalte:

– Stellenbezeichnung,
– Über-, Neben- und Unterordnungsverhältnis,
– Regelungen über aktive und passive Stellvertretung,
– Arbeitsaufgabe und -ziele,
– Verantwortlichkeit und Entscheidungsbefugnisse,
– Informationsrechte und -pflichten,
– Zusammenarbeit mit anderen Bereichen,
– ↗ Anforderungsprofil des Stelleninhabers,
– Kriterien für die Leistungsbeurteilung des Stelleninhabers.

Anwendung findet die Stellenbeschreibung bei zahlreichen Entscheidungsproblemen. Sie erleichtert die Ermitt-lung des quantitativen und qualitativen ↗ Personalbedarfs, liefert Informationen für ↗ Personalauswahl und ↗ Personaleinsatz und bildet eine Grundlage für ↗ Personalentwicklung und ↗ Personalbeurteilung.

Durch die Kenntnis der Ziele, Arbeitsaufgaben und Verantwortlichkeiten werden Reibungsverluste z.B. durch Kompetenzstreitigkeiten, Bewertungs- und Unsicherheitsprobleme der ↗ Mitarbeiter verringert.

Besondere Probleme der Stellenbeschreibung liegen in der starren Zuordnung von Personen zu Stellen (↗ Eignung) und dem hohen Aufwand bei Anpassungen an Veränderungen der Aufgaben- und ↗ Organisationsstruktur. Es besteht außerdem bei zu detaillierten Regelungen die Gefahr zu weitgehender Einengung von Verhaltensspielräumen, während bei zu allgemeinen Formulierungen der Informationsgehalt sinkt und die Stellenbeschreibung ihre Funktionen verliert.

Literatur: Ulmer, G. 2001: Stellenbeschreibungen als Führungsinstrument: Stellenanforderung, Teambeschreibung, Mitarbeiterbeurteilung, Fallbeispiele, Wien u.a.   (n)

Stellenplan

Der Stellenplan baut auf den ↗ Stellenbeschreibungen auf. Er enthält Angaben über Anzahl und Bezeichnung der vorliegenden Stellen, ↗ Qualifikationen und ↗ Gehalts- bzw. Lohngruppe der jeweiligen ↗ Mitarbeiter auf der Stelle. Die Darstellung des Stellenplans kann in Form eines Organigramms, ergänzt um die o.a. Informationen, oder tabellarisch erfolgen. Häufig werden die Stellenpläne je Abteilung erfasst, da die Übersichtlichkeit bei Erfassung der gesamten Unternehmung leiden würde.

Der Stellenplan hat folgende Hauptaufgaben: Man kann aus ihm den Personalbestand in quantitativer und qualitativer Hinsicht ersehen und ihn als einen Ausgangspunkt für die Ermittlung des ↗ Personalbedarfs und Maßnahmen der ↗ Personalentwicklung verwenden. Der Soll-Stellenplan wird als Stellenbesetzungsplan bezeichnet. Weiterhin lassen sich Verzeichnisse unterschiedlicher Typen von Arbeitsplätzen erstellen.

Besondere Probleme des Stellenplans liegen vor allem in der relativ großen Starrheit dieses Instruments und den damit verbundenen Korrekturkosten bei Anpassung an Veränderungen in der ↗ Organisation.

Literatur: Weinmann, J. 1989: Personalstrategien auf der Grundlage der computergestützten Stellenplanmethode, in: Weber, W.; Weinmann, J. (Hrsg.): Strategisches Personalmanagement, Stuttgart, S. 179-203 (n)

Strategisches Personalmanagement

Strategisches Personalmanagement wird zwar nicht einheitlich definiert, häufig jedoch durch die Merkmale systematisch, ganzheitlich, umweltbezogen, langfristig und antizipativ gekennzeichnet (Weber/Weinmann 1989, S. 12). Es umfasst dann jene personalwirtschaftlichen bzw. personalwirtschaftlich relevanten Maßnahmen, die das Unternehmensgeschehen im Personalbereich langfristig und nachhaltig prägen. Dazu gehören Maßnahmen, die auf die Gestaltung der personalwirtschaftlichen Handlungsarena gerichtet sind, z.B. auf die rechtlichen Rahmenbedingungen, die Arbeitsmarktsituation (↗ Arbeitsmarkt), die außerbetrieblichen Bildungseinrichtungen.

Die zentralen Handlungsfelder des strategischen Personalmanagements innerhalb des Unternehmens hängen von dem durch das strategische Umfeld ausgelösten Problemdruck ab. Unter diesen Rahmenbedingungen der betrieblichen ↗ Personalarbeit ragen Ende des 20. Jahrhunderts in den europäischen Industrienationen die demographische Entwicklung, die Arbeitsmarktentwicklung, der Wertewandel, die technologischen Veränderungen, die Entwicklung der arbeitsrechtlichen Rahmenbedingungen und die Internationalisierungstendenzen heraus. Der von hier ausgehende Problemdruck kann mit den alten und vertrauten Verhaltensweisen vielfach nicht mehr bewältigt werden; er zwingt zur Entwicklung langfristig ausgerichteter systematischer und auf die Umweltveränderungen ausgerichteter Aktionspläne, die als strategisch bezeichnet werden können. Zentrale Handlungsfelder einer strategisch orientierten Personalarbeit sind die betriebliche Aus- und Weiterbildung, Personalentwicklung und Pflege des internen Arbeitsmarktes, die Personalstruktur, die Anreizgestaltung und die Gestaltung der Arbeitsbeziehungen. Diese Akzentuierungen können sich jedoch durch die Veränderung der Rahmenbedingungen verschieben. Sie stellen sich überdies wegen der unterschiedlichen Umweltkonstellationen in der einzelnen Unternehmung unterschiedlich dar.

Literatur: Ridder, H.G. et al. 2001: Strategisches Personalmanagement, Landsberg; Elšik, W. 1992: Strategisches Personalmanagement, München; Mering; Weber, W.; Weinmann, J. (Hrsg.) 1989: Strategisches Personalmanagement, Stuttgart; Wright, P.M.; Gardner, T.M. 2004: Strategic Human Resource Management, in: Gaugler, E.; Oechsler, W.A.; Weber, W. (Hrsg.): Handwörterbuch des Personalwesens, 3. Aufl., Stuttgart, Sp. 1818-1826 (w)

Streik

Ein Streik ist die von einer größeren Anzahl von ↗ Arbeitnehmern kollektiv und planmäßig durchgeführte Arbeitsniederlegung. Streiks sind das wichtigste, äußerste Arbeitskampfmittel der Arbeitnehmer im Rahmen von ↗ Tarifverhandlungen und zielen auf eine Verbesserung der ↗ Arbeitsbedingungen ab.

Wenn nach Ende der Laufzeit eines ↗ Tarifvertrages Verhandlungen gescheitert und zwischen den Tarifparteien vereinbarte Schlichtungsversuche erfolglos sind, können ↗ Gewerkschaften ihre Mitglieder und nichtorganisierte Arbeitnehmer zur Verweigerung der Arbeitsleistung aufrufen. Voraussetzung für einen Streik sind in der Regel Urabstimmungen, bei denen je nach Satzung der Gewerkschaft zwischen der Hälfte und zwei Drittel der Mitglieder der verhandelnden Gewerkschaft zustimmen müssen.

Die gewerkschaftlich organisierten Streikenden erhalten von der Gewerkschaft Streikunterstützung. Die Arbeitgeber können als Gegenmittel die ↗ Aussperrung der Belegschaft oder Teilen der Belegschaft ergreifen.

Man unterscheidet nach der Organisationsform des Streiks gewerkschaftlich organisierte und »wilde« Streiks. Nach der Rechtmäßigkeit unterscheidet man rechtmäßige und unrechtmäßige Streiks.

Als Voraussetzung für die Rechtmäßigkeit werden vor allem folgende Bedingungen genannt:

– Der Streik muss von einer Tarifpartei geführt werden; »wilde« Streiks sind unrechtmäßig;
– es muss ein tariflich regelbares Ziel verfolgt werden; politische Streiks oder Demonstrationsstreiks sind daher nicht zulässig;
– der Streik darf nicht um Rechtsstreitigkeiten geführt werden, da hierfür die Gerichte zuständig sind;
– der Streik darf nicht gegen die tarifliche Friedenspflicht, gegen Schlichtungsregeln oder gegen Gesetze verstoßen;

– der Streik muss das letzte Mittel der Konfliktlösung sein und
– es müssen die Gebote der Fairness und der Verhältnismäßigkeit eingehalten werden.

Während eines Streiks wird das Arbeitsverhältnis nicht gelöst. Der streikende Arbeitnehmer ist von der Arbeitspflicht und der Arbeitgeber von der Lohnzahlungspflicht suspendiert. Nicht streikende Arbeitnehmer sind zur Arbeitsleistung verpflichtet, nicht jedoch zu solchen Arbeiten, die vorher von Streikenden erledigt wurden. Nach Beendigung des Streiks leben die Pflichten von Arbeitnehmer und Arbeitgeber wieder auf.

Die Möglichkeit zu Arbeitskämpfen ist nach Art. 9 Abs. 3 Grundgesetz verfassungsrechtlich garantiert. Es gibt jedoch kein eigenständiges Arbeitskampfrecht; die nähere Ausgestaltung ist der Rechtsprechung überlassen. Auch in Österreich muss mangels spezifisch arbeitsrechtlicher Normen auf Regeln des allgemeinen Rechts zurückgegriffen werden. Insbesondere finden die Grundsätze der Beurteilung deliktischen Verfahrens im Schadenersatzrecht nach dem Allgemeinen Bürgerlichen Gesetzbuch (ABGB) Anwendung. Die Regelungen hinsichtlich des Streiks sind in Deutschland, Österreich und der Schweiz recht ähnlich.

Literatur: Däubler, W. 1987: Arbeitskampfrecht, Baden-Baden; Kissel, O.R. 2002: Arbeitskampfrecht: ein Leitfaden. München; Schwarz, W.; Löschnigg, G. 1989: Arbeitsrecht, 10. Aufl., Wien   (n)

Streuungsmaße

Mit Hilfe von Streuungs- oder Dispersionsmaßen gibt man an, wie eng oder weit der größte Teil der Messwerte einer Variablen um einen zentralen Wert (↗ Positionsmaße) herum verteilt sind. Die gebräuchlichsten Maße sind der mittlere Quartilsabstand, die Varianz und die Standardabweichung. Der mittlere Quartilsabstand wird berechnet, indem man die Quartile sucht, d.h. die Werte einer Verteilung, die die Messwerte einer Variablen in vier gleiche Teile teilt, dann vom dritten den ersten Wert abzieht und schließlich durch zwei dividiert. Eine Verteilung mit größerer Streuung weist eine größere Differenz auf. Extrem kleine und große Werte werden bei diesem Maß nicht berücksichtigt, da es nur auf den mittleren 50 Prozent der Fälle basiert.

Varianz und Standardabweichung beruhen auf den quadrierten Abweichungen aller Messwerte vom arithmetischen Mittel der Verteilung. Sie sind nur für intervallskalierte Daten sinnvoll zu interpretieren. Die Varianz ist die mittlere quadratische Abweichung vom arithmetischen Mittel. Die Differenz eines jeden Wertes einer Verteilung vom Mittelwert wird quadriert und die Summe dieser Differenzen anschließend durch die Anzahl der Messwerte dividiert. Sind alle Messwerte identisch, ist die Streuung und damit die Varianz Null. Die Standardabweichung wird berechnet, indem man die Quadratwurzel aus der Varianz zieht. Man erreicht hierdurch, dass der sich ergebende Wert dieselbe Dimension aufweist, wie die Messwerte der Verteilung.

Literatur: Hartung, J.; Elpelt, B.; Klösener, K.-H. 2002: Statistik. Lehr- und Handbuch der angewandten Statistik, 13. Aufl., München, Wien   (n)

Suchtheorie

Suchtheorien streben auf neoklassischer Grundlage Erklärungen der ↗ Arbeitslosigkeit an. Sie können deshalb als neuere neoklassische ↗ Arbeitsmarkttheorien eingeordnet werden.

Suchtheorien unterstellen zwar individuelle Optimierungskalküle, gehen jedoch wegen der Unübersichtlichkeit des Arbeitsmarktes von unvollständiger Information aus. Arbeitslose suchen so lange nach einer Beschäftigung bzw. einem Lohnangebot, bis ein bestimmtes Anspruchsniveau erreicht wird. Der Akzeptanzlohn wird dann erreicht, wenn die erwarteten Mehrerlöse durch einen höheren Lohn kleiner sind als die erwarteten, mit der Suche dieses Angebots verbundenen Kosten. Suchkosten sind in erster Linie die Differenzen zwischen entgangenen Arbeitseinkommen und Arbeitslosenunterstützung.

Arbeitslosigkeit wird im Rahmen dieses Konzepts als Sucharbeitslosigkeit interpretiert. Trotz zahlreicher Verfeinerungen der suchtheoretischen Modelle werden erhebliche Diskrepanzen zwischen empirisch beobachtbarem Arbeitsmarktgeschehen und Theorie konstatiert. Eingewandt wird vor allem, dass Massenarbeitslosigkeit nicht angemessen erklärt wird.

Literatur: König, H. 1979: Job-Search-Theorien, in: Bombach, G.; Gahlen, B.; Ott, A.E. (Hrsg.): Neuere Entwicklungen in der Beschäftigungstheorie und -politik, Tübingen, S. 63-115; Rotschild, K.W. 1988: Theorien der Arbeitslosigkeit, München, Wien   (w)

Systemkompetenz

Neben der Fach-, ↗ Sozial- und Methodenkompetenz stellt Systemkompetenz ein wesentliches individuelles Kompetenzfeld dar. Sie umfasst im Kern die Fähigkeiten, sich in einem größeren sozialen Gefüge wie einer Abteilung oder einer ↗ Organisation angemessen und erfolgreich zu bewegen. Das beinhaltet die Berücksichtigung von mikropolitischen Aspekten wie Machtverteilungen (↗ Macht) und Konflikte (↗ Konflikt), kulturelle Dimensionen wie Normen und Werte sowie systemische Elemente wie gegenseitige Abhängigkeiten und Systemdynamiken. Zentrale Teilaspekte von Systemkompetenz sind Fähigkeiten wie ganzheitliche Betrachtungsweise, Systemanalyse oder das Knüpfen von sozialen Netzwerken. Die Auswahl entsprechend geeigneter Personen und die Förderung von Systemkompetenz ist eine wesentliche Aufgabe der ↗ Personalauswahl und ↗ Personalentwicklung.

Literatur: Wellhöfer, P.R. 2004: Schlüsselqualifikation Sozialkompetenz. Theorie und Trainingsbeispiele, Stuttgart   (m)

Szenario-Technik

Die Szenario-Technik ist eine Planungstechnik, die insbesondere im Rahmen der strategischen Planung, auch der ↗ strategischen Personalplanung eingesetzt werden kann. Da die Gewinnung von langfristigen Prognosen mit hohen Unsicherheitsrisiken verbunden ist, wird vielfach der Generierung alternativer Zukunftsbilder – Szenarien – als Planungsgrundlage der Vorzug gegeben.

Bei Anwendung der Szenario-Technik wird als Ausgangspunkt der Planung eine gegebene und bekannte Situation verwendet. Auf dieser Grundlage werden mehrere denkbare Zukunftsbilder entworfen, wobei gleichzeitig der Pfad der möglichen Entwicklung festgehalten wird. Die Komplexität der Umfeldbedingungen, die Einfluss auf das Unternehmen bzw. den Planungsgegenstand haben, wird dadurch reduziert.

Für die planerische Ableitung von Maßnahmen auf der Grundlage der Szenario-Technik wird z.B. die folgende Schrittabfolge empfohlen: 1. Strukturierung und Definition des Untersuchungsfeldes, d.h. die Aufgabenstellung wird unter Heranziehung von Experten festgelegt, 2. Identifizierung und Strukturierung der wichtigsten Haupteinflussgrößen (Umfeldanalyse), 3. Bestimmung von kritischen Deskriptoren für die Umfelder und Ermittlung von Entwicklungstendenzen (Trendprojektion für alternative Entwicklungen), 4. Bildung und Auswahl alternativer, konsistenter Annahmebündel (Annahmebündelung), 5. Interpretation der ausgewählten Umfeldszenarien (Szenariointerpretation), 6. Einführung und Auswirkungsanalyse von Störereignissen (Störfallanalyse), 7. Ausarbeitung der Szenarien, 8. Konzipieren von Maßnahmen.

Bei der Ableitung von Maßnahmen kann auf unterschiedliche Szenarien – z.B. das wahrscheinlichste, das vorteilhafteste, das nachteiligste Szenario – gesetzt werden. Bewährt hat es sich, Strategien abzuleiten, die in unterschiedlichen denkbaren Entwicklungen (Szenarios) vorteilhaft sind, also im Hinblick auf unterschiedliche Umfeldentwicklungen robuste ↗ Entscheidungen zu treffen.

Literatur: Geschka, H.; Reibnitz, U. v. 1983: Die Szenario-Technik – ein Instrument der Zukunftsanalyse und der strategischen Planung, in: Töpfer, A.; Ahlfeldt, H. (Hrsg.): Praxis der strategischen Unternehmensplanung, 2. Aufl., Frankfurt, S. 125 – 170; Götze, U. 1990: Strategische Planung auf der Grundlage von Szenarien, in: Zeitschrift für Planung, 1. Jg., S. 303-324; Scholz, C. 2000: Personalmanagement, 5. Aufl., München, S. 242-272; Scherm, E. 1990: Unternehmerische Arbeitsmarktforschung, Diss., München   (w)

T

Tarifverhandlungen

Tarifverhandlungen bezeichnen den Prozess der Verhandlungen zwischen den Tarifparteien, d.h. zwischen ↗ Gewerkschaften auf der einen Seite und ↗ Arbeitgeberverbänden bzw. einzelnen ↗ Arbeitgebern auf der anderen Seite, um den Abschluss von ↗ Tarifverträgen (↗ Tarifvertragsrecht).

Tarifverhandlungen beginnen meist kurz vor Ablauf der Geltungsdauer von bestehenden Tarifverträgen oder wenn noch nicht tarifvertraglich geregelte Sachverhalte erstmalig vereinbart werden sollen. Bestehende Tarifverträge werden meist von den Gewerkschaften gekündigt. Damit einher geht die Aufforderung, Verhandlungen aufzunehmen. Als Verhandlungspartner agiert sowohl auf gewerkschaftlicher als auch auf Arbeitgeberseite jeweils eine Verhandlungskommission. Kommt es zwischen den Parteien zu einer Einigung, wird ein neuer Tarifvertrag vereinbart.

Bei Nichteinigung werden die Verhandlungen für gescheitert erklärt, und es setzt das zwischen den Tarifparteien vereinbarte Schlichtungsverfahren ein. Zwar existieren auch gesetzliche Regelungen über eine staatliche Schlichtung, allerdings wird den vereinbarten Schlichtungsregelungen der Vorrang eingeräumt. Der ↗ Deutsche Gewerkschaftsbund (DGB) und die Bundesvereinigung Deutscher Arbeitgeberverbände (BDA) (↗ Arbeitgeberverbände) haben 1954 eine Musterschlichtungsvereinbarung abgeschlossen. Nach diesem Vorbild haben die Tarifverbände in allen großen Wirtschaftszweigen Schlichtungsverfahren vereinbart. Die Schlichtung erfolgt meist durch unparteiische Dritte, auf die sich die Parteien einigen.

Scheitert auch der Schlichtungsversuch, beginnt die Phase des Arbeitskampfes mit ↗ Streik und ↗ Aussperrung. Ein Streik erfordert in der Regel, dass sich in einer Urabstimmung mindestens 75 Prozent der Gewerkschaftsmitglieder dafür aussprechen. Auf Seiten der Arbeitgeber kann als Kampfmittel die ↗ Aussperrung angewandt werden. Nach einiger Zeit kommt es zu neuen Verhandlungen. Der Streik ist beendet, wenn mindestens 25 Prozent der Gewerkschaftsmitglieder in einer erneuten Urabstimmung dem Streikende zustimmen und die Ergebnisse der Verhandlungen akzeptieren.

Das Resultat der Verhandlungen ist fast immer ein Kompromiss. In der Regel machen beide Seiten Konzessionen: Die ursprünglichen Forderungen werden reduziert, die anfänglichen Angebote werden erhöht. Allerdings muss das Ausmaß des Nachgebens nicht für beide Seiten gleich sein. Das Ungleichgewicht für die eine oder andere Seite hängt ab von der Verhandlungsmacht, die wiederum von strukturellen und kontextuellen Faktoren wie wirtschaftlicher Situation, Organisationsgrad und Zentralisierungsgrad der Verhandlungen beeinflusst wird.

Literatur: Hromadka, W. 1995: Tariffibel, 4. Aufl., Köln (n)

Tarifvertrag

Ein Tarifvertrag ist ein schriftlicher Vertrag zwischen den Koalitionen der ↗ Arbeitgeber und ↗ Arbeitnehmer, in dem die Bedingungen von Arbeitsverhältnissen für einen bestimmten Zeitraum festgelegt werden (↗ Tarifverhandlungen). Für Deutschland bildet das Tarifvertragsgesetz von 1949, eines der wichtigsten Gesetze im Rahmen des ↗ kollektiven Arbeitsrechts, die Grundlage für den Abschluss von ↗ Tarifverträgen, d.h., es fixiert die Normen, nach denen Arbeitgeber bzw. ihre Organisationen und Arbeitnehmerorganisationen im Rahmen der Tarifautonomie zusammenwirken.

Tarifverträge regeln – ähnlich wie ↗ Kollektivverträge in Österreich und Gesamtarbeitsverträge in der Schweiz – im Wesentlichen die Höhe der Vergütung und die ↗ Arbeitsbedingungen. Tarifvertragsparteien können sein: zum einen ein oder mehrere Arbeitgeber oder Arbeitgeberverbände und zum anderen eine oder mehrere Gewerkschaften (§ 2 Abs. 1 TVG).

Tarifverträge regeln zum einen die Rechte und Pflichten der abschließenden Parteien (obligatorischer Teil), zum anderen die Rechte und Pflichten dieser Mitglieder (normativer Teil).

Der obligatorische oder schuldrechtliche Teil enthält als wichtigste Pflichten die Friedenspflicht und die Durchführungspflicht. Die Friedenspflicht besteht darin, während der Laufzeit der Tarifverträge keine Arbeitskämpfe durchzuführen. Die Durchführungspflicht besagt, dass die Parteien auf ihre Mitglieder einwirken müssen, die Verträge einzuhalten und durchzuführen.

Der normative Teil (§ 1 Abs. 1 TVG) enthält vor allen

– die Inhaltsnormen, die die individuellen Arbeitsvertragspflichten zwischen Arbeitgeber und Arbeitnehmer festlegen, z.B. Löhne und Arbeitszeiten, Urlaub und Zulagen,
– die Abschluss- und Beendigungsnormen, z.B. Regelungen über die Form

der Arbeitsverträge, Abschlussverbote und -gebote, über Kündigungsfristen und Kündigung aus wichtigem Grund,
– die Betriebsnormen; diese Normen gelten für alle Arbeitnehmer eines Betriebes, auch dann, wenn nur der Arbeitgeber tarifgebunden ist, z.B. bei Regelungen über Torkontrollen oder betriebliche Wohlfahrtseinrichtungen,
- betriebsverfassungsrechtliche Normen: Das ↗ Betriebsverfassungsgesetz lässt bestimmte Änderungen organisatorischer Vorschriften per Tarifvertrag zu; diese müssen aber staatlich genehmigt werden, und
– Normen über gemeinsame Einrichtungen wie Altersvorsorgekassen oder Kontrollkommissionen.

Die Rechtsnormen des Tarifvertrages sind unabdingbar, d.h. sie gelten unmittelbar und zwingend für das Arbeitsverhältnis (§ 4 Abs. 1 TVG). Unmittelbar heißt, die Normen wirken wie Gesetze; zwingend bedeutet, dass evtl. entgegenstehende einzelvertragliche Regelungen unwirksam sind, es sei denn, sie wirken sich zugunsten des Arbeitnehmers aus.

An den Tarifvertrag gebunden (§ 3 Abs. 1 TVG) sind die Mitglieder der Tarifvertragsparteien, z.B. von ↗ Arbeitgeberverbänden, und Arbeitgeber, die selbst Partei des Tarifvertrages sind. Die Tarifbindung kann durch die sog. Allgemeinverbindlichkeitserklärung unter bestimmten Voraussetzungen erweitert werden (§ 5 TVG).

Nach dem Inhalt der Verträge unterscheidet man erstens Lohn- und Gehaltstarifverträge, die die Vergütungshöhe regeln, zweitens Lohn- und Gehaltsrahmentarifverträge, die Regelungen über Lohnarten und Lohngruppen enthalten, und drittens Manteltarifverträge, die allgemeine Arbeitsbedingungen wie Urlaub, Arbeitszeit usw. betreffen. Daneben gibt es viertens sonstige Tarifverträge über besondere Aspekte wie Schlichtungsabkommen, vermögenswirksame Leistungen etc.

Tarifverträge erfüllen vor allem folgende Funktionen: Erstens eine Schutzfunktion, d.h. sie sollen den ↗ Arbeitnehmer vor der wirtschaftlichen Überlegenheit des ↗ Arbeitgebers schützen. Zweitens haben sie Ordnungsfunktion, das bedeutet, dass die Arbeitsbedingungen typisiert und besser kalkulierbar werden. Drittens ist die Friedensfunktion zu nennen, d.h. Arbeitskämpfe sollen möglichst vermieden werden.

Literatur: Bauer, J.-P. 1985: Zuständigkeit der Akteure, in: Endruweit, G.; Gaugler, E.; Staehle, W.H.; Wilpert, B. (Hrsg.): Handbuch der Arbeitsbeziehungen. Deutschland – Österreich – Schweiz; Berlin, New York, S. 145-167 (n)

Tarifvertragsrecht

Das Tarifvertragsrecht als Bestandteil des ↗ kollektiven Arbeitsrechts regelt die Vertragsbedingung zwischen Arbeitgebern bzw. Arbeitgeberverbänden einerseits und Gewerkschaften andererseits. Insbesondere enthält das Tarifvertragsrecht Bestimmungen darüber, wer ↗ Tarifverträge (in Österreich ↗ Kollektivverträge, in der Schweiz Gesamtarbeitsverträge) abschließen darf, welche Inhalte solche Verträge aufweisen können, welche Wirkungen sie entfalten und für wen sie gelten. Kern des Tarifvertragsrechts ist in Deutschland das Tarifvertragsgesetz von 1949, das die Bedingungen des Abschlusses von Tarifverträgen kodifiziert. In Österreich sind entsprechende Bestimmungen über Kollektivverträge im Arbeitsverfassungsgesetz enthalten. In der Schweiz bezeichnet man die Verträge zwischen den kollektiven Akteuren als Gesamtarbeitsverträge, deren Abschlussbedingungen im Bundesgesetz über das Obligationenrecht geregelt sind.   (n)

Team

Als Team werden formelle Arbeitsgruppen (↗ Arbeitsgruppe, ↗ Gruppe) mit einer relativ kleinen Mitgliederzahl bezeichnet, die durch weitgehende Gleichberechtigung der Mitglieder, gemeinsame Aufgabe, intensive Zusammenarbeit der Beteiligten und durch eine entsprechend hoch ausgeprägte Kohäsion gekennzeichnet ist. In Teams können gleichartige ↗ Qualifikationen (homogen zusammengesetztes Team) oder unterschiedliche Qualifikationen (heterogen zusammengesetztes Team) zu besonders intensiver Zusammenarbeit gebündelt werden.

In der mathematisch ausgerichteten Teamtheorie wird davon ausgegangen, dass einem Team Mitglieder mit gleichen Interessen, aber unterschiedlichem Informationsstand angehören. Optimale Teamentscheidungen können dann durch eine optimale Informationsstruktur realisiert werden.

Literatur: Antoni, C. 2000: Teamarbeit gestalten – Grundlagen, Analysen, Lösungen, Weinheim   (w)

Teamarbeit/Teamentwicklung

↗ Arbeitsgruppen und Arbeitsteams lassen sich entlang gemeinsamer zentraler Merkmale beschreiben. Ihre Größe umfasst den Bereich der sog. ›face-to-face‹-Beziehungen, d.h. etwa 3-20 Personen. Daneben haben sie gemeinsame Zielsetzungen, häufigen Kontakt und ein Wir-Gefühl sowie eine interne Rollendifferenzierung. Wenn man ↗ Gruppen und Teams voneinander unterscheiden will, dann haben Teams mit Ausnahme der Größe höhere Ausprägungen auf den genannten Dimensionen.

Teamarbeit ist nicht notwendigerweise besser als Einzelarbeit. Sowohl empirisch als auch theoretisch lassen sich bestimmte Bedingungen angeben, unter den Einzel- oder Teamarbeit erfolgversprechender ist. Zentral sind dabei der Aufgabenzuschnitt und das Kompetenzprofil der Teammitglieder. So sind etwa bei komplexen Aufgabenstellungen Teams Einzelnen überlegen. Allerdings kommt es in Teams zu Reibungsverlusten und Teameffekten wie ↗ Groupthink oder ↗ Risikoschub.

Teamentwicklung hat zwei Bedeutungen. Auf der einen Seite bezeichnet es die Entwicklung einer Arbeitsgruppe zu einem Team entlang der oben genannten Dimensionen. Dahinter steht die Überlegung, dass Teams leistungsfähiger als Gruppen sind. Auf der anderen Seite umfasst Teamentwicklung die Veränderungen eines Teams über die Zeit. Diese werden häufig durch Phasenmodelle der ↗ Gruppenentwicklung beschrieben.

Literatur: Mayrhofer, W. 2003: Teamentwicklung, in: Martin, A. (Hrsg.): Organizational Behaviour - Verhalten in Organisationen, Stuttgart, S. 211-226   (m)

Technikfolgen-Abschätzung

Die Technikfolgen-Abschätzung, oft auch als Technology Assessment (TA) oder Technikfolgen-Bewertung bezeichnet, beinhaltet die Untersuchung der ökologischen, sozialen, ökonomischen und politischen Folgen des Einsatzes von neuen oder in der Entwicklung befindlichen Technologien, aber der stärkeren Anwendung von bereits bestehenden oder von modifizierten Techniken. Technikfolgen-Abschätzung untersucht sowohl technische Technologien wie den Einsatz bestimmter Maschinen, die Folgen einer Produktion bestimmter Güter oder die Verwendung bestimmter Verfahren, aber auch Sozialtechnologien wie neue Organisationsformen, ↗ Gruppenarbeit, Führungsmodelle usw. Ziel ist eine Prognose vor allem der unbeabsichtigten Wirkungen auf die Gesellschaft, ihre Institutionen und die natürliche Umwelt.

Direkte Nachfrager nach Technikfolgen-Abschätzung sind vor allem der Staat, Behörden und Gerichte. Indirekte Nachfrager, d.h. Nachfrager bereits vorhandener Untersuchungen, sind aber auch Wirtschaftsverbände, Gewerkschaften, Unternehmen und die von den Techniken Betroffenen.

Die Vorgehensweise bei der Technikfolgen-Abschätzung lässt sich in drei Schritte gliedern: Erstens Prognose der Neben- und Langzeitwirkungen, zweitens Bewertung der Folgen und schließlich drittens die Entscheidung über die Realisierung.

Jeder dieser Schritte ist mit Schwierigkeiten verbunden. Es ist zu klären: Wer führt die Technikfolgen-Abschätzung durch? Mit welchen Verfahren wird prognostiziert? Häufig verwendet man ↗ Trendextrapolationen, Modelle, Analogiebildungen, Szenarien, ↗ Delphi-Techniken und andere ↗ Methoden der Auswertung von Expertenurteilen sowie ↗ Simulationen. Theoretische Fundierungen der Prognose sind eher selten, und die erforderliche interdisziplinäre Forschung zwischen Technikern, Sozialwissenschaftlern, Ökonomen und Politologen ist selten. Hinsichtlich welcher Zeiträume soll die Prognose erstellt werden? Welche Folgen sollen antizipiert werden? Welche Kriterien legt man der Bewertung zugrunde? Wie kann man Alternativen vergleichen? Und wer entscheidet über die Realisierung der bewerteten Alternativen? Es wird teilweise vorgeschlagen, diese Fragen in einem Kommunikationsprozess zu lösen, der die von den Folgen Betroffenen einbezieht und durch die Merkmale Partizipation, Transparenz und Information gekennzeichnet ist.

Literatur: Baron, W.M. 1995: Technikfolgen-abschätzung: Ansätze zur Institutionalisierung und Chancen der Partizipation, Opladen   (n)

Teilerhebung

Bei Teilerhebungen wird nicht eine Grundgesamtheit (z.B. alle Unternehmen in Deutschland) untersucht, sondern nur eine Teilmenge (z.B. die Unternehmen in München). Im Bereich der ↗ Personalforschung kann es sinnvoll sein, nur bestimmte Abteilungen, Betriebsteile oder nach bestimmten Merkmalen ausgewählte Personen zu untersuchen. Dies ist z.B. im Rahmen einer explorativen, einer Hauptuntersuchung vorangehenden, Studie zweckmäßig, aber auch dann, wenn man bestimmte Abteilungen oder Personen als repräsentativ für eine Grundgesamtheit erachtet (↗ Repräsentativerhebung). Dabei ist zu beachten, dass der Schluss von einer nicht repräsentativen Teilerhebung auf eine darüber hinausgehende Grundgesamtheit nicht ohne weiteres zulässig ist.

Literatur: Hartung, J.; Elpelt, B.; Klösener, K.-H. 2002: Statistik. Lehr- und Handbuch der angewandten Statistik, 13. Aufl., München, Wien   (n)

Teilnahmeentscheidung

Unter Teilnahmeentscheidungen werden die ↗ Entscheidungen des Einzelnen bezüglich seiner Mitgliedschaft in ↗ Organisationen verstanden. Drei Arten von Teilnahmeentscheidungen lassen sich unterscheiden.

Die ↗ Eintrittsentscheidung bezieht sich auf die Mitgliedschaft in einer bestimmten ↗ Organisation. Im Zusammenhang mit ↗ Absentismus ist das zeitweilige Fernbleiben von der Arbeit Entscheidungsgegenstand. Im Rahmen der ↗ Austrittsentscheidung geht es um die Beendigung der Mitgliedschaft in der Organisation.

Teilnahmeentscheidungen werden mit Rückgriff auf unterschiedliche theoretische Konzepte behandelt. Zwei bekannte sind die ↗ Anreiz-Beitrags-Theorie, in deren Mittelpunkt explizit die Teilnahmeentscheidung steht, sowie verschiedene ↗ Motivationstheorien, etwa die ↗ Erwartungs-Valenz-Theorie.

Literatur: Schanz, G. 2000: Personalwirtschaftslehre: lebendige Arbeit in verhaltenswissenschaftlicher Perspektive, 3. Aufl., München   (m)

Teilzeitarbeit

Teilzeitarbeit ist eine Form der Arbeitszeit, die durch ein gegenüber der regelmäßigen betrieblichen, branchenüblichen oder allgemein üblichen Arbeitszeit verringerte Arbeitsvolumen aufgrund einer freiwilligen und ausdrücklichen Vereinbarung zwischen ↗ Arbeitgeber und ↗ Arbeitnehmer gekennzeichnet ist.

Die Verringerung des Arbeitsvolumens beträgt häufig 50% (›halbe Stellen‹), wenngleich verschiedenste Ausprägungen von reduzierter Arbeitszeit zu finden sind. Nicht alle Arbeitsplätze sind gleichermaßen für den Einsatz von Teilzeitarbeit geeignet. Erst eine Überprüfung der stellenspezifischen Gegebenheiten, z.B. Art der Tätigkeit, Zeitbedarf oder Koordinationsbedarf kann über einen möglichen Einsatz entscheiden.

Wichtigste organisationale Zielsetzungen bei der Einführung von Teilzeitarbeit sind eine höhere betriebliche Flexibilität, bessere Kapazitätsauslastung und höhere Leistung der Arbeitnehmer. Auf individueller Ebene bietet Teilzeitarbeit die Möglichkeit, sich auch bei fehlender Fähigkeit oder Bereitschaft zur Vollzeitarbeit in den Arbeitsprozess einzugliedern.

Seitens der ↗ Gewerkschaften werden die Bestrebungen, Vollzeitarbeitsplätze in Teilzeitarbeitsplätze umzuwandeln, massiv kritisiert. Dabei werden vor allem die folgenden Argumente genannt: Das individuelle Flexibilisierungspotenzial ist ähnlich wie bei traditionellen Vollzeitarbeitsplätzen gering; meist handelt es sich um Positionen mit niedrigen Qualifikationsanforderungen und schlechten Aufstiegschancen, die nur bestimmte Segmente des Arbeitskräftepotenzials ansprechen; insbesondere Frauen werden oft in die Teilzeitarbeit gedrängt; trotz reduzierten Zeitumfangs wird von Arbeitgeberseite häufig das volle Arbeitsvolumen erwartet. Diesen Einwänden steht das Bestreben mancher Arbeitnehmer gegenüber, das Arbeitsengagement zeitlich zu begrenzen.

Literatur: Hamm, I. 2001: Teilzeitarbeit im Betrieb. Frankfurt am Main; Blanke, T.; Schüren, P.; Wank, R.; Wedde, P. 2002: Handbuch Neue Beschäftigungsformen: Teilzeitarbeit, Telearbeit, Fremdfirmenpersonal, Franchiseverhältnisse, Baden-Baden   (m)

Telearbeit

Als Telearbeit oder die synonym verwendeten Begriffe Computerheimarbeit, Telecommuting, Remote work, Telework wird eine neuere Heimarbeitsvariante bezeichnet, bei der eine kommunikationstechnische Anbindung des Heimarbeitslatzes an das zentrale Büro zugrunde liegt. Bei Tätigkeiten im Rahmen eines Telearbeitsverhältnisses handelt es sich in der Hauptsache um solche, die vom ↗ Arbeitnehmer ein hohes Maß an Eigenverantwortung und Selbstständigkeit erfordern, wie z.B. Management-, Programmier-, Sachbearbeitungs- und Schreibarbeiten, aber auch wissenschaftliche und künstlerische Tätigkeiten.

Die Vorteile dieser Form von Arbeitsplatzflexibilität für den ↗ Arbeitgeber reichen von höherer Leistung durch gesteigerte Motivation bei selbstbestimmter Tätigkeit über eine Beschleunigung der Geschäftsprozesse, über Kosteneinsparung und Verfügbarkeit fast rund um die Uhr bis hin zu einem besseren Image als innovatives Unternehmen sowie Verringerung der Fehltage durch Krankheit (↗ Absentismus).

Als wesentlicher Nachteil kann zum einen ein eingeschränkter Informationsfluss gesehen werden, der entsteht, wenn der Telearbeiter aufgrund fehlender vereinbarter Kernarbeitszeit (↗ Arbeitszeitregelung, ↗ Teilzeitarbeit) nicht immer verfügbar ist. Zum anderen ist das Problem der mangelnden Datensicherheit (↗ Datenschutz und Datensicherheit) bei Verrichtung von Arbeiten am häuslichen Arbeitsplatz und bei der Datenübertragung zwischen Telearbeitgeber und Telearbeitnehmer potenziell stets gegeben.

Die Vorteile für den Arbeitnehmer reichen von einer besseren Vereinbarkeit von Familie und Beruf durch freie Zeiteinteilung über geringere Pendelzeiten bis hin zu einem einfacheren Wiedereinstieg in das Berufsleben nach Mutterschaftsurlaub oder ↗ Elternzeit. Als Nachteile der flexiblen Arbeitsplatzgestaltung gilt für den Telearbeitnehmer nach wie vor die Gefahr der sozialen Isolation sowie die von verminderten Aufstiegschancen aufgrund geringerer Präsenz im Unternehmen.

Die 1999 von der Empirica durchgeführte ECA-Studie kommt zu dem Ergebnis, dass in Deutschland 2.130.000 Menschen, d.h. 6% der Erwerbstätigen, als Telearbeiter beschäftigt waren. Zum Vergleich lag diese Zahl in den Niederlanden und den skandinavischen Ländern bei 15%, in Italien, Frankreich und Spanien bei lediglich 3% (Hofmann; Regnet 2003, Sp. 1903).

Literatur: Hofmann, L.M.; Regnet, E. 2003: Führung und Zusammenarbeit in virtuellen Strukturen, in: Rosenstiel, L. v.; Regnet,

E.; Domsch, M.: Führung von Mitarbeitern, 5. Aufl., Stuttgart, S. 677-687; Hofmann, J.; Bonnet, P. 2004: Telearbeit, in: Gaugler, E; Oechsler, W.A.; Weber, W. (Hrsg.): Handwörterbuch des Personalwesens, 3. Aufl., Stuttgart, Sp. 1901-1909   (k)

Test

Test (engl.) bedeutet Probe: Von einem Ausschnitt bzw. einer Probe individuellen Verhaltens wird auf ein bestimmtes Persönlichkeitsmerkmal geschlossen, das überdauernd vorhanden ist. In Definitionen des Begriffs Test werden meist die drei folgenden Merkmale hervorgehoben: 1. Routineverfahren, d.h., der Meßvorgang wird unter gleichbleibenden bzw. Standardbedingungen durchgeführt, 2. relative Positionsbestimmung bzw. Normierung, d.h., es liegen Vergleichsdaten vor, um die relative Position von einzelnen Probanden oder von Gruppen in einer bestimmten Population bestimmen zu können; der diagnostische Wert eines Tests ist weitgehend von der Normierung abhängig; die Normierung erfolgt oft für Teilpopulationen, z.B. für Jugendliche einer bestimmten Altersgruppe oder für Absolventen eines bestimmten Bildungsgangs; 3. empirisch abgrenzbares Persönlichkeitsmerkmal als Gegenstand der Erhebung, z.B. Intelligenz, Konzentrationsfähigkeit, Reaktionsgeschwindigkeit, technisches Verständnis.

Nach unterschiedlichen Kriterien lassen sich eine Fülle von Testarten unterscheiden: geeichte und informelle Tests nach dem Merkmal der Eichung, Schnelligkeits- und Niveautests nach dem Merkmal der Zeitmessung, psychometrische und projektive Testverfahren nach dem Merkmal des Interpretationsbezugs, Befragungstests, Papier- und Bleistifttests und Materialbearbeitungstests nach dem Merkmal der Testdurchführung, verbale und nichtverbale Tests nach dem Merkmal

Abhängigkeit vom Sprachverständnis, Tests mit freier und gebundener Aufgabenbeantwortung nach dem Merkmal Art der Aufgabenbeantwortung sowie schließlich Intelligenztests, Leistungstests und Persönlichkeitstests nach dem Merkmal Art des zu erfassenden Persönlichkeitsmerkmals.

Tests werden vor allem in der Querschnittsanalyse, der Längsschnittsanalyse und der Forschung verwendet. Bei der Querschnittsanalyse werden Individuen miteinander verglichen. Hierher gehört z.B. die Auslese und mit der ⬈ Personalauswahl der wichtigste personalwirtschaftliche Anwendungsbereich. Bei der Längsschnittsanalyse wird gefragt, wie sich bei einem Individuum ein bestimmtes Persönlichkeitsmerkmal im Zeitablauf entwickelt. Diese Frage stellt sich u.a. bei der ⬈ Potenzialbeurteilung im Rahmen der ⬈ Personalentwicklung. Eine typische Forschungsfrage lautet: Welche Merkmalsveränderungen treten auf, wenn die Umweltbedingungen oder andere Bedingungen variiert werden?

Als Hauptgütekriterien für psychologische Messinstrumente, und damit auch für Tests, werden ⬈ Objektivität, ⬈ Reliabilität und ⬈ Validität genannt.

Eine Testbatterie ist eine Kombination mehrerer Einzeltests, die im Hinblick auf ein bestimmtes Ziel zusammengestellt worden ist. Homogene Testbatterien umfassen mehrere Tests, die ein bestimmtes Persönlichkeitsmerkmal (z.B. die Konzentrationsfähigkeit) mit größerer ⬈ Reliabiltät als die Einzeltests messen. Heterogene Testbatterien umfassen demgegenüber Tests, die verschiedene Aspekte der Persönlichkeit messen. Solche Testbatterien werden z.B. zusammengestellt, um mehrere Persönlichkeitsmerkmale zu erfassen, die für die Übernahme einer bestimmten Aufgabe (z.B.

Systemanalytiker im Rahmen der EDV) wichtig sind.

Im Zusammenhang mit personalwirtschaftlich relevanten Entscheidungen (insbes. ↗ Personalauswahl) werden meist heterogene Testbatterien verwendet. Damit soll die ↗ Validität der Entscheidungen verbessert werden.

Literatur: Grubitzsch, S. 1999: Testtheorie – Testpraxis, 2. Aufl., Eschborn; Lienert, G. A. 1989: Testaufbau und Testanalyse, 4. Aufl., Weinheim u.a. (w)

Theorie der Eigentumsrechte

Die Theorie der Eigentumsrechte (auch: Theorie der Verfügungsrechte bzw. Property Rights-Theorie) strebt Aussagen über effiziente Formen der Eigentumsverteilung sowie der Verteilung von Handlungs- und Verfügungsrechten an knappen Gütern an. Handlungs- und Verfügungsrechte über knappe Güter sind Voraussetzungen für Arbeitsteilung und Gütertausch. Die Verteilung von Eigentumsrechten und von Eigentumssurrogaten bestimmen die Eigentumsordnung einer Wirtschaft. Da mit der Zuordnung dieser Rechte starke motivationale Konsequenzen verbunden sind, hat die Eigentumsordnung erheblichen Einfluss auf das Leistungsverhalten, Innovationen und ökonomischen Ressourceneinsatz. Zentrale Elemente dieses theoretischen Konzepts sind neben den Eigentumsrechten die Annahme individueller Nutzenmaximierung und die Einbeziehung des Konzepts der Transaktionskosten (↗ Transaktions-Kosten-Theorie). Im Kern analysiert die Theorie der Eigentumsrechte, welche Auswirkungen unterschiedliche Formen der Koordination und Verteilung von Verfügungsrechten auf das Verhalten der Akteure und auf die Faktorallokation haben und erklärt die Entstehung, Verteilung und den Wandel von Verfügungsrechten.

Die Theorie der Eigentumsrechte ist im personalwirtschaftlichen Kontext insbesondere im Hinblick auf die ↗ Motivation der am Unternehmensgeschehen Beteiligten sowie im Hinblick auf die Gestaltung von ↗ Mitarbeiterbeteiligung, insbesondere die ↗ Kapitalbeteiligung und ↗ Erfolgsbeteiligung von Bedeutung.

Literatur: Schüller, A. (Hrsg.) 1983: Property Rights und ökonomische Theorie, München; Kieser, A. 2002a: Organisationstheorien, 5. Aufl., Stuttgart; Picot, A.; Dietl, H.; Franck, E. 2002: Organisation: Eine ökonomische Perspektive, 3. Aufl., Stuttgart (w/k)

Theorien, ökonomische

Ökonomische Theorien machen Aussagen zu Sachverhalten, die durch Knappheit entstehen. Zur Präzisierung ökonomischer Probleme liegen zahlreiche Abgrenzungsvorschläge vor. Es erscheint zweckmäßig, die Betrachtung auf wirtschaftliche Güter zu beschränken. Güter werden dann zu wirtschaftlichen Gütern, wenn sie als »Tauschobjekte über Märkte abgesetzt werden« (Raffée 1995). Knappheit und Tausch als wirtschaftliches Gut sind für die menschliche Arbeitskraft im Kontext arbeitsteiliger Prozesse höchst relevant. Insofern liegt es nahe, ökonomische Überlegungen und die entsprechenden Theorieansätze in das Zentrum der ↗ Personalwirtschaft zu rücken.

Die ökonomische Grundproblematik im Personalbereich zeigt sich u.a. bei den Unternehmensstrategien zur Bereitstellung von ↗ Personal (↗ Personalbereitstellung) und von ↗ Qualifikationen (↗ Personalentwicklung, ↗ Berufsausbildung, ↗ Weiterbildung), der Kompensations- und Entlohnungsproblematik (↗ Kompensation), der ↗ Arbeitsstrukturierung und Personalzuordnung (↗ Personalzuordnungsproblem).

Bei der Analyse derartiger Fragestellungen liegt es nahe, von den Einzelheiten der Problembearbeitung zu abstrahieren und den ökonomischen Konsequenzen der Handlungsalternativen den Hauptanteil an der Erklärung des Organisations- bzw. Unternehmensverhaltens zuzurechnen. Ökonomische Theorien der Organisation sind insbes. die ↗ Theorie der Eigentumsrechte, die ↗ Principal-Agent-Theorie und die ↗ Transaktionskostentheorie. In der Personalwirtschaftslehre manifestiert sich der ökonomische Gedanke insbesondere in den Beiträgen der ↗ Personalökonomie (Sadowski 2002; Backes-Gellner/Lazear/Wolff 2001; Lazear 1998).

Literatur: Raffée, H. 1995: Grundprobleme der Betriebswirtschaftslehre, 9. Aufl., Göttingen; Weber, W.; Kabst, R. 2004: Human Resource Management: The Need for Theory and Diversity, in: Management Revue: The International Review of Management Studies, Vol. 15, Nr. 2, S. 171-178; Backes-Gellner, U.; Lazear, E. P.; Wolff, B. 2001: Personalökonomik: fortgeschrittene Anwendungen für das Management, Stuttgart 2001; Sadowski, D. 2002: Personalökonomie und Arbeitspolitik, Stuttgart 2002; Lazear, E.P. 1998: Personnel economics for managers. New York et al.; Backes-Gellner, U. 2004: Personnel Economics: An Economic Approach to Human Resource Management, in: Management Revue: The International Review of Management Studies, Vol. 15, No. 2, S. 215-227   (w/k)

Theorien, personalwirtschaftlich relevante

Theorien sind logisch-systematisch miteinander verknüpfte Systeme von Hypothesen, von Vermutungen über die Realität. Sie bilden die Grundlage für Erklärungen. Zum Beispiel können ↗ Motivationstheorien helfen zu erklären, warum ↗ Arbeitnehmer mehr oder weniger zur Arbeit motiviert sind. Kennt man die Ursachen der Motivationslage, dann kann man möglicherweise die Motivation verändern, indem man an ihren Ursachen ansetzt.

Theorien sind personalwirtschaftlich relevant, wenn sie Beiträge liefern zum Verständnis der personalwirtschaftlichen Aufgabenbereiche und deren Voraussetzungen und Wirkungen (↗ Personalwirtschaft). Theorien sind insbesondere relevant, wenn sie Erklärungen und fundierte Gestaltungsmöglichkeiten liefern für die Bereiche ↗ Personalbereitstellung, ↗ Kompensation, ↗ Personalentwicklung und Verhaltenssteuerung (↗ Motivation, ↗ Führung), aber auch für umfassendere Konstrukte wie die ↗ Personalpolitik.

Man kann vier Gruppen von Theorien unterscheiden, die sich auf unterschiedliche Ebenen personalwirtschaftlich bedeutsamer Vorgänge beziehen: 1. ↗ Arbeitsmarkttheorien, 2. ↗ Organisationstheorien, 3. Theorien auf Gruppenebene (↗ Gruppe) und 4. Theorien, die sich auf individuelles ↗ Verhalten (↗ Verhaltenswissenschaft) konzentrieren.

1. Arbeitsmarkttheorien sind insbesondere im Bereich der ↗ Personalpolitik und ↗ Personalbereitstellung relevant. Sie helfen zu erklären, wie Veränderungen im Arbeitskräfteangebot auf externen und internen Arbeitsmärkten (↗ Arbeitsmarkt, ↗ Arbeitsmarkt, interner) zustande kommen. Sie liefern auch Hinweise darauf, welche Motivations- und Verhaltenswirkungen interne Arbeitsmärkte haben und unter welchen Bedingungen welche Handlungsalternativen (meist aus Arbeitgebersicht) kostengünstig sind. Mit dem letzten Aspekt befassen sich vor allem ökonomische Arbeitsmarkttheorien (z.B. die ↗ Transaktionskosten-Theorie).

2. Organisationstheorien leisten zum einen Beiträge zur Erklärung der Wirkungen formaler und informa-

ler ↗ Organisationsstrukturen auf die Motivation und das Verhalten der Organisationsmitglieder. Zum anderen tragen sie dazu bei, die Anpassungsprozesse von Organisationen an ihre Umwelt zu erklären, z.B. Veränderungen der Qualifikation des Personals durch den technologischen Wandel oder durch den Wandel im Rechtssystem.

3. Theorien auf Gruppenebene befassen sich vor allem mit den Wirkungen von Gruppen auf individuelles Verhalten. Sie behandeln etwa die Frage nach den motivationsfördernden oder -unterdrückenden Wirkungen von ↗ Gruppennormen.

4. Theorien, die sich auf individuelles Verhalten konzentrieren, behandeln Fragen danach, wie Individuen lernen (↗ Lernen, ↗ Lerntheorien), wie sie Entscheidungen treffen (Entscheidung, ↗ Entscheidungstheorien, ↗ Personalökonomik) und wie ↗ Motivation zustande kommt (↗ Motivationstheorien).

Literatur: Martin, A. 2003: Organizational Behaviour – Verhalten in Organisationen, Stuttgart; Martin, A.; Nienhüser, W. (Hrsg.) 1998: Personalpolitik. Wissenschaftliche Erklärung der Personalpolitik, München, Mering; Weber, W. (Hrsg.) 1996: Grundlagen der Personalwirtschaft: Theorien und Konzepte, Wiesbaden (n)

Trainee

Das englische Wort »trainee« hat ursprünglich etwa den Bedeutungsgehalt von ↗ Auszubildender, wird im Deutschen jedoch nahezu ausschließlich im Sinne des auszubildenden Hochschulabsolventen verwendet, der nach einer systematischen und grundlagenorientierten ersten Ausbildungs- bzw. Bildungsphase an der Hochschule durch ein ↗ Traineeprogramm in die berufliche Erfahrungswelt eingeführt wird. Trainees bilden während dieser zwei-

ten praxisorientierten Ausbildungsphase einen wichtigen Teil des Reservoirs an ↗ Führungskräften eines Unternehmens. (w)

Traineeprogramm

Traineeprogramme können – analog zur Referendarzeit im Staatsdienst – als zweite anwendungsorientierte Ausbildungsphase interpretiert werden, die sich an ein grundlagenorientiertes Hochschulstudium anschließt. Sie zielen auf die Heranbildung von Führungsnachwuchskräften im kaufmännisch-administrativen und im technischen Bereich.

Traineeprogramme sollen dazu beitragen, berufsfähige Hochschulabsolventen zu berufsfertigen Nachwuchskräften (↗ Trainee) heranzubilden. Dazu bedarf es der Bereitstellung von Überblickswissen über die jeweiligen betrieblichen Fakten und Zusammenhänge, der Vermittlung spezifischer Kenntnisse und Fähigkeiten, die zur Übernahme von Funktionsverantwortung notwendig sind, des Wissens um soziale Zusammenhänge im Betrieb und des Heranführens an den praktischen Umgang mit betrieblichen Problemen. Ein zweiter Schwerpunkt derartiger Programme liegt stets auch auf dem Gebiet der ↗ Sozialisation in das betriebliche Wert- und Wissensgefüge.

Typische Merkmale von Traineeprogrammen sind Dominanz von On-the-job-Training, systematischer Arbeitsplatzwechsel, Ergänzung durch Selbststudium und kursmäßige Trainingseinheiten sowie eine Gesamtdauer von meist sechs bis 24 Monaten.

Literatur: Oechsler, W.A. 2000a: Personal und Arbeit, 7. Aufl., München, Wien, S. 586-596; Staude, J. 1978: Betriebliche Traineeprogramme und ihre Kontrolle, Köln (w)

Transaktionskosten-Theorie

Die Transaktionskostentheorie lässt sich der Denkrichtung der Neuen Institutionenökonomie zuordnen, die sich zum Ziel gesetzt hat, die Struktur, die Verhaltenswirkungen, die Effizienz und den Wandel von ökonomischen Institutionen zu erklären. Williamson (1985, S. 41) bezeichnet die Transaktionskostentheorie daher auch als ›comparative institutional analysis‹. Aus der Argumentation des »Organizational Failures Framework« entwickelte Williamson (1975, S. 40) das Konzept der Kostendeterminanten, indem er erklärt, dass das Kostenniveau systematisch mit den Transaktionscharakteristika und den Charakteristika der institutionellen Arrangements variiert. Die Transaktionskostentheorie stellt somit ein mikroanalytisches Instrumentarium zur Verfügung, das die Entwicklung institutioneller Ordnungsmuster erklärt und als Gestaltungsgrundlage von Transaktionsbeziehungen dient.

In Anlehnung an Commons (1924, S. 68) wird die Transaktion als elementare Untersuchungseinheit sozioökonomischer Aktivitäten (»A transaction ... is the ultimate unit of economics, ethics and law«) in das Zentrum der ökonomischen Analyse gestellt. Die Transaktionskostentheorie basiert auf drei Annahmen, die das Verhalten der Akteure charakterisieren: begrenzte Rationalität, Opportunismus und Weitsicht (Williamson 1996). Williamson (1985, S. 52ff.) identifiziert grundsätzlich drei Transaktionscharakteristika, die auf die Abwicklung einer Transaktion einwirken. Diese sind das Ausmaß der getätigten transaktionsspezifischen Investitionen, die mit der Transaktion verbundene Unsicherheit und die Häufigkeit, mit der sich die Transaktionen wiederholen.

Die Transaktionskosten-Theorie ist im personalwirtschaftlichen Kontext äußerst bedeutsam. Sie liefert z.B.

Hinweise auf die künftige Entwicklung von Arbeitsteilung und Kooperation; sie zeigt angesichts einer zunehmenden Reglementierung der innerbetrieblichen Zusammenarbeit auf, dass hierarchische Strukturen zugunsten kostengünstigerer Alternativen teilweise aufgelöst werden. Dies kann durch das Herauslösen von Unternehmensteilen aus dem bestehenden Hierarchien geschehen, die durch neue Hierarchien formal selbstständiger Unternehmen teilweise abgelöst werden.

Literatur: Coase, R. 1937: The Nature of the Firm, in: Economica, Vol. 4, 1937, S. 386-405; Commons, J.R. 1924: Legal Foundations of Capitalism, New York; Williamson, O.E. 1975: Markets and Hierarchies: Analysis and Antitrust Implications, New York; Williamson, O.E. 1985: The Economic Institutions of Capitalism: Firms, Markets, Relational Contracting, New York; Williamson, O.E. 1996: The Mechanisms of Governance, Oxford; Kabst, R. 2004: Transaktionskostentheorie: Einführung, kritische Diskussion und Ansätze zur Weiterentwicklung, in: Festing, M.; Martin, A.; Mayrhofer, W.; Nienhüser, W. 2004: Personaltheorie als Beitrag zur Theorie der Unternehmung, München, Mering, S. 43-70   (k)

Travail.Suisse

Am 14. Dezember 2002 entstand in Bern die Dachorganisation Travail.Suisse, ein Zusammenschluss aus ca. 150.000 in 12 Verbänden organisierten schweizer ↗ Arbeitnehmern. Urheber dieser Gründung waren sämtliche Verbände sowie ↗ Gewerkschaften, die vorher dem ↗ Christlichnationalen Gewerkschaftsbund der Schweiz (CNG) und der Vereinigung schweizerischer Angestelltenverbände (VSA) ↗ angeschlossen waren.

Travail.Suisse orientiert sich an den Werten der christlichen Sozialethik, den Regeln der ↗ Sozialpartnerschaft sowie der demokratischen Grundordnung. Als parteipolitisch und konfessionell unabhängige ↗ Organisation vertritt sie die politischen, wirtschaftlichen sowie gesellschaftlichen Interessen all ihrer Verbandsmitglieder in Wirtschaft, Politik und Gesellschaft.

Literatur: Armingeon, K; Geissbühler, S. 2000: Gewerkschaften in der Schweiz: Herausforderungen und Optionen, Zürich   (w)

Trendextrapolation

Die Trendextrapolation beruht auf einer Analyse und Fortschreibung von Vergangenheitswerten, deren Entwicklung durch bestimmte Gesetzmäßigkeiten gekennzeichnet ist: Eine Zeitreihe wird durch eine mathematische Funktion erfasst. Es muss deshalb zunächst eine Annahme über die Form der mathematischen Funktion gemacht werden. Auf dieser Grundlage wird die mathematische Funktion berechnet, die die Zeitreihe am besten vorhersagt. Die Problematik der Trendextrapolation liegt in der Unterstellung, dass die Gesetzmäßigkeiten der Vergangenheit auch für die Zukunft gelten. Diese Grundproblematik stellt sich auch bei den verfeinerten Verfahren der Trendrechnung, etwa der exponentiellen Glättung.

Literatur: Oechsler, W.A. 2000a: Personal und Arbeit, 7. Aufl., München, Wien, S. 170-176 (w/k)

U

Umschulung

Als berufliche Umschulung werden Bildungsmaßnahmen bezeichnet, die zu einer anderen als der bisher ausgeübten beruflichen Tätigkeit befähigen. Die Umschulung ist deshalb in der Regel eine Zweitausbildung, die eine berufliche Neuorientierung ermöglicht. Sie stellt keine ↗ Weiterbildung, sondern eine Sonderform der ↗ Berufsausbildung dar.

Umschulungsmaßnahmen wurden in größerem Umfang öffentlich gefördert, um die technischen Veränderungen und die damit verbundenen strukturellen Verschiebungen in der Wirtschaft vom Qualifikationspotenzial der ↗ Arbeitnehmer her zu bewältigen.

Literatur: Stelzer-Rothe, T. 2004: Umschulung, in: Gaugler, E.; Oechsler, W.A.; Weber, W. (Hrsg.): Handwörterbuch des Personalwesens, 3. Aufl., Stuttgart, Sp. 1931-1940   (w)

Umwelteinflüsse

Fragen der Beleuchtung, von Lärm und Geräuschen, mechanische Schwingungen, Klima (Lufttemperatur, Feuchtigkeit, Luftdruck, Wind, Wärme) und chemische Substanzen werden in der ↗ Arbeitswissenschaft als Umweltfaktoren am Arbeitsplatz behandelt. Diese Umweltfaktoren haben Einfluss auf Gesundheit, ↗ Verhalten und die Leistung der Menschen. Diese Umwelteinflüsse werden in analytischen Systemen der ↗ Arbeitsbewertung berücksichtigt (↗ Genfer Schema).

Literatur: Bokranz, R.; Landau, K. 1991: Einführung in die Arbeitswissenschaft, Stuttgart;

Landau, K. 2004: Arbeitswissenschaft, in: Gaugler, E.; Oechsler, W.A.; Weber, W. (Hrsg.): Handwörterbuch des Personalwesens, 3. Aufl., Stuttgart, Sp. 421-433   (w)

Unfallschutz

Der Unfallschutz umfasst im engeren Sinne alle Maßnahmen und Aktivitäten, die dazu dienen, ↗ Arbeitsunfälle zu verhindern. Die Verhinderung von ↗ Berufskrankheiten und Unfällen auf dem Arbeitsweg und auf Dienstfahrten kann in einem weiteren Sinne ebenfalls zum Unfallschutz gezählt werden (↗ Arbeitssicherheit).

Man kann vier Bereiche von Unfallschutzmaßnahmen unterscheiden: Erstens die Beseitigung objektgebundener Gefahren, z.B. den Ersatz risikoträchtiger Arbeitsverfahren durch andere. Wenn dieses nicht möglich ist, kann man zweitens eine Trennung von Gefahrenbereich und den ↗ Arbeitnehmern vornehmen, indem man z.B. den Zugang zu laufenden Maschinen durch Gitter verhindert. Drittens ist der persönliche Schutz, z.B. Körperschutzausrüstung wie Sicherheitsschuhe oder Gehörschutz zu nennen. Viertens unterscheidet man den Bereich der Sicherheitspsychologie mit dem Ziel der Verhaltensbeeinflussung zur Gefahrenvermeidung.

Beim Unfallschutz sollten verschiedene Institutionen zusammenarbeiten. Auf betrieblicher Ebene können zwischen Betriebsleitung und ↗ Betriebsrat freiwillige, über die gesetzlichen Vorschriften im Arbeitssicherheitsgesetz und in der Gewerbeordnung hinausgehende ↗ Betriebsvereinbarungen über Unfallschutzmaßnahmen getroffen werden. Eine Zusammenarbeit mit Einrichtungen wie der Bundesanstalt für Arbeitsschutz und Unfallforschung ist notwendig und hilfreich.

Literatur: Hoyos, C.G. 1987: Verhalten in gefährlichen Arbeitssituationen, in: Kleinbeck, U.; Rutenfranz, J. (Hrsg.): Arbeitspsychologie. Themenbereich D., Serie III, Bd. 1 der Enzyklopädie der Psychologie, Göttingen u.a. 1987, S. 577-627   (n)

Unfallversicherung

Die Unfallversicherung ist ein Teilbereich der Sozialversicherung (↗ Sozialversicherungsrecht) der ↗ Arbeitnehmer. Sie ist gesetzlich vorgeschrieben und dient vor allem der Absicherung der Arbeitnehmer gegen die Folgen von ↗ Berufskrankheiten und ↗ Arbeitsunfällen. Die Unfallversicherung hat ihren rechtlichen historischen Ursprung in der Bismarckschen Sozialgesetzgebung des letzten Jahrhunderts. Zunächst waren nur wenige Betriebe mit besonders hoher Unfallhäufigkeit versichert, während heute alle Unternehmen die Unfallversicherung tragen.

Alle Arbeitnehmer, einige Selbstständige und Unternehmer, aber auch Arbeitslose sind unfallversichert. Die gesetzliche Unfallversicherung trägt nach Arbeitsunfällen oder Berufskrankheiten Maßnahmen zur Rehabilitation, leistet Renten oder sonstige Ersatzleistungen und finanziert Maßnahmen zur Verhütung von Arbeitsunfällen. Träger der Unfallversicherung sind vor allem die als öffentlich-rechtliche Selbstverwaltungsorgane organisierten Berufsgenossenschaften, in Österreich die Allgemeine Unfallversicherungsanstalt und in der Schweiz die Schweizerische Unfallversicherungsanstalt (Suva). Die Beiträge werden von den Arbeitgebern erbracht. Die Beitragshöhe richtet sich nach dem Entgelt der versicherten Arbeitnehmer und nach dem von der Unfallträchtigkeit abhängigen Gefahrentarif des Betriebes.

Literatur: Lampert, H.; Althammer, J. 2004: Lehrbuch der Sozialpolitik, 7. Aufl., Berlin u.a.   (n)

Unternehmensverfassung

Als Unternehmensverfassung wird die langfristig angelegte innere Ordnung des Unternehmens bezeichnet. Dieser Ordnungsrahmen wird durch den Staat, insbes. durch das Gesellschaftsrecht und das Mitbestimmungsrecht, weitgehend vorgegeben und durch Vereinbarungen zwischen den Beteiligten ergänzt.

Die Unternehmensverfassung regelt insbes. folgende Sachverhalte: die allgemeine Zwecksetzung des Unternehmens, die Unternehmensorgane bzw. das Kompetenzsystem, die Schlichtungsregeln bzw. Konflikthandhabungsmechanismen, die Träger des Unternehmens und die Grundrechte und -pflichten der Unternehmensmitglieder. Die Träger des Unternehmens sind diejenigen Individuen oder Organisationen außerhalb des Unternehmens, die das Recht besitzen, die Organe des Unternehmens einzusetzen oder bei der Besetzung mitzuwirken. Durch die Mitbestimmung auf Unternehmensebene treten die Arbeitnehmer in Aktiengesellschaften bzw. in großen Gesellschaften als Mitglieder des Aufsichtsrates in Erscheinung; sie sind neben den Anteilseignern die zweite Kraft als Träger des Unternehmens (↗ Mitbestimmung).

Die Verwendung des Wortes »Verfassung« weist auf Parallelen zur staatlichen Ebene hin. Sowohl durch die Staatsverfassung als auch durch die Unternehmensverfassung soll eine stabile Ordnung in einem sozialen Kontext geschaffen werden.

Literatur: Chmielewicz, K. 1995: Unternehmensverfassung und Führung, in: Kieser, A.; Reber, G.; Wunderer, R. (Hrsg.): HWFü, 2. Aufl., Stuttgart, Sp. 2074-2081; Oechsler, W.A. 2000a: Personal und Arbeit, 7. Aufl., München; Wien, S. 90-97; Schanz, G. 2004: Unternehmensverfassung, in: Gaugler, E.; Oechsler, W.A.; Weber, W. (Hrsg.): Handwörterbuch des Personalwesens, 3. Aufl., Stuttgart, Sp. 1940-1948   (w)

Urlaub

Als Urlaub im weiteren Sinne bezeichnet man jede zeitlich begrenzte Freistellung des ↗ Arbeitnehmers von der Pflicht zur Arbeit unter Fortzahlung des Entgelts. Die wichtigste Urlaubsart ist der im Bundesurlaubsgesetz (BUrlG), in Österreich im Urlaubsgesetz (UrLG), in der Schweiz im Obligationenrecht (Akt. 329a OR) geregelte Erholungsurlaub mit einer Mindestdauer von 24 bzw. in Österreich 30 Werktagen, in der Schweiz in jedem Dienstjahr wenigstens 4 Wochen Ferien. Während dieser Zeit darf der Arbeitnehmer keiner Erwerbstätigkeit nachgehen, und es wird weiter Lohn oder Gehalt gezahlt. Für Schwerbehinderte gibt es zusätzliche Urlaubstage.

Zahlreiche weitere Regelungen und Arten von Urlaub finden sich z.B. im Jugendarbeitsschutzgesetz, im Mutterschaftsschutzgesetz und in einzelnen Bundesländern in Bildungsurlaubsgesetzen bzw. in Österreich im Hausbesorgergesetz (HausBG) oder im Bauarbeiten-Urlaubsgesetz (BArbVG). Abweichungen vom Gesetz können in ↗ Betriebsvereinbarungen und in Einzelarbeitsverträgen (↗ Arbeitsvertrag) vereinbart werden, dabei dürfen die Mindestregelungen nicht unterschritten werden.

Die Aufstellung allgemeiner Urlaubsgrundsätze und -pläne sind der Mitbestimmung des ↗ Betriebsrats unterworfen. Auch bei der Festsetzung der zeitlichen Lage des Urlaubs für einen einzelnen Arbeitnehmer bestimmt der Betriebsrat dann mit, wenn zwischen dem beteiligten Arbeitnehmer und dem Arbeitgeber keine Einigung erzielt wird (§ 87 Abs. 1 Ziff. 5 ↗ Betriebsverfassungsgesetz, in Österreich § 4 Abs. 4 UrLG).

Aus betriebsorganisatorischer Sicht bietet sich vielfach die Vereinbarung von Betriebsferien an, in denen alle oder bestimmte Arbeitnehmergruppen ihren Erholungsurlaub zumindest teilweise nehmen müssen. Allerdings wird hierdurch die individuelle Entscheidungsfreiheit eingeengt. Dies kann den Erholungswert des Urlaubs herabsetzen, z.B. wenn eine Familie nicht gemeinsam Urlaub nehmen kann.

Literatur: Leinemann, W.; Linck, R. 2001: Urlaubsrecht: Kommentar, 2. Aufl., München (n)

V

Validität

Validität – auch Gültigkeit – ist zentrales ↗ Gütekriterium für psychologische bzw. sozialwissenschaftliche Messinstrumente. Es wird insbesondere auf ↗ Tests, aber auch auf andere Instrumente wie Einstellinterview, Analyse von Bewerbungsunterlagen, Referenzen usw. angewendet. Das Kriterium der Validität zielt auf die Frage, ob das Instrument tatsächlich das misst, was es messen soll. Wenn z.b. das Ergebnis eines Tests des technischen Verständnisses erheblich von der Sprachkompetenz abhängt, würde nicht nur technisches Verständnis, sondern auch Sprachkompetenz durch den Test gemessen. Die Validität des Tests wäre in diesem Fall geringer als bei einem Test, der ausschließlich oder nahezu ausschließlich das Verständnis für technische Zusammenhänge misst.

Es lassen sich inhaltliche, konstrukt- und kriterienbezogene Validität unterscheiden. Inhaltliche Validität liegt z.b. vor, wenn die Prüfung am Ende eines Lehrgangs den behandelten Stoff – den Inhalt – des Lehrgangs widerspiegelt. Inhaltliche Validität liegt auch vor, wenn eine Arbeitsprobe – z.b. die Schreibprobe einer Sekretärin – repräsentativ für die Arbeitsaufgaben oder einen Teil der Arbeitsaufgaben ist, über deren Bewältigung eine Aussage angestrebt wird. Konstruktvalidität liegt vor, wenn ein Messinstrument bestimmte Eigenschaften, Verhaltensweisen bzw. Persönlichkeitsmerkmale erfasst, die sich zu einem theoretischen Konstrukt – z.b. Leistungsmotivation – zusammenfassen lassen. Bei der kriterienbezogenen Validität orientiert man sich an einem Außenkriterium. So könnte z.b. die Validität eines Berufserfolgstests für Kraftfahrer durch das Außenkriterium Berufserfolg – gemessen an der Zahl der Unfälle, der Ausfallzeiten der betreuten Kraftfahrzeuge, dem Urteil der ↗ Vorgesetzten usw. – bestimmt werden.

Literatur: Lienert, G. A. 1989: Testaufbau und Testanalyse, 4. Aufl., Weinheim u.a.; Scholz, C. 2000: Personalmanagement, 5. Aufl., München, S. 230-234 (w)

Varianzanalyse

Die Varianzanalyse ist ein statistisches Verfahren, um den Einfluss einer oder mehrer nicht-metrisch gemessener Variablen auf eine metrische Variable zu bestimmen. In der varianzanalytischen Terminologie bezeichnet man die unabhängigen Variablen als Faktoren und unterscheidet zwischen einfaktoriellen und mehrfaktoriellen Varianzanalysen. Im einfaktoriellen Fall untersucht man den Einfluss einer dichotomen oder polytomen unabhängigen Variablen (Faktor genannt); im mehrfaktoriellen Fall bezieht man mehrere unabhängige Faktoren, z.T. auch in Verbindung mit Variablen auf Intervallskalenniveau, ein. Ferner gibt es Varianten für ordinale Datenniveaus (Rang-Varianzanalyse).

Im Grundsatz handelt es sich um einen multiplen Mittelwertvergleich. Es könnte z.b. untersucht werden, ob Unterschiede zwischen Männern und Frauen, in Verbindung mit der Zugehörigkeit zu bestimmten beruflichen Statusgruppen (etwa ungelernt/gelernt) hinsichtlich der ↗ Arbeitszufriedenheit bestehen. Es sind zwei Arten von Effekten zu unterscheiden: Erstens wird man in diesem Beispiel evtl. Unterschiede zwischen Männern und Frauen finden, unabhängig vom Berufsstatus, und zum anderen Unterschiede, die allein auf den Berufsstatus zurückgeführt werden. Dies sind die sog. Haupteffekte. Hinzu kommen zweitens Interaktionseffekte, hier von Geschlecht und Berufsstatus, denn es könnte durchaus sein, dass unabhängig von den jeweiligen Haupteffekten noch die spezifische Kombination der Variablenausprägungen (z.b. männlich in Verbindung mit ungelernt) einen Einfluss hat.

Der Einfluss der Variable wird im einfaktoriellen Fall berechnet, indem man die Varianz zwischen den ↗ Gruppen, d.h. den Ausprägungen der Fak torstufen (z.B. Mann/Frau) mit der Varianz innerhalb der Gruppen vergleicht. Ist die Varianz zwischen den Gruppen größer als aufgrund der Varianz innerhalb der Gruppen zu erwarten war, dann nimmt man einen Einfluss der Gruppierungsvariablen an. Im mehrfaktoriellen Fall ist die Gesamtvariabilität auf die Variabilität mehrerer Faktoren und die Interaktion zwischen ihnen zu verteilen.

Der Anteil der Varianz eines Faktors an der Gesamtvarianz dient als Maß für die Stärke des Einflusses der jeweiligen Variablen.

Die Varianzanalyse kann als Variante der ↗ Regressionsanalyse angesehen werden.

Literatur: Backhaus, K. u.a. 2003: Multivariate Analysemethoden, 10. Aufl., Berlin u.a.   (n)

Vereinigung Schweizerischer Angestelltenverbände (VSA)

Die Vereinigung schweizerischer Angestelltenverbände verstand sich als Dachorganisation der Angestellten in der Schweiz. Sie wurde 1918 gegründet, ist konfessionell neutral und parteipolitisch unabhängig. Die VSA ist föderalistisch organisiert und stützt sich auf die Grundsätze der Schweizerischen Demokratie.

Im Jahr 1997 zählte die VSA 9 angeschlossene Verbände mit mehr als 120.000 Mitgliedern. Seit 1965 war sie auch für Verbände der Beamten und der ↗ Angestellten des öffentlichen Dienstes offen. Sie umfasste darüber hinaus kantonale oder regionale und z.T. lokale Verbände, die die Anliegen eines Sektors oder einer Region verfolgte. Sie nahm Stellung zu allen wichtigen Fragen ihre Mitglieder betreffend in den Bereichen Wirtschaftspolitik, Arbeitsmarkt, Arbeitsbedingungen, Sozial- und Finanzpolitik und Schutz der Konsumenten und der Umwelt.

Zusammen mit dem ↗ Christlichnationalen Gewerkschaftsbund und weiteren Verbänden ging der VSA am 14. Dezember 2002 in der neuen Dachorganisation ↗ Travail.Suisse auf.

Literatur: König, M. 1997: Die Angestellten neben der Arbeitsbewegung, in: Studer, B.; Valloton, F.: Sozialgeschichte und Arbeiterbewegung, Zürich, S. 119-135   (w)

Verhalten

Die beobachtbaren Aktivitäten lebender Organismen werden als Verhalten bezeichnet. Verhalten wird als Reaktion auf Reize betrachtet und analysiert (reaktives Verhalten); es kann aber auch vom Organismus selbst geäußert werden, ohne dass ein unmittelbarer Zusammenhang zwischen einem Reiz und einer Reaktion herstellbar wäre (operatives Verhalten). Allerdings kann auch operatives Verhalten verstärkt werden; es wird durch vorangegangene Erfahrungen mitgeformt.

Operatives Verhalten ist charakteristisch für menschliches Verhalten.

Literatur: Reber, G. 2004: Verhaltenstheoretische Ansätze des Personalmanagements, in: Gaugler, E.; Oechsler, W.A.; Weber, W. (Hrsg.): Handwörterbuch des Personalwesens, 3. Aufl., Stuttgart, Sp. 1968-1979 (w)

Verhaltensgitter (Grid)

Das Verhaltensgitter ist ein auf Blake und Mouton zurückgehendes Konzept, das auf empirischen Untersuchungen zum ↗ Führungsstil aufbaut. Diese isolieren zwei voneinander unabhängige Dimensionen von Führungsverhalten: Aufgabenorientierung, d.h. die Betonung der Leistungskomponente, und Mitarbeiterorientierung, d.h. die Betonung der zwischenmenschlichen Beziehungen. Das Verhaltensgitter macht ↗ Führungserfolg von Führungsverhalten mit möglichst hohen Ausprägungen auf diesen Dimensionen abhängig.

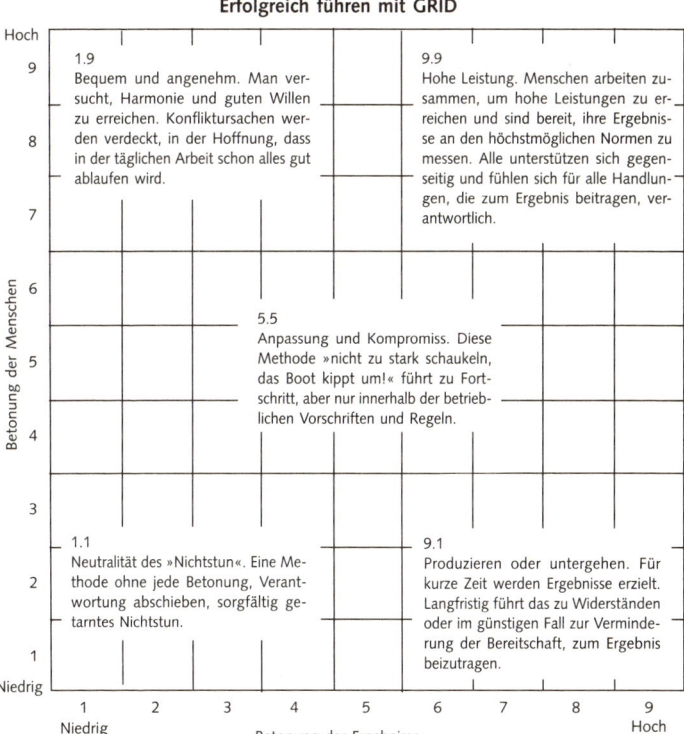

Erfolgreich führen mit GRID

Betonung der Menschen (vertical axis, Hoch = 9 ... Niedrig = 1)

1.9 (Hoch, 9–8–7)
Bequem und angenehm. Man versucht, Harmonie und guten Willen zu erreichen. Konfliktursachen werden verdeckt, in der Hoffnung, dass in der täglichen Arbeit schon alles gut ablaufen wird.

9.9
Hohe Leistung. Menschen arbeiten zusammen, um hohe Leistungen zu erreichen und sind bereit, ihre Ergebnisse an den höchstmöglichen Normen zu messen. Alle unterstützen sich gegenseitig und fühlen sich für alle Handlungen, die zum Ergebnis beitragen, verantwortlich.

5.5
Anpassung und Kompromiss. Diese Methode »nicht zu stark schaukeln, das Boot kippt um!« führt zu Fortschritt, aber nur innerhalb der betrieblichen Vorschriften und Regeln.

1.1
Neutralität des »Nichtstun«. Eine Methode ohne jede Betonung, Verantwortung abschieben, sorgfältig getarntes Nichtstun.

9.1
Produzieren oder untergehen. Für kurze Zeit werden Ergebnisse erzielt. Langfristig führt das zu Widerständen oder im günstigen Fall zur Verminderung der Bereitschaft, zum Ergebnis beizutragen.

Betonung der Ergebnisse (horizontal axis, 1 Niedrig ... 9 Hoch)

Abb. 3: Verhaltensgitter (Grid). Quelle: Blake/Mouton 1978, S. 6.

Auf den beiden in Abb. 3 dargestellten Dimensionen wird von 1 (niedrig ausgeprägt) bis 9 (hoch ausgeprägt) differenziert. Fünf der 81 denkbaren Kombinationen werden prototypisch und exemplarisch beschrieben: die Kombinationen 1/1, 5/5, 1/9, 9/1, 9/9. Beispiel: Führungsstil 9/1, d.h. stark aufgaben- und gering mitarbeiterorientiertes Verhalten, wird als Verhalten dargestellt, das wirksame Arbeitsleistung erzielen will, ohne viel Rücksicht auf zwischenmenschliche Beziehungen zu nehmen.

Mit dem Verhaltensgitter soll einerseits auftretendes Führungsverhalten beschreibbar gemacht (deskriptive Funktion), andererseits der 9/9-Führungsstil, d.h. stark aufgaben- und stark mitarbeiterbezogenes Verhalten, als optimal herausgestellt werden (normative Funktion). Ziel ist – etwas vereinfacht – hohe Produktivität durch begeisterte ↗ Mitarbeiter.

Das professionell vermarktete Grid-Konzept dient als Grundlage für die Entwicklung von Verhaltensgitter-Seminaren, in denen optimales Führungsverhalten vermittelt werden soll und findet in der Praxis starke Resonanz.

Als Kritikpunkte werden insbesondere genannt: die zu grobe Beschreibung von Führungsverhalten in zwei Dimensionen, die angenommene Unabhängigkeit der verwendeten Dimensionen, die ideologische Festlegung auf einen optimalen ↗ Führungsstil unter Vernachlässigung situativer Variablen und die angenommene Eindimensionalität von ↗ Führungserfolg.

Literatur: Blake, R.R.; Mouton, J.S. 1978. Desser führen mit GRID, Düsseldorf, Wien   (m)

Verhaltenswissenschaften

Als Verhaltenswissenschaften werden jene Wissenschaften bezeichnet, die sich mit dem ↗ Verhalten befassen. Sie sind eine Teilmenge der Sozialwissenschaften. Ihnen werden die Einzeldisziplinen Psychologie, Soziologie, Anthropologie und Ethnologie zugerechnet.

Diese Grobeinteilung wird jedoch verfeinert: Berelson/Steiner (1964) nehmen die spezialisierten Bereiche wie physiologische Psychologie, technische Linguistik u.a. aus und beziehen zusätzlich solche Gebiete ein wie soziale Geographie, Teilbereiche der Psychiatrie sowie die verhaltenswissenschaftlich orientierten Bereiche der Wirtschaftswissenschaften, der politischen Wissenschaften und der Rechtswissenschaften.

Im angelsächsischen Bereich wird im Anschluss an die empirisch ausgerichteten sozialpsychologischen Forschungsbemühungen etwa seit 1950 die Forschung bzw. Forschungsergebnisse, die sich mit dem Verhalten von ↗ Organisationen und von Organisationsmitgliedern beschäftigt, als Behavioral Sciences bzw. – deutsch – Verhaltenswissenschaften bezeichnet (Staehle 1999). Ist der Erkenntnisgegenstand die Organisation, wird von Organizational Behavior (OB) gesprochen und – insbesondere – im angelsächsischen Raum zwischen Micro Organizational Behavior und Macro Organizational Behavior unterschieden. Micro Organizational Behavior umfasst die Ebenen Individuum (z.B. Lernen, Motivation, Problemlösen und Entscheiden) und Gruppe (z.B. Führung, Gruppenentscheidungsprozesse). Macro Organizational Behavior bezieht sich auf die Organisationsebene und kann im deutschen Sprachgebrauch mit ↗ Organisationstheorie gleichgesetzt werden. Eher normativ ausgerichtet, aber ebenfalls verhaltenswissenschaftlich orientiert ist das Konzept der Organisationsentwicklung bzw. des Organizational Development.

Verhaltenswissenschaftliches Wissen ist von der Managementlehre in großem Umfang übernommen und in ihr Wissensgebäude integriert worden. Es stellt eine wichtige Grundlage für die Analyse vieler Probleme des ↗ Personalmanagements bzw. der ↗ Personalwirtschaft dar.

Literatur: Berelson, B.; Steiner, G.A. 1964: Human Behavior: An Inventory of Scientific Findings, New York; Staehle, W. H.; Conrad, P; Sydow, J. 1999: Management, 8. Aufl., München; Martin, A. 2003: Organizational Behavior – Verhalten in Organisationen, Stuttgart; Martin, A. 2004: A Plea for a Behavioural Approach in the Science of Human Resource Management, in: Management Revue: The International Review of Management Studies, Vol. 15, No. 2, S. 201-214 (w)

Verhaltenswissenschaftliche Entscheidungstheorie

Unter der Bezeichnung verhaltenswissenschaftliche Entscheidungstheorien werden in der organisationstheoretischen Diskussion jene Konzepte zusammengefasst, die das Handeln von und in ↗ Organisationen auf der Grundlage verhaltenswissenschaftlicher Erkenntnisse zu erklären versuchen. Dabei stehen Fragen, wie Individuen Entscheidungen fällen, durch welche Bedingungen die Entscheidungen in der Organisation beeinflusst werden und wie Organisationsziele gebildet und verändert werden im Vordergrund. Aus diesem Wissen können gestaltungsorientierte Schlussfolgerungen abgeleitet werden, die im personalwirtschaftlichen Kontext anwendbar sind.

Besondere Aufmerksamkeit finden die Beiträge zu Theorien kollektiver Entscheidungen, mit denen die klassische Rationalitätsannahme in der Entscheidungstheorie relativiert wurde. Organisationen trachten danach, rational zu entscheiden, dieses ist jedoch aufgrund der Grenzen der kognitiven Kapazitäten nur eingeschränkt möglich. Die klassische Rationalitätsannahme wird durch vier Konzepte modifiziert: Quasi-Lösung von Konflikten (Begnügen mit Erreichen des Anspruchs-niveaus), Vermeidung von Ungewissheit (bspw. Sicherung durch langfristige Verträge), problembezogene Suche (in der Nähe der wahrgenommenen Symptome) und organisationales Lernen (Weber et al. 1993).

Literatur: March, J.; Simon, H.A. 1977: Organisation und Individuum: Menschliches Verhalten in Organisationen, Wiesbaden; Weber, W.; Mayrhofer, W.; Nienhüser, W.; Rodehuth, M.; Rüther, B. 1993: Technischer Wandel als Auslöser betrieblicher Weiterbildungsentscheidungen; Martin, A. 2003: Organizational Behavior – Verhalten in Organisationen, Stuttgart; Martin, A. 2004: A Plea for a Behavioural Approach in the Science of Human Resource Management, in: Management Revue: The International Review of Management Studies, Vol. 15, No. 2, S. 201-214 (w/k)

Vermögensbildung

Die Vermögensbildung in Arbeitnehmerhand ist ein Ziel staatlicher ↗ Sozialpolitik bzw. das Ergebnis einer auf dieses Ziel gerichteten Vermögenspolitik. Dabei wird insbesondere die Vermögensbildung in den unteren und mittleren Einkommensschichten angestrebt, um die soziale und wirtschaftliche Abhängigkeit dieser Bevölkerungsgruppe zu vermindern. Forderungen, die Vermögensbildung der ↗ Arbeitnehmer zu fördern, wurden bereits zwischen den beiden Weltkriegen und verstärkt nach dem 2. Weltkrieg von Vertretern der katholischen Soziallehre, von der evangelischen Kirche, von Wissenschaftlern und Politikern erhoben.

Staatliche Maßnahmen, mit denen die Vermögensbildung in Arbeitnehmerhand gefördert wurde, sind seit den 50er Jahren insbesondere auf die Bildung von Geldvermögen vor allem durch Sparförderung, von Haus- und Grundbesitz sowie – allerdings bisher nur in relativ bescheidenem Maße – auf die Bildung von Produktivkapital durch betriebliche Vermögens- bzw.

Kapitalbeteiligung gerichtet (↗ Mitarbeiterbeteiligung, ↗ Kapitalbeteiligung).

Literatur: Bundesministerium für Arbeit und Sozialordnung 2000: Mitarbeiterbeteiligung am Produktivvermögen. Ein Wegweiser für Arbeitnehmer und Arbeitgeber, Bonn; Lampert, H. 1985: Lehrbuch der Sozialpolitik, Berlin u.a.; Frerich, J. 1987: Sozialpolitik, München, Wien   (w)

Verstärkung

Als angenehm empfundene Ereignisse, die auf eine Handlung folgen, werden in der ↗ Lerntheorie als Verstärkung bezeichnet. In den Reiz-Reaktions-Theorien des ↗ Lernens wird unterstellt, dass Verstärkungen dann besonders nachhaltig wirken, wenn sie in enger zeitlicher Verknüpfung mit der vorangegangenen Handlung erfolgen. Dieser Zusammenhang ist für einfach strukturierte Lernsituationen, die den Experimenten zur ↗ Konditionierung zugrunde liegen, gut belegt. Es trifft offenbar nicht in gleichem Maße für komplexe Lernsituationen zu (↗ Kognitive Lerntheorien). Entscheidend ist offenbar, dass der Zusammenhang zwischen Handlung und positiven Konsequenzen erkannt wird. Dies ist nicht ausschließlich dann der Fall, wenn beide Ereignisse unmittelbar aufeinander folgen.

Es werden verschiedene Arten von Verstärkungen unterschieden: Positive und negative Verstärkungen, primäre und sekundäre Verstärkungen, kontinuierliche und intermittierende Verstärkungen. Positive Verstärkungen erfolgen, wenn angenehme Wirkungen auf das Handeln folgen. Bei negativen Verstärkungen wird ein als unangenehm empfundener Zustand beendet (z.B. Wegfall eines als unangenehm empfundenen Geräusches). Primäre Verstärker sind angeboren; sie brauchen nicht gelernt zu werden. Beispiele sind z.B. Essen und Trinken bei hungrigen

bzw. durstigen Menschen. Im Gegensatz dazu spricht man von sekundären Verstärkern, wenn die positive Einschätzung der Verstärker gelernt werden musste (z.B. Geld als Mittel zur Befriedigung anderer Bedürfnisse). Im Gegensatz zu regelmäßigen bzw. kontinuierlichen Verstärkungen, die auf jede Reaktion folgen, sind intermittierende Verstärkungen unregelmäßig. Intermittierende Verstärkungen haben sich als nachhaltiger in der Wirkung erwiesen als kontinuierliche Verstärkungen.

Alle positiv bewerteten Konsequenzen eines Verhaltens werden als Belohnung, negativ bewertete Konsequenzen als Bestrafung bezeichnet. (↗ Belohnungen und Bestrafungen). Das Prinzip der Verstärkung spielt in der betrieblichen Anreizdiskussion zum Teil explizit, häufig implizit eine herausragende Rolle. Kosbiel (1976, S. 1111ff.) nimmt im Zusammenhang mit der Systematisierung und Analyse betrieblicher Anreizsysteme explizit auf Befunde zur Wirkung verschiedener Verstärkungspläne Bezug.

Literatur: Herkner, W.; Olbrich, A. 2004: Verhaltenserwerb und Verhaltensänderungen, in: Gaugler, E.; Oechsler, W.A.; Weber, W. (Hrsg.): Handwörterbuch des Personalwesens, 3. Aufl., Stuttgart, Sp. 1958-1968; Kossbiel, H. 1976: Personalbereitstellung und Personalführung, Wiesbaden; Skinner, B.F. 1938: The Behavior of Organisms, New York   (w)

Vertrauensleute

Vertrauensleute sind die Repräsentanten der ↗ Gewerkschaften im Betrieb. In nahezu allen DGB-Gewerkschaften (↗ Deutscher Gewerkschaftsbund) werden Vertrauensleute von den gewerkschaftlich Organisierten einer Abteilung, eines Betriebsteils oder einer Arbeitsgruppe gewählt. In einigen Fällen werden die Vertrauensleute auch von der Ortsverwaltung der Gewerkschaft berufen. Die Vertrauensleute bilden den Vertrauensleutekörper, der wiederum ein Leitungsorgan wählt. Gewerkschaftlich organisierte Betriebsräte, Jugendvertreter und der Vertrauensmann der Schwerbehinderten sind kraft Amtes Mitglieder des Vertrauensleutekörpers. Ein Vertrauensmann bzw. eine Vertrauensfrau vertritt etwa 30 bis 50 Mitglieder.

Da die Vertrauensleute das Bindeglied zwischen Betrieb und der Organisation Gewerkschaft bilden, bestehen ihre wichtigsten Aufgaben in der Mitgliederwerbung, der Information und Aufklärung der betrieblichen Mitglieder, in der Bündelung und Weiterleitung der Interessen der Organisierten in den Betrieben sowie der Organisation der Interessendurchsetzung, z.B. bei Streiks u.Ä. In der überbetrieblichen gewerkschaftlichen Willensbildung und -umsetzung arbeiten die Vertrauensleute ebenfalls mit.

In manchen Betrieben gibt es neben den gewerkschaftlichen Vertrauensleuten auch sog. betriebliche, nichtgewerkschaftliche Vertrauensleute.

Literatur: Müller-Jentsch, W. 1997: Soziologie der industriellen Beziehungen, 2. Aufl., Frankfurt/M., New York   (n)

Virtuelles Personalmanagement

Virtuelles ↗ Personalmanagement kann begrifflich sowohl funktional als auch institutionell gefasst werden. Das funktionale Verständnis zielt auf den Prozessaspekt der ↗ Personalarbeit, speziell auf den Einsatz von Informations- und Kommunikationstechnologien. Das institutionale Verständnis überträgt das Prinzip der virtuellen bzw. grenzenlosen Organisation auf das Aufgabenfeld der Personalarbeit. Zur Virtualisierung gehört die räumliche, zeitliche und sachliche Entgrenzung. Es

entstehen flüchtige Organisationsformen. Gegenüber der traditionellen Personalarbeit entfallen somit die räumliche Verbundenheit der Personen, die zur Personalabteilung gehören und die eindeutige Zuordnung der mit Personalfragen betrauten Mitarbeiter zu einer personalwirtschaftlichen Führungskraft (↗ Führungskräfte). Das Ergebnis ist eine stark dezentrale, föderalistische Struktur mit Mehrfachunterstellungen und einem hohen Anteil an Ausgliederung von personalwirtschaftlichen Aufgaben. Damit einhergeht eine Informationstechnologisierung und Multimedialisierung des Unternehmens sowie eine Fokussierung auf Kernkompetenzen (Scholz 2004).

Literatur: Scholz, C. 2004: Virtualisierung der Personalarbeit, in: Gaugler, E; Oechsler, W.A.; Weber, W. (Hrsg.): Handwörterbuch des Personalwesens, 3. Aufl., Stuttgart, Sp. 1979-1988 (k)

Vorgesetztenbeurteilung

Im Rahmen der Vorgesetztenbeurteilung – auch Aufwärtsbeurteilung oder Führungskräfte-Feedback genannt – beurteilen Mitarbeiter ihre ↗ Vorgesetzten (↗ Führungskräfte). Auf der Basis ihrer Erfahrungen mit unterschiedlichen Aspekten des ↗ Verhaltens der Führungskraft geben sie dem Vorgesetzten – meist schriftlich – darüber ein Feedback. Dadurch erhält die Führungskraft ein Fremdbild über ihr Führungsverhalten, kann blinde Flecken reduzieren und ihr Führungsverhalten weiterentwickeln. Im Rahmen eines 360-Grad-Feedbacks ist Vorgesetztenbeurteilung ein wesentliches Element.

Literatur: Lueger, G. 2002: Personalbeurteilung, in: Kasper, H.; Mayrhofer, W. (Hrsg.): Personalmanagement – Führung – Organisation, 3. Aufl., Wien, S. 447-481   (m)

Vorgesetzter

Mit dem Begriff des Vorgesetzten bezeichnet man ↗ Mitarbeiter mit Führungsfunktionen (↗ Führung, ↗ Führungskräfte). Vorgesetzte können z.b. Vorarbeiter sein, Meister, Abteilungsleiter usw. Der Vorgesetztenbegriff beinhaltet eine Rollenrelation (↗ Rolle), d.h. die Beziehung zwischen einem anweisungsbefugten Beschäftigten (dem Vorgesetzten) und seinen Untergebenen (↗ Mitarbeiter). Bis auf die Beschäftigten der obersten Hierarchieebene sind alle Vorgesetzten gleichzeitig auch Untergebene.

Literatur: Neuberger, O. 2002: Führen und führen lassen: Ansätze, Ergebnisse und Kritik der Führungsforschung, 6. Aufl., Stuttgart   (n)

Vorschlagswesen, betriebliches

Mit betrieblichem Vorschlagswesen bezeichnet man die Praxis, oft aber auch die Regelungen, die sich auf die Handhabung von Verbesserungsvorschlägen der ↗ Mitarbeiter (meist der ausführenden Mitarbeiter unterer Hierarchieebenen) beziehen. Verbesserungsvorschläge sind Ideen, die darauf zielen, einen vorhandenen Zustand im Betrieb zu verbessern bzw. Nachteile zu verhindern. Ein geregeltes Vorschlagswesen soll dazu dienen, die Mitarbeiter zur Entwicklung und Weitergabe solcher Ideen zu motivieren. Verbesserungsvorschläge können sich im Wesentlichen auf die erstellten Produkte und Dienstleistungen, auf den Prozess der Erstellung (insb. Arbeitsabläufe, Maschinen, ↗ Kommunikation), aber auch auf Strukturen (Dienstwege, aber auch Arbeitsklima usw.) beziehen. Häufig wird das betriebliche Vorschlagswesen in Betriebs- und Dienstvereinbarungen (↗ Betriebsvereinbarung) geregelt. Festgelegt wird:

– Was ist unter einem Verbesserungsvorschlag zu verstehen? Zum Beispiel muss er über das »Pflichtgemäße« hinausgehen, er muss auch von Erfindungen (↗ Arbeitnehmererfindungen) abgegrenzt werden.
– Wer ist berechtigt, am Vorschlagswesen und damit auch an der Gratifizierung von Vorschlägen teilzunehmen?
– Welche Gratifikationen (z.B. Prämien) sind für welche Verbesserungsvorschläge zu gewähren?
– Wer ist Ansprechpartner für Vorschläge? Ansprechpartner können z.B. der direkte ↗ Vorgesetzte oder besonders eingerichtete Stellen sein.
– In welcher Form können Vorschläge abgegeben werden? Zum Beispiel können Vorschläge formlosmündlich oder auch mittels eines Vordrucks schriftlich kommuniziert werden.
– Wer entscheidet darüber, ob ein Verbesserungsvorschlag berücksichtigt werden soll? Hier setzt man häufig ein Gutachtergremium ein.
– In welcher Form und in welcher Frist soll der Mitarbeiter, der den Verbesserungsvorschlag eingereicht hat, über die Berücksichtigung seines Vorschlag informiert werden?

Es wird empfohlen, das betriebliche Vorschlagswesen in ein umfassendes Qualitätsmanagement zu integrieren.

Literatur: Thom, N. 2003: Betriebliches Vorschlagswesen: ein Instrument der Betriebsführung und des Verbesserungsmanagements, 6. Aufl., Bern u.a.   (n)

Vroom-Yetton-Modell

Das normative Entscheidungsmodell der ↗ Führung von Vroom/Yetton ist eine situative und verhaltensbezogene ↗ Führungstheorie. Sie geht davon aus, dass ↗ Führungskräfte zwischen mehreren Verhaltensweisen gegenüber ↗ Mitarbeitern wählen können und der gewählte ↗ Führungsstil vom Partizipationsgrad gegenüber Mitarbeitern bestimmt wird.

Das Modell unterscheidet fünf Arten eines angemessenen Führungsstils. Bei autoritärer ↗ Entscheidung (A I) tritt die Führungskraft als Problemlöser bzw. Entscheider auf. Bei autoritärer ↗ Entscheidung nach Einholung von Information bei den Mit-

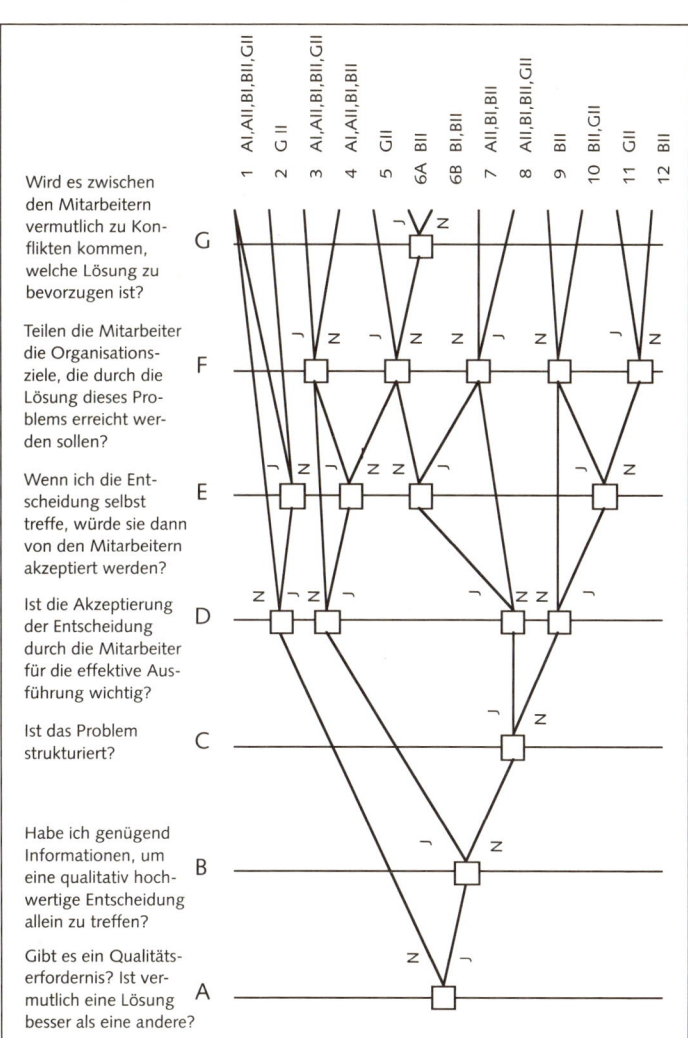

Abb. 4: Entscheidungsbaum im normativen Entscheidungsmodell von Vroom/ Yetton

arbeitern (A II) wird die Entscheidung von der Führungskraft nach der Informationssammlung getroffen. Im Rahmen einer ersten Form der beratenden Entscheidung (B I) diskutiert die Führungskraft das Problem mit einzelnen Mitarbeitern, jedoch nicht mit der gesamten ↗ Gruppe. Dann trifft sie eine Entscheidung. In einer zweiten Form (B II) wird vor der Entscheidung durch die Führungskraft mit allen Mitarbeitern diskutiert. Eine Gruppenentscheidung (G II) liegt dann vor, wenn das Problem mit den Mitarbeitern diskutiert wird, die Führungskraft jedoch die Rolle des Moderators übernimmt und jede Lösung akzeptiert.

Um den angemessenen Führungsstil – A I, A II, B I, B II oder G II – bestimmen zu können, ist eine Situationsdiagnose erforderlich. Diese erfolgt entlang zweier Dimensionen. Qualität der ↗ Entscheidung gibt an, ob eine der zur Auswahl stehenden Lösungen rationaler oder objektiver ist als andere. Akzeptanz der Entscheidung bezeichnet das Ausmaß, in dem die Akzeptanz der Mitarbeiter für eine Entscheidung wichtig ist. Das Modell formuliert zur Situationsdiagnose entlang dieser beiden Dimensionen sieben Fragen, welche in Form eines Entscheidungsbaums nacheinander zu beantworten sind. Aus den hypothetisch 128 verschiedenen Führungskonstellationen werden 14 praktisch relevante Situationen ausgewählt. Mit Hilfe von sieben weiteren Regeln – Informationsregel, Vertrauensregel, Strukturregel, Akzeptanzregel, Konfliktregel, Fairnessregel und der Priorität der Akzeptanzregel – erfolgt die Zuordnung der fünf angemessenen Führungsstile zu den jeweiligen Situationen. Für sechs der Situationen ist lediglich ein ↗ Führungsstil angemessen, in allen anderen sind zwei oder mehr Führungsstile möglich. Ein Entscheidungsbaum unterstützt die Identifikation des angemessenen Führungsstils (vgl. Abbildung 4).

Sowohl im mono- als auch im interkulturellen Bereich unterstützen empirische Ergebnisse dieses Modell. Auch praktisch wird es im Rahmen von Führungskräfte-Trainings eingesetzt. Kritisch wird die Verengung von Führung auf Entscheidungsverhalten gesehen.

Literatur: Vroom, V.H.; Yetton, P.W. 1973: Leadership and Decision Making, Pittsburgh; Böhnisch, W. 1992: Führung und Führungskräftetraining nach dem Vroom-Yetton-Modell, Stuttgart (m)

W

Weg-Ziel-Theorie

Die Weg-Ziel-Theorie ist eine verhaltensbezogene und situative ↗ Führungstheorie. Sie baut auf der ↗ Erwartungs-Valenz-Theorie der ↗ Motivation auf und sieht die Kernaufgabe von Führungskräften (↗ Führungskräfte) darin, Mitarbeiter bei der Erreichung ihrer Zielsetzungen zu unterstützen und individuelle und organisationale Ziele aufeinander abzustimmen.

Der Ansatz unterscheidet vier ↗ Führungsstile. Unterstützende ↗ Führung schafft eine angenehme Atmosphäre und berücksichtigt die Bedürfnisse der Mitarbeiter. Direktive Führung weist der Führungskraft eine dominierende Rolle bei der Formulierung von Anweisungen, Koordination und Kontrolle zu. Partizipative Führung beinhaltet gemeinsame Beratung und Entscheidungsfindung. Leistungsorientierte Führung fokussiert auf anspruchsvolle Ziele und ständige Verbesserung der Leistungsstandards.

Die Situation wird anhand zweier Dimensionen differenziert. Der unmittelbar wenig beeinflussbare Organisationskontext ist charakterisiert durch Elemente wie Hierarchie, ↗ Organisationsstruktur oder Art der Arbeitsaufgabe. Die Persönlichkeitseigenschaften der Mitarbeiter umfassen Aspekte wie Selbstachtung, Autonomiestreben oder ›locus of control‹.

Das adäquate Führungsverhalten wird durch die Charakteristika des Organisationskontexts bestimmt, wobei die Persönlichkeitseigenschaften dafür verantwortlich sind, wie der organisationale Kontext und das Führungsverhalten interpretiert werden. Führungsverhalten ist dann ineffektiv, wenn es nicht zu den Persönlichkeitseigenschaften der Mitarbeiter passt und vorhandene Charakteristika des Organisationskontexts lediglich verdoppelt.

Die Weg-Ziel-Theorie hat eine Reihe von empirisch bestätigten Einsichten gebracht. So ist etwa bei mehrdeutigen Aufgaben direktive Führung durchaus erfolgreich. Bei komplexen Aufgaben und hohen Wachstumsbedürfnissen der Mitarbeiter ist ein leistungsorientierter Führungsstil zu empfehlen. Kritisch ist die verengte Sichtweise von Führung als Zweier-Beziehung anzumerken, die Gruppenphänomene vernachlässigt.

Literatur: House, R.J. 1996: Path-Goal-Theory of Leadership: Lessons, Legacy, and a Reformulated Theory, in: Leadership Quarterly, 7, S. 323-352 (m)

Weiterbildung

Weiterbildung umfasst alle Lernprozesse nach Abschluss einer ersten Bildungsphase, die der Vertiefung, Erweiterung und Ergänzung der früher erworbenen ↗ Qualifikationen dienen.

In der Bundesrepublik Deutschland hat das Berufsbildungsgesetz (1969) den Sprachgebrauch stark geprägt. Hier wird der Terminus berufliche ↗ Fortbildung als Sammelbezeichnung für alle Aktivitäten verwendet, die es ermöglichen, die beruflichen Kenntnisse und Fertigkeiten zu erhalten, zu erweitern, der technischen Entwicklung anzupassen oder beruflich aufzusteigen (§1 Abs 3). Entsprechend kann zwischen Erhaltungs-, Erweiterungs-, Anpassungs- und Aufstiegsfortbildung unterschieden werden. Gelegentlich wird diesen am Berufsleben orientierten Kategorien die interessenorientierte Weiterbildung hinzugefügt, die durch keine unmittelbare Anforderungsorientierung gekennzeichnet ist.

Diese am Individuum orientierten Abgrenzungen werden ergänzt durch die eher an betrieblichen Erfordernissen orientierten Formulierungen. In diesem Fall steht die Verfügbarkeit des betriebsnotwendigen Wissens im Vordergrund, so dass meist ohne weitere Differenzierung von Weiterbildung, betrieblicher Weiterbildung oder Training gesprochen wird. Damit sind organisierte Lehrveranstaltungen – zum Beispiel Kurse oder Seminare (»off-the-job-training«) – sowie das Training am Arbeitsplatz (»on-the-job-training«) gemeint, soweit es nach Abschluss einer ersten Bildungsphase stattfindet. Schließlich wird auch das Lesen von Fachliteratur, der Besuch von Messen und der persönliche Erfahrungsaustausch zwischen Experten als Teil der Weiterbildung interpretiert.

Diese weiten Fassungen des Begriffs Weiterbildung werden teilweise eingeengt auf organisierte Lernprozesse, die in Lehrveranstaltungen, aber auch im Rahmen systematischer Erfahrungsvermittlung (Versetzungsketten, ↗ Traineeprogramme) stattfinden können.

Betriebliche Weiterbildung bezeichnet die von den Betrieben entweder direkt gestalteten sowie die durch Zusammenfassung von Bildungsaufgaben, gezielte Förderung und Entsendung von Mitarbeitern beeinflussten Bildungsmaßnahmen (überbetriebliche Weiterbildung, außerbetriebliche Weiterbildung).

Unter angelsächsischem Einfluss wird häufig der Terminus ↗ Personalentwicklung verwendet und manchmal synonym mit betrieblicher Weiterbildung gebraucht. Dominant ist jedoch die Interpretation der betrieblichen Weiterbildung als Element von ↗ Personalentwicklungssystemen.

Literatur: Becker, M. 1999: Aufgaben und Organisation der betrieblichen Weiterbildung, 2. Aufl., München, Wien; Weber, W. 1985: Betriebliche Weiterbildung, Stuttgart   (w)

Weiterbildungsbedarf

Als Bedarf wird die Abweichung eines Ist-Zustandes von einem angestrebten Soll-Zustand bezeichnet. Entsprechend ist der Weiterbildungsbedarf durch die Abweichung zwischen einem erwünschten und einem gegenwärtig bestehenden Qualifikationsstandes bestimmt. Die Formulierung Weiterbildungsbedarf zielt auf den Weg, der zum Abbau dieser Differenz eingeschlagen wird, d.h. auf die Weiterbildungsmaßnahmen.

Der Weiterbildungsbedarf kann im Hinblick auf verschiedene Betrachtungsebenen definiert werden. Boydell (1976) unterscheidet z.B. drei Bedarfsperspektiven: Organisationsebene, Tätigkeitsebene und individuelle Ebene. Andere Autoren unterscheiden die individuelle, die betriebliche und die gesellschaftliche Ebene (Hölterhoff/Becker 1986, S. 15ff.).

Im Rahmen der betrieblichen Bildungsarbeit (↗ Bildungsarbeit, betriebliche) steht die Betriebs- bzw. Organisationsperspektive im Mittelpunkt der Betrachtung. Bei der Bedarfsermittlung wird überwiegend in Anlehnung an das Konzept der Curriculumplanung von der Tätigkeitsebene und den individuellen Defiziten ausgegangen; der betriebliche Bildungs- bzw. Weiterbildungsbedarf ergibt sich aus der Bündelung der Einzelbedarfe (Weber 1985, S. 218ff.). Konzepte der Weiterbildungsbedarfsermittlung, die als Ausgangspunkt die Organisationsebene wählen, orientieren sich an charakteristischen Symptomen, die Defizite anzeigen. Dabei wird angestrebt, diese Symptome bzw. die hinter ihnen stehenden Kriterien in ↗ Frühwarnsysteme einzubinden.

Literatur: Boydell, T. H. 1976: A Guide to the Identification of Training Needs, 2. Aufl., Portsmouth; Hölterhoff, H; Becker, M. 1986: Aufgaben und Organisation der betrieblichen Weiterbildung, München, Wien   (w)

Weiterbildungserfolg

Weiterbildung wird von ↗ Organisationen, insb. von Unternehmungen veranlasst oder gefördert, um bestimmte Ziele (↗ Weiterbildungsziele) zu erreichen. Unter diesen Zielen dominiert das Bestreben, bestimmte ↗ Qualifikationen zu vermitteln. Daneben sind aber eine Reihe weiterer Weiterbildungsziele wichtig, z.B. Motivierungsziele, Sicherung der Flexibilität der ↗ Mitarbeiter, Integration der Beschäftigten in das Unternehmen. Bei der Verfolgung dieser Ziele wird angenommen, dass sie sich positiv für das Unternehmen auswirken. Voraussetzung hierfür ist, dass sich durch die Weiterbildung das Verhalten der Teilnehmer verändert.

Damit ergeben sich die Hauptansatzpunkte für die Beurteilung des Weiterbildungserfolgs:

- das Erreichen der ↗ Lernziele einer Weiterbildungsmaßnahme,
- die erwünschten Verhaltensänderungen,
- der Organisations- bzw. Unternehmenserfolg.

Angestrebt wird letztlich, dass sich Weiterbildung positiv auf den Organisations- bzw. Unternehmenserfolg (z.B. gemessen am Umsatz, der ↗ Wertschöpfung, der Qualität der Aufgabenerfüllung usw.) auswirkt. Dieser Zusammenhang ist jedoch nur schwer zu erfassen, da eine Zuordnung von Bil-

dungsmaßnahmen und der zahlreichen anderen Einflussfaktoren zum Organisations- bzw. Unternehmenserfolg nur selten gelingt. Deshalb wird bei der Erfassung und Kontrolle des Weiterbildungserfolgs meist auf andere Erfolgsindikatoren zurückgegriffen: auf die erwünschten Verhaltensänderungen (z.B. Verbesserung der von Bankangestellten erbrachten Beratungsleistungen) oder – da auch die Verhaltensänderungen nicht immer erfassbar sind – auf das Erreichen vorher definierter Lernziele.

Literatur: Bronner, R.; Schröder, W. 1983: Weiterbildungserfolg. Modelle und Beispiele systematischer Erfolgssteuerung, München, Wien; Krekel, E.M. (Hrsg.) 1999: Bildungscontrolling – ein Konzept zur Optimierung der betrieblichen Weiterbildung, Bielefeld   (w)

Weiterbildungskosten

Weiterbildungskosten sind der leistungsbezogene, bewertete Güterverzehr in einer Periode, der im Zusammenhang mit betrieblichen Weiterbildungsmaßnahmen entsteht. Die Abgrenzung zum Aufwand – hier dem Weiterbildungsaufwand (↗ Personalbildungsaufwand) – erfolgt primär durch das Merkmal des Leistungsbezugs. Der Weiterbildungsaufwand umfasst auch Weiterbildungsmaßnahmen, die in keinem Zusammenhang mit der Leistung bzw. dem Sachziel des Unternehmens stehen. Da auf dem Gebiet der Weiterbildung die Grenze zwischen dem Vorliegen bzw. Nichtvorliegen des Leistungsbezugs schwer zu ziehen ist, werden oftmals Weiterbildungskosten und Weiterbildungsaufwand weitgehend gleichgesetzt.

Hauptkategorien der Weiterbildungskosten sind zunächst die Entgelte für das eingesetzte ↗ Personal, das direkt oder indirekt die Weiterbildungsmaßnahmen durchführt bzw. planerisch und administrativ betreut, die Sachmittel sowie die räumliche und technische Infrastruktur, die beim Einsatz externer ↗ Weiterbildungsträger in den Teilnahmegebühren zu einem großen Teil enthalten sind. Hinzu kommen die Kosten, die durch die vorübergehende Nichtteilnahme der Weiterbildungs-Teilnehmer am betrieblichen Leistungsprozess (Ausfallzeiten) und durch Reisen sowie durch die Unterbringung entstehen. Während sich die Kosten für seminarmäßige Formen der Weiterbildung relativ zuverlässig ermitteln lassen, ergeben sich schwer zu lösende Erfassungs- und Abgrenzungsprobleme für die Weiterbildung am Arbeitsplatz. Deshalb wird häufig auf die Erfassung dieser Kosten verzichtet. Schätzungen des Umfangs der betrieblichen Weiterbildungskosten sind deshalb schwierig zu bewerkstelligen.

Laut DESTATIS, dem Statistischen Bundesamt, nutzten im Jahr 2001 75% der Unternehmen in Deutschland das breite Spektrum von Weiterbildungsmöglichkeiten und gaben – ebenfalls in 2001 – pro ↗ Mitarbeiter 624 Euro hierfür aus.

Literatur: Gaugler, E.. 1987: Kosten der Weiterbildung, in: Göbel, U.; Schlaffke, W. (Hrsg.): Kongreß: Beruf und Weiterbildung, Köln, S. 108-123; Grünewald, U./Moraal, D. 1995: Kosten der betrieblichen Weiterbildung, Berlin u.a.   (w)

Weiterbildungsträger

Als Weiterbildungsträger werden die Institutionen und ↗ Organisationen bezeichnet, die Weiterbildungsveranstaltungen durchführen. Ein nach vielfältigen Kriterien differenziertes Bildungssystem verfügt auch über ein entsprechend differenziertes Institutionengefüge auf dem Gebiet der ↗ Weiterbildung, das unterschiedliche Bereiche der Gesellschaft und im staatlichen Bereich verschiedene Ebenen umfasst.

Auch die beruflich bzw. betrieblich relevante Weiterbildung findet in unterschiedlichen Trägereinrichtungen statt, von denen Betriebe bzw. Unternehmen zwar wichtige, aber keineswegs die einzigen Einrichtungen sind. Neben den Weiterbildungs- und Schulungsaktivitäten der Betriebe sind als wesentliche Weiterbildungsträger staatliche Stellen (ohne Volkshochschulen), ↗ Gewerkschaften, Arbeitsämter, Fernlehrinstitute u.Ä. sowie Volkshochschulen zu nennen.

Literatur: Arbeitsgruppe am Max-Planck-Institut für Bildungsforschung 1994: Das Bildungswesen in der Bundesrepublik Deutschland, Reinbek bei Hamburg; Weber, W. 1985: Betriebliche Weiterbildung, Stuttgart   (w)

Weiterbildungsverhalten

Als Weiterbildungsverhalten wird insbesondere die Teilnahme bzw. Nichtteilnahme an Weiterbildung bezeichnet. Bei dieser Eingrenzung ist Weiterbildungsverhalten mit Weiterbildungsteilnahme bzw. Weiterbildungsbeteiligung gleichzusetzen. Zweckmäßigerweise werden aber auch die Regelmäßigkeit und Intensität der Teilnahme, die Frage des Abbrechens oder Durchhaltens von Weiterbildungsvorhaben und ähnliche Fragen einbezogen.

Bisherige Untersuchungen zum Weiterbildungsverhalten konzentrieren sich auf die Analyse der Weiterbildungsbereitschaft und die Beteiligung an Weiterbildungsveranstaltungen. Die meisten Untersuchungen zeigen ein im Wesentlichen einheitliches Bild: Die verschiedenen Bevölkerungsgruppen nehmen Weiterbildungsmöglichkeiten in sehr unterschiedlichem Maße wahr. Dabei kommt den folgenden Merkmalen besondere Bedeutung zu: frühere Bildungserfahrungen, Alter, Geschlecht, nationale und soziale Herkunft sowie hierarchische Position im Unternehmen. Typische, sich häufig wiederholende Befunde sind: Je größer die vorangegangenen Bildungserfahrungen sind, umso stärker ist die Weiterbildungsteilnahme; Ungelernte und Angelernte nehmen selten, ↗ Angestellte und Beamte häufig an Weiterbildung teil; Frauen, ältere Personen und ausländische ↗ Arbeitnehmer nehmen in geringerem Maße an Weiterbildung teil als die Komplementärgruppen. Solche Kategorisierungen sind jedoch nur dann interpretationsfähig und hilfreich, wenn sie durch theoretische Überlegungen und darauf basierende empirische Befunde gestützt sind.

Theoretisch gestützte empirische Untersuchungen, die den Menschen als Problemhandhaber (↗ Problemhandhabung) interpretieren, deuten darauf hin, dass alle Personengruppen nach gleichartigen Prinzipien auf die Herausforderungen ihrer jeweiligen Umwelt reagieren. Auch die so genannten Problemgruppen der Weiterbildung verhalten sich vor dem Hintergrund ihrer Lebensgeschichte, ihrer Werte und ihrer jeweiligen Arbeitssituation weitgehend rational: ↗ Ausländische Arbeitnehmer z.B., für die der Erwerb von mehr Ansehen ein zentrales Problem darstellt und die – vermutlich sehr realistisch – zu der Einschätzung gelangen, dass Weiterbildung dieses Problem nicht befriedigend löst, entschließen sich nur in geringem Maße zu Weiterbildungsmaßnahmen. Die Unterschiede in der Weiterbildungsbeteiligung von Frauen und Männern oder von älteren und jüngeren Arbeitnehmern verschwinden weitgehend, wenn die Problemkonstellation ähnlich ist. Problemkonstellationen, die Weiterbildung fordern, schaffen die erforderliche Weiterbildungsbereitschaft (Weber 1985, S. 139 – 203).

Literatur: Martin, A.; Behrends T. 1999: Betriebliche Weiterbildung im Lichte der theoretischen und empirischen Forschung, in: Martin, A.; Mayrhofer W.; Nienhüser, W. (Hrsg.): Die Bildungsgesellschaft im Unternehmen, München, Mering, S. 49-82; Weber, W. 1985: Betriebliche Weiterbildung, Stuttgart   (w)

Weiterbildungsziele

Ziele sind angestrebte konkrete zukünftige Zustände. Im Bereich der Weiterbildung können Ziele auf individueller, Organisations- und Gesellschaftsebene unterschieden werden. Von den Zielen müssen die Funktionen unterschieden werden. Als Funktionen werden die Wirkungen bezeichnet, wobei eine deskriptive (tatsächliche Wirkung) und eine normative Sicht (angestrebte Wirkung) unterschieden wird.

Auf individueller Ebene werden Weiterbildungsziele auch als Weiterbildungsmotive (↗ Motivation) diskutiert. Dabei wird von einem autonom wirksamen Bildungsmotiv und eher instrumentellen Bildungszielen ausgegangen. Die langfristig wirksame und weitgehend verselbstständigte Bildungsmotivation wird meist als das Ergebnis einer bildungsfreundlichen ↗ Sozialisation und eigener positiver Bildungserfahrungen gesehen. In diesem Zusammenhang kann der Einfluss der sozialen Herkunft und des Bildungsniveaus auf die Weiterbildungsmotivation nachgewiesen werden. Daneben lassen sich typische weitgehend situativ bedingte Ziele identifizieren, die z.B. einen Wechsel des Arbeitsplatzes bei einer als unbefriedigend erlebten Arbeitssituation als Weiterbildungsziel in den Vordergrund rückt.

Auf Organisations- bzw. Unternehmensebene steht als Ziel der Weiterbildung die Vermittlung der zur Aufgabenerfüllung erforderlichen ↗ Qualifikationen, die Sicherung und Heranbildung von Nachwuchs, insbesondere Führungskräftenachwuchs sowie die Lösung konkreter Probleme im Vordergrund. Daneben werden als Weiterbildungsziele u.a. die Erhöhung der Flexibilität der ↗ Mitarbeiter, die Integration in das soziale und Wertesystem der Organisation, die Erreichung von Anreizwirkungen und gesellschaftspolitische Ziele genannt.

In gesellschaftlicher Perspektive werden sowohl ökonomische Ziele, insbesondere die qualitative Verbesserung des Humanvermögens (↗ Humanvermögensrechnung) der Gesellschaft (↗ Bildungsökonomie) als auch im engeren Sinne gesellschaftspolitische Ziele betrachtet, z.b. die Verbesserung der Bildungschancen oder der vertikalen Mobilität. Die Auswahl solcher Ziele im politischen Entscheidungsprozess orientiert sich letztlich am Normen- und Wertesystem der Gesellschaft.

Wenn – auf welcher Ebene auch immer – Ziele explizit formuliert werden, erfüllen sie Steuerungs- und Kontrollfunktionen. Als Vorgaben für das Verhalten wirken sie verhaltenssteuernd. Gleichzeitig werden mit den Zielen Kriterien für die Kontrolle bereitgestellt. Auf Organisations- und gesellschaftlicher Ebene erfüllen Ziele darüber hinaus Koordinationswirkungen, da das Verhalten mit Hilfe der Ziele abgestimmt werden, kann.

Literatur: Weber, W. 1985: Betriebliche Weiterbildung, Stuttgart, S. 41ff. und S. 154ff. (w)

Werksärztlicher Dienst
↗ Betriebsarzt

Werkswohnungen
Als Werkswohnungen werden Wohnungen bezeichnet, die mit Rücksicht auf ein bestehendes Arbeitsverhältnis überlassen bzw. vermietet werden. Werksmietwohnungen werden gegen eine meist unter ortsüblichen Sätzen liegende Miete vom ↗ Arbeitgeber oder einem unternehmenseigenen Wohnungsbau-Unternehmen an ↗ Arbeitnehmer vermietet. Zuweisung, Kündigung und Festlegung der Nutzungsbedingungen unterliegt der Mitbestimmung im Sinne des § 87, Abs. 1, Ziff. 9 des BetrVG. Werksdienstwohnungen werden als Teil der Vergütung in der Regel für solche ↗ Mitarbeiter bereitgestellt, deren Tätigkeit eine Wohnung in Betriebsnähe erfordert, z.b. bei Hausmeistern oder Werksärzten. Wird die Wohnung nicht vom Arbeitgeber, sondern – etwa im Rahmen eines Überlassungsvertrages – von einem Dritten bereitgestellt, wird von werksfremden Werkswohnungen gesprochen.

Literatur: Teegen, M. 1988: Strukturkrise im Werkswohnungsbestand? in: Die Mitbestimmung, Jg. 1988, H. 3, S. 101-103; Wagner, D.; Grawert, A. 1993: Sozialleistungsmanagement, München; Uhle, C. 1987: Betriebliche Sozialleistungen, Köln   (w)

Werkszeitschriften
Die Werkszeitschrift – auch: Werkszeitung, seltener: Mitarbeiterzeitschrift, Personalzeitschrift – ist ein periodisch erscheinendes Publikationsorgan von (Wirtschafts-)Organisationen. Sie richtet sich primär an die ↗ Arbeitnehmer, ihre Angehörigen und die ehemaligen Arbeitnehmer im Ruhestand.

Der Inhalt besteht schwerpunktmäßig aus innerbetrieblichen sowie allgemeinen wirtschafts- und gesellschaftspolitischen Fragestellungen. Daneben gibt es ein breites und unterschiedliches Spektrum an weiteren Themen, z.b. Fachartikel, Anekdoten, Kurzgeschichten oder Personalia.

Die wichtigsten Funktionen der Werkszeitschrift sind: Informationsvermittlung an die Arbeitnehmer, Verbesserung der Beziehung zwischen Arbeitnehmer und Management, Integrationswirkung und Außendarstellung. Über Werkszeitschriften wird vielfach das unternehmenspolitische Konzept oder die Marketingstrategie verbessert, werden Prozesse des geplanten organisatorischen Wandels begleitet und die Identifikation mit der ↗ Corporate Identity gefördert. In diesen Fällen ist die Werkszeitschrift ein wesentliches Element der Unternehmensführung bzw. der betrieblichen ↗ Personalpolitik.

Literatur: Bischl, K. 2000: Die Mitarbeiterzeitung. Kommunikative Strategien der positiven Selbstdarstellung von Unternehmen, Wiesbaden   (m)

Werkvertrag

Beim Werkvertrag (nach §§ 631 ff. BGB in Deutschland, nach § 1151 ABGB in Österreich, nach Art. 363ff. Obligationenrecht in der Schweiz) wird ein Werk – ein bestimmter Arbeitserfolg –zwischen einem Werkunternehmer (der das Werk ausführt) und einem Werk-Besteller (der den Auftrag/ das Werk vergibt) vereinbart. Typische Werkverträge sind z.B. Subunternehmerverträge im Baubereich, die Anfertigung eines Möbelstücks oder die Übersetzung eines wissenschaftlichen Aufsatzes. Wichtig ist die Abgrenzung vom ↗ Arbeitsvertrag. Ein Werkvertrag setzt vor allem voraus, dass der Werkunternehmer nicht weisungsgebunden und nicht in den Betrieb des Auftraggebers eingeordnet ist. Ist der Auftragnehmer dagegen weisungsgebunden und der betrieblichen Ordnung des Auftraggebers unterworfen, liegt möglicherweise ein Arbeitvertrag mit der Folge eines unter Umständen sozialversicherungspflichtigen Beschäftigungsverhältnisses (↗ geringfügige Beschäftigung) vor.

Literatur: Engelbrecht, H.; Gruber, B. W.; Risak, M. E. (2002): Werkverträge & atypische Dienstverträge, Wien   (m/n)

Wertschöpfung, betriebliche

Die betriebliche oder einzelwirtschaftliche Wertschöpfung ist die Summe der Werte, die durch den betrieblichen Produktionsprozess den in den Betrieb bzw. in die Unternehmung eingebrachten Wirtschaftsgütern hinzugefügt wird (engl. value added). Die betriebliche Wertschöpfung kann subtraktiv und additiv ermittelt werden. Bei der subtraktiven Berechnung, die auch als Wertschöpfungs- und Entstehungsrechnung bezeichnet wird, werden von den abgesetzten Leistungen des Unternehmens die Vorleistungen abgezogen. Die Differenz zwischen den Vorleistungen anderer Wirtschaftseinheiten und den Leistungen des Betriebes bzw. der Unternehmung ist die Wertschöpfung. Bei der additiven Rechnung werden die verschiedenen Einkommenskategorien (Löhne, Gewinne, Zinsen, evtl. auch Steuer) zusammengefasst. Beide ↗ Methoden führen zu denselben Ergebnissen.

Allerdings wird der Wertschöpfungsbegriff unterschiedlich weit gefasst. Die engste Fassung verwendete Heinrich Nicklisch in den 30er Jahren. Er setzte die Wertschöpfung mit Löhnen einschließlich Gehältern und Gewinn gleich. Weite Fassungen beziehen auch die Fremdkapitalzinsen sowie Steuern und Abgaben mit ein. Der Wertschöpfungsbegriff von Max Rudolf Lehmann umfasst z.B. Arbeitserträge (Löhne, Gehälter, Sozialleistungen), Gemeinerträge (Steuern) und Kapitalerträge (Fremdkapitalzinsen, Gewinn).

Derart weite Fassungen des Wertschöpfungsbegriffs sind zweckmäßig, wenn der gesellschaftliche Bezug der betrieblichen Tätigkeit abgebildet werden soll: Verschiedene Gruppen von Beteiligten bringen spezifische Beiträge in den Betrieb bzw. das Unternehmen ein. Es sind dies die Arbeitsleistungen der Arbeitnehmer, Kapitalbereitstellung durch Eigen- und Fremdkapitalgeber, Infrastruktur und rechtlicher Rahmen durch den Staat. Die Wertschöpfung ist für alle Beteiligten die Quelle der

Einkommen: Die ↗ Arbeitnehmer erhalten Löhne und ↗ Sozialleistungen, die Eigenkapitalgeber den Gewinn, die Fremdkapitalgeber Zinsen und der Staat Steuern und Abgaben. Evtl. kann auch das Unternehmen selbst über die Rücklagenbildung und -verwendung in die Wertschöpfungsrechnung einbezogen werden.

Additive Rechnungen zeigen, wie die Wertschöpfung den Beteiligten am Unternehmensgeschehen als Einkommen zufließt. Deshalb wird auch von Wertschöpfungsverteilungs- bzw. -verwendungsrechnung gesprochen. Wertschöpfungsrechnungen sind häufig Bestandteil von ↗ Sozialbilanzen und Ausgangspunkt für Überlegungen zur betrieblichen ↗ Erfolgsbeteiligung.

Literatur: Weber, H.K. 1980: Wertschöpfungsrechnung, Stuttgart   (w)

Wirtschaftsausschuss

Ein Wirtschaftsausschuss ist nach den §§ 106-109 ↗ Betriebsverfassungsgesetz in allen Betrieben mit mehr als 100 ↗ Arbeitnehmern zu bilden. Er dient der Unterrichtung und Beratung von wirtschaftlichen Angelegenheiten. Die wirtschaftlichen Angelegenheiten sind in § 106 Betriebsverfassungsgesetz aufgezählt: z.B. die wirtschaftliche und finanzielle Lage des Unternehmens, die Produktions- und Absatzsituation, Rationalisierungsvorhaben u.Ä. Der Unternehmer muss den Wirtschaftsausschuss rechtzeitig und umfassend über diese Angelegenheiten unterrichten und sich mit ihm darüber beraten. Erzwingbare Mitbestimmungsrechte hat der Wirtschaftsausschuss nicht.

Der Wirtschaftsausschuss hat den ↗ Betriebsrat zu unterrichten, damit dieser die Informationen bei der Ausübung seiner Beteiligungsrechte nutzen kann.

Der Wirtschaftsausschuss besteht aus drei bis sieben Mitgliedern, die dem Betrieb angehören müssen, davon mindestens ein Betriebsratsmitglied. Der Betriebsrat bestellt die Mitglieder des Wirtschaftsausschusses. Er kann die Aufgaben des Wirtschaftsausschusses einem Ausschuss des Betriebsrats übertragen.

Literatur: Daegling, K.-D.; Düwell, F.-J. 1999: Die Arbeit des Wirtschaftsausschusses: betriebswirtschaftliche und betriebsverfassungsrechtliche Fragen, 2. Aufl., Münster   (n)

Wirtschaftskammern (Österreich)

Die ↗ Kammern der gewerblichen Wirtschaft (Wirtschaftskammern) basieren auf dem Handelskammerngesetz von 1946. Sie sind die gesetzliche Interessensvertretung der ↗ Arbeitgeber. Alle physischen und juristischen Personen, die zum selbstständigen Betrieb von Unternehmungen des Gewerbes, der Industrie, des Handels, des Geld-, Kredit- und Versicherungswesens, des Verkehrs und Fremdenverkehrs berechtigt sind, sind Mitglieder (Zwangsmitgliedschaft).

Organisatorisch ist jedem Bundesland eine Länderkammer zugeteilt. Zusätzlich gibt es eine Bundeswirtschaftskammer für bundesländerübergreifende Angelegenheiten. Die Länderkammern untergliedern sich in Fachgruppen, die wiederum 6 Sektionen bilden. In der Bundeswirtschaftskammer sind Fachverbände eingerichtet.

Als wichtigste Aufgabe findet sich die Fähigkeit zum Abschluss von ↗ Kollektivverträgen. Dazu kommen noch beratende Tätigkeiten und Wahrung der Interessen der Mitglieder.

Literatur: http://portal.wko.at   (m)

Wohnungswesen, betriebliches
↗ **Werkswohnungen**

Z

Zeitlohn

Der Zeitlohn hat als Berechnungsgrundlage für die Lohnhöhe die Zeit, z.B. Stunde, Woche, Monat, Jahr, Schicht. Auch der Zeitlohn ist ein ↗ Leistungslohn, da keineswegs die bloße Anwesenheit bezahlt wird. Mit der Lohnhöhe ist beim Zeitlohn stets eine bestimmte Vorstellung von der zu erbringenden Leistung verbunden. Abweichungen von der erwarteten Leistung schlagen sich jedoch beim Zeitlohn meist mit erheblichen Verzögerungen in Änderungen der Lohnhöhe nieder. Insofern besteht – im Gegensatz zum ↗ Akkordlohn – keine sofortige und unmittelbare Beziehung zwischen Arbeitsleistung und Arbeitslohn. Deshalb wird auch vom mittelbaren Leistungslohn gesprochen.

Wichtigste Hilfsmittel zur Berücksichtigung der Leistung sind systematische und unsystematische Beobachtungen bzw. Beurteilungen der Beschäftigten, insbes. die ↗ Leistungsbewertung bzw. Leistungsbeurteilung (↗ Personalbeurteilung).

Angewandt wird der Zeitlohn besonders dann, wenn das Arbeitsergebnis mengenmäßig nicht erfassbar ist, wenn die Arbeitenden keinen oder nur einer geringen Einfluss auf die Produktionsmenge haben (z.B. bei stark automatisierter Produktion), wenn Arbeiten sehr unregelmäßig anfallen oder sehr verschiedenartig sind (z.B. Wartungs- und Reparaturarbeiten), wenn Qualitätsgesichtspunkte besonders hoch gewichtet werden oder die Gefahr besteht, dass sich die Arbeitenden bei Steigerung der Produktionsmenge einer erhöhten Unfallgefahr aussetzen.

Literatur: Drumm, H.J. 2000: Personalwirtschaft, 4. Aufl., Berlin usw., S. 566ff.; Ridder, H.-G. 1999: Personalwirtschaftslehre, Stuttgart, S. 386ff.; Scherm, E.; Süß, S. 2003: Personalmanagement, München (w)

Zeugnis

Beim Zeugnis handelt es sich um eine bei Beendigung des Arbeitsverhältnisses abzugebende Erklärung des ↗ Arbeitgebers über den ausscheidenden Mitarbeiter (vgl. auch ↗ Personalverwaltung). Das einfache Zeugnis beinhaltet mindestens Angaben zu dessen Person sowie zur Dauer und zur Art der Beschäftigung. Im qualifizierten Zeugnis wird auf Wunsch des Mitarbeiters auch die Bewertung seiner Leistung während des Beschäftigungsverhältnisses aufgenommen. Das Zeugnis bedarf der Schriftform und ist mit der Unterschrift eines im Vergleich zum ↗ Arbeitnehmer hierarchisch höherrangigen Vertreters der ↗ Organisation zu versehen. Für den Arbeitgeber besteht eine Zeugnispflicht. Ihre schuldhafte Verletzung, z.B. durch Nicht- bzw. Schlechterfüllung oder verspätete Erfüllung begründet einen gegen ihn gerichteten Schadenersatzanspruch.

Das Zeugnis dient dem Mitarbeiter als Ausweis für die in der Vergangenheit geleistete Tätigkeit und wird i.d.R. den ↗ Bewerbungsunterlagen beigelegt. Für zukünftige Arbeitgeber stellt es eine erste Informationsbasis im Rahmen der ↗ Personalauswahl dar.

Literatur: Huber, G. 2001: Das Arbeitszeugnis in Recht und Praxis, Freiburg i. Br. et al.; Begemann, P. 2004: Das Arbeitszeugnis. Was unbedingt drinstehen muss – mit Musterzeugnissen und typischen Formulierungen – was zwischen den Zeilen steht, Frankfurt/Main   (m)

Ziele, personalwirtschaftliche

Unter Zielen werden angestrebte Zustände verstanden, die durch Handlungen bzw. Maßnahmen erreicht werden sollen. Als personalwirtschaftliche Ziele können demnach jene angestrebten Zustände verstanden werden, die im Bereich der betrieblichen ↗ Personalwirtschaft bzw. durch Maßnahmen im Personalbereich erreicht werden können. Die Ziel- und Wertvorstellungen, die den Maßnahmen im Personalbereich zu Grunde liegen, sind z.T. offiziell verabschiedet, z.T. persönliche und inoffizielle Vorstellungen der Entscheider.

Ziele erfüllen Steuerungs- und Koordinationsfunktionen. Die Mitglieder einer ↗ Organisation können ihr Verhalten an den Zielen orientieren und diese bei der Abstimmung von Maßnahmen als festen Bezugspunkt verwenden. Die damit verbundene Steuerungs- und Koordinationsfunktion kann zwar auch durch allgemein geteilte Ziel- und Wertvorstellungen in einer Organisation ausgelöst werden; viele Argumente sprechen jedoch für die Formulierung offizieller Ziele auch in Teilbereichen einer Organisation, z.B. auch im Personalbereich. Die Steuerung des Personalbereichs durch Steuerungskonzepte wie ↗ Personalcontrolling verlangen nach Zielvorgaben als Orientierungsgrößen und Bezugspunkt für Kontrollmaßnahmen. Insofern erfüllen Ziele auch Kontrollfunktionen. Beachtet man weiter, dass die Maßnahmen im Personalbereich im Rahmen der ↗ Personalplanung systematisch geplant werden, wäre es wenig rational, die Ziele unbeachtet zu lassen. Es liegt dann nahe, auch die Ziele im Personalbereich systematisch zu planen (Weber 1975, S. 39-54). Zielplanung im Personalbereich ist identisch oder nahe bei vielen Definitionen der ↗ Personalpolitik. In der personalwirtschaftlichen Diskussion wird die Zielpluralität häufig auf die Gegenüberstellung ökonomischer und sozialer Ziele reduziert. Dabei wird die Erfüllung der sachlichen Organisationszwecke nach dem Grundsatz der sparsamen Verwendung knapper Mittel den ökonomischen Zielen, die Erfüllung der Bedürfnisse und Interessen der ↗ Mitarbeiter den sozialen Zielen zugeordnet. Diese Reduzierung der personalwirtschaftlichen Zielproblematik auf ökonomische und soziale Ziele, die große Teile der personalwirtschaftlichen Literatur kennzeichnet, ist verschiedentlich problematisiert worden (z.B. Ackermann/Reber 1981, S. 5ff.).

Literatur: Ackermann, K.F.; Reber, G. 1981: Entwicklung und gegenwärtiger Stand der Personalwirtschaftslehre, in: Ackermann, K.F.; Reber, G. (Hrsg.): Personalwirtschaft. Motivationale und kognitive Grundlagen, Stuttgart, S. 3-53; Weber, W. 1975: Personalplanung, Stuttgart   (w)

Zusammenhangsmaße

Die Stärke der Beziehung zwischen zwei Variablen wird mit Zusammenhangsmaßen mittels eines numerischen Wertes beschrieben. Man unterscheidet häufig zwischen Assoziationsmaßen für die Kreuztabellenanalyse (↗ Kontingenztabellen-Analyse) und Korrelationsmaßen, die überwiegend für metrische, z.T. auch ordinale Variablen verwendet werden (↗ Korrelationsanalyse). Für Kreuztabellen gibt es eine ganze Reihe von Assoziationsmaßen. Das einfachste Assoziationsmaß ist die Prozentsatzdifferenz zwischen zwei Ausprägungen einer Variablen im Zusammenhang mit einer anderen.

Darüber hinaus sind erstens Maße zu unterscheiden, die aus dem Chi-Quadrat-Wert abgeleitet sind, der auf den Differenzen zwischen tatsächlichen und erwarteten Häufigkeiten in einer Kontingenztabelle basiert. Ein Beispiel hierfür ist der Kontingenzkoeffizient C. Derartige Koeffizienten sind vorzeichenlos, sagen also nichts über die Richtung eines Zusammenhangs, und variieren zwischen Null (kein Zusammenhang) und Eins (vollständiger Zusammenhang). Ihre Interpretation ist schwierig.

Eine weitere Gruppe von Assoziationsmaßen beruht auf der Überlegung, den Grad eines Zusammenhangs dadurch auszudrücken, inwieweit die Vorhersage der Ausprägungen einer Variable X durch Kenntnis der Ausprägungen einer Variable Y verbessert werden kann. Man bezeichnet diese Maße auch als PRE-Maße (»proportional reduction in error«). Ein Beispiel ist der Koeffizient Lambda.

Eine dritte Gruppe von Assoziationskoeffizienten wird primär für ordinale Variablen verwendet und basiert auf dem Vergleich der Ausprägungen zweier Variablen für alle möglichen Paare von Untersuchungseinheiten. Diese Koeffizienten können als Grad der Übereinstimmung zweier Datenreihen, also als Rangordnungskorrelationskoeffizient, interpretiert werden. Ein Beispiel ist Kendall's Tau-c. Im Gegensatz zu den auf den Chi-Quadrat-Werten beruhenden Maßen variieren die auf Reduktion der Voraussagefehler und auf Rangordnungen beruhenden Koeffizienten zwischen -1 und +1.

Unter den Korrelationsmaßen wird besonders häufig der Produkt-Moment-Korrelationskoeffizient (auch Bravais-Pearson-Koeffizient) r verwendet (↗ Korrelationsanalyse). Dieser Koeffizient ist nur für metrische Variablen geeignet. Es gibt allerdings eine Reihe von Varianten und Schätzungen der Produkt-Moment-Korrelation, die für dichotome (Phi, tetrachorische Korrelation) oder für ordinale Variablen (Spearmans Rho, polychorische Korrelation) bzw. für Variablenbeziehungen mit gemischtem Datenniveau (biseriale, punkt-biseriale Korrelation) geeignet sind.

Literatur: Hartung, J.; Elpelt, B.; Klösener, K.-H. 2002: Statistik. Lehr- und Handbuch der angewandten Statistik, 13. Aufl., München, Wien (n)

Zwei-Faktoren-Theorie

Die Zwei-Faktoren-Theorie von Herzberg zählt innerhalb der ↗ Motivationstheorien zu den Inhaltstheorien. In der so genannten ›Pittsburgh-Studie‹ zeigte Herzberg, dass positiv bewertete Situationen häufig mit Faktoren in Verbindung gebracht werden, welche die Arbeit selbst betreffen, z.B. Leistungserfolg oder Anerkennung. Diese Faktoren bezeichnet er als ↗ Motivatoren oder ›Zufrieden-Macher‹ (›satisfiers‹). Eine entsprechende betriebliche Gestaltung steigert die Zufriedenheit der Arbeitnehmer (↗ Arbeitszufriedenheit). Negative Situationen sind dagegen durch Faktoren gekennzeichnet, die aus dem Arbeitsumfeld stammen, z.B. ↗ Gehalt oder ↗ Arbeitsbedingungen. Sie werden ↗ Hygienefaktoren (›dissatisfiers‹) genannt. Eine entsprechende mitarbeiterorientierte Gestaltung der Hygienefaktoren kann nicht zur Zufriedenheit der Arbeitnehmer führen, sondern lediglich Unzufriedenheit verhindern. Es kommt ihnen daher gleichsam Präventivfunktion zu.

Darauf aufbauend unterscheidet die Zwei-Faktoren-Theorie also zwei voneinander unabhängige Dimensionen von Arbeitszufriedenheit: »Zufriedenheit/Nicht-Zufriedenheit« und »Unzufriedenheit/Nicht-Unzufriedenheit«. Motivatoren wirken auf die erste, Hygienefaktoren auf die zweite der genannten Dimensionen.

Die Theorie fand große Resonanz in der Praxis, was u.a. in der leicht nachvollziehbaren Methode, der unmittelbaren Einsichtigkeit der Schlussfolgerungen und der direkten Möglichkeit zur Ableitung von praktischen Konsequenzen begründet liegt, z.B. ›Zufriedenheit der Mitarbeiter kann durch einen interessanten Arbeitsinhalt erreicht werden.‹ oder ›Durch die Lohnhöhe kann Unzufriedenheit hervorgerufen oder abgebaut, nicht jedoch Zufriedenheit erreicht werden‹.

Kritik wurde, gestützt auf zahlreiche empirische Untersuchungen, besonders an der Methodengebundenheit der Ergebnisse der Pittsburgh-Studie, der Auswertung durch Aggregation der Daten sowie der ungenauen Interpretation mit zu weitreichenden Schlussfolgerungen dieser Ergebnisse geübt.

Literatur: Herzberg, F.; Mausner, B.; Snyerman, B.B. 1959: The Motivation to Work, New York u. a.; Mayrhofer, W. 2002: Motivation und Arbeitsverhalten, in: Kasper, H.; Mayrhofer, W. (Hrsg.): Personalmanagement – Führung – Organisation, 3. Aufl., Wien, S. 255-288   (m)

3-D-Modell von Reddin

Das 3-D-Modell von Reddin ist ein situatives Führungskonzept und erweitert die von Blake/Mouton im Grid-Modell ausgearbeiteten ↗ Führungsstile um die situative Komponente. Reddin geht in Anlehnung an das Grid-Modell von vier Basisstilen aus:

- Einsatzstil: starke Aufgabenorientierung
- Kontaktstil: starke Mitarbeiterorientierung
- Trennungsstil: geringe Aufgaben- und Mitarbeiterorientierung
- Integrationsstil: starke Aufgaben- und Mitarbeiterorientierung

Die beiden Dimensionen Aufgabenorientierung und Mitarbeiterorientierung werden um eine situative Dimension erweitert. Diese umfasst vor allem die Organisation, die technologische Komponente sowie die soziale Umgebung, d.h. Vorgesetzte, Mitarbeiter und Untergebene. Je nach der Situationsadäquatheit der ↗ Führung führen die vier Basisstile zu mehr oder weniger Führungseffizienz (s. Abb. 5).

Geringe Führungsadäquatheit – geringe Effizienz		Basisstil		Hohe Führungsadäquatheit – hohe Effizienz
Compromiser	⇦	Integration	⇨	Executive
Deserter	⇦	Trennung	⇨	Bureaucrat
Autocrat	⇦	Einsatz	⇨	Benevolent autocrat
Missionary	⇦	Kontakt	⇨	Developer

Abb. 5: Basisstile und Führungseffizienz

Als zentrale Führungsqualifikationen ergeben sich aus diesem Modell die Fähigkeit zur Situationsanalyse und zur Berücksichtigung der Situation im Führungsverhalten und die Gestaltungsfähigkeit zur Veränderung der Situation.

Literatur: Reddin, W.J. 1977: Das 3-D-Programm zur Leistungssteigerung des Managements, Landsberg am Lech   (m)

Literaturverzeichnis

Ackermann, K.F. 1983: Die Planung des Bedarfs an Auszubildenden in Industrieunternehmen, in: Weber, W. (Hrsg.): Betriebliche Aus- und Weiterbildung, Paderborn, S. 9-38

Ackermann, K.-F.; Meyer, M.; Mez, B. (Hrsg.) 1998: Die kundenorientierte Personalabteilung. Ziele und Prozesse des effizienten HR-Management, Wiesbaden

Ackermann, K.F.; Reber, G. 1981: Entwicklung und gegenwärtiger Stand der Personalwirtschaftslehre, in: Ackermann, K.F.; Reber, G. (Hrsg.): Personalwirtschaft. Motivationale und kognitive Grundlagen, Stuttgart, S. 3-53

Adams, J. S. 1979: Inequity in Social Exchange, in: Sterrs, R.; Porter, L. W. (Hrsg.): Motivation and Work Behavior, Auckland u. a., S. 107-124

Alderfer, C. P. 1972: Existence, relatedness, and growth. Human needs in organizational settings, New York

Aleman, H. v. 1977: Der Forschungsprozeß, Stuttgart

Alemann, H. v.; Ortlieb, P. 1975: Die Einzelfallstudie, in: Koolwijk, J. v.; Wiken-Mayser, M. (Hrsg.): Techniken der empirischen Sozialforschung, Bd. 2, München, Wien, S. 157-177

Alewell, Dorothea 1993: Interne Arbeitsmärkte. Eine informationsökonomische Analyse, Hamburg

Antoni, C. 1996: Teilautonome Arbeitsgruppen, Weinheim

Antoni, C. 2000: Teamarbeit gestalten – Grundlagen, Analysen, Lösungen, Weinheim

Antoni, C. H. 1996: Gruppenarbeit. Mehr als ein Konzept. Darstellung und Vergleich unterschiedlicher Formen der Gruppenarbeit, in: Antoni, C. H.(Hrsg.): Gruppenarbeit in Unternehmen. Konzepte, Erfahrungen, Perspektiven, 2. Aufl., Weinheim, S. 19-48

Arbeitsgemeinschaft betriebliche Weiterbildungsforschung (ABWF)(Hrsg.) 1999: Kompetenzentwicklung '99. Aspekte einer neuen Lernkultur, Münster et al.

Arbeitsgruppe am Max-Planck-Institut für Bildungsforschung 1994: Das Bildungswesen in der Bundesrepublik Deutschland, 4. Aufl., Reinbek bei Hamburg

Armingeon, K.; Geissbühler, S. 2000: Gewerkschaften in der Schweiz: Herausforderungen und Optionen, Zürich

Arnold, R.; Lipsmeier, A. (Hrsg.) 1995: Handbuch der Berufsbildung, Opladen

Ashkanasy, N.; Wilderom, C.; Peterson, M. (Hrsg.) 2000: Handbook of organizational culture & climate, Thousand Oaks, CA

Atkinson, J. 1984: Manpower Strategies for Flexible Organizations, in: Personell Management, Vol. 16, No. 8, S. 28-31

Atkinson, J. W. 1981: Motivationale Determinanten des Verhaltens bei Risiko, in: Ackermann, K.-F.; Reber, G. (Hrsg.): Personalwirtschaft. Motivationale und kognitive Grundlagen, Stuttgart, S. 261-279

Backes-Gellner, U. 2001: Personalökonomie, Wiesbaden

Backes-Gellner, U. 2004: Personnel Economics: An Economic Approach to Human Resource Management, in: Management Revue: The International Review of Management Studies, Vol. 15, No. 2, S. 215-227

Backes-Gellner, U.; Lazear, E.P.; Wolff, B. 2001: Personalökonomik: fortgeschrittene Anwendungen für das Management, Stuttgart

Backhaus, K. u.a. 2003: Multivariate Analysemethoden: eine anwendungsorientierte Einführung. 10. Aufl., Berlin u.a.

Backhausen, W.; Thommen, J.-P. 2002: Coaching. Durch systematisches Denken zu innovativer Personalentwicklung, Wiesbaden

Bader, B. 1996: Computergestützte Personalinformationssysteme. Stand und Entwicklungstendenzen, Diss., Dresden

Baird, L.; Meshoulam, I. 1988: Managing two fits of strategic human resource management, in: Academy of Management Review, S. 116-128

Bandura, A. 1979: Sozial-Kognitive Lerntheorie, Stuttgart

Barney, J.B. 1991: Firm resources and sustainable competitive advantage, in: Journal of Management, 1/1991, S. 99-120

Baron, W.M. 1995: Technikfolgenabschätzung: Ansätze zur Institutionalisierung und Chancen der Partizipation, Opladen

Barthel, E.; Stehle, W. 1986: Biographisches Profil erfolgreicher Mitarbeiter im Versicherungsaußendienst, in: Schuler, H.; Stehle, W. (Hrsg.): Biographischer Fragebogen als Methode der Personalauswahl, Stuttgart, S. 80-90

Bartölke, K. u.a. 1981: Konfliktfeld Arbeitsbewertung. Grundlagenprobleme und Einführungspraxis, Frankfurt/M., New York

Bauer, J.-P. 1985: Zuständigkeit der Akteure, in: Endruweit, G.; Gaugler, E.; Staehle, W.H.; Wilpert, B. (Hrsg.): Handbuch der Arbeitsbeziehungen. Deutschland – Österreich – Schweiz; Berlin, New York, S. 145-167

Baumeister, H; Knieper, K. 2001: Call Center City Bremen – eine Bestandsanalyse. Expertise im Auftrag des RKW, Bremen

Baumgärtner, F. 1986: Richtungen der Psychologie, in: Sarges, W.; Fricke, R. (Hrsg.): Psychologie für die Erwachsenenbildung, Göttingen

Bechmann, A. 1978: Nutzwertanalyse: Bewertungstheorie und Planung, Bern, Stuttgart

Becker, F.G. 1998: Grundlagen betrieblicher Leistungsbeurteilungen, 3. Aufl., Stuttgart

Becker, F.G. 2003: Grundlagen betrieblicher Leistungsbeurteilungen, 4. Aufl., Stuttgart

Becker, M. 1993: Personalentwicklung, Bad Homburg

Becker, M. 1999: Aufgaben und Organisation der betrieblichen Weiterbildung, 2. Aufl., München, Wien

Becker, M.; Martin, A. (Hrsg.) 1993: Empirische Personalforschung: Methoden und Beispiele, München, Mering

Beer, M. et al. 1985: Human Resource Management: A General Manager's Perspektive, New York, London

Beermann, B. 2001: Leitfaden zur Einführung und Gestaltung von Nacht- und Schichtarbeit, Dortmund

Begemann, P. 2004: Das Arbeitszeugnis. Was unbedingt drinstehen muss – mit Musterzeugnissen und typischen Formulierungen – was zwischen den Zeilen steht, Frankfurt/M.

Behrmann, D.; Schwarz, B. (Hrsg.) 2003: Selbstgesteuertes lebenslanges Lernen: Herausforderungen an die Weiterbildungsorganisation, Bielefeld

Bellmann, L. u.a. 1996: Flexibilität von Betrieben in Deutschland, Nürnberg

Benkhoff, B. 2004: Identifikation und Loyalität, in: Gaugler, E.; Oechsler, W.A.; Weber, W. (Hrsg.): Handwörterbuch des Personalwesens, 3. Aufl., Stuttgart, Sp. 897-905

Benner, H. 1996: Ordnung der staatlich anerkannten Ausbildungsberufe, 2. Aufl., Bielefeld

Benninghaus, H. 2001: Einführung in die sozialwissenschaftliche Datenanalyse, 6. Aufl., München, Wien

Benninghaus, H. 2002: Deskriptive Statistik, 9. Aufl., Stuttgart

Berelson, B.; Steiner, G.A. 1964: Human Behavior: An Inventory of Scientific Findings, New York

Berg-Peer, J. 2003: Outplacement in der Praxis: Trennungsprozesse sozialverträglich gestalten, Wiesbaden

Berlyne, D.E. 1981: Konflikt, Erregung, Neugier, in: Ackermann, K.-F.; Reber, G. (Hrsg.): Personalwirtschaft. Motivationale und kognitive Grundlagen, Stuttgart, S. 172-199

Berthel, J.; Koch, H.E. 1985: Karriereplanung und Mitarbeiterförderung, Sindelfingen

Best, E.; Weth, M. 2003: Geschäftsprozesse optimieren. Der Praxisleitfaden für erfolgreiche Reorganisation, Wiesbaden

Birk, U.-A. 1996: Betriebliche Altersversorgung, München

Bischl, K. 2000: Die Mitarbeiterzeitung. Kommunikative Strategien der positiven Selbstdarstellung von Unternehmen, Wiesbaden

Blake, R.R.; Mouton, J.S. 1978: Besser führen mit GRID, Düsseldorf, Wien

Blanchard, K.; Carlos, J.P.; Randolph, A. 1999: Management durch Empowerment. Das neue Führungskonzept: Mitarbeiter bringen mehr, wenn sie mehr dürfen, Reinbeck bei Hamburg

Blanke, T.; Schüren, P.; Wank, R.; Wedde, P. 2002: Handbuch Neue Beschäftigungsformen: Teilzeitarbeit, Telearbeit, Fremdfirmenpersonal, Franchiseverhältnisse, Baden-Baden

Bley, A. 1999: Bestimmungsgründe von Arbeitsfluktuation und Arbeitslosigkeit, Berlin

Blossfeld, H.P.; Mayer, K.U. 1988: Arbeitsmarktsegmentation in der Bundesrepublik Deutschland, in: Kölner Zeitschrift für Soziologie und Sozialpsychologie, H. 40, S. 262-283

Böhnisch, W. 1991: Führung und Führungskräftetraining nach dem Vroom-Yetton-Modell, Stuttgart

Böhnisch, W. 1992: Führung und Führungskräftetraining nach dem Vroom-Yetton-Modell, 2. Aufl. Stuttgart

Bohnsack, R. 2000: Gruppendiskussion, in: Flick, U.; Kardorff, E.v.; Steinke, I. (Hrsg.): Qualitative Forschung. Ein Handbuch, Reinbek bei Hamburg, S. 369-384

Bokranz, R.; Landau, K. 1991: Einführung in die Arbeitswissenschaft, Stuttgart

Bolm-Audorff, U. 1995: Berufskrankheiten: Leitfaden für die betriebliche, medizinische und juristische Praxis, Neuwied, Kriftel, Berlin

Bolte, K.M. 1972: Mobilität, in: Bernsdorf, W. (Hrsg.): Wörterbuch der Soziologie, Band 2, Frankfurt/M., S. 554ff.

Böning, U. 2003: Coaching für Mitarbeiter, in: Rosenstiel, L.v.; Regnet, E.; Domsch, M. (Hrsg.): Führung von Mitarbeitern, 5. Aufl., Stuttgart, S. 281-291

Borg, I. 2003: Führungsinstrument Mitarbeiterbefragung: Theorien, Tools und Praxiserfahrungen, 3. Aufl., Göttingen u.a.

Borkenau, P. 2004: Persönlichkeitsmerkmale und deren Erfassung, in: Gaugler, E.; Oechsler, W.A.; Weber, W. (Hrsg.): Handwörterbuch des Personalwesens, 3. Aufl., Stuttgart, Sp. 1663-1671

Bosch, G.; Kohl, H.; Schneider, U. (Hrsg.) 1995: Handbuch Personalplanung: ein praktischer Ratgeber, Köln

Böse, B.; Flieger, E. 1999: Call Center – Mittelpunkt der Kundenkommunikation. Planungsschritte und Entscheidungshilfen für das erfolgreiche Zusammenwirken von Mensch, Organisation und Technik, Braunschweig, Wiesbaden

Boydell, T.H. 1976: A Guide to the Identification of Training Needs, 2. Aufl., Portsmouth

Brandes, W. 1995: „Neue" Heimarbeit. Zwischen traditioneller Heimarbeit und Telearbeit, in: Keller, B.; Seifert, H.: Atypische Beschäftigung: verbieten oder gestalten?, Köln, S. 84-107

Braverman, H. 1980: Die Arbeit im modernen Produktionsprozess, Frankfurt/M., New York

Breisig, T. 2004: Zielvereinbarungssysteme, in: Gaugler, E.; Oechsler, W.A.; Weber, W. (Hrsg.): Handwörterbuch des Personalwesens, 3. Aufl., Stuttgart, Sp. 2053-2064

Brewster, C.; Mayrhofer, W.; Morley, M. 2000: New Challenges for European Human Resource Management, Houndmills, Basingstoke

Brewster, C. Mayrhofer, W.; Morley, M. (Hrsg.) 2004: Human Resource Management in Europe. Evidence of convergence? Oxford

Brewster, C; Mayrhofer, W; Morley, M. 2004: Human Resource Management in Europe, London

Brickenkamp, R.; Brähler, E.; Holling, H. 2002: Handbuch psychologischer und pädagogischer Tests, 2 Bde., Göttingen

Brinkmann, G. 1999: Einführung in die Arbeitsökonomik, München

Bröckermann, R. (Hrsg.) 2002: Handbuch Recruitment, Berlin

Bröckermann, R.; Pepels, W. 2002: Personalmarketing, Stuttgart

Bronner, R.; Appel, W.; Wiemann, V. 1999: Empirische Personal- und Organisationsforschung: Grundlagen – Methoden – Übungen, München, Wien

Bronner, R.; Schröder, W. 1983: Weiterbildungserfolg. Modelle und Beispiele systematischer Erfolgssteuerung, München, Wien

Brupbacher, S. 2002: Fundamentale Arbeitsnormen der Internationalen Arbeitsorganisation: eine Grundlage der sozialen Dimension der Globalisierung, Bern

Büdenbender, U.; Strutz, H. 2003: Gabler Kompakt-Lexikon Personal, S. 364f.

Budros, A. 1999: A Conceptual Framework for Analyzing Why Organizations Downsize, in: Organization Science, Vol. 10, S. 69-82

Bühner, R.; Tuschke, A. 1997: Outsourcing. In: Die Betriebswirtschaft, 57. Jg., H. 1, S. 20-30

Bührmann, A.; Diezinger, A.; Metz-Göckel, S. 2000: Arbeit, Sozialisation, Sexualität. Zentrale Felder der Frauen- und Geschlechterforschung, Opladen

Bundesinstitut für Berufsbildung. Der Generalsekretär (Hrsg.): Verzeichnis der anerkannten Ausbildungsberufe, Köln, Bielefeld (erscheint jährlich)

Bundesministerium für Arbeit und Sozialordnung 2000: Mitarbeiterbeteiligung am Produktivvermögen. Ein Wegweiser für Arbeitnehmer und Arbeitgeber, Bonn

Bundesministerium für Familie, Senioren, Frauen und Jugend: Erziehungsgeld, Elternzeit. Das Bundeserziehungsgeldgesetz – Regelungen ab 1.1.2004, Broschüre 2004

Büssing, A. 2004: Arbeitszufriedenheit, in: Gaugler, E.; Oechsler, W.A.; Weber, W. (Hrsg.): Handwörterbuch des Personalwesens, 3. Aufl., Stuttgart, Sp. 461-473

Büssing, A.; Drodofsky, A.; Hegendörfer, K. 2003: Telearbeit und Qualität des Arbeitslebens. Ein Leitfaden zur Analyse, Bewertung und Gestaltung, Göttingen et al.

Buttler, F.; Gerlach, K. 1982: Arbeitsmarkttheorien, in: HdWW, Bd. 9, 1982, S. 686-696

Cameron, K.S. 1994: Strategies for Successful Organizational Downsizing, in: Human Resource Management, Vol. 33, S. 189-211

Campell, J. P.; Pritchard, R. D. 1979: Research Evidence Pertaining to Expectancy – Instrumental-Valence-Theory, in: Steers, R.; Porter, L.W. (Hrsg.): Motivation and Work Behavior, Auckland u. a.

Cerny, J. 1987: Arbeitsverfassungsgesetz, 8., neu überarb. Aufl., Wien

Charim, I.; Füreder, H. 2000: Gewerkschaften, Kammern, Sozialpartnerschaft und Parteien nach der Wende. Erfahrungen aus Schweden, Großbritannien, Frankreich und Deutschland, Wien

Chmielewicz, K. 1995: Unternehmensverfassung und Führung, in: Kieser, A.; Reber, G.; Wunderer, R. (Hrsg.): HWFü, 2. Aufl. Stuttgart, Sp. 2074-2081

Clemens, W. 2001: Ältere Arbeitnehmer im sozialen Wandel: von der verschmähten zur gefragten Humanressource? Opladen

Coase, R. 1937: The Nature of the Firm, in: Economica, Vol. 4, 1937, S. 386-405

Coenenberg, A.G. 2003: Jahresabschluss und Jahresabschlussanalyse, 19. Aufl., Landsberg/Lech

Coenenberg, A.G. 2003: Kostenrechung und Kostenanalyse, 5. Aufl., Stuttgart

Commons, J.R. 1924: Legal Foundations of Capitalism, New York

Conrad, P. 1988: Involvement-Forschung, Berlin; New York

Conrad, P. 2004: Personalentscheidungen, in: Gaugler, E.; Oechsler, W.A.; Weber, W. (Hrsg.): Handwörterbuch des Personalwesens, 3. Aufl., Stuttgart, Sp. 1488-1500

Conrad, P.; Sydow, J. 1984: Organisationsklima, Berlin, New York

Corpina, P. 1996: Laufbahnentwicklung von Dual-Career Couples – Gestaltung partnerschaftsorientierter Laufbahnen. St. Gallen, Dissertation Universität St. Gallen

Cranny, C.J.; Smith, P.C.; Stone, E.F. (Hrsg.) 1992: Job Satisfaction, New York u.a.

Crisand, E. 2002: Soziale Kompetenz als persönlicher Erfolgsfaktor, Heidelberg

Daegling, K.-D.; Düwell, F.-J. 1999: Die Arbeit des Wirtschaftsausschusses: betriebswirtschaftliche und betriebsverfassungsrechtliche Fragen, 2. Aufl., Münster

Däubler, W. 1987: Arbeitskampfrecht, Baden-Baden

Däubler, W. 1998: Das Arbeitsrecht, Bd. 1, 15. Aufl., Reinbek bei Hamburg

Däubler, W. 1998: Das Arbeitsrecht, Bd. 2, 11. Aufl., Reinbek bei Hamburg

Däubler, W.; Kittner, M.; Klebe, T. 2004: Betriebsverfassungsgesetz mit Wahlordnung. Kommentar für die Praxis, 9. Aufl., Köln

Demmer, C.; Soder, A. 2002: Stellenanzeigen richtig verstehen. Wie Sie Jobangebote entschlüsseln und sich erfolgreich bewerben, Frankfurt/M.

Deppe, J. 1992: Quality circle und Lernstatt. Ein integrativer Ansatz, 3. Aufl., Wiesbaden

Deppe, J.; Hoffmann, R.; Stützel, W. (Hrsg.) 1997: Europäische Betriebsräte: Wege in ein soziales Europa, Frankfurt

Der Bundesminister für Bildung und Wissenschaft (Hrsg.) o.J.: Ausbildung und Beruf – Rechte und Pflichten während der Berufsausbildung, Bonn (jeweils neueste Auflage)

Deutscher Bildungsrat (Hrsg.) 1974: Die Bedeutung der verschiedenen Lernorte in der beruflichen Bildung, Stuttgart

DFG Senatskommission für Berufsbildungsforschung (Hrsg.) 1990: Berufsbildungsforschung an den Hochschulen der Bundesrepublik Deutschland: Situation, Hauptaufgaben, Förderbedarf, Weinheim; Basel

Dickenberger, D.; Gniech, G.; Grabitz, H.-J. 1993: Theorie der psychologischen Reaktanz, in: Frey, D.; Irle, M. (Hrsg.): Theorien der Sozialpsychologie, 2. Aufl., Bern, S. 243-273

Diekmann, A. 2003: Empirische Sozialforschung: Grundlagen, Methoden, Anwendungen, 10. Aufl., Reinbek bei Hamburg

Diekmann, A. 2004: Empirische Sozialforschung: Grundlagen, Methoden, Anwendungen, 11. Aufl., Reinbek bei Hamburg

Dierkes, M. 1974: Die Sozialbilanz – ein gesellschaftsbezogenes Informationsund Rechnungslegungsinstrument, Frankfurt/M., New York

Dierkes, M.; Berthoin Antal, A.; Child, J.; Nonaka, I. (Hrsg.) 2001: Handbook of organizational learning and knowledge, Oxford

Dincher, R.; Gaugler, E. Personalberatung bei der Beschaffung von Fach- und Führungskräften, Mannheim

Dixon, P. 2001: Jobsuche online für Dummies: finden Sie Ihren Traumjob im Internet, Bonn

Doeringer, P.B.; Piore, M.J. 1985: Internal Labor Markets and Manpower Analysis, London

Doleczik, G.; Oser, P.; Schäfer, U. 1998: Altersteilzeit. Ein praxisorientierter Leitfaden für Entscheidungsträger, Stuttgart

Domsch, M. 1979: Das Problem der Kosten-Nutzen-Anlayse bei Personalinformationssystemen, in: Reber, G. (Hrsg.): Personalinformationssysteme, Stuttgart, S. 337-370

Domsch, M. 1980: Systemgestützte Personalarbeit, Wiesbaden

Domsch, M.; Gerpott, T. 2004: Personalbeurteilung, in: Gaugler, E.; Oechsler, W.A.; Weber, W. (Hrsg.): Handwörterbuch des Personalwesens, 3. Aufl., Stuttgart, Sp. 1431-1441

Dorrer, M. 2002: Das Jobsharing-Arbeitsverhältnis. Arbeitsrechtliche Fragen der Arbeitsplatzteilung, Wien

Dreitzel, H. P. 1980: Die gesellschaftlichen Leiden und das Leiden an der Gesellschaft, 3. Aufl., Stuttgart

Drumm, H.J. 2000: Personalwirtschaft, 4. Aufl., Berlin et al.

Drumm, H.J.; Scholz, C. 1988: Personalplanung. Planungsmethoden und Methodenakzeptanz, 2. Aufl., Bern, Stuttgart

Dubs, R. 1990: Lernprozesse in Unternehmungen beschleunigen. Zur Transferproblematik in Unternehmungen, in: Die Unternehmung, 40. Jg., 1990, S. 154-163

Dubs, R. 1993: Gedanken zur schweizerischen Berufsbildung, in: BIGA (Hrsg.): Berufsbildung im Umbruch, Bern, S. 71-89

Eckardstein, D.v. 1982: Kennzahlen im Personalbereich, in: WiSt, S. 423-426

Eckardstein, D.v. et al. 1988: Die Qualifikation der Arbeitnehmer in neuen Entlohnungsmodellen. Zur Funktion von Modellen des Qualifikationslohns in personalwirtschaftlichen und gewerkschaftlichen Strategien, Frankfurt a.M. et al.

Eckardstein, D.v. 2002: Personalmanagement, in: Kasper, H.; Mayrhofer, W. (Hrsg.): Personalmanagement – Führung – Organisation, Wien, S. 361-405

Eckardstein, D.v.; Schnellinger, F. 1978: Betriebliche Personalpolitik, 3. Aufl., München

Eckardstein, D.v.; Zauner, A. 1999: Das Management von Veränderungen, in: Eckardstein, D., von; Kasper, H.; Mayrhofer, W. (Hrsg.): Management. Theorien – Führung – Veränderung, Stuttgart, S. 363-382

Eder, R.W.; Ferris, G.B. 1989: The Employment Interview, Newbury Park, Cal. u.a.

Ehreiser, H.J.; Nick, F.R. (Hrsg.) 1978: Betrieb und Arbeitsmarkt, Wiesbaden

Elšik, W. 1992: Strategisches Personalmanagement, München, Mering

Elšik, W. ; Nachbagauer, A. 2002: Entlohnung, in: Kasper, H.; Mayrhofer, W. (Hrsg.): Personalmanagement – Führung – Organisation, 3. Aufl., Wien, S. 527-564

Elsner, G. 2001: Arzt und Arbeit. Ein Lehrbuch zur Arbeitsmedizin, Hamburg

Engelbrecht, H.; Gruber, B. W.; Risak, M. E. 2002: Werkverträge & atypische Dienstverträge, Wien

Eyer, E. 2002: Report Vergütung : Entgeltgestaltung für Mitarbeiter und Manager, 2. Aufl., Düsseldorf

Feil, M.; Schroeder, C. 2002: Die Auswirkungen der Arbeitszeitverkürzung in Deutschland, Köln

Festing, M.; Martin, A.; Mayrhofer, W.; Nienhüser, W. 2004: Personaltheorie als Beitrag zur Theorie der Unternehmung, München, Mering

Fiedler, F. E. 1972: Das Kontingenzmodell: Eine Theorie der Führungseffektivität, in: Kunczik, M. (Hrsg.): Führung, Düsseldorf, Wien, S. 179-198

Fischer, G.; Heier, D. 1983: Entwicklungen der Arbeitsmarkttheorie, Frankfurt/ M., New York

Fischer, G. 1929: Mensch und Arbeit im Betrieb, Zürich

Fischer, L.; Wiswede, G. 1997: Grundlagen der Sozialpsychologie, München, Wien

Fitzroy, F.R.; Kraft, K. (Hrsg.) 1987: Mitarbeiterbeteiligung und Mitbestimmung im Unternehmen, Berlin; New York

Fluder, R.; Ruf, H.; Schöni, W.; Wicki, M. 1991: Gewerkschaften und Angestelltenverbände in der schweizerischen Privatwirtschaft, Zürich

Forrester, J.W. 1968: Industrial Dynamics, 5. Aufl., Cambridge, Mass.

Franke, J. 1998: Optimierung von Arbeit und Erholung: ein kompakter Überblick für die Praxis, Stuttgart

Franz, W. 1999: Arbeitsmarktökonomik, 4. Aufl. Berlin

Frech, M.; Schmidt, A. 2002: Kommunikation im Management: Grundlagen und die Rolle neuer Medien, in: Kasper, H.; Mayrhofer, W. (Hrsg.): Personalmanagement – Führung – Organisation, 3. Aufl., Wien, S. 213-254

French, J.R.P. jr.; Raven, B. 1959: The Basis of Social Power, in: Cartwright, D. (Hrsg.): Studies in Social Power, Michigan, S. 150-167

Frerich, J. 1987: Sozialpolitik, München, Wien

Frese, E. 1990: Industrielle Personalwirtschaft, in: Schweitzer, M. (Hrsg.): Industriebetriebslehre, München, S. 217-329

Frese, E. 2000: Grundlagen der Organisation. Die Organisationsstruktur der Unternehmung, 8. Aufl., Wiesbaden

Freud, A. 1991: Das Ich und die Abwehrmechanismen, Frankfurt/M.

Frey, D. 1978: Die Theorie der kognitiven Dissonanz, in: Frey, D. (Hrsg.): Kognitive Theorien der Sozialpsychologie, Bern u. a., S. 243-292

Friedrichs, J. 1990: Methoden empirischer Sozialforschung, 14. Aufl., Opladen

Fucke, E. 1978: Mehr Chancen durch Mehrfachqualifikation, 2. Aufl., Stuttgart

Gabele, E.; Liebel, H. J.; Oechsler, W. 1992: Führungsgrundsätze und Mitarbeiterführung. Führungsprobleme erkennen und lösen, Wiesbaden

Gagn,, R.M. 1969: Die Bedingungen des menschlichen Lernens, Hannover; Gaugler, E. 1987: Kosten der Weiterbildung, in: Göbel, U.; Schlaffke, W. (Hrsg.): Kongreß: Beruf und Weiterbildung, Köln, S. 108-123

Gaugler, E. 1987: Zur Vermittlung von Schlüsselqualifikationen, in: Gaugler, E. (Hrsg.): Betriebliche Weiterbildung als Führungsaufgabe, Wiesbaden, S. 69-84

Gaugler, E. 1988: HR management: an international comparison, in: Personnel, Vol. 65, Nr. 8, S. 24-30

Gaugler, E.; Oechsler, W.A.; Weber, W. 2004: Personalwesen, in: Gaugler, E.; Oechsler, W.A.; Weber, W. (Hrsg.): Handwörterbuch des Personalwesens, 3. Aufl., Stuttgart, Sp. 1653-1663

Gaugler, E.; Weber. W.; Gille, G.; Martin, A. 1985: Ausländerintegration in deutschen Industriebetrieben, Königstein i. Ts.

Gebert, D.; Rosenstiel, L.v. 1996: Organisationspsychologie, 4. Aufl., Stuttgart

Gerlach, K. et al. (Hrsg.) 1998: Ökonomische Analysen betrieblicher Strukturen und Entwicklungen – Das Hannoveraner Firmenpanel. Frankfurt a.M., New York

Geschka, H.; Reibnitz, U.v. 1983: Die Szenario-Technik – ein Instrument der Zukunftsanalyse und der strategischen Planung, in: Töpfer, A.; Ahlfeldt, H. (Hrsg.): Praxis der strategischen Unternehmensplanung, 2. Aufl., Frankfurt, S. 125-170

Gesetz über Sprecherausschüsse der leitenden Angestellten (Sprecherausschussgesetz – SprAuG) vom 01.01.1989 (BGBl.I S. 2312)

Gomez-Meja, L.R.; Balkin, D.B. 1992: Compensation, Organizational Strategy and Firm Performance, Cincinnati, Oh.

Göpfert, G. A. 2002: Argumentative Bewerbung: Tipps für die Stellensuche, Bewerbung und Vorstellung, 5. Aufl., München

Gordon, D. M.; Edwards, R.; Reich, M. 1978: Arbeitssegmentation und Herrschaft, in: Sengenberger, W. (Hrsg.): Der gespaltene Arbeitsmarkt, Frankfurt/M., New York 1978, S. 55-66

Götz, K. 2002: Personalarbeit der Zukunft, München, Mering

Götze, U. 1990: Strategische Planung auf der Grundlage von Szenarien, in: Zeitschrift für Planung, 1. Jg., S. 303-324

Gould, S.J. 1988: Der falsch vermessene Mensch, Frankfurt/M.

Grawert, A. 2004: Deferred Compensation, in: Gaugler, E; Oechsler, W.A.; Weber, W. (Hrsg.): Handwörterbuch des Personalwesens, 3. Aufl., Stuttgart, Sp. 673-682

Greif, S.; Bamberger, E.; Semmer, N. 1991: Psychischer Streß am Arbeitsplatz, Göttingen

Greiner, L. E. 1972: Evolution and Revolution as Organisations Grow, in: Harvard Business Review, S. 37-46

Greinert, W.D. 1998: Das »deutsche System« der Berufsausbildung: Tradition, Organisation, Funktion, Baden-Baden

Gross, W. 1992: Arbeitsrecht 2: Fall, Systematik, Lösung (Kollektives Arbeitsrecht), Wiesbaden

Grubitzsch, S. 1999: Testtheorie – Testpraxis, 2. Aufl., Eschborn

Grünefeld, H.-G. 1983: Steuerung und Kontrolle des Personalaufwandes, Wiesbaden

Grünewald, U.; Moraal, D. 1995: Kosten der betrieblichen Weiterbildung, Berlin u.a.

Grunow, D. 1976: Personalbeurteilung, Stuttgart

Gussone, M. 1999: Ältere Arbeitnehmer: Altern und Erwerbsarbeit in rechtlicher, arbeits- und sozialwissenschaftlicher Sicht, Frankfurt am Main

Halbach, G.; Paland, N.; Schwedes, R.; Wlotzke, O. 1991: Übersicht über das Recht der Arbeit, 4. Aufl., Bonn

Haltmeyer, B.; Lueger, G. 2002: Beschaffung und Auswahl von Mitarbeitern, in: Kasper, H.; Mayrhofer, W. (Hrsg.): Personalmanagement – Führung – Organisation, Wien, S. 405-446

Hamm, I. 2001: Teilzeitarbeit im Betrieb, Frankfurt/M.

Hampden-Turner, C. 1996: Modelle des Menschen. Dem Rätsel des Bewußtseins auf der Spur, Weinheim, Basel

Hangebrauck, U.-M.; Kock, K.; Kutzner, E.; Muesmann, G. (Hrsg.) 2003: Handbuch Betriebsklima, München, Mering

Hansen, H. 2000: Organisationeller Wandel und Personalbedarf. Unternehmensstrategien und Beschäftigungssituation Ende der neunziger Jahre, Opladen

Hartung, J.; Elpelt, B. 1999: Multivariate Statistik. Lehr- und Handbuch der angewandten Statistik, 6. Aufl., München, Wien

Hartung, J.; Elpelt, B.; Klösener, K.-H. 2002: Statistik. Lehr- und Handbuch der angewandten Statistik, 13. Aufl., München, Wien

Hase, D.; Neumann-Cosel, R.v.; Rupp, R. 2004: Handbuch Interessenausgleich und Sozialplan, 4. Aufl., Frankfurt/M.

Haunschild, A. 2004: Humanvermögensrechnung, in: Gaugler, E.; Oechsler, W.A.; Weber, W. (Hrsg.): Handwörterbuch des Personalwesens, 3. Aufl., Stuttgart, Sp. 887-896

Heenan, D.A.; Perlmutter, H.V. 1979: Multinational Organization Development, Reading, Mass.

Heidack, C. 2001: Praxis der kooperativen Selbstqualifikation, Lernen der Zukunft, München, Mering

Heidack, C. 2004: CBT/WBT: Multimediale Qualifizierung durch computer- und webunterstützes Training, in: Gaugler, E.; Oechsler, W.A.; Weber, W. (Hrsg.): Handwörterbuch des Personalwesens, 3. Aufl., Stuttgart, Sp. 639-651

Heinrich, M. 2002: Gruppenarbeit: theoretische Hintergründe und praktische Anwendungen, in: Kasper, H.; Mayrhofer, W. (Hrsg.): Personalmanagement – Führung – Organisation, 3. Aufl., Wien, S. 289-335

Heller, W. 1994: Arbeitsgestaltung, Stuttgart

Henselek, H. 2004: Personalkosten und -aufwand, in: Gaugler, E.; Oechsler, W.A.; Weber, W. (Hrsg.): Handwörterbuch des Personalwesens, 3. Aufl., Stuttgart, Sp. 1554-1566

Hentschel, B.; Jaspers, A. 2004: Datenschutz und Datensicherheit, in: Gaugler, E.; Oechsler, W.A.; Weber, W. (Hrsg.): Handwörterbuch des Personalwesens, 3. Aufl., Stuttgart, Sp. 661-672

Hentze, J. 1980: Arbeitsbewertung und Personalbeurteilung, Stuttgart

Hentze, J. 1994/1995: Personalwirtschaftslehre, 2 Bände, 6. Aufl., Bern, Stuttgart, Wien

Hentze, J. 2004: Lohnformen, in: Gaugler, E.; Oechsler, W.A.; Weber, W. (Hrsg.): Handwörterbuch des Personalwesens, 3. Aufl., Stuttgart, Sp. 1104-1114

Hentze, J.; Kammel, A. 2001: Personalwirtschaftslehre, 7. Aufl., Bern, Stuttgart, Wien

Herkert, J. 1992: Kommentar zum Berufsbildungsgesetz, Grundwerk, Regensburg

Herkner, W. (Hrsg.) 1996: Lehrbuch Sozialpsychologie, 5. Aufl., Bern et al

Herkner, W.; Olbrich, A. 2004: Verhaltenserwerb und Verhaltensänderungen, in: Gaugler, E.; Oechsler, W.A.; Weber, W. (Hrsg.): Handwörterbuch des Personalwesens, 3. Aufl., Stuttgart, Sp. 1958-1968

Herrmann, J. 1999: Personalplanung und Personalbeschaffung, Wiesbaden

Herrmann, T. 1969: Lehrbuch der empirischen Persönlichkeitsforschung, Göttingen (3. Aufl. 1976)

Hersey, B.; Blanchard, K.H.; Johnson, D. E. 2001: Management of Organizational Behavior, 8. Aufl., Upper Saddle River, N.J

Herzberg, F.; Mausner, B.; Snyerman, B. B. 1959: The Motivation to Work, New York u.a.

Hesse, J.; Schrader, H. C. 1996: Optimale Bewerbungsunterlagen: Strategien für die Karriere. Die schriftliche Bewerbung perfekt gestalten und überzeugend präsentieren, Frankfurt am Main

Hoffmann, D.; Lehmann, J.; Weinmann, H. 1978: Mitbestimmungsgesetz – Kommentar, München

Hoffmann, P.; Ramke, P. 1990: Management Buy-Out in der Bundesrepublik Deutschland: Anspruch, Realität und Perspektiven, Berlin

Hofmann, J.; Bonnet, P. 2004: Telearbeit, in: Gaugler, E; Oechsler, W.A.; Weber, W. (Hrsg.): Handwörterbuch des Personalwesens, 3. Aufl., Stuttgart, Sp. 1901-1909

Hofmann, L.M.; Regnet, E. 2003: Führung und Zusammenarbeit in virtuellen Strukturen, in: Rosenstiel, L.v.; Regnet, E.; Domsch, M.: Führung von Mitarbeitern, 5. Aufl., Stuttgart, S. 677-687

Hölterhoff, H; Becker, M. 1986: Aufgaben und Organisation der betrieblichen Weiterbildung, München; Wien

Holzschuh, G. 1989: Was ist Netzplantechnik?, 4. Aufl., Heidelberg

Homburg, Ch. 1992: Die Kausalanalyse. Eine Einführung, in: WiSt, 21. Jg., H. 10, S. 499-508, S. 541-544

Horsch, J. 2000: Personalplanung. Grundlagen, Gestaltungsempfehlungen, Praxisbeispiele, Herne

House, R. J. 1996: Path-Goal-Theory of Leadership: Lessons, Legacy, and a Reformulated Theory, in: Leadership Quarterly, 7, S. 323-352

Howaldt, J.; Jürgenhake, U.; Kopp, R. 2000: Personal- und Organisationsdiagnose. Ein Instrument für wettbewerbsfähige Personal- und Organisationsstrukturen, Eschborn

Howaldt, J.; Kopp, R.; Winter, M. (Hrsg.) 1998: Kontinuierlicher Verbesserungsprozess: KVP als Motor lernender Organisation, Köln.

Howell, J. P.; Bowen, D. E.; Dorfman, P. W.; Kerr, S.; Podsakoff, P. M. 1990: Substitutes for leadership: Effective alternatives to ineffective leadership, in: Organizational Dynamics, 19(1), S. 21-38

Hoyos, C.G. 1987: Verhalten in gefährlichen Arbeitssituationen, in: Kleinbeck, U.; Rutenfranz, J. (Hrsg.): Arbeitspsychologie. Themenbereich D, Serie III, Bd. 1 der Enzyklopädie der Psychologie, Göttingen u.a. 1987, S. 577-627

Hromadka, W. 1979: Das Recht der leitenden Angestellten, München

Hromadka, W. 1991: Sprecherausschussgesetz – Kommentar, Neuwied

Hromadka, W. 1995: Tariffibel, 4. Aufl., Köln

Huber, G. 2001: Das Arbeitszeugnis in Recht und Praxis, Freiburg i. Br. et al

Hugl, U. 1995: Qualitative Inhaltsanalyse und Mind-Mapping. Ein neuer Ansatz für Datenauswertung und Organisationsdiagnose, Wiesbaden

Hummel, T.R. 1999: Erfolgreiches Bildungscontrolling: Praxis und Perspektiven, Heidelberg

Hunter, J.E.; Hunter, R.F. 1984: Validity and Utility of Alternative Predictors of Job Performance, in: Psychological Bulletin, Vol. 96, S. 72-98

Hurrelmann, K.; Ulich, D. 1980 (Hrsg.): Handbuch der Sozialisationsforschung, Weinheim, Basel

Ilbertz, W. 2004: Personalvertretungsrecht des Bundes und der Länder: mit Wahlordnung, 13. Aufl., Berlin

Immer, S. 1994: Bildungsökonomische Ansätze von der klassischen Nationalökonomie bis zum Neoliberalismus, Frankfurt/M.

Internationale Arbeitsorganisation (Hrsg.) 1990: Zusammenfassungen internationaler Arbeitsnormen, Genf

Institut der deutschen Wirtschaft 2004: Deutschland in Zahlen, Köln

Israel, J. 1972: Der Begriff Entfremdung, Reinbek bei Hamburg

Janis, I. L. 1982: Groupthink, 2. Aufl. Dallas u.a.

Jeserich, W. 1982: Das Assessment-Center-Verfahren, in: Zeitschrift für Betriebswirtschaftliche Forschung, 34. Jg., 1982, S. 365-373

Jones, G. N. 1978: Soziale Systeme als Veränderungsagenten, in: Wöhler, K. (Hrsg.): Organisationsanalyse, Stuttgart, S. 126-154

Jörges-Süß, K.; Süß, S. 2004: Neo-Institutionalistische Ansätze der Organisationstheorie, in: WISU, 33. Jg., H. 3, S. 316-318

Jost, P.J. 2000: Konfliktmanagement und das Organisationsproblem, in: Wirtschaftsstudium, Jg. 29; H. 4, 2000, S. 510-523

Kabst, R. 2004: Transaktionskostentheorie: Einführung, kritische Diskussion und Ansätze zur Weiterentwicklung, in: Festing, M.; Martin, A; Mayrhofer, W.; Nienhüser, W. 2004: Personaltheorie als Beitrag zur Theorie der Unternehmung, München, Mering, S. 43-70

Kaiser, F.-J. (Hrsg.) 2000: Berufliche Bildung in Deutschland für das 21. Jahrhundert, Nürnberg

Kammerer, K. 2001: Personalakte und Abmahnung, Heidelberg

Kammerl, R. (Hrsg.) 2000: Computerunterstütztes Lernen, München u.a.

Kasper, H.; Mühlbacher, J. 2002: Von Organisationskulturen zu lernenden Organisationen, in: Kasper, H.; Mayrhofer, W. (Hrsg.): Personalmanagement – Führung – Organisation. 3. Aufl. Wien, S. 95-155

Kay, R. 2004: Gewinnung und Auswahl von MitarbeiterInnen, in: Krell, G. (Hrsg.): Chancengleichheit durch Personalpolitik, 4. Aufl., Wiesbaden, S. 163-182

Keller, B. 1983: Arbeitsbeziehungen im öffentlichen Dienst, Frankfurt/M.; New York

Keller, B. 1999: Einführung in die Arbeitspolitik. Arbeitsbeziehungen und Arbeitsmarkt in sozialwissenschaftlicher Perspektive, 6. Aufl. München; Wien

Keller, B., Henneberger, F. 1997: Arbeitsmarkttheorien, in: Gablers Wirtschafts-Lexikon. 14. Aufl., Wiesbaden, S. 225-241

Kelley, H. H. 1967: Attribution theory in social psychology, in: Levine, D. (Hrsg.): Nebraska symposium on motivation, Lincoln

Kelly, H. H.; Thibaut, J. W. 1969: Group Problem Solving, in: Lindzey, G.; Aronson, E. (Hrsg.): The Handbook of Social Psychology, Vol. IV, 2. Aufl., Reading, Mass. u.a., S. 1-101

Kieser, A. 2001: Max Webers Analyse der Bürokratie, in: Kieser, A. (Hrsg.): Organisationstheorien, 4. Aufl., Stuttgart, Berlin, Köln, S. 39-65

Kieser, A. 2002: Human Relations-Bewegung und Organisationspsychologie, in: Kieser, A. (Hrsg.): Organisationstheorien, 5. Aufl., Stuttgart, S. 101-131

Kieser, A. 2002b: Downsizing - eine vernünftige Strategie?, in: Harvard Business Manager, Vol. 24, H. 2, S. 30-39

Kieser, A.; Nagel, R.; Krüger, K.-H.; Hippler, G. 1990: Die Einführung neuer Mitarbeiter in das Unternehmen, Frankfurt

Kieser, A.; Walgenbach, P. 2003: Organisation, 4. Aufl., Stuttgart

Kilian, W. 1982: Personalinformationssysteme in deutschen Großunternehmen – Ausbaustand und Rechtsprobleme, 2. Aufl., Berlin u.a.

Kirchhoff, S. 2000: „Machen wir doch einen Fragebogen", Opladen

Kirchler, E.; Meier-Pesti, K.; Hofmann, E. 2004: Menschenbilder in Organisationen, Wien

Kirchler, E.; Rodler, C. 2002: Motivation in Organisationen, Wien

Kirchner, J.-H. 1983: Analyse von Arbeitssystemen, in: Rohmert, W.; Rutenfranz, J. (Hrsg.): Praktische Arbeitsphysiologie, Stuttgart, New York, S. 399-403

Kirsch, W. 1971: Entscheidungsprozesse, Bd. 2: Informationsverarbeitungstheorie des Entscheidungsverhaltens, Wiesbaden

Kirsch, W. 1971: Entscheidungsprozesse, Bd. 3: Entscheidung in Organisationen, Wiesbaden

Kirsch, W. 1973: Betriebswirtschaftspolitik und geplanter Wandel betrieblicher Systeme, in: Kirsch, W. (Hrsg.): Unternehmensführung und Organisation, Wiesbaden, S. 15-40

Kirsch, W. u.a. 1973: Betriebswirtschaftliche Logistik. Systeme, Entscheidungen, Methoden, Wiesbaden

Kirsch, W.; Bamberger, I.; Berg, C.; Weber, W. 1975: Die Wirtschaft. Einführung in die Volks- und Betriebswirtschaftslehre, Wiesbaden, S. 239-307

Kirsch, W.; Michael, M.; Weber, W. 1973: Entscheidungsprozesse in Frage und Antwort, Wiesbaden

Kissel, O.R. 2002: Arbeitskampfrecht: ein Leitfaden. München

Kleinhenz, G.; Falck, O. 2004: Arbeitsmarkt und Beschäftigung, in: Gaugler, E.; Oechsler, W.A.; Weber, W. (Hrsg.): Handwörterbuch des Personalwesens, 3. Aufl., Stuttgart, Sp. 287-299

Klenner, F. 1979: Die österreichischen Gewerkschaften, Bd. 3, Wien

Klimecki, R.G.; Gmür, M. 2001: Personalmanagement, 2. Aufl., München

Knigge, R. 1975: Von der Cost-Benefit-Analyse zur Nutzwertanalyse, in: WISU, 4. Jg., S. 123-129

Knobloch, H. 1987: Graphologie, München

Koch, H.E. 1985: Karriereplanung und Mitarbeiterförderung, Sindelfingen

Kolb, M. 1989: Flexibilisierung als konzeptionelle Leitidee strategischen Personalmanagements, in: Weber, W.; Weinmann, J. (Hrsg.): Strategisches Personalmanagement, Stuttgart, S. 205-221

Kolb, M. 2004: Sozialleistungen, betriebliche und Sozialeinrichtungen, in: Gaugler, E.; Oechsler, W.A.; Weber, W. (Hrsg.): Handwörterbuch des Personalwesens, 3. Aufl., Stuttgart, Sp. 1741-1753

Kolbinger, J. 1961/1962: Das betriebliche Personalwesen I und II, Stuttgart;

Kollros, E. 2002: Karenz & Kindergeld, Wien

Kompa, A. 1999: Assessment-Center, Bestandsaufnahme und Kritik, 6. Aufl., München, Mering

König, E.; Volmer G. 2002: Systemisches Coaching, Weinheim u.a.

König, H. 1979: Job-Search-Theorien, in: Bombach, G.; Gahlen, B.; Ott, A.E. (Hrsg.): Neuere Entwicklungen in der Beschäftigungstheorie und -politik, Tübingen, S. 63-115

König, M. 1997: Die Angestellten neben der Arbeitsbewegung, in: Studer, B.; Valloton, F.: Sozialgeschichte und Arbeiterbewegung, Zürich, S. 119-135

Koppert, W. 2003: Der Handlungsspielraum von Personalreferenten im Personalmanagement großer Industrieunternehmen, München, Mering

Kosiol, E. 1962: Leistungsgerechte Entlohnung, Wiesbaden

Kosiol, E. 1962: Organisation der Unternehmung, Wiesbaden

Kossbiel, H. 1976: Personalbereitstellung und Personalführung, Wiesbaden

Krapf, G. 2001: Ihr Recht bei Kündigung. Arbeitgeberkündigung, Arbeitnehmerkündigung, Entlassung, Austritt, befristetes Dienstverhältnis, Lösung in der Probezeit, 3. Aufl., Wien

Kreikebaum, H.; Herbert, K.-L. 1988: Humanisierung der Arbeit, Wiesbaden

Krekel, E.M. (Hrsg.) 1999: Bildungscontrolling – ein Konzept zur Optimierung der betrieblichen Weiterbildung, Bielefeld

Krell, G. 1994: Vergemeinschaftende Personalpolitik: normative Personallehren, Werksgemeinschaft, NS-Betriebsgemeinschaft, betriebliche Partnerschaft, Japan, Unternehmenskultur, München, Mering

Krell, G. (Hrsg.) 2004: Chancengleichheit durch Personalpolitik : Gleichstellung von Frauen und Männern in Unternehmen und Verwaltungen. Rechtliche Regelungen – Problemanalysen – Lösungen, Wiesbaden

Krell, G. 2004a: Chanchengleichheit durch Personalpolitik. Gleichstellung von Frauen und Männern in Unternehmen und Verwaltungen, 4. Aufl., Wiesbaden

Krell, G. 2004b: Arbeitnehmer, weibliche, in: Gaugler, E.; Oechsler, W.A.; Weber, W. (Hrsg.): Handwörterbuch des Personalwesens, 3. Aufl., Stuttgart, Sp. 111-112

Krell, G. 2004c: Managing Diversity: Chancengleichheit als Wettbewerbsfaktor, in: Krell, G., Chancengleichheit durch Personalpolitik, 4. Aufl., Wiesbaden, S. 41-56

Krimphove, D. 2003: Europarecht Basiswissen, Planegg b. München

Kriz, J.; Lisch, R. 1988: Methoden-Lexikon für Mediziner, Psychologen, Soziologen, München; Weinheim

Krohne, H.W. 1976: Theorien zur Angst, Stuttgart u.a.

Kruschwitz, L. 2003: Investitionsrechnung, 9. Aufl., München

Krystek, U.; Becherer, D.; Deichelmann, K.H. 1995: Innere Kündigung, München; Mering

Kuderna, F. 1986: Arbeits- und Sozialgerichtsbarkeit, Wien

Kühlmann, T.M. (Hrsg.) 1995: Mitarbeiterentsendung ins Ausland, Göttingen et al

Kühlmann, T.M. 2004: Auslandseinsatz von Mitarbeitern, Göttingen et al

Küpper, H.-U. 1991: Personal-Controlling aus der Sicht des Controllers – Entwicklungschancen?, in: Ackermann, K.F.; Scholz, H. (Hrsg.): Personalmanagement für die 90er Jahre, Stuttgart

Kunz, G.C. 2004: Nachwuchs fürs Management. High Potentials erkennen und fördern, Wiesbaden

Kupsch, P.U.; Marr, R. 1991: Personalwirtschaft, in: Heinen, E. (Hrsg.): Industriebetriebslehre. Entscheidungen im Industriebetrieb, 9. Aufl., Wiesbaden, S. 729-896

Lamnek, S. 1995: Qualitative Sozialforschung. Bd. 2: Methoden und Techniken, 2. Aufl., Weinheim

Lampert, H. 1985: Lehrbuch der Sozialpolitik, Berlin u.a.

Lampert, H.; Althammer, J. 2004: Lehrbuch der Sozialpolitik, 7. Aufl., Berlin u.a.

Landau, K. 2004: Arbeitswissenschaft, in: Gaugler, E.; Oechsler, W.A.; Weber, W. (Hrsg.): Handwörterbuch des Personalwesens, 3. Aufl., Stuttgart, Sp. 421-433

Lang, K.; Meine, H.; Ohl, K. (Hg.) 2001: Arbeit – Entgelt – Leistung. Tarifanwendung im Betrieb, Frankfurt/M.

Lauck, G. 2004: Burnout oder innere Kündigung, München, Mering

Lazarus, R.S. 1966: Psychological Stress and the Coping Process, New York

Lazarus, R.S. 1995: Streß- und Streßbewältigung – Ein Paradigma, in: Fipipp, S.-H. (Hrsg.): Kritische Lebensereignisse, Weinheim

Lazear, E.P. 1998: Personnel economics for managers. New York et al.

Leblebici, H.; Matiaske, W. 2004: Methoden der quantitativen Personalforschung, in: Gaugler, E; Oechsler, W.A.; Weber, W. (Hrsg.): Handwörterbuch des Personalwesens, 3. Aufl., Stuttgart, Sp. 1186-1193

Leinemann, W.; Linck, R. 2001: Urlaubsrecht: Kommentar, 2. Aufl., München

Lenzen, D.; Mollenhauer, K. (Hrsg.) 1983: Theorie und Grundbegriffe der Erziehung und Bildung. Enzyklopädie Erziehungswissenschaft Bd. 1, Stuttgart

Lezius, M. 1989: Menschen machen Wirtschaft. Betriebliche Partnerschaft als Erfolgsfaktor, Frankfurt/M.

Liebvens, F.; Klimoski, R.J.: Understanding the assessment centre process: where are we now? in: International Review of Industrial and Organizational Psychology, Jg. 16, 2001, S. 245-286

Liellich, L. 1992: Nutzwertverfahren, Heidelberg

Lienert, G.A. 1989: Testaufbau und Testanalyse, 4. Aufl., Weinheim u.a.

Lienert, G.A.; Raatz, U. 1998: Testaufbau und Testanalyse, 6. Aufl., Weinheim u.a.

Lindmayr, M. 2004: Handbuch zum Gleichbehandlungsrecht. Die Gleichstellung von Mann und Frau im Arbeitsleben, 3. Aufl., Wien

Linnenkohl, K. 2001: Arbeitszeitflexibilisierung: die Unternehmen und ihre Modelle, 4. Aufl., Heidelberg

Lössl, E. 1992: Eignungsdiagnostische Instrumente, in: Gaugler, E.; Weber, W. (Hrsg.): HWP, 2. Aufl., Stuttgart, Sp. 750-763

Löwisch, M. 1989: Taschenkommentar zum Betriebsverfassungsgesetz, Heidelberg

Luczak, H.; Volpert, W. (Hrsg.) 1997: Handbuch Arbeitswissenschaft, Stuttgart

Lueger, G. 2002: Personalbeurteilung, in: Kasper, H.; Mayrhofer, W. (Hrsg.): Personalmanagement – Führung – Organisation, Wien, S. 447-481

Luthans, F.; Kreitner, R. 1985: Organisational Behavior Modification and Beyond, Glenview/Ill.

Lutter, M.; Krieger, G. 2002: Rechte und Pflichten des Aufsichtsrats, 4. Aufl., Köln

Lutz, B. 1987: Arbeitsmarktstruktur und betriebliche Arbeitskräftestrategie, Frankfurt/M., New York

Mag, W. 1998: Einführung in die betriebliche Personalplanung, 2. Aufl., München

Mag, W. 2003: Personalplanung und Mitbestimmung, Teil 1 und 2, in: Wirtschaftswissenschaftliches Studium, 32. Jg., H. 2, S. 83-87 und 148-153

Malcolm, A. 1973: The Tyranny of the Group, Toronto, Vancouver

Malewski, A. 1967: Verhalten und Interaktion, Tübingen

March, J.G.; Simon, H. A. 1976: Organisation und Individuum, Wiesbaden

March, J.G. 1988: Decisions and Organizations, Oxford, Cambridge

March, J.G.; Simon, H.A. 1958: Organizations, New York, London, Sydney

March, J.G.; Simon, H.A. 1977: Organisation und Individuum: Menschliches Verhalten in Organisationen, Wiesbaden

Marhold, F.; Mayer-Maly, T. 1999: Österreichisches Arbeitsrecht Bd. II: Kollektivarbeitsrecht, 2. Aufl., Wien, New York

Marr, R. (Hrsg.) 1996: Absentismus: der schleichende Verlust an Wettbewerbspotential. Göttingen et al

Marr, R. 2001: Arbeitszeitmanagement. Grundlagen und Perspektiven der Gestaltung flexibler Arbeitszeitsysteme, 3, Aufl., Berlin

Marr, R.; Steiner, K. 2003: Personalabbau in deutschen Unternehmen. Empirische Ergebnisse zu Ursachen, Instrumenten und Folgewirkungen, Wiesbaden

Marr, R.; Stitzel, M. 1979: Personalwirtschaft. Ein konfliktorientierter Ansatz, München

Martin, A. 1988: Personalforschung, München, Wien

Martin, A. 1994: Personalforschung, 2. Aufl., München, Wien

Martin, A. 2001: Personal – Theorie, Politik, Gestaltung, Stuttgart, Berlin, Köln

Martin, A. 2002: Selbständige Arbeitnehmer oder abhängige Selbständige? Ein realwissenschaftlicher Beitrag zur Klärung einer juristisch und ökonomisch brisanten Frage, in: Martin, A.; Nienhüser, W. (Hrsg.): Neue Formen der Beschäftigung - neue Formen der Personalpolitik?, München, Mering, S. 17-60

Martin, A. (Hrsg.) 2003: Organizational Behaviour – Verhalten in Organisationen, Stuttgart

Martin, A. 2004: A Plea for a Behavioural Approach in the Science of Human Resource Management, in: Management Revue: The International Review of Management Studies, Vol. 15, No. 2, S. 201-214

Martin, A.; Behrends T. 1999: Betriebliche Weiterbildung im Lichte der theoretischen und empirischen Forschung, in: Martin, A.; Mayrhofer W.; Nienhüser, W. (Hrsg.): Die Bildungsgesellschaft im Unternehmen, München, Mering, S. 49-82

Martin, A.; Nienhüser, W. (Hrsg.) 1998: Die theoretische Erklärung der Personalpolitik, München, Mering.

Martin, A.; Nienhüser, W. (Hrsg.) 1998: Personalpolitik. Wissenschaftliche Erklärung der Personalpolitik, München, Mering

Martin, A.; Nienhüser, W. (Hrsg.) 2002: Neue Formen der Beschäftigung - neue Formen der Personalpolitik?, München, Mering

Martin, A.; Nienhüser, W. 2002: Neue Formen der Beschäftigung – neue Personalpolitik? München, Mering

Marx, A. 1963: Die Personalplanung in der modernen Wettbewerbswirtschaft, Baden-Baden

Maslow, A. H. 1973: Psychologie des Seins, München

Matiaske, W. 1996: Statistische Datenanalyse mit Mikrocomputern, 2. Aufl., München, Wien

Matiaske, W. 2004: Personalforschung, in: Gaugler, E; Oechsler, W.A.; Weber, W. (Hrsg.): Handwörterbuch des Personalwesens, 3. Aufl., Stuttgart, Sp. 1521-1534

Matiaske, W.; Kabst, R. 2002: Outsourcing und Professionalisierung in der Personalarbeit: Eine transaktionskostentheoretisch orientierte Studie, in: Zeitschrift für Personalforschung, S. 247-271

Matiaske, W.; Mellewigt, T. 2002: Motive, Erfolge und Risiken des Outsourcings – Befunde und Defizite der empirischen Outsourcing-Forschung. In: Zeitschrift für Betriebswirtschaft, Vol. 72, S. 641-659

Maukisch, H. 1978: Einführung in die Eignungsdiagnostik, in: Mayer, A. (Hrsg.): Organisationspsychologie, Stuttgart, S. 105-136

Mayer-Maly, T. 1987: Österreichisches Arbeitsrecht – Bd. I: Individualarbeitsrecht, Wien, New York

Mayntz, R. 1963: Soziologie der Organisation, Reinbek bei Hamburg

Mayrhofer, W. 2002: Motivation und Arbeitsverhalten, in: Kasper, H.; Mayrhofer, W. (Hrsg.): Personalmanagement – Führung – Organisation, 3. Aufl., Wien, S. 255-288

Mayrhofer, W. 2003: Teamentwicklung, in: Martin, A. (Hrsg.): Organizational Behaviour – Verhalten in Organisationen, Stuttgart, S. 211-226

Mayrhofer, W.; Nienhüser, W.; Weber, W. 1989: Auswirkungen neuer Informations- und Kommunikationstechniken auf die betriebliche Weiterbildung, in: Brand, W.; Tenfelde, W. (Hrsg.): Neue Technologien und Informationsverarbeitung in der kaufmännischen Verwaltung, Alsbach/Bergstr., S. 55-97

Mayrhofer, W.; Strunk, G.; Meyer, M. 2002: Eins und eins ist selten zwei – Eigensinn, Paradoxa und Dilemmata in und zwischen Arbeitsgruppen, in: Kasper, H.; Mayrhofer, W. (Hrsg.): Personalmanagement – Führung – Organisation, Wien, S. 335-361

Meinhardt, V.; Kirner, E. 1997: Allgemeine Arbeitszeitverkürzung und ihre Auswirkung auf Einkommen und soziale Sicherung, Düsseldorf

Mentzel, W. o.J.: Personalwirtschaftliches Rechnungswesen, Reihe: Fachkaufmann für das Personalwesen, Wiesbaden; Das Personalbüro in Recht und Praxis (Loseblattsammlung)

Mentzel, W. 1997: Unternehmenssicherung durch Personalentwicklung. Mitarbeiter motivieren, fördern und weiterbilden, 7. Aufl., Freiburg et al.

Mentzel, W.; Grotzfeld, S.; Dürr, C. 2001: Mitarbeitergespräche. Mitarbeiter motivieren, richtig beurteilen und effektiv einsetzen, Freiburg im Breisgau et al.

Merten, K. 1995: Inhaltsanalyse, 2. Aufl., Opladen

Mertens, P.; Griese, I. 1988: Industrielle Datenverarbeitung, Bd. 2.: Informations- und Planungssysteme, 5. Aufl., Wiesbaden

Metz, T. 2004: Personalkennziffern und -statistik, in: Gaugler, E.; Oechsler, W.A.; Weber, W. (Hrsg.): Handwörterbuch des Personalwesens, 3. Aufl., Stuttgart, Sp. 1546-1533

Mikula, G. 1985: Psychologische Theorien des sozialen Austauschs, in: Frey, D.; Irle, M. (Hrsg.): Theorien der Sozialpsychologie, Bd. II: Gruppen- und Lerntheorien, Bern; Stuttgart, S. 273-305

Milkovich, G.; Newman, J. 2002: Compensation, N.Y., Ithaca

Miner, J.B. 1969: An Input-Output-Model for Personnel Strategies. In: Business Horizons, Vol. 12, S. 71-78;

Mobley, W.H. 1982: Employee Turnover: Causes, Consequences and Control, Reading, Mass.

Moderegger, H.A.; Heitkamp, A. 1995: Betriebliche Sozialleistungen: Erfolgs- und Leistungsorientierung als Strategie, Köln

Möllhoff, D. 2001: Praxishandbuch Personalmanagement. Grundlagen und Instrumente für erfolgreiche Personalarbeit, Frankfurt/M. et al.

Moreno J.L. 1996: Die Grundlagen der Soziometrie, unv. Nachdruck der 3. Aufl., Opladen

Moreno, J.L. u.a. (Hrsg.) 1960: The Sociometry Reader, Illinois

Morgan, P.V. 1986: International HRM: Fact or Fiction, in: Personnel Administrator, Vol. 31, S. 43-47

Moscovici, S. 1979: Wandel durch Minoritäten, München

Moser, G. 1979: Das Assignment-Problem im Personal-Informations-Entscheidungssystem, in: Reber, G. (Hrsg.): Personalinformationssysteme, Stuttgart, S. 204-265

Mückenberger, U. 1989: Der Wandel des Normalarbeitsverhältnisses unter den Bedingungen einer „Krise der Normalität", in: Gewerkschaftliche Monatshefte, 40. Jg., S. 211-223

Mühlbacher, J. 2003: Rollenmodelle der Führung. Führungskräfte aus der Sicht der Mitarbeiter, Wiesbaden

Mühlstädt, E. 2004: Betriebsversammlung, Frankfurt/M.

Mülder, W. 2000: Personalinformationssysteme – Entwicklungsstand, Funktionalität und Trends, in: Wirtschaftsinformatik, Sonderheft IT&Personal, S. 98-106

Müller, G. 1981: Strategische Frühaufklärung, München

Müller, J. 2004: Multivariate Verfahren, Göttingen

Müller-Hagedorn, L.; Büchel, D. 2000: Kundenbetreuung durch Call Center? In: Mitteilungen des Instituts für Handelsforschung der Universität zu Köln Nr. 10, S. 205-213

Müller-Jentsch, W. 1997: Soziologie der industriellen Beziehungen, 2. Aufl., Frankfurt/M., New York

Müller-Jentsch, W. 2003: Organisationssoziologie: eine Einführung, Frankfurt/M., New York

Müller-Seitz, P. 1996: Erfolgsfaktor Arbeitszeit: optimale Arbeitszeitsysteme aus betriebswirtschaftlich-arbeitswissenschaftlicher Sicht, München

Nachbagauer, A.; Riedl, G. 1999: Innere Kündigung. Leistungszurückhaltung zwischen individueller Motivationsblockade und organisatorischer Zuschreibung, in: Zeitschrift Führung & Organisation, 67(1), S. 10-15

Nadler, D. A.; Lawler, E. 1979: Motivation: A Diagnostic Approach, in: Steers, R.; Porter, L. W. (Hrsg.): Motivation and Work Behavior, Auckland u. a

Nagel, R.; Oswald, M.; Wimmer, R. 2002: Das Mitarbeitergespräch als Führungsinstrument: ein Handbuch der OSB für Praktiker; 3. Aufl., Stuttgart

Neuberger, O. 1974a: Messung der Arbeitszufriedenheit, Stuttgart

Neuberger, O. 1974b: Theorien der Arbeitszufriedenheit, Stuttgart

Neuberger, O. 1985: Arbeit, Stuttgart

Neuberger, O. 1988: Was ist denn da so komisch? Thema: Der Witz in der Firma, Weinheim

Neuberger, O. 1995: Mikropolitik. Der alltägliche Aufbau und Einsatz von Macht in Organisationen, Stuttgart; Alt, R. 2001: Mikropolitik, in: Weik, E.; Lang, R. (Hrsg.): Moderne Organisationstheorien. Eine sozialwissenschaftliche Einführung, Wiesbaden, S. 285-318

Neuberger, O. 2002: Führen und führen lassen. Ansätze, Ergebnisse und Kritik der Führungsforschung, 6. Aufl., Stuttgart

Nicklisch, H. 1932: Die Betriebswirtschaft, 7. Aufl., Stuttgart

Niedenhoff, H.-U. 1991: Handbuch für Betriebsversammlungen, 4. Aufl., Köln

Niedenhoff, H.-U.; Pege, W. 1997: Gewerkschaftshandbuch: Daten, Fakten, Strukturen, 3. Aufl., Köln

Nienhüser, W. 1989: Die praktische Nutzung theoretischer Erkenntnisse in der Betriebswirtschaftslehre, Stuttgart

Nienhüser, W. 1991: Organisationale Demographie, in: Die Betriebswirtschaft, H. 6, S. 763-780

Nienhüser, W. 1998: Ursachen und Wirkungen betrieblicher Personalstrukturen, Stuttgart

Nienhüser, W. 2004: Die Resource Dependence-Theorie – wie (gut) erklärt sie Unternehmensverhalten?, in: Festing, M.; Martin, A; Mayrhofer, W.; Nienhüser, W.: Personaltheorie als Beitrag zur Theorie der Unternehmung, München, Mering, S. 87-120

Nienhüser, W. 2004: Political [Personnel] Economy: A Political Economy Perspective to Explain Different Forms of Human Resource Management Strategies, in: Management Revue: The International Review of Management Studies, Vol. 15, No. 2, S. 228-248

Nienhüser, W.; Becker, C. 2000: Betriebliche Personalforschung: eine problemorientierte Einführung, Berlin

Nienhüser, W.; Matiaske, W. 2003: Leiharbeit ist gleich gut? – Arbeitsbedingungen, Arbeitszufriedenheit und Gleichbehandlung von Leiharbeitern in Europa, in: Martin, A. (Hrsg.): Personal als Ressource, München, Mering., S. 157-184

Nuissel, E.; Sutter, H. (Hrsg.) 1984: Rechtliche und politische Aspekte des Bildungsurlaubs, Heidelberg

o. V. 1984: AK für Sie, Wien

o. V. 2004: 80 Jahre REFA, in: REFA-Nachrichten 2004, Nr. 3, S. 8-36

Oechsler, W.A. 1996: Europäische Betriebsräte: Zur Problematik einer Europäisierung von Arbeitnehmervertretungen, in: Die Betriebswirtschaft, Heft 5, S. 697-708

Oechsler, W.A.; Kastura, B. 1993: Betriebliche Sozialleistungen. Entwicklungen und Perspektiven, in: Weber, W. (Hrsg.): Entgeltsysteme, Stuttgart, S. 341-363

Olbrich, J./Siebert, H. 2001: Geschichte der Erwachsenenbildung in Deutschland, Opladen

Opaschowski, H. W. 1999: Umwelt, Freizeit, Mobilität: Konflikte und Konzepte, 2. Aufl., Opladen

Oppolzer, A. 1989: Handbuch Arbeitsgestaltung, Hamburg

Ortlieb, R.; Sieben, B. 2004: River Rafting, Polonaise oder Bowling: Betriebsfeiern und ähnliche Events als Medien organisationskultureller (Re-)Produktion von Geschlechterverhältnissen, in: Krell, G. (Hrsg.): Chancengleichheit durch Personalpolitik, 4. Aufl., Wiesbaden S. 449-458

Ortmann, G.; Sydow, J.; Türk, K. (Hrsg.) 1997: Theorien der Organisation. Die Rückkehr der Gesellschaft, Opladen

Ortner, W.; Ortner, H. 2003: Personalverrechnung in der Praxis. Rechtliche Grundlagen, Erläuterungen, gelöste Beispiele, Frankfurt, Wien

Park, Y.-K. 1999: Personalfreisetzungsstrategien und Personalfreisetzungsalternativen: eine transaktionskostentheoretische Untersuchung, München, Mering

Pätzold, G. 1983: Auszubildender, in: Lenzen, D. (Hrsg.): Enzyklopädie Erziehungswissenschaft, Band 9.2. Sekundarstufe II – Jugendbildung zwischen Schule und Beruf, Stuttgart, S. 83-86

Pätzold, G.; Walden G. (Hrsg.) 1995: Lernorte im dualen System der Berufsausbildung. Berichte zur beruflichen Bildung. Heft 177, hrsg. v. Bundesinstitut für Berufsbildung, Bielefeld

Pawlowsky, P. (Hrsg.) 2002: Wissensmanagement für die Praxis: Methoden und Instrumente zur erfolgreichen Umsetzung, Neuwied et al.

Pelinka, A. (Hrsg.) 1996: Kammern auf dem Prüfstand. Vergleichende Analysen institutioneller Funktionsbedingungen, Wien

Pepels, W. (Hrsg.) 2001: Erfolgreiche Personalwerbung in Medien, München, Wien

Peter, U.; Holling, H. 2004: Potenzialbeurteilung, in: Gaugler, E.; Oechsler, W.A.; Weber, W. (Hrsg.): Handwörterbuch des Personalwesens, 3. Aufl., Stuttgart, Sp. 1685-1692

Pfeffer, J. 1983: Organizational Demography, in: Cummings, L.L.; Staw, B. (Hrsg): Research in Organizational Behavior, Bd. 5, Greenwich, S. 290-357

Pfeffer, J.; Salancik, G.R. 1978: The External Control of Organizations, New York

Pfeiffer, W.; Doerrie, U.; Stoll, E. 1977: Menschliche Arbeit in der industriellen Produktion, Göttingen

Picot, A.; Dietl, H.; Franck, E. 2005: Organisation: Eine ökonomische Perspektive, 4. Aufl., Stuttgart

Pogue, R. E. 1980: The Authoring System: Interface between Author and Computer, in: Journal of Research and Development in Education, Vol. 14, H. 1, S. 57-68

Pondy, L. R. 1975: Organisationaler Konflikt: Konzeptionen und Modelle, in: Türk, K. (Hrsg.): Organisationstheorie, Hamburg, S. 235-251

Popp, G. J. 1998: Personalleiter-Taschenbuch. Funktion, Status und Selbstverständnis eines heterogenen Berufsstands, Heidelberg

Prisching, M. 1996: Die Sozialpartnerschaft: Modell der Vergangenheit oder Modell für Europa? Eine kritische Analyse mit Vorschlägen für zukunftsgerechte Reformen, Wien

Prott, J. 2001: Betriebsorganisation und Arbeitszufriedenheit, Düsseldorf

Pullig, K.-K. 1986: Das Abgangs-(Austritts-)Interview als Instrument der Personalführung, in: Personal, 1, S. 22-25

Pütz, H. 2004: Berufsausbildung, in: Gaugler, E.; Oechsler, W.A.; Weber, W. (Hrsg.): Handwörterbuch des Personalwesens, 3. Aufl., Stuttgart, Sp. 503-512

Raffée, H. 1995: Grundprobleme der Betriebswirtschaftslehre, 9. Aufl., Göttingen

Raffée, H.; Abel, B. 1979: Wissenschaftstheoretische Grundfragen der Wirtschaftswissenschaften, München

Reber, G. 2004: Verhaltenstheoretische Ansätze des Personalmanagements, in: Gaugler, E.; Oechsler, W.A.; Weber, W. (Hrsg.): Handwörterbuch des Personalwesens, 3. Aufl., Stuttgart, Sp. 1968-1979

Reddin, W. J. 1977: Das 3-D-Programm zur Leistungssteigerung des Managements, Landsberg am Lech

REFA-Verband für Arbeitsstudien e.V. 1987: Methodenlehre des Arbeitsstudiums, Teil Entgeltdifferenzierung, München

REFA-Verband für Arbeitsstudien e.V. 1991: Anforderungsermittlung (Arbeitsbewertung), 2. Aufl., München

Regnet, E. 2001: Konflikte in Organisationen, 2. Aufl., Göttingen, Stuttgart

Rehbinder, M. (Hrsg.) 1999: Schweizerische Gesetze. Sammlung des Zivil-, Wirtschafts- und Strafrechts, München

Rehbinder, M. 2002: Schweizerisches Arbeitsrecht, 15. Aufl., Bern

Reichmann, L. 2004: Lohngerechtigkeit, in: Gaugler, E.; Oechsler, W. Weber, W. (Hrsg.): Handwörterbuch des Personalwesens, 3. Aufl., Stuttgart, Sp. 1114-1120

Reiss, M.; Rosenstiel L.v.; Lanz, A. (Hrsg.) 1997: Change Management. Programme, Projekte und Prozesse, Stuttgart

Richardi, R. u.a. 2004: Betriebsverfassungsgesetz mit Wahlordnung. Kommentar, 9. Aufl., München

Richter, A. 1999: Aussteigen auf Zeit. Das Sabbatical Handbuch, Köln

Ridder, H.G. 1982: Funktionen der Arbeitsbewertung, Bonn

Ridder, H.G. 1999: Personalwirtschaftslehre, Stuttgart et al., S. 348-407

Ridder, H.G. 2004: Arbeitsbewertung, in: Gaugler, E.; Oechsler, W.A.; Weber, W. (Hrsg.): Handwörterbuch des Personalwesens, 3. Aufl., Stuttgart, Sp. 197-206

Ridder, H.G.; Conrad, P.; Schirmer, F.; Bruns, H.-J. 2001: Strategisches Personalmanagement. Mitarbeiterführung, Integration und Wandel aus ressourcenorientierter Perspektive, Landsberg

Riekhof, H.C. 1984: Mitarbeiter-Kapitalbeteiligung in der Wirtschaft Niedersachsens, Spardorf

Rischar, K.; Titze, C. 1998: Qualitätszirkel. Effektive Problemlösung durch Gruppen im Betrieb, 4. Aufl., Renningen-Malmsheim

RKW-Handbuch 1996: Handbuch Planung, 3. Aufl., Neuwied

Roethlisberger, F.J.; Dickson, W. J. 1939: Management and the Worker, Cambridge/Mass.

Roethlisberger, F.J.; Dickson, W.J. 1939: Management and the Worker, Cambridge/Mass.

Rohmert, W.; Rutenfranz, J. (Hrsg.) 1983: Praktische Arbeitsphysiologie, 3. Aufl., Stuttgart, New York

Rosenberg, O.; Weber, W. 1997: Betriebliches Rechnungswesen, 7. Aufl., München

Rosenstiel, L.v. 1992: Grundlagen der Organisationspsychologie, 3. Aufl., Stuttgart

Rosenstiel, L.v. 2003: Grundlagen der Organisationspsychologie, 5. Aufl., Stuttgart

Rosenstiel, L.v. 2004: Die Arbeitsgruppe, in: Rosenstiel, L.v.; Regnet, E.; Domsch. M. (Hrsg.): Führung von Mitarbeitern, 5. Aufl., Stuttgart, S. 367-386

Rosenstiel, L.v.; Molt, W.; Rüttinger, B. 2004: Organisationspsychologie, 8. Aufl., Stuttgart u.a.

Roth, E. 1998: Intelligenz. Grundlagen und neuere Forschung, Stuttgart

Roth, E.; Holling, H. (Hrsg.) 1999: Sozialwissenschaftliche Methoden: Lehr- und Handbuch für Forschung und Praxis, 5. Aufl., München, Wien

Roth, H. 1969: Pädagogische Psychologie des Lehrens und Lernens, 11. Aufl., Hannover u.a.

Rotschild, K.W. 1988: Theorien der Arbeitslosigkeit, München, Wien

Runggaldier, U.; Burger-Ehrnhofer, K. 2001: Kollektives Arbeitsrecht. Herausgegeben vom Institut für Arbeits- und Sozialrecht an der Wirtschaftsuniversität Wien

Runggaldier, U.; Burger-Ehrnhofer, K.; Frauscher, G. 2002: Individualarbeitsrecht I. Herausgegeben vom Institut für Arbeits- und Sozialrecht an der Wirtschaftsuniversität Wien

Runte, D. 1985: Arbeitnehmerkammern in Deutschland, in: WiSt, H. 5, S. 259-260

Rüther, B. 2001: Geschlechtsspezifische Allokation auf dem Arbeitsmarkt, München, Mering

Sadowski, D. 2002: Personalökonomie und Arbeitspolitik, Stuttgart

Sadowski, D.; Pull, K. 1999: Können betriebliche Sozialleistungen die staatliche Sozialpolitik entlasten?, in: Schmähl, W. (Hrsg.): Betriebliche Sozial- und Personalpolitik, Frankfurt/M., S. 66-104

Sarges, W. 1996: Weiterentwicklungen der Assesment-Center-Methode, Göttingen u.a.

Schanz, G. (Hrsg.) 1991: Handbuch Anreizsysteme in Wirtschaft und Verwaltung, Stuttgart

Schanz, G. 1985: Mitarbeiterbeteiligung, München

Schanz, G. 1994: Organisationsgestaltung, 2. Aufl., München

Schanz, G. 2000: Personalwirtschaftslehre, 3. Aufl., München

Schanz, G. 2004: Unternehmensverfassung, in: Gaugler, E.; Oechsler, W.A.; Weber, W. (Hrsg.): Handwörterbuch des Personalwesens, 3. Aufl., Stuttgart, Sp. 1940-1948

Schanz, G.; Gretz, C.; Hanisch, D. 1995: Alkohol in der Arbeitswelt, München

Schardt, L.P. u.a. 1987: Schichtarbeit, in: Zimmermann, L. (Hrsg.) 1987: Humane Arbeit – Leitfaden für Arbeitnehmer, Bd. 4: Organisation der Arbeit, Reinbek bei Hamburg, S. 181-289

Schaub, G. 2001: Arbeitsrecht von A - Z, 16. Aufl., München

Schaub, G.; Schindele, F. 2003: Kurzarbeit, Massenentlassung, Sozialplan, 2. Aufl., München

Schaufelberger, M. 1990: Die Planung des Ausbildungsbedarfs, in: Personal, 42. Jg., 1990, S. 160-165

Scheer, A.-W. (Hrsg.) 2003: Change Management im Unternehmen: Prozessveränderungen erfolgreich managen, Berlin et al.

Schein, E. H. 1978: Career Dynamics: Matching Individual and Organizational Needs, Reading, Massachusetts et al.

Scherm, E. 1990: Unternehmerische Arbeitsmarktforschung, München

Scherm, E.; Süß, S. 2003: Personalmanagement, München

Schettgen, P. 1996: Arbeit – Leistung – Lohn, Stuttgart

Scheuch, E.K. 1973: Das Interview in der Sozialforschung, in: König, R. (Hrsg.): Handbuch der empirischen Sozialforschung. Bd. 2: Grundlegende Methoden und Techniken. 1. Teil, Stuttgart, S. 66-190

Schiek, D. 2004: Was Personalverantwortliche über das Verbot der mittelbaren Diskriminierung wissen sollten, in: Krell, G. (Hrsg.): Chancengleichheit durch Personalpolitik, 4. Aufl., Wiesbaden, S. 133-150

Schirmer, F. 2004: Organisation und Träger der Personalarbeit, in: Gaugler, E.; Oechsler, W.A.; Weber, W. (Hrsg.): Handwörterbuch des Personalwesens, 3. Aufl., Stuttgart, Sp. 1271-1279

Schmidt, F.L.; Hunter, J. E.; Pearlman, K. 1982: Assessing the Economic Impact of Personnel Programs on Workforce Productivity, in: Personnel Psychology, Vol. 35, S. 333-347

Schmidt, H. 1995: Berufsbildungsforschung, in : Arnold, R./Lipsmaier, A. (Hrsg.): Handbuch Berufsbildung, Opladen, S. 482-491

Schmitt, N.W.; Klimoski, R.J. 1991: Research Methods in Human Resources Management. Cincinnati/Ohio; Martin, A. 1994: Personalforschung, 2. Aufl., München; Wien

Schneider, H. 2004: Erfolgsbeteiligung der Arbeitnehmer, in: Gaugler, E.; Oechsler, W.A.; Weber, W. (Hrsg.): Handwörterbuch des Personalwesens, 3. Aufl., Stuttgart, Sp. 712-722

Schneider, H./Zander, E. 2001: Erfolgs- und Kapitalbeteiligung der Mitarbeiter, 5. Aufl., Stuttgart

Schoenfeld, H.M. 1992: Personalkostenplanung, in: Gaugler, E.; Weber, W. (Hrsg.): Handwörterbuch des Personalwesens, 2. Aufl., Stuttgart, Sp. 1735-1746

Scholz, C. 2000: Personalmanagement, 5. Aufl., München

Scholz, C. 2004: Virtualisierung der Personalarbeit, in: Gaugler, E; Oechsler, W.A.; Weber, W. (Hrsg.): Handwörterbuch des Personalwesens, 3. Aufl., Stuttgart, Sp. 1979-1988

Schöngrundner, A. 2004: Die Altersteilzeit, Wien.

Schrammel, W. 2000: Arbeitsrecht. Band 2: Sachprobleme, 4. Aufl., Wien

Schreyögg, A. 1999: Coaching. Eine Einführung für Praxis und Ausbildung, 4. Aufl., Frankfurt u.a.

Schreyögg, G. 2003: Organisation. Grundlagen moderner Organisationsgestaltung, 4. Aufl., Wiesbaden

Schroeder, W.; Weßels, B. (Hrsg.) 2003: Gewerkschaften in Politik und Gesellschaft der Bundesrepublik: Ein Handbuch, Wiesbaden

Schuler, H. 1978: Die Mitarbeiterbeurteilung, in: Macharzina, K.; Oechsler, W.A. (Hrsg.): Personalmanagement Band II: Organisations- und Mitarbeiterentwicklung, Wiesbaden, S. 161-200

Schuler, H. 1981: Gruppenentscheidung, in: Werbik, H.; Kaiser, H. (Hrsg.): Kritische Stichwörter zur Sozialpsychologie, München, S. 123-149

Schuler, H. 1998: Psychologische Personalauswahl: Einführung in die Berufseignungsdiagnostik, 2. Aufl., München

Schuler, H. 2000: Psychologische Personalauswahl: Einführung in die Berufseignungsdiagnostik, 3. Aufl., Göttingen

Schuler, H. 2003: Auswahl von Mitarbeitern, in: Rosenstiel, L.v.; Regnet, E.; Domsch, M. (Hrsg.): Führung von Mitarbeitern, 5. Aufl., Stuttgart, S. 151-182

Schuler, H. (Hrsg.) 2003: Enzyklopädie der Psychologie. Organiationspsychologie II: Gruppen und Organisation, Göttingen

Schuler, H. 2004: Personalauswahl, in: Gaugler, E.; Oechsler, W.A.; Weber, W. (Hrsg.): Handwörterbuch des Personalwesens, 3. Aufl., Stuttgart, Sp. 1366-1379

Schüller, A. (Hrsg.) 1983: Property Rights und ökonomische Theorie, München

Schwarz, W.; Löschnigg, G. 2003: Arbeitsrecht, 10. Aufl., Wien

Schweitzer, M.; Küpper H.-U. 1998: Systeme der Kostenrechnung und Erlösrechnung, 7. Aufl., München

Schwendenwein, W. 1992: Aktuelle Entwicklungen im Bereich beruflicher Bildung in Österreich, in: Schanz, H. (Hrsg.): Berufsbildung im Zeichen des Wandels von Technik, Wirtschaft und Gesellschaft, Stuttgart, S. 135-157

Seeman, M. 1961: On the Meaning of Alienation, in: American Sociological Review, Vol. 24, S. 783-791

Seifert, H. 2001: Zeitkonten: Von der Normalarbeitszeit zu kontrollierter Flexibilität, in: Marr, R. (Hrsg.): Arbeitszeitmanagement. Grundlagen und Perspektiven der Gestaltung flexibler Arbeitszeitsysteme, Berlin, S. 155-171

Sengenberger, W. 1987: Struktur und Funktionsweise von Arbeitsmärkten, Frankfurt, New York

Sennett, R. 1985: Autorität, Frankfurt/M.

Senti, Martin 2002: Internationale Regime und nationale Politik. Die Effektivität der Internationalen Arbeitsorganisation (ILO) im Industrieländervergleich, Bern

Sesselmeier, W.; Blauermel, G. 1998: Arbeitsmarkttheorien: ein Überblick, 2. Aufl., Heidelberg

Seyffert, R. 1922: Der Mensch als Betriebsfaktor, Stuttgart

SGB-Schweizerischer Gewerkschaftsbund 1984: Die Gewerkschaften in der Schweiz, Bern

Siegrist, J. 2004: Stress und Stressbewältigung, in: Gaugler, E.; Oechsler, W.A.; Weber, W. (Hrsg.): Handwörterbuch des Personalwesens, 3. Aufl., Stuttgart, Sp. 1837-1844

Simitis, S. 2003: Kommentar zum Bundesdatenschutzgesetz, 5. Aufl., Baden-Baden

Simon, H.A. 1981: Entscheidungsverhalten in Organisationen, Landsberg a.L.

Skiba, R. 2000: Taschenbuch Arbeitssicherheit, 10. Aufl., Bielefeld

Skinner, B.F. 1938: The Behavior of Organisms, New York

Söllner, A.; Waltermann, R. 2002: Grundriss des Arbeitsrechts, 13. Aufl., München

Sperling, H. J. 1983: Pause als soziale Arbeitszeit, Berlin

Spie, U. 1988: Personalwesen als Organisationsaufgabe. Ein Leitfaden zur organisatorischen Gestaltung betrieblicher Personalarbeit, Heidelberg

Spie, U.; Piesker, H. 1983: Der Geschäftsbereich des Arbeitsdirektors, Heidelberg.

Spielbüchler, K.; Grillberger, K. 1998: Floretta - Spielbüchler - Strasser: Arbeitsrecht. Band I: Individualarbeitsrecht, 4. Aufl., Wien

Springer, W. 2002: Der geliehene Erfolg: Leiharbeit aus wirtschaftlicher und sozialpolitischer Sicht, Wien

Staehle, W. 1988: Human Resource Management (HRM) – eine neue Managementrichtung in den USA?, in: Zeitschrift für Betriebswirtschaft, 58. Jg., S. 576-587

Staehle, W. 1999: Management: eine verhaltenswissenschaftliche Perspektive, 8. Aufl., überarbeitet von Conrad, P.; Sydow J., München

Stahlhacke, E.; Preis, U.; Vossen, R. 1999: Kündigung und Kündigungsschutz im Arbeitsverhältnis, 7. Aufl., München

Stahlknecht, P.; Hasenkamp, U. 2002: Einführung in die Wirtschaftsinformatik, 10. Aufl., Berlin

Staude, J. 1978: Betriebliche Traineeprogramme und ihre Kontrolle, Köln

Steers, R.; Porter, L. W. (Hrsg.) 1979: Motivation and Work Behavior, Auckland u. a.

Stein, Friedrich A. 1990: Betriebliche Entscheidungs-Situationen im Laborexperiment, Frankfurt/M. u.a.

Steinmann, H.; Löhr, A. 1992: Lohngerechtigkeit, in: Gaugler, E.; Weber, W. (Hrsg.): Handwörterbuch des Personalwesens, 2. Aufl., Stuttgart, Sp. 1284-1294

Stelzer-Rothe, T. 2004: Umschulung, in: Gaugler, E.; Oechsler, W.A.; Weber, W. (Hrsg.): Handwörterbuch des Personalwesens, 3. Aufl., Stuttgart, Sp. 1931-1940

Steyrer, J. 2002: Theorien der Führung, in: Kasper, H.; Mayrhofer, W. (Hrsg.): Personalmanagement – Führung – Organisation, Wien, S. 157-212

Stierand, H. W. 2002: Personalbeschaffung und -verwaltung, Darmstadt

Stowell, S.J.; Stone, W. 1990: Coaching: The Heart of Management, in: Executive Excellence, Bd. 7, S. 8-9

Strasser, R.; Jabornegg, P. 2001: Floretta - Spielbüchler - Strasser: Arbeitsrecht. Band II: Kollektives Arbeitsrecht (Arbeitsverfassungsrecht), 4. Aufl., Wien

Strauß, B.; Kleinmann, M. 1995: Computersimulierte Szenarien in der Personalarbeit, Köln

Streicher, H.-J. 2004: Die Betriebsvereinbarung: Ein Leitfaden für die Praxis, 3. Aufl., Berlin

Strohmeier, S. 1999: Softwarekompendium Personal: Anbieter, Produkte, Marktübersicht; Frechen

Strutz, H. (Hrsg.) 1993: Handbuch Personalmarketing, 2. Aufl., Wiesbaden

Swan, W. S. 2002: Den richtigen Mitarbeiter finden. Wie Sie im Einstellungsgespräch zielsicher entscheiden, wer am besten in Ihr Unternehmen passt, München

Szyperski, N.; Winand, U. 1980: Grundbegriffe der Unternehmensplanung, Stuttgart

Teegen, M. 1988: Strukturkrise im Werkswohnungsbestand? in: Die Mitbestimmung, Jg. 1988, H. 3, S. 101-103

Thom, N. 2003: Betriebliches Vorschlagswesen: ein Instrument der Betriebsführung und des Verbesserungsmanagements, 6. Aufl., Bern u.a.

Thom, N. 2004: Evaluation der betrieblichen Bildungsarbeit, in: Gaugler, E.; Oechsler, W.A.; Weber, W. (Hrsg.): Handwörterbuch des Personalwesens, 3. Aufl., Stuttgart, Sp. 734-742

Thorndike, E.L. 1931: Human Learning, New York (Neudruck Cambridge 1966)

Tichy, N.M.; Fombrun, C.J.; Devanna, M.A. 1982: Strategic Human Resource Management, in: SMR, Vol. 23, Winter, S. 47-61

Tietgens, H. 1981: Erwachsenenbildung, München

Tofahrn, K.W. 1991: Arbeit und Betriebssport. Eine empirische Untersuchung bei bundesdeutschen Großunternehmen im Jahre 1989, Berlin

Tomandl, T. 1965: Streik und Aussperrung als Mittel des Arbeitskampfes, Wien, New York

Tomandl, T. 1999: Arbeitsrecht. Band 1: Gestalter und Gestaltungsmittel, 4. Aufl., Wien

Tomandl, T. (Hrsg.) 2003: Aktuelle Probleme des Kollektivvertragsrechts, Wien

Traxler, F. 1999: Gewerkschaften und Arbeitgeberverbände: Probleme der Verbandsbildung und Interessenvereinheitlichung, in: Müller-Jentsch W. (Hrsg.), Konfliktpartnerschaft, 3. Aufl., München, S. 57-77

Trebesch, K. (Hrsg.) 2000: Organisationsentwicklung. Konzepte, Strategien, Fallstudien, Stuttgart

Triandis, H.C. 1975: Einstellungen und Einstellungsänderung, Weinheim, Basel

Triebe, J. K.; Ulich, E. 1977: Beiträge zur Eignungsdiagnostik, Bern

Tuckman, B. W. 1965: Development sequence in small groups, in: Psychological Bulletin, S. 369-384

Tung, R.L. 1981: Selection and Training for Overseas Assignments, in: Columbia Journal of World Business, Vol. 16, S. 68-78

Türk, K. 1976: Grundlagen einer Pathologie der Organisation, Stuttgart

Uhle, C. 1987: Betriebliche Sozialleistungen, Köln

Ulich, E. 1994: Arbeitspsychologie, Stuttgart

Ulich, E. (Hrsg.) 2001: Beschäftigungswirksame Arbeitszeitmodelle, Zürich

Ulich, E. 2004: Arbeitsgruppe, in: Gaugler, E.; Oechsler, W.A.; Weber, W. (Hrsg.): Handwörterbuch des Personalwesens, 3. Aufl., Stuttgart, Sp. 242-250

Ulmer, G. 2001: Stellenbeschreibungen als Führungsinstrument: Stellenanforderung, Teambeschreibung, Mitarbeiterbeurteilung, Fallbeispiele, Wien u.a.

Ulrich, H.; Staerkle, R. 1965: Personalplanung, Köln, Opladen

Vroom, V. H.; Yetton, P. W. 1973: Leadership and Decision Making, Pittsburgh

Wächter, H. 1974: Grundlagen der langfristigen Personalplanung, Herne, Berlin

Wachtler, G. 1979: Humanisierung der Arbeit und Industriesoziologie, Stuttgart

Wagner, D. 2003: Diversity Management – besondere Personengruppen, in: Luczak, H. (Hrsg.): Kooperation und Arbeit in vernetzten Welten, Stuttgart, S. 117-124

Wagner, D. 2004: Cafeteria-Systeme, in: Gaugler, E.; Oechsler, W.A.; Weber, W. (Hrsg.): Handwörterbuch des Personalwesens, 3. Aufl., Stuttgart, Sp. 631-639

Wagner, D.; Grawert, A. 1993: Sozialleistungsmanagement, München

Walgenbach, P. 2002: Neoinstitutionalistische Organisationstheorie - State of the Art und Entwicklungslinien, in: Schreyögg, G.; Conrad, P. (Hrsg.): Managementforschung, Bd. 12, Wiesbaden, S. 155-202

Walger, G. 2004: Karriereplanung, individuelle, in: Gaugler, E.; Oechsler, W.A.; Weber, W. (Hrsg.): Handwörterbuch des Personalwesens, 3. Aufl., Stuttgart, Sp. 989-996

Wallach, M.A.; Kogan, N.; Beem, D.J. 1962: Group influence on individual risk taking, in: Journal of Abnormal and Social Psychology, 65. Jg., S. 75-86

Wallwieser, W.; Schmidt, H. 1990: Charakteristika und Problembereiche von Management Buy-Outs, in: WISU, 19. Jg., 1990, S. 299-305 und S. 358-364

Walter-Busch, E. 1989: Das Auge der Firma, Stuttgart

Wanous, J. P. 1980: Organizational Entry, Reading, Mass.

Waszkewitz, B. 2001: Entgeltpolitik und -gestaltung im 21. Jahrhundert. Lohn- und Gehaltspolitik im Zeitalter der Wissenschaften und Informationen, Stuttgart

Weber, H.K. 1980: Wertschöpfungsrechnung, Stuttgart

Weber, I. 2004: Arbeitnehmer, ausländische, in: Gaugler, E.; Oechsler, W.A.; Weber, W. (Hrsg.): Handwörterbuch des Personalwesens, 3. Aufl., Stuttgart, Sp. 93-104

Weber, J./Weißenberger B.E. 2002: Einführung in das Rechnungswesen, 6. Aufl., Stuttgart

Weber, W. 1975: Personalplanung, Stuttgart

Weber, W. 1978: Betriebliche Fluktuations- und Mobilitätspolitik – Maßnahmenplanung im Zeichen eines Zielkonflikts, in: Ehreiser, H.J.; Nick, F.R. (Hrsg.): Betrieb und Arbeitsmarkt, Wiesbaden, S. 113-131

Weber, W. 1984: The impact of population change on enterprise behavior, in: Steinmann, G. (Hrsg.): Economic Consequences of Population Change in Industrialized Countries, Berlin u.a., S. 404-415

Weber, W. 1985: Betriebliche Weiterbildung, Stuttgart

Weber, W. 1989: Betriebliche Personalarbeit als strategischer Erfolgsfaktor der Unternehmung, In: Weber, W.; Weinmann, J. (Hrsg.): Strategisches Personalmanagement, Stuttgart, S. 3-15

Weber, W. 1993: Entgeltsysteme: Lohn, Mitarbeiterbeteiligung und Zusatzleistungen, Stuttgart

Weber, W. (Hrsg.) 1996: Grundlagen der Personalwirtschaft: Theorien und Konzepte, Wiesbaden

Weber, W.; Festing, M.; Dowling, P. J.; Schuler, R. S. 2001: Internationales Personalmanagement, 2. Aufl., Wiesbaden

Weber, W.; Kabst, R. 2001: Personalmanagement im internationalen Vergleich: The Cranfield Project on International Strategic Human Resource Management - Ergebnisbericht 2000, Paderborn

Weber, W.; Kabst, R. 2004: Human Resource Management: The Need for Theory and Diversity, in: Management Revue: The International Review of Management Studies, Vol. 15, No. 2, S. 171-178

Weber, W.; Mayrhofer, W.; Nienhüser, W.; Rodehuth, M.; Rüther, B. 1993: Technischer Wandel als Auslöser betrieblicher Weiterbildungsentscheidungen in: Martin, A. 2003: Organizational Behavior – Verhalten in Organisationen, Stuttgart

Weber, W.; Weinmann, J. (Hrsg.) 1989: Strategisches Personalmanagement, Stuttgart

Weiber, R.; Stockert, A. 1987: Rechtseinflüsse auf Personalentscheidungen, Stuttgart

Weibler, J. 2001: Personalführung, München

Weick, K. E. 1985: Systematic Observation Methods, in: Lindzey, G.; Aronson, E. (Hrsg.): Handbook of Social Psychology, Vol. I: Theory and Method, New York, S. 567-634

Weinmann, J. 1989: Personalstrategien auf der Grundlage der computergestützten Stellenplanmethode, in: Weber, W.; Weinmann, J. (Hrsg.): Strategisches Personalmanagement, Stuttgart, S. 179-203

Welge, M. K. et al. 2000: Management Development, Stuttgart

Wellhöfer, P. R. 2004: Schlüsselqualifikation Sozialkompetenz. Theorie und Trainingsbeispiele, Stuttgart

Wernerfelt, B. 1984: A resource-based view of the firm, in: Strategic Management Journal, 2/1984, S. 171-180

Weuster, A. 2004: Personalauswahl: Anforderungsprofil, Bewerbersuche, Vorauswahl und Vorstellungsgespräch, Wiesbaden

Wiese, B.S., Sauer, J.; Rüttinger, B. 2004: Sozialisation, betriebliche, in: Gaugler, E.; Oechsler, W.A.; Weber, W. (Hrsg.): Handwörterbuch des Personalwesens, 3. Aufl., Stuttgart, Sp. 1733-1741

Williamson, O.E. 1975: Markets and Hierarchies: Analysis and Antitrust Implications, New York

Williamson, O.E. 1985: The Economic Institutions of Capitalism: Firms, Markets, Relational Contracting, New York

Williamson, O.E. 1996: The Mechanisms of Governance, Oxford

Wimmer, P. 1985: Personalplanung, Stuttgart, S. 208-252

Winnefeld, R. 2002: Bilanz-Handbuch, 3. Aufl., München

Wirtschafts- und Sozialwissenschaftliches Institut in der Hans-Böckler-Stiftung (WSI) (Hrsg.) 2003: WSI-Tarifhandbuch 2003, Frankfurt/M.

Wiswede, G. 1977: Rollentheorie, Stuttgart u.a.

Witte, E.; Bronner, R. 1974: Die Leitenden Angestellten. Eine empirische Untersuchung, München

Wöhe, G. 1997: Bilanzierung und Bilanzpolitik, 9. Aufl., München

Wolf, J. 2003: Organisation, Management, Unternehmensführung. Theorie und Kritik, Wiesbaden

Wright, P.M.; Gardner, T.M. 2004: Strategic Human Resource Management, in: Gaugler, E.; Oechsler, W.A.; Weber, W. (Hrsg.): Handwörterbuch des Personalwesens, 3. Aufl., Stuttgart, Sp. 1818-1826

Wunderer, R. 1992: Von der Personaladministration zum Wertschöpfungs-Center, in: DBW, 52. Jg., H. 2, S. 201-215

Wunderer, R.; Schlagenhaufer, P. 1994: Personal-Controlling: Funktionen – Instrumente – Praxisbeispiele, Stuttgart

Wunderer, R. 2003: Führung und Zusammenarbeit, 5. Aufl., München; Neuwied

Wunderer, R.; Jaritz, A. 1999: Unternehmerisches Personalcontrolling: Evaluation der Wertschöpfung im Personalmanagement, Neuwied, Kriftel

Wüthrich, W. 2003: Der Arbeitsfriede in der Schweiz – ein Modell für die Zukunft, Zeitfragen Nr. 38, Zürich

www.arbeitsagentur.de

www.dihk.de

www.zdh.de

Wysocki, K. v. 1981: Sozialbilanzen. Inhalt und Formen gesellschaftsbezogener Berichterstattung, Stuttgart, New York

Yin, R.K. 2003: Case Study Research, 3. Aufl., Thousand Oaks u.a.

Zacker, C. 2004: Examinatorium Europarecht, Köln et al.

Zander, E.; Femppel, K. 2002: Praxis der Mitarbeiter-Information. Effektiv integrieren und motivieren, München

Zapf, D.; Dormann, C. 2001: Gesundheit und Arbeitsschutz, in: Schuler, H. (Hrsg.): Lehrbuch der Personalpsychologie, Göttingen, S. 559-587

Zimbardo, P.G.; Gerrig, R.J. 1999: Psychologie, 7. Aufl., Berlin, Heidelberg

Zimmermann, E. 2004: Das Experiment in den Sozialwissenschaften, 2. Aufl., Stuttgart

Sachregister

Angaben zu den Autoren

Wolfgang Weber

Dr. rer. pol. habil ist seit 1985 Universitätsprofessor für Betriebswirtschaftslehre, insbesondere Personalwirtschaft an der Universität Paderborn, davor an der Wirtschaftsuniversität Wien.
Seine Hauptarbeitsgebiete sind: Internationales und strategisches Personalmanagement, betriebliche Weiterbildung und theoretische Fundierung der Personalarbeit. Er ist Mitherausgeber des Handwörterbuchs des Personalwesens und der Zeitschrift für Personalforschung sowie Mitglied im Editorial Board weiterer Fachzeitschriften.

Anschrift: Universität Paderborn, Fakultät für Wirtschaftswissenschaften, 33095 Paderborn.

Wolfgang Mayrhofer

Dr. rer. soc. oec. ist seit 1994 Universitätsprofessor für Betriebswirtschaftslehre und leitet die Interdisziplinäre Abteilung für Verhaltenswissenschaftlich Orientiertes Management an der Universität Wien (WU). Seine Forschungsschwerpunkte sind Karriere- und Laufbahnforschung, Internationale Unternehmens- und Personalführung sowie Neuere Systemtheorie und Betriebswirtschaftslehre. Er ist Mitglied im Editorial Board mehrerer internationaler Fachzeitschriften.

Anschrift: Wirtschaftsuniversität Wien, Interdisziplinäre Abteilung für Verhaltenswissenschaftlich Orientiertes Management, A-1090 Wien, Österreich

Werner Nienhüser

Dr. rer. pol. ist seit 1995 Universitätsprofessor für Allgemeine Betriebswirtschaftslehre, insbesondere Personalwirtschaft, an der Universität Duisburg-Essen. Seine Hauptarbeitsgebiete sind die Empirie und die Theorie des Strategischen Personalmanagements. Er hat zahlreiche Aufsätze zu den Themenfeldern Organisationsdemographie, Arbeitsbeziehungen und Theorieanwendung für praktische Zwecke und zur Machtproblematik in Betrieben verfasst, ist Mitglied im Beirat der Zeitschrift für Personalforschung, der Zeitschrift Industrielle Beziehungen sowie der Management Review: The International Review of Management Studies.

Anschrift: Universität Duisburg-Essen, Fachbereich Wirtschaftswissenschaften, 45117 Essen

384

Rüdiger Kabst

Dr. rer. pol. ist seit November 2004 Universitäts-Professor für Betriebswirtschaftslehre, insbesondere Personalmanagement, an der Universität Gießen. Seine Forschungsschwerpunkte umfassen Fragestellungen des international komparativen
Personalmanagements, des Expatriate Managements, der personalwirtschaftlichen Vertragsgestaltung zwischen Markt- und Hierarchie, Fragen von Interna-
tionalisierungsstrategien und Interorganisationsbeziehungen sowie mittelständi-
scher und junger Unternehmen. Er ist Mitherausgeber der internationalen Fach-
zeitschrift Management Review: The International Review of Management Studies und Mitglied im Cranfield Network on International Strategic Human Resource Management.

Anschrift: Universität Gießen, Fachbereich Wirtschaftswissenschaften,
35394 Gießen.